Life Science
ライフサイエンス
顕微鏡学
ハンドブック

責任編集　　編　集
山科 正平　　牛木 辰男　臼倉 治郎　岡部 繁男
高田 邦昭　　髙松 哲郎　寺川　進　藤本 豊士

朝倉書店

口絵1 偏光顕微鏡で観察したイカの巨大線維と随伴する細い神経線維束．神経線維は細胞内に多くの微小管や中間径線維を有し，強い複屈折性を持つ．巨大線維は巨大神経の軸索にシュワン細胞が付着した構造であり，直径は約 500 μm．軸索内に縞状の構造やらせん状の構造があるのがわかる．明視野下では，このような構造はまったく観察できない．偏光子と検光子は直交状態にあり，背景は完全に暗くなっている．スケールバー：1 mm．（図 II. 1. 14）

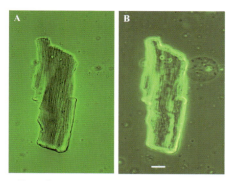

口絵2 定量位相差顕微鏡．明るさ情報から得た定量位相差像（ハロが少なく，詳細が明瞭）（A）と位相差光学系で得た位相像（B）．スケールバー：10 μm．（K. Nugent による）（図 II. 3. 4）

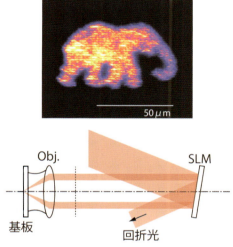

口絵3 PC で作ったホログラムで SLM を駆動し，輪帯照明を実現するとともに，全反射光で象の形を投影した．（渡辺向陽（浜松ホトニクス）による）（図 II. 4. 5）

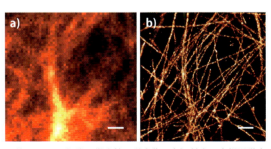

口絵5 HeLa 細胞の微小管の蛍光像．(a) 従来の広視野蛍光顕微鏡，(b) 超解像顕微鏡（STORM）により観察．米カリフォルニア大の Bo Huang 先生提供．スケールバー：1 μm．（図 II.9.5）

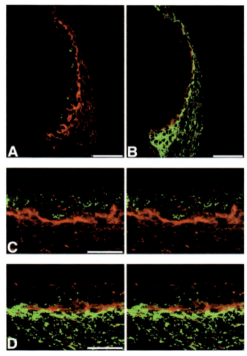

口絵4 ラット蝸牛における ZO-1, Cx43, Cx26 の発現．(A) ZO-1（赤），Cx43（緑），(B) ZO-1（赤），Cx26（緑）(C) 1 μm ごとの光学的断層像から得られた ZO-1（赤），Cx43（緑）の立体視像，(D) 1 μm ごとの光学的断層像から得られた ZO-1（赤），Cx26（緑）の立体視像．（Suzuki T, Takamatsu T, *et al.* (2003) J Histochem Cytochem **51**：903–912 より）（図 II. 6. 7）

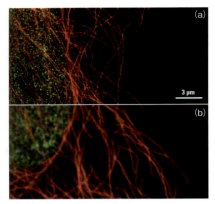

口絵6 (a) STED 顕微鏡，および (b) 共焦点顕微鏡で得られた HeLa 細胞の蛍光像（赤：微小管，緑：ヒストン H3）．（ライカマイクロシステムズ社提供）（図 II. 9. 10）

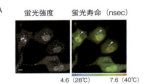
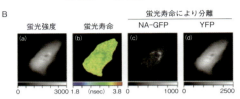

口絵7 蛍光寿命顕微鏡法（FILM）．A：細胞内の温度分布 (Okabe et al., (2012) Nature Common. **3**, 705. Fig.4 を改変)．B：蛍光による GFP と YFP の分離・検出 (Pepperkok et al., (1999) Curr. Biol. **9**, 269–274, Fig.2 を改変）（図 II. 10. 5）

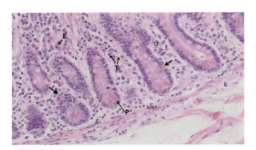

口絵8 ヒト空腸陰窩領域．ツェンカー固定．HE 染色．陰窩下端の上皮細胞には腺腔側にエオジン陽性の顆粒を有するパネート細胞（矢印 P）が見られる．その上方には太い矢印で示された黄色に染まった基底顆粒細胞が見られる．上皮内には，たくさんの白く抜けた細胞が見られるが，杯細胞（goblet cell）である．上皮下には粘膜固有層（LP）があり，結合組織の中に毛細血管とリンパ管があり，結合組織中にエオジン陽性の顆粒を持つ好酸球（矢印 E）が散在する．粘膜固有層の下には輪走する粘膜筋板（MM）が見られるが，エオジン陽性の平滑筋細胞と固有層中の結合組織線維と細胞もエオジン陽性で，両者の判別は難しい．（図 III. 1. 1）

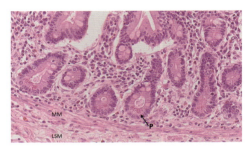

口絵9 ホルマリン固定．HE 染色．ヒト空腸陰窩部上皮細胞陰窩下端の上皮細胞にはエオジン陽性の顆粒を腺腔側に持つパネート細胞が見られる．上皮細胞や固有層，粘膜筋板，粘膜下組織の一部が見られる．細胞の核は紫がかった青，細胞質は桃色である．粘膜下組織（LSM）の結合組織線維と粘膜筋板（MM）の平滑筋は共にエオジン陽性で，判別が難しい．口絵8に見られるツェンカー固定，HE 染色の方が細胞の判別が容易である．陰窩の底部には矢印（P）で示すようにパネート細胞が見られるが，基底顆粒細胞は判別できない．明るく抜けた杯細胞は上皮内に多数認められる．（図 III. 1. 2）

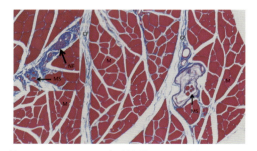

口絵10 カニクイザルの手の筋組織をアザン染色した標本．骨格筋の横断標本で，筋線維（M）と細胞核はアゾカルミンで赤く染め出されている．一部，オレンジ色に染まる筋形質も見られる．筋内膜（筋形質周囲）や筋周膜の膠原線維（CF）はアニリンで青く染色されている．筋紡錘（矢印 MS）や神経線維（矢印 NF）も赤くアゾカルミン陽性となる．（図 III. 1. 5）

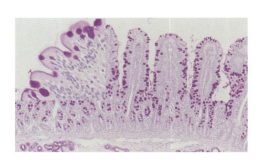

口絵11 カニクイザルの十二指腸．PAS 染色．絨毛上皮の腺腔側端（表面）は PAS 陽性の糖衣グリコカリックス（左上部の挿入図参照）で被われる．絨毛上皮細胞には，吸収細胞に加え，核上部に PAS 陽性の分泌顆粒を持った杯細胞が多数認められる．粘膜下組織に見られる腸腺にも PAS 陽性の分泌顆粒が見られる．（図 III. 1. 6）

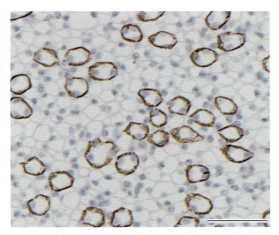

口絵 12 酵素抗体法．HRP 標識 2 次抗体を用いた酵素抗体法の例（マウス腎臓髄質でアクアポリン 3 を染色）を示した．基質は過酸化水素と DAB を用い，茶褐色に発色した．ヘマトキシリンで核を染色し，通常の明視野顕微鏡で観察した．集合管細胞が陽性である．スケールバー：50 μm．（図 III. 2. 6）

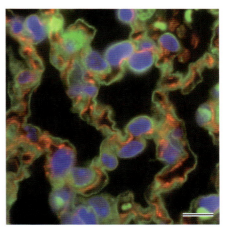

口絵 13 蛍光抗体法による多重染色．ウサギで作製した 1 次抗体（アクアポリン 1）と，モルモットで作製した 1 次抗体（アクアポリン 5）を用いた二重染色の例（マウス肺）を示した．2 次抗体は，ロバで作製し Alexa Fluor488（緑）で標識したウサギ IgG に対する抗体と，ロバで作製し Rhodamine Red-X（赤）で標識したモルモット IgG に対する抗体で蛍光標識した．また細胞核を DAPI で標識した（青）．蛍光顕微鏡で観察．アクアポリン 1 は血管内皮に，アクアポリン 5 は肺胞上皮に陽性である．スケールバー：10 μm．（図 III. 2. 7）

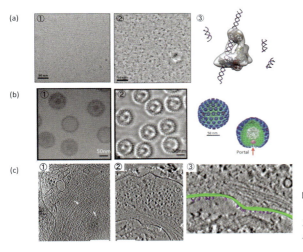

口絵 14 位相差電顕応用による生物学的発見．（a）ヒトダイサーの RNA 結合構造，（b）ヒトヘルペスウイルスの DNA 出入り口構造，（c）PtK2 細胞表面の膜タンパク質．（図 VI. 4. 4）

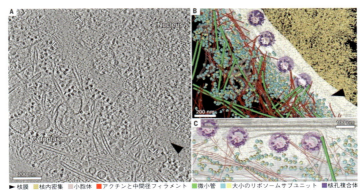

口絵 15 位相差低温電子顕微鏡で明らかになった HeLa 細胞の核周辺超微小構造（Mahamid *et al*, 2016）．
A：200 nm 凍結切片の 1 断層像，B：断層像より解釈した立体的各種超微小構造，
C：超微小構造を分節抽出した断面像．（図 VI. 4. 6）

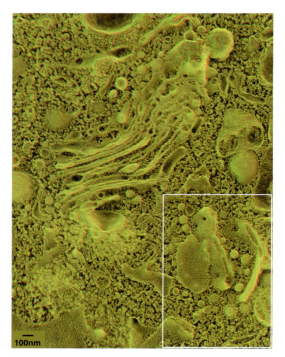

口絵 16　マウス由来初代培養神経細胞の細胞体内部にあるゴルジ装置近傍のフリーズフラクチャー像．ゴルジ体ネットワークの広い領域で，ゴルジ扁平嚢の層状構造が割断されている．小胞体側のシス・ゴルジ網，反対側のトランス・ゴルジ網，側面のゴルジ嚢が可視化されているとすると，クラスリン被覆小胞ばかりでなく，COPI や COPII による被覆小胞も割断されている．（図 VII. 7. 2）

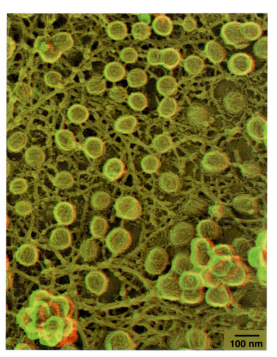

口絵 17　ヒト由来膀胱上皮細胞のベーサル細胞膜の細胞質側表面ディープエッチング像（ステレオアナグリフ像）．カベオラが集積した領域でも，すべてのカベオラに膜骨格のアクチン線維が構造的に直接つながっている．アナグリフ像により，カベオラの渦巻き状のストランド構造がより明瞭に観察できる．3 次元的にカベオラが重層したカベオソームも可視化されている．（図 VII. 7. 4）

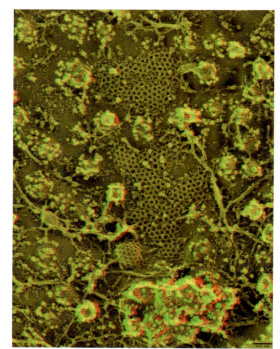

口絵 19　凍結切片のリード（図 VIII. 1. 2）

口絵 18　ヒト由来膀胱上皮細胞のカベオラに対する免疫レプリカ像（ステレオアナグリフ像）．図 VII. 7. 5 と染色プロトコールは同じである．クラスリン被覆ピットと比べて，カベオラに多くの免疫金コロイドが検出されていることがわかる．スケールバー：100 nm．（図 VII. 7. 6）

口絵 20 キャリアーを切断し, 露出した試料 (図 VIII. 1. 4)

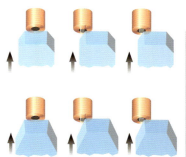

口絵 21 試料の精密トリミング (図 VIII. 1. 5)

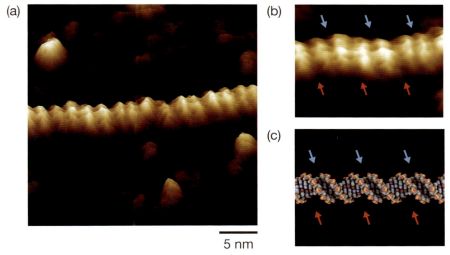

口絵 22 (a) 液中 FM-AFM により観察された DNA 分子 (pUC18 プラスミド DNA) の二重らせん構造. (b) は (a) の部分拡大像を示す. (c) (b) で観察された構造に対応する二重らせん DNA の構造モデル. (b, c) の赤い矢印と青い矢印は, DNA の二重らせん骨格の間隙に交互に現れる主溝と副溝をそれぞれ示す. (図 IX. 2. 3)

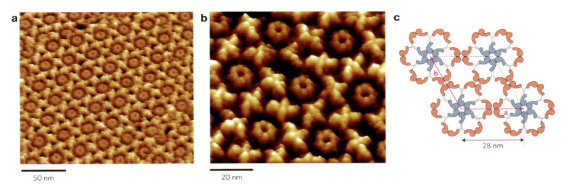

口絵 23 (a) $MgCl_2$ 溶液中で観察された IgG 分子六量体の 2 次元結晶の FM-AFM 像. (b) (a) の拡大像. 2 次元結晶構造は, 六つの Fc 領域で構成される円環構造とその周囲に四つの Fab 領域からなる X 字型構造を基本構造として形作られている. (c) 観察された FM-AFM 像をもとにした 2 次元結晶の分子モデル. (図 IX. 2. 4)

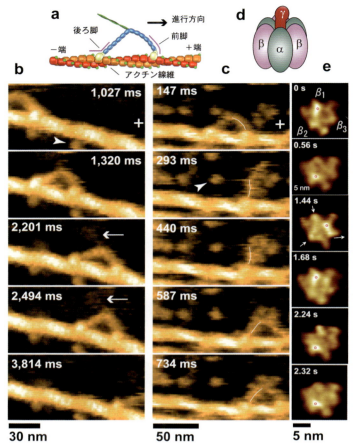

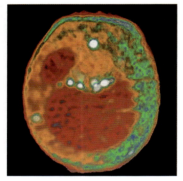

口絵24 動作中のタンパク質の高速 AFM 像. (a) アクチン線維に結合した M5-HMM 分子の模式図, (b) 一方向運動する M5-HMM を捉えた高速 AFM 像, (c) M5-HMM が一歩前進する途中のプロセスを捉えた高速 AFM 像, (d) F_1-ATPase のサブ複合体 $\alpha_3\beta_3\gamma$ の模式図, (e) ATP を分解している $\alpha_3\beta_3$ サブ複合体の構造変化の回転伝播を捉えた高速 AFM 像. (図 IX. 3. 4)

口絵25 軟 X 線顕微鏡 CT による撮影例 (図 X. 1. 5)

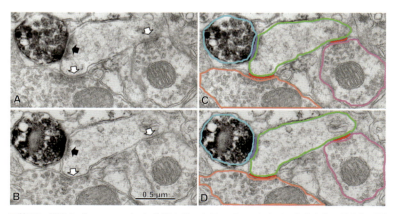

口絵26 縁取り (segmentation) 作業の例. A, B：三つのシナプス入力を持つ棘突起 (黒矢印：興奮性シナプス入力, 白矢印：抑制性シナプス入力) の連続電顕画像. C, D：興奮性神経終末 (水色), 興奮性シナプス (紫色), 抑制性神経終末 (ピンク色, オレンジ色), 抑制性シナプス (赤色), 棘突起 (黄緑色) で縁取りした. (図 XII. 1. 2)

はしがき

　「見ることは信ずることである」……よく引き合いに出される格言である．医学，生物学をはじめとするライフサイエンスにあっても，人々は実像を目にすることによってその存在を確信し，「もっと詳しく見たい」という衝動が科学を発展させる大きなモーメントになってきた．かくして，肉眼では見ることのできない領域にもミクロやナノの世界が展開されていることは，今や誰もが信じて疑わない事実である．こうした微細な世界を次々に眼前のものとしてきたのは，とりもなおさず顕微鏡である．

　ライフサイエンスの現場では，新しい顕微鏡法の開発と応用が新しい研究の視点を生み出し，そこからさらにまた大きな学問領域が展開されている．これは電子顕微鏡の登場により，細胞生物学という学問領域が生まれ，さらに新しい顕微鏡法や標識法の開発により，分子細胞生物学や構造生物学として急速に深化してきた事実からも首肯できる．また，現在も新しい理論による顕微鏡法の開発が発展を続け，それによって研究のスコープが拡大され，それがそのまま生命科学の発展を牽引していることは誰もが知るところである．言い換えると顕微鏡の発展は生命観を塗り替えつつ，常に新しい時代を指向する原動力となっている．その一方で，従来からある日常的な光学顕微鏡法などについては，技術の伝承がままならなくなってきているといった，研究環境の変化も喫緊の課題として巷間話題にされて久しい．

　躍動するライフサイエンスを駆動させる多彩な顕微鏡法について，その現状と将来動向を集大成する書物を世に公刊することは，顕微鏡科学の到達点を的確に把握すると同時に，次世代におけるライフサイエンスの発展に向けて大きな力となるものと期待される．

　このような背景のもと，顕微鏡科学の最前線で活躍中の多くの生命科学者ならびに各分野のエキスパートの方々に，それぞれの領域での顕微鏡の現況と近未来への展望を含めて論考をお願いした．それにあたり，新しい装置については原理，機構，適切な標本，どのような目的に使用できるかについて，その装置で得られる代表的な画像を提示しながら解説していただいた．また，従前からの装置については，現状の解説に加えて，近未来的な発展の方向性についても言及する一方で，装置の日常的な保守管理，標本作製についてのノウハウ的な記載は極力抑え，引用文献には基本的に重要な総説，書物を挙げていただく

ように編集方針を策定して，執筆をお願いした．

その結果，可視光によるものとしては従来の光学顕微鏡からレーザー光を応用した超解像顕微鏡に至るまで，電子線の応用による TEM, SEM, クライオ電顕，さらには新しい原理によるプローブ顕微鏡，X 線顕微鏡，質量顕微鏡など，それらの原理や応用法，適切な標本作製に加えて，画像処理と 3 次元再構築に至るまで，21 世紀初頭における顕微鏡科学の全貌が網羅されて，他に類を見ないハンドブックとして完成させることができた．そのため，本書は生命科学領域の研究機関，食品，医薬品，バイオ関連等の企業の研究所などにおいて，顕微鏡を使用する研究者・技術者および学生・大学院生，ならびに顕微鏡および関連装置のメーカーで開発に当たる研究者・技術者にとって，必携の書物として重用されるに違いない．研究の第一線で活躍している研究者にとっても，もう一度立ち止まって顕微鏡科学全体の動向を振り返る良い機会となることであろう．また，これから顕微鏡を使った研究を開始しようとする若い研究者には，バラエティに富む顕微鏡の世界において，装置や技法の原理から応用に至る学理が詳細に記載されているので，常に座右から手放せない書物となると信ずる．

我が国は顕微鏡科学において世界を牽引する多くの優秀な研究者を輩出してきたと同時に，世界に冠たるいくつもの光顕，電顕のメーカーが肩を並べている．先人が築いた顕微鏡大国のメリットを享受するとともに，さらに大きく飛躍させる上で本書が貢献できるなら，望外の喜びである．しかし，もとよりこの領域は発展のテンポが速い．数年ごとに内容の見直しを行いながら，生命科学に携わる多くの研究者に向けた指南書として，末永く本書の地位を高めていきたいと念願している．

このはしがきを執筆している折しも，2017 年のノーベル化学賞がクライオ電顕法の開発に功績があった Jacques Dubochet, Joachim Frank, Richard Henderson の 3 博士に授与されるとの発表があった．顕微鏡の関係する分野では，1986 年に Ernst August Friedrich Ruska が電子顕微鏡の開発，Gerd Binnig と Heinrich Rohrer とが走査型トンネル顕微鏡の開発でノーベル物理学賞を授与されたのをはじめ，ノーベル賞を受賞した研究者は枚挙に暇がないが，今回の受賞は，顕微鏡科学が快調に走り続けていることを象徴しているように思われて，嬉しいニュースである．

2017 年 12 月

責任編者

山 科 正 平

高 田 邦 昭

編者・執筆者一覧

責任編者

山科 正平	北里大学名誉教授	
高田 邦昭	群馬県立県民健康科学大学	

編集委員（五十音順）

牛木 辰男　新潟大学	髙松 哲郎　京都府立医科大学名誉教授
臼倉 治郎　名古屋大学	寺川 進　浜松医科大学名誉教授
岡部 繁男　東京大学	藤本 豊士　名古屋大学

執筆者（五十音順）

安藤 敏夫　金沢大学	寺川 進　浜松医科大学名誉教授
伊東 祐博　(株)日立ハイテクノロジーズ	中川 輝良　Vanderbilt University
伊藤 広　EIZO(株)	永山 國昭　永山顕微鏡研究所（ライフイズスモール・カンパニー）
伊藤 喜子　ライカマイクロシステムズ(株)	
牛木 辰男　新潟大学	成田 哲博　名古屋大学
臼倉 治郎　名古屋大学	塗谷 睦生　慶應義塾大学
内山 安男　順天堂大学	野口 潤　国立精神・神経医療研究センター
大﨑 雄樹　名古屋大学	野中 茂紀　基礎生物学研究所
大野 伸一　山梨大学名誉教授	馬場 則男　工学院大学
大野 伸彦　自治医科大学	馬場 美鈴　工学院大学
小柏 剛　(株)日立ハイテクノロジーズ	原 徹　物質・材料研究機構
岡部 繁男　東京大学	原田 義規　京都府立医科大学
小澤 一史　日本医科大学	藤田 克昌　大阪大学
小橋 一喜　東京大学	藤本 豊士　名古屋大学
河西 春郎　東京大学	藤原 敬宏　京都大学
木原 裕　姫路日ノ本短期大学	ホイザー, ジョン　京都大学
楠見 明弘　沖縄科学技術大学院大学	正木 紀隆　浜松医科大学
窪田 芳之　生理学研究所	松﨑 利行　群馬大学
甲賀 大輔　旭川医科大学	丸野 正　浜松ホトニクス(株)
小路 武彦　長崎大学	光岡 薫　大阪大学
小竹 航　(株)日立ハイテクノロジーズ	南川 丈夫　徳島大学
澤口 朗　宮崎大学	峰雪 芳宣　兵庫県立大学
繁野 雅次　(株)日立ハイテクノロジーズ	宮澤 淳夫　兵庫県立大学
相村 春彦　浜松医科大学	武藤 俊介　名古屋大学
鈴木 倫毅　Duke University	村田 和義　生理学研究所
瀬藤 光利　浜松医科大学	諸根 信弘　京都大学
高田 邦昭　群馬県立県民健康科学大学	八尾 寛　東北大学
髙松 哲郎　京都府立医科大学名誉教授	安永 卓生　九州工業大学
瀧澤 俊広　日本医科大学	山岡 禎久　佐賀大学
竹居 光太郎　横浜市立大学	山科 正平　北里大学名誉教授
竹本 邦子　関西医科大学	山田 啓文　京都大学

目　　次

第I部　顕微鏡の歴史
[編著：山科正平]

1 人間とレンズの関わり　1
2 複式顕微鏡の創作とミクロの世界への関心　1
3 レウエンフックの単レンズ顕微鏡　2
4 複式顕微鏡の改良　3
　4.1 リスターによる色消しレンズの開発／4.2 ツァイスによる顕微鏡の開発／4.3 鏡体の改良
5 20世紀前半に展開された技術革新　4
　5.1 暗視野照射法／5.2 位相差顕微鏡法／5.3 偏光顕微鏡／5.4 微分干渉顕微鏡／5.5 蛍光顕微鏡
6 日本における顕微鏡史　4
7 透過型電子顕微鏡の開発　6
　7.1 電子顕微鏡の開発／7.2 日本製の電子顕微鏡／7.3 電子顕微鏡の収差補正
8 走査型電子顕微鏡の開発　7
9 走査型プローブ顕微鏡の開発　8
10 共焦点レーザー走査顕微鏡　8
11 現代の多様な顕微鏡法　8

第II部　光学顕微鏡の原理と鏡体，用途
[編：髙松哲郎・岡部繁男・寺川　進]

1 一般の顕微鏡　……………………………………………………………………[寺川　進]…11
　1.1 対物レンズ　12
　1.2 対物レンズの明るさと分解能　13
　1.3 顕微鏡の照明法　13
　1.4 暗視野照明　15
　1.5 対物レンズの作用　15
　1.6 分 解 能　16
　1.7 古典的分解能　16
　1.8 フーリエ光学　17
　1.9 収　　差　18
　　1.9.1 球面収差／1.9.2 コマ収差／1.9.3 非点収差／1.9.4 像面湾曲収差／1.9.5 歪曲収差／1.9.6 色収差
　1.10 収差の補正　19
　1.11 画像のコントラスト　19
　1.12 無染色でコントラストをつくる方法　20
　1.13 偏光顕微鏡　20
　1.14 鉱物顕微鏡　21
　1.15 実体顕微鏡　21
2 微分干渉顕微鏡　……………………………………………………………………[寺川　進]…22
　2.1 コントラストの生成　22
　2.2 光 学 系　23
　2.3 特　　徴　23
　2.4 何が見えるか　25
　2.5 今後の展開　26

3 位相差顕微鏡 ……………………………………………………［寺川　進］… 27
- 3.1 位相差を明暗に換える　27
- 3.2 位相差顕微鏡の使用法　28
- 3.3 ヒルベルト位相差顕微鏡　29
- 3.4 定量位相差法（QPM）　29
  - 3.4.1 定量位相差法Ⅰ／3.4.2 定量位相差法Ⅱ
- 3.5 アポダイゼージョン位相差法　31

4 全反射照明蛍光顕微鏡 ………………………………………［寺川　進］… 31
- 4.1 全反射光による蛍光励起　31
- 4.2 1分子蛍光像　32
- 4.3 超高開口数レンズ　33
- 4.4 対物レンズ型全反射照明系　34
- 4.5 全反射光による構造化照明　34
- 4.6 カバーガラス付対物レンズ　35

5 蛍光顕微鏡 ……………………………………［原田義規・髙松哲郎］… 36
- 5.1 はじめに　36
- 5.2 蛍光とは　36
- 5.3 蛍光顕微鏡の特徴・利点　37
- 5.4 蛍光顕微鏡の基本システム　37
  - 5.4.1 光源／5.4.2 フィルターの組み合わせ／5.4.3 光検出器
- 5.5 蛍光の退色を防止するには　39
- 5.6 おわりに　39

6 共焦点顕微鏡 …………………………………［原田義規・髙松哲郎］… 40
- 6.1 はじめに　40
- 6.2 点像強度分布　40
- 6.3 共焦点レーザー走査顕微鏡の原理と特徴　40
- 6.4 共焦点レーザー走査顕微鏡の装置　41
  - 6.4.1 光路の概略／6.4.2 サブシステム
- 6.5 高品質な画像を取得するには　43
- 6.6 蛍光色素　44
- 6.7 実験例　45
  - 6.7.1 固定サンプルにおける3次元解析／6.7.2 生細胞・生組織内で機能分子の動態を観察
- 6.8 おわりに　47

7 ラマン分光顕微鏡 ……………………………［南川丈夫・髙松哲郎］… 47
- 7.1 ラマン分光の原理　47
- 7.2 ラマン分光顕微鏡の特徴と使用目的　48
- 7.3 ラマン分光顕微鏡の構造　50
  - 7.3.1 光源／7.3.2 照明・検出光学系／7.3.3 検出器／7.3.4 試料
- 7.4 特殊なラマン分光顕微鏡　51
  - 7.4.1 共鳴ラマン散乱を利用したラマン分光顕微鏡／7.4.2 偏光ラマン分光顕微鏡／7.4.3 表面増強ラマン分光顕微鏡／7.4.4 ラマンタグを用いた標識型ラマン分光顕微鏡
- 7.5 ラマン分光顕微鏡の展望　54

8 非線形顕微鏡 ……………………………………………………［塗谷睦生］… 55
- 8.1 はじめに　55
- 8.2 原理と特徴　55
- 8.3 顕微鏡の構成　57
- 8.4 応用　58
  - 8.4.1 多光子励起顕微鏡／8.4.2 光第2高調波発生（SHG）／8.4.3 コヒーレント反ストークスラマン散乱（CARS），誘導ラマン散乱（SRS）

9 超解像光学顕微鏡 ……………………………………………［藤田克昌］… 64
- 9.1 蛍光顕微鏡の空間分解能　64
  - 9.1.1 広視野蛍光顕微鏡／9.1.2 レーザー走査型蛍光顕微鏡
- 9.2 超解像顕微鏡の原理　66
  - 9.2.1 局在化顕微鏡／9.2.2 構造化照明顕微鏡／9.2.3 誘導放出制御

顕微鏡／9.2.4　RESOLFT 顕微鏡

10　FRAP, FLIM, FRET ································[小橋一喜・岡部繁男]…71
　10.1　蛍　　光　71
　10.2　FRAP　71
　　　10.2.1　原理／10.2.2　関連方法
　10.3　FLIM　74
　　　10.3.1　原理／10.3.2　測定方法
　10.4　FRET　76
　　　10.4.1　原理／10.4.2　測定法

第 III 部　光学顕微鏡のための標本作製と応用技法
[編：山科正平・高田邦昭]

1　切片の作製と染色 ···[内山安男]…81
　1.1　固　　定　81
　　　1.1.1　化学固定とそのための試薬／
　　　1.1.2　物理固定
　1.2　包　　埋　84
　　　1.2.1　パラフィン包埋／1.2.2　セ
　　　ロイジン包埋
　1.3　薄　　切　86
　　　1.3.1　ミクロトーム／1.3.2　パラ
　　　フィン切片の作製／1.3.3　セロイ
　　　ジン切片の作製／1.3.4　その他
　1.4　染　　色　87
　　　1.4.1　HE 染色／1.4.2　アザン染
　　　色／1.4.3　過ヨウ素酸-シッフ反応
　　　(periodic acid-Schiff reaction：PAS
　　　反応)／1.4.4　その他の特殊染色

2　組織化学法と標識物質 ···91
　2.1　酵素組織化学法　[瀧澤俊広]　91
　　　2.1.1　酵素組織化学の歴史／2.1.2
　　　酵素組織化学の基本原理／2.1.3
　　　酵素組織化学の現状と展望
　2.2　免疫組織化学法　[松﨑利行]　95
　　　2.2.1　原理／2.2.2　いろいろな標
　　　識物／2.2.3　多重染色／2.2.4
　　　高感度な方法や増感処理
　2.3　in situ ハイブリダイゼーション法
　　　とその応用　[小路武彦]　101
　　　2.3.1　ISH の必要性／2.3.2　ISH
　　　の基本原理と反応理論／2.3.3　試
　　　料やプローブの選択肢／2.3.4　具
　　　体的操作と注意点／2.3.5　最低必
　　　要な対照実験

第 IV 部　生きた細胞，組織・器官の観察
[編：岡部繁男・寺川　進]

1　生きた培養細胞の観察 ··[寺川　進]…107
　1.1　細　　胞　107
　1.2　温度制御した溶液を培養ディッシ
　　　ュに灌流する　107
　1.3　恒温箱を使う　108
　1.4　恒温箱一体型の顕微鏡　109
　1.5　ガスの供給　109
　1.6　刺　　激　110

2 生きた組織の観察 ………[野中茂紀]…112
- 2.1 光シート顕微鏡法の基本原理 112
- 2.2 分解能と視野の関係 112
- 2.3 光シート顕微鏡の長所と短所 113
  - 2.3.1 低退色・低光毒性／2.3.2 高速性／2.3.3 深部観察能／2.3.4 観察中の対物レンズ交換が困難／2.3.5 光シートの劣化
- 2.4 光シート顕微鏡の光学的工夫 113
  - 2.4.1 マルチビュー撮影／2.4.2 双方向照射・双方向撮影／2.4.3 同一平面内の異なる角度からの照射／2.4.4 構造照明／2.4.5 2光子化／2.4.6 ベッセルビームの利用／2.4.7 i-SPIM, di-SPIM
- 2.5 試料周りの技術 115
  - 2.5.1 固い担体の使用／2.5.2 フッ化エチレンプロピレン（FEP）担体の使用／2.5.3 植物のためのセットアップ／2.5.4 試料を動かさない光学系

3 生きた個体の観察 ………[岡部繁男]…116
- 3.1 2光子顕微鏡を利用した個体の観察のメリット 116
- 3.2 2光子顕微鏡による個体観察の実例 117
  - 3.2.1 蛍光プローブの組織発現／3.2.2 個体観察のための動物の操作／3.2.3 2光子顕微鏡による画像取得
- 3.3 2光子顕微鏡の技術的な改良 118
  - 3.3.1 瞬間的なレーザーパワーの増加による方法／3.3.2 波面補償光学系による方法／3.3.3 2光子深部イメージングの理論的な限界
- 3.4 エンドスコープによる組織深部観察 120

第Ⅴ部 光によるマニピュレーション
[編：岡部繁男]

1 光ピンセット ………[楠見明弘・藤原敬宏]…123
- 1.1 はじめに 123
- 1.2 光ピンセット法の基礎 123
  - 1.2.1 光ピンセットの原理／1.2.2 光ピンセットはやわらかいバネ秤である／1.2.3 生体分子に把手をつけてつかむ
- 1.3 光ピンセット装置 126
- 1.4 ナノ計測技術 126
- 1.5 細胞膜内の分子に働く力の2次元マッピング 126
- 1.6 おわりに 127

2 光照射分子不活性化法（CALI/FALI法） ………[竹居光太郎]…128
- 2.1 はじめに 128
- 2.2 CALI法の原理 128
- 2.3 CALI法の改変法 129
- 2.4 CALI法の適用例 129
  - 2.4.1 Micro-CALI法とMacro-CALI法／2.4.2 Micro-CALI法の主な実験手順／2.4.3 神経成長円錐における実験例／2.4.4 CALI/FALI法によるスクリーニング
- 2.5 今後の課題 130

3 ケイジド化合物 ························[野口　潤・河西春郎]···131
　3.1 ケイジド化合物に関して　131
　　3.1.1 ケイジド化合物／3.1.2 ケイジド化合物の励起／3.1.3 ケイジド化合物の特性を示す指標／3.1.4 実際のケイジド化合物（ケイジドグルタミン酸）
　3.2 ケイジド化合物の使用　135
　　3.2.1 アンケイジングに用いられる光源／3.2.2 ケイジド化合物の組織中濃度の推定／3.2.3 アンケイジングの実施例／3.2.4 オプトジェネティクスとケイジド化合物を用いた実験の特徴の比較／3.2.5 2光子アンケイジング励起範囲の調節
　3.3 おわりに　137

4 オプトジェネティクス操作法 ························[八尾　寛]···138
　4.1 オプトジェネティクス（光遺伝学）　138
　4.2 光感受性機能タンパク質　138
　4.3 オプトジェネティクス技術課題　140
　　4.3.1 チャネルロドプシンの最適化／4.3.2 細胞種選択的発現系の確立／4.3.3 顕微鏡照射法
　4.4 おわりに　142

第VI部　電子顕微鏡の原理と鏡体
［編：藤本豊士・牛木辰男］

1 透過型電子顕微鏡 ························145
　1.1 原理，鏡体の構造，収差補正，電子線回折法　［安永卓生］　145
　　1.1.1 結像の原理／1.1.2 透過型電子顕微鏡の鏡体／1.1.3 像のコントラスト／1.1.4 収差補正／1.1.5 電子線回折法
　1.2 超高圧電子顕微鏡　［村田和義］　150
　　1.2.1 超高圧電子顕微鏡の特徴／1.2.2 超高圧電子顕微鏡の周辺技術／1.2.3 超高圧電子顕微鏡の将来像

2 走査型電子顕微鏡 ························155
　2.1 原理，鏡体の構造　［牛木辰男］　155
　　2.1.1 SEMの原理／2.1.2 SEMの基本構造／2.1.3 高分解能SEM／2.1.4 低加速電圧SEM／2.1.5 環境制御型SEM
　2.2 SEMによる寸法測長，3次元SEM，SEMとマニピュレーション　［伊東祐博・小竹　航・小柏　剛］　158
　　2.2.1 SEMによる寸法測長／2.2.2 3次元SEM／2.2.3 SEMとマニピュレーション

3 分析電子顕微鏡 ························163
　3.1 X線分析　［武藤俊介］　163
　　3.1.1 エネルギー分散型検出器／3.1.2 波長分散型検出器／3.1.3 定性分析／3.1.4 定量分析／3.1.5 SEM/STEMによる元素マッピング／3.1.6 さらに進んだ分析

3.2 電子エネルギー損失分光法
　　（EELS）［武藤俊介］166
　　3.2.1 ポストコラム型分光器とインコラム型分光器／3.2.2 EELS分析の基礎／3.2.3 エネルギーフィルターとスペクトラムイメージ／3.2.4 今後の進展

3.3 マイクロカロリメータ［原　徹］168
　　3.3.1 EDSによる組成分析における精度・感度の問題点／3.3.2 X線検出器のエネルギー分解能／3.3.3 高エネルギー分解能X線検出器

4 位相差電子顕微鏡 ･･［永山國昭］･･･172
　4.1 歴史的背景 172
　4.2 位相差法の原理 172
　　4.2.1 透明物体は位相物体／4.2.2 結像原理と位相問題／4.2.3 位相差法の定式化
　4.3 位相差法の分類と装置 175
　　4.3.1 位相差法の分類／4.3.2 ゼルニケ位相差法の中心デバイス
　4.4 位相差法の実践的応用 176
　4.5 生物学における位相差法の有効利用 177
　　4.5.1 タンパク質への応用／4.5.2 ウイルスへの応用／4.5.3 細胞への応用
　4.6 帯電問題を解決した最近の発展 179

第VII部　電子顕微鏡のための標本作製と応用技法
［編：臼倉治郎］

1 超薄切片法 ･･･［小澤一史］･･･183
　1.1 はじめに 183
　1.2 固　　定 183
　　1.2.1 グルタルアルデヒド／1.2.2 四酸化オスミウム／1.2.3 固定液補助剤／1.2.4 実際の実用的な固定液
　1.3 脱水，置換 185
　1.4 包　　埋 185
　1.5 超薄切片の作製 186
　1.6 電子染色 187

2 低角度回転蒸着法と負染色法 ･･188
　2.1 低角度回転蒸着法［臼倉治郎］188
　　2.1.1 グリセリン法／2.1.2 マイカフレーク法
　2.2 負染色法［成田哲博］191
　　2.2.1 負染色法とは／2.2.2 染色剤の選択／2.2.3 負染色用グリッド／2.2.4 グリッド親水化／2.2.5 試料の染色／2.2.6 よい試料をつくる

3 SEMのための標本作製 ･･････････････････････････････････････［甲賀大輔］･･･194
　3.1 固　　定 194
　　3.1.1 浸漬固定／3.1.2 灌流固定
　3.2 導電染色法 195
　3.3 脱水・乾燥法 195
　　3.3.1 臨界点乾燥法／3.3.2 凍結乾燥法
　3.4 載　　台 196
　3.5 金属コーティング 196

3.6 SEM観察　197
　3.6.1　細胞成分観察法（結合組織消化法）／3.6.2　結合組織観察法／3.6.3　細胞内構造観察法／3.6.4　脈管鋳型作製法

4 電顕組織化学法と標識物質　　　　　　　　　　　　　　　　［藤本豊士・大﨑雄樹・鈴木倫毅］…198
4.1 電顕酵素組織化学　198
　4.1.1　基本的操作／4.1.2　グルコース-6-ホスファターゼ（G6Pase）活性検出法
4.2 免疫電顕法　200
　4.2.1　膜に孔をあけ抗体を細胞内に浸透させる方法／4.2.2　細胞・組織の超薄切片をつくり，その表面に抗体を反応させる方法／4.2.3　凍結割断レプリカに抗体を反応させる方法
4.3 電顕用の標識物　201
　4.3.1　西洋ワサビペルオキシダーゼ（HRP）／4.3.2　ナノゴールド／4.3.3　金コロイド／4.3.4　その他

5 急速凍結・凍結置換法　　　　　　　　　　　　　　　　　　　　　　　　　　　　［澤口　朗］…203
5.1 化学固定法と物理固定法　203
5.2 加圧凍結法　204
5.3 凍結置換法　204

6 生体内凍結技法　　　　　　　　　　　　　　　　　　　　　　　　　　［大野伸一・大野伸彦］…206
6.1 生体内凍結技法の概略　206
6.2 液性イソペンタン・プロパン混合寒剤の作製法　206
6.3 自動開閉弁付生体内凍結装置の使用法　206
6.4 実験小動物の処理法　207
6.5 マウス生体内小脳分子層の電顕的解析応用　208

7 フリーズレプリカ法　　　　　　　　　　　　　　　　　　　　　　　　［諸根信弘・ホイザー，ジョン］…208
7.1 フリーズフラクチャー法　208
　7.1.1　細胞の凍結／7.1.2　細胞の割断／7.1.3　細胞のレプリカ作製／7.1.4　細胞のアナグリフ観察
7.2 ディープエッチング法　210
　7.2.1　細胞膜の裸出／7.2.2　細胞膜のディープエッチング
7.3 免疫レプリカ法　211
　7.3.1　細胞膜の免疫染色／7.3.2　組織・細胞の内部構造への免疫染色

8 光学顕微鏡と電子顕微鏡との対比観察　　　　　　　　　　　　　　　　　　　　　［峰雪芳宣］…212
8.1 ライブイメージング観察した細胞の対比観察　212
8.2 *in vitro* 光顕観察との対比観察　214
8.3 電顕で観察している領域の細胞・組織内での位置の特定　214

第VIII部　クライオ電顕法
［編：臼倉治郎］

1 CEMOVIS　　　　　　　　　　　　　　　　　　　　　　　　　　　　　　［伊藤喜子・宮澤淳夫］…217
1.1 凍結切削の原理　217
1.2 cryo-TEM 観察　218
1.3 標本作製　218
　1.3.1　キャリアーの切り出し（必要に応じて）／1.3.2　精密トリミング（必須）／1.3.3　超薄切片の

作製／1.3.4 用途／1.3.5 課題, 応用

2 電子線結晶学 　　　［光岡　薫］…222
- 2.1 電子線結晶学　222
  - 2.1.1 2次元結晶作製／2.1.2 電子顕微鏡観察と画像解析／2.1.3 電子線結晶解析の具体例
- 2.2 らせん再構成法　224
  - 2.2.1 電子顕微鏡観察と画像解析／
  - 2.2.2 らせん再構成の具体例
- 2.3 正二十面体対称からの再構成　225
  - 2.3.1 電子顕微鏡観察と画像解析／
  - 2.3.2 正二十面体対称を用いた解析の具体例

3 単粒子解析による生体高分子の構造解析 　　　［中川輝良］…227
- 3.1 単粒子解析の原理　227
- 3.2 試 料 作 製　229
- 3.3 電子顕微鏡を用いたデータ採取　231
- 3.4 画像処理によるデータ解析　233
- 3.5 実践に重要な知識　233
- 3.6 2017年ノーベル化学賞　233

第 IX 部　走査型プローブ顕微鏡
［編：牛木辰男・髙松哲郎］

1 走査型プローブ顕微鏡の生物試料への応用 　　　［繁野雅次］…235
- 1.1 は じ め に　235
- 1.2 SPM の概要　235
- 1.3 AFM の原理と構成　236
- 1.4 プローブとカンチレバー　237
- 1.5 液中での観察について　237
- 1.6 測 定 事 例　238
- 1.7 お わ り に　239

2 高分解能原子間力顕微鏡 　　　［山田啓文］…239
- 2.1 は じ め に　239
- 2.2 FM-AFM の動作原理　239
- 2.3 溶液中観察への応用　240
  - 2.3.1 カンチレバー変位検出雑音の低減／2.3.2 小振幅モードによるFM-AFM の高感度化
- 2.4 FM-AFM による生体分子観察　241
  - 2.4.1 DNA 二重らせん構造観察／
  - 2.4.2 IgG 抗体
- 2.5 展　　　望　240

3 高速原子間力顕微鏡 　　　［安藤敏夫］…243
- 3.1 高速 AFM の原理　243
- 3.2 カンチレバー, 試料ステージ, 基板　244
  - 3.2.1 カンチレバー／3.2.2 試料ステージ／3.2.3 試料基板
- 3.3 分子イメージング　245
  - 3.3.1 歩行中のミオシン V／3.3.2 構造が回転伝播する F_1-ATPase
- 3.4 将 来 展 望　247

4 走査型イオン伝導顕微鏡（イオンコンダクタンス顕微鏡） 　　　［牛木辰男］…248
- 4.1 原理と基本構成　248
- 4.2 SICM の特徴　249

4.3 応用例 250
　4.3.1 コラーゲン細線維のSICM観察／4.3.2 培養細胞のSICM観察／4.3.3 組織の観察
4.4 将来展望 251

第 X 部　多彩な顕微鏡
〔編：髙松哲郎〕

1　**X線顕微鏡** ……………………………………〔木原　裕・竹本邦子〕…253
　1.1 結像型軟X線顕微鏡 253
　1.2 走査型軟X線顕微鏡 254
　1.3 X線蛍光をプローブとした顕微鏡 254
　1.4 硬X線顕微鏡 255
　1.5 X線回折顕微鏡 255
2　**光音響顕微鏡** ………………………………〔山岡禎久・髙松哲郎〕…256
　2.1 原理と特徴 256
　2.2 装　　置 256
　2.3 何が測定できるのか？ 257
　2.4 まとめ 259
3　**質量顕微鏡** …………………………………〔正木紀隆・瀬藤光利〕…259
　3.1 原　　理 259
　3.2 何がわかるか 260
　3.3 標本の調整 262

第 XI 部　画像記録と画像処理
〔編：寺川　進〕

1　**顕微鏡のための撮像素子** ………………………………………〔丸野　正〕…265
　1.1 CCD 265
　　1.1.1 インターラインCCD／1.1.2 裏面入射型フレームトランスファCCD／1.1.3 電子増倍型CCD
　1.2 科学計測用CMOS：SCMOS 267
　1.3 EM-CCDとSCMOSの比較 269
　1.4 各撮像方式の比較とまとめ 270
2　**顕微鏡画像のデジタル処理** …………………………………〔寺川　進〕…270
　2.1 画像は2次元マトリクス 270
　2.2 画像のデジタル化 270
　2.3 画像の数値処理 271
　2.4 マトリクスによるフィルター処理 272
　2.5 画像のフーリエ変換処理 272
　2.6 移動対象の追跡 273
　2.7 デコンボリューション 274
　2.8 デジタル共焦点顕微鏡 274
　2.9 動画撮影とイメージング・プログラム 275
3　**ビデオ顕微鏡** …………………………………………………〔寺川　進〕…276
　3.1 観察するということ 276
　3.2 ビデオ 276
　3.3 ハードウエアの発展 276
　3.4 ビデオカメラと動画像の記録

　　　　　　　277
　3.5　ビデオ顕微鏡の観察法　277

3.6　ビデオ画像の時間微分　278
3.7　今後の展望　280

4　バーチャル顕微鏡といわゆるバーチャルスライド ……………………[椙村春彦]…280
　4.1　歴史と概念　281
　4.2　バーチャルスライドと電子カルテ
　　　282
　4.3　バーチャルスライドと教育　283
　4.4　バーチャルスライドと実務　283
　4.5　バーチャルスライドの利用の現状
　　　と将来　284

第XII部　3次元構築と立体画像
[編：牛木辰男]

1　各種電子顕微鏡による連続画像撮影 ……………………………………[窪田芳之]…287
　1.1　透過型電子顕微鏡による連続超薄
　　　切片観察法　287
　1.2　クロスビーム型電子顕微鏡　288
　1.3　ダイヤモンドナイフ切削型走査電
　　　子顕微鏡　290
　1.4　連続超薄切片自動テープ回収型ウ
　　　ルトラミクロトーム　291
　1.5　改造型TEMを使った広領域連続
　　　EM画像取得による3次元再構築
　　　法　292
　1.6　3次元再構築ソフト　292
　1.7　超薄切片の厚みの測定　293
　　　1.7.1　形状測定顕微鏡／1.7.2
　　　SEM
　1.8　将来展望　293

2　電顕トモグラフィー法 …………………………………………[馬場則男・馬場美鈴]…294
　2.1　基本原理　294
　　　2.1.1　投影像と構造との線形性／
　　　2.1.2　再構成の原理／2.1.3　原理
　　　に基づく再構成法／2.1.4　分解能
　　　と情報欠落
　2.2　応用例　296
　　　2.2.1　撮影と前処理／2.2.2　一軸
　　　傾斜トモグラフィー／2.2.3　二軸
　　　傾斜トモグラフィー／2.2.4　連続
　　　切片トモグラフィー／2.2.5　クラ
　　　イオトモグラフィー
　2.3　将来展望　300

3　立体表示と観察法 ………………………………………………………[伊藤　広]…301
　3.1　3D表示の基礎　301
　　　3.1.1　立体視／3.1.2　3D表示と
　　　視差情報／3.1.3　2視差式と多視
　　　差式／3.1.4　交差法／平行法とア
　　　ナグリフ
　3.2　3Dモニター　303
　　　3.2.1　シャッターメガネ式／3.2.2
　　　偏光メガネ式／3.2.3　レンチキュ
　　　ラレンズ式と視差バリア式
　3.3　今後の展望　305

第 XIII 部　近未来の顕微鏡法と顕微鏡学の将来展望
[編著：高田邦昭]

1　高分解能の追求　307
2　光学顕微鏡法の限界を超える——超解像顕微鏡法の開発　308
3　光学顕微鏡と電子顕微鏡以外の顕微鏡法の発展　308
4　時間軸を持つ顕微鏡法の発展——生命のダイナミズムの観察と解析　308
5　非破壊で生体を観察する方法の発展　309
6　さまざまな顕微鏡法の統合　309
7　顕微鏡以外の画像との統合と画像データベース化　309
8　将来展望　310

索　引　311
資料編　319

第Ⅰ部
顕微鏡の歴史

1 人間とレンズの関わり

　紀元前10世紀頃のメソポタミアの遺跡より，水晶球が発掘されている．おそらく装飾品として重用されたものであろうが，好奇心の旺盛な人間なら，それをかざして向こうを見れば，物体が大きく見えることに気づいていたであろう．また，太陽光を集めて発火の道具に使った可能性も否定できない．最も早期の凸レンズということができる．

　今日のものとは異なるが，ガラスは4000年以上も前のエジプトでつくられていた．そのため，この時代の人々は，透明なガラスの曲面を利用すれば，物体が拡大されて見えることにも当然気づいていたはずである．紀元1世紀になるとローマでガラス工芸が盛んに行われるようになり，平凸レンズに相当するものが，文字を読む補助具として神職などの間で活用されていた．しかし，文字自体の普及がまだ進んでいなかったこともあり，光学に関する学理にはあまり大きな発展はなかった．2世紀になると，エジプトの地理・天文学者でもあったプトレマイオス（Claudius Ptolemaeus）は光の屈折に関する論考を行っている．

　9世紀に入ると，アラビアでギリシャ・ローマの学問を踏襲した科学が勃興した．11世紀初頭には光の屈折の研究が行われ，アルハーゼン（Al-hazen）は『光学の書（英訳書名 The Book of Optics）』全7巻を刊行した．この中で眼球の構造，光の屈折，レンズの拡大効果などがかなり詳しく述べられていて，アルハーゼンは近代光学の祖とされている．

　13世紀後半にはイタリア，特にフィレンツェで，凸レンズが拡大鏡あるいはメガネとして広く使用されるようになっていた．1521年にはマウロリクス（Maurolycus=Francesco Maurolico）がメガネのレンズ理論を体系化している．1535年までには望遠鏡がつくられていた．

2 複式顕微鏡の創作とミクロの世界への関心

　1590年頃，オランダのザカリエスとハンス・ヤンセン（Zacharias と Hans Jansen）父子が複式顕微鏡の始祖とされる顕微鏡を作製した．この顕微鏡は接眼鏡に平凸レンズ，対物鏡に凸レンズを入れた二つの鏡筒を，もう一つの筒で繋げるという構造になっている．伸ばしきると全長が45 cm，直径は5 cmほどで，3～9倍程度の倍率だといわれている．

　17世紀のイタリアにガリレオ・ガリレイ（Galileo Galilei）も参加していた学会（Accademia Dei Lincei）があって，この学会で，1624年にギリシャ語をもとに"microscopy"という用語がつくられた．会員の一人であるステルーティ（Francesco Stelluti）が1625年に複式顕微鏡を用いてミツバチを詳細に観察して，触角，肢，口吻など，一連の構造を拡大した記録図が残されている．現存する生物の顕微鏡図としては最古のものとされている．

　1651年に英国のハイモア（Nathaniel Highmore）は鶏胚の初期発生を顕微鏡で観察した所見を The History of Generation に記載している．これは顕微鏡像を英語で記した初めての論文で，また同時に発生学に顕微鏡を応用した最初の記録だとされている．しかし，この書物には使用した顕微鏡の詳細についての記載がないため，どのような顕微鏡を使ったのかは不明である．バーデル（D. Bardell: The First Record in English of Microscopical Observations. Proceedings Royal Microscopy Society vol.25/1 p.47-49, January 1990）は文献考証により，ハイモアの主要な作図は単レンズ顕微鏡の使用によるものと論考しているが，おそらく虫眼鏡を使った観察だったのだろう．

　英国の物理学者で，バネの伸び率に関する「フックの法則」にその名が刻印されているフック（Robert Hooke，1635～1703）は，1663年に王立

図 I. 2. 1　フックが 1665 年に刊行した『Micrographia』の扉．図はその 1765 年版［浜野顕微鏡店所蔵］

協会から要請を受けて，鋭利に研磨した針の先や刃物の刃先などを自らの作製した複式顕微鏡を用いて観察した．同時に彼は観察の記録を『Micrographia』という書物にまとめて 1665 年に刊行した（図 I. 2. 1）．ワイン瓶の栓として重用されるコルクの特性を調査するため，薄片にしたコルクの顕微鏡観察も行った．その結果，コルク片には多数の微小な穴があいていることを確認し，この小孔に修道院の僧房を意味する "cell" という用語をあてた．彼が観察した小部屋とは，木材が乾燥したため細胞が抜け落ちたことによる抜け殻であったが，後に cell という言葉が今日いう細胞の名称になった．そのためフックが細胞の発見者であるかのように記載されることがあるが，あくまでも「cell という用語の創始者」であって，細胞の発見者というわけではない．

フックが作製した顕微鏡の実物は現存しないが，『Micrographia』に構造が記載されている．対物レンズは倍率を上げるために極めて小型で，かつ曲率半径の小さなものが使われているので，像が暗くなるという欠点がある．その克服のため，強い照明が当たるように工夫されている．しかし，収差，とりわけ色収差が大きなため，拡大率はせいぜいで 30 倍ほどで，性能的にはそれ以降あまり大きな発展はなかった．とはいえ，この程度の拡大でも，非常に鋭利だと思われていた針先や刃物の先端がどこまでも鋭利なものではなく，丸みを持っていることを人々に気づかせ，ミクロの世界への関心を誘導したことはフックの大きな功績である．

3　レウエンフックの単レンズ顕微鏡[1-3]

英国で『Micrographia』が喝采を浴びている頃，オランダのデルフトで織物商を業とするレウエンフック（Antoni van Leeuwenhoek, 1635 ～ 1723）は自らの手で顕微鏡を作製して，口の中の歯垢，血液や精液の一滴，よどんだ雨水など，身の回りのあらゆるものを観察していた．すると，そこには，今日いう細菌を始めとする微小な生き物が動き回っている様子が目にされ，およそ肉眼では見ることのできない微小な世界の存在に気づいた．当時，本職の研究者は研究の成果をラテン語で記録する習慣であったが，レウエンフックはオランダ語しかできなかったため，観察の結果はオランダ語で克明に図解して，標本とともにロンドンの王立協会に送付された．レウエンフックの自筆による記録や手紙は 200 通を超えていたが，王立協会ではこれを英訳して会員に紹介された．

レウエンフックの顕微鏡は，小さな凸レンズを小さな穴のあいた金属板に取りつけたもので，いわば高性能の虫眼鏡で，単式あるいは単レンズ顕微鏡と呼ばれている．彼は 500 個にも及ぶ顕微鏡を作製したといわれるが，レウエンフックの死後，多くの模造品がつくられた一方で，真正品の大半は散逸してしまった．現在，ヨーロッパの博物館にレウエンフック自製と確認されているものが 9 台残されているが，そのうちの 1 台ではレンズが欠落している．レンズの残っている 8 台について，1980 年にファン・ズイレン（J. van Zuylen: The microscopes of Antoni van Leeuwenhoek J. Microscopy, Vol.121, Pt.3, pp.309-328, 1981）が性能の調査を行った．その結果，最も高性能のものでは倍率にして約 266 倍，1.4 μm 以下の解像力が確保されていることが判明した．これだけの性能を持つものなら，レウエンフックの観察した赤血球やいろいろな細菌は決して想像により描かれた創作ではなく，的確な観察所見であることが検証され，今日では細菌学の祖として仰がれている．

レウエンフックがどのような技術でレンズを作製していたのかは興味深いところであるが，その真相は不明である．初期にはガラスの研磨によってレンズをつくっていたらしいが，ついには細いガラス管の中央部をバーナーで加熱して，吹き込み法で膨らませたガラス球を作製し，この側壁の一部を加熱して小球状のレンズに加工したのではないかと推測されている．レウエンフックの顕微鏡は手持ち型であったが，後に台座つきの単レンズ顕微鏡もつくられるようになって，広く微細構造の観察に利用された．

4　複式顕微鏡の改良[4]

　初期の複式顕微鏡は，収差の発生により分解能には限界があった．そのため，19世紀初頭までの医学，生物学では，例えばマルピギー（Marcello Malpighi）による組織の観察，ブラウン（Robert Brown）による細胞核の発見など，微細構造に関する主要な研究成果は主に単レンズ顕微鏡の使用によるものであった．その一方で，英国ではマーシャル（John Marshall），カルペパー（Edward Culpeper），カフ（John Cuff）らが，フックの顕微鏡を模した装置を作製していたので，複式顕微鏡も研究のために広く活用されていたのであろう．その中のあるものが江戸時代の日本にも渡ってきていたことは興味深い．

4.1　リスターによる色消しレンズの開発[5]

　こうした中にあって，収差を克服するための努力も少しずつ前進していた．対物レンズとして平凸レンズを用い，その平面側を物体に近接させて配置するのはイタリアのアミチ（Giovanni B. Amici）に始まるとされている．また，1827年に英国のリスター（Joseph Jackson Lister, 1786～1869）はクラウンガラスとフリントガラスの組み合わせで2色の色消し対物レンズ（アクロマートレンズ）を開発した．このレンズを使用することにより，ヒト赤血球は球状だというこれまでの信奉を否定して，直径8.25 μm で中央部が凹んだ円盤状であることを明らかにした．フリントガラスとクラウンガラスのレンズを組み合わせて色消しを行う方法は，後にアッベ（Ernst Abbe）によってコマ収差除去のための正弦条件として理論化された．時代的に見ると，プルキンエ（Johannes Evangelista Purkinje）やミュラー（Johannes Peter Müller）など，組織学の樹立に貢献した多くの学者の研究は，アクロマートレンズを搭載した顕微鏡によると思われる．そのため，学問の発展が顕微鏡装置の性能向上によって的確に誘導されてきたことを，明確に示しているとみることができる．

4.2　ツァイスによる顕微鏡の開発[6]

　シュワン（Theodor Schwann）とともに細胞学説で名高いシュライデン（Mathias Jacob Schleiden）

図 I.4.1　1900年に製造されたツァイス製顕微鏡．性能的にはこの顕微鏡が今日の光学顕微鏡の原型となる［浜野顕微鏡店所蔵］．

は，当時使用されている顕微鏡の性能の低さを嘆いて，イエナ大学で機械学の研究をしていた若いツァイス（Carl Zeiss）に，顕微鏡の改良がどれだけ重要なことであるかを説得した．その結果，ツァイスは1846年に高性能顕微鏡の作製を決意して，工場の建設を始めた．こうして，ツァイスの工場では1866年には1000台の顕微鏡を世に送るまでになったが，折からの産業革命の時代には，それほど顕微鏡の需要も大きかったことを意味していた．ツァイスは究極の顕微鏡を目指して，1872年には光学理論に精通した物理学者アッベ（Ernst Abbe）の協力を仰ぎ，アッベのレンズ理論に基づく対物レンズを装着した新製品を製作した．さらに彼らはガラスの研究者であるシオット（Otto Schott）の協力を得て，アポクロマートレンズの開発に成功し，今日の顕微鏡のほぼ原型となる完成度の高い顕微鏡を創出するまでに至っていた．1886年に完成した，蛍石を利用したレンズを組み合わせて作製されたアポクロマート対物レンズは，開口数1.40，分解能0.2 μm を誇るもので，ほぼ究極の光学顕微鏡というべきものに近づいた．さらに1893年にはケーラー（August Köhler）によってケーラー照明法が開発されて，この導入によりアッベの対物レンズが持つ性能は，完璧に近いまでに引き出されるようになった（図 I.4.1）．

4.3　鏡体の改良[4]

　こうしたレンズの改良と並行して鏡体そのものにも改良が加えられ，1851年にはリドル（John Leonard Riddell）が双眼顕微鏡を設計している．19世紀後半には精巧なプリズムがつくられたため，そ

れを使った双眼顕微鏡や複数の観察者が同時に観察できる多眼顕微鏡も製造されるようになった．また1896年には実体顕微鏡もつくられた．

5　20世紀前半に展開された技術革新

アッベの分解能理論によると，光学機器の分解能は，光の波長とレンズが持つ開口数で規定されることを意味している．開口数には理論的な上限があるため，可視光線を用いるかぎり光学顕微鏡の分解能には限界があることを示していた．そこで，光学顕微鏡の限界を打ち破って，通常の光顕では見ることができないさらに微小なもの，あるいは染色を施さない標本を可視化するための技術が考案された．その一つが可視光線より波長の短い光線を使うアイデアであり，もう一つは対象物に何らかの方法でコントラストをつけて，それにより物体の実像はわからないまでも，存在を見るための方法である．前者はそのまま電子顕微鏡につながっていく一方で，後者は限外顕微鏡法と総称されて，これが今日の超解像顕微鏡法の源流となっていく．電子顕微鏡については項を改めて述べることとして，ここでは20世紀前半に生み出された新しい顕微鏡法のいくつかについて概略する．

5.1　暗視野照射法

1903年にジグモンディ（Richard Adolf Zsigmondy）により開発された鏡検法で，対象物に側方から強い光を照射してその散乱光を顕微鏡下に捉える方法である．これによると，形状は特定できないまでも原理的には4nm程度の粒子の存在を見ることができる．彼はこの方法をコロイド粒子の観察に利用して，1925年にノーベル化学賞を受けている．医学生物学領域では，暗視野照射法は特に細菌の観察に応用されて，細菌学の発展に大きな貢献をした．

5.2　位相差顕微鏡法

1932年にオランダのゼルニケ（Frits Zernike）は顕微鏡に位相差理論を導入した．これは生きた細胞など，透明な試料に染色などの方法は一切加えないままに観察を可能にする方法で，今日では培養細胞の観察などに重用されている．ゼルニケ理論に基づいて，ツァイス社では1941年より位相差顕微鏡の製作を開始するが，製品が出たのは第2次大戦以後になる．ゼルニケは1952年にノーベル物理学賞を受賞している．

5.3　偏光顕微鏡

偏光顕微鏡は古く19世紀中葉の1834年に英国のタルボット（William Henry Fox Talbot，なお1845年ごろにソーベイ Henry Clifton Sorby によるという説もある）により発明されたが，主に岩石学の分野で広く応用されてきた．医学・生物学では膠原線維や骨格筋の筋原線維など，規則正しく配向して複屈折性を示す成分の観察に威力を発揮してきた．

5.4　微分干渉顕微鏡

1925年に山本忠昭（日本光学）らが顕微鏡に干渉計を組み込んで干渉顕微鏡をつくったが，これをもとに1930年にレベーデイエフが偏光を利用して偏光型微分干渉顕微鏡へと発展させた．1965年にウオラストンプリズムをノマルフスキープリズムに変更したノマルフスキー型微分干渉顕微鏡がつくられ，これが今日に至るまでも，無染色標本の微細構造を鮮明に見るための装置として汎用されている．

5.5　蛍光顕微鏡

光源に水銀灯を組み込んだ顕微鏡により，標本が発生する自家蛍光の観察は1900年代初頭より行われていた．1941年にクーンズ（Albert H. Coons）が抗原に蛍光物質であるフルオレセインイソチオシアネート（FITC）を結合して抗体産生部位を特定したことを皮切りに，第2次大戦以降，抗体にFITCを結合する蛍光抗体法が次第に広がりをみせていた．1960年代になると免疫学の発展に呼応して，免疫組織化学法が生命科学や病理学の重要な手段として発展してきた．それに伴って標識物も多彩になり，蛍光顕微鏡は形態科学の必須の顕微鏡にまで成長した．

蛍光顕微鏡の光源は水銀灯やキセノンランプから始まったが，1969年にダビドビッツ（Paul Davidovits）らにより標本面をレーザー光で走査する共焦点レーザー走査顕微鏡にステップアップされ，これは新世代の超解像顕微鏡へと発展していく礎石になるものである．

6　日本における顕微鏡史[4]

1568年にオランダからの渡来者が，織田信長に遠

眼鏡と近眼鏡を献上したとの記録がある．この時の献上品について18世紀末，天明の時代に三浦安貞はその著書『五月雨抄』の中で，遠眼鏡を望遠鏡，近眼鏡を顕微鏡として記載している．そのため，顕微鏡という日本語のルーツはここに求められるようだ．しかし，中国から伝来した言葉だとの説もあって，確証はない．

1725年から30年間にわたり，英国のカルペパーがフックの顕微鏡を模した複式顕微鏡を作製したことはすでに述べたが，ヨーロッパでは模造品の作製はかなり広く行われていたようである．1770年代にその中のいくつかが日本にも渡来してきて，今日でも現存しているものもある．その一つが江戸時代中期の文人で蘭学者でもある，森島中良の手に渡った．その使用談として彼は『紅毛雑話』（1787年刊）の中に図説入りで「種々ノモノヲウツシミルニソノ微細ナコト凡慮ノ外ナリ」と記載しているが，森島中良の使用した顕微鏡は現存してはいない．また，1780年代にはカルペパー型顕微鏡をまねて，日本国内でも木製の模造品が主に宮大工の手によりつくられていた（図 I. 6. 1）．

大分県国東市には，三浦梅園が長崎の通詞，吉雄耕牛から寄贈されたと伝えられる，台座と標本台，標本台と鏡体が簡単な木製3脚で支えられた顕微鏡が保存されている（図 I. 6. 2）．梅園はイグサの髄を顕微鏡で観察した図を『帰山録』（草稿）の中に残しているが，この観察が国東市に現存する顕微鏡によるものか否かの確証はない．

顕微鏡を使用した観察結果に関する記載は少ないが，1805年に解体新書の翻訳でも知られる桂川圃周が医学に応用したとされている．栗本丹洲は長年にわたり種々の昆虫を顕微鏡で観察して，『栗氏蟲譜』にまとめている．植物を観察した成果は津山藩の藩医であった宇田川榕庵の著書に詳しく記録されているが，彼の著した書物『植学啓原』（1833）の中に樹木を横断して観察した細管に関する図の中に，初めて「細胞」という用語が出てくる．そのため彼こそが日本語で細胞を表記した始祖だとされている．

日本で初めて顕微鏡をつくって商業ベースに乗せたのは，M & Katera 顕微鏡である（図 I. 6. 3）．これは寺田新太郎の仲介のもとに加藤嘉吉らが欧米のものをまねて製造にあたり，製品は松本福松の販売網（いわしや医療器械店）を通じて販売された複式顕微鏡で，1910年のことである．製品はこれら3者の姓の頭文字をとって"エムカテラ"と呼ばれていた．この顕微鏡は後に千代田製作所に移行していく

図 I. 6. 2 三浦梅園が吉雄耕牛より寄贈された木製顕微鏡［大分県国東市・三浦梅園資料館所蔵］．

図 I. 6. 1 1770年代に日本に渡ってきたカルペパー型顕微鏡の1800年代に作製された木製模造品．写真の顕微鏡は1980年につくられたレプリカ［浜野顕微鏡店所蔵］．

図 I. 6. 3 1910年代に日本で初めて商品化された M&Katera（エムカテラ）顕微鏡［浜野顕微鏡店所蔵］．

が，その内の一人である寺田新太郎は 1919 年に創業された高千穂製作所に移って，ここで光学顕微鏡の製造にあたるようになる．この会社が後のオリンパス光学へと発展していく．日本光学でも第 2 次大戦後に顕微鏡の製造を本格化させ，オリンパスとともに日本を代表する顕微鏡メーカーへと成長していく．

7　透過型電子顕微鏡の開発

7.1　電子顕微鏡の開発[3)]

19 世紀後半に至って光学顕微鏡の解像力が向上するにつれて，高性能の光顕を使用した細胞学，組織学は大いに進展して，今日の知見の枠組みがほぼできあがってきた．それと同時に，細胞内の微細構造をもっとよく観察したいという欲望が生まれてきたが，アッベの理論は可視光線を使用する限り，顕微鏡の分解能には限界があることを意味していた．そのため，細胞内の微細構造の直視に懸命になっていた医学・生物学者たちには，可視光線よりももっと波長の短い光線を利用した顕微鏡への嘱望が高揚してきた．そこで期待を集めたのが，当時，次第にその性状が明らかになりつつあった電子線（当初は陰極線の名前で呼ばれていた）の応用であった．

19 世紀後半の物理学では，陰極線の実態について多くの研究が行われて，1898 年にトムソン（Joseph John Thomson）により陰極線が電子の流れであることが明らかにされ，また電子線は波長が短いばかりか，磁場や電場で屈折させることが可能なことも検証されてきた．こうしたことより，生物学者から電子線を応用した顕微鏡，つまり電子顕微鏡の開発が強く要請されたのである．ところが，物理学者達の反応は冷ややかであった．というのも電子線を利用するためには，鏡体は高度の真空状態にしなければならないばかりか，電子線の照射により試料は焼けてしまうことが危惧されたからである．そこで，物理学界の全般的な空気は，およそ電子顕微鏡をつくっても生物試料の観察は不可能だというものだった．こうした潮流にもかかわらず，ベルリン工科大学でクノール（Max Knoll）とともに電子線による磁界型レンズの特性を研究していたルスカ（Ernst Ruska）は，1932 年に電子顕微鏡として備えるべき磁界レンズの条件を明らかにし，電子顕微鏡の礎をつくった．しかし，彼は工学博士の学位を取得後，テレビジョンの開発に関心を移していった．

後にルスカの義兄となるボリエス（Bodo von Borries）は，シーメンス社の幹部に電子顕微鏡開発の重要性を粘り強く説得して，ついには賛意を取りつけ，ルスカを呼び戻して開発体制をつくり上げた．その結果，1938 年には分解能が 12 nm の試作品を完成させて，翌 1939 年には世界初の商業用電子顕微鏡を世に送ることとなった．1931 年にルスカが組み立てた最初期の電子顕微鏡は，倍率にしてせいぜい 10 ～ 20 倍で，やっと虫眼鏡に匹敵するにすぎないものであったが，1932 年以降，磁束を収束させるポールピースを電磁石の中に組み込むようになってからは，分解能が飛躍的に向上してきた．

かくして電子顕微鏡が射程内に入ると，そのための試料作成法が喫緊の課題となる．当初，電顕用の標本作製は光学顕微鏡用の固定や包埋，薄切法を援用するにとどまっていたが，1953 年にポーター（Keith Roberts Porter）とブラム（Joseph Blum）による超ミクロトームが開発された．また，ラフト（John H. Luft）によるエポキシ樹脂包埋と超薄切片法の確立（1961 年），ならびに固定剤としてサバチーニ（David D. Sabatini）らによりグルタルアルデヒドが導入（1963 年）されたことはエポックメイキングな発見であった．それ以降は，グルタルアルデヒドと四酸化オスミウムによる二重固定が標準的な固定法となるなど，標本作製法における技術革新が矢継ぎ早に展開されてきた．その結果，細胞の微細構造の解析が爆発的に進展し，なかでも，細胞の構造や機能を担当する生体膜の概念が生まれてきたことは，電子顕微鏡の特筆すべき成果である．細胞の微細構造が明らかになるとともに，旧来の細胞学から細胞生物学という新しい学問領域が創出されたが，これは細胞の微細構造を直視したことによる成果であった．

7.2　日本製の電子顕微鏡[3)]

ドイツにおける電子顕微鏡開発の情報は，第 2 次世界大戦前夜の不安定な時代にあった我が国にもいち早く伝えられて，日本独自の技術によって電子顕微鏡を製造したいという機運が熟成されてきた．1939 年に日本学術振興会第 37 小委員会は瀬藤象二（東大工学部）を中心に物理学，電気工学，化学，医学などを専門とする学界，産業界の学者を結集させて，自前の技術で電子顕微鏡をつくるための検討が開始された．その結果，1941 年初めには大阪大学

工学部で設計が開始されるまでに進捗した．しかし，その年の開戦とともに電子顕微鏡開発は中断の止むなきに至った．第2次大戦が終結するとともに，学振37小委員会で蓄積された学理が各大学および日立，東芝，明石，島津製作所などの企業に移され，個別に開発が進められるようになった．静電型電子レンズによる電子顕微鏡の開発を行っていた東芝は，静電型レンズの持つ不利益性のためにこの業界から手を引いたが，日立は日本製電顕の牽引力となって，今日に至っている．

一方，海軍の技術将校であった風戸健二は終戦後に復員して，1946年から郷里の千葉県茂原町（当時）で電子顕微鏡の製造を開始した．これが今日の日本電子のルーツになる．敗戦後の物資や人材，資金が不足する困難な時代にもかかわらず，1947年には早くも試作機第1号ができていた．当初は静電型の電子レンズであったが，早くに磁界型電子レンズに切り替えて，それが今日の電顕に続いている．

1950年代には世界の電顕メーカーとしてシーメンスを始め，RCA，フィリップスなど欧米の企業があったが，その中に混じって日本の日立や日本電子が電顕市場の開拓に参入して，大販売合戦を展開していた．かくして日本のメーカーが次第に海外のメーカーを駆逐するようになり，1970年代後半には日本製電顕が世界の市場の70％をシェアしていたといわれている．

7.3 電子顕微鏡の収差補正[3,7]

現在，市販されている一般の電子顕微鏡では，解像力が1.4 Åほどであるが，理論的にはそれより1桁以上も向上させることが可能であった．しかし電子顕微鏡の解像力の向上をはばむ最大の問題は球面収差による像障害である．ガラスのレンズでは収差の問題は，凸レンズと凹レンズを組み合わせたり，材質の違うガラスのレンズを組み合わせることによって補正が可能であった．それに対して電子レンズの場合，凸レンズしかつくれないため，光路に口径の小さな小孔を入れて，光軸上の電子線だけを利用するのが唯一の手立てであった．ところが，電子顕微鏡が開発された当初（1940年代後半）から，ドイツ・ダルムシュタット工科大学のシェルツァー（Otto Scherzer）は多極子レンズの組み合わせによる収差補正の検討を行っていた．当初はこのアイデアが実用化されることはなかったが，1995年に至って発展するコンピュータ技術の後押しもあって，ローズ（Harald Rose）とハイダー（Maximilian Haider）は収差補正により分解能を向上させることに成功した．

2000年に米国エネルギー省の主導のもとにTEAM（transmission electron aberration corrected microscope）プロジェクトが開始され，この成果がFEI社を躍進させる契機となった．同社は2005年に球面収差補正機能を装備して，分解能が1 Åを切る高性能の電子顕微鏡を発表した．後を追うように，日本の電顕メーカーでも収差補正機能を持つ電顕を製造するようになり，現在ではこれが世界最高峰の電子顕微鏡とされて，材料科学やタンパク質分子の構造解析の領域で活用されている．

8 走査型電子顕微鏡の開発[8]

走査型電子顕微鏡（scanning electron microscope：SEM）の原理はルスカの指導者であったクノールによって考案され，1938年にフランスのフォン・アルデンネ（Manfred von Ardenne）が試作を行った．しかし，1961年以降スミス（K. C. A. Smith）らが開発した2次電子検出技術が導入されて以降，分解能が25 nmに達するまでに改善され，ようやく実用化されるようになった．我が国で走査電顕の製造が始まったのは1965年以降である．走査電顕での観察にあたっては，試料の乾燥途上で発生する表面張力による形状変化が大きな問題であった．しかし，1969年にボイド（A. Boyd）とウード（C. Wood）が臨界点乾燥法を導入し，この技法の使用により，自然にあるがままの形状を維持した生物標本がつくられるようになり，走査電顕の活用が大きく前進した．通常の走査電顕では，鏡体の真空は$10^{-3} \sim 10^{-4}$ Pa程度に維持されているが，試料室だけを数十から数百Pa程度の緩い真空状態にして観察を行う低真空SEM（natural SEMあるいはwet SEMとの呼び方もある）が開発されてきた．従来の走査電顕試料には導電染色処理が必須であったが，低真空SEMではこの処理を施さないままの試料について観察が可能になる．そのため，生きた生物への応用に向けた発展が期待される．

なお，分析電顕に関しては1956年に英国のコスレット（V. E. Cosslett）とダンカン（P. Duncumb）がX線微小部分析装置を組み込んだ走査電顕を考案

したのがプロトタイプとなるが，1970 年にエネルギー分散型 X 線分析装置を搭載した透過電顕が日本のメーカーによって市販され，電子顕微鏡が拡大装置から分析装置へと機能を大きく拡張させるようになってきた．

9　走査型プローブ顕微鏡の開発

1982 年にスイス・チューリッヒの IBM 研究所のビーニッヒ（Gerd Binnig）とローラー（Heinrich Rohler）が鋭利な探針で試料表面を走査して，探針とごく微小な距離にある試料表面間に流れるトンネル電流量を検出し，これを画像化することにより表面の微細形状を検出する走査型トンネル顕微鏡（scanning tunneling microscope：STM）の開発に成功した．これはレンズを一切使うことなく，物質表面の形状を原子レベルの分解能で可視化できる画期的なアイデアの顕微鏡なので，レンズにつきものの収差の問題からもまったく解放されたということができる．しかし，生物試料ではトンネル電流の検出が難しいため，ビーニッヒらは 1986 年に STM の発展形として，探針・試料表面に作用する引力や斥力などの原子間力を検出する原子間力顕微鏡（scanning atomic force microscope：AFM）を創出した．現在では引力や斥力だけではなく，探針・表面間に作用する電位差などいろいろな物理量を測定する検出器が組み込まれて，走査型プローブ顕微鏡として一般化されている．

プローブ顕微鏡では水中における試料の観察も可能であることより，生きた細胞の活動を分子レベルで解析することが試みられている．しかし，細胞を初めとする生物試料では表面の形状が非常に複雑なことに加えて，1 枚の画像の獲得に数分の時間がかかることより，本来の解像力を駆使して生きた細胞の表面形状の観察にはまだ成功してはいない．その一方で，精製したタンパクなどの分子形状の観察に応用されて大きな威力を発揮している．STM を開発したビーニッヒとローラーは，電顕を開発したルスカとともに 1986 年にノーベル物理学賞を受賞している．

10　共焦点レーザー走査顕微鏡

共焦点顕微鏡法の原理は 1957 年にミンスキー（Marvin D. Minsky）により考案されていたが，ダビドビッツ（P. Davidovits）とエッガー（M. D. Egger）らは 1967 年に生物試料の観察に応用し，続いて 1969 年にはレーザー光による試料表面の走査機構を組み込むことにより，共焦点レーザー走査顕微鏡として完成させた．これが 1980 年代になって，蛍光標識法の多様化に伴う免疫組織化学法の発展と呼応して爆発的な広がりを見せ，今では生物系の研究室ならどこにでも装備されるほどスタンダードな装置になっている．

レーザー顕微鏡では焦点深度が浅いため，厚い標本でも z 方向の浅い焦点面の画像，つまり標本を薄く切った断面（光学的断層像という）での極めて鮮明な画像が獲得でき，各断面における断層像を重ね合わせることにより立体像の復構も可能となった．蛍光物質が豊富になった現代では，生命科学関連の研究室において最も広く利用されている光学装置といえる．

11　現代の多様な顕微鏡法

この数年来，レーザー光源の多様な発展をベースにして，全反射顕微鏡，多光子顕微鏡，STED（stimulated emission depletion），PALM（photo activated localization microscope），SIM（structured illumination microscope）など，新しい原理にもとづく顕微鏡が開発されてきた．こうした顕微鏡では細胞内の生体高分子に標識された蛍光物質を，通常の光学顕微鏡の分解能を凌駕する鮮明度で観察できるようになり，超解像顕微鏡と総称されている．超解像顕微鏡の使用により，生きたままの生命体が営むいろいろな機能が分子レベルでのメカニズムとして，電子顕微鏡に準ずる解像力で解析されている．

また，電子顕微鏡では X 線撮影における CT 撮影法と同様に，試料を傾斜させて撮影した透過像をもとに，コンピュータの使用で立体復構する電子線トモグラフィー法，急速凍結した試料をそのまま凍結超薄切片にして電顕に組み込まれた凍結ステージ上で観察する CEMOVIS（cryo-electron microscopy of vitreous sections）法など，新しい観察法が登場してきている．こうした新しい顕微鏡装置，技法を応用した微細形態科学が非常に多彩に展開され，現代の生命科学の大きな潮流を形成している．

本書の以下の各章では 21 世紀初頭に展開されてい

る顕微鏡法を中心に，それから外挿される近未来の顕微鏡法の動向がレビューされている．[山科正平]

参考文献

1) Ford, B. J. (1985) Single lens The Story of the Simple Microscope, William Heinemann. [訳書は伊藤智夫訳 (1986) シングルレンズ　単式顕微鏡の歴史，法政大学出版局]
2) Dobell, C. (1932) Antony van Leeuwenhoek and his little animals, Harcourt, Brace and Company. [訳書は天児和暢訳 (2004) レーベンフックの手紙，九州大学出版会]
3) 山科正平 (2009) 細胞発見物語（講談社ブルーバックス），講談社.
4) 小林義雄 (1984) 世界の顕微鏡の歴史，出版社名不詳.
5) Bracegirdle, B. (1987) Proceedings RMS **22** (5), 273-297.
6) 廣川豊康 (1991) ミクロスコピア **8**：250-252；(1992) ミクロスコピア **9**：44-46, 114-116, 290-293；(1993) ミクロスコピア **10**：50-52, 126-128, 206-208, 282-285.
7) 阿部英司 (2010) 科学技術動向 **116**：9-22.
8) McMullan, D. (1990) Proceedings RMS **25** (2)：127-131；(1990) Proceedings RMS **25** (3)：189-194.

第 II 部
光学顕微鏡の原理と鏡体, 用途

1 一般の顕微鏡

顕微鏡は光の波を使って,小さな世界を観察する装置である.原理的には,望遠鏡と大きく変わるものではない.ただ,入口と出口は逆の関係にある.人が顕微鏡を使って小さなバクテリアを観察しているとき,バクテリアが望遠鏡を使って人の顔を観察していると想像することもできる.一つのレンズで拡大機能を持つものをルーペという.顕微鏡は原則として,対物レンズと接眼レンズの二つのレンズを使って,拡大を繰り返して,大きな倍率を達成したもののことをいう.

光の波はフレネルの球面波の原理から説明される.光は電磁波であり,空間における磁場と電場の時間変化である.この作用が,空間の1点に働くと,その点から360°の周囲に向かって新しい電磁波の放射が起こるものと考える.1個の分子の中の一つの電子が直線的に振動しているようなものをダイポールと呼び,そのような振動から光が放射される.角度依存性なく放射された光は球面波となる.平面波ができるのは,このような小さな球面波が空間に多数できるからである.そして,そのすべての球面波の位置が空間上の平面にそって完全に並んでいるからである.多数並んでいる小さな球面波の峰や谷の先端を結ぶ面を考えると,完全な平面ができ,その平面が空間を進んでいく形になる(図II.1.1).

レンズや凹面鏡の作用は,光の波の形を変換する働きをする.すなわち,平面波と球面波の間の変換である.どちらかの光の波がレンズに入ると,もう一方の光の波に換わって出ていく.この関係はどのような条件でも成り立つのではなく,光の発生する点の位置と光の波の進行方向をしっかり決めて,初めて成り立つ.この条件からずれると,ずれの程度に応じて理想的な変換からずれたものになったり,異なる半径の球面波になったり,異なる方向への平面波になったりする(これがいわゆる収差と呼ばれる特性になる).

多数の小さな球面波の源が,平面上に並ばずに,湾曲した曲面上に並んでいれば,各球面波の先端の面を結ぶような曲面の形は,元の曲面の形に同心円的に並んだものとなり,それらの小球面波を合成したものは,同心円の中心に集束する波となる.集束した波は1点に集まるように見えるが,詳細に見ると,無限に小さい点に集まるのではなく,波長によって決まる大きさにまで集束した後,一つの小さな球面波となるところまでが限界で,その後は球面波の発生源となり,再び広がっていく.

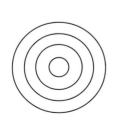 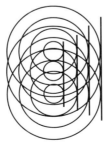

図 II.1.1 球面波(左)と平面波(右).球面波は一点から空間に3次元的に放射状に広がっていく波である.平面波は仮想的な面に並んだ多数の球面波の波面が合成されてできる.

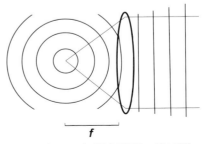

図 II.1.2 レンズによる球面波と平面波の間の変換.レンズを通過すると球面波は平面波となり,平面波は球面波となる.空間を走る光線の軌跡は逆に伝播する光線の軌跡ともなる.

1点に集まる形か，または，1点から発散するような形の波面を平行波面に変換したり，その逆に，平行波面を焦点へと向かう集光形の波面へと変換する作用を持つのがレンズ（凸レンズ）である（図II.1.2）．なぜ変換する性質を持つかといえば，レンズはその曲面における光の出射位置に応じて，光の位相が異なる位置で外に出ていくからである．レンズを通過する波面（等位相面）は，通過するレンズの部分の厚みに応じて，レンズを出るときの位相がずらされていることが，光の進行方向が変わる理由である．このことから，凸レンズと凹レンズの位相変換作用は逆になることも理解できる．

球面波を平面波に変換できれば，球面波を球面波に変換することも可能になる．変換前の球面波の円の直径と変換後の球面波の円の直径との比が，レンズによる拡大作用の倍率となる（図II.1.3）．

1.1 対物レンズ

対物レンズはレンズ鏡筒と呼ばれる金属の筒の中に収められている．色収差の解消のため，数枚以上のレンズ玉が組み合わされたものである．何枚ものレンズが重なっていても，光学的には，一つの理想的な凸レンズと見なすことができる．実際のレンズ鏡筒の長さは，その倍率に応じて長くなっている．通常，低倍率で標本に対して焦点が合わせてあると，レンズ鏡筒の先と標本の間には空間が残る．この空間の長さを作動距離と呼ぶ．焦点調節機構を動かすことなく，レボルバー（英語：ノーズピース）を回転させて，順に高倍率の対物レンズに変えていくと，それぞれの倍率に対して，焦点が合うように設計・製作されている．

多くの対物レンズの先端に付いているレンズは半球の形をしており，対物面は完全な平面となっている．低色収差，高倍率のために，この形のレンズを最初に採用した人物にちなんで，アミチ（Amici）レンズという．

色コードは表II.1.1左のような対物レンズの倍率を表している．また，カバーガラスの厚みには表II.1.1右のような番号が付けられている．標準的なカバーガラスは屈折率が1.525で，厚みは170 μmである．

アミチレンズは，射出側が球面であり，球の中心から光が発せられれば，その波長に関係なく真っ直ぐに（面に垂直に）射出する．中心から少しずれた位置から発する光では，波長により，また，レンズの高さにより，射出角度は変わるがその変わり方に対して，後続のレンズが対応しやすく，高性能の対物レンズをつくれる．

対物レンズの鏡筒面には，そのレンズの特性が記されている（図II.1.4）．この特性を理解してそのレンズを使う必要がある．

表II.1.1 対物レンズの色コード(左)とカバーガラス番号(右)

倍率	色コード
1倍	黒
5倍	赤
10倍	黄
20倍	緑
40倍	水色
63倍	青
100倍	白

カバーガラス番号	厚み (μm)
0番	80～130
1番	130～170
1S-HT	170±5
2番	170～250
3番	250～350
4番	350～450

（松浪硝子工業社による）

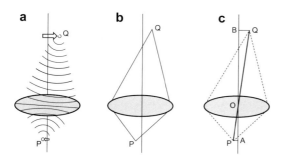

図II.1.3 レンズによる結像と像の倍率．a，波面で描いた対象物の点Pがレンズによって像面の点Qに投影される様子．b，c図の示すところを光線図として描いたもの．c：倍率は，三角形APOと三角形BQOが相似になることから，レンズから対象物までの距離POとレンズから像までの距離QOの比で決まる．

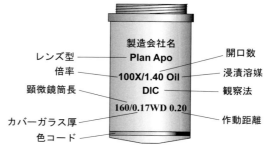

図II.1.4 対物レンズ鏡筒のマーク

1.2 対物レンズの明るさと分解能

顕微鏡の観察対象は,照明されることにより,なんらかの2次的な光源となっている.その大きさは,標本によっていろいろである.一つの分子のように小さいものもあれば,動物個体の大きさのものもある.それらの光源から光を球面波として捉え,平面波に変換して,再度球面波に変化して,スクリーンやカメラに集束して投影するのが顕微鏡である.これによって,対象物からの光の強度分布が画像として現れることになる.そこで,問題となるのは,スクリーン上へ集束するときに,どの程度小さな点をつくれるかということになる.これを考えるには,平面波をレンズによって曲げて球面波としたときの,集束の度合いを解析しなければならない.

小さな球面波がまったく同じ点に重なってくれば,その点の明るさが強くなる.その点の強さは,しかし,個々の球面波の明るさの分布を重ねたものになるわけではない.明るさに変換される前の波の振動を重ねる必要があり,干渉の効果から,波の振幅の空間分布は中央が高く,そのすぐ周囲が低いものとなる.すなわち,小さな球面波がたくさん重なることで,小さな光源の像は小さくつくれる.しかし,常に実際の大きさより大きめの像になることはやむを得ない.電磁波の振幅(A)と光の明るさ(I)の間には$A^2=I$の関係があり,マイナスの振幅はプラスの波を小さくする効果を持つが,明るさに変換されてしまえばプラスの効果しかない.したがって,干渉する波として重ねれば,振幅の空間分布は狭い領域になり,小さな輝点が得られることになる.一つの小さな光源から出た光の干渉性を保ったまま,集束させるのにレンズが使われる.そこで,なるべく大きなレンズを使用して光源からの光を集め,波として小さな点に集束させることが重要である.そのため,光をたくさん集められるレンズ,すなわち明るいレンズが高い分解能を持つということがいえる.

レンズの明るさについては,開口数(NA)という数が指標となっている.これは単位のない数であり,$NA=D/(2\pi f)$となる関係である.この数は,小さな点光源から空間的に全周に広がっていく光のうち,どのくらいを集められるかを示す割合である.レンズの円板が光源に対して張る立体角に相当する.また,焦点距離(f)を半径とする円周の長さに対して,レンズの直径(D)がどれだけの割合を占めるかという指標である.

図 II.1.2 のように,大きな直径のレンズができるだけ近いところにある焦点からの球面波を平面波に変換することができれば,明るい画像形成ができる.焦点距離が長いレンズでは焦点上の標本の1点から出る光が,レンズに捉えられる前に円錐状に広がってしまい,レンズに入射する光量は少なくなる.短い距離の点に焦点を合わせられ,直径ができるだけ大きいレンズが明るいレンズということになる.

1.3 顕微鏡の照明法

顕微鏡法では,標本に照明を当て,その標本から発する光を対物レンズで集めて,画像を形成して観察をする(図 II.1.5).照明光の当て方によって,観察できる画像の現れ方が変わってくる.通常,良い照明とされているのはケーラー照明といわれる方法である(図 II.1.5 上).光源から放散される光をコンデンサーレンズで平行光に変換し,顕微鏡光軸に平行な光の束をつくって標本に当て,その光軸の中心に対物レンズを置く方法である.このような照明では,光源となっている発光体の像が照明領域には形成されず,光束の全域にわたって光量が等しくなり,視野内の照明むらがなくなるのが特徴である.標本に平行平面波を当てるということは,集光していない光を当てることであり,さまざまなフィルタ

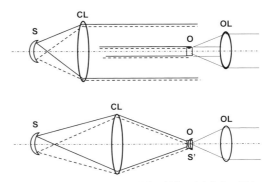

図 II.1.5 顕微鏡における照明法.標本に光を与え,標本によって変調された状態の光を対物レンズで集め,結像する.上:ケーラー照明.平行光束,または,標本の後方へ集束するような光束によって照明する.S,光源.CL,コンデンサーレンズ.O,標本.OL,対物レンズ.下:クリティカル照明.コンデンサーレンズを光源から離し,標本面に光源の実像をつくるように集束させた光束で照明する.

ーを入れて，光の性質に制限を与える必要がある場合には，光量が不足することも起こりうる．特に，高倍率の観察をしたいときには，光量不足に陥りやすい．実際には，可能な限り明るい照明にしたい場合もある（空間的，時間的ノイズを抑えたい場合）．そのためには，コンデンサーレンズで集光した照明をする．この場合は，標本の位置を中心とする球面波を使うことになる．こうした照明をクリティカル照明と呼ぶ（図II.1.5下）．ケーラー照明より分解能が劣るとされているが，明るさ不足に対しては他に方法がない．視野面に発光体の像が形成され，発光体の形状によっては照明むらが目立つことになる．

一般に，微小な光学変化を捉えようとする場合には，照明光量が大きい方が有利である．絶対的に安定な光源は存在せず，光量は必ず揺らぐものである．この揺らぎを小さなものにするには，元の光源の光量が多い方が統計的に有利である．光源を安定化するには標本のある小さな領域に高い光密度を達成する必要がある．このとき，一つ認識しておく必要があるのは，光源の性質である．光源はすべて何らかの物質でできており，その表面なり体積なりから光子が生ずるものである．この表面から発する光子の密度は，その温度に依存する．温度が高い方が明るい光源である．金属フィラメントのような固体を加熱して発光させる場合は，金属の融点までが限界となる．ヨウ素ガスを封入した中でヨウ化タングステンを熱するフィラメントの場合 3500℃が限界であり，それ以上の高温は達成できない．この条件で，フィラメントの表面から出る光子の密度も限界となる．問題は，顕微鏡で観察しようとする標本の領域が大変小さいということである．この小さい領域を拡大して観察するので，照明によってこの小さい領域の光子密度を上げなければ，明るい画像を観察することはできない．そこで，レンズを用いて大きな発光物体からの光を集めて，小さな領域に集光すればよいように思われる．しかし，これは困難なことである．レンズを使用しても，光源の輝度を超えるような輝度を持つ照明系はつくれないことが証明されている．1倍の拡大率で，レンズを用いて，光源の像を標本上につくったとすると，標本上の輝度は，光源の輝度より大きくなることはない．理想的な場合において，1倍の像は光源の輝度に近い輝度になる．そこから，コンデンサーレンズを光源に近づけて光源からの光子をより捕捉して標本に送ろうとしても，標本上の像の大きさが大きくなるので，標本上の小さな領域の輝度は上げられない．逆に小さな像をつくろうとすると，コンデンサーレンズは光源から遠ざけることになり，光源から放散される光子を捉えることができなくなる（図II.1.6）．つまり，レンズでは，面積当たりの光子の数を光源のそれより上げる方法はない．できるだけ光源の輝度に近づけるためには，けっきょく，明るいレンズを使うことが唯一の解決法である．

レンズの明るさは，前記に説明した通りである．コンデンサーレンズの明るさの指標としては，カメラのF値と同じものを考えてよい．F値は焦点距離fをレンズの口径Dで割ったもので，$F=0.95$のレンズが明るいレンズである．コンデンサーレンズとして対物レンズを使用すると，より明るい照明が可能である．油浸型の$NA=1.40$や1.70を使用するとより高い輝度を達成することができる．これまでの話は，高温の固体を光源として使用する場合のものである．

光源としてレーザーを使用するとより高い輝度が実現できる．レーザー光は平行光束であり，レンズによって完全に捕捉できるので，集光点での輝度は，どのくらい小さな点に集光できるかに依存する．小さい輝点をつくるには，やはり，明るい（NAの大きな）レンズを使う必要がある．レーザーは干渉性が強く，スペックルというちらつきを生ずるので面照明には向いていない．また，その光強度の安定性

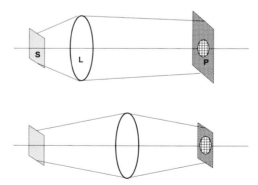

図II.1.6　照明の輝度．照明用光源の単位面積当たりから放出される光子数は温度に応じて決まったものになる．四方に広がる光束の一部をコンデンサーレンズで集め，標本に送る．このとき，コンデンサーレンズを光源に近づけると，集光力は上がるが，できる像は大きくなり，単位面積当たりの光量は減少する．レンズを光源から離すと，集光力は低下するが，像は小さくなって標本面での光量は増加方向となる．全体として，レンズによっては，標本面の輝度は，光源の輝度より高めることはできない．S：光源，L：レンズ，P：投影面．

も，高温固体に比べると2桁低い．

高温の発光体としてキセノンや水銀の蒸気に放電をする放電灯がある．輝度が高いこと，紫外線を出すことが蛍光顕微鏡の光源として利用価値が高い．金属電極を用いて放電することによって，アーク状のプラズマをつくる．プラズマであるから，固体フィラメントのように温度の制限はない．しかし，放電アークが大きく揺らぐという欠点がある．電極の1点で安定した放電ができず，アークの発生場所が変化しないと放電は継続しない．これに対して，マイクロウェーブを希ガスに集束することによって，小さな輝点をつくる方法がある．この場合は，発光点の安定性は高いが，装置の価格も高い．

最近の照明の発展は，LEDが登場したことである．LEDは，固体でありながら，発熱によって光子を叩き出すのとは異なり，半導体構造によって，電子のエネルギー準位を上げて，その電子が基底状態に落ちる時の発光を使うもので，エネルギー効率が高い．しかも，小さな固体領域から発光するため，面積当たりの光子密度も高いことが利点である．発光のスペクトルは比較的狭い幅にあり，明るい蛍光標本に対しては，実用的に使用されるようになってきている．光強度の安定性も高いが，ショットノイズは免れない．これから，さらに，輝度が高くなっていくことが期待される．

1.4 暗視野照明

通常の標本への照明光は，もし標本が透明であれば，標本を通過して対物レンズに入射するような光路となっている．標本によって回折される成分は通過する成分より少ない場合が多い．その結果，明るい背景光の中に，標本の構造に関する情報を運んでいる暗い光が重なることになる．これは，細かい構造を見たいときに，理想的な条件とはいえない．そこで，照明に用いた光の通過成分が直接対物レンズには入らないような工夫が考えられる．コンデンサーレンズが平面波を球面波に変換して焦点を結ぶような光学系において，標本をその焦点位置に置く．また，コンデンサーレンズの70〜80%の面積を隠すようにコンデンサーの中心に合わせて円形の遮光板を置く（図 II. 1. 7）．こうして，レンズの周辺部分のみを使用して，照明光を送ると，大きな入射角成分の光だけが標本に照射される．標本を通過する

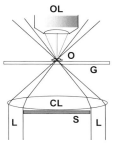

図 II. 1. 7 暗視野照明．平面波をコンデンサーレンズに入れ，その周辺領域を通過する光だけで照明すると，照明光の光路には，対物レンズが入らないようにできる．標本がなければ，対物レンズで結像する面は真っ暗になる（暗視野）．この状態で，光路上に標本を置くと，散乱光と回折光が対物レンズに向かうので，背景に対して標本が光って見える．OL：対物レンズ，O：標本，G：ガラス板，CL：コンデンサーレンズ，S：遮光板，L：光束．

光があっても，それは，対物レンズが覆う空間の外を走り，像には影響を与えない．標本で回折，あるいは，散乱された光は，照明光の方向とは大きく異なる方向に向かい，対物レンズによって集光される成分となる．このような光は，標本の細かい構造を反映する情報を運んでおり，細かい構造が，明るい背景光に覆い隠されることなく見やすくなる．この光学系では，標本がなければ，視野は完全に暗いものとなる．散乱現象は，物があれば必ず起きるものである．小さな物体でも，散乱の量は少なくなるが，0にはならない．したがって，微弱な光を暗い背景の中に捉える検出器を使用すると，NA の小さな対物レンズを使っても，回折限界以下の小さな物の存在が検出できる．50 nm の直径のシナプス顆粒なども，水中に懸濁させれば，1個1個が捕捉できる．しかし，形状についての情報ははっきりしないものとなる．暗視野照明された標本から生ずる回折光は，照明光の方向に対して，大きな角度に向かうものであり，標本の細かい構造を反映するものである．しかし，暗視野照明では，低い開口数の対物レンズを使用した光学系となっており，限界を超えた分解能で情報を汲み取ろうとするには不利である．それでも，同じ拡大率を使用するならば，透過照明法で見るのが難しい構造が大変よく見えるようになるので，生物標本には有用な場合が多い．

1.5 対物レンズの作用

平行光束を標本に当てると，標本の影のようなも

のが現れ，それを使った画像形成ができそうであるが，そう簡単ではない．細胞を通過した光というのは，実は，さまざまな角度に回折され，また，散乱された光になるということを考慮しなければならない．細胞のような小さな構造体は，光にとっては一種の回折格子として作用する．現実の標本はそれほど規則的な構造体ではなく，格子の間隔としていろいろなものが混在しており，格子の方向もさまざまになっている．その不均一さには大きなばらつきがあるが，回折される方向とその方向への光の強度分布が，小さなものの構造情報のすべてといってよい．光の方向を不均一に曲げる性質が，小さな構造の特性であり，そのことが情報でもある．より小さな構造体からの回折光はより大きな回折角を持っている．この標本から発せられる大きな回折角の光を捉えることが，小さな構造の信号を捉えることに他ならない．このことから，より大きな，より明るいレンズを対物用に使用することが，小さなものを分解能高く見るための基本になる．

1.6 分解能

顕微鏡の分解能を考えるには，レンズの特性を知る必要がある．レンズが理想的に小さな輝点からの光を集めて，スクリーン上にその像をつくるところを考える．この点像の大きさは実際の輝点の大きさをレンズの倍率だけ拡大したものにはならず，ある程度広がった明るさの像となる．この明るさの空間的広がりを点像強度分布関数という（図II.1.8）．理論的には，穴を通過する光束がつくる干渉に相当し，ベッセル関数の解が得られ，それを円に沿って積分すると，エアリーの円板といわれる光量分布関数（図II.1.8a）が得られる．図II.1.8は，ある大きさのレンズがどのように点像分布関数をつくるかを模式的に表している．スクリーンの光軸上の点Oに対しては，レンズを通過した光が集束するように製作されている．したがって，レンズが集めた光のうち，点Oに向かう光はすべて重なり明るさのピークを形成する．レンズの表面からはフレネルの微小な球面波があらゆる方向へ広がっているので，スクリーン上の中心から周辺方向にずれた点では，それらの球面波の干渉が起こる．代表的な光線として，レンズの両端から発する二つの光線の干渉を考えると，辺縁に近い位置では，距離が異なるため，干渉

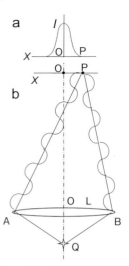

図II.1.8 対物レンズがつくる微小輝点の像（点像強度分布関数）．対物レンズが，理想的に小さな発光点Qの像をスクリーンXにつくるとき，レンズの左右の端を通過する光は，光軸上の点Oに対しては，強め合う干渉となり，そこから横にずれた点Pに対しては，弱め合う干渉を起こす．OとPの間では光路の距離に応じた中間値が現れる．Pは光量が0となる点である．小さな輝点の像は理想的には小さくならず，aの図に表されるような強度分布をつくる．

は打ち消し合う方向に起きる．点Pにおいて，両端からの光線は完全に打ち消し合うように干渉し，光量は0となる．このような形が2次元スクリーン上に対称的に起きる．Pより外側では，エアリー環といわれる，同心円上の明帯が繰り返して現れるが，その強度は中心のピークに比べてはるかに小さい．中心ピークの幅は，レンズの焦点距離に対する直径の比（すなわち開口数）が大きいと，狭くなる．よって，開口数の大きなレンズは分解能が高い．アッベは，レンズの開口数（NA）と分解できる2点間の距離（d）の間には，

$$d \propto \lambda / NA \tag{1}$$

の関係があるとした（λは光の波長）．

1.7 古典的分解能

顕微鏡画像の分解能はひとえに対物レンズの性能で決まる．特に，その開口数に依存している（図II.1.8参照）．小さな2点の標本が接近しており，像面にそれぞれの点像分布関数をつくると，分布関数を合成した明るさの分布が観察される．分布関数のピークに最も近い暗輪帯の位置が隣の輝点のピークの位置に重なるとき，合成強度分布は図II.1.9aのよ

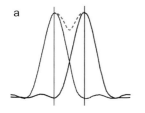
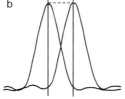

レイリーの分解能限界　　スパローの分解能限界

図 II.1.9 顕微鏡観察における古典的な分解能．二つの点像分布関数を合成したときの明るさの空間分布（点線）から，分解できる距離を決める．

うになり，中央に凹みが現れる．このピークの間の暗部はピーク値の 74% 程度の明るさであるが，眼で判定するのは難しいので，レイリーはこの状況を 2 点を分解する限界とし，式（1）の比例定数として 0.61 を得た（レイリーの分解能限界）．2 点が，この重なりよりさらに 20% ほど接近すると，図 II.1.9b のように中央は平坦になり，二つの分布関数は完全に融合するようになる．これをスパローの分解能限界という．レイリーの分解能限界に対しては，ビデオ撮影により電子的に暗部の強調をすることで，改善がみられるが，スパローの分解能限界に達すると，ビデオ的な改善は望めない．しかし，二つの輝点が同時に光らないように工夫すると，各点の中心ピーク位置は強度分布関数からナノメートルの精度で決定できるので，さらに分解能を上げた観察が可能となる（II.9 参照）．

1.8　フーリエ光学

小さな構造をできるだけ細かく見たいというのが，顕微鏡への期待である．理想的に平行な平面波を細かい構造の標本に照射すると，光は回折される．標本が周期的な構造を持っていれば，その周期的な構造に対応した回折光の分布が生じ，標本の後ろに置いた平面的なスクリーンにいわゆる回折パターン（結晶によるラウエパターン）が生ずる．この回折パターンの模様を解析すると標本の結晶構造が判明する．標本の構造とスクリーンにできた回折パターンの間には，K 変換といわれる数学的な関係があることがわかっている．K 変換の基礎はフーリエ変換である．空間や時間の中にある波の周波数成分がどのように分布するかを解析するものである．

フーリエの定理によれば，周期的なものであれば，どのような形の波でも，いくつかのサイン関数（ま

たはコサイン関数）を合成することによって表すことができる，という．どのような周波数（波長）のサイン関数をどれだけの振幅にして重ねれば観察された像と同じになるか，を調べることが周波数解析である．空間にある模様は，周期的な波が複雑に重なったものと見ることができ，各サイン波によって回折された光は特定の角度の方向への光束となる．これが，ラウエパターンとなるわけである．結晶ほど周期的でない構造を標本とする場合も，同じようなことが起こり，一般には，広がりが起こり，遠方に置いたスクリーンにはフラウンホーファー回折というパターンをつくる．

レンズの光軸上，焦点距離だけ離れたところに，標本を置くと，標本からの回折パターンは，レンズの表面に形成される．その明暗をつくる光の波はレンズによって屈折され，レンズの後方では，すべて平行な光束に変換される．これは，全体としては平面波であり，部分に応じて明暗のパターンが維持されている．この平面波の強度分布は，標本の回折パターンの情報をそのまま維持しており，標本内の周

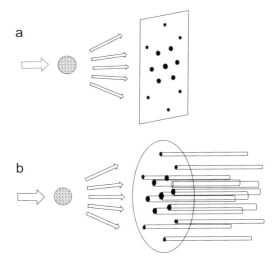

図 II.1.10 顕微鏡観察における光の回折の効果．a：結晶にコヒーレントな光を照射すると，スクリーンにラウエの回折パターンが現れる．光軸に近い中心領域に現れる点は大きな周期構造によって回折した光であり，周辺領域に現れる点は小さな周期構造によって回折した光である．回折像から，結晶の微細構造が計算できる．b：顕微鏡標本においても回折効果があり，レンズの中心領域を通過する光は大きな構造の情報を，また，周辺を通過する光は小さな構造の情報を持っている．レンズは空間周波数を 2 次元的にフーリエ変換する素子である．標本の構造が小さければ小さいほど，回折角は大きくなる．レンズの大きさが，小さな構造の観察には，決定的に重要であることがわかる．

期構造との間にフーリエ変換の関係を持っている．顕微鏡の光学系は，このような光の明暗の分布を，1点に集光し，干渉させて明暗に換えて結像させる．レンズ上の各点から発する球面波を焦点に重ねる（コンボリュートする）ことになる．

標本の中のさまざまな構造は，小さい回折格子が集まったものであると考えることができる．

より細かな構造は，間隔の小さい格子であり，大きな構造は，間隔の大きい格子である．回折されずに直進する光は0次の回折光であり，これが標本の光の透過度の情報を運ぶ．回折格子としての標本から発せられる光のうち，1次回折光を集めるのが対物レンズの機能である（図II.1.10）．なるべく小さな構造の情報を運ぶ回折光を捉えるためには，対物レンズの直径が大きくなければならない．どれだけ大きな回折角を取り込めるかで，分解能が決まる．

1.9 収　　差

光学レンズはどのようなものでも，理想的な働きからは少しずれた性能しか持てない．理想からのずれとして各種の収差があり，そのどれもを完全に取り除くことは困難である．ある程度の妥協のもとに，必要な性能を理想に近づけるしかないが，メーカーの製造するレンズの性能はバランスよく収差が出ないように整えられている．どのタイプがどのような収差を残しているかについては，使用時に注意が必要である．

1.9.1 球面収差

レンズの形状が球面でできていることから生ずる収差で，光軸中心に近いレンズ面を出た光と周辺部に近い面から出た光が同一の焦点に集束しない現象である（図II.1.11）．球面でない理想形（非球面）に研磨すれば解消できる．さらに，標本がその周囲の媒体と大きな屈折率差を持つ場合，この球面収差があると，標本内に集束した光線は1点には集まらず，光軸に沿って前後に広がった領域に集まる．

対物レンズによっては，球面収差を補正する機能があり，対象物の屈折率に応じてレンズ鏡筒にはめ込まれた輪を回すことによって，光線が1点に集まるようになる．光学系の光は逆方向に走るとき，正方向と同じ光路を通ることになるので，収差を取り除いた条件では，標本内の焦点面上の各点から空間に放散される光は，レンズに集められた後，完全な平面波に変換され，結像に与ることになる．

1.9.2 コマ収差

光軸に斜めの光路によってつくられる点が1点とならず，画面の辺縁方向に彗星の尾のような形の広がりを持つ現象である．

1.9.3 非点収差

中心からはずれた領域にある標本上の1点の像が1点にならずに，同心円方向とそれに直交した放射状方向に分離する現象．非点収差があると，点像のボケが焦点位置の前後で縦，横方向に広がる変わり方をする．

1.9.4 像面湾曲収差

像面の中心領域では焦点の合った画像となるのに，周辺領域では焦点が合わないのを像面収差という．レンズの焦点調節を変えると，周辺には合わせられるが，中心領域には合わないというようになる．この現象は像面が湾曲しているために生ずるともいえる．眼球のように，光を受ける面が曲面になっている方が，このような収差は生じない．将来は，曲面上に配置された画像センサも登場することであろう．

1.9.5 歪曲収差

画面の周辺領域に，本来まっすぐな直線がつくられるべきところが，中心方向（糸巻き収差）や辺縁方向（樽収差）へ湾曲した線となって現れる現象である．

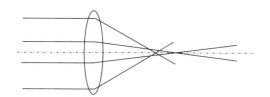

図II.1.11　球面収差．レンズに入射した平行光束（平面波）は出射後，焦点に集束する．しかし，球面収差の強いレンズでは，レンズの中央領域を通過した光（近軸光線）の集束する点よりも，レンズの周辺領域を通過した光の集束点はレンズに近い位置になり，完全には重ならない．このため像のボケが発生する．便宜上，このようなレンズの焦点は，近軸光線の集束点とする．

1.9.6 色収差

屈折率は光の波長によって異なるので，一つの面を持つレンズによっては異なる波長の光を同じ焦点に導くことはできない．このような波長依存性の光路の違いを色収差という．色収差のあるレンズで顕微鏡観察をすると，コントラストを持つ形状の縁が，青や赤に色づいて見える．凸レンズと凹レンズでは色収差の効果が反対に生ずるので，強い凸レンズと弱い凹レンズを重ねた凸レンズにすると，異なる波長の光を一点に集束させることができる（色消しレンズ：アポクロマート）．共焦点蛍光観察のように，励起光の集束と集束点から生ずる蛍光の光路が等しい必要があるときは，対物レンズの色収差は特に少なくしておく必要がある．2光子励起法でも，長波長での集光点で蛍光励起を行い，生ずる蛍光は波長が半分か，1/3であるので，色収差の少ない対物レンズの使用が好ましい．特に，カメラへ結像する場合は注意が必要である．

1.10 収差の補正

収差が生ずる原因は明瞭であるから，それらに対する補正法もあるが，実際にいくつもの補正を重ねることは困難である．レンズの研磨を非球面にすることが一つの解決法であるが，その研磨は難しい．したがって，多数の性質の異なるレンズを重ねることにより，収差の効果をキャンセルしつつ，高倍率，高開口数を達成する．このため，対物鏡筒の中には，10枚以上のレンズが重ねて収められている．

収差は，レンズとともに使用するカバーガラス，標本，標本の周囲の媒体など，それぞれの厚みや屈折率によって変化する．これらを，すべて理想的に補正することはできないが，状況に応じてできるだけの改善をすることはできる．さまざまな対象に対して適切な収差ができるような特別な光学系を適応光学系という．適応光学系の中心となる光学素子は，曲率を機械的に変化させることのできる反射鏡や，2次元的に（面上で）屈折率を変化させることのできる空間光変調器である．前者では，鏡に対して電歪素子による変形を与える．後者では，2次元的に配列した液晶画素に電圧を加えて屈折率を変える．これらによって，光束の部分ごとの位相を変え，結果としてレンズ面の各部位における屈折角を制御することにより，かなりの収差を解消できる．この実用化は，現在急速に進められており，近い将来には一般化するであろう．

1.11 画像のコントラスト

開口数はレンズの明るさと分解能を決定する特性であるが，実際に顕微鏡観察をするときには，対物レンズの開口数でほとんどすべてが決まってしまう．しかし，顕微鏡像の見やすさは，開口数だけでは決まらない事情もある．顕微鏡の像を得るには，対象の発光の特性が，部位によって違いを示すところを記録しなければ意味がない．別の表現をすると，対象の部位による差を画像のコントラストとして表さなければならないわけである．そもそも形を捉えるということは，コントラストを捉えるということである．

植物やカビなどでは，組織に大きな密度差があり，また，自然の色素が含まれており，それらが明視野照明（透過光による照明）下でコントラストを生ずる．動物細胞標本では，色素はまれで，多くの組織は透明に近く，通常の透過光でのコントラスト形成が難しい．そこで，コントラストをつくるために昔から使われてきた方法が標本の染色である．染色剤はその多様な性質から，多様な細胞の分子にある程度選択的に結合し，構造ごとに異なる発色をする．その吸収の波長に合わせた照明光を使えば，高いコントラストで，対応する構造が見えるようになる．染色剤の開発は，どのような分子に選択的に結合するかが，課題となる．最も選択性の高い染色剤は，抗体に色素を結合させたものである．特異的な結合をする抗原の局在が色の分布として見え，どのような分子がそこにあるのかを明確に証明してくれる．

多くの染色剤は生きた細胞には作用しないことが多い．そこで，細胞を化学的に固定化し，染色する．また，固定が不要でも，染色することによって，相手の分子の形を変え，その分子の生理的な機能を阻害する．染色自体は障害を起こさない場合でも，観察のために光を当てると，光線力学的な反応（活性酸素種の産生）が起こり，細胞に障害を引き起こす．そこで，染色せずにコントラストをつくって光で観察したい，という要求が高まることになる．

1.12 無染色でコントラストをつくる方法

簡単な光学部品を用いて，透明な細胞標本を，高いコントラストをつけて観察する方法は，いくつか考案され，クラシカルな方法として一般的に使われている．代表的なものは，位相差法であり，もう一つは，微分干渉法である．

位相差法は，1932年にゼルニケ（Zernike）が提唱したもので，その方法は，ノーベル賞の対象となったほどの画期的なものであった．細胞のような，透明であるが，内部にいくつかの構造があり，それらの構造の密度の違いから屈折率の違いがあるような標本を観察するには，可干渉性の光を用いて，屈折率の違う構造を通過した光と，細胞を通過せず背景を通過した光との間に干渉を起こさせて，その結果を明暗の情報として記録できればよい（その詳細はⅡ.3に譲る）．

微分干渉顕微鏡法では，わずかに光路のずれた2本の光束を用いて，それらの間の光干渉を明暗に換える．実際には，2本の光束はその波の振動面が直交した組み合わせになっており，いわゆる偏光干渉の方法を用いる．この方法では，空間的に屈折率差がある部位をこの組み合わせ光が通過したときに，互いの間の位相差が生じ，その位相差を偏光法によって明暗に変換することができる．詳細は次節に譲りたい．位相差法に比べて，同じ開口数の対物レンズを使用しても，標本の光学的切断能力が高くなり，標本内の構造の重なりが排除される効果が高い．

1.13 偏光顕微鏡

光は電磁波であり，電場や磁場の強度が空間軸に対して一定の面で振動している．自然光や通常の光源からの光は，多くの異なる振動面を持つ光が混ざっている．このような光を特定の振動面の光だけを通過させる偏光フィルターを通すと，偏光をつくることができる（図Ⅱ.1.12）．偏光フィルターの方向が偏光の振動面に合致していれば，100％近くの光が通過する．偏光面と直交した方向に置かれれば，0％に近い光の透過率となる．偏光フィルターにはさまざまなタイプがある．プラスチック板の間に分子を一方向に配列させた膜を挟み込んだもの，ガラスの内部反射を利用したもの，複屈折物質を利用したものなどがある．偏光フィルターの最大透過と最小透過の間の光強度の比を消光比（extinction ratio）といい，その値は，安価なプラスチック製でも，10,000に達する．光の振動面に直交する方向にフィルターを置くとき，クロス・ニコル（cross Nicol）という．顕微鏡にクロス・ニコル状態をつくり，光源とフィルターの間に標本を挿入して観察すると，標本の性質によって，クロス・ニコルの状態が破れることがある．すなわち，標本の部位が背景に対して明るく見える．これを利用してコントラストを形成するのが偏光顕微鏡である．

偏光顕微鏡下に明るく見えるような物質は，光学的には以下の二つの性質のどちらかまたは両方の性質を持つ．一つは，旋光性であり，もう一つは，複屈折性である．旋光性とは，その物質を通過する光の偏光面が回転する性質である．旋光度は，通過距離に比例して回転した量を角度で表したものである．ショ糖溶液や酒石酸溶液のように，不斉炭素の構造を持つ分子が示す性質である．分子の形態により，旋光する方向が右向きになる場合と左向きになる場合がある．標本の部分の旋光度に応じて，明暗が異なる画像が得られる．細胞程度の厚みの標本では，旋光性は小さく，偏光顕微鏡で観察できるほどの偏光面の回転は生じない．細胞が多数重なった標本（例えば神経線維束）では，有意の旋光度が現れる．

複屈折性は，偏光面が直交した二つの偏光に対して，物質の屈折率が異なるような性質である．すなわち，光の速度が，同じ部位を通過しながらも二つの偏光に対して異なるということである．振動面が異なるので，その振動の方向にどれだけ分子が配向しているか（電子が動きやすいか）ということに関

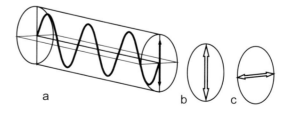

図Ⅱ.1.12 偏光の性質．電磁波の振動において，電場の振動面を偏光面という．図のaは，偏光面が垂直である光の波を表している（直線偏光）．このような偏光に対して，bのような偏光フィルターを当てると，光はほぼ100％通過するのに対して，cのような偏光フィルターを当てると，光はほぼ完全に遮られる．aのような偏光をつくり出すフィルターを偏光子といい，bやcのように偏光面を調べるフィルターを検光子という．

係している．複屈折量を示すリターデーションは $d(n_e - n_o)$ によって定義される．e は異常光線，o は常光線を意味する添え字である．d は標本の厚みである．光路差（位相差）δ とは $\delta = 2\pi d(n_e - n_o)/\lambda$ の関係となる．有糸分裂のときに現れる微小管の束や細胞膜は分子の配向性が高く，強い複屈折性を持っている．

複屈折性の場所による差異を明暗に換えるには，互いに直交した振動面を持つ二つの光が違う速度を持つことから生ずる，位相のずれを検出することになる．このためには，偏光干渉法を使う（図 II.1.13）．光源として一つの振動面を持つ偏光を用意する．この偏光は，実は，直交する二つの偏光を合成したものと考えることができる．二つの偏光の位相はそろっている．この組になった偏光を，標本に対して，その振動面を標本の調べたい方向に合わせて，通過させると，互いの位相にずれが生ずる．位相にずれのある直交した偏光を合成すると，その振動面は，平面からせんのように捩れた面に変化する．これを楕円偏光という．位相がちょうど π/2 ずれるときには，円偏光となる．楕円偏光や円偏光はその

図 II.1.14　偏光顕微鏡で観察したイカの巨大線維と随伴する細い神経線維束．神経線維は細胞内に多くの微小管や中間径線維を有し，強い複屈折性を持つ．巨大線維は巨大神経の軸索にシュワン細胞が付着した構造であり，直径は約 500 μm．軸索内に縞状の構造やらせん状の構造があるのがわかる．明視野下では，このような構造はまったく観察できない．偏光子と検光子は直交状態にあり，背景は完全に暗くなっている．スケールバー：1 mm．（口絵 1 参照）

偏光面の形に応じて，偏光フィルターを通過する成分が大きくなり，背景に対して明るいものとなる．

複屈折性のあるものを明るい画像として表示するには，光源の偏光面を複屈折の高い方か低い方の極値の方向に合わせる必要がある．逆にいえば，偏光顕微鏡下では，標本を光軸を中心に回転させると明るさやコントラストが変化する，ということになる．適切な標本の置き方を意識する必要がある．複屈折性を持つ標本例を図 II.1.14 に示した．

1.14　鉱物顕微鏡

鉱物顕微鏡では，鉱物を光が通過できる程度の薄い標本に切り，偏光照明を用いて検光子を通して観察する．岩石などの鉱物は，結晶の構造に応じて複屈折性の向きと大きさが異なる．このため，結晶区域によって明るさが変わり，結晶構造の混ざり具合が明瞭になる．光源として単色を用いると，明暗は複屈折性を正確に反映するが，白色光源を用いると，それぞれの波長に対して異なる干渉結果が生ずるので，結晶区域に応じてさまざまな色が現れる．標本の向きによって色も大きく変わることになる．標本を載せたステージは回転できるようになっており，特に観察したい結晶領域の複屈折特性に合わせて，回転角を調整して観察する．

1.15　実体顕微鏡

実体顕微鏡は，標本の立体的な構造を両眼で見ることにより，拡大像に実物感を付与したものである．通常の顕微鏡で見える画像は，焦点の合った面の 2 次元的な像で立体感に乏しい．双眼型の接眼レンズ

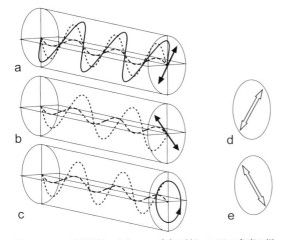

図 II.1.13　偏光状態の変化．a：垂直に対して 45° の角度の振動面を持つ偏光は，垂直と水平の方向に振動面を持つ二つの偏光にベクトル的に分解できる．この光は d の偏光フィルターを完全に通過する．b：垂直と水平な偏光面を持つ二つの光を標本に通した場合，それぞれの光の速度が異なることがある（複屈折性）．この結果，標本を通過した光をベクトル合成すると，偏光状態が初めとは異なったものとなる．二つの光の間の位相が π/12 の差を持つと，偏光面は 90° 回転する．この光は d のフィルターを通過できないが，e のフィルターを通過できるようになる．c：位相差が π であると，ベクトル合成の結果は単純な平面にはならず，円のように回転する（円偏光）．このような光はフィルター d もフィルター e も同じ透過率で通過できる．

を通して両眼で見ても，同じ画像を左右の眼で見るだけなので，立体感は増すことはない．小さな標本の立体的な画像を見るには，標本面に垂直な方向から観察するだけでなく，左右に少し角度を付けた方向からの観察が必要である．顕微鏡の対物レンズを二つ使い，7°ほどのふれ角で小さな標本の同一部位を見ることは，レンズに大きさがあってレンズ先端が互いにぶつかるために，難しい．そこで，実体顕微鏡では，1枚の大きなレンズを対物レンズとし，その後ろに二つのレンズ鏡筒を置くような構造となっている．こうした光学系のため，100倍以上の倍率での観察は難しい．低倍であれば，小さな世界の立体感ある画像が観察でき，生体の微細な解剖や，機械部品に対する作業などに大変有用である．落射蛍光型も市販されており，蛍光化した組織標本で，試薬を注入したり，組織を分割したりする手技がやりやすくなっている．落射蛍光型の場合は，倍率を上げた方が，明るい蛍光が観察できる．5倍ほどの倍率で，蛍光が見られない場合でも40倍にするとコントラストが増大し蛍光がよりわかるようになる．

双眼型顕微鏡と共通のことであるが，左右の眼へ送られる画像が適切でないと，楽な観察はできない．そのための焦点の調節を念入りに行う必要がある．対物レンズは左右とも一つの焦点調節機構で調整される．これに対して，左右の接眼レンズは片方だけ，または，両眼別々に調整できるようになっている．前者の場合であれば，調整できない方の接眼に当たる眼に合わせて対物レンズの調整をし，次に，調整できる接眼レンズに当たる眼に合わせて接眼レンズだけの調整をする．左右の視力に大きな差のある観察者は，眼鏡によって視力差を補ってから顕微鏡観察をする．そうでないと，焦点だけを両眼に対して個別に合わせることになり，それによって，左右の画像に倍率の差が生じて，両眼視が困難になる．一般に，視力異常の観察者は眼鏡をしたまま顕微鏡観察をすることが推奨される． ［寺川　進］

参考文献
1) Inoue, S., Spring, K. R.（寺川　進，渡辺　昭，市江房夫訳）(2001) ビデオ顕微鏡，共立出版．
2) Tkaczyk, T. S. (2010) Field Guide to Microscopy, SPIE Press.

2　微分干渉顕微鏡

　染色していない生細胞を観察するための一般的方法の一つとして，微分干渉法がある．位相差顕微鏡法に比べ，光学切断能が高く，分解能限界に近い小さな構造体がより鮮明に捉えられる特徴がある．画像は，位相差像に見られるようなハロ（光輪）を生じないが，細胞輪郭に沿って明暗の輪郭ができることになり，その部分の情報はハロ同様失われている．Allen がビデオ装置と組み合わせて使用することで，分子レベルの画像が得られることを示して以来，広く使われるようになった[1]．

2.1　コントラストの生成

　微分干渉顕微鏡では，位相差顕微鏡と同じように，染色していない生きた細胞を観察の対象とする．このような標本は透明であり，吸収によってできる影が薄い．そこでコントラストを透明体の屈折率の違いに求めることになる．ここまでは，位相差法と同じであるが，違う点は，この屈折率の空間的な（すなわち X-Y 方向の）差を画像化するというところにある．屈折率が空間的に一定であれば，明暗のコントラストは生じない．屈折率が，わずかに位置ずれした隣の部位に比べて異なる値となっていれば，その部位に明か暗のコントラストをつける．その具体的な方法は，微小な間隔を置いて2本の光束を用意し，それらを互いに平行に保ちながら標本内を走らせ，それぞれの光が微小な屈折率差のある空間を通過してきたときに，位相の違いが生ずるのを検出するというものである（これらの光束は光軸に平行にあるわけではなく，像の拡大をする必要に合わせて全体としては円錐状になっている）．このような位相の違いを明暗にすることは偏光干渉法によって可能となる．

　偏光干渉とは，直交した二つの平面に平行となるような面内で電場の強度ベクトルが振動しているような二つの直線偏光を合成して，その光強度を観察する方法である．両方の光の位相がそろっていれば，合成した光の振動面はベクトルの合成によって求まる平面内にあり，直線偏光となっている．しかし，

位相がずれていれば，そのずれの程度に応じて楕円偏光となる．ずれが 90° であれば，円偏光となり，180° であれば直交した平面内に振動する直線偏光となる．270° では再び回転の方向が逆の円偏光となる．このような偏光状態の変化を，偏光フィルターによって明暗に換えるのである．

2.2 光学系

微分干渉法では，上述のように二つの直線偏光を標本に通過させるが，それらの光の光軸位置のずれをシアーと呼び，そのシアー量が，実は，0.1 μm 程度に抑えられている．そのような微小な位置の差における屈折率差を比較することによってコントラストをつくるようになっている．このため，得られる明暗のコントラストは，屈折率の（空間的な）微分をすることに相当するので，微分干渉法と呼ばれる．わずかな位置ずれを持つ二つの直線偏光をつくるには，Wollaston プリズム，または，Nomarski プリズムを使用する．いずれも一つの直線偏光を入れると，二つの直線偏光に分かれる性質を持っている．複屈折性を持つ方解石を通すと物が二重に見えるのと同じように考えてよい．プリズムの種類によって，光の分かれ方が異なり，Wollaston プリズムは対物レンズ内に，Nomarski プリズムは対物レンズの外にそれぞれ置くことができる．後者の方が製作や調整が容易なために一般化しており，しばしば，微分干渉顕微鏡の代名詞として Nomarski 顕微鏡という言葉が使われている．シアー量は，通常の方解石では 1～2 mm となるが，顕微鏡では，対物レンズの拡大倍率に合わせた小さな量に調節してあり，その量が小さい方が，細かい構造を反映した画像が得られる．ただし，コントラストは低下する．微分干渉顕微鏡の光学系を図 II.2.1 に示す．

2.3 特徴

干渉効果は，プリズムによってずらされた光が検出用のプリズムの表面で合わさって初めて生ずる．つまり，検出用プリズムの入射面に合焦した光が干渉効果を発揮する．少し焦点のずれた光は干渉に与らない．また，微分干渉光学系は対物レンズの開口数を最大にして使用できる構成である．これらの効果が合わさって，微分干渉法では，標本内で焦点の合った面だけを光学的に切断をしたような画像が得られる．図 II.2.2 は，微小な顆粒（直径 1 μm）を観察対象として，対物レンズの焦点をサブミクロン単位で動かしたときの，顆粒の明暗の変化を表したものである．わずか 1 μm 程度の焦点ずらしによって，明るさが最大値から最小値へ大きく変化するのがわかる．得られるコントラストの 100% 近くを 1 μm に対応させられるのである．この焦点の範囲を超えると（すなわちボケると），対象は背景となる中間調の明るさに溶け込み，明暗には寄与しなくなるのである．このような特性は，共焦点顕微鏡に似たものであり，大変有用である．生きた組織や厚い細胞を観察しても，まるで光学的なナイフで切ったかのように，その内部の断面像が見られ，生きた細胞の観察を，対物レンズの回折限界に達した分解能で，簡単に実現できる．通常の位相差法では，対物レンズの有効開口数が制限されており，また，光線の位相ずれの効果は標本の厚みに対して積算的に重なり，このような鋭利な光学的切断はできない．有効開口数の大きな対物レンズを用いた位相差光学系を使用すると，光学切断能は向上する．

微分干渉法では，空間の一方向（シアーの方向）に沿って屈折率の微分をし，その正負を含めた大きさを明暗に換える．したがって，細胞のような比較的大きな構造体の辺縁には，明と暗のコントラストが細胞を両側から取り囲むように相補的に生ずる．これが，レリーフのような効果を生み，細胞はあたかも立体的な構造体のように見える（コントラスト

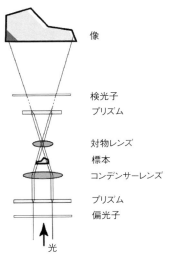

図 II.2.1 微分干渉顕微鏡の光学系

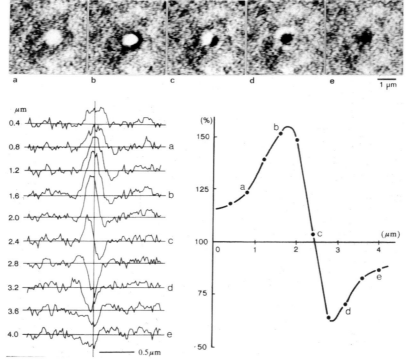

図 II.2.2 焦点位置と微小な位相物体がつくるコントラストの関係. 上；焦点位置を変えて観察した微小な細胞内顆粒の像. 左；顆粒の像の中心線での光強度プロファイル. 左の数字は焦点の移動距離を示す. 右；顆粒の中心における明るさを焦点位置の移動距離に対してプロットした図.

はこのシアーの方向にだけ生ずるので，標本を置く方向に気をつけなければならない）．この見た目の立体の高さは，屈折率の大きさに対応していると解釈することができる．そのため，画面の上方に明の輪郭が，下方に暗の輪郭が来るように画像を表示するようにした方が違和感がない．逆に配置すると，眼の錯覚によって，屈折率が高い部分がへこんで見えてしまう．コントラストを適正な配置にするには，撮影用のカメラの向きを回転させるか，Nomarskiプリズムの位置をずらせばよい（プリズムの位置は，最大のコントラストが得られるように変えることができる）．小さな顆粒状の構造についての明暗は，対物レンズの焦点をわずかにずらすことによって逆転する．なお，Nomarskiプリズムの一つは対物レンズの直後に置かれていて，光軸に対してわずかに斜めの表面を持ち，ネジで光軸に対して出し入れできるようになっており，二つの光束の位相ずれにバイアスをかけることができる．この調節によって，明暗のコントラストが変わるので，微分の方向を選び，かつ，見るべき対象が最大のコントラストを持つよ

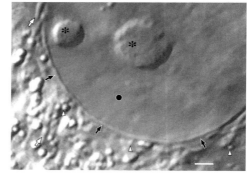

図 II.2.3 微分干渉顕微鏡で観察した培養線維芽細胞の内部構造. 屈折率の高い構造が立体的に浮き出て見える. ●：核, ➡：核膜, ＊：核小体, △：微小顆粒, ⇨：ミトコンドリア, スケールバー：2μm.

うに，調節することが必要である．

照明には直線偏光子を通した光が使われ，観察側にはそれと直交方向に透過性を持つ検光子を使用するので，標本や培養ディッシュに複屈折性があると，背景光が高くなる．観察する細胞の培養ディッシュはプラスチック製ではなく底の中央部だけカバーガ

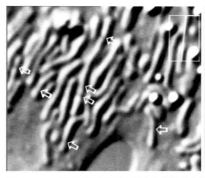
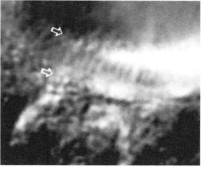

図 II. 2. 4 微分干渉顕微鏡で見た培養線維芽細胞のミトコンドリア（左）とマウス小腸上皮細胞の刷子縁（右図の矢印の間の部分）．ミトコンドリアの内部構造（左図の矢印）や刷子縁内の微絨毛が分かれて見える．

ラスを貼りつけたものでなければならない．同様に，観察時には，プラスチックの蓋をはずさなければならない（ガラスの蓋にする）．微分干渉顕微鏡で捉えた像の例を図 II. 2. 3 と図 II. 2. 4 に示す．

2.4 何が見えるか

Allen は，微小な物体が生ずるわずかな微分干渉のコントラストを，ビデオカメラで捉え，その画像にデジタル処理を施すことによって，それまで通常の顕微鏡法では捉えられなかったような細胞内構造が捉えられることを示した[1]．この方法は，画像コントラストを電子的に増幅するという点が画期的であった．詳細は，XI. 3 ビデオ顕微鏡の章に譲るので，そちらを参照されたい．こうした方法で，植物や神経軸索の中の微小顆粒の動きが捉えられるようになり，それまで，化学的（分子的）な現象と思われていたことが，顕微鏡下に眼に見える現象として現れるようになったのである．Schnapp らにより，この方法で，微小管のような分子レベルの構造が光学顕微鏡的に可視化できることが証明された[2]．いわゆる分解能以下の大きさの構造体でも，コントラストの増幅をすれば，回折効果によってボケた画像が捉えられるということであり，電子顕微鏡が示すような微細な形態がわかるということではない．25 nm の直径の微小管は，200 nm のボケた太さの直線となって現れる．それでも，線維の本数や太さに応じてコントラストは変化するので，定量的なことはある程度の推測が可能である．何よりもよいところは，電子顕微鏡でなければまったく捉えられなかった構造が，光学顕微鏡で捉えられるというところであり，その結果，微小な顆粒が微小管上を滑走する反応が解析できるようになったというところである．動きが捉えられるということは，生理学を研究する上で最も重要な点である．ここから，顕微鏡という形態学的な道具を用いて，機能を研究する生理学が発展することになった．微分干渉法によって，微小管上の顆粒の滑走運動が解析され，滑走運動を担う

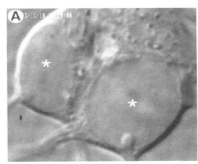
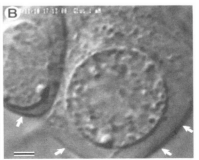

図 II. 2. 5 微分干渉顕微鏡で撮影した神経細胞死の様子．A：グルタミン酸投与前の初代培養大脳皮質神経細胞（二つ見えている）．☆は核を示す．B：グルタミン酸 1 mM を投与後 30 分の細胞．核内に顆粒構造が現れ細胞質は膨化する（矢印）．スケールバー：2 μm．

分子として，キネシンが同定発見されるに至った．

筆者は，このビデオ増強式微分干渉法をさまざまな細胞レベルの生理現象の観察に応用した．その中で，Allen の始めたビデオ画像の直流的な増幅に対して，画像の交流的な増幅を実現し，時間的な変化を増幅率を上げて描出できるようにもした．ビデオの各コマの間の差分画像を得，その結果を増幅して表示するというものであり，対象物の時間変化だけが明暗のコントラストとなって現れる．ビデオ増強式微分干渉法によって，分子的な反応と考えられていたホルモンや酵素の分泌反応が，細胞膜上の開口放出として捉えられることがわかった．この形態学的な観察によって，分泌の最も基本的な単位となっている反応が捉えられたということは，それまでの生化学的な定量法に比べて分泌反応を高い感度で検出できたということであり，細胞の種類によって分泌の様子が異なることが明らかになった．この方法で，インスリンの開口放出が初めて捉えられた．また，それまで，光学顕微鏡ではグルタミン酸処理の2日後でないと観察できないとされていた神経細胞の遅延細胞死といわれる反応が，実は，グルタミン酸処理の2,3分後には，微分干渉法で観察できることがわかった．核内に大きな構造変化が起き細胞体が膨化することが見出された（図 II. 2. 5）．微分干渉法とビデオ画像処理を組み合わせる方法は，細胞の微細な形態変化を伴う生理学的反応の解析に大変適している[3]．弱点は，生理反応を担う分子の種類が直接的には同定できない点である．

2.5　今後の展開

微分干渉法は，位相差法に比べて対物レンズの開口数を完全に有効にすることができる光学系であり，明視野法に比べて絞りを開けても十分にコントラストが得られる方法であるため，照明側の開口数を高めることもでき，対物レンズの理論的回折限界の分解能に実際に到達できる方法である．最近，微分干渉法に対するデコンボリューションのアルゴリズムも考案されているようで，将来的には，超解像的な観察が可能になってくるであろう． ［寺川　進］

参考文献

1) Allen R.D., David G.B., Nomarski G. (1969) Zeitschrift fur Wissenschaftliche Mikroskopie und Mikroskopische Technik **69**:193-221.
2) Schnapp, B. J., Vale, R. D., Sheets, M. P., *et al.* (1985) Cell **40**:455-462.
3) Inoue, S., Spring, K. R.（寺川　進，渡辺　昭，市江房夫訳）(2001) ビデオ顕微鏡，共立出版．

3 位相差顕微鏡

顕微鏡で微細な標本の構造を観察するには，レンズの性能もさることながら，標本そのものを薄く切り，ほぼ透明にしてから，物質の性質に応じた染色をして，高いコントラストを得る必要があった．重なった構造を物理的に排除し，色素による吸収に依存したコントラストの生成が光学顕微鏡法の基本であった．これでは標本の薄層切断や強い染色のため，生きた細胞の観察は無理ということになる．そこで，光の吸収の差異に基づく画像形成に依存しない方法で画像をつくることが求められ，位相差顕微鏡法が生まれたといえる．位相差法では，光の伝播速度が屈折率に応じて変化することを利用し，参照光との間の比較で，位相がどれほどずれたかを明暗に換えて画像をつくる．この特質により，位相差法では生きた細胞の観察が可能になり，顕微鏡による生体観察の範囲が画期的に拡張された[1]．本章では，その原理と実際を解説する．

3.1 位相差を明暗に換える

細胞全体，また，核やミトコンドリアのような細胞内器官の部位の物質密度は，一般にその周囲物質の密度より高く，その屈折率が周囲より高くなる．

水の屈折率は 1.33 で，細胞質はおよそ 1.37，ミトコンドリアは 1.38 であり，それらの差は，屈折率にして 0.01〜0.04 程度のわずかなものである．それでも，位相のそろった光束を，細胞のような内部構造を有する標本の領域に通すと，細胞や細胞内構造を通過した光の位相はわずかにずれるのであり，参照光と干渉させれば，その結果は，位相がずれていない光との干渉とは違う明るさになる．

互いに干渉することのできる光を得る方法は，点光源から球面波を発生させ，その一部を分けて 2 本の光束として利用することである．ゼルニケの原法による位相差法では，一方の光は，細胞など標本の周辺背景部分を通って対物レンズの後焦点近傍に焦点を結び，そのまま拡大して像焦点面に投影される参照光となる．もう一方は，標本を通過し，同時にそれによって回折され，続いて対物レンズによって集光結像される画像情報を担った光となる（図 II. 3. 1）．

参照光と回折光は結像面で干渉し，明暗のコントラストを形成する．点光源は小さいものであるから，原理的に明るくすることが難しい．標本内の点についても同様である．つまり，回折光の方が参照光より暗くなるので，参照光が集束している部分に小さな濃度フィルターを入れて，参照光の明るさが回折光の明るさに近づくようにする．また，このフィルターに，固定的に 1/4 波長の位相をずらす機能もつけて（位相板），光波振動の波の傾きが大きい部分で干渉効果が生じるようにする．これによって，位相

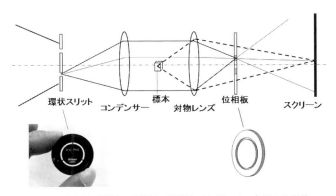

図 II. 3. 1 位相差顕微鏡の光線図．照明光（実線）は，左側から環状のスリットを通過して，コンデンサーレンズで平行光となって標本に当る．標本は透明であるが，光は直進するだけでなく，微細構造によって回折される（点線）．回折光は対物レンズで集光されて結像するが，標本を通過しなかった光（参照光：細い実線）との間で干渉することにより，強いコントラストを生ずる．ゼルニケの原法では，環状スリットではなく，光軸上に置いたピンホールが使用された．

差を最大の明暗差に変換することができる．

　ゼルニケ法以降に考案されたのは，光源として多数の点を使うことである．点光源を環状に並べれば回折光側の強度を上げることができる．実際は，点光源ではなく細い環状の光源を点光源の代わりに使用して，画像の明るさを高めている（環状照明）．参照光側に入れるフィルターも，光源の形に合わせて環状にする必要がある（位相リング）．このような光学系で，標本の微小な屈折率の差が明暗の差として現れ，透明な標本を染色することなくその形を観察することができる．最大の長所は，生きた細胞の活動を，長時間，連続的に観察できることである．

　短所としては，次のようなことがある．

　i) ハロが生ずる．ハロというのは，顕微鏡視野の中で，比較的大きな構造体として現れる標本（細胞など）の内部や周辺に，極端に明るい領域や暗い領域が生ずることである．明暗が飽和した領域でその中ではコントラストが現れない．一見，構造物に隈取りをつけたように見える．これは，標本の持つレンズ効果が現れたものである．一般に，レンズは，一様な屈折率のガラスの表面を球面にして，光の波の位相を中心対称的にずらすということを実現しているものである．細胞のような形態も同様の作用をすることが考えられる．仮にその表面形状が曲面でないとしても，屈折率に空間的な勾配があれば，同様の効果が生ずる．

　ii) 像の分解能が対物レンズの持つ分解能より多少低くなる．対物レンズの後方に位相板（位相リング）が置かれていて，0次回折光（直進光）が通過する環状の領域において，位相を1/4波長変えるとともに，光強度を減弱させる．適切なコントラスト生成に必要であるが，対物レンズの持つ開口数が完全には使えないので，回折光による像の形成にはわずかであるが悪影響を与える．

　iii) 光学的切断能力は高くない．位相差法の光学系には標本の内部でZ方向への分解能を高めるような仕組みはなく，対物レンズのNAだけで決まる分解能に留まる．通常の明視野顕微鏡法と変わらない．その結果，NAの低い対物レンズでは，細胞レベルの大きさの対象をZ軸に沿って切断するような分解能はほとんどない．NAが1.3の対物レンズであれば，数μmの光学切断能となる．

3.2 位相差顕微鏡の使用法

　上記の原理を有効に働かせるためには，位相差顕微鏡特有の使用上の注意点を知っておかなければならない．

　i) 環状スリットはコンデンサーに組み込まれており，一方，位相板は対物レンズの後方焦点面に組み込まれている．環状スリットの像は位相板のリングにぴったり重なる必要がある．そのために，コンデンサー装置についている環状スリットの大きさが，対物レンズのそれと対応したものを選ぶ必要がある．Ph1, Ph2, Ph3という順に高倍率の対物レンズ用に用意されているので，それを適切に選ぶ．また，通常は，コンデンサーの光軸はX-Y方向に位置調節できるようになっているので，軸ずれが起きやすい．芯出し望遠鏡（ベルトランレンズ）を接眼部に挿入することで，環状スリットと位相板の両方の像を見て，コンデンサー部分の芯出し操作と，Z方向の位置調整を行う．

　ii) 光の干渉効果を利用した結像であるので，単一波長の光を光源とした方が，コントラストが明瞭になる．照明側についている干渉フィルター（通常，緑色．水銀ランプの輝線：$\lambda = 546$ nm）を挿入して，コントラストが上がることを確認して使用する．

　iii) ハロが邪魔な場合は，位相板の減光率を変えることで，多少の改善が得られる．また，高開口数レンズを使用して，標本の光学切断能を上げることによっても改善される．

　iv) 細胞観察に使用する培養ディッシュについて

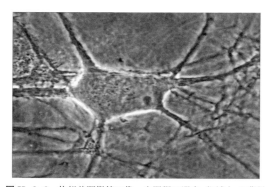

図II.3.2　位相差顕微鏡の像．中間調の明度（灰色）の背景に対して，明（白）と暗（黒）のコントラストが現れる．物質密度の濃い部分が暗くなるような調整ができる．標本はNG-108細胞．細胞周囲の白い縁取りはハロ．

は，複屈折性のあるプラスチック底のものでもかまわない．この点は，微分干渉顕微鏡より使い勝手がよい．

3.3 ヒルベルト位相差顕微鏡

照明側に環状スリットを入れる代わりに，観察側に半円形の形をした位相板を入れる方法である．コヒーレンスがよい照明光を標本に照射すると，光は標本の微細な構造に応じて，回折する．対物レンズでそれらを集める．集めた光束の半分の光は位相板を通過して結像し，残りの半分は直接結像する．それぞれの光は，標本を多少異なる角度から観察した像をつくるが，スクリーン上では重なる．位相板を通過した光束は位相が1/4波長ずれており，参照光（回折しなかった光）との干渉の結果，強いコントラストをつくるが，位相板を通過しなかった光束は，干渉してもコントラスト形成が弱い（図II.3.3）．標本に対する角度依存性にコントラストをつけた像を重ねるので，位相差像を空間微分したような像となる．一見，微分干渉像のような画像が得られる．永山らが開発した位相差電顕に採用されている（第VI.4章参照）．

3.4 定量位相差法（QPM）

位相差法により位相物体の像をつくる方法は，上記の通りであるが，実は，位相板を用いた干渉法によらない方法でも位相差像を得ることができる．前述の方法では，標本からの回折光と標本を通過しなかった参照光（あるいは通過しても回折しなかった0次回折光）の間の干渉を考えた．これに対して，参照光を標本を置いた空間とは別の空間を走らせてから合わせる方法（定量位相差法I）もある．また，光学的な干渉を実際にさせることなく，光線の走っている方向を調べることにより，上記の位相差法と同等の効果を得る方法（定量位相差法II）もある．いずれも定量位相差法という名称を冠しており，紛らわしいが，それぞれに長所を有する方法である．

3.4.1 定量位相差法I

一つの光源からの光束をビームスプリッターで分割し，片方の光束を標本に通し（標本光），他の光束（参照光）は標本のある空間を迂回させて，後に両光束をビームスプリッターで合わせる．この光学系はマッハ-ツェンダー干渉計と呼ばれるものである．原理的には，標本光と参照光とが干渉して，位相差像ができる．しかし，この方法は，標本がなくても干渉縞を生じやすく，きれいな画像を得るのは難しい．レーザーを光源とするとなおさらである．そこで，レーザー光を絞って輝点にして，光束が2次元的に広がらないようにしながら標本を走査して，不要な干渉を抑える．その後で参照光と合わせると，標本内での位相に応じた干渉が起こり，位相の絶対値の測定が可能になる．このことから，定量位相差という名称が使われている[2-4]．位相物体の光路長は屈折率と物体の長さに依存するので，そのどちらが像形成に関わっているかを決めるには別の独立な測定をする必要があるが，一個の細胞の大きさの変化や細胞内の構造変化などに敏感な方法である．細胞膜の位置の変動としては，ナノメートル精度の測定が可能である．ホログラフィック顕微鏡と呼ばれることもある．

3.4.2 定量位相差法II

回折光は光軸からの立体角に関して一様対称に広

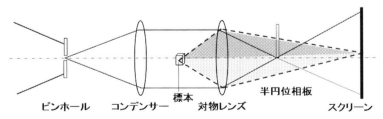

図II.3.3 ヒルベルト位相差法．標本からの回折光を対物レンズで集光し，その半分の光束は，半円形の位相板を使って位相を1/4波長分ずらしてから結像させる．残りの半分は位相はそのままに結像させる．二つの光束は標本を見る角度が異なるが，それぞれ参照光との間で干渉する．濃い影をつけた光束はコントラストをよく形成し，薄い影の光束はコントラスト形成が弱い．これらが重なって像をつくる．

がっているわけではない．回折光の光強度は，標本の構造に応じて，詳細な角度分布を持っている．その分布の様子が画像の明暗を決めている．標本が一様な屈折率を持ち，吸収性と透過性だけが一様でない場合は，標本による光の回折は標本内の吸収透過性の周期構造の分布を反映したものになる．細かい周期が多数あれば，大きな角度へ回折し，大きな周期があれば，小さな角度の回折となる．一方，位相物体があると，それらによって回折した光成分に位相のずれの効果が加わることになる．さらに位相物体の3次元的な形状によってレンズのような効果も加わる．位相物体は周りの屈折率と違う屈折率を持つので，その形状に凹凸があると，小さなレンズのように作用し，光線の方向を変える．この効果は結局は，物体の持つ周期性が透過吸収構造成分と位相の空間勾配成分からなることを意味している．そこで，位相差光学系を離れ，通常の明視野光学系において，回折光の角度分布を調べることで，透過吸収成分と位相差成分を抽出できる．角度分布は，結像焦点面を中心に光軸に沿って距離を変えて3枚の画像を撮影し，その光強度像を捉えればわかる．この方法はNugentらによって提案された[5,6]（図II.3.4）．位相差光学系を用いなくても位相差像が得られる方法であるが，専用の画像処理プログラムを要する．さらに，焦点付近でカメラか焦点調節つまみをμm単位で動かすための装置（手動でも可）が必要である．厚みのある標本でもハロが少ない．電子顕微鏡に対しても応用されている．ちなみに，位相差像を位相差光学系を使って捉えても，ここに記載した定量位相差法で捉えても，画像処理の一つであるエンボス処理を施すと，微分干渉像となる．こうして明視野的に光強度を定量的に捉えその情報から計算に

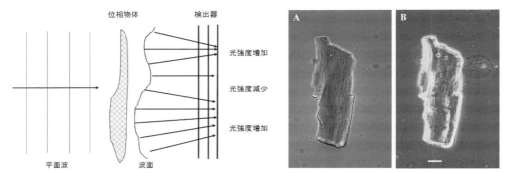

図 II. 3. 4 定量位相差顕微鏡（Nugent らの方法）．左；位相物体があると光線は直進せずに折れ曲がり，スクリーンに明るいところや暗いところをつくる．検出器の位置を動かして，光線が来た方向を調べることにより，位相物体の像がつくれる．右；明るさ情報から得た定量位相差像（ハロが少なく，詳細が明瞭）（A）と位相差光学系で得た位相差像（B）．スケールバー：10 μm．[K. Nugent のHPより]（口絵2参照）

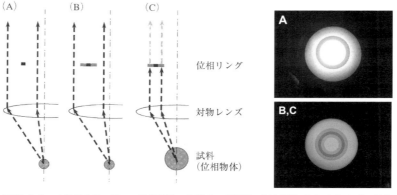

図 II. 3. 5 アポダイゼーション位相差法．位相リング模様の幅を通常（A）より広げ，減光度を落とした位相板（B, C）を使用する．これによって，中間領域の回折角度を持つ光成分を減少させる（左図のC）（加藤らより許可を受けて再掲）[7]．

よって構成した位相差像や微分干渉像は光学系を使って撮影した画像と比べほとんど遜色がない．

3.5 アポダイゼーション位相差法

位相板は通常細い環状の形をしている（図 II.3.1）．その幅は最小限に抑えられている．この環状位相板は回折光と参照光の明るさを近いレベルに合わせる作用もしている．同時に光の透過性を抑え，その位置は参照光が集束している位相板との共役面にあり，回折光に対しては集束していない面なので，結像においてはフーリエ変換した効果が加わる．通常は効果を少なくするために環状の幅を小さくしてある．アポダイゼーション位相差法では，逆にその幅を広げ，中間領域の空間周波数成分を暗くするようにしている（図 II.3.5）．このことによって，通常よりは高周波数成分が際立つようになる．このように，画像の空間周波数が一様な状態から，その一部を切り捨てて周波数成分にフィルターをかけることをアポダイゼーション（足切り）と呼ぶ．実際は，位相リングを置く位置は，顕微鏡筐体の外に二つめの位相板共役面をつくり，位相板の交換をしやすくしている．このような位相差光学系では，比較的大きな構造に由来する明暗が抑えられ，位相差特有のハロが減少し，細かな構造に由来する明暗がよく見えることになる[4]．　　　　　　　　　　　［寺川　進］

参考文献

1) Zernike, F. (1942) Physica **9**：686-693.
2) Iwai, H., Fang-Yen, C., Popescu, G. *et al.* (2004) Opt. Lett. **29**：2399-2401.
3) Ikeda, T., Popescu, G., Dasari, R. R. *et al.* (2005) Opt. Lett. **30**：1165.
4) Yamauchi, T., Iwai, H., Miwa, M., *et al.* (2008) Optics Express **16**：12227-12238.
5) Paganin, D., Nugent, K. A. (1998) Phys. Rev. Lett. **80**：2586-2589.
6) Curl, C. L., Bellair, C. J., Harris, P. J., *et al.* (2004) Proc Austral Physiol Pharmacol Soc **34**：121-127.
7) 加藤　薫，大瀧達朗，鈴木基弘（2004）生物物理 **44**，260-264.

4　全反射照明蛍光顕微鏡

全反射照明は暗視野照明と似ている．暗視野照明法では，照明光は，対物レンズに直接入射することがないような角度で標本に当るような光学系となっており，標本に当って散乱または回折した光だけが結像に関わる．全反射照明法も狙いは同じである．標本が存在しないときには光が一切対物レンズに入らないようにするために，標本が載っているガラス板の表面に対して，ガラス内面から大きな角度で光を入射させ，光がすべてガラス表面で反射するようにする．ガラスと水，または，ガラスと空気のように，屈折率の異なる相が界面をもって接しているときに，屈折率の高い相から，界面に向かって臨界角より大きな角度で入射する光は，界面で全反射する．このとき，光の一部は屈折率の低い相に染み出し，表面からの距離に応じて急激に減衰する強度分布を持つエバネッセント光となる．減衰は，界面を挟んでの屈折率の比，入射角，波長などに依存するが，指数関数の冪指数に距離が含まれる形に従い，減衰の空間定数は 100 nm を切るような値となる．つまり，ガラスの表面に，波長より小さな厚みを持った光の層ができるのである．ガラスの表面に接する形で，蛍光性を持つ細胞などを置くと，ほぼ細胞膜とそのごく近傍にある蛍光分子のみが励起されることになり，背景の蛍光を大きく抑えた状態での蛍光観察が可能となる．蛍光性の標本が界面に存在すると，照明光のエネルギーの一部は蛍光分子に吸収されてしまうので，理論的には全部が反射するという形からは外れることになる．そこで厳密には，このように一部のエネルギーが失われる形での光の反射状態を，不完全全反射という．

4.1　全反射光による蛍光励起

全反射照明蛍光法は，Axelrod によって 1980 年代に初めて導入された[1]．彼は，アセチルコリン受容体に結合する蛇毒に蛍光色素を標識し，筋細胞の表面の蛍光像を高いコントラストで捉え，薄い光の層による励起が細胞膜上のタンパクなどに蛍光標識をつけた標本の観察に，最も適したものであること

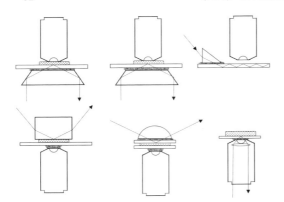

図 II. 4. 1 Axelrod が試みた顕微鏡用の全反射照明法．下段右の方法では，1.35 NA のレンズを使い，光軸にわずかに傾いた方向に光を入射する．

を示した．その後 20 年近く，さまざまな全反射照明の条件をつくる方法（図 II. 4. 1）を発表したが，世界的にみて，顕微鏡に全反射照明法を採り入れていたのは彼一人だった．それは，時代に先駆けた彼の独創性を示すが，広く一般に注目されるような結果はなかなか得られなかった．

4.2　1分子蛍光像

1 分子が放つ蛍光を顕微鏡で捉えられることが示され，全反射照明はにわかに注目を集めるようになった．船津高志らは，アクチンやミオシンのような筋収縮タンパクを蛍光標識し，その 1 分子像を全反射照明法を利用して高いコントラストで捉えた．プリズム方式で全反射照明の光学系をつくり，ガラス表面に水溶液とともに蛍光標識したアクチン線維を置き，上から対物レンズを近づけて，超高感度のカメラを使用して蛍光像を得た．彼らは，1 μm の長さのアクチン線維 1 本をゆらめく線状の物体として捉えただけでなく，染色のための色素濃度を下げて，線維の一部が点状に染まっている状態をつくり出した．そして，その 1 点の明るさが，1 μm の長さの線維が飽和的に染色されていたときの全体の明るさの 1/400 であることを示した．電子顕微鏡的に，1 μm の長さのアクチン線維には 400 個のアクチン分子が並んでいることがわかっていたので，この観察は，光学顕微鏡が 1 分子の蛍光を捉えることができたことを示していた．ミオシンの分子にも蛍光標識をつけ，極度に薄い濃度で，標本を観察すると，蛍光輝点が得られた部位に，電子顕微鏡的に分子が単独で存在することが証明された[2]．注目する分子はガラス面上に接着しており，エバネッセント光が最も強いところで励起される．一方，溶液中に残る他の蛍光物質は励起強度が低くなっているため，ほとんど蛍光を発しない．さらに，高開口数レンズを使用して観察すると，ガラス面に焦点を結べば，その面から離れた溶液中の分子からの蛍光はほぼ結像しない．これによって，1 分子蛍光観察の新分野が切り拓かれた．

1 分子蛍光が水溶液中で観察できるようになり，細胞膜上の受容体やその他の分子の動態が広く研究されるようになった．野地博幸らは，ミトコンドリア内膜から得られるプロトンポンプに，蛍光化した短いアクチン線維を結合させた．これを 1 分子蛍光法で観察し，ポンプのタンパクがモーターのように回転する様子を捉えることに成功した．回折限界に縛られた光学顕微鏡を使って，動く分子の方を大きくして，分子の回転を観察することを実現した．彼らは，当初，全反射法を使わず，ガラス表面のみに標本がある状態をつくり，レーザー光を落射照射して，分子像を捉えた．背景からの蛍光をさまざまな工夫で抑えることにより，全反射光励起と同等な画が撮れるという．工夫の一例としては，ダイクロイック・ミラーの後ろに光トラップを置き，ミラーの不完全性により反射しなかった光が顕微鏡内の別のところから反射して戻らないようにする，などが含まれていた．

これらの観察は，主に，プリズムを用いた全反射光学系によってなされてきた．Axelrod は，プリズムを使わずに，高開口数（$NA = 1.35$）の対物レンズを用いても，レンズ後方からレンズの瞳のごく端に向けて，レーザー光を光軸に少し斜めにした角度で送り込めば，全反射照明ができることを示した[1]．

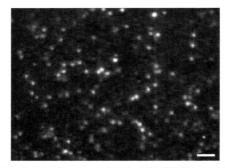

図 II. 4. 2 1.65 NA レンズを用いた全反射照明法により捉えられたテトラメチルロダミンの 1 分子像．スケールバー：2 μm．

徳永万喜洋らは，$NA = 1.40$ の対物レンズを用い，後方から瞳の端に向けて，レーザー光を光軸に平行に入れて，全反射照明を行った．光が光軸と平行な状態では，全反射を実現するための瞳面でのレーザーに許される入射領域は大変狭く，実際には，全反射しない光が生じやすいが，理論上は，確かに，観察用の対物レンズの後方からの入射光で全反射が実現する部分がある．カバーガラスの上に水溶液を置いた実験条件では，開口数にして，$1.40 - 1.33 = 0.07$ の部分に対応するような瞳の辺縁にだけ光を入射させれば，エバネッセント光だけが得られることになる．

4.3 超高開口数レンズ

筆者は，標準品より屈折率の高い油を油浸に使い，屈折率の高いカバーガラスと，屈折率の高いガラスのレンズ群を組み込んだ対物レンズを使用することにより，開口数 1.65 で働く光学系を開発した[3]（オリンパス社，HR レンズ）．このレンズを使うと，レンズ後方から入射させるレーザー光に許される領域は $1.65 - 1.33 = 0.32$ となり，大変広くなる．また，カバーガラスと水の界面への入射角が大きくなり，その結果，エバネッセント光の染みだし距離が，非常に短いものとなる．計算上は 50 nm に近い空間減衰定数が得られる．さらに，最大の利点は集光器として働くレンズが明るいということである．開口数が大きいということは，集光性能が高いということであり，$NA = 1.65$ という数値は，最も明るい光学レンズということができる．実際に同じ強さのレーザーを使用して，$NA = 1.40$ と比較すると，蛍光励起の効率と集光効率がともに上がり，分子イメージとして 5 倍の明るさが達成された．これらの特性により，1 分子蛍光像の観察は大変容易になった（図 II. 4. 2）．また，このレンズを微分干渉に使うと，分解能は向上し，明るさも大いに高まった．ただし，照明側の光学系も対物レンズの NA に見合ったコンデンサーレンズ（$NA = 1.65$）にしなければならない．開口数が水の屈折率 1.33 より大きい対物レンズを使用したときだけ，レンズ後方からのレーザー光の入射により，焦点面に全反射照明を実現できるので，通常の高開口数対物レンズと区別して，$1.65 NA$ レンズを超高開口数レンズと呼びたい．オリンパス社はこのようなレンズを使って初めて，一般ユーザー向けの全反射顕微鏡というセットを販売し，1 分子蛍光を利用した研究を加速させた．この流れの中で，$NA = 1.65$ の対物レンズは製作の難しい高価なカバーガラスと一緒に使う必要があることなどから，通常カバーガラスと一緒に使えるタイプの $NA = 1.45$ や 1.49 といった超高開口数レンズもつくられるようになった．

超高開口数レンズの特徴は，開口数が大きいことであるが，どのような光に対してそのようになるのかを理解しておかないと，高価なレンズを購入してもその性能を発揮させることができない．一般に，水溶液中で生きている細胞や分子をガラス越しに観察するという状況では，標本側から水とガラスの界面に入射できるのは，界面に平行な角度で進む光までであり，それより大きな入射角はあり得ない．界面に平行に進む光がガラス側に入ったときの界面での出射角は，スネルの法則から，いわゆる臨界角になる．したがって水相から発するすべての光は，ガラス光学相の臨界角より小さい角度に収まることになる．対物レンズは，臨界角以内に入ってくるすべての光を集めることができれば，それ以上の性能はあり得ないのである．このような対物レンズの開口数は 1.33 となる．つまり，開口数が 1.33 以上となる超高開口数レンズは，エバネッセント場をつくるには便利であるが，水相からの光を集めて像を観察するには，無駄となる部分が大きいだけで，$1.33 NA$ レンズを上回る性能は得られないということになる．このような考えは，スネルの法則が成り立つ範囲では正しい．

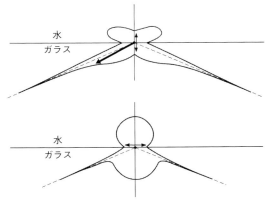

図 II. 4. 3　界面上にある分子からの発光の空間強度分布．発光点は原点にあり，原点から実線上の点に向かうようなベクトルで光強度が表わされる．破線は臨界角方向を示す．

さて，1分子蛍光像を観察するような状況を考えてみよう．このとき，蛍光分子という発光体は，界面に接着しているとしよう．すると，エバネッセント場が生じるような界面の上（または近傍）に，小さな発光体が存在することになる．実は，このような点からの光は，スネルの法則には従わない．その発光の空間分布は，マクスウェルの光の波動方程式に境界条件を入れて，直接，解くことによって求められる．Axelrodは，このような計算から，ガラス相の臨界角より大きな出射角の範囲に強い光が伝播することを示した[1]．その程度は，分子内の発光ダイポールの振動の方向によって異なるが，振動が界面に平行な場合でも垂直な場合でも，ともに出射角度0の方向に向かう光より大きいのである（図II. 4. 3）．簡単にいえば，エバネッセント場の光は，臨界角より大きい入射光でつくられ，臨界角より大きな出射角に向かっていく，ということである．このことは，エバネッセント光の形成とエバネッセント場の観察の両方にとって，超高開口数レンズの威力は絶大であることを意味している．

4.4 対物レンズ型全反射照明系

全反射光をつくるには，レーザー光を対物レンズの後方から入射し，後方焦点面に集光させるのが通常の方法である．レーザーと凹レンズ1個，凸レンズ1個があれば，このような光は簡単につくることができる．対物レンズと指定された屈折率が高いカバーガラスとさらにその間を屈折率の高い油で満たしておく．倒立顕微鏡における調整の方法は次のようなものである．

まず，凹レンズでレーザー光を発散させビームの直径を大きくする（これには，いわゆるビームエキスパンダーを使用してもよい）．大きくなった光束を凸レンズの全面に入射させる．そして，光束を対物レンズの後方焦点に収束させる．後方焦点から発散する光は，レンズを通過すると，前方では平行光束となって進む．後方焦点面でのレーザー光の入射位置は，通常は光軸に近い所にある．全反射を達成するための調整法として，まず，光軸に平行にレーザー光を整える必要がある．そのためには，対物レンズから出てくる光を，対物レンズから遠方に置いたスクリーン（通常は天井面）に投影する．この光束の大きさが最小となるように，前記の凸レンズの位置を光軸に沿って移動する（凸レンズの焦点を対物レンズの後方焦点面に合致させる）．最小の光束が得られたら，次に，光束の左右位置を動かし，対物レンズの瞳の辺縁に焦点が移動するようにする．こうすると，天井にあった光束の位置は部屋の壁に向かうようになり，ついには，対物レンズから真横に向かう．最後に，真横からさらに角度が大きくなって水平線下に消失するまで，光束の位置を横方向に移動させることで，全反射が達成される．レーザーは20 mWほどの出力があれば，明るい蛍光分子（テトラメチルロダミンなど）ならば，簡単に，接眼レンズから直接目で観察できる．凹レンズと凸レンズを組み合わせた光学系の代わりに，シングルモード光ファイバーを使う方法もある．ファイバーへの光の入射さえできれば，あとは，その射出端が対物レンズの後方焦点に来るように置き，X-Yの方向に移動させるような調整ができればよい．レーザーを使った全反射照明系では，ときに干渉縞が画像に現れることがあるが，単純な光学系にしてやれば消失する．フィルターなどを挿入すると，その表面の反射などから干渉が起きやすいので，その面を少し斜めにするなどの工夫で，干渉縞が消える．

4.5 全反射光による構造化照明

全反射をつくることのできるレーザー光の入射位置は，対物レンズの後方焦点である瞳面において，周辺の狭い輪帯状の領域である．この領域のどこかに焦点を結んだ1本の光束は，前方焦点を含む面に，ある範囲で全反射光をつくることができる．しかし，輪帯全部を有効に使うとさらに新しいことができるようになる．

まず，輪帯部分の1点に向けて収束する光を考えよう．この光は前述の通り，前方焦点を中心としたある狭い領域の面を全反射照明するものである．そこで，輪帯のこの点の180°反対側にある点にも同様の光を入射させると，理想的にいけば，その光束もほぼ同じ領域に反対側から向かってきて全反射照明をつくる．このとき，両方の光は干渉し，波長の間隔で縞模様を形成（したり打ち消し合ったり）する．これは，全反射法における，一つの構造化照明ということができる．

輪帯領域の一部分を通過するような平行光束を対物レンズ後方から導入すると，光束は対物レンズで

曲げられたのち，前方焦点に極小の点として収束する．全反射光の窓となる輪帯のすべての領域に平行光束を導入すると，光束はやはり同じ前方焦点に収束し，互いに干渉してさらに極小の点を形成する．この点は，405 nm の波長の光で形成したとして計算すると，X-Y 方向の大きさ（半値幅）が 100 nm を切るような直径となる（サイドバンドを伴っている）．対物レンズの開口部のごく一部しか使用しないにもかかわらず，このような小さな輝点を得ることができる（図 II. 4. 4）．この光の輝点は，界面からの染みだし距離は，指数関数の減衰定数で表すと 50 nm 程度であり，いわゆる SNOM で用いられるような小さな開口からの近接場光と類似のものとなる．このようなエバネッセント光の輝点を使った走査顕微鏡を考えることもできる．

対物レンズの後方からレーザー光を導入して輪帯照明をするのは，思ったより難しいことである．多数の光ファイバーを円状に配列するのが一つの解決法である．最近，筆者の研究グループは，LCOS-SLM（液晶型空間光変調器）を使用して，全反射照明に用いるための輪帯光をつくり出す技術を開発した．この空間光変調器を用いると，高い空間分解能で光束の部分的な光の位相を制御することができる．このような照明法では，全反射光の界面における空間的な強度分布を制御することができる（図 II. 4. 5）．すなわち，構造化照明が自由にできるようになる．LCOS-SLM は顕微鏡下にビデオ投影をするような装置である（第 XI. 3 章参照）．これによって，全反射光で任意のパターンをつくるという新しい分野が拓けた．オプトジェネティクスと組み合わせた光刺激装置や，細胞膜上に限局したような構造化照明が可能である．さらに，共焦点法のようなガラス面から遠い部分への落射照明と，全反射法のようなガラス界面近傍のみの照明とを，電子的に切り替えるという用途も拓けている．

4.6 カバーガラス付対物レンズ

全反射法は，超高開口数対物レンズやプリズムを使用することで，実現できる．その観察対象は 1 分子蛍光や細胞表面近傍の蛍光標識である．しかし将来的には，昆虫やマウスといった個体を丸ごと使用して観察したいというニーズも出てくるであろう．超高開口数対物レンズは，やや特殊な光学系であるが，個体というような大きな標本に対して応用する方法もある．どの油浸レンズでもそうであるが，超高開口数対物レンズは，必ず一定の距離にカバーガラスを置き，レンズとガラスの間に油を置いて使わなければならない．さらに，観察対象はカバーガラスに接しているか，エバネッセント光が届く領域になければならない．したがって，通常は，標本の上にカバーガラスを置き，その上に油浸用の油を載せ，その油に浸かるように対物レンズを近づけて，カバーガラスの標本側表面に焦点を合わせる（正立顕微鏡の場合．倒立では，上下は逆となる）．腹部を開放したマウスの臓器表面を観察する状況を考えると，この方式はとても安定したものとはいえない．マウスの腹部は柔らかく動きやすいので，サブミクロンの精度で焦点を合わせ続けることは至難の業となる．これを解決するため，筆者は，対物レンズとカバーガラスを一体化する方式を開発した．

すなわち，対物レンズの先端にカバーガラスを半固定的に付着させる．その位置は，サブミクロン精度で焦点位置になければならないので，振動棒式の駆動装置を取りつけた対物レンズ用のキャップをつくった（図 II. 4. 6）．直径 0.5 mm の炭素繊維の棒を，棒の長軸方向に鋸歯状波的に振動させることで，棒を把持した手が移動する仕組みである．このよ

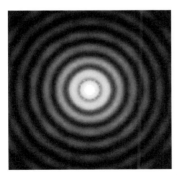

図 II. 4. 4 LCOS-SLM による輪帯照明でつくった全反射照明の点像分布関数（計算値）．［渡辺向陽（浜松ホトニクス）による］

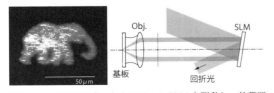

図 II. 4. 5 PC でつくったホログラム SLM を駆動し，輪帯照明を実現するとともに，全反射光で象の形を投影した．［渡辺向陽（浜松ホトニクス）による］（口絵 3 参照）

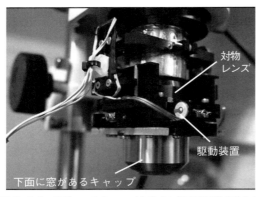

図 II. 4. 6 窓がついたキャップを被せた超高開口数対物レンズ．カバーガラスで窓をつくり，レンズとの間に油浸をする．窓（下面）を動物や細胞に接触させて観察する．

な駆動装置を一軸あたり2本ずつ使用して，カバーガラスを貼りつけたキャップを対物レンズに対して動かすのである．1ステップ25 nmの精度で，2 cmの駆動幅が得られる．レンズとガラスの間には油を浸す．カバーガラスの窓をマウスの臓器に押しつけた状態で，対物レンズとの距離を高精度に調整できる．このようにすると，臓器は常にガラスに接しているが，柔軟性のために左右に振れる余裕があり，キャップを X-Y の方向に動かすと観察視野は2～3 mm の範囲で移動させることができる．心拍動や呼吸で揺れやすい生体臓器の観察法としてもよい．この方法で，全反射照明した臓器の画像が撮れる．キャップの窓となるカバーガラスは汚れやすいので，観察の都度キャップごと交換する．通常のプラスチックやガラス板の上に培養した細胞の観察も，可能である．培養細胞の基質接着面とは反対側にある細胞上面を全反射法で見たいということもある．その場合にも，このキャップをつけた超高開口数対物レンズが応用できる．　　　　　　　　　　［寺川　進］

参考文献

1) Axelrod, D. (1981) J. Cell Biol. **89**：141-145.
2) Funatsu, T., Harada, Y., Tokunaga, M., *et al.* (1995) Nature **374**：555-559.
3) Kawano, Y., Abe, C., Kaneda, T., *et al.* (2000) Proc. SPIE **4098**：142-151.
4) 民谷栄一，朝日　剛監修（2010）近接場光のセンシング・イメージング技術への応用，シーエムシー出版．

5　蛍光顕微鏡

5.1　はじめに

　蛍光顕微鏡は，細胞や組織内の特定の分子がいつ，どこで，どのように機能するかを探るツールとしてなくてはならないものとなった．蛍光顕微鏡の歴史は，1911年に Heimstädt がアークランプからほぼ紫外線のみを透過するキュベットと暗視野照明法を用いてバクテリアの蛍光観察を行ったことに溯る．しかし，自家蛍光を専ら対象としていたことと透過暗視野照明を用いていたこともあり，普及しなかった．1929年に Ellinger と Hirt が多数のバリアフィルターを用いた落射蛍光顕微鏡の原型を開発し，生体顕微鏡と名づけた．彼らはフルオレセインなどの蛍光色素で生きた組織を観察している．1948年に Brumberg がダイクロイックミラー（dichroic mirror）を発表，その後1960年代に Ploem がビームスプリッターの効率をほぼ100％まで改良したことで，現在の蛍光顕微鏡が形作られた．蛍光顕微鏡の有用性を決めているのは，さまざまな蛍光色素であるが，GFP（green fluorescent protein）や fura-2/AM などのカルシウムインジケータにより蛍光顕微鏡の可能性はさらに大きく広がった．さらに共焦点レーザー走査顕微鏡はその画像に定量性や精緻さを与え，3次元的な観察を可能としたが，共焦点レーザー走査顕微鏡を十分活用するためには，蛍光顕微鏡の仕組みを理解しておく必要がある．
　本章では，通常の落射型蛍光顕微鏡の原理・特徴について紹介する．

5.2　蛍光とは

　蛍光発光過程はヤブロンスキーダイアグラム（図 II. 5. 1）によって説明される．ほとんどの分子は室温では，電子基底状態の振動サブレベルの基底状態に存在する．この基底状態にある蛍光物質が光のエネルギーを吸収（励起）し，一時的に高いエネルギー状態である電子励起状態へ遷移する．この遷移は，およそ 10^{-15} 秒のタイムスケールで起こる．第1電

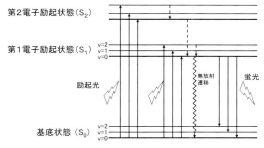

図 II.5.1 蛍光の仕組み．ヤブロンスキーダイアグラムを示す．

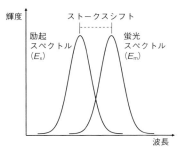

図 II.5.2 ストークスシフト

子励起状態や第2電子励起状態に到達した分子は，無輻射遷移や分子内緩和など多くの緩和過程により，10^{-12} 秒程度のタイムスケールで，第1電子励起状態の振動基底状態に戻る．そして，この第1電子励起状態の振動基底状態から再び安定な基底状態（S_0）に戻るときエネルギーを光として自然放出（spontaneous emission）する．これが蛍光である（図 II.5.1）．

蛍光スペクトル（E_m）は励起スペクトル（E_x）と比較して長波長側にシフトする．この波長のシフトをストークスシフト（Stokes' shift）と呼ぶ（図 II.5.2）．光のエネルギーと波長の関係は以下の式で与えられる．

$E = h\nu = hc/\lambda$（E：エネルギー，h：プランク定数，ν：振動数，c：光速度，λ：波長）

すなわち，エネルギーが小さくなると振動数が低く，波長が長くなる．励起光エネルギーの一部は熱エネルギーとして消費されるため，蛍光として放射されるエネルギーは減少し，励起光よりも長波長の蛍光が放射される（図 II.5.1）．

蛍光の強度は，励起光の強度と物質の量子収率によって決まり，励起光強度の 10^{-6} 程度と微弱である．量子収率は「発光した光子数／吸収した光子数」で表される．また，蛍光の波長や強度は，蛍光色素が存在する環境の違い（温度，pH など）により変化する．

5.3 蛍光顕微鏡の特徴・利点

蛍光顕微鏡の特徴・利点として，以下のような生物系の観察に適した点が挙げられる．
- 背景からの漏れ光がないので，コントラストが高い．
- 対象が対物レンズの分解能より小さくても，その存在を可視化でき，1分子の観察も可能である．
- 細胞内カルシウムイオン濃度など特定の分子に定量的に結合する色素を利用すれば，蛍光強度から定量解析が可能である．
- 蛍光は，励起光の照射を受けてから発光するまでの時間と，照射をやめてから発光しなくなるまでの時間が非常に短く，高い時間分解能を有する．
- 蛍光波長の違いを利用することにより，多重染色標本の観察が可能である．

5.4 蛍光顕微鏡の基本システム

蛍光顕微鏡は励起光を蛍光色素に照射し，そこから放出される蛍光を画像化する．そのため，細胞や組織の各種染色標本を観察する一般的な明視野顕微鏡とは異なる照明装置を有する．明視野顕微鏡には，組織切片などの標本に背後から照明を与え標本を透かして観察するための照明装置が装備される．すなわち，光源の光をコンデンサーレンズで標本に照射し，透過した光を対物レンズで集光し標本の影を観察する．このような照明を透過照明という．

落射型蛍光顕微鏡は，コンデンサーレンズではなく対物レンズを通して標本を照射する．励起光を対物レンズに導くために，ダイクロイックミラーという半透鏡を，光軸に対し45°傾けて配置し，側面から励起光を導入する（図 II.5.3）．これを同軸落射照明という．ダイクロイックミラーは，ストークスシフトを利用して励起光に比べ波長が長く微弱な蛍光だけを取り出す仕掛けであり，蛍光顕微鏡の基本光路を決定している．すなわち，励起フィルター（excitation filter）によって光源から取り出された短い波長の励起光は，ダイクロイックミラーによって反射され，対物レンズによって収束し標本を励起する．標本から出た蛍光は長波長側にシフトしている

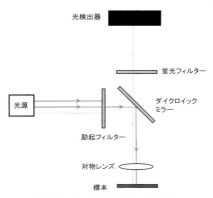

図 II. 5. 3　蛍光顕微鏡の基本構成

ので，今度はダイクロイックミラーを通過して光検出器に届く．検出器の直前には取り出したい蛍光波長に応じた蛍光フィルター（emission filter または barrier filter）を置くことで励起光の混入を防いでいる．この基本的な光路は，システムが複雑になっても変わらず，光路の途中にさまざまな機構が挿入されるだけなので十分理解しておく必要がある．

5.4.1　光源

　蛍光顕微鏡の一般的な光源は，超高圧水銀ランプである．超高圧水銀ランプは，微弱な蛍光を発光させるのに十分な強度があり，近紫外から可視域に複数の輝線を持つ（208.4 nm, 312.6/313.2 nm, 334.1 nm, 365/366 nm, 404.7 nm, 435 nm, 546.1 nm, 577.0/579.1 nm）ので，励起波長が合えばフィルターの選択は容易である．しかし，それぞれの波長の強度差が大きく，連続スペクトル光源としては適さない．超高圧水銀ランプの寿命は通常 200 ～ 300 時間程度であるが，短時間で点灯・消灯を繰り返すと寿命が短くなる．キセノンランプも蛍光顕微鏡に使用されるが，近紫外域から赤まで比較的フラットな輝度を持つので，フィルターをうまく利用すれば研究者の望む波長の光を得ることができる．このため，多重染色標本や fura-2 の二波長励起に用いられる．キセノンランプの寿命は概ね 200 ～ 300 時間である．最近は，長寿命かつ照明輝度の安定した LED（light emitting diode）光源も汎用されている．LED は，小型化が容易で熱発生が比較的少なく安価という利点を併せ持つ．

　超高圧水銀ランプやキセノンランプ，LED は，太陽光のように波長や位相が揃っていないインコヒーレントな照明である．一方，コヒーレントな光源の代表がレーザーであり，波長や位相が揃っているので，干渉性が高く，標本を一様に照明するケーラー照明には向いていない．レーザー光を光源として利用する場合は，小さな光のスポットで走査して画像を得る必要がある．

5.4.2　フィルターの組み合わせ

　蛍光顕微鏡には，励起フィルター（幅広い波長帯の光束を持つ光源から，蛍光色素に最適な励起光だけを透過させる），蛍光フィルター（ダイクロイックミラーから漏れ出た励起光を遮断し，蛍光だけを透過させる），ダイクロイックミラーの組み合わせからなる蛍光キューブ（フィルターブロック）が装備される（図 II. 5. 4）．観察する蛍光色素の励起・蛍光スペクトルに応じて，さまざまな組み合わせが用意されており，適切なものに切り替えて蛍光観察を行う．

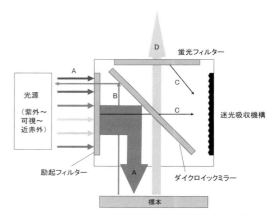

図 II. 5. 4　蛍光キューブの仕組み．A：励起光，B：光源側に戻る励起光，C：迷光，D：標本から発せられた蛍光．迷光吸収機構：蛍光キューブの中を乱反射した迷光はノイズとなるが，迷光吸収機構（ライトアブソーバー）を備えた蛍光キューブを選択することで迷光をカットできる．

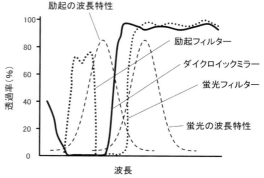

図 II. 5. 5　蛍光色素と蛍光キューブの波長特性

フィルターの組み合わせを選ぶ際には，以下の点に気を付ける必要がある（図 II.5.5）．
- 目的の蛍光色素の波長特性を調べる．
- 蛍光色素の励起波長と蛍光波長を分離できる波長特性を持つダイクロイックミラーを選ぶ．
- 蛍光色素の励起波長をできるだけ満たす励起フィルターを選ぶ．
- 蛍光色素の蛍光波長を満たす蛍光フィルターを選ぶ．

フィルターは必要な波長の光を取り出す働きをするが，以下の3種類がある．
① 短波長カットフィルター：取り出したい波長より短い波長の光をカットするフィルター．
② 長波長カットフィルター：取り出したい波長より長い波長をカットするフィルター．
③ 干渉フィルター：短波長カットフィルターと長波長カットフィルターの機能を併せ持つフィルターで取り出したい波長を取り出せる．このフィルターには取り出す波長の広さが「中心波長±半値幅」として記載されている．半値幅とは中心波長において透過する光の50％の明るさになる波長の幅を意味する．「中心波長±10 nm」は「中心波長±20 nm」より狭い波長域の光を透過させる反面，暗くなってしまう．

5.4.3 光検出器

蛍光顕微鏡の光検出器としては，CCD（charge coupled device）カメラが使用される．CCDカメラは蛍光色素から放出された光エネルギーを電子エネルギーに変換し，デジタル解析可能なデータを作成する．一方，走査型顕微鏡では，光電子増倍管（フォトマル，photomultiplier tube：PMT）が光検出器として用いられるが，光電効果を用いて光エネルギーを電気エネルギーに変換する光電管に電子増倍機能を組み込んでいる．CCDカメラと光電子増倍管は検出チャンネル数が異なり，CCDカメラは画像形成の点で優れる．CCDカメラは平面上に配列したCCD素子ごとに光エネルギーを取り込み，電子に変換する．

近年，検出した光電子をCCD上で増倍させる機能を持つEM-CCD（電子増倍型CCD，electron multiplying CCD）などの高感度CCDカメラが多用されている．EM-CCDは，信号を読み出す前に電荷を増倍するため読み出しノイズが少なく，冷却することで暗電流ノイズを減らしている．量子効率も400〜700 nmの波長帯で90％以上あり感度が高く，高速な微弱光測定に有用である．詳しくはXI.1を参照されたい．

5.5 蛍光の退色を防止するには

観察時に強い励起光を照射し続けると，蛍光は退色により暗くなり，明るい画像を得ることが難しくなる．退色は，主として励起光によって生じた活性酸素と結合することで起き，励起光強度が高いほど退色が早く進む．

退色を防ぐには，①強い励起光を標本に当てない，②退色防止封入剤を用いる，③退色速度の遅い蛍光色素を用いる，④標本内の酸素濃度を下げることなどがある．最近は，Alexa Fluor 488や量子ドットなど退色速度の遅い蛍光色素が数多く製品化されている．また，ND（neutral density）フィルターや開口絞りを用いてできるだけ励起光量を落とすことも大切であり，高感度カメラを使うことにより励起光量を抑え，退色する前に撮影することも重要となる．生細胞でなければ，封入剤から酸素を除くか，Vectashield（Vector Laboratories）やPerma Fluor（Thermo scientific）などの封入剤を使用すると蛍光減衰防止に役立つ．

5.6 おわりに

以上，蛍光顕微鏡の原理・特徴について説明した．蛍光顕微鏡を使用する際には，背景のノイズを抑えながら微弱な蛍光シグナルを画像化する必要がある．蛍光顕微鏡の仕組みをしっかり理解した上で使うことが，アーティファクトのない信頼ある画像を得ることにつながる．

[原田義規・髙松哲郎]

参考文献
1) 髙松哲郎編（2005）バイオイメージングがわかる，羊土社．
2) 原田義規，髙松哲郎（2005）組織細胞化学 2005（日本組織細胞化学会編），中西印刷，pp.51-57．
3) 高田邦昭編（2004）初めてでもできる共焦点顕微鏡活用プロトコール，羊土社．
4) Inoue, S., Spring, K. R.（寺川 進・市江更治・渡辺 昭訳）（2001）ビデオ顕微鏡，共立出版．

6 共焦点顕微鏡

6.1 はじめに

共焦点顕微鏡は，一般の光学顕微鏡と比べると焦点面における分解能の向上のみならず，深さ方向の分解能も有しており，生きている細胞や組織の3次元構造を定量的に観察することができる．現在，共焦点顕微鏡に用いられる光源のほとんどはレーザーであり，本章では，共焦点レーザー走査顕微鏡（confocal laser scanning microscopy）の原理，特徴を概説し，応用例について紹介する．

6.2 点像強度分布

一点から出た光は，そのレンズ系に特有の関数に従った一定の広がりを持って集束し，焦点であっても一点には決して集束しない（図 II. 6. 1）．この光学系による点光源の像強度分布のことを点像強度分布（point spread function：PSF）という．焦点が最も明るく，この点から外れるのに伴い波を打って次第に低くなり正面から見るとニュートンリングのように見える．これはどのような光学系でも存在し，焦点面（X-Y 平面）・光軸に沿った深さ方向（Z 軸方向）の分布が画像のボケないしは空間分解能を規定する．

6.3 共焦点レーザー走査顕微鏡の原理と特徴

小さな励起光スポットで走査し，共焦点位置に焦点面以外からの迷光を除くピンホールを置くと，像のコントラストがよくなる．この3次元結像理論を実用化した共焦点レーザー走査顕微鏡は，通常の光学顕微鏡に比べて空間分解能が高い．

共焦点レーザー走査顕微鏡の特徴は以下の通りである．

- 通常の光学顕微鏡と比べ，高いコントラストと空間分解能を持つ．
- 光軸方向の空間分解能を持ち，薄切片を作製しなくても細胞や組織の光学的切片像を観察することができる．
- 光学的切片像にはほとんどひずみが生じないので，そのまま立体再構築ができる．
- 生きた細胞や組織にも応用可能である．

すなわち，共焦点レーザー走査顕微鏡は，生組織や生細胞内に存在する特定の分子の局在を3次元的に捉え定量する"細胞や組織を3次元的に解析できる計量機器"としての性質を備える．共焦点レーザー走査顕微鏡の空間分解能は，レーザー光がつくるスポットの大きさ（対物レンズの開口数とレーザー光の波長によって規定される）と共焦点位置に入れるピンホールの大きさで決まる．理論上焦点面では Abbe の光学顕微鏡の分解能限界である $\varepsilon = 0.61 \times \lambda / NA$（$\lambda$：励起光の波長，$NA$：対物レンズの開口係数）に近い値を持つ．さらに重要なことは，従来の光学顕微鏡がほとんど達成できなかった標本の深さ方向（Z 軸方向）にもレーザー光の波長に近い空間分解能が得られることである．このため，薄切片を作製せずに細胞や組織の光学的切片像がとれ，生きた細胞や組織にも応用が可能となる．また，この光学的切片像は歪みが非常に少ないため，連続性が保たれ細胞や組織の立体再構築が容易である．立体視像は，得られた連続画像を視角に沿って左右にシフトさせながら積算させていくことで作製できる．（$N+1$）番目の画像をシフトさせる距離は，画像間隔を d，視角を a とすると $d \cdot \tan a \cdot N$ である．

共焦点レーザー走査顕微鏡で得られた画像の輝度は，一定の厚さを持った光学的切片像に由来するので細胞や組織の厚みの違いに影響されない．このことは，特定の物質を定量的に染色することさえできれば，一定の厚さを持つセルを利用して物質濃度を測定する分光光度計と同じこととなり，その蛍光強度が直接物質の濃度を反映する．

もし焦点位置の蛍光物質のみが励起を受けることが可能ならば，ピンホールを光検知器の前に置いたのと同様の効果が得られる．非常に短い時間に光子

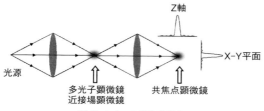

図 II. 6. 1　点像強度分布

を集中させ、パルス域光子密度を高めたレーザー光（例えば、平均強度 100 mW, ピークパワー 10 kW, 100 MHz のサイクルを持つパルス幅 100 フェムト秒の超短パルスチタンサファイアレーザーなど）を、高い開口数を持つ対物レンズにより小さなスポットに集光すると、焦点に存在する蛍光分子は光子 2 個のエネルギーを同時に吸収するようになる。つまり、800 nm の近赤外線の波長を持つ 2 個の光子は、それらが 400 nm の波長を持つ 1 個の光子であるかのように吸収される（2 光子吸収、図 II.6.2 (b)）。この 2 光子吸収は焦点のみで生じるため、共焦点位置のピンホールがなくても共焦点効果が得られる（図 II.6.1）。この原理を光学系に応用したのが 2 光子顕微鏡である。2 光子顕微鏡の利点は以下の通りである。

- 紫外～可視光ではなく、細胞毒性の少ない近赤外光を励起光として使用できる。
- 近赤外光は組織透過性がよく、より深い部分の励起が可能である。
- 焦点位置の蛍光物質のみが励起されるため蛍光の減衰が少ない。

2 光子顕微鏡は厚みのある生組織を対象とした観察に力を発揮する顕微鏡として使用されることが多い。さらに、細胞中の特定領域にある特定分子に対して光による加工が、周囲の構造や分子に影響を与えることなく 1 μm^3 以下の分解能でできる（multi-photon chromophore-assisted laser inactivation：MP-CALI 法）などこの顕微鏡にしかできない機能もあり、2 光子顕微鏡は非常に有用なシステムである。詳しくは II.8, IV.3 を参考にされたい。

6.4 共焦点レーザー走査顕微鏡の装置

6.4.1 光路の概略

共焦点レーザー走査顕微鏡の光路の概略を図 II.6.3 に示す。レーザー発振器から出たレーザー光はダイクロイックミラーで反射され、対物レンズにより集光され標本を照射する。焦点に存在する蛍光色素

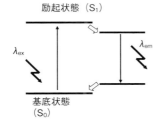 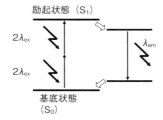

図 II.6.2 1 光子励起と 2 光子励起

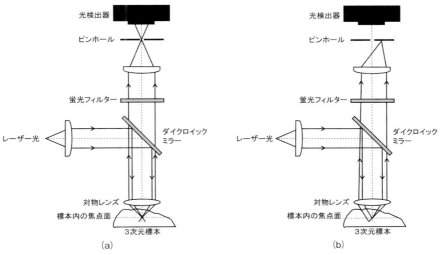

図 II.6.3 共焦点レーザー顕微鏡の光路．(a) 焦点面からの蛍光　(b) 焦点面以外からの蛍光

は励起され，生じた蛍光は同じ光路を戻り，ダイクロイックミラーを通過し，共焦点位置のピンホールを通って光検出器に入る．焦点から生じた蛍光は正確にピンホールの位置で結像するが（図II.6.3 (a)），焦点以外で生じた標本内の蛍光は励起光の強度が弱いということに加えて，ピンホールから外れた位置に結像するため，光検出器に届かない（図II.6.3 (b)）．すなわち，焦点外からの迷光は除去され，像のコントラストは上がる．

一点からの光だけでは画像にならないため，X軸，Y軸それぞれのスキャナーを用いて焦点面上にレーザースポットを走査させる．光電子増倍管により得た光の強度を個々の座標に応じて配列させ画像化する．そこには焦点面の情報のみ含まれ，いわゆる光学的切片像が得られる．

6.4.2 サブシステム

a. 光源

焦点面の分解能はλ/NAに，光軸方向はλ/NA^2に比例する．つまり，短い波長の光を用いるほどその分解能は上がる．しかし，レンズ系の問題や生物系の標本に与える影響から実際に使用できるレーザーは近紫外から可視光領域である．アルゴンレーザーの波長488 nmは安定しており，またこれに対応する緑の蛍光波長に対して多くの受光系（光電子増倍管やCCDカメラ）の感度が最もよいため，このレーザーを基本としたシステムが多い．この波長で励起が可能な蛍光プローブが数多く開発されてきたが，多重蛍光染色や使用できる蛍光色素の幅を広げる目的で多重励起の可能なレーザー発振器を持つシステムが汎用されている．ガスレーザーに比べて，長寿命，低ノイズ，低消費電力など使いやすい特徴を持つ半導体レーザーも使われている．よく用いられる生物顕微鏡用レーザーの波長および対応する主な蛍光色素を表II.6.1に記す．

b. 対物レンズ

上述のように，アッベの理論によるとレンズの開口数NAが大きいほど焦点面での分解能が上がり焦点深度は浅くなる．可視光領域においては，従来の光学顕微鏡用に開発されてきた対物レンズ（収差が補正されたアポレンズ，$NA 1.0 \sim 1.4$）を用いれば実用上問題がない．しかし，近紫外域や近赤外域などに励起や蛍光スペクトルを持つ蛍光プローブを使用する場合，透過性が低下する問題以外に，主としてレンズの色収差のため2点分解能が低下する．自分

図II.6.4 対物レンズの表示

表II.6.1 生物顕微鏡用レーザーの波長および対応する主な蛍光色素

波長	レーザー	蛍光色素
351 nm	UVアルゴンレーザー	DAPI, Hoechst33258, indo-1, Sirius
405 nm	半導体レーザー	Alexa Fluor 405
440 nm	半導体レーザー	ECFP, CFP, SYTOX Blue
442 nm	ヘリウム・カドミウムレーザー	ECFP, CFP, SYTOX Blue
488 nm	アルゴンレーザー，アルゴン・クリプトンレーザー	FITC, Alexa Fluor 488, fluo3, GFP, EGFP
514 nm	アルゴンレーザー	YFP
543 nm	ヘリウム・ネオンレーザー	Texas Red, Propidium iodide (PI), Alexa Fluor 546, rhodamine, RFP, Cyanine 3 (Cy3)
559 nm	半導体レーザー	Alexa Fluor 555
568 nm	アルゴン・クリプトンレーザー	Texas Red, PI, Alexa Fluor 568, rhodamine
633 nm	ヘリウム・ネオンレーザー	Cyanine 5 (Cy5), Alexa Fluor 633, TO-PRO-3
635 nm	半導体レーザー	Cyanine 5 (Cy5), Alexa Fluor 633, TO-PRO-3
647 nm	アルゴン・クリプトンレーザー	Cy5, Alexa Fluor 647, TO-PRO-3

の実験に必要な波長に合ったレンズを入手しなければならない．レンズの性能は，対物レンズの鏡胴面に記された記号によって知ることができる（図 II.6.4）．

また，倒立型顕微鏡で灌流液中の生きた標本を観察する場合，対物レンズに油浸レンズを使用すると，カバーグラスと灌流液との間で屈折率の違いによる界面収差が生じ集光能が低下する．この対策として油浸対物レンズの代わりにやや NA 値は低くなるが，水浸対物レンズを用いるとよい．

開口数の大きなレンズの欠点としては，作動距離が短いことが挙げられる．作動距離とは，対物レンズの前面から，ピントがあう位置までの距離のことであるが，厚みのある標本の場合，十分奥までピントが届かずに困ることがある．試用して最適なレンズを見つけることが重要である．

一般的に，対物レンズは厚さ 0.17 mm のカバーグラスを用いるように設計されている．特に，共焦点顕微鏡用の水浸対物レンズを使用する場合など注意

が必要である．

c．レーザー走査装置

共焦点レーザー走査顕微鏡の優れた分解能により，蛍光色素標識した機能分子が生きた細胞中で動く様子をリアルタイムで 3 次元的に観察したいとの要求に応えるために，走査速度の遅いガルバノメータミラーに代わってさまざまな走査方式が考案されている（図 II.6.5）．光走査方式では，ライン状の励起光とガルバノミラーを組み合わせたもの，音響光学偏向素子や共振型ガルバノミラーを X 軸に使用し，スピードが比較的遅くてもよい Y 軸の走査にガルバノミラーを用いたものなどである．また，ニポウディスクの多数のピンホール上に光の利用効率をよくするマイクロレンズを置いたマルチピンホール走査方式のレーザー顕微鏡（ニポウディスク式共焦点顕微鏡）（図 II.6.5 右下，図 II.6.6）もよく使われている．この顕微鏡システムはカメラで撮像するが，フルフレーム画像をビデオレート（30 フレーム／秒）以上のスピードで捉えることが容易である．

しかし，走査を高速に行うと，標本からの 1 ピクセルあたりの蛍光光子量は低下し，画像のシグナル／ノイズ比は低下する．特に生細胞を対象とする場合，蛍光色素の濃度を一定以上高くすることはできないことや，光による細胞傷害のため照射レーザー光を際限なく強くすることができないため一定の制限がかかる．

6.5 高品質な画像を取得するには

高品質な共焦点顕微鏡画像を取得するには，以下の点について注意することが大切である．
- より波長の短いレーザー光で観察する．
- 開口数 NA が大きい対物レンズを使用する．

レーザーは高輝度，単色性，集光性が優れており，その波長を λ とすると，焦点面上で半径が $0.61\lambda/NA$，光軸上で $2\lambda/NA^2$ の大きさを持ち，標本を照射する．488 nm のアルゴンレーザーを用いてスポットの大きさをみると，開口数が 1.40（0.7）の対物レンズでは，光路と垂直な焦点面で 0.42（0.85）μm，光路にそった光軸方向で 1.00（3.98）μm の卵型のスポットをつくる．このうち実際有効な最大輝度の 80％以上をとると，焦点面，光軸上ともに約 1/3 の大きさになる．主としてこのスポット中の蛍光物質のみが励起され光を発する．つまり，緑色レーザーより

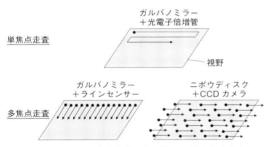

図 II.6.5 レーザー走査方式による違い．単焦点走査と比べて多焦点走査は高速走査に適している．

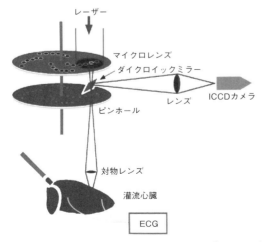

図 II.6.6 *in situ* イメージングに用いるマルチピンホール走査顕微鏡システム

青色レーザーのように波長の短いレーザーを使用することで，また開口数がより大きいレンズを使用することによって，より小さい励起スポットをつくることができ高い分解能が得られる．

・ピンホール径を小さくする．

　共焦点レーザー走査顕微鏡の場合，対物レンズによって集束した光が標本を励起するとき，焦点からの蛍光は光検出器の前に置かれたピンホールを通過するが，焦点外からの蛍光は通過できない．したがって，ピンホール径を小さくするほど分解能は高くなる．しかしピンホール径が小さくなればなるほど光検出器に達する光量は減少し劣化した画質になるので必要以上に小さくしない方がよい．ピンホール径を変えて実際の標本のイメージを撮影し，分解能の変化を確認しておくとよい．

・ノイズ除去を行う．

　固定標本やミリ秒単位の時間分解能が不要な現象を観察する場合，走査時間を長くするか画像入力時に複数回の加算をするとよい．これによりノイズが除去され画質が向上する．ただし，画像取得時間や光毒性は増加するので，諸条件を勘案しながら観察する．

・ダイナミックレンジの調節

　光検出器からのアナログ信号は，有限の配列と濃度階調を持ったデジタル画像に変換される．その際，自分の標本が持つダイナミックレンジと光検出器のダイナミックレンジをマッチさせる必要がある．システムに慣れるまでは，明るい部分や暗い部分の情報が失われないように，撮影した画像のヒストグラム解析を行うことが望ましい．小さな変化を観察したいときには，量子化の範囲の大きな12ビットや16ビットのアナログ・デジタル変換を用いる．

・分光装置を用いる．

　最近は蛍光波長を分光できる顕微鏡システムが増えており，蛍光フィルターの組み合わせを気にしなくても，波長スペクトルが近い蛍光プローブ同士のクロストークを避けることができるようになった．フィルターの組み合わせでは不可能であった波長スペクトルの近い蛍光プローブの組み合わせも可能となっている．また，自家蛍光やバックグラウンド蛍光の消去も可能である．

6.6 蛍光色素

　蛍光色素は，コントラストがよい，光学顕微鏡が持つ分解能以下のものの存在が見える，時間分解能がよいといった特徴を持ち，生命現象の可視化に適している．蛍光抗体法では多重染色を行うことが多いが，以前は fluorescein isothiocyanate（FITC）と tetramethylrhodamine isothiocyanate（TRITC）の組み合わせが一般的であった．しかし，FITC で標本を濃く染色する際，メタクロマジー（異染性：細胞・組織を染色したとき，染色された細胞・組織が染色液と異なる色に染まる現象）がしばしば生じ，蛍光波長が 520 nm から 570〜580 nm にシフトし，TRITC 蛍光と重なり，情報を読み間違えることがある．そのため，蛍光がシフトしない 488 nm で励起可能なグリーンの蛍光色素や，より長波長側にある赤色蛍光色素の開発が精力的に行われた．現在，Alexa Fluor や BODIPY, Cy3, Cy5, Cy7, Qdot など多数の蛍光色素が市販されており，オーバーラップの少ない染色が可能である．

　また，1980年以降生理活性測定に適した蛍光プローブが多数開発されてきた．Ca^{2+} 以外に H^+, Na^+, K^+, Mg^{2+}, Zn^{2+}, Cl^-, cAMP, プロテインキナーゼ C，活性型カルモデュリンなどを検出する蛍光プローブも開発されている．これらの蛍光プローブの多くは，温度や細胞内 pH により解離係数や蛍光寿命が変化する可能性があるので，常に気をつけておく必要がある．また，生細胞内の生理活性物質を標識するため，細胞膜を自由に通過できる diacetate（DA）基や acetoxymethyl（AM）ester 基のついた蛍光プローブが出現し，蛍光プローブを細胞にマイクロインジェクションする必要がなくなり，細胞内イオン濃度の測定が一般化した．しかしこのプローブは細胞内小器官の膜も通過するため局在化や負荷後の漏出などの問題があり，注意しながら使用したい．

　現在，緑色蛍光タンパク（green fluorescent protein：GFP）を用いた蛍光イメージングが盛んに行われている．GFP は，①細胞自身が GFP を発現しており，長時間の観察が繰り返し可能である，②蛍光が十分明るく安定しており，細胞毒性が低い，③GFP 融合タンパク質は，細胞内小器官内腔など，マイクロインジェクションが困難な部位に発現させる

ことができる，などの特徴を持つため，タンパク質の局在や動態の可視化など幅広く利用されている．蛍光タンパクを活用して種々の生体機能解析手法が開発されており，研究目的に合ったアプローチ法を取り入れていく必要がある．

• fluorescence recovery after photobleaching：FRAP（光退色後蛍光回復）

細胞内分子の動きを観察するために用いられる．FRAP法では，レーザー光を照射することにより特定領域にある蛍光色素（GFP融合タンパク質など）を退色（褪色）させ，その後同領域の蛍光が回復してくる様子を観察する．逆に，光退色していない領域の蛍光強度を測定するFLIP法（fluorescence loss in photobleaching：光退色による蛍光）もあり，FRAP法と相補的に特定分子の動態解析に用いる．

• fluorescence resonance energy transfer：FRET（蛍光共鳴エネルギー移動）

ある蛍光物質（ドナー，例えば，シアン蛍光タンパク質（CFP））のごく近傍に別の蛍光物質（アクセプター，例えば，黄色蛍光タンパク質（YFP））が存在し，ドナーの蛍光スペクトルとアクセプターの励起スペクトルが重なっている場合，2種類の蛍光物質間でエネルギー転移が起こる．これをFRETという．この現象を利用してタンパク分子間相互作用を生細胞内で観察したり，ドナーとアクセプターの間にセンサー領域を挿入しFRETを利用したバイオセンサーとして利用したりする．

6.7 実 験 例

6.7.1 固定サンプルにおける3次元解析

共焦点レーザー走査顕微鏡による光学的なスライスはコントラストがよいだけでなく，切片作製によるアーティファクトが少ないため，連続性が完全に保たれ細胞や組織の立体再構築が容易である．この特性を生かし，ミトコンドリアや小胞体・ゴルジ装置などの細胞内小器官や細胞内骨格の分布の立体的観察や，ニワトリ胚心やラット内耳，精巣，硬組織の観察，さらにはウイルスタンパク質の核小体内での局在，FISHによる染色体のカウントなどが共焦点レーザー走査顕微鏡を用いることにより可能となった．ここでは内耳の蝸牛電位発生に重要な役割を演じている蝸牛外側壁におけるタイトジャンクション（tight junction）の構成分子であるZO-1および細

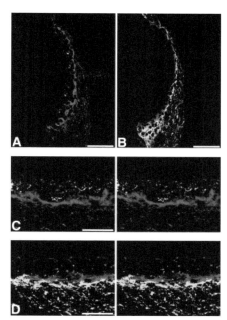

図 II. 6. 7 ラット蝸牛における ZO-1，Cx43，Cx26 の発現（口絵4参照）．(A) ZO-1（赤），Cx43（緑），(B) ZO-1（赤），Cx26（緑）(C) 1 μm ごとの光学的断層像から得られた ZO-1（赤），Cx43（緑）の立体視像，(D) 1 μm ごとの光学的断層像から得られた ZO-1（赤），Cx26（緑）の立体視像［Suzuki T, Takamatsu T, et al：(2003) J Histochem Cytochem **51**：903-912 より］

胞間コミュニケーションを担うギャップ結合の構成分子である Connexin43（Cx43）および Connexin26（Cx26）の発現を3次元的に観察した例を示す．

［ラット内耳蝸牛外側壁における ZO-1，Cx43 および Cx26 の発現の3次元観察］（図 II. 6. 7）

1) 十分なペントバルビタール麻酔下の成人ラット心臓に2%パラホルムアルデヒド（4℃，pH 7.4 の 0.1M リン酸緩衝液に溶解）を注入し，灌流固定する．実体顕微鏡下で蝸牛外側部を摘出し，形態を壊さないようにスライドガラス上に静置する．

2) 100%エタノールで15分間，5%スキムミルクで15分間処理した後，抗 Connexin26 マウスモノクローナル抗体，抗 Connexin43 マウスモノクローナル抗体，抗 ZO-1 ウサギポリクローナル抗体で一晩反応させる．

3) PBSで5分間，3回洗浄した後，Alexa488 あるいは Alexa594 標識2次抗体で1時間反応させる．

4) PBSで5分間，3回洗浄した後，蛍光減衰防止の目的で Vectashield（Vector Laboratories）を

5）対物レンズ 60 倍（Olympus Plan Apo×60, NA = 1.4），共焦点レーザー走査顕微鏡を用いて蝸牛全体にわたる断層像を得る．

（注）ノイズを減らし S/N を向上させるには，走査スピードを遅くするとよい．また入力画像を 8 回や 16 回など 2 の階乗回積算しても同じ効果がある．

6.7.2 生細胞・生組織内で機能分子の動態を観察

共焦点レーザー走査顕微鏡は細胞内の特定の構造物や分子の局在を知るための定性的観察のみならず，定量的計測も可能である．共焦点レーザー走査顕微鏡で得られた蛍光は，一定の厚さの光学的切片に由来するため，一波長励起一波長蛍光のプローブでも蛍光強度の変化が機能分子の濃度変化を直接反映しうる．例えば，カルシウム蛍光プローブを用いて共焦点レーザー走査顕微鏡で観察すれば，単一細胞あるいは組織のまま細胞内カルシウム濃度の空間的変化を計測することができる．以下に実例を示す．

［ラット摘出灌流心臓における細胞内カルシウム動態の観察］（図 II.6.8）

1) 十分な麻酔処置を行った Wistar ラットより心臓を摘出する．
2) 摘出した心臓の大動脈にカニュレーションを行い 1 mmol/L Ca^{2+} を含む 100％酸素加 HEPES 緩衝 Tyrode 液（NaCl 145 mmol/L, KCl 5.4 mmol/L, $MgCl_2$ 1 mmol/L, HEPES 10 mmol/L, D-glucose 10 mmol/L, pH 7.4）でランゲンドルフ灌流し，心臓内の血液を洗い流す．
3) カルシウムイオン蛍光指示薬 fluo3/AM 100 μg を DMSO 20 μL で溶解し，0.06％ pluronic F-127（界面活性剤）50 μL を加えた後に，1％ FBS 350 μL を加える．これを 2,3-butanedione monoxime (BDM, 20 mmol/L) を含む 1 mmol/L Ca^{2+} Tyrode 液（4 mL）に加え，心臓を弛緩させた状態で 30～45 分間，20℃で循環灌流（recirculation）する．
4) 1 mmol/L Ca^{2+} Tyrode 液（100％酸素加）を 15 分間，35～37℃で灌流することにより，細胞内にロードされた fluo-3/AM を脱エステル化（Ca^{2+} と結合できる free の fluo-3 に）する．この際に fluo-3 の細胞外への漏出を予防するために，プロベネシド（1 mmol/L）を加えておく．
5) マイクロレンズアレイ付マルチピンホール走査型共焦点顕微鏡システム（横河電機，CSU-21, Olympus BX50WI）の観察ステージにラット心を固定する．
6) 20 mmol/L の BDM または 40 μmol/L の cytochalasin D の入った 1 mmol/L Ca^{2+} Tyrode 液の灌流により心臓の機械的収縮を抑止した状態で，観察用チャンバーに静置して心電図記録下に実験を行う

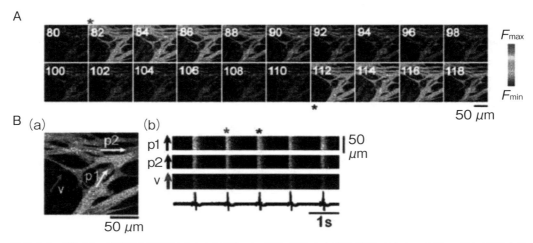

図 II.6.8 プルキンエ線維網の細胞内カルシウム動態．A：左上（80）から右下（118）にわたって 66 ms ごとの画像を並べた．各画像の左上の数字はフレーム番号を表す．82（＊）および 112（＊）でプルキンエ線維網のカルシウムトランジェントが観察される．
B：(b) では，(a) をもとにプルキンエ線維（p1, p2）および心室筋（v）の蛍光強度変化を時間に対してプロットしたものを示す．(b) の下段は心電図．[Hamamoto T., Tanaka H., et al. (2005) J Mol Cell Cardiol 38：561-569 より]

（24〜26℃）．レーザー光（488 nm）をラット心に入射し，細胞内のfluo3蛍光強度からカルシウムイオン濃度変化を *in situ* で，かつハイスピード（30〜125フレーム/秒）で捉える．

6.8 おわりに

生体内機能分子をより詳細に観察するために，対物レンズやレーザー照射方法の改良など技術開発が今後も続くと考えられるが，すでに共焦点レーザー走査顕微鏡は生組織内での機能分子1個の蛍光の動きをリアルタイムかつ高分解能で解析可能なシステムになっている．

[原田義規・髙松哲郎]

参考文献

1) 藤田哲也監修（1995）新しい光学顕微鏡（第一巻）レーザー顕微鏡の理論と実際，学際企画．
藤田哲也監修（1995）新しい光学顕微鏡（第二巻）共焦点レーザー顕微鏡の医学・生物学への応用，学際企画．
2) 原田義規，髙松哲郎（2007）組織細胞化学2007（日本組織細胞化学会編），学際企画，pp.25-33.
3) 原田義規，髙松哲郎（2005），組織細胞化学2005（日本組織細胞化学会編），学際企画，pp.51-57.
4) Pawley, J. B., Ed. (1995) Handbook of biological confocal microscopy (2nd ed.), Plenum Press.
5) 髙松哲郎編（2005）バイオイメージングがわかる，羊土社．

7 ラマン分光顕微鏡

ラマン分光顕微鏡は，光を物質に入射した際に生じるラマン散乱（Raman scattering）を利用した光学顕微鏡である．ラマン散乱は，1928年にラマン（C. V. Raman）とクリシュナン（K. S. Krishnan）によって発見された現象であり，試料を構成する分子の分子振動あるいは結晶の格子振動を強く反映した散乱である．この分子振動や格子振動は，構成する原子，化学結合などの分子構造により変化するため，ラマン散乱スペクトルを解析することで，散乱源である物質の種類，分子構造などを推定することができる．この功績により，ラマンは1930年にノーベル賞を受賞している．

ラマン分光顕微鏡は，このようなラマン散乱スペクトルを解析（これをラマン分光（Raman spectroscopy）と呼ぶ）するための光学顕微鏡である．本章では，ラマン分光顕微鏡の原理，特徴，用途，顕微鏡の構造，応用例について解説する．

7.1 ラマン分光の原理

ラマン散乱は，入射光と試料を構成する分子の分子振動あるいは結晶の格子振動が相互作用することで起こる非弾性散乱である[1]．図 II. 7. 1 にラマン散乱の模式図を示す．通常，励起光（光周波数 ω）の多くは波長の変化がない弾性散乱（レイリー散乱，光周波数 ω）として散乱される．一部の散乱光は試料を構成する分子の分子振動あるいは結晶の格子振動（振動数 Ω）とのエネルギー授受が起こり，散乱光の波長が長波長側へ偏移（ストークス散乱と呼ぶ，光周波数 $\omega-\Omega$），あるいは短波長側へ偏移（アンチストークス散乱と呼ぶ，光周波数 $\omega+\Omega$）する．これらストークス散乱とアンチストークス散乱を合わせてラマン散乱と呼ぶ．通常，ストークス散乱の方が 10^2〜10^3 程度信号光強度が強いため，単にラマン散乱と呼ぶ場合はストークス散乱を指す場合が多い．

ラマン散乱の波長シフト量はラマンシフトと呼び，単位は分子振動や格子振動の振動数 Ω を光速 c で割った波数 $\tilde{\nu}$ で表示されることが多い．

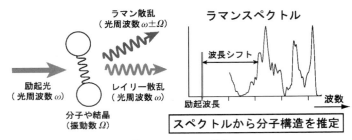

図 II.7.1 ラマン散乱

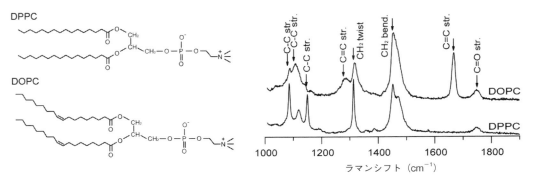

図 II.7.2 脂肪酸（DPPC, DOPC）の分子構造とラマンスペクトル

$$\tilde{\nu} = \Omega/c$$

単位は cm^{-1} で表すことが一般的である．この波数は，分子振動や格子振動の振動エネルギーに対応することから，波数が大きいラマンシフトほど振動エネルギーの高い分子振動あるいは格子振動である．このラマンシフトからどのような分子振動や格子振動からのラマン散乱であるかを知ることによって，分子や結晶の構造が推定できる．

典型的な脂質のラマンスペクトルの例を図 II.7.2 に示す．DPPC（dipalmitoyl phosphatidyl choline）は飽和脂肪酸を有する脂質であり，DOPC（dioleoyl phosphatidyl choline）は不飽和脂肪酸を有する脂質である．これらの分子の構造的な違いは，脂肪酸を構成する Acyl 鎖に二重結合を含むかどうかである．この違いが特有のスペクトルバンド（ラマンバンド）としてラマンシフト 1655 cm^{-1} 付近に強く現れている．このラマンバンドは，C=C 二重結合に帰属されていることが知られている．このようなラマンスペクトルの違いから，分子の構造や種類といった分子情報を得ることができる．これ以外にも，試料を測定するとさまざまな特徴的なラマンバンドが見られるが，それらの帰属を知るためには，既知の分子構造やラマンスペクトルデータベースなどから推定しなければならない．

7.2 ラマン分光顕微鏡の特徴と使用目的

ラマン分光顕微鏡の特徴は，分子振動や格子振動を通して試料を構成する分子の構造情報を解析できることであり，その解析には染色や固定などの前処理を必要としない．ラマン分光顕微鏡を細胞や組織の観察へ応用した例を図 II.7.3 に示す．これらの細胞や組織は固定や染色などの前処理をすることなく測定しており，特定のラマンバンドの強度マップ，あるいはスペクトル解析を用いることで細胞や組織を特徴づけるラマンイメージを得ることができている．このように，前処理による影響を排除して，試料をありのままの状態で観察（分子イメージング）できることがラマン分光顕微鏡の最大の特徴である．

ラマン分光顕微鏡に用いることができる励起光およびラマン散乱光の波長が可視〜近赤外域の光であることも大きな特徴である．可視〜近赤外域の光は，現在の光学顕微鏡に広く用いられているガラスや石英ガラスを用いることができるため，高い性能を実現している市販の光学顕微鏡筐体や光検出器を利用できる．さらに，この波長領域は水の吸収が極めて小さいため，乾燥環境下にある薬剤や組織切片のイメージングのみならずウェットな環境下にある生き

7 ラマン分光顕微鏡

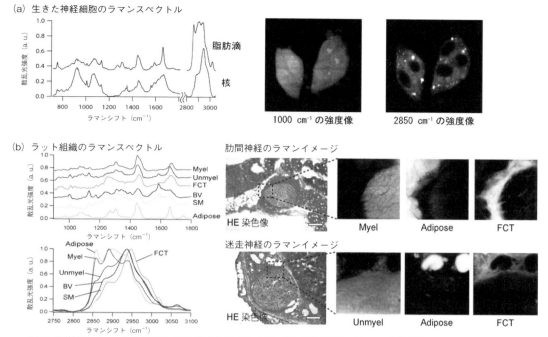

図 II.7.3 ラマン分光顕微鏡の細胞，組織観察への応用．神経細胞は培養液中で測定し，ラット組織は凍結切片にして測定した．いずれも無染色，無固定で測定．[Minamikawa *et al.* (2013) Histochem Cell Biol. **139**, 181 より一部改変]

た細胞，さらには *ex vivo* あるいは *in vivo* 組織イメージング，薬剤投与による組織中の時空間的な分布観察などにも応用可能である．また，蛍光顕微鏡と同じ光学顕微鏡筐体を用いることができることから，蛍光顕微鏡とラマン分光顕微鏡を同時に用いることで，蛍光イメージとラマンイメージとの対応づけが容易である．ただし，同じ試料で蛍光とラマン散乱光を同時計測する場合は，ラマン散乱光の強度は蛍光に対して非常に弱いため，蛍光がラマン散乱光に影響を与えないよう十分注意する必要がある．つまり，観測波長の大きく異なる色素を用いるなどの考慮が必要である．

また，励起波長によってさまざまな特徴を持ったラマン分光顕微鏡を構成できることも特徴である．例えば，可視光（励起波長 405 nm や 488 nm など）を用いれば，高 NA の対物レンズを用いることで高い空間分解能（200〜250 nm 程度）を実現することができる．また，物質によっては特徴的な光吸収が現れるため，後述するような共鳴ラマン散乱現象を利用したユニークなラマン分光顕微鏡を実現することもできる．近赤外光（780 nm など）を用いる

と，試料への光ダメージを極小にでき，低侵襲な観測が実現できる．また，試料内での光散乱による深部領域での光減衰を防止できることから，高深達なラマン分光顕微鏡を構成することができる．紫外光（200〜300 nm など）を用いる場合は，紫外光に対応した光学素子で構成された特殊な光学顕微鏡を必要とするが，共鳴ラマン散乱現象により芳香族アミノ酸と周囲分子との相互作用や核酸などを選択的に計測でき，特徴的なラマン分光顕微鏡を実現できる．

このように，ラマン分光顕微鏡は，分子振動や格子振動を反映したラマンスペクトルを通して，試料の分子種や構造といった分子情報を非破壊的に解析するツールである．そのため，使用用途としては，固定・染色・薄切などの処理が困難な対象（ヒト生体観察，染色により効果や代謝が変化し得る薬剤など），ウェットな環境下である試料（細胞や組織など），経時的に変化する試料（細胞などのタイムラプス像）などの観察に向いている．

7.3 ラマン分光顕微鏡の構造

ラマン分光顕微鏡は，光源，光学顕微鏡筐体，検出器で構成される．図II.7.4にラマン分光顕微鏡の基本的な構成を示す．

7.3.1 光源

ラマン分光顕微鏡に用いる光源には，波長幅が狭い光（0.1 nm 以下）が必要となる．これは，分子振動や格子振動のラマンバンドを分解して計測するためである．一般的に，分子振動や格子振動のバンド幅は $2 \sim 5 \mathrm{cm}^{-1}$ 程度（波長にして $0.1 \sim 0.2$ nm 程度）である．また，非常に微弱なラマン散乱光を検出するためには，より効率的にラマン散乱を誘起するために強い励起光源も求められる．そのため，ラマン分光顕微鏡には，単色性，高輝度性に優れたレーザー光源を用いることが一般的である．現在用いることができるレーザー光源には，アルゴンレーザー（488 nm），ヘリウム・ネオンレーザー（633 nm），Nd/YAGレーザー（532 nm，1064 nm）などが代表的であるが，それ以外にもさまざまな発振波長を持つレーザーが市販されている．

7.3.2 照明・検出光学系

ラマン分光顕微鏡で用いる照明・検出光学系は，一般的なレーザー走査型蛍光顕微鏡と似た構成を用いる．顕微鏡へ入射された励起光は対物レンズにより試料へ照射される．発生したラマン散乱光は対物レンズにより集光され，ダイクロイックミラーに反射され，検出器へ導入される．この際，ダイクロイックミラーには，励起光とラマン散乱光を十分分離できるものを用いる必要がある．

試料への照明方法には，励起光を一点に集光するポイント照射型光学系が広く一般的に用いられている．画像を取得するためには，励起光を一点一点走査し，検出したラマンスペクトルから画像を再構成する．その際，ピンホールを通してラマン散乱光を検出する共焦点光学系を用いることで，共焦点蛍光顕微鏡同様に高い3次元空間分解能を得ることもできる．しかし，ポイント照射型光学系で計測した場合，画像を得るために非常に時間がかかるということに注意する必要がある．

例えば，細胞や組織に対して十分な S/N 比を得るための1点あたりの露光時間は一般的に $1 \sim 10$ 秒程度である．例えば，256×256 ピクセルの画像を取得する場合，およそ 18 時間〜3日間ほどかかってしまう．そのため，ポイント照射型光学系で画像を取得するには，長時間露光が可能な試料（固形・液体薬剤，固定した組織や細胞など）で，かつ共焦点光学系による高空間分解能を必要とする計測に向いている．また，ポイント照射型光学系の場合，試料上の任意の点，あるいは移動物体をトラッキングしながら露光し続けることも可能である．この場合，特定の複数点のみの情報しか得ることはできないが，1点あたりの露光時間は $1 \sim 10$ 秒と短いため，生きた細胞やフレッシュな組織などへの応用も可能である．

より高速な画像取得を行う際は，ライン照射型光学系が好適である．ライン照射型光学系の場合，ライン状の焦点で照明することで，空間1次元とラマンシフトの合計2次元情報を2次元イメージセンサにより一度に計測する．その場合，1ラインあたりの露光時間を $1 \sim 10$ 秒として，x軸方向に 256 ピクセル走査した場合（y軸方向のピクセル数は検出器

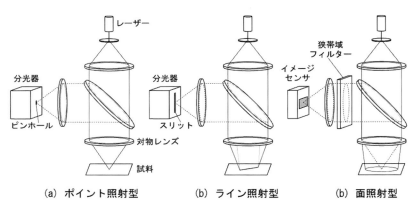

(a) ポイント照射型　　(b) ライン照射型　　(b) 面照射型

図 II.7.4　ラマン分光顕微鏡の基本構成

のピクセル数に依存し，一般的なCCDカメラの場合256〜400ピクセル），4〜40分ほどで計測できる．そのため，生きた細胞やウェットな組織を測定するには，ライン照射が好適である．また，ライン照射型光学系に対しても共焦点光学系のような3次元空間分解能を実現することも可能である．この場合，ピンホールの代わりにスリットを用いる．そのため，共焦点効果はポイント照射型光学系の方がやや高いものの，十分高い3次元空間分解能を得ることができる（ポイント照射型：空間分解能 Δx, Δy, = 200 nm 程度，Δz = 800 nm 程度．ライン照射型：Δx = 200 nm 程度，Δy = 300 nm 程度，Δz = 800 nm 程度）．

また，面照射型光学系のラマン分光顕微鏡も提案されている．面照射型光学系の場合，分光器へのラマン光の導光が困難であるため，2次元イメージセンサの直前に狭帯域な光学フィルターを用いて特定のラマンシフトのみの画像を取得する．試料面のラマン画像を一度に取得できることから，より高速なイメージングが期待できる．ただし，励起光エネルギー密度を高めることが難しくラマン散乱を効率的に誘起できないため，他の手法に比べて検出感度は低い．そのため，特定のラマンバンドの画像のみが必要な場合に向いている．また，空間分解能は共焦点光学系を利用していない通常の光学顕微鏡と同程度であるため，ポイント照明やライン照明光学系に比べて面内空間分解能はやや低く，特に光軸方向の空間分解能はないことに注意する必要がある．

以上のことから，空間分解能と測定時間，測定方法，必要なラマンスペクトル情報の兼ね合いでポイント照射型，ライン照射型，面照射型光学系を選択する．

7.3.3 検出器

ポイント照射型やライン照射型光学系を用いてラマン散乱光を検出するには，分光器を用いて各波長に分光する．前述のように，分子振動や格子振動の波数線幅は 2〜5 cm^{-1} 程度（波長にして 0.1〜0.2 nm 程度）であることから，分光器にも同程度の波数分解能が求められる．分光されたラマン散乱光の検出には，フォトダイオードや，光電子増倍管，2次元イメージセンサなどを用いることができる．近年，非常に高感度なCCDカメラが開発されているため，現在ではラマンスペクトルを一度に取得できる冷却型CCDカメラを用いることが一般的である．また，面照射型光学系の場合，分光器の代わりに特定波長のみを透過する光学フィルター，音響光学波長可変フィルターや液晶波長可変フィルターなどのイメージング分光器などを用い，2次元イメージセンサによりラマン画像を取得する．

7.3.4 試料

ラマン分光顕微鏡は，測定に際して特別な試料の前処理や特殊な環境を維持する必要はない．しかしながら，ラマン散乱光自身が非常に微弱であるため，ノイズ源を極力排除するなどの工夫が必要である．例えば，培養液中の細胞を計測する場合，溶液からのバックグラウンドノイズを除去するため，フェノールレッド不含の培養液（Tyrode 溶液など）を用いる．また，ガラスセルやスライドガラスを用いる必要がある場合は，透明性が高く，ラマン散乱光や蛍光が発生しない素材を用いることが適当である．一般的には，溶融石英でできたスライドガラス，ガラスボトムディッシュ，ガラスセルなどを用いる．ただし，溶融石英は 1000 cm^{-1} 付近に比較的強いバックグラウンドノイズが生じる．そのため，より低ノイズの測定を行う際は，合成石英や CaF$_2$ などが用いられる．

7.4　特殊なラマン分光顕微鏡

これまで一般的なラマン分光顕微鏡の原理，特徴，装置の構造について解説してきた．それ以外にもラマン散乱に現れる特徴を利用することで，他にみられないさまざまな特徴を持った特殊なラマン分光顕微鏡が提案されている．

7.4.1　共鳴ラマン散乱を利用したラマン分光顕微鏡

試料が持つ電子吸収帯と同程度の波長を励起光として用いると，特定のラマンバンドが強調された非常に強いラマン散乱光が観測される．これは，試料の光吸収と励起光が共鳴することに起因することから，共鳴ラマン散乱（resonance Raman scattering）と呼ぶ．なお，共鳴ラマン散乱と対比して，非共鳴条件下のラマン散乱を非共鳴ラマン散乱と呼ぶことがある．

共鳴ラマン散乱を利用すると，非共鳴ラマン散乱

に対して$10^2 \sim 10^4$程度のラマン散乱光強度増大を得ることができることから，より高感度・高速な観測が実現できる．また，励起光に非共鳴な分子と共鳴する分子が共存する試料においては，非共鳴な分子からのラマン散乱光の妨害を受けずに，励起光と共鳴する分子のみのラマン散乱光を観測することができる．ただし，ラマン光増強は電子吸収体の電子状態の影響を強く受けるため，必ずしも吸収を持つ物質のすべてのラマンバンドが増強されるわけではないということに注意する必要がある．このように，高感度，高選択性を有するのが共鳴ラマン散乱の最大の特徴である．またそれ以外にも，共鳴ラマン散乱により偏光解消度の値が非共鳴ラマン散乱よりも大きくなるなどの特徴も持つことが知られている．

図 II.7.5 にさまざまな励起波長で励起した場合の還元型チトクローム c および脂肪のラマンスペクトルを示す．還元型チトクローム c は，吸収波長が 532 nm 付近で極大となる．そのため，励起波長 532 nm では，共鳴ラマン散乱により還元型チトクローム c 分子中の pyrole 環に帰属されるラマンバンドが非常に強くなる．励起波長 671 nm では，励起波長 532 nm のような共鳴ラマン散乱が見られないため，異なったラマンスペクトルが得られる．一方，励起

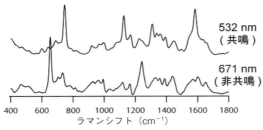

(a) 還元型チトクローム c（532 nm で共鳴）

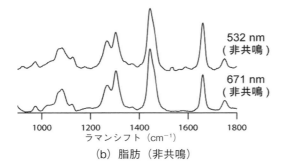

(b) 脂肪（非共鳴）

図 II.7.5 共鳴ラマン散乱．還元型チトクローム c は励起波長 532 nm で共鳴し，671 nm では非共鳴である．一方，脂肪は，532 nm および 671 nm のいずれにおいても非共鳴である．強度はスペクトルの最大値で正規化している．

波長 532 nm および 671 nm ともに非共鳴である脂肪では，いずれの励起波長でも同じラマンスペクトルが得られる．

以上のような特徴を有する共鳴ラマン散乱を利用するためには，通常のラマン分光顕微鏡に対して適切な励起光源波長（目的試料分子の吸収帯に一致した波長）を選択するのみでよく，その他の改良の必要はない．そのため，共鳴ラマン散乱はかなり広範に応用されている．また，通常のラマン分光顕微鏡として観察する場合も，用いる波長によっては予期せぬ共鳴効果が現れる可能性があることに注意が必要である．

7.4.2 偏光ラマン分光顕微鏡

偏光ラマン分光顕微鏡とは，特定の偏光を持つ励起光により試料を励起し，特定の偏光を持つラマン散乱光を観測するラマン分光顕微鏡である．偏光ラマン分光顕微鏡を用いると，分子の対称性や配向といった情報を得ることができる．それにより，ラマンバンドの帰属の推定や，配向性試料の配向度などを評価することができる．

また，近年ラジアル偏光と呼ばれる特殊な偏光状態を実現することで，試料面内の偏光のみならず光軸方向の偏光（光軸を Z 軸とすることが一般的なため，Z 偏光とも呼ぶ）を実現することもできるようになってきた．これにより，従来 2 次元的な偏光解析しかできなかったものを，Z 偏光も含めた 3 次元偏光解析も行われている．

7.4.3 表面増強ラマン分光顕微鏡

表面に凹凸のある金属表面，あるいは金属微粒子などに吸着，あるいは近接した分子からは，非常に強いラマン散乱光が得られることが知られている．これを表面増強ラマン散乱（surface enhanced Raman scattering：SERS）と呼ぶ[2]．表面増強ラマン散乱を利用すると，通常のラマン散乱に対して $10^2 \sim 10^8$ 程度のラマン散乱光強度増大を得ることができるため，通常のラマン散乱分光法よりも非常に高感度・高速な観測を実現できる．

表面増強ラマン散乱の増強メカニズムは大きく電磁気学的増強と化学的増強が関与していると考えられている．電磁気学的増強とは，金属表面の自由電子と励起光あるいはラマン散乱光との相互作用による．金属表面に励起光あるいはラマン散乱光が照射

されると，局在プラズモンが励起され，非常に強い電場が金属近傍に発生する．この強い電場により分子が励起されることで非常に強いラマン散乱が発生する．電磁気学的増強により推定されるラマン散乱光増強度は，通常のラマン散乱光に対して $10^2 \sim 10^4$ 倍程度といわれている．また，金属微粒子間の数 nm 程度のギャップなどでは更なる電場増強を得ることができることが知られている．その場合，ラマン散乱光増強度は 10^8 以上であると推定されている．一方，化学的増強とは金属と分子間で電荷移動が起こることによる増強効果である．化学的増強によるラマン散乱光増強度は，$10 \sim 10^2$ 程度と考えられている．

以上のような表面増強ラマン散乱を利用することで，非常に高感度・高速なラマン分光顕微鏡を構成することができる．表面増強ラマン散乱を利用するためには，測定試料に金属微粒子を塗布する，あるいは蒸着や表面処理により表面に凹凸をつけた基板に試料を置くことで実現される．使用できる金属には，金，銀，銅，プラチナなどがあるが，特に銀や金は可視～近赤外光において強い電場増強効果を示す．また，化学的安定性を考慮すると細胞や組織などの計測には金が適している．図 II. 7.6 に表面増強ラマン分光顕微鏡によるイースト菌の観察例を示す．

また，近年では，表面増強ラマン散乱と共鳴ラマン散乱を組み合わせることで，増強度が $10^{12} \sim 10^{15}$ 程度得られることから，単分子のラマン分光も実現されている．また，原子間力顕微鏡に用いられるカンチレバーを金属でコートし，試料上を走査しながらカンチレバー先端での表面増強散乱をすることで，非常に高い空間分解能（～ 10 nm）が実現できることも示されている．

7.4.4 ラマンタグを用いた標識型ラマン分光顕微鏡

特定の分子のみをイメージングするために，特徴的なラマンバンドを持つラマンタグと呼ばれる分子を用いた方法も提案されている[3]．ラマンタグを用いる場合，試料中の目的分子に対して標識を付ける必要があるが，通常のラマン分光顕微鏡では捉えることが困難な分子の情報を得ることができる．例え

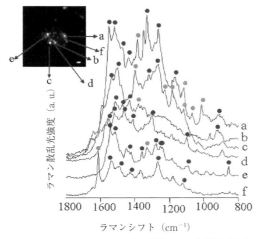

図 II. 7.6 表面増強ラマン分光顕微鏡による銀微粒子を取り込ませたイースト菌の観察．イースト菌中の局所的なラマン情報を表面増強ラマン散乱により取得している．［Sujith *et al.* (2008) Appl. Phys. Lett. **92**, 103901 より一部改変］

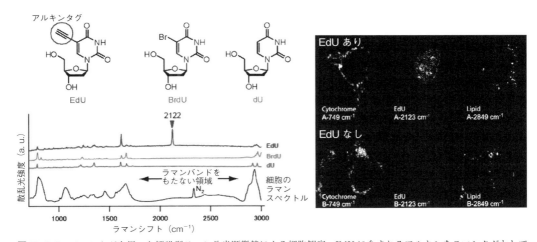

図 II. 7.7 ラマンタグを用いた標識型ラマン分光顕微鏡による細胞観察．EdU に含まれるアルキンをラマンタグとして用いている．［Yamakoshi *et al.* (2011) JACS, **133**, 6102 を一部改変］

ば，タンパク質に基質や阻害剤などをラマンタグとして作用させると，ラマンタグを通してタンパク質の分子状態やイオン化，結合状態などを推察することができる．この際，適当な吸収体を持ったラマンタグを用いると，タンパク質単体では非共鳴であったとしても，ラマンタグの共鳴ラマン散乱により非常に強い信号を得ることができる．

また，ラマンタグに蛍光色素よりも非常に小さい分子を用いる方法も提案されている．小分子をラマンタグとして用いると，標識自身が試料へ与える影響を極小に抑えられることが期待できる．一般的に，蛍光性の分子は分子量 200 以上と非常に大きくなってしまう．代表的な蛍光色素である FITC は分子量 389，Cy5 は分子量 792 であり，さらに分子量 2 万を超える蛍光タンパク質も数多くある．一方，ラマンタグとして提案されている小分子は，重水素，アルキン，ニトリルなどであり，分子量 30 にも満たない小分子である．そのため，分子量数十～数百程度の小さい分子に標識する場合に有効であろうと考えられる．これら小分子のラマンタグの多くは，細胞や組織などを構成する分子がラマンバンドをほとんど持たない領域である $2000 \sim 2700 \text{ cm}^{-1}$ 前後に特徴的なラマンバンドを有する．そのため，通常のラマン分光顕微鏡で試料を非破壊的に観察しつつ，ラマンタグで標識された特定の分子の時空間的な分布を対応付けながら同時観察が可能となる．図 II.7.7 にラマンタグを用いた細胞観察の応用例を示す．

7.5 ラマン分光顕微鏡の展望

ラマン分光顕微鏡は，近年の高輝度・高安定な光源の開発，観察光学系の工夫などにより撮像速度が現実的となってきたことから，細胞や組織を含めライフサイエンスのツールとして広く用いられるようになってきた．また，細胞や組織，薬剤などの物性や分子分布の可視化などを対象とした基礎科学的研究のみならず，アテローム性動脈硬化巣の組成分析，がん診断，術中末梢神経検出[4]，など医学への応用も試みられている[5]．さらに，非線形光学などの光学技術の発展から，コヒーレント反ストークスラマン分光顕微鏡や誘導ラマン分光顕微鏡などが開発され，さらなる高速なラマン画像取得（30 フレーム毎秒以上）も試みられている[6]．

以上のように，固定や染色などの前処理を必要とせず，ウェットな環境下で測定できるラマン分光顕微鏡は，他の顕微鏡では得られない特徴的な情報を与えてくれる．これにより，未知の生命現象の観測，医薬品開発，医療診断などへ応用されることでライフサイエンスにおける新たな視点を与えるツールとして活用されることが期待される．

［南川丈夫・髙松哲郎］

参考文献

1) 浜口宏夫，平川暁子（1988）ラマン分光法，学会出版センター．
2) Kneipp, K., Kneipp, H., Itzkan, I., et al. (2002) J. Phys. : Condens. Matter., **14** : R597.
3) Palonpon, A. F., Ando, J., Yamakoshi, H., et al. (2013) Nat. Protoc., **8** : 677-692.
4) Minamikawa, T., et al. (2015), Sci. Rep. **5**, 17165.
5) Hanlon, E. B., Manoharan, R., Koo, T. W., et al. (2000) Phys. Med. Biol., **45** : R1-59.
6) Cheng, J. X., Xie, X. S. (2012) Coherent Raman Scattering Microscopy, CRS Press.

8 非線形顕微鏡

8.1 はじめに

我々が通常の顕微鏡において扱うのは線形光学現象である。つまり、光学現象を起こすのに用いた光の強さとそれに応じた物質の反応とが線形の応答を示す。しかし、入射光の強さが非常に大きくなってくると、この線形応答の他に非線形応答、つまりその強さに比例しない物質の応答が観測されるようになる。これらを総じて非線形光学現象と呼ぶ。レーザーの発展に伴い種々の非線形光学現象が実証されるようになり、そのうちの一部は顕微鏡技術として確立、あるいはその応用が模索されるようになった。これらはそれぞれの原理に従い異なる情報を観測者に与えてくれる。各々の特徴が十分に活かされるならば、非線形顕微鏡はライフサイエンスの分野においてこれまで困難であった観測を可能にし、さらにはこれまで観測すること自体ができなかったものを可視化することで、非常に強力なツールとなり得る。本章ではこれら非線形顕微鏡につき、概要と応用例を紹介する。

8.2 原理と特徴

発光などの例外を除くと、顕微鏡観測においては、観測者は入射光として与えた光が観測対象である試料と相互作用した時に起こるその光の変化を観測する。つまり、顕微鏡による可視化の基本原理は、光を粒子と考えるとき、光子と物質との相互作用となる。ここで、通常の顕微鏡観測で用いているのは線形光学現象、つまり1分子に対し1光子が相互作用した結果を観測するものである。それに対し非線形光学現象は、光子と対象分子とが1対1で反応する現象ではない1分子対2光子以上の相互作用の結果としての光学現象の観測に相当し、その性質から多光子顕微鏡とも呼ばれる（図II. 8.1）。

複数の光子がほぼ同時に対象分子と相互作用する確率は一つの光子の場合に比べて非常に低い。このように非常に起こりにくい現象が現実的に起こるの

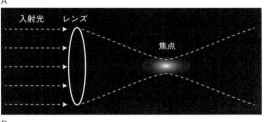

図II. 8.1 非線形光学現象の概念図．線形光学では一つの対象分子に一つの光子が相互作用した結果を観測するが、非線形光学では一つの分子に対し複数の光子が相互作用した結果を観測する．

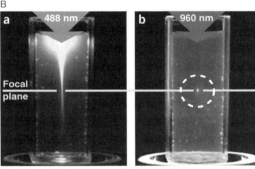

図II. 8.2 多光子顕微鏡の特徴．A：レンズを介した焦点面における入射光の集光の概念図．入射光はレンズにより集光され、焦点において最大の光子密度を持つ．多光子現象は光子密度の非常に高いこの焦点付近のみで発生する．B：488 nm の光による1光子励起と 960 nm の光による2光子励起の比較．488 nm の1光子励起では焦点面の上において多くの分子の励起とそれに伴う蛍光シグナルが発生するのに対し、960 nm の2光子励起では焦点面付近のみにおいて分子の励起が起こっている［Zipfel WR. *et al.* （2003）Nat Biotechnol. **21**（11）：1369-1377］．

は、ある時間においてその空間に存在する光子の数、つまり光密度が最も高い、焦点部位付近のみに限局される（図II. 8.2）。つまり、多光子が関わる非線形光学においては、その現象自体が3次元空間の中で非常に限られた部位において起こるため、空間分解能の高い顕微鏡観測が実現される。そしてここから、時空間的に圧縮された光の照射が非線形顕微鏡観測における感度や空間分解能の向上に重要であることがわかる。最終的な空間分解能という点では、例えば1光子を利用した共焦点顕微鏡も同様に3次元での空間分解能を実現するわけであるが、この場合には広範囲で起こった光学現象の一部を検出器側

で抽出することにより空間分解能を実現するものであり、光学現象自体が空間的に限局されている多光子現象とは本質的に原理が異なるものである。また、顕微鏡観測では試料に光を当てる際、励起された分子が構造変化を起こすことにより退色したり、あるいは意図しない光化学現象により細胞毒性が生じたりすることが、特にライブ・イメージングにおいて問題となる。しかし非線形顕微鏡では光と物質の相互作用一般が3次元空間の中で限局された部位のみにおいて起こるため、焦点以外の部分での不必要な分子と光との相互作用が避けられ、よって組織内での色素の退色や細胞毒性といった多くの問題も同時に回避され、長期間にわたるライブ・イメージングも可能となる。

さらに、非線形顕微鏡には、ライフサイエンス分野への応用という観点においてもう一つ重要な長所がある。それは使用される光の波長である。例えば後述の2光子励起顕微鏡においては1光子で起こす光学現象を二つの光子で起こすため、使われる励起光の一つ一つのエネルギーは1光子の場合の半分程度である。ここでエネルギーは波長に反比例するため、これは2倍の波長を持つ励起光に相当する。例えば、480 nmの1光子励起現象と同様の光学現象が約960 nm付近の2光子励起により実現される。ここで480 nmの波長を持つ可視光は960 nmの近赤外光に比べて、生体組織内での散乱・吸収がより激しい。よって組織の表面から光照射する際、光は組織の深部まで到達できず、その結果観測できるのはごく表面の現象に限られてしまう（図II.8.3）。それに対し近赤外光は生体組織内での散乱・吸収が少ないため、組織表面からの照射であっても組織の深部まで到達し、そこでの現象を可視化することができる。これに上記の長所を合わせると、近赤外光のレーザーを用いた非線形顕微鏡においては、生体組織の深部において3

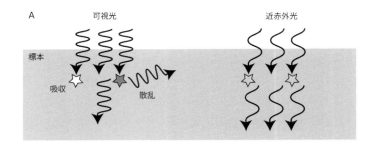

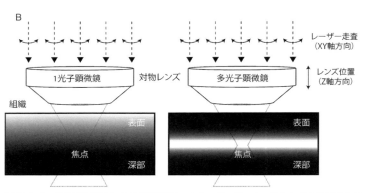

図II.8.3 多光子顕微鏡による組織深部のイメージング．A：標本内での可視光と近赤外光の透過性の比較．生体試料のような標本においては、可視光の多くは標本内において吸収されたり散乱されたりして透過性が悪いのに対し、近赤外光はそれらの相互作用が起こりにくく、よって試料の深部まで透過して行く．B：1光子顕微鏡と多光子顕微鏡の組織内での可視化部位の比較．光の組織透過性から、1光子顕微鏡においては組織の表面近くの部位での現象の観測にとどまるのに対し、多光子顕微鏡では組織深部における観測が可能となる．

次元空間分解能の高い画像を、組織への侵襲性や退色を抑えながら獲得することができるという特徴がわかる。そしてこの低侵襲性が故に、同じ対象を生体組織において繰り返し長期間にわたって観測することも可能であり、よってさまざまな生理現象の継時変化の観測にも非常に大きな力を発揮する。これは光に対する感受性が高くまた3次元的な組織内での観測が重要となる、生きた脳組織での観測などにとって非常に優れた特徴である。

以上が原理的な特徴であるが、実際の観測における空間分解能の考察に関しては注意が必要である。まず、多光子顕微鏡において多用される長波長の光の焦点面における収束は短波長の物に比べて悪くなる。これはアッベにより定義された顕微鏡の空間分解能が波長に反比例することからも容易に理解できる。その一方、多光子現象が起こるためには1光子現象に必要な光密度よりはるかに高い光子密度が必要となるため、1光子に比べて焦点面のより小さな

スポットのみが観測される．この多光子効果が故に同じ波長であれば1光子よりも多光子の方がより空間分解能が上がり，よって最終的な空間分解能は波長や多光子効果といった複数の要素の組み合わせにより決まることとなる．また，ライフサイエンス顕微鏡においては，試料および顕微鏡のどちらの要素からも，屈折や散乱という光の乱れが生じ，よって理想的な条件からずれてくる．特に複数の波長を用いるような非線形顕微鏡においては色収差が少なからず多光子現象の起こる確率と，それにより規定される空間分解能を劣化させることに注意しなければならない．それにもかかわらずその導入以来ライフサイエンスの分野に多くのブレークスルーをもたらして来たことは，非線形顕微鏡にはこのような現実的な制限をはるかに超えた大きな長所があることを物語っているといえよう．

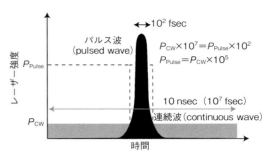

図 II. 8. 5 超短パルスレーザーの概念図．超短パルスレーザーにおいては，通常の連続波として出されるレーザーを短い時間に圧縮されたパルスレーザーとして出射する．例えば10 nsec に1回，100 fsec の幅を持って出されるパルスレーザーは，連続波レーザーの10万倍程度のエネルギー密度を持つものとなる．

8.3 顕微鏡の構成

ここでは非線形顕微鏡に用いられる装置について，各顕微鏡によりその構成などは異なるが，共通の重要な点につき概説する．非線形顕微鏡に用いられるのは，レーザー走査型顕微鏡の装置と超短パルスレーザーである（図 II. 8. 4, 5）．

非線形顕微鏡の心臓部といえるのが光源である．ここでは超短パルスレーザーと呼ばれるレーザーが用いられる．これは連続的に出し続けるレーザー（continuous wave：CW）に対して，時間軸の中でパルス的に出射するパルスレーザーにあたり，そのパルスの時間幅がごく短いものの総称である．ある一定時間の間に出射されるレーザーのエネルギー総量が同じであったとするならば，それを恒常的に出し続ける CW の場合に比べ，低い頻度でパルス状に出射され，さらに各パルスの出射時間が短い超短パルスレーザーの各パルス内でのエネルギーは，そのパルス頻度が低いほど，そしてパルス幅が短いほど大きくなる．これにより，出射時に非常に高い光密度のレーザー照射が可能となるわけである（図 II. 8. 5）．一例として筆者らが使用しているレーザーはパルス幅 100 fsec（各パルスの時間幅が 100 フェムト秒程度），繰り返し周波数（repetition rate）が 80 MHz（パルスの出射が1秒間に8千万回，あるいはパルス間の間隔が 12.5 ナノ秒）のものであり，よってフェムト秒超短パルスレーザーと呼ばれる．このような超短パルスレーザーで波長可変なものとしてチタン・サファイヤ・レーザーがあり，高出力で波長可変域が広く（筆者らの使用しているレーザーで 690〜1040 nm），オペレーションの操作が容易で出射が安定なものが現在開発され，ライフサイエンス分野への多光子顕微鏡の導

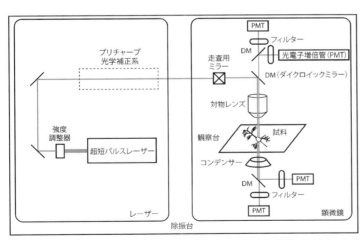

図 II. 8. 4 レーザー走査型顕微鏡の装置概要．非線形顕微鏡の装置は除振台の上に備えられ，レーザー部位と顕微鏡部位とに分けられる．超短パルスレーザーは強度が調整され，プリチャープなどの光学系によりパルス幅が調整された後，顕微鏡に導入される．顕微鏡内においては走査用ミラーで位置が決められた後試料に当てられ，その結果としてのシグナルはフィルターなどの光学系を通して選択された後，複数の光電子増倍管（photomultiplier tube：PMT）により検出される．

入が容易になってきた．このようなレーザー技術の進展がライフサイエンス顕微鏡のユーザーにとって非常に大きなメリットである一方，レーザーの安全性には十分な注意が必要である．非線形顕微鏡に用いられるレーザーはただでさえそのエネルギーが非常に大きいのに加え，近赤外光は目に見えず危険を察知しづらい．顕微鏡メーカーは十分な安全対策を講じてはいるものの，それに加えて，自他にとって非常に危険性の高い装置を用いている，という各ユーザーの意識と安全に対する心構えが必要である．

顕微鏡のシステムとしては，1光子共焦点顕微鏡に用いられるのと同じ原理のレーザー走査型顕微鏡が用いられる（図II. 8. 4）．特殊な点とすると，レーザーの光路に存在するすべての鏡やレンズが長波長レーザー対応のものであるという点である．多数の鏡やレンズを介する顕微鏡においては各部位での少しの減衰も総合的に大きな減衰へと繋がるため，注意が要される．特に対物レンズは光透過性に加えて色収差の補正などが必要であり，非線形顕微鏡用の特殊なものが用いられる．また，この色収差という点では，さまざまな光学系を介している間に出射光のレーザーの波長の幅が対物レンズに行き着くまでに時間幅となって表れ，よってパルス効果が減弱するという，群速度分散（group velocity dispersion）と呼ばれる現象があり，波長に応じて異なる光路長を与えることでこの効果を補正する特殊なプリチャープと呼ばれる光学系がしばしば取り入れられる．シグナル光の検出には一般的に高感度の光電子増倍管が用いられ，1光子共焦点顕微鏡とは異なり焦点面由来の光のみを検出するためのスリットはなく，到達したすべての光を検出する．そのため，少なくとも顕微鏡の装置自体は十分に遮光されている必要がある．このような構成を基本とする非線形光学顕微鏡の装置は日々進化を遂げており，さまざまな改良により更なる時空間分解能の向上などが図られている．

8.4　応　　用

非線形光学現象自体はかつてより知られてきたが，ライフサイエンス分野への応用は1990年初頭からのこの30年ほどになる．しかし今や非線形顕微鏡は生物学の多くの分野にとってかけがえのないツールへと進化した[1]．以下，現在ライフサイエンス分野への応用が定着，あるいは模索されている多光子励起顕微鏡[2]，SHG顕微鏡[3]およびCARS, SRS顕微鏡[4]につき概説する．

8. 4. 1　多光子励起顕微鏡

非線形顕微鏡の用途として最も一般的なのは，多光子励起顕微鏡であると考えられる．これは，蛍光分子の励起を一つの光子ではなく，それぞれのエネルギーは小さな（よって波長の長い）複数の光子により実現するものである（図II. 8. 6）．特にその中でも広く用いられるのは2光子励起顕微鏡である．

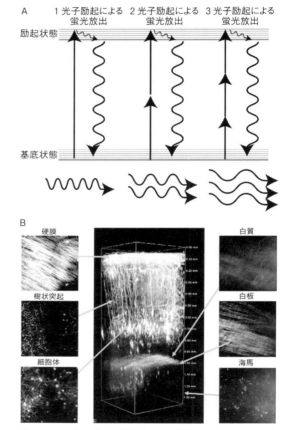

図II. 8. 6　多光子励起顕微鏡．A：多光子励起の概念図．多光子顕微鏡においては，通常一つの光子により分子のエネルギーを基底状態から励起状態に遷移させるところを，それぞれ半分のエネルギーを持つ（2倍の波長を持つ）二つの光子や，3分の1のエネルギーを持つ三つの光子が同時にそのエネルギーを与えることにより実現する．一度励起された蛍光分子は，その過程によらず，同じように緩和した後再び基底状態に戻り，その際のエネルギーを蛍光の光子として放出する．B：2光子励起顕微鏡によるマウス脳神経細胞の可視化．2光子励起顕微鏡により，マウスの脳表面から1 mm以上の深部における神経細胞までもが可視化される［Kawakami R. *et al.* (2013) Sci Rep. **3**：1014］．

この場合，各光子のエネルギーは1光子の場合の半分，つまり波長は2倍となる．多光子励起顕微鏡はいち早くライフサイエンス分野に導入され，数多くのブレークスルーをもたらしてきた．その長所は，生体組織において散乱性が少ない長波長の励起光を使い，光密度の高い小さなスポットのみで励起現象を実現することで，組織構造がよりよく保存された組織深部において組織へのダメージを抑えつつ十分な3次元空間分解能をもって現象を可視化できることである．これは特に神経科学の領域において非常に強力な点であり，一気にその応用が試みられた．さまざまな技術的改良の結果，近年では生きたマウスを用い，顕微鏡下に頭部を固定することにより表層から1mmにも及ぶ組織透過性をもって大脳皮質のすべての層において神経細胞を可視化したり，同一個体のマウスにおいて同じ神経細胞の同じ樹状突起棘を1カ月を超える時間幅で観測したりと，驚異的な観測が可能となってきている（図II.8.6）．

多光子励起顕微鏡においては，通常の蛍光顕微鏡と同様に，その蛍光分子に応じていくつかの種類が存在する．自家蛍光を利用したもの，低分子量蛍光色素を利用したもの，そして蛍光タンパク質を利用したものなどである．特に後者の二つに関しては，近年のプローブ分子の開発により加速度的にその応用が可能となった．しかしここで一つ気をつけなくてはならないのは，すべての蛍光分子が多光子顕微鏡にそのまま応用可能というわけではない点である．概念図的には2光子励起は1光子励起の際の倍の波長を持つ二つの光子により同様に実現されるものであるが，実際にはこの光の吸収およびそれに応じた励起は異なる過程であり，よってその起こりやすさなどは1光子の場合をそのまま想定することはできない．実際，同じ色素を1光子・2光子の二つの励起法により解析した場合，例えばその吸収スペクトルの形状（励起波長と吸収効率の相関）はまったく異なっていることが示されている．実際の顕微鏡操作においては，現時点では各分子に対して最適な励起波長を実験的・経験的に決定することが必要となる．それと同時に一般的に2光子励起の際の吸収スペクトルは1光子のそれに比べて幅広いものになる傾向があり，その点では多数の蛍光分子の同時励起などの際に有利となる．実際，1光子励起顕微鏡において複数の色素の観測にはそれぞれに適した波長を持つ複数のレーザーが用いられるのに対し，2光子励起顕微鏡を用いた多くの研究においては複数の色素が単一波長のレーザーにより可視化されており，この性質は，二つの蛍光色素分子の正確な局在の比較の実現やレーザー強度の変動の標準化などに極めて有効に役立てられている．

また，分子の多光子による励起は蛍光シグナルの発生だけに止まらず，さまざまな光化学現象を引き起こす．その一例として，2光子吸収後の分子変化を利用した2光子アンケイジングがある（第V部3章参照）．重要なことに，このようなアンケイジングも長波長の2光子により行うことで，組織深部での3次元的に限られた空間でのアンケイジングが可能となる．これは組織の他の部位での生理応答を引き起こさないという意味において，焦点以外からの光を遮断すればそれでことの足りる2光子励起観測よりさらに多光子顕微鏡の利点を活かしているともいえる．これらの活用によって非線形顕微鏡は「観測」という受動的な機能を超えて生理現象を積極的に「操作」する，新たな時代を迎えたといえる．

8.4.2　光第2高調波発生（SHG）

非線形顕微鏡は蛍光分子の励起のみに止まるものではない．その一つの例が光第2高調波発生，あるいはSHG（second harmonic generation）を利用した顕微鏡である．SHGは波長が同じ二つの光子が分子と相互作用した後，その入射光の半分の波長，つまり2倍のエネルギーを持つ一つの光子へと変換される現象である（図II.8.7A）．振動数ωの二つの光子は振動数2ωの光子一つへと変換され，これは波長λが$1/2\lambda$に変換されることに相当する．重要なことにこれは分子により規定される特定のエネルギー差を光により与えることで分子の励起を起こす2光子励起とは異なり，仮想のエネルギー状態を経て分子の変化を伴わずに光の変換が起こる現象である．この現象自体は決して特異なものではなく，例えば身近なところではグリーン・レーザーポインターにおいて近赤外光から緑色レーザーを発生させるのにも応用されている一般的な現象といえる．

SHGの最大の特徴はその発生条件にある．SHGは対象となる分子一つ一つの配向，そしてそれら集団の全体としての配向の非中心対称性に強く依存する．つまり，極性分子が多数存在してそれらが中心対称性を崩して存在するとき，例えば同じ方向を向いて整然と並ぶようなときにSHG光が生まれる．逆

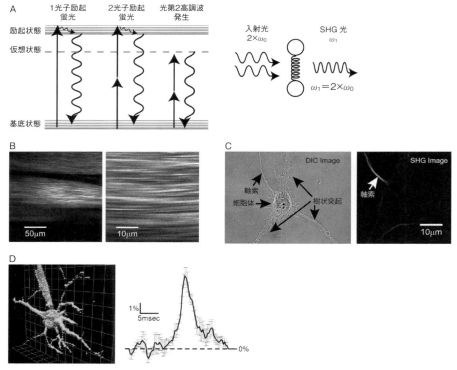

図 II. 8. 7 光第2高調波（SHG）顕微鏡．A：SHGの概念図．SHGにおいては，2光子励起のように二つの光子が同時に分子と相互作用するものの，分子の励起を伴わず，仮想状態を経た後エネルギーを失わずに瞬時に2倍のエネルギーを持つ（半分の波長の）一つの光子へと変換される．B：SHGによるマウス尾部コラーゲン繊維の可視化．SHG顕微鏡によりマウスの尾部に存在するコラーゲン線維の構造が無染色で可視化される．C：マウス培養海馬神経細胞の軸索の可視化．SHG顕微鏡によりマウス培養神経細胞の軸索が無染色で可視化，同定される．D：外因性色素の導入による神経細胞細胞膜の可視化．パッチクランプにより導入された色素のSHGイメージングにより神経細胞の構造が可視化され，そのシグナルを利用して活動電位の定量的イメージングが可能となる［B～D：塗谷睦生（2012）レーザー研究 **40**，4］．

にこれらがランダムな配向を取り総合的に配向性を失うとき，SHG光も失われる．このような発生条件は多光子励起現象にはなく，よってこれらの光学現象は対象分子の異なる情報を可視化する．上記のレーザーポインターのような用途では人工のSHG結晶を用いるわけであるが，生体においてはコラーゲン線維，筋肉のミオシン線維，さらには神経細胞の軸索の中の微小管などが「天然のSHG結晶」として働く．これらの部位においては，各構成分子が非常に規則的な構造を持つことであたかも結晶のように働くわけである．そして各「SHG構造」は，SHGを発生させやすい波長がそれぞれ異なっている．よって，これらの構造は，適切な波長の超短パルスレーザーを照射してそのちょうど半分の波長を持つSHG光を検出するだけで浮かび上がってくる（図II. 8. 7B, C）．ここで重要なことは，このSHG光検出には外来の色素などの導入は必要とされず，よって非ラベルでの生体組織の特異的な観測が可能となる点である．また，蛍光のときのように分子の励起を伴わないため，多光子励起顕微鏡観測においてしばしば問題となる分子の励起に付随する細胞毒性の発生が原理的に抑えられる．これらの特徴を持つSHGシグナル計測の応用可能性は非常に広く，中でもコラーゲン線維の構造変化を伴うがん病変部位の検出など，非侵襲的な組織診断への応用が期待され，実際にすでに臨床への応用が試みられ始めている．

さらに興味深いことに，SHGを利用することによって，対象分子の置かれた環境の変化を可視化することができる．これを利用したのが生体膜の膜電位計測である．蛍光と異なり色素の局在が中心対称性を崩す細胞膜のみからシグナルが得られる性質を利用することで，バックグラウンドのない定量的な膜

電位計測が可能となる（図 II. 8.7D）．膜電位の他にも，SHG により生体膜の脂質の構成の変化も捉えられるとの報告もある．また，生物物理の分野では，分子の構造変化なども SHG を用いることにより計測できると報告されている．つまり，SHG は特定の分子群の「状態」の変化を可視化することができる顕微鏡技術であり，これが適切に観測対象に応用されることにより，単なる分子の局在とは異なる独自の情報を与える貴重な手法となる．よって，その性質を活かした幅広い応用の試みがなされることにより，その有用性がさらに実証されていくと期待される．

SHG 顕微鏡にはいくつかの注意点がある．一つは SHG 顕微鏡が SHG シグナルを選択的に検出することにより実現されているものであり，入射光自体は他の多光子現象，特に多光子励起現象を同時に生じさせ得るものであるという点である．よって，いくら SHG 自体が分子による光の吸収を伴わず細胞毒性の少ないものであったとしても，同時に起こる励起現象はそれとは独立に試料に影響を及ぼし得るものである．これは短所となるとともに，使い方によっては二つの現象を同時に可視化したり試料の標準化をしたりするのに利用され得る．

次に，SHG シグナル光は入射光の進行方向にのみ発生するという方向特異性がある．蛍光顕微鏡では光照射とシグナル光の集光を同じ対物レンズを用いて行うが，SHG では試料に対して入射光の集光に用いられる対物レンズとは反対側にシグナル光が出るので，検出効率も対物レンズの反対側がより高くなる．透過方向でのシグナル検出は厚みのある生体試料などにおいては困難なものであるが，それと同時にそのような散乱性の高い組織では，生じた SHG 光が組織内で散乱されるため，散乱された光を入射側から十分な強度で検出することができることが示され，それが *in vivo* SHG 顕微鏡の駆動力となっている．このように考えると，SHG 顕微鏡は生物物理の分野から医療分野に至るまで，今後さらに幅広い分野・領域において応用されることが期待される．

8.4.3 コヒーレント反ストークスラマン散乱（CARS），誘導ラマン散乱（SRS）

SHG と同じく分子の励起を利用しない非線形顕微鏡として，ラマン散乱を利用した CARS および SRS 顕微鏡がある．CARS は coherent anti-Stokes Raman scattering の略であり，コヒーレント反ストークスラマン散乱と呼ばれ，SRS は stimulated Raman scattering の略であり，誘導ラマン散乱と呼ばれる．どちらもラマン散乱を基礎原理とし，複数の光子を用いることで自発的には非常に起こりにくいラマン散乱を誘導して感度を高めたものである．

光が分子と相互作用し，そして通過する際，元と

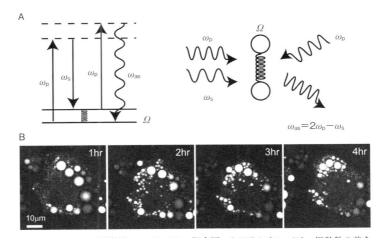

図 II. 8.8 CARS 顕微鏡．A：CARS の概念図．CARS においては，振動数の差を対象の固有振動数（Ω）に合わせた二つの波長の光（ω_p の振動数を持つポンプ光と ω_s の振動数を持つストークス光）を同時に当てることにより，ω_{as} の振動数を持つ反ストークス光を誘導し検出する．B：CARS による脂肪滴分解の継時観測．$-CH_2-$ の固有振動数に合わせた CARS 顕微鏡により細胞内の脂肪滴が無染色で可視化され，経時観測をすることによりその分解過程が同一細胞内にて可視化される［オリンパス社瀧本氏提供］．

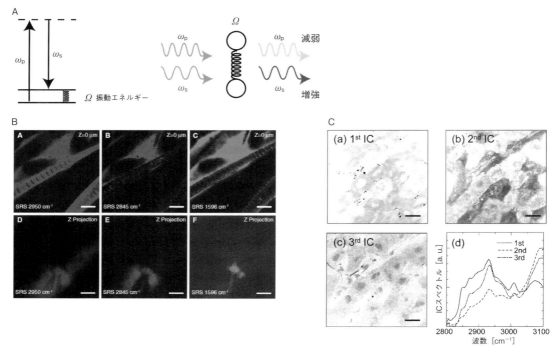

図 II. 8. 9 SRS 顕微鏡. A：SRS の概念図. SRS においては CARS と同様にその振動数の差が対象の固有振動数に相当する二つの光を導入し, それが分子と相互作用することにより増減する入射光の強度変化をもって分子の局在を同定する. B：*in vivo* SRS による皮膚へのトランス・レチノール浸潤の可視化. *in vivo* での SRS により, 導入したトランス・レチノールの局在 (C, F) をタンパク質 (A, D) や脂質 (B, E) との相互関係から可視化することができる (Saar BG (2010, Science, 330 (6009)：1368-1370) より転載). C：SRS による分光イメージングを用いた肝臓組織構造の可視化. 複数の波長による SRS シグナルを解析することにより, 肝臓組織内の異なる分子構造を可視化することができる [小関泰之 (2012) 分光研究 **61** (6)：215-223].

同じ光に加えて分子が持つ振動エネルギーが加わった光, あるいはその分だけエネルギーが減弱した光が検出され, これらは自発ラマン散乱と呼ばれる. ここで分子内の各官能基はいわば指紋のように独自の振動エネルギーを持つことから, ラマン散乱を利用してその指紋を同定することにより特異的な官能基の検出が可能となる (II. 7 参照). これに顕微鏡技術を合わせて空間分解能を持たせれば, 特定の官能基のマッピング, つまりイメージングができるわけである. しかしここでラマン散乱自体は非常に起こりにくい現象であり, よって可視化に十分なシグナルを獲得するのに非常に長い時間を要するなどの強い制限があった. それを克服するものとして開発されてきたのが CARS 顕微鏡および SRS 顕微鏡である (図 II. 8. 8, 9).

どちらの顕微鏡においても, 入射光に用いる複数の光の波長を制御し, それらのエネルギー差に相当するエネルギーの振動を持つ分子群の局在を可視化する. つまり, 自発ラマンのように既知の入射光に対して起こる散乱光を捉えることで対象を知るのではなく, あらかじめ対象に合わせた入射光の組み合わせで能動的にラマン散乱を誘導し, 各部位におけるその効率のコントラストをもって対象分子群の分布のコントラストを得るわけである. CARS においてはポンプ光, ストークス光という二つの光を用い, その振動数の差 ($\omega_p - \omega_s$) が対象となる官能基の振動数 (Ω) に一致するようにする. するとこれらの光が物質と相互作用することで図 II. 8. 8 に示す光学的プロセスが誘導され, 結果として入射光とは異なる CARS 光 (振動数 $\omega_{as} = \omega_p + \Omega = 2\omega_p - \omega_s$) が発生する. これを検出すれば, Ω の振動数を持つ対象官能基の局在を知ることができるわけである. SRS においては同様に二つの光, ポンプ光とストークス光を用い, やはりその振動数の差を対象に合わせる. ここで対象となる分子が存在すると図 II. 8. 9 に示す光学現象が起こりやすくなることから, ポンプ光が効率的にストークス光へと変換され, よって前者の光の量は減り, その分後者が増えることになる. よ

って，その増減を観測すれば，対象となる分子振動の密度が明らかになるわけである．CARS はシグナルのコントラスト獲得に優れており通常の顕微鏡観察でのイメージングが十分に可能である一方，分子振動の合致に依存しないバックグラウンド・シグナルが発生するなどの問題がある．これに対し SRS においてはこのような欠点が克服されているものの，試料内でのコントラストが非常に低く，よって通常の検出法ではイメージングは困難である．そこでSRS において入射レーザーの強度を時間的に変調させ，その変調に応じたシグナル部分をロックイン検出するという手法が取られる．これを利用することにより，レーザーの出射自体や走査によるレーザー強度の揺れに応じたノイズを排除して真の SRS シグナルを検出し，高コントラストのイメージを獲得することが可能となる．

これらの顕微鏡により，例えば -OH の間の振動エネルギーに合わせるならば，-OH を持つ分子がその量に応じてラマン散乱を起こし，検出される．生体試料においては水が圧倒的な濃度で存在するため，これは水分子の局在を主に示すものとなる．これに対し，$-CH_2-$ の振動に合わせるとき，例えば脂肪細胞の脂肪滴にはこの官能基を多く持つ脂肪分子がやはり非常に密に分布するため，脂肪滴が効率的に可視化される（図 II. 8. 8）．重要な点として，SHG と同様に，これらの可視化にはその対象分子以外の外来の色素などの導入が必要とされておらず，よって分子そのものの挙動をラベルなしに観測できるという性質がある．これにより，上記の脂肪滴，あるいは核酸などに加え，外来の物質，例えば薬剤の分布の解析などが可能であることが示されてきた（図 II. 8. 9）．また，入射光の波長を変化させ，それを組み合わせることにより，さまざまな生体内構造由来のシグナルを抽出・分離したイメージングも可能となる（図 II. 8. 9）．さらに，どちらも非線形顕微鏡としての特徴を持つため，SHG 同様，*in vivo* で無染色イメージングへの応用が期待され，模索されている．ただしここで，これらのラマン散乱を利用した顕微鏡は分子内の官能基を可視化するものであり，決して特定の分子のみを狙って可視化できるものではないことへの認識は必要である．もちろんそれは上述の光の吸収による励起と蛍光や SHG においても同様であるが，種々の分子において共有され得る「官能基」を検出するこれらのラマン散乱を基にする顕微鏡においては，より注意が必要である．狙いの分子群が凝集された試料を用いたり，あるいはラマン散乱の観点からより特徴的な分子群を狙うなど，狙った現象の可視化にはその現象がバックグラウンドに比べてどれほど起こるかの最適化が重要となるといえる．CARS や SRS の特徴を十分に認識し，それらの長所が活かされる形でライフサイエンスの分野に導入されるならば，これらの非線形顕微鏡技術は，非常に優れた可視化・計測手段として他の手法では獲得できなかった新たな情報を与えてくれるものと期待される．

［塗谷睦生］

参考文献

1) Zipfel, W. R., Williams, R. M., Webb, W. W. (2003) Nat. Biotechnol. **21** (11):1369-1377.
2) Svoboda, K., Yasuda, R. (2006) Neuron, **50** (6):823-839.
3) Campagnola, P. (2011) Anal. Chem. **83** (9):3224-3231.
4) Evans, CL., Xie, XS. (2008) Annu. Rev. Anal. Chem. **1**:883-909.

9 超解像光学顕微鏡

従来，光学顕微鏡の空間分解能は，波として伝播する光の性質により制限されており，光の波長の半分よりも小さな構造の観察は不可能とされてきた．しかし，1990年代の中頃からこの限界を超えた空間分解能を実現する手法が提案されるようになり，そのうち二つの方法（STEDとPALMの詳細は後述）については，2014年のノーベル化学賞の対象となった．超解像顕微鏡では，光と蛍光性試料との相互作用を巧みに利用することで，顕微鏡光学系の持つ限界を超える空間分解能をもたらす．このため，ほとんどの超解像顕微鏡技術は蛍光性の試料の観察を対象としたものである．超解像顕微鏡は広視野顕微鏡，レーザー走査顕微鏡のどちらにおいても実現されており，それぞれ一長一短の特徴を持つ．本章では，従来の蛍光顕微鏡の空間分解能について概説した後，それを超える空間分解能を実現するための原理と超解像観察の例を紹介する．

9.1 蛍光顕微鏡の空間分解能

蛍光顕微鏡には大別して，二つのタイプが存在する．一方は広視野顕微鏡と呼ばれ，他方はレーザー走査型顕微鏡と呼ばれている．この二つの顕微鏡は異なる原理で観察像を形成する．

どちらの顕微鏡においても，光の波としての性質（波動性）が空間分解能を決定する．この波動性のため，レンズを通して光を絞り込んだとしても，ある程度の大きさまでにしか集光点を小さくできない．図II.9.1は，レンズ集光点における光強度の分布を示している．その大きさは，光の波長，集光角度，周囲の屈折率に依存して，それぞれ図中の式の形で与えられる．このレンズにおける集光の特性が蛍光顕微鏡の空間分解能を決定している．

以下，まず，それぞれの顕微鏡における像形成について概説し，上記のレンズの特性による空間分解能の制限について述べる．

9.1.1 広視野蛍光顕微鏡

広視野顕微鏡は，視野全体に励起光を照射して試料中の蛍光プローブを一度に励起する顕微鏡である（図II.9.2a）．蛍光プローブからの発光は，対物レンズを通して，スクリーン（観察者の網膜やカメラの受光面）上に拡大して結像され，スクリーン上の蛍光強度の分布が観察像となる．

広視野顕微鏡では，試料の微小な発光点は，光の波動性のため，ある程度の大きさを持った光スポットとしてスクリーン上に結像される．そのため，試料上で二つの発光点が近接していた場合，それらの像は重なってしまい，観察像では二つの点として認識できない．このように，点の像（点像）[*1]の大きさが広視野蛍光顕微鏡の空間分解能を決定する．

この点像の大きさを評価する基準として，レイリーの規範がよく使われる[*2]．レイリーの規範では，二つの点像を区別できる距離を，その点像の中心から像の明るさがゼロになる点までの距離と定義されている（図II.9.2b）．この距離だけ離れて二つの像が重なると，図II.9.2bのように，二つの像の間の強度が最大強度の約73.5%となる．

レイリーの規範を用いると，空間分解能（d）は点像の中心からそれに近い暗点までの距離として次式で与えられる．ここで λ, n, α はそれぞれ蛍光の波長，蛍光像周囲の屈折率，レンズの結合側の集光角であり，$n \sin \alpha$ はレンズの開口数（numerical aperture, NA）である．

$$d = \frac{0.61\lambda}{n \sin \alpha} \quad (1)$$

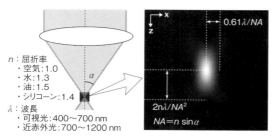

図II.9.1 レンズ集光点付近の光強度分布．n, λ, NA は，それぞれ，周囲の屈折率，光の波長，レンズ開口数（numerical aperture）を示す．

[*1] 試料発光を撮像装置への入力，観察像をその出力とすると，"点の像"は撮像装置のインパルス応答となる．このため蛍光像は"点の像"と試料内の"蛍光発光点の分布"との合成積（コンボリューション）で与えられる．また，"点の像"は点像分布関数で記述される．

[*2] 像の信号対雑音比によっては，これだけ離れていても中心の強度の窪みが認識できない場合もある．実際の観察では像の信号対雑音比も空間分解能に影響する．

9 超解像光学顕微鏡

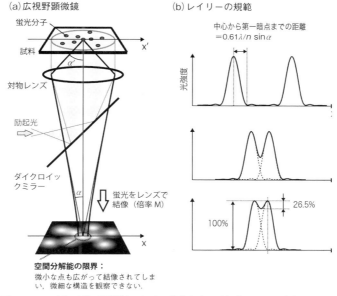

図 II. 9. 2 (a) 広視野顕微鏡における結像と空間分解能の限界. (b) レイリーの規範を用いた空間分解能の定義.

この空間分解能は蛍光像の大きさについて定義されているので，実際の試料の大きさではない．実際の試料の大きさは，顕微鏡の倍率を M とすると，d/M となる．また，よく収差補正されているレンズの倍率 M は $M = n' \sin \alpha' / n \sin \alpha$ (n', α' は試料の屈折率，対物レンズの集光角) であるため[1]，分解可能な試料の大きさ (=ここで話題にしている空間分解能) は，次式で与えられる (NA_{obj} は対物レンズの開口数).

$$d' = \frac{0.61\lambda}{n' \sin \alpha'} = \frac{0.61\lambda}{NA_{obj}} \quad (2)$$

この式から，蛍光顕微鏡の空間分解能は試料から発せられる蛍光の波長とそれを観察する対物レンズの開口数により決定されることがわかる．

9.1.2 レーザー走査型蛍光顕微鏡

図 II. 9. 3 にレーザー走査型顕微鏡の概略図を示す．レーザー走査型の蛍光顕微鏡では，レーザーからの光を対物レンズにより試料に集光することで，試料中の蛍光プローブを励起する．試料からの蛍光は，同じ対物レンズを通して光検出器に送られ，検出される．この状態では，試料の1点の蛍光強度が測定されるのみである．蛍光像を構築するためには，レーザー集光点を2次元的に走査しながら蛍光強度を測定していき，測定強度とレーザー集光点の位置

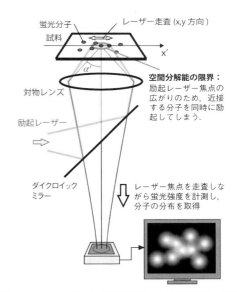

図 II. 9. 3 レーザー走査型顕微鏡における観察像の構築.

の情報とをもとに観察像をコンピュータ上で構成する．よく知られる共焦点顕微鏡では，光検出前面にピンホールが設置されており，そのピンホールを通過する蛍光のみが検出される．こうすることにより，試料内の蛍光検出領域を狭めることができ，深さ方向 (光軸方向) の空間分解能の実現や面内方向の空間分解能の向上を行うことができる．

レーザー走査型蛍光顕微鏡の空間分解能は，一度

に蛍光励起および蛍光検出される領域の大きさで決まる．蛍光が励起される領域はレーザー集光でのレーザー光強度分布で決定され，面内方向の大きさ（中心から第1暗点までの距離）は d' となる．

$$d' = \frac{0.61\lambda_{ex}}{n'\sin\alpha'} = \frac{0.61\lambda_{ex}}{NA_{obj}} \quad (3)$$

ここで，λ_{ex} は励起光の波長である．この領域に存在する蛍光プローブは同時に励起され，検出されてしまうため，これよりも小さな試料構造は認識されない．また，この式は，前出の式（2）と同じであり，レーザー走査型の蛍光顕微鏡の空間分解能は広視野顕微鏡と同等になる[*3]．これはレーザーにより励起されたすべての領域を検出する場合にあてはまり，ピンホールを通して蛍光を検出する共焦点顕微鏡では様子が異なる．

共焦点顕微鏡では，ピンホールを通過できる蛍光のみが検出器に到達し，試料中の限られた空間での発光のみが検出される．このため，検出される蛍光は，レーザー焦点により励起され，かつピンホールを通して検出できる領域となる．すなわち，試料中で同時に蛍光検出される領域（その大きさが空間分解能となる）は，"レーザー集光点による光励起の分布（∝光強度分布[*4]）"と"ピンホールを通過できる蛍光の分布"との掛算で与えられる[2]．このため，共焦点顕微鏡では，非共焦点顕微鏡に比べ空間分解能を約1.4倍ほど高くでき，また深さ方向にも解像できる．すなわち，非共焦点型のレーザー走査型蛍光顕微鏡の空間分解能は広視野顕微鏡のそれと同等であり，共焦点型にすることにより，空間分解能が3次元の全方向に向上することになる．

9.2 超解像顕微鏡の原理

9.2.1 局在化顕微鏡[3]

上記のように広視野顕微鏡では，試料中の発光点からの像（点像）がスクリーン上で重なってしまい，近接する発光点を区別することができなくなってし

[*3] 励起光と蛍光の波長をほぼ同じとした場合．励起光の波長は蛍光の波長よりも短いのでレーザー走査型顕微鏡の分解能の方が若干高くなる．

[*4] 光子励起の場合は比例となる．2光子励起の場合は光強度の2乗に比例する．

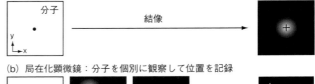
(a) 微小な発光点（例：蛍光分子）の像

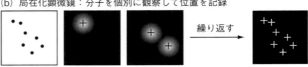
(b) 局在化顕微鏡：分子を個別に観察して位置を記録

図 II. 9. 4 (a) 微小な発光点の像．(b) 局在化顕微鏡における蛍光像の構築．

まうことが，空間分解能の限界を決定している．この問題は，複数の発光点を同時に観察する場合に生じる．では，各発光点を同時に検出せず，個別に検出していく場合はどうなるであろうか．

試料中の各点からの発光を時間的に分離し，一度に検出する発光点を一つだけにできれば，その発光点の座標は顕微鏡の空間分解能の値よりも小さな誤差で求めることができる．図II. 9. 4にあるように，発光点が一つしかないとわかっていれば，その発光点は，ボケた点像の重心に位置しているはずである．この重心の座標測定の誤差は統計的に決定され，測定の標準偏差（＝点像の広がり σ）を測定回数（＝検出される光子数 N）の平方根で割った次式になる．

$$\delta = \sigma/\sqrt{N} \quad (4)$$

点像の広がりは式（1）で与えられるため，測定光子数が多いと（例えば1000光子を計測），蛍光発光点の座標測定の誤差は顕微鏡の空間分解能の値より小さくなる．すなわち，試料の蛍光発光を時間的に分離できれば，各発光点の座標を正確に求めることができ，その情報をもとに高解像度の観察像を構築できる（図II. 9. 4b）．二つの発光点は約 2.3δ だけ離れていれば分離することができる（誤差の分布を正規分布と仮定し，その半値幅で定義）．この値が本手法の空間分解能として定義されている．このような手法で超解像画像を構築する顕微鏡は，発光点の位置を一つ一つ計測し，localization（局在化）させていくことから局在化顕微鏡（localization microscope）と呼ばれている．

蛍光発光の時間的な分離には，発光性の on/off を切り替えることができる蛍光プローブを用いて行う．発光性の on/off が可能な蛍光プローブとは，分子構造の異性化や分子内電荷移動により光吸収や蛍光量子収率が変化するプローブで，その状態により発光

性が異なるプローブである．例えば，Dronpaなどの蛍光性タンパク質では，発光団が特定の波長の光を吸収して異性化反応を起こし，発光性のon/offが切り替わる．このような蛍光プローブで試料を標識しておけば，特定の波長の光を照射することで，発光性のon/offを切り替えながら，試料中の蛍光プローブの位置を個別に計測していくことが可能になる．実際の測定では，まず，試料中のすべての蛍光プローブをoffの状態にしておき，強度の低い光により蛍光プローブをonに切り替える．強度の低い光を用いる理由は，照射する光子の数を少なくし，少数の蛍光プローブをonとするためである．こうすることで，各蛍光プローブからの点像が重ならず，個別に発光点の重心計測を行うことができる．発光しているプローブの計測が終了したら，別の波長の光の照射により蛍光プローブをoffの状態に戻すか，もしくは退色させる．この一連の測定を視野内のすべての蛍光プローブを計測できるよう十分多く繰り返していき，それらの空間分布を求めていく．

図II.9.5は，従来の広視野顕微鏡および局在化顕微鏡（STORM）により観察されたHeLa細胞の微小管の蛍光像である．これらの観察像を比較すると，局在化顕微鏡では空間分解能が大幅に向上していることがわかる．局在化顕微鏡は，蛍光発光の制御法の違いでさまざまな名称（PALM：photoactivated localization microscope, STORM：stochastic optical reconstruction microscopeほか）で呼ばれているが，蛍光プローブの位置を計測（localization）し，それを基に蛍光画像を構成するという点は同じである．

蛍光発光の時間的な分離は，上記の光によるon/offの制御の他，多くの蛍光物質が示す自発的な明滅現象（ブリンキング）を利用して行うこともできる．

この場合は，発光性の制御のための光を照射しなくてもよく，顕微鏡システムがより簡易になる．また，ダークステートと呼ばれる寿命の長い無発光状態をもつ蛍光分子をプローブに用いる方法もある．繰り返し励起された蛍光分子は一定の確率でダークステートに遷移するため，しばらく励起光を試料に照射しておくと，試料中のほぼすべての蛍光分子が無発光となる（退色とは異なる）．時間が経つと蛍光分子はダークステートから通常の状態に復帰してくるので，この復帰した蛍光分子を順次計測していき，再びダークステートに戻していけば，各蛍光プローブを個別に計測することが可能になる．この手法はGSDIM（ground state depletion followed by individual molecule return）と呼ばれ，簡易に局在化顕微鏡観察を実現する手法として知られている．

局在化は2次元に限らず，3次元方向にも可能である．特殊な結像光学系を利用するもの，試料を対物レンズで挟んで両側から観察する手法など，複数の方法が提案されている．これらの手法を用いれば，3次元のすべての方向に対し数十nmの空間分解能での観察が可能になる．

局在化顕微鏡では多くの蛍光撮像を必要とするため，試料中の蛍光プローブ数が多い場合には非常に長い撮像時間が必要となる．蛍光プローブ数が少ない試料ではビデオレートから2フレーム/秒程度のフレームレートで生きた細胞を超解像観察した例も報告されているが，動きのある生細胞の観察は苦手である．また，1分子計測を感度よく行うには，励起光の強度を高める必要があるが，試料に対して毒性を与える可能性が大きくなる．非常に高い空間分解能をもたらす手法であるが，ダイナミックな細胞の動きをイメージングするには，このような課題を解決する必要がある．

9.2.2 構造化照明顕微鏡[4]

構造化照明顕微鏡（structured illumination microscope：SIM）とは，縞状の強度分布をもつ光で蛍光を励起することで，空間分解能を向上させた顕微鏡である．蛍光の撮像光学系は，通常の広視野蛍光顕微鏡と同様であり，照明方法の工夫と画像処理により，空間分解能を向上させている．その原理の概要を図II.9.6に示す．

従来の広視野顕微鏡では，視野を均一な強度の光で照明し，蛍光を励起する．このとき，図II.9.6

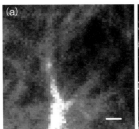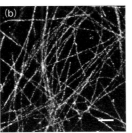

図II.9.5 HeLa細胞の微小管の蛍光像．（口絵5参照）(a)従来の広視野蛍光顕微鏡，(b) 超解像顕微鏡（STORM）により観察．（カリフォルニア大学のBo Huang先生提供．スケールバー：1μm）

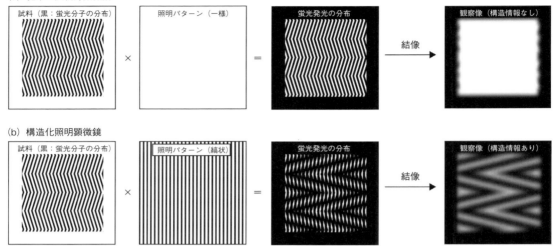

図 II. 9.6 (a) 一様照明時の結像，および (b) 構造化照明時の結像．構造化照明時には，微細な蛍光分子の分布が，大きな像に変換されて観察されている．

(a) にあるように，蛍光の発光の分布は蛍光プローブの分布と同一になり，それを顕微鏡を通して観察すると，細かな蛍光発光の分布はぼやけてしまい，認識されない．

構造化照明顕微鏡では，試料は細かな縞状の分布をもった光で励起される．このとき，蛍光の発光は，蛍光プローブの分布と縞状照明との掛け算で与えられ，図 II. 9.6 (b) にあるように，より大きな縞状の発光の分布を形成する（この縞はモアレと呼ばれる）．これを顕微鏡を通して観察すると，やはり細かな構造はボケにより確認できないが，モアレは十分に確認できる．微細構造への縞状照明により生まれたモアレには，微細構造の情報が含まれており，それが顕微鏡観察のボケにより消失することなく観察されている．照明光の分布は既知であるため，この観察像から逆算して，試料の微細な構造を求めることができ，原理的に空間分解能を約 2 倍に向上できる．

構造化照明法では，試料の微細構造を逆算するため，縞の位置（位相）と方向が異なる複数枚の画像を取得する．例えば，3 方向の異なる縞状照明に対して，それぞれ三つの異なる位相で観察し，合計 9 枚の撮像を行う．計算の詳細は省くが，得られた画像をフーリエ変換し，周波数空間において 9 枚の画像を結合させ，それを逆フーリエ変換することにより，試料の構造を求めることができる．

図 II. 9.7 に，広視野顕微鏡，および構造化照明顕微鏡で得られた，線虫（*Caenorhabditis elegans*）における減数分裂中の核の観察像を示す．広視野顕微鏡では染色体の分離の状況がよくわからないが，構造化照明顕微鏡で得られた像では，はっきりとその様子が確認できる（図中の矢印）．

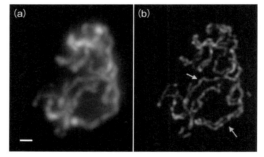

図 II. 9.7 減数分裂期における線虫（*C. elegans*）の核の (a) 広視野顕微鏡，および (b) 構造化照明顕微鏡による観察像．シナプトネマ複合体の HTP-3 を染色．[京都大学 Peter Carton 先生提供．スケールバー：0.5 μm]

構造化照明法は，局在化顕微鏡と比べると，必要な観察像の枚数が少なく，撮像時間が大幅に短い．10 Hz 程度のフレームレートで細胞内輸送を観察した例も報告されている．空間分解能は従来の広視野顕微鏡に比べて 2 倍程度の向上にとどまるが，従来から使用されてきた蛍光プローブを用いることができ，また撮像方法もそれほど複雑ではないため，幅広い試料を観察対象とすることができる．3 次元的な格子状の分布をもつ照明光を用いることで，3 次

元方向への高解像度観察も可能である.ただし,厚みの大きな試料では,ピントずれした部分からの蛍光がモアレの観察を難しくし,微細な構造のコントラストを低下させてしまう.このような試料に対しては,スリット検出法を併用し,ピントずれした部分からの蛍光を除去して観察を行うという方法も提案されている.

9.2.3　誘導放出制御顕微鏡[5]

誘導放出制御顕微鏡(stimulated emission depletion microscope:STED 顕微鏡)はレーザー走査型の超解像顕微鏡である.9.1.2項で述べたように,励起光スポットの大きさは,励起光の波長と対物レンズの NA で決定される.しかし,蛍光の発光領域をそれよりも小さくすることは可能である.誘導放出制御顕微鏡では,誘導放出と呼ばれる現象を利用して,蛍光の発光領域を回折限界以下に狭めて,空間分解能を向上する.誘導放出とは,励起状態にある蛍光物質において,外部からの光の照射により,特定の波長での発光が誘導される現象のことである.図II.9.8 に示したように,波長 λ_{ex} の励起光により励起された蛍光物質に対し,λ_{STED} の波長の光(誘導放出光)を入射させると,蛍光分子は λ_{STED} と同じ波長の光を発して基底状態に戻る.誘導放出光の強度を大きくすると,誘導放出の効率は大きくなる.

図II.9.9(a)に STED 顕微鏡における空間分解能の向上の原理を示す.試料の一部が励起レーザースポットにより照明され,その部分にある蛍光分子が励起される.同じ部位にドーナツ状のビーム形状をもつ誘導放出光を照射し,励起スポット中心部以外の蛍光分子を誘導放出により発光させる.このとき,励起スポットの中心部分は通常の蛍光発光(自然放出と呼ばれる)を示すため,この自然放出による蛍光のみを検出すれば,励起スポットよりも狭い領域からの蛍光信号のみを取り出すことが可能となり,空間分解能が向上する.

自然放出による発光と誘導放出による発光との分離は検出する蛍光波長をうまく選択することにより行う.誘導放出による発光の波長は,入射した誘導放出光の波長と同じになるが,自然放出による発光では,蛍光スペクトル内のどこかの波長の光を生じる.このため,誘導放出光の波長(レーザー光なので波長範囲は狭い)を除外した波長域の発光を検出すれば,高解像度の観察像が得られることになる.

誘導放出光のドーナツ状の強度分布の暗部(ドーナツの穴)を小さくできればSTED 顕微鏡の空間分解能は向上するが,ドーナツ穴の大きさも,光の波動性が影響し,光の波長の半分程度までしか小さくできない.しかし,誘導放出効率のドーナツ穴は,それよりも小さくできる.誘導放出の効率は 100% を超えることがないため,誘導放出光の強度を大きくしていくと,その効率はやがて飽和する.このとき,誘導放出強度と誘導放出効率との空間分布は一致しない.ドーナツの穴の中心では誘導放出光が存在しないため,この部分の誘導放出効率は常

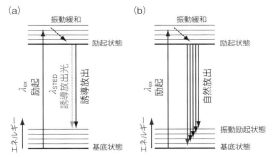

図II.9.8　(a) 誘導放出による発光.発光波長は誘導放出光の波長に一致.(b) 自然放出による発光.基底状態もしくは振動励起状態のどこに遷移するかによって発光波長が異なり,その結果として,幅の広い発光スペクトルが観察される.

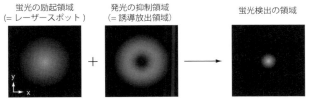

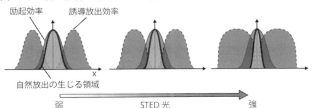

図II.9.9　(a) STED 顕微鏡における空間分解能向上の原理.(b) 誘導放出光を大きくすることにより,空間分解能をより向上できる.

にゼロのままである．このため，図 II. 9. 9 (b) で示すように，誘導放出光の強度を大きくしていくと，誘導放出効率のドーナツの穴は光の波長の限界を超えて小さくなっていく．

理論的には，STED 顕微鏡の空間分解能に制限はない．これは，誘導放出光の強度の増大により，誘導放出効率の穴を際限なく小さくできるからである．試料に照射可能なレーザー強度（生体試料の場合は光毒性など）により，空間分解能の限界が決定される．退色を示さない蛍光プローブ（例えば，蛍光性ナノダイヤモンド）に対しては，高強度の STED 光の照射も可能になり，これまで約 8 nm の空間分解能が達成されている．

図 II. 9. 10 に STED 顕微鏡，および従来の共焦点顕微鏡で観察した HeLa 細胞を示す．HeLa 細胞の微小管およびヒストン H3 が蛍光プローブにより染色されている．この観察結果から，STED 顕微鏡では，従来の共焦点顕微鏡に比べ，空間分解能が大きく向上していることがわかる．

STED 顕微鏡はレーザー走査型の顕微鏡であるため，レーザーの走査速度を向上すれば，撮像速度を向上できる．軸索内のシナプス小胞の動きをビデオレートで観察した例も報告されている．走査速度を向上させると，画像 1 ピクセルあたりでの測定蛍光光子数が減少していくため，実際の観察では，試料からの蛍光の明るさが時間分解能を決定する（これは他の手法でも同じ）．照射する励起レーザー光の強度を大きくすれば蛍光信号も増大するが，試料の光損傷，退色，励起飽和がその限界を決定する．

9.2.4 RESOLFT 顕微鏡[6]

STED 顕微鏡に似た手法として，RESOLFT (reversible saturable optical fluorescence transitions) 顕微鏡が提案されている．RESOLFT 顕微鏡では，誘導放出を用いず，局在化顕微鏡で用いられるような蛍光スイッチング可能な蛍光プローブを利用して，蛍光の発光領域を狭める．まず，発光を off とするレーザー光をドーナツ状にして試料に照射し，ドーナツの中心以外の部分の発光を off にする．on → off の効率も，誘導放出と同様，飽和するので，レーザー光の強度を大きくすると，on の蛍光プローブの存在する領域はどんどん狭くなる．この後，on の蛍光プローブを観察すれば，STED と同様，波長限界を超えた微小領域の蛍光プローブのみを検出できる．

STED 顕微鏡と比べ，RESOLFT 顕微鏡の利点は蛍光の消光に必要なレーザー光の強度を大幅に小さくできる点である．STED 顕微鏡では，蛍光プローブが励起状態にあるうちに，誘導放出させなければならず，また，消光された蛍光もすぐさま励起されてしまうため，大きな強度の誘導放出光が必要であった．しかし，RESOLFT では，蛍光の異性化や電荷分離という寿命の長い現象を利用して，発光の on-off を制御することができるため，より効率的に蛍光発光の空間制御を行うことが可能になる．その結果，消光に必要なレーザー強度を数十分の 1 にできる．

低強度なレーザー光の照射においても高い空間分解能が得られる RESOLFT 顕微鏡は，生きた試料の高空間分解観察への利用が期待されている．これまでにも，生細胞はもちろん，生きたマウスの脳スライス内の神経細胞の動きを捉えた例が報告されている．

［藤田克昌］

参考文献

1) Born, M., Wolf, E. (2006) 光学の原理 II（第 7 版）（草川　徹訳），東海大学出版会．
2) 河田聡編著（1999）超解像の光学，学会出版センター．
3) Patterson, G., Davidson, M., Manley, S., et al. (2010) Ann. Rev. Phys. Chem. **61**:345.
4) Gustafsson, M. G. L. (2000) J. Microsc. **198**:82.
5) Hell, S. W. (2007) Science **316**:1153.

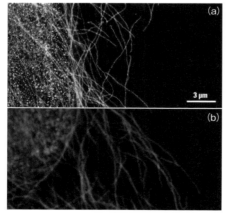

図 II. 9. 10 (a) STED 顕微鏡，および (b) 共焦点顕微鏡で得られた HeLa 細胞の蛍光像（赤：微小管，緑：ヒストン H3）．（口絵 6 参照）［ライカマイクロシステムズ社提供］

10 FRAP, FLIM, FRET

蛍光顕微鏡を用いることで，生きた細胞中で，分子や細胞内小器官の動態を経時的に測定することができる．GFPをはじめとする遺伝的にコードされた蛍光タンパク質の開発により，さまざまな分子や細胞内小器官を特異的に観察できるようになってきた．蛍光観察で得られる信号には，蛍光強度，蛍光スペクトル，蛍光寿命，偏光などが含まれる．これらの蛍光分子の物理化学特性をうまく利用することで，さまざまな分子や細胞内小器官の動態を計測することが可能になる．1細胞レベルあるいは1分子レベルで，より複雑な分子，分子集合体，細胞内小器官の動態を計測可能な方法がこれまでに多く開発されてきた．

本章では，その中から3種類の測定法，光退色後蛍光回復法（fluorescence recovery after photobleaching：FRAP），蛍光寿命顕微鏡法（fluorescence lifetime imaging microscopy：FLIM），FRET（fluorescence resonance energy transfer）について，基本原理，測定方法について概観する．

10.1 蛍　　光

各方法の説明の前に，簡単に蛍光分子の発光過程について説明する．蛍光分子はある波長域の光を吸収し，その波長域よりも長波長域の光を蛍光として放出する．分子による光の吸収，放出という過程は，分子を構成する電子が異なるエネルギー準位の分子軌道間を移動することによって引き起こされる．ヤブロンスキーダイアグラムは分子のエネルギー準位の相対的な位置関係を単純な形で示した模式図である（図II.10.1）．基底状態にある分子に光エネルギーを与えたときに，分子のエネルギー状態は励起一重項状態（励起状態）に遷移する．励起状態の分子は基底状態の分子よりも高いエネルギーを持ち，不安定な状態にある．この不安定な状態から，元の安定な基底状態に戻るときにエネルギーを光や熱として放出する．エネルギーを光として放出する過程を輻射遷移，発光を伴わない熱エネルギーの放出過程を無輻射遷移という．励起一重項状態から基底状態に遷移する過程で放出される光が蛍光である．また，励起一重項状態から励起三重項状態への無輻射遷移を項間交差と呼ぶ．項間交差によって励起三重項状態へ移行した場合に，励起三重項状態から基底状態に遷移する過程で放出される光はリン光と呼ばれる．

10.2 FRAP

10.2.1 原理

蛍光分子に強い光を当て続けると蛍光が徐々に弱くなり，最終的に蛍光分子は蛍光を発しなくなってしまう．このように，蛍光を発しなくなる現象を蛍光退色という．これは，励起光の光子による化学的損傷または活性酸素種による酸化が原因で不可逆的に蛍光分子の性質が変化するためだと考えられている．励起状態にある分子は，基底状態と比べて反応性が高い状態にあり，化学反応を起こす確率が高くなっている．特に，励起三重項状態の寿命は励起一重項状態に比べ非常に長いため，励起三重項状態の蛍光分子は，周囲の分子との化学反応を起こしやすく，蛍光退色の過程に深く関わっていると考えられている．

この蛍光退色という不可逆的変化を用いて，分子の拡散や分子集合体の再編成過程などを解析する方法がFRAPである．FRAPでは，測定対象とする分子を蛍光タンパク質などによって蛍光標識し，その分布が細胞内で定常状態になっている条件で測定を行う．細胞内の特定領域に強い励起光を当てることによって素早く不可逆的に領域内の蛍光分子を退色させる．そして，退色した分子と周辺領域に存在する非退色分子が領域内でどのような速さで交換されるかを，より弱い励起光強度を用いて調べる（図II.10.2）．退色後の分子の交換速度，すなわち退色領域の蛍光強度の回復速度は，分子の動きやすさ（拡散係数）や細胞内構造への結合解離定数，退色領域内外の対象分子の移動に関わる区画化の有無など

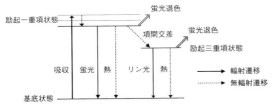

図 II.10.1　ヤブロンスキーダイアグラム

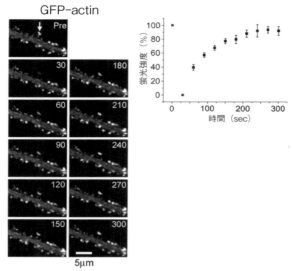
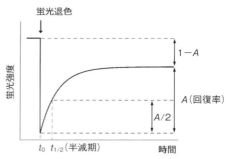

図 II. 10.3　退色領域の蛍光強度回復曲線

図 II. 10.2　FRAPを行ったタイムラプス画像（左）と画像中矢印の領域での蛍光強度変化（右）[Kuriu et al., (2006) J. Neurosci. 26 : 7693-7706 Fig. 6 を改変]

によって影響を受ける．退色領域の蛍光強度回復は，一般的に図 II. 10.3 に示されるような曲線（蛍光回復曲線）を示す．蛍光回復曲線は，退色による蛍光強度の減衰，特定の半減期（$t_{1/2}$）を持つ指数関数的回復，そして一般的に退色前よりも低い値をとる回復率（A）という三つの要素で特徴づけられる．

蛍光回復曲線を特徴づける半減期と回復率が，具体的に分子のどのような動きに対応して変化するの

かを考えてみる．まず，回復曲線の半減期について考える．最も単純な場合として，分子が細胞内領域で単純拡散している場合を想定する．ある時間に特定の領域にある分子を退色させる．分子は単純拡散しているので，拡散の速さに応じて退色を行った領域から分子が流出あるいは領域外から流入し，退色した分子と退色していない分子が混ざり合う．この場合，分子が混ざり合う速度，すなわち退色した領域の蛍光強度の回復は，拡散の速さに依存する．拡散が速い場合には，回復曲線の半減期は小さくなり，逆に拡散が遅い場合には，半減期は大きくなる（図 II. 10.4A）．アインシュタイン-ストークスの関係式より，拡散の速さは粒子径が大きくなるほど遅くなる．したがって，回復曲線の半減期を調べることによって，分子が単量体で拡散しているのか，あるいは複合体を形成し

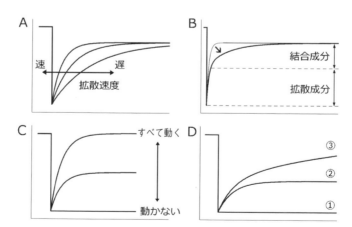

図 II. 10.4　回復曲線の変化．A：拡散が速い場合には，回復曲線の半減期は小さくなり，拡散が遅い場合は，半減期は大きくなる．B：分子間相互作用が存在する場合，みかけの拡散速度が遅くなり，半減期が小さな値となる．C：解離反応が測定時間に対して遅い場合には，回復率は低い値を示す．D：細胞内に"区切り"が存在する場合．①区切りが退色領域と一致している場合．②退色領域が区切りの内側に収まっている場合．③退色領域が区切りの内側に収まり，かつ区切りが分子の移動を部分的に許している場合．

て拡散しているのかなどの分子の大きさに関する情報を得ることができる．もし，動きの遅い，あるいは停止している細胞内構造と相互作用しながら拡散している場合には，見かけの拡散速度が変化する．すなわち，そのような分子間相互作用が存在する場合には，単純拡散を基に予測される拡散速度よりも見かけの拡散速度が遅くなり，半減期が大きな値をとる（図II. 10. 4B）．細胞内構造との結合・解離に比べて拡散は十分に速いことが多い．そのため，適切なモデル式で蛍光回復曲線をフィッティングすることで，結合・解離定数を求めることができる．

次に，回復率について考える．すべての分子が細胞内を単純拡散している場合には，回復曲線は100%に近い回復率を示すことが予想される．では，拡散している成分以外に，退色を行った領域内で停止している細胞内構造に結合している成分が存在する場合にはどうなるだろうか．もし，その構造体からの解離反応が測定時間に対して十分速ければ，回復の半減期は遅くなるものの，100%に近い回復率を示すと考えられる．しかしもし，解離反応が測定時間に対して遅い場合には，蛍光退色は不可逆的な変化であるので，回復率は構造体に結合している分子の割合に応じて低い値を示すと予想できる（図II. 10. 4C）．すなわち，FRAPを用いることで，動いている分子に関する情報だけではなく，動いていない（あるいは動きの遅い）分子に関する情報を得ることができる．また，細胞内では蛍光分子の数が有限なので，退色した分子の全体に対する割合が多い場合には，見かけの回復率は低くなる．

最後に，細胞内にその分子の移動に関して"区切り"が存在する場合について考えてみる．このような区切りが存在する場合には，これまでとは異なる蛍光回復曲線の変化が予想される．例えば，分子が移動できない区切りが，ちょうど退色を行った領域と一致していた場合には，蛍光強度は全く回復しない（図II. 10. 4D ①）．もし，退色領域が区切りの内側に収まっている場合には，全体に対する区切りの大きさの比率と，区切りに対する退色領域の比率に応じた回復率を示すと予想される（図II. 10. 4D ②）．さらに，退色領域が区切りの内側に収まっていて，かつ区切りが分子の移動を完全に制限せず抑制している場合には，区切り内分子の拡散成分と見かけ上拡散が遅くなった区切りの外から流入してくる成分が足し合わさった2成分性の回復を示す（図II. 10. 4D ③）．

以上のように，FRAP実験から求まる回復曲線は分子動態に関してさまざまな要因を含んだ結果である．したがって，適切な測定，解析をしなければ，誤った結論に至ってしまう可能性があるので注意が必要である．測定結果を適切に解析すれば，FRAPを用いることで，①分子の拡散係数，②分子の細胞内構造との相互作用（図II. 10. 2），③分子移動に関する細胞内区画化などに関する情報を得ることができる．

10.2.2 関連方法

FRAP実験は，共焦点顕微鏡を用いて行われることが多い．一般的にFRAPで用いられる解析法は，すべての蛍光分子の退色が同時期に起こり，かつ退色操作を行っている間には分子は動かないと想定して行われる．しかし実際には，レーザー光を走査して退色を行うために，また十分な退色を引き起こすために，（分子の交換速度に対して）退色にかかる時間が長くなる．そのため，退色中の退色領域内外への交換が無視できなくなってしまう．この理論式と実際の測定における差は，蛍光回復曲線の回復開始点の誤った判断につながるため，特に拡散の速い分子を測定する場合には注意が必要である．これに関連して，退色領域の大きさと拡散速度との関係も測定結果に影響を与えるので注意する必要がある．一般的に，FRAPで測定することができる拡散係数の上限は $10\,\mu m^2/sec$ 程度であると考えられている．細胞質におけるGFPの拡散定数が $25\,\mu m^2/sec$ 程度，細胞膜上の膜アンカー型GFPの拡散定数が $1\,\mu m^2/sec$ 程度なので，FRAPは細胞質内の分子動態解析には適さない場合がある．細胞質内での速い拡散には，例えば蛍光相関分光法（fluorescent correlation spectroscopy：FCS）などを用いて解析することが好ましい．FRAPでは，FCSでは測定の難しい，動いていない分子や動きの遅い分子の動態解析ができる．したがって，いくつかの方法を併用しながら分子動態を解析することで，より詳細に解析を行うことが可能である．

また，蛍光退色には，強い励起光を必要とするため，光あるいはそれに付随した活性酸素種などによる細胞への毒性を考慮しなければならない．近年多くの種類が開発されてきた光活性化（光刺激によって蛍光を発しない状態から発する状態に変化する），

あるいは光変換（光刺激によって励起，蛍光スペクトルが変化する）蛍光タンパク質を用いることでこれらの問題は解決される．なぜならば，光活性化や光変換は蛍光退色よりも弱い光で引き起こすことができるからである．さらに，この変化過程が退色よりも速く引き起こすことができるため，FRAPよりも速い拡散の計測が可能になる．また，光学的パルスチェイス実験により，細胞内の区画化や分子の局在変化，細胞系譜などを調べることができる．ただし，光活性化，光変換は不可逆的な安定した変化ではないことを考慮する必要がある．

10.3 FLIM

10.3.1 原理

蛍光寿命の空間的分布を測定する方法が，FLIMである．蛍光寿命とは，蛍光分子が励起状態にとどまっている時間のことであり，蛍光分子ごとに特有の値を持っている．励起状態から基底状態への遷移には，いくつかの緩和過程がある（図II.10.1）．したがって，蛍光寿命（τ_f）はそれぞれの速度定数によって決定され，以下のように表すことができる．

$$\tau_f = \frac{1}{k_f + k_{nr} + k_T} \quad (1)$$

ここで，k_f は励起状態から基底状態への輻射遷移の速度定数，k_{nr} は無輻射遷移の速度定数，k_T は項間交差の速度定数である．蛍光分子をパルス幅の短い光で励起すると，照射後から10 nsec程度にわたって蛍光が観察される．蛍光放出は確率過程なので，一般的に蛍光強度は照射直後から指数関数的に減衰する．蛍光強度の時間変化 $F(t)$ は分子の蛍光寿命に従って以下のように表される．

$$F(t) = F(0) \cdot e^{-t/\tau_f} \quad (2)$$

FLIMでは，この蛍光強度の時間変化を測定することで蛍光寿命を求める．

蛍光寿命の値は，励起状態から基底状態へのすべての緩和過程の速度定数の総和の逆数になる（式(1)）．したがって，それらのうちのどの遷移速度が変化しても，蛍光寿命は変化する．蛍光分子によっても異なるが，pHや温度，イオン濃度や分子結合などが蛍光寿命に影響を与える．例えば，温度依存的に蛍光寿命が変化する蛍光プローブを用いて，細胞内の温度分布が調べられている（図II.10.5A）．この実験例のように，FLIMを用いて蛍光分子の周辺環境の情報を調べることができる．また，FLIM

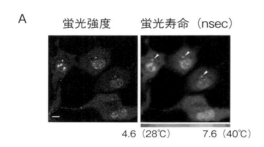

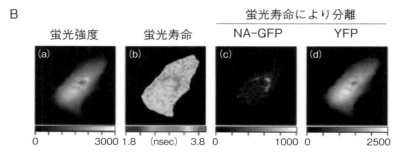

NA；N-acetylglucosaminyltransferase

図II.10.5 FLIM．A：細胞内の温度分布（Okabe et al., (2012) Nature Comm. 3, 705. Fig. 4を改変）B：蛍光寿命によるGFPとYFPの分離・検出［Pepperkok et al., (1999) Curr. Biol. 9. 269-274. Fig. 2を改変］．（口絵7参照）

では時間という単純な基準を用いることができるため，蛍光分子濃度や蛍光退色，励起光源の強度ゆらぎなどの蛍光強度を基にした測定法ならば補正が必要な要素には影響を受けず，定量性に優れている．さらに，蛍光強度，蛍光スペクトルに加えて，もう一つの蛍光パラメータとして蛍光寿命を用いるため，同一標本中でより多くの蛍光分子を分離，検出することが可能になる（図II. 10.5B）．

10.3.2 測定方法

蛍光寿命の測定法には，時間領域測定法と周波数領域測定法とがある．どちらの方法でも，得られる結果は同等である（周波数領域測定は時間領域測定のフーリエ変換に相当する）．時間領域測定法は，パルスレーザーを用いるため，多光子励起と組み合わされて使用されることが多い．

a. 時間領域測定法

時間領域測定法では，蛍光分子の蛍光寿命に対して十分に短いパルス幅のパルスレーザーで励起を行う．そして，励起後の蛍光強度の時間変化を時間ゲート法や，時間相関単一光子計測法などによって再構成し，蛍光寿命を求める．

時間ゲート法は，ストロボスコープのように離散的に蛍光強度を計測し，蛍光強度の時間変化を再構成する方法である．パルスレーザーによる励起タイミングから特定の遅延時間後における蛍光強度を測定する．測定を行う遅延時間をさまざまに変化させることで，蛍光強度の時間変化を再構成し，蛍光寿命を求める（図II. 10.6A）．

単一光子計数法では，1回の励起で1個以下の蛍光が放出されるよう（100回のパルスで1光子が検出される程度の確率）に励起光強度を調整する．励起したタイミングから最初の蛍光が検出されるまでの時間（励起パルス数に対して蛍光放出頻度は低いので，実際に計測するのは蛍光が放出されてから次の励起パルスまでの時間）を多数の光子に関して計測し，ヒストグラムを作成する（図II. 10.6B）．計測された光子数は，励起から特定時間後に光子が放出される確率密度と比例関係にあるため，照射後に計測される光子数の時間変化から蛍光強度の時間変化を再構成することができる．

時間ゲート法は，単一光子計数法に比較してより高速に計測することができるが，時間分解能は nsec 程度しかない．そのため，時間ゲート法を用いて，複数の蛍光寿命を分離することは難しい．一方，単一光子計数法は，光子検出後の不感時間のために低いカウンティングレートでしか計測できないが，時間分解能は高い（psec）．また，測定システムの精度を時間ゲート法よりも高めることができる．

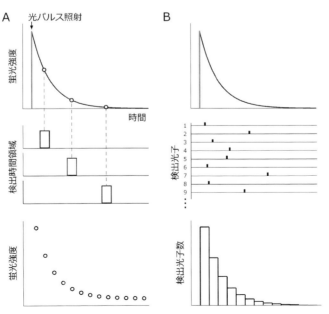

図II. 10.6 時間ゲート法による蛍光強度の測定（A）．単一光子計数法による光子の計測（B）．

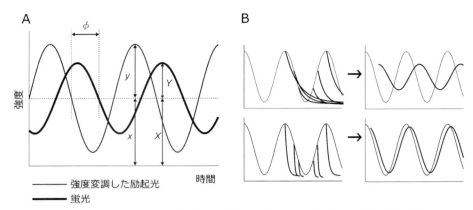

図 II. 10.7 周波数領域測定法（A），連続光を連続的なパルス状励起として捉えた場合（B）

b. 周波数領域測定法

周波数領域測定法では，変調周波数 ω，変調度 m_i（$=y/x$；x は平均強度，y は振幅）で周期的に強度変化する連続光（$I_E(t) = x + y\cdot\sin\omega t$）によって蛍光分子を励起する．蛍光は励起光と同じ周波数で変化するが，蛍光寿命が存在するために，励起光に対して位相角 ϕ だけ遅れ，変調度（$m_f = Y/X$）が減少する（$I_F(t) = X + Y\cdot\sin(\omega t - \phi)$）（図 II. 10.7A）．蛍光強度の減衰が単一指数関数であれば，位相角 ϕ と変調強度比 $m = m_f/m_i$ は蛍光寿命 τ_f と以下の式で関係づけられる．

$$\tan\phi = \omega\cdot\tau_f \tag{3}$$
$$m = (1 + \omega^2\cdot\tau_f^2)^{-1/2} \tag{4}$$

蛍光寿命と，位相遅れ，変調度比の関係は次のように考えるとわかりやすい．パルスレーザーで短時間励起した場合には，蛍光は指数関数的に減衰する．その傾きは蛍光寿命に依存する．図 II. 10.7B に示したように連続光で励起した場合には，パルス状励起が連続的に起こっていると考える．図から明らかなように蛍光寿命が長いほど位相遅れは大きくなり，変調度比も小さくなる．複数の蛍光寿命が含まれる場合には，上式で求められる蛍光寿命は見かけの値である．複数の蛍光寿命を分離するためには，変調周波数を変化させて測定する必要がある．

10.4 FRET

10.4.1 原理

FRET とは，励起一重項状態にある蛍光分子（ドナー）の近傍（10 nm 以下程度）に基底状態にある別の蛍光分子（アクセプター）が存在し，かつドナ

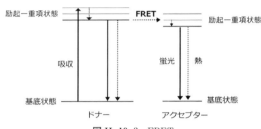

図 II. 10.8 FRET

ーの蛍光波長域とアクセプターの吸収波長域が重なっている場合に，ドナーからアクセプターへエネルギーが光の放出なしに移動する現象である（図 II. 10.8）．

FRET の速度定数は以下の式で与えられる．

$$k_{\text{FRET}}(r) = \frac{1}{\tau_D}\left(\frac{R_0}{r}\right)^6 \tag{5}$$

$$\tau_D = \tau_f = \frac{1}{k_f + k_{nr} + k_T} \tag{6}$$

τ_D はアクセプターが存在しないときのドナーの蛍光寿命，R_0 はフェルスター（Förster）距離，r はドナー–アクセプター間の距離である．FRET の速度定数は，ドナー–アクセプター間の距離に強く影響を受け，ドナー–アクセプター間の距離の 6 乗に反比例する．$r = R_0$ のとき，FRET の速度定数は自然発光の確率（$1/\tau_D$）と等しくなり，FRET 効率は 50% になる．この分子間距離 R_0 はフェルスター距離と呼ばれる．FRET の起こる効率 E（蛍光分子が吸収したエネルギーのうち FRET によって他の分子へ移動するエネルギーの割合）は，以下の式で表される．

$$E = \frac{k_{\text{FRET}}}{k_f + k_{nr} + k_T + k_{\text{FRET}}} \tag{7}$$

k_{FRET} は FRET の速度定数である．式（7）に式（5）

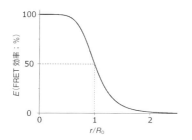

図 II. 10. 9 FRET効率とドナー–アクセプター間距離の関係

を代入すると以下の式になる.

$$E = \frac{R_0^6}{R_0^6 + r^6} \quad (8)$$

式 (8) より, FRET効率 E とドナー–アクセプター間距離 r との関係は図 II. 10. 9のようになる. 図より, FRET効率が分子間距離に強く影響されることがわかる. $r = 2R_0$ のとき, $E = 1.5\%$ になる. よく用いられる蛍光タンパク質のペアではフェルスター距離は 2～6 nm 程度であるので, ドナーとアクセプターが 10 nm 以下程度まで近づいたときにのみ FRET は効率的に起こる. この距離はタンパク質の大きさと近い. このことを利用して, 蛍光タンパク質で標識したタンパク質の分子間相互作用(分子間 FRET；図 II. 10. 11a) や二つの蛍光タンパク質で標識したタンパク質の構造変化(分子内 FRET；図 II. 10. 10) が FRET を用いて測定されている. フェルスター距離は以下の式で表される.

$$R_0 = (8.79 \cdot 10^{-25} \cdot n^{-4} \cdot Q_D \cdot \kappa^2 \cdot J)^{1/6} (\text{cm}) \quad (9)$$

n は溶媒の屈折率, Q_D はドナーの量子収率である. κ^2 は配向因子と呼ばれ, ドナーとアクセプターの相対的向きに関係した値 ($0 \leq \kappa^2 \leq 4$) であり, 蛍光寿命に対して蛍光分子の回転運動が十分に速い場合には $\kappa^2 = 2/3$ と近似できる. J はドナーの蛍光スペクトルとアクセプターの励起スペクトルの重なり具合を意味し, 以下の式で表される.

$$J = \int_0^\infty F_D(\lambda) \cdot \varepsilon_A(\lambda) \cdot \lambda^4 d\lambda \quad (10)$$

$F_D(\lambda)$ はドナーの蛍光スペクトルを全蛍光量で規格化した値, $\varepsilon_A(\lambda)$ はアクセプターのモル吸光係数 ($M^{-1} cm^{-1}$), λ は波長 (cm) である. 以上より, FRET効率は, ①ドナーとアクセプターの距離, ②ドナーの量子収率, ③ドナーとアクセプターの相対的向き, ④ドナーの蛍光スペクトルとアクセプターの励起スペクトルの重なりの大きさによって決まることがわかる.

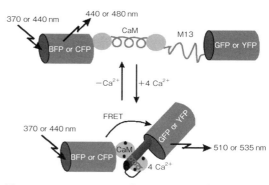

図 II. 10. 10 FRETセンサー[Miyawaki *et al.*, (1997) Nature 388 882-887. Fig. 1 を改変]

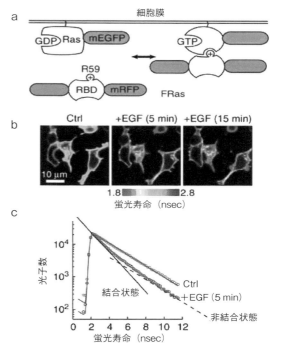

図 II. 10. 11 タンパク質分子間相互作用の FRET-FLIM 測定 [Yasuda *et al.*, (2006) Nature Neurosci. 9 283-291. Fig. 2]

10. 4. 2 測定法

FRET の測定方法には, 大きく分けて三つの方法がある. それぞれ, 蛍光強度, 蛍光寿命, 蛍光偏光解消を基に FRET効率を測定する. 蛍光強度, 蛍光寿命を基にした測定は二つの異なる蛍光タンパク質間での FRET (Hetero-FRET) を, 蛍光偏光解消を基にした測定は同一蛍光タンパク質間での FRET (Homo-FRET) を測定する方法である.

a. 蛍光強度を基にした測定法

ドナーのみを励起した場合，ドナー-アクセプター間でFRETが起こると，ドナーの蛍光強度は低下し，アクセプターの蛍光強度は上昇する．この蛍光強度の変化を測ることでFRET効率を調べることができる．アクセプター存在時（F_{AD}）とアクセプターを蛍光退色させた後のドナーの蛍光強度（F_D）を比較することで，FRET効率を定量的に求めることができる．

$$E = 1 - \frac{F_{AD}}{F_D} \quad (11)$$

この方法では，ドナーの検出領域にアクセプターの蛍光が混ざらないこと，アクセプターが特異的にかつ容易に退色させられることが望ましい．蛍光退色は不可逆的反応なので，一度しか行うことができない．したがって，タイムラプス観察では観察の最後にアクセプターを蛍光退色させて，そこで得られた蛍光強度（F_D）とそれまでの蛍光強度（F_{AD}）の時間変化からFRET効率の時間変化を求める．

強度を基にした測定では，蛍光退色によって，FRET効率が変化したように観察されてしまう．また，分子間FRETではドナー，アクセプターの量比がFRET測定に影響する．ドナーが多い場合には，FRETに関与しない分子が増え，見かけのFRET効率が下がる．アクセプターが多い場合にも，ドナーの励起領域でアクセプターが低効率ながら励起されてしまう場合には，見かけのFRET効率が低下してしまう．また，内在性のタンパク質との分子間相互作用は見かけのFRET効率を下げる．したがって，さまざまな要因によって，見かけのFRET効率は変化してしまう．このような問題があるため，蛍光強度を基にした測定で，分子間FRETのFRET効率を定量することは難しい．分子内FRETでは，蛍光退色の問題を回避すれば，蛍光タンパク質が1：1の量比で存在するためにこのような問題が生じない．この性質を利用して，分子内FRETを利用したFRETセンサーが多く開発されてきた（図II.10.10；カルシウム指示薬cameleon）．

b. 蛍光寿命を基にした測定法

ドナーからみれば，FRETも励起状態からの緩和過程の一つである（図II.10.8）．したがって，FRET効率はドナーの蛍光寿命に影響を与える．FRETが存在するときの蛍光寿命（τ_{AD}）は以下のように表される．

$$\tau_{AD} = \frac{1}{k_f + k_{nr} + k_T + k_{FRET}} \quad (12)$$

FRETは輻射遷移よりも速い遷移過程なので，FRETによって蛍光寿命は短くなる．したがって，FLIMを用いてFRET効率を調べることができる．式（7）は以下のように変形できる．

$$E = \frac{k_{FRET}}{k_f + k_{nr} + k_T + k_{FRET}} = \frac{1/\tau_{AD} - 1/\tau_D}{1/\tau_{AD}} \\ = 1 - \frac{\tau_{AD}}{\tau_D} \quad (13)$$

τ_Dはアクセプターが存在しないときのドナーの蛍光寿命，τ_{AD}はFRETが起こっているときのドナーの蛍光寿命である．10.3節 FLIMでも書いたが，FLIMは蛍光強度を基にした測定法において補正が必要な要素には影響を受けない．すなわち，蛍光強度を基にしたFRET測定で問題となった分子濃度の変化や蛍光退色に影響を受けないため，FLIMによりFRET効率の定量的な測定が行える．アクセプターに結合しているドナーと結合していないドナーが存在する場合，FLIMで再構成される蛍光強度の減衰曲線は，二つの指数関数成分を含む．

$$F(t) = F(0) \cdot (P_{AD} \cdot e^{-t/\tau_{AD}} + P_D \cdot e^{-t/\tau_D}) \quad (14)$$

P_{AD}，P_Dはそれぞれアクセプターに結合しているドナーと結合していないドナーの割合を表す（$P_{AD} + P_D = 1$）．したがって，FLIMを用いることで，ドナーがアクセプターと結合している割合とFRET効率を調べることができる（図II.10.11）．

c. 蛍光偏光解消を基にした測定法

Homo-FRETでは，FRETが起こっても蛍光スペクトルや蛍光寿命に変化が現れない．しかし，ドナーとアクセプター間をエネルギーが移動することで蛍光異方性（fluorescence anisotropy）が変化する．

蛍光分子が励起される場合，それぞれの分子固有の方向（遷移モーメント）と同じ向きに偏光した光であれば励起効率は最大になり，一方，直交した向きに偏光した光の場合には励起効率は0になる（光選択）．試料中の分子の向きは熱運動によってばらばらになっている．したがって，偏光したパルス光を分子に照射すると，その瞬間にたまたま励起光の偏光に水平あるいはそれに近い方向を向いていた分子のみが励起される．また，放出される蛍光にも分子固有の方向があり，GFPを含む多くの蛍光タンパク質の蛍光は入射光と平行の偏光を示す．したがって，光照射直後に放出される蛍光も入射光と同じ向きに

10 FRAP, FLIM, FRET

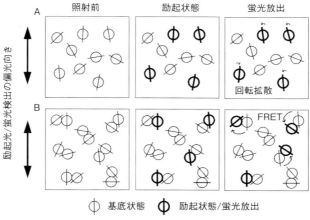

図 II. 10. 12 熱運動による蛍光の偏光の解消（A）．FRETによる蛍光異方性の解消（B, C）．

偏光する．照射から時間が経つと，熱運動（回転拡散）によって蛍光の偏光は解消されていく（図II. 10. 12A；ただし，回転拡散に比べ，蛍光寿命が短いため蛍光の偏光はほとんど変化しない）．偏光の度合いは蛍光異方性 A として表される．

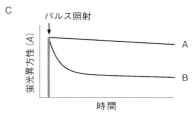

$F_\perp$ は励起光の偏光に垂直な蛍光強度，$F_\parallel$ は励起光の偏光に平行の蛍光強度である．もし，このときにアクセプターとなる分子が近傍に存在し，FRETが起こると，蛍光は励起光とは異なる偏光方向で放出される（回転角はそれぞれの分子の配向因子の値による）．蛍光タンパク質の回転拡散時間は，蛍光寿命に対して十分に長いため，nsecオーダーでの蛍光異方性の解消はFRETによるものだと考えられる（図II. 10. 12B, C）．したがって，蛍光異方性減衰の時定数がFRETの時定数を表しており，それを用いてFRET効率が求められる（式(13)）．

[小橋一喜・岡部繁男]

参考文献

1) Lakowicz, J. R., (2006) Principles of fluorescence spectroscopy (3rd ed.), Springer.
2) 原口徳子，木村　宏，平岡　泰編（2007）生細胞蛍光イメージング，共立出版．
3) Lippicott-schwarz, J., Altan-Bonnet, N., Patterson, G. H. (2003) Nat. Cell. Biol. **Sep**:S7-14.
4) Chang, C. W., Sud, D., Mycek, M. A., (2007) Methods Cell Biol. **81**:495-524.
5) Miyawaki, A., (2011) Annu. Rev. Biochem. **80**:357-373.

第 III 部
光学顕微鏡のための標本作製と応用技法

1 切片の作製と染色

生体の構造と機能は表裏一体の関係にあるといわれてきた．従来の形態学の技法では形態を解析するためには，細胞の生存を停止することになり，これによって初めて機能発現の場の解析が可能となった．しかし，近年の生物材料の顕微鏡を用いた解析法の進歩は目覚ましく，生体の材料を生きたまま観察することが可能になった．これまで，形態学は死んだ材料を見ているとの，批判は当たらなくなるとともに，実際に固定操作によって観察可能な標本も生きた材料を反映していることも明瞭となり，形態学の重要性はすべての分野で再認識されているのが現状である．本章では，生細胞の観察については扱わないが，細胞や組織，器官を何らかの手を加えて生体反応を停止させ，それをもとに保存可能な標本を作製して観察する一般的な技法について述べる．

組織標本を得るためには，固定，脱水，包埋，薄切，染色，封入の各ステップを踏む必要がある．

1.1 固　　定

生体から切り出された組織は，直ちに変化が始まり，次第に自家融解を起こして腐敗する（死後変化）．固定（fixation）の目的は，可及的短時間内に生体活動を停止させて，死後変化の進行を防止することにある．このための処理を固定という．固定はその種類によって異なるが，腐敗へと向かう組織の変化を停止し，成分を凝固，沈殿させて不溶性にして，次のステップの組織学的検索を容易にするために行う．この過程で，組織を構成する物質の多くが消失するが，組織の観察にはかえって優れていることが重要である．固定には，化学薬品の使用によりタンパク質や脂肪などの生体高分子を変性させる化学固定と，低温処理により凍結させて生体反応を停止させる物理固定とがある．光学顕微鏡での観察には主に化学固定を施して標本作製が行われるが，電子顕微鏡レベルでの高分解能観察では，化学固定に加えて物理固定も頻用されている．本書の電子顕微鏡に関連した項目の中で，凍結技法として述べられる事項はこの物理固定に該当する．

1.1.1 化学固定とそのための試薬

化学固定（chemical fixation）に頻用される固定剤として，①アセトンやエタノール（ここではアルコールと呼ぶ）などの有機溶媒，②ピクリン酸，氷酢酸などの酸，③昇汞（$HgCl_2$），硝酸銀，四酸化オスミウム，過マンガン酸カリ，重クロム酸などの金属化合物，④ホルマリンに代表されるアルデヒド系化合物がある（表 III. 1.1）．アルデヒド化合物はタンパク質分子を架橋することにより，変性・凝固させて，固定効果が発生する．過マンガン酸カリや四酸化オスミウムはタンパク質を変性するほか，不飽和脂肪酸に結合して固定効果が生まれる．上述した固定剤は，単独で固定液として使う場合と，他の固定液と混ぜて使う場合がある．例えば，アルコールで固定すると組織は強く収縮する一方，ホルマリンは組織を膨潤する．80％アルコール2とホルマリン1の固定液はアルコールホルマリンとして知られる（表 III. 1.1）．ホルマリンは組織を膨潤させるが，アルコールは組織の収縮度が高いことで，両者の欠点を補った固定法である．ピクリン酸や酢酸は組織を凝固・固定させ，ピクリン酸は弱いが脱灰力がある．これらは単独では使われず他の固定剤と混合して使用される．ピクリン酸と氷酢酸を使ったブアン（Bouin）液や氷酢酸とアルコール／クロロホルムを使ったカルノア（Carnoy）固定液はよく使われる．重金属による固定では，昇汞（塩化第二水銀），クロム酸，重クロム酸カリウムが使われる．これらも単

表 III. 1. 1 　固定液の種類

固定液	10％ホルマリン，中性ホルマリン，中性緩衝ホルマリン	エタノール	アセトン	アルコール-ホルマリン	ブロムホルマリン
調整法	ホルマリン原液9に蒸留水1，中性にするために塩化ナトリウム 0.85 g 加える（ホルマリン 100 mL）．中性緩衝ホルマリンはリン酸緩衝液で中性に			80％エタノール：ホルマリンを2：1	ブロムアンモニウム2 g ＋ホルマリン原液 15 mL ＋蒸留水 85 mL
固定時間	厚さ 2〜3 mm で1〜2 cm 四方の大きさで1〜2日	組織の厚さは 2 mm くらい．1昼夜	揮発性に富むので乾燥に注意する．アルコールに同じ	固定時間は1〜5日	2〜3日，1カ月半くらい固定することがある
目的	ほとんどの組織，神経組織，脂肪組織，結合組織	ニッスル染色（神経組織），グリコーゲン，多糖類，核酸など	アルコールに同じ	ホルマリンに同じ	カハール鍍銀染色
固定液	カルノア液	ボディアン第2液	ブアン液	ツェンカー液	スサ（Heidenhein）液
調整法	100％エタノール：クロロホルム：氷酢酸を6：3：1	100％エタノール：ホルマリン：氷酢酸を9：5：5	ブアン液：ピクリン酸：ホルマリン：氷酢酸は 15 mL：5 mL：1 mL	Müller 液（重クロム酸カリウム 2.5 g ＋硫酸ナトリウム 1 g ＋蒸留水 100 mL）100 mL ＋昇汞 5 g ＋氷酢酸 5 mL	昇汞 4.5 g ＋塩化ナトリウム 0.5 g ＋蒸留水 80 mL ＋三塩化酢酸 2 g ＋氷酢酸 4 mL ＋ホルマリン 20 mL
固定時間	浸透性が早く，4時間で 3 mm 侵入し，組織化学反応に使われる．早期に，純アルコールに移して，酢酸やクロロホルムを置換する．	ボディアンのプロタルゴール渡銀のため固定液．一般用でもよい．	固定時間は2〜24時間，脱灰をかねる場合は長時間固定も可能である	厚さは 5 mm 以下の組織片を1〜24時間固定	1〜24時間の固定．固定後 90％アルコールに入れる．結合組織に富んだ組織の固定には良い．アザン染色に最適の固定．
目的	多糖類，グリコーゲン，ヒアルロン酸，核，核酸，形質細胞	神経組織	多糖類，グリコーゲン，核，神経組織，膵島細胞の顆粒	神経組織，下垂体前葉の顆粒，筋，組織全般	生体染色材料，骨，粘液多糖類，筋組織

独で使用されるのではなく，ツェンカー液，ヘリー液，スサ（Heidenhein）液として，ホルマリンや酢酸と混合して使われる．四酸化オスミウムも重要な重金属の固定剤である．現在では，電子顕微鏡用の後固定剤としてなくてはならない固定剤である．四酸化オスミウムは，タンパク質，脂質，炭水化物やその他の構成要素もよく残る固定剤である．四酸化オスミウムの欠点は浸透が悪いことで，固定する組織は細切する必要がある．四酸化オスミウムを用いた固定法で，光顕的にはミトコンドリア（糸粒体），ゴルジ装置，分泌顆粒の証明に使われて来た．

昇汞を用いた固定液の場合，組織および切片から脱昇汞する必要がある．水銀の沈着を防ぐために，ヨウ素・ヨウ化カリウム・アルコール（ヨウ素 2 g ＋ヨウ化カリウム 3 g を 100 mL の純アルコールに溶かす）に固定した組織片を2〜24時間処理し，さらに 0.25 チオ硫酸ナトリウムで数分洗浄する．切片を作成した後で，脱パラフィンの過程でルゴール

液やヨードチンキで10〜60分程度処理することにより水銀を除去できる．

光顕による一般的な形態観察のためには，10%ホルマリンが最も広く利用されている．ホルマリンはホルムアルデヒドを約40%（35〜37%）含む水溶液であるが，通常の固定ではこれを10倍に希釈して使用するため，10%ホルマリン（4%ホルムアルデヒド）と表示される．ホルマリンは時間とともにギ酸に変化して，これが組織を傷害することがある．そのため，リン酸緩衝液を使ってpH7.2に調整した，中性緩衝ホルマリンを使用することが多い．単一の固定剤だけではなく，いくつかの化合物を混合した固定剤もたくさんある．その代表的なものを表III.1.1にまとめてある．固定による違いを端的に見ることができる．代表的なヘマトキシリン-エオジン（hematoxylin-eosin：HE）染色を，ツェンカー固定パラフィン包埋とホルマリン固定パラフィン包埋した空腸上皮より得た切片を用いて行うと，ツェンカー固定によって黄色に染まった基底顆粒細胞が見られるようになる（図III.1.1, 2）

免疫組織化学反応を行う場合には，抗原性を保存させるために，構造の保存性を多少犠牲にしても低濃度固定剤による処理を必要とすることが多い．固定の良否により，その後の観察の精度が大きく変わりうるため，微細形態学に携わるにあたっては，固定ということに執心する必要がある．ホルマリンを大量に使用する病理学教室では，中性緩衝ホルマリンを多用する．ホルムアルデヒドを溶融するためには，多くの有機溶剤を使用するが，これらの溶剤が問題になることもある（重金属の解析など）．通常実験室では，4%パラホルムアルデヒド溶液（0.1 Mリン酸緩衝液，pH7.2）を使用する．

組織を固定する場合，固定液で灌流固定（perfusion fixation）するか，組織を十分量の固定液に浸漬する．灌流固定は，げっ歯類などの小動物を使用する場合に行う．灌流固定では，心臓から血液を緩衝液で洗い流し，10%ホルマリン（4%パラホルムアルデヒド）で十分量灌流する．必要な臓器を取り出して，灌流に使用した固定液に浸漬してさらに固定する．固定時間は実験の目的によって異なるが，組織の観察であれば24時間で十分である．病理標本や生化学的な実験にも使用する場合には浸漬固定を行う．組織の大きさは，観察面が大きな場合，厚さを薄くして浸透するまでの時間を短縮することが肝要であ

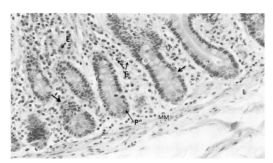

図III.1.1　ヒト空腸陰窩領域（口絵8参照）．ツェンカー固定．HE染色．陰窩下端の上皮細胞には腺腔側にエオジン陽性の顆粒を有するパネート細胞（矢印P）が見られる．その上方には太い矢印で示された黄色に染まった基底顆粒細胞が見られる．上皮内には，たくさんの白く抜けた細胞が見られるが，杯細胞（goblet cell）である．上皮下には粘膜固有層（LP）があり，結合組織の中に毛細血管とリンパ管があり，結合組織中にエオジン陽性の顆粒を持つ好酸球（矢印E）が散在する．粘膜固有層の下には輪走する粘膜筋板（MM）が見られるが，エオジン陽性の平滑筋細胞と固有層中の結合組織線維と細胞もエオジン陽性で，両者の判別は難しい．

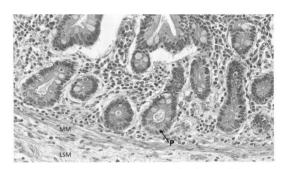

図III.1.2　ホルマリン固定（口絵9参照）．HE染色．ヒト空腸陰窩部上皮細胞陰窩下端の上皮細胞にはエオジン陽性の顆粒を腺腔側に持つパネート細胞が見られる．上皮細胞や固有層，粘膜筋板，粘膜下組織の一部が見られる．細胞の核は紫がかった青，細胞質は桃色である．粘膜下組織（LSM）の結合組織線維と粘膜筋板（MM）の平滑筋はともにエオジン陽性で，判別が難しい．図III.1.1に見られるツェンカー固定，HE染色の方が細胞の判別が容易である．陰窩の底部には矢印（P）で示すようにパネート細胞が見られるが，基底顆粒細胞は判別できない．明るく抜けた杯細胞は上皮内に多数認められる．

る．固定液の量は組織の大きさの30〜50倍が適切である．組織が固定用の容器の底に密着して固定の効率を悪くすることを防ぐために，容器の底にろ紙などを敷くことが必要である．

1.1.2　物理固定

物理固定（physical fixation）はイソペンタン，液体窒素，液体ヘリウムなどの冷媒に組織片をさらし，低温下で組織を凍結させて，それにより生体反

応を停止させるものである．組織や細胞を凍結させる際，その中に含まれる水は，氷の結晶を成長させながら凍結が進行する．氷晶の成長により細胞構造が破壊されるため，特に微細構造の観察を目的にした電顕試料作製にあたっては，急速な凍結が要求される．そのために急速凍結法が頻用され，その詳細はⅦ.5に詳述されている．光顕の解像力下では，氷晶による組織破壊の問題は電顕の場合ほどには深刻ではないとはいえ，できるだけ短時間での凍結が望まれる．

　光顕標本の作製において凍結固定が利用されるのは，手術材料の迅速診断のための凍結切片を作製する場合，あるいは材料を組織化学反応に処するにあたり，反応液の浸透性を高めるために20〜40 μmの凍結切片を作製する場合などである．凍結はドライアイス・アセトン（－86℃）あるいは液体窒素（－196℃）に浸漬して行われる場合が多い．

　急速凍結に使われる溶媒は液体窒素で冷却したイソペンタンを用いて，細切した組織をイソペンタン中に入れて急速凍結し，凍結した状態の組織を真空中で乾燥させる．凍結乾燥した試料をパラホルムアルデヒド蒸気で固定する．密閉性のよい容器にパラホルムアルデヒド（パウダーで200 mg程度）を入れた皿を置き，それとは別の容器に乾燥した試料を入れ，容器を80℃で1時間放置する．この試料をエポキシ樹脂（エポンかアラールダイト）に入れて，60℃で固める．この方法は，物理的な固定とアルデヒド蒸気による固定を組み合わせたもので，生理活性物質（ペプチド，タンパク質，アミンなど）の検出に最適である．

　化学固定の処理を，家庭用の電子レンジ内でマイクロウェーブを照射しながら行うことがある．これは基本的には化学固定であるが，マイクロウェーブ照射により，固定剤分子の組織内への浸透を促進させて固定効果を高揚させるため，部分的には物理固定の併用ともいえる．この方法は，死後変化の少ない組織像を求めるために，電顕用の標本作製に用いられることが多いが，光顕下の組織化学反応を行う場合にも頻用されている．マイクロウェーブ照射による固定液の温度上昇を防止するために，固定瓶を氷冷した容器に入れ，それごとマイクロウェーブ照射を行うなどの工夫が必要である．組織標本作製に特化したマイクロウェーブ照射装置も市販されている．

1.2　包　　埋

　組織片を顕微鏡で観察するためには数μm厚に薄切しなければならない．固定した組織片は，一定の固さ，構成物からできてはいないし，血管腔をはじめ構成物で一様に詰まっているわけではない．細胞成分あり，線維成分あり，骨，軟骨など組織を構成する成分は多様である．これらの成分をできるだけ一様の固さにして，中空の部分をなくすことによって組織の薄切が可能となる．そのため，固定後の試料を特殊な材料（包埋剤）に十分に浸漬して，一定の固さを得られるようにする（表Ⅲ.1.2）．溶融したパラフィンや樹脂に入れて十分組織内に浸透させた後，低温あるいは加温による硬化のための処理を行い，薄切が可能な状態に硬化したブロックを作製する．この処理が包埋（embedding）である．

1.2.1　パラフィン包埋

　固定後の組織片が水分を含んでいる場合，そのまま包埋剤に移しても，包埋剤が十分に浸透していかない．その場合，包埋剤に移す前に，まず脱水処理をする必要がある．脱水剤としてエチールアルコールやアセトンが用いられるが，急激に高濃度の脱水剤に入れると組織の収縮が著しくなるため，徐々に濃度を上げて（通常，50％アルコールから始めて，60％，70％，80％，90％に12〜24時間程度放置する），最終的に純アルコール（100％エタノール）で処理する．次いで脱水剤と包埋剤をなじませるために，キシレンやベンゼンなどの有機溶剤でアルコールを置換する．組織片の大きさによって異なるが，これらの有機溶剤に組織片が完全に透徹されるまで入れる．

　パラフィン（paraffin）になじませるためには，ベンゼンやキシレンとパラフィンとの混合した媒体で処理する必要がある．パラフィンには融点が45℃〜52℃の軟パラフィンと54℃〜58℃の硬パラフィンとがあり，ベンゼンやキシレンと1：1にした軟パラフィン，軟パラフィンのみ，硬パラフィンⅠそして硬パラフィンⅡにそれぞれ入れて，硬パラフィンに包埋する．軟パラフィンからはパラフィン溶融器（高温器，58〜60℃）中で浸透を図る．一定の状態で大量の試料を処理する病理部門では，自動化した脱水，包埋装置が使用されることが多い．

表 III. 1. 2　各種包埋法

包埋法		水分	包埋までの手順	硬化法	切片の厚さ
パラフィン		脱水（非水溶性）	固定—アルコール系列で脱水—キシレンやクロロホルムなどの有機溶剤で透徹—パラフィン包埋	冷却して固める	2～10 μm
セロイジン		脱水（非水溶性）	固定—脱水—アルコール・エーテル置換—セロイジン包埋—エタノール置換—70％アルコール保存	70％アルコール	10 μm 以上
セロイジン・パラフィン		脱水（非水溶性）	脱水後エチルアルコール：メチルアルコール：エーテル 40 mL：20 mL：40 mL の混合液に 12 時間—1％セロイジン液に 2～4 日—セロイジンの濃縮—クロロホルム蒸気で硬化—イソブチルアルコールで洗浄し，同液に 12～24 時間—ベンゼンに 2～4 時間ベンゼンパラフィンを通してパラフィンに包埋	冷却して固める	2～3 μm
カーボワックス		水溶性	固定—水洗—ポリエチレングリコールの重合の低いものから高いものへ（カーボワックス 1500—1500 と 4000 の混合液—4000）各 40～60 分，54℃の恒温器に入れる	冷却して固める	2～3 μm
ゼラチン		水溶性	1％石炭酸水溶液に 10 g のゼラチンを溶かしたものを濃厚ゼラチンとして，さらに 1％石炭酸水溶液で薄めた溶液を希釈溶液とする．固定—水洗 24 時間—37℃希釈ゼラチン液に 3～24 時間—37℃濃厚ゼラチン液に 3～24 時間—組織片を濃厚ゼラチン液中に包埋—ゼリー状の包埋組織を 10％ホルマリンに入れて 24～48 時間で硬化	凍結して固める	6～10 μm
OCT コンパウンド		水溶性	迅速診断用など，急速凍結した試料（ドライアイスアセトン，ヘキサン，液体窒素などで）を OCT コンパウンド中に包埋—薄切—染色・固定	凍結して固める	6～10 μm
樹脂包埋	エポキシ樹脂	脱水	通常のエポキシレジン	恒温器で熱をかけて固める	0.5～2 μm
	プラスチック	水溶性	さまざまな樹脂包埋材で，硬化		

　試料の包埋には硬パラフィン II と同じものを使って行う．包埋用の容器は，陶器製皿，シャーレ，金属など多様であり，目的にかなうものであればどれを選択してもよい．包埋皿の表面にグリセリンを数滴落とし，指で十分に伸ばす．包埋過程でパラフィンが固まらないように保温に注意して，試料の方向性を考慮してパラフィン中に試料を包埋する．次いで，試料に空気の泡が付かないように十分に注意して水槽中でゆっくりと冷やすか，冷蔵庫に入れて冷やすことでパラフィンを硬化させる．包埋した試料をトリミングして，ミクロトームへ取りつけるための木製の台木に貼りつけることが必要になる．台木は堅い木材が推奨されるが，専用の台木は購入可能である．

1.2.2　セロイジン包埋

　セロイジンはニトロセルロースをエーテル・アルコールで溶解したものの商品名である．乾燥したセロイジンからもつくれるが，初めから溶解した市販の商品も使える．セロイジンを使用する目的は，非常に大きな組織，収縮の強い組織，皮膚や骨のように浸透しにくい組織，壊れやすい組織，セロイジン以外では染色できない場合など多様である．しかし，扱いが難しいこと，浸透しにくいこと，薄く一様に切りにくいこと（15 μm 以上）などのため，今日では使われることは少なくなった．

　固定後脱水した組織片を等量のエーテル・アルコールに 12～24 時間入れる．その後，2％，4％，8％セロイジン液にそれぞれ 7～14 日間ずつ順に移す．セロイジン溶液中の組織片を硬化させる（包埋）には，8％エーテル・アルコールを密封した容器中にシャーレに入れたエーテルとともに数日間放置することで硬化させる．最後に，アルコールあるいはクロロホルムにシャーレ中の液をかえて急速に硬化さ

せる．硬化したセロイジンを一様に硬化するまで70％アルコールに入れる．アルコールの代わりにメタノールを使うことで，セロイジンの硬化を早めることができる．さらに，パラフィンとセロイジンの欠点を克服するためにセロイジン包埋した組織片をさらにパラフィンに包埋することもできる．この方法で1μm近くの切片をつくることもできる．

その他，カーボワックスやゼラチンなどがあり，さらに，パラフィン包埋より薄い切片を作製できる樹脂包埋も広く用いられるようになってきている．電子顕微鏡標本を包埋するエポキシ樹脂，アラールダイト樹脂は包埋後，脱レジンすることで各種染色が可能である．プラスチックの包埋材としてアクリル樹脂が使われている．プラスチック樹脂は1〜2μm厚の切片を作製することができ，ほとんどの光学顕微鏡用の染色が可能である．それ故，より繊細な像の解析が可能となる．

光顕用標本のための包埋剤としてパラフィンやセロイジンが頻用されているが，最近ではエポキシを始めとする樹脂を用いることも多い．主な包埋剤とその用途は表III.1.2に示してある．

1.3　薄　切

1.3.1　ミクロトーム

通常の光学顕微鏡を用いた観察では，数μmから数十μmの厚さの切片を作成することが必要とされる．そのため，包埋後の組織ブロックの薄切はミクロトーム（microtome，薄切機）で行う．ミクロトームには，滑走式（ユンク（Jung）型）（図III.1.3）と回転式（ミノー（Minot）型）（図III.1.4）とがある．固定して静止させた組織ブロックを数μmずつ前進・上昇させて，滑走する刃で薄切するユンク型ミクロトームと，固定静止した刃に，組織ブロックを回転させて数μmずつ前進させることで薄切するミノー型ミクロトームである．ミクロトーム刃は，試料ブロックの種類によって形が異なっており，それによって刃を研ぐことが重要な作業であった．しかし，近年では，使い捨ての刃（替え刃）を使用することが一般的になり，歴史的な刃を使って薄切することはほとんどなくなった．

ミクロトームを冷凍庫の中に入れて，凍結した切片を作製することができる．通常，回転式ミクロトームを入れ，温度調節が可能になっている専用の凍

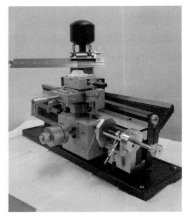

図 III.1.3　滑走式ミクロトーム．刀は替え刃がついている．刀を滑走用レールに沿って動かし，パラフィンブロックを切削する．刀を元の位置に戻してブロックを滑走面上で押し進めると，次に切削できるだけ上方にブロック台が上昇，次の薄切が可能となる．

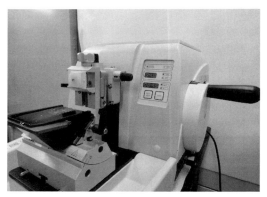

図 III.1.4　回転式ミクロトーム．替え刃に付属して，水を蓄えるボートが設置されている．パラフィンブロックが下降する際に設定した切片の厚さ分だけ前進し，ミクロトームの刃で薄切されボートに押し出される．その結果，連続した切片がリボン状にボートに浮かぶ．

結切片作製器で，クライオスタット（cryostat）と呼ばれる．硬組織切片作製用には，滑走式ミクロトームを入れているクラオスタットもある．

1.3.2　パラフィン切片の作製

滑走式と回転式ミクロトームは使用習慣にもよるが，前者は試料が比較的に大きなものの薄切に，後者は小さな試料の薄切に向いている．なるべく余分なパラフィンを除去するが，刃とブロックが平行になるように設定する．回転式の場合は，切片の上端と下端とが刃に平行となり，切断面が台形になるようにトリミングする．これによって，切片はリボン

状に連続切片として薄切することが可能となる．滑走式よりも回転式の方がリボン上の連続切片を作製しやすい．特に，最近では，刃に水を貯えるボートを設置でき（図 III. 1. 4），容易に連続切片を作製できるようになっている．パラフィン切片の場合，切片の厚さは 2～10 μm といわれているが，実際には 5 μm 前後の厚さである．近年，免疫組織細胞化学的な反応後に共焦点走査型レーザー顕微鏡で観察する場合が増えている．厚さについては 30 μm を超えてもまったく問題なく共焦点を得ることができるが，パラフィン切片で厚く切ることは困難で，例え切れても抗体がどこまで到達できるかが問題となる．

次に，リボン状あるいは 1 枚 1 枚薄切した切片をスライドガラスに貼りつけする作業が入る．スライドガラス表面には切片が剥がれないように，19 世紀末には卵白グリセリンやゼラチンを添付して切片の剥離を防いだ．しかし，スライドガラスに貼りつけた切片をさまざまな形で処理するようになると，これらの処理では切片が容易に剥げることから，スライドガラスと切片との結合を強力にする処理剤の開発が急がれた．20 世紀の前半には表面を塩基性にするポリリジン（poly-L-lysine）が使われるようになり現在に至っている．しかし，このポリリジンや後発のシランカップリング（silane coupling）剤は表面の塩基性が強く疎水性になるため切片の伸展や添付する際に気泡が入りやすく扱いが難しい．しかし，シランカップリング剤は，分子中に 2 種以上の異なった反応基を持ち，通常では非常に結びつきにくい有機材料と無機材料を結ぶ仲介役として働くため，これをさらに処理して表面が親水性になるようにした製剤が現在では一般に市販されている．熱処理，酸やアルカリ処理，プロテアーゼ処理に抵抗性があり，切片は剥がれにくくなっている．薄切した切片を水に浮かべ，温めた水に移して伸ばした切片を伸展乾燥器上でさらに伸展して乾燥させ完全に添付させる．

1.3.3 セロイジン切片の作製

セロイジン包埋した組織は，原則としてパラフィン包埋した組織の薄切と同様である．台木にパラフィンでセロイジン包埋組織をつけ，パラフィンのようには組織の周囲を切り落とさない．セロイジン切片は常に 70％アルコールに浸しながら薄切する．切片の厚さは 10 μm 以上で，通常 15～25 μm である．薄切した切片は 70％アルコールに浸した筆で伸ばし，ろ紙につけて上下表裏がわかるようにして 70％アルコール液中に保存する．

1.3.4 その他

カーボワックス包埋は切片にしてから，水に落とすとカーボワックスは，凍結切片と同様に水に溶け，組織片のみとなる．これをすくって剥離防止剤を塗布したスライドガラスに載せる．ゼラチン包埋-凍結切片，凍結切片はクラオスタットで薄切して，切片を丁寧に一枚一枚筆でとり，水に広げる．あるいは，直接スライドガラスに拾って切片をガラス越しに指で暖めながら貼り付ける．操作中クラオスタットの温度，特に，OCT コンパウンドに包埋した組織の温度に注意し，適切な温度に保持しながら薄切する．

樹脂に包埋した試料なら 1～2 μm 厚の切片が容易に薄切できる．そのため，特に電顕観察のための予備的な目的で，1 μm 程度の厚切り切片が利用される．切片が薄くなるに伴い，検鏡した際のコントラストは低下するが，より微細な構造の観察が可能となる．エポキシレジンの場合，通常の電子顕微鏡観察のための準超薄切片の作製はガラスナイフやヒストダイヤモンドナイフを使用できる．プラスチック樹脂は，幅広のガラスナイフや替え刃で薄切ができる．

1.4 染 色

ルドルフ・ウィルヒョウ（Rudolf L. K. Virchow）の"すべての細胞は細胞から（omnis cellula e cellula）"（1855），さらに細胞を固定して染色することで"細胞は分裂して増える"ことを明瞭に示したヴァルター・フレミング（Walther Flemming）らの発見（1882）によって細胞の染色，核の染色の重要さが示された．コチニールカイガラムシ科のカイガラムシはウチワサボテン属のサボテンに寄生し，当時，染色用の染料に使われていたが，このカイガラムシを乾燥して水やエタノールで抽出した色素であるカルミンが細胞の核を染色することが知られ，細胞の観察法が発展するきっかけとなった．

染色に用いられる多くの色素は，水溶液で酸性の性質を与える OH, COOH, NO$_2$, SO$_2$OH を持つ酸性色素と，水溶液で塩基性の性質を与える NH$_2$, NHCH$_3$, N(CH$_3$), NH を持つ塩基性の色素が知られ

ている．酸性色素には，エオジン，コンゴーレッド，ライト緑，オレンジ，酸性フクシンなどがあり，塩基性色素には，フクシン，メチル青，メチル緑，メチオニン，トルイジン青などが知られる．酸性と塩基性の色素を混合したり，両者を結合させ中性の性質を持った中性色素もある．その他，脂肪染色に使われる色素は $-OCH_3$, $-OC_2H_5$, $=O$ などの基を持つ．

通常，染色液で組織を染色するとその染色液に固有の発色を呈するが，これを正染性（orthochromatic）という．しかし，特定の物質は染色液の固有の色とは異なる色に染まる．この染まりを異染性（metachromatic）と呼ぶ．核の中の核小体，粗面小胞体，酸性多糖類（粘液），肥満細胞の顆粒，軟骨の基質をトルイジン青やチオニンで染めると本来の色から赤紫色に染まる．ヘマトキシリンは核を染めて青の発色を示すが，核小体は赤くなる．この核小体を初め染料が強く集まる，あるいは，重合することによって色調が変化すると考えられている．

十分乾燥したパラフィン切片を，キシレン（あるいはベンゼン）でパラフィンを除去して，アルコール系列（キシレン I，キシレン II（各 10 ～ 15 分），100％アルコール 2 回，95％，90％，80％，70％，60％，50％（各 10 分）で水洗まで行い，染色へ進む．70％アルコールに保存したセロイジン切片も水に移し，浮遊切片として染色に供する．種々の染色法は表 III.1.3 に示した．

1.4.1 HE 染色

代表的な染色であるヘマトキシリン-エオジン染色（HE 染色）がある．ヘマトキシリンは，熱湯，アルコールやエーテルには溶けるが冷水には溶けにくい．アルコールに溶けてもまったく染色性はないが，酸化してアルミニウム，鉄，クロムなどと結合すると染色性を示すようになる．ヘマトキシリンは酸化するとヘマテインになる．これに陶土類などの塩基と結合すると染色性を示す．最も一般的な陶土ヘマトキシリンは Mayer ヘマトキシリン（ヘマトキシリン 1 g を蒸留水 1000 mL に溶解し，ヨウ素酸ナトリウムとカリウムミョウバンを加え完全に溶解する（青色に）．これに抱水クロラール 50 g と結晶性クエン酸 1 g を加えると赤紫色になる．1 週間後位から染色可能となる．

脱パラフィンして水洗した切片を蒸留水で洗った後に，

- ヘマトキシリン液に 5 分間浸漬（4 ～ 6 分）．染まらない場合は，少し長くしてもよい．セロイジン包埋の場合は，ヘマトキシリン染色は 2 ～ 3 分でよい．
- 流水で水洗している間に発色する．時間は 10 分～ 30 分
- エオジン 30 秒～ 2 分染色
- 水洗して脱水 50％アルコールから 70％，80％，90％，95％，100％，100％，キシレン I，キシレン II 各 10 分，封入
- エオジンはエオジン B とエオジン Y がある．これらは水溶性である．また，水に溶けないエオジン a.s. があり，これはアルコール溶性である．エオジンは発蛍光性がある．エオジン類似色素にはエリスロシンやフロキシンがある．エオジンとエリスロシンを混ぜて使用すると染色性が上がる．エオジンの濃度は 0.1％～ 1％である．
- 封入材としては伝統的にはカナダバルサムが使われている．キシレンで溶解して粘性を小さくした封入材を一滴切片上にたらして，カバーガラスをそっと切片上に置き，スライドガラスとの間に気泡が残らないように封入する．現在では，手軽に扱える非水溶性の封入剤として DPX，エンテランニュー（Entellan New, Merck 社製），オイキット（Eukitt, O. Kindler 社製），ソフトマウント（Softmount, 和光純薬製）などが一般的に使われている．

染色結果は，図 III.1.1, 2 に示すように，核は紫青色に染まり，細胞質はさまざまな濃度の紅色に染まる．

1.4.2 アザン染色

HE 染色では，図 III.1.1, 2 に示すように膠原線維と筋線維（粘膜固有層と粘膜筋板）を区別するのは困難である．膠原線維と筋線維を的確に染め分ける染色としてアザン染色（azan stain）が知られている．アゾカルミン浮遊液で核，筋線維，好酸性顆粒，分泌顆粒などを染色する．結合組織はアニリン青で強く染色される．このため HE 染色と異なり，アザン染色により膠原線維と筋線維とを識別できる．

- 脱パラフィンした切片を蒸留水を通した後，56 ～ 60℃に加温したアゾカルミン G 浮遊液に 45 ～ 60 分（セロイジン切片では 3 ～ 15 分）染色する．
- 室温に 5 ～ 10 分置き，蒸留水でスライドガラス上

1　切片の作製と染色

表 III.1.3　各種染色法

染色法	細胞 核	細胞 核小体	細胞 細胞質	細胞外組織 膠原線維	細胞外組織 弾性線維	脂肪滴	筋線維	赤血球	その他
ヘマトキシリン	青	赤							エルガストプラスム（粗面小胞体）
トルイジン青	青	赤紫	青	青	淡青色		青		グリコーゲン、マスト細胞分泌顆粒
マッソントリクローム染色	黒色調	黒色調	赤から桃色	青	青		赤	桃色	核のみ黒色調で他はアザン染色と同様
ワン・ギーソン染色	黒褐色	黒褐色	黄色	赤	黄色〜赤		黄色	黄色	ホルマリン固定、ツェンカー固定
ワイゲル卜染色	赤				黒紫色				弾性線維はレゾルシン・フクシンで染色、ケルンエヒトロートで核は赤で、他は薄い赤に染まる。
エラスチカ・ワン・ギーソン染色	黒褐色	黒褐色	黄色	赤	黒紫色		黄色	黄色	弾性染色と膠原線維の染色
オルセイン染色	ヘマトキシリンで青				茶褐色				弾性染色
コンゴーレッド染色	ヘマトキシリンで青				やや赤く				病的なアミロイド沈着部位を赤く染める
アルシアンブルー染色 pH2.5	ケルンエヒトロートで赤		肥満細胞の顆粒、胚細胞、唾液腺の粘液腺細胞、気道や子宮頚部の粘液腺	皮下結合組織、大動脈、臍帯、軟骨基質などの結合組織性酸性ムコ多糖類					膵臓の導管上皮、子宮内膜線の粘液
アルシアンブルー染色 pH1.0	ケルンエヒトロートで赤								酢酸多糖類のみ暗青色に
フォイルゲン反応	赤紫色								DNAの証明、1N塩酸で処理してSchiff試薬で反応
メチルグリーン・ピロニン染色	核DNAは緑色	赤色	RNAは赤色						
スダン III	ヘマトキシリンで青					橙黄色、橙赤色			
オイルレッド O	ヘマトキシリンで青					赤色			消耗性色素も淡赤色に染まる

の過剰なアゾカルミンを洗い流す．アニリン・アルコール（90%アルコール100 mLに0.1 mLのアニリン）で，細胞核が赤く残るようにして他の組織を退色させる．
- 酢酸アルコール（96%アルコール100 mLに氷酢酸1 mL）で，分別を停止する．
- 5%タングステン酸水溶液で結合組織を媒染する．1～3時間（セロイジンは3～5分）．
- 蒸留水で洗浄して，アニリン青-オレンジG液で1～3時間染色（セロイジンでは3～5分）．アニリン青0.5 g＋オレンジG 2 g＋蒸留水100 mL＋氷酢酸8 mLを撹拌し，コルベンに入れ煮沸する．室温で冷却後，濾過すれば使用できる．
- 蒸留水で手早く洗って，96%アルコールで分別する．
- 100%アルコールで脱水し，キシレンで透徹後，封入する．

図III.1.5に示すように，筋組織では筋線維と筋内膜，筋周膜を染め分ける．

1.4.3 過ヨウ素酸-シッフ反応（periodic acid-Schiff reaction：PAS反応）

PAS反応は，多糖類の検出に最もよく使われる反応である．過ヨウ素酸により糖のグリコールに2個のアルデヒドをつくり，これとシッフ試薬が反応する．単純な多糖類，酸性，中性粘液多糖類を染める．
- 脱パラフィン後水洗，蒸留水で洗浄
- 過ヨウ素酸に5分浸漬，水洗し，蒸留水で洗う．
- シッフ試薬に15分浸漬．シッフ試薬は，1 gの塩基性フクシンを煮沸した蒸留水200 mLに少しずつ入れて溶解する．50℃に室温で冷却し，濾過して1 N塩酸20 mLを加える．25℃まで冷却して重亜硫酸ナトリウム1 gを加える．濃紅色の液は24時間～48時間でうす桃色になる．この状態で使用できる．活性炭を入れ（100 mLに0.25 g）脱色すると蒸留水のごとく無色透明となる．必須ではない．
- 亜硫酸水素ナトリウム溶液（10%重亜硫酸ナトリウム10 mL，1 N塩酸10 mL，1 g，200 mLの蒸留水で混ぜる，桃色になるまで使える）で2分3回洗浄する．流水で洗う．
- 核染をした後（なくてもよい），脱水して，封入．

結果は，肝臓のグリコーゲンは赤紫色に，腎臓の基底膜，消化管上皮の胚細胞，小腸上皮頭頂部の糖

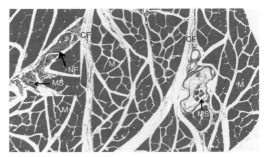

図III.1.5 カニクイザルの手の筋組織をアザン染色した標本（口絵10参照）．骨格筋の横断標本で，筋線維（M）と細胞核はアゾカルミンで赤く染め出されている．一部，オレンジ色に染まる筋形質も見られる．筋内膜（筋形質周囲）や筋周膜の膠原線維（CF）はアニリンで青く染色されている．筋紡錘（矢印MS）や神経線維（矢印NF）も赤くアゾカルミン陽性となる．

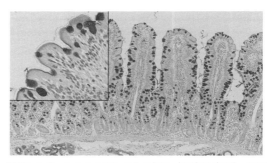

図III.1.6 カニクイザルの十二指腸（口絵11参照）．PAS染色．絨毛上皮の腺腔側端（表面）はPAS陽性の糖衣グリコカリックス（左上部の挿入図参照）で被われる．絨毛上皮細胞には，吸収細胞に加え，核上部にPAS陽性の分泌顆粒を持った胚細胞が多数認められる．粘膜下組織に見られる腸腺にもPAS陽性の分泌顆粒が見られる．

衣などは桃色に染まる（図III.1.6）．

1.4.4 その他の特殊染色

表III.1.3にさまざまな特殊染色法と染色される組織についてまとめた．Masson-Goldnerのトリクローム染色は，結合組織，軟骨，骨の染色に適している．エラスチカ-ワン・ギーソン染色は，弾性線維を適切に染色する．脂肪組織には，ズダンIIIがよいし，神経細胞の染色ではチオニン，クレッシールバイオレット，トルイジン青などが知られている．

その他物質の同定の方法として，酵素の活性染色でその局在を知る酵素組織化学法，免疫組織化学法，遺伝子発現の局在など，さまざまな方法が開発され，日進月歩で新たな工夫がなされている．これらについては，次の章で扱う．　　　　　　　　　　［内山安男］

参考文献

1) 佐野　豊（1976）組織学研究法—理論と術式（第5版），南山堂．
2) Everson Pearsem, A. G. (1972) Histochemistry: Theoretical and applied. Vol.2 (3rd ed.), Churchill Livingstone.

2　組織化学法と標識物質

　組織標本に含まれる生体物質の局在を，何らかの化学反応を利用して顕微鏡下に特定する技術を広く組織化学という．光顕下の特殊染色に端を発したものであるが，酵素反応を応用して特定の酵素分子の局在を検出する酵素組織化学を経て，対象物質の抗体により免疫反応の高い特異性を応用して抗原物質の局在を求める免疫組織化学法として発展してきた．同時にDNAやRNAの局在を特定する in situ ハイブリダイゼーション法も広く活用されている．これらの組織化学法は顕微鏡下に可視化される標識物資の開発と呼応して発展を続けており，現代のライフサイエンスの研究現場では，欠くことのできない顕微鏡技法になっている．本章では酵素組織化学，免疫組織化学，in situ ハイブリダイゼーション法の現況と将来展望について概観する．　　　　［山科正平］

2.1　酵素組織化学法

　酵素組織化学（enzyme histochemistry）とは，組織細胞内（in situ）での酵素分子の活性部位の局在と酵素活性の動態を組織化学的に証明し，生体における酵素の役割解明，または酵素をマーカーとした生体構造と機能の解明，分子病態における役割解明に役立てようとする技法である．酵素組織化学の基本原理は，組織細胞の構造を保持しながら，酵素分子の持つ酵素活性を利用し，組織細胞内での局在を光学顕微鏡レベル，または電子顕微鏡レベルで可視化しようとするものである．

　一般に，特定の酵素分子の組織細胞内での局在を組織化学的に証明する方法には大別して2通りあり，一つは，酵素分子自身の活性を利用して可視化する方法（酵素組織化学）であり，もう一つは，抗原抗体反応（免疫反応）を利用して酵素分子の局在を可視化する方法（免疫組織化学）である．酵素組織化学は，必要な酵素基質を加え，組織細胞内で酵素反応を起こさせ，その反応機構から生じた反応産物を利用して，可視化物質を形成させることにより（金属塩，アゾ色素など），酵素分子の局在を検出する方法である．一方，（酵素分子の局在証明のための）免

疫組織化学は，酵素分子に対する特異的抗体を作製し，組織細胞内で免疫反応を行い，酵素分子と結合した抗体を可視化することにより（蛍光抗体法，酵素抗体法など），酵素分子の局在を検出する方法である．酵素分子の局在証明は，酵素組織化学と免疫組織化学のどちらを用いても解析可能であるが，酵素活性の変動（活性の上昇や低下など）は酵素組織化学で解析可能であり，免疫組織化学では酵素発現量の変動（発現量の増加や低下など）の解析が可能である．

2.1.1 酵素組織化学の歴史[1]

酵素組織化学は，1939年にTakamatsuおよびGomoriが初めて光顕組織切片上でホスファターゼ（phosphatase）活性を検出したことから始まる．Takamatsuのホスファターゼ銀反応（1939），Gomoriのホスファターゼ硫化コバルト反応（1939）による組織化学法（金属塩法）の報告は，1920,1930年代のホスファターゼの組織化学的検証の萌芽的研究を一歩前進させ，酵素の細胞内局在を証明する酵素組織化学的方法論を確立した．金属塩法の開発により，加水分解系の酵素（酸性ホスファターゼ，5'-ヌクレオチダーゼなど）の酵素組織化学的検出法が開発された．さらに，人工基質を合成して色素沈着で酵素局在を可視化しようとするアゾ色素法が開発された．また，同じアゾ色素を利用するテトラゾリウム塩法が開発され，組織細胞の酸化還元の化学に進歩をもたらし，脱水素酵素（dehydrogenase）の酵素組織化学的検出法の開発につながった．その後，電子顕微鏡の登場とともに，酵素組織化学の電子顕微鏡への応用がなされ，酵素分子の局在部に反応産物の重金属粒子を沈着させ，超微形態上での局在を証明する，電顕酵素組織化学の分野が形成されていった．

2.1.2 酵素組織化学の基本原理[1, 2]

組織細胞内の酵素分子の局在を明らかにするためには（可視化のためには），組織細胞の構造を保存した組織切片（または細胞）を用いて，必要な酵素基質を加え，組織細胞内で酵素作用を起こさせる．基質が分解され，その分解産物を反応産物として，その酵素分子の局在している部位で捕捉し，可視化する方法である．

酵素組織化学で酵素分子の組織細胞内での局在を検出するためには，①検出しようとする組織細胞形態の保存（固定），②検出しようとする酵素活性の保存が必要である．形態保存のために強い固定を行うと，酵素活性が失活してしまい検出不可能となる．逆に，酵素活性を保存するために弱い固定を行うと，形態が保存されず酵素の流出，生体構造の破壊が起こり，正確な局在を解析することができない．このように，形態の保存と酵素活性の保存という二律背反の悩みを抱えており，目的とする検出酵素に合わせて，固定条件を検討する必要がある．この二律背反の関係は，酵素組織化学だけでなく，免疫組織化学でも同様である．また，特異的に酵素を検出しているのかは，基質特異性，酵素反応の至適pH，熱阻害，特異的阻害剤，賦活剤などの対照実験を行うことが必要である．反応液が組織細胞内へ均一に浸透しないと，非特異的反応や不均一な反応が生じ，正しい酵素の局在を検出できない．そのためには，試料の切片化が必要であり，厚さ40 μm以下の切片を作製し，深部まで均等に反応させることが必要である．

a. 金属塩法

酵素反応により生じた反応産物を金属で捕捉し，発色反応を起こさせ可視化する方法である．アルカリホスファターゼ（ALP）の検出を例にとると，反応液中の酵素基質（β-グリセロリン酸ナトリウム）が組織切片内のALPにより加水分解され，生じたリン酸を反応液中に添加してあるクエン酸鉛の鉛イオンと結合させ，リン酸鉛として組織切片内のALPの局在部位に沈殿させる（反応産物の沈着）．リン酸鉛の沈殿物は電顕でそのまま可視化されるが，光顕では可視化されない．そのため，次に切片を黄色硫化アンモニウム液に浸漬させ，リン酸鉛を硫化鉛に置換することにより黒色の反応産物として発色させ（反応産物の発色），光学的に可視化する（硫化鉛法）（図III.2.1A，図III.2.2）．

b. アゾ色素法

酵素反応により生じた反応産物をジアゾニウム塩と結合させ，アゾカップリング反応を起こさせ，不溶性のアゾ色素を形成させ可視化する方法である（同時カップリング法）．ALPの検出を例にとると，反応液中の酵素基質（ナフトールAS-MXリン酸塩）が組織切片内のALPにより加水分解され，生じたリン酸と同時に放出されるナフトールをジアゾニウム塩（Fast Red TR）で捕捉し，不溶性のアゾ色素

図 III. 2. 1 酵素組織化学の基本原理．（A）金属塩法．（B）アゾ色素法．（C）テトラゾリウム塩法．（D）DAB (3, 3'-diaminobenzidine tetrahydrochloride) 法．alkaline phosphatase：ALP, alcohol dehydrogenase：ADH, peroxidase：POD.［(B，C) は SIGMA-ALDRICH（http://www.sigmaaldrich.com/technical-documents/articles/biofiles/colorimetric-alkaline.html）より引用一部改変）．(D) は Seligman, A. M., Karnovsky, M. J., Wasserkrug, H. L. et al. (1968) J. Cell Biol. **38**：1-14. より］

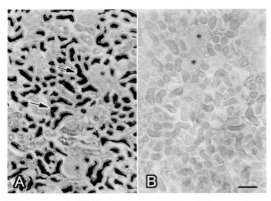

図 III.2.2 金属塩法による ALP の検出．（A）ALP はラット腎臓近位曲尿細管の刷子縁に黒色の反応産物（硫化鉛；矢印）として検出されている．＊は糸球体．（B）対照実験として反応液に阻害剤（tetramisole）を添加したもの．活性は陰性である．スケールバー：100 μm．[馬屋原宏（1980）新酵素組織化学（武内忠男，小川和朗編），朝倉書店]

として沈殿・発色させる（反応産物の沈着・発色）（図 III.2.1B）．アゾ色素は有機溶剤に可溶性であり電顕酵素組織化学には適さないが，金属塩法に対し，多段階の反応を得ないこと，さまざまに発色できるなどの利点を有している．

c. 色素形成法

酵素反応により生じた反応産物を利用して，反応液中の無色化学物質を，その酵素の局在部位で，不溶性の有色色素を形成させ可視化する方法である．代表的な色素形成法として，テトラゾリウム塩法，DAB（3,3'-diaminobenzidine tetrahydrochloride）法がある．

テトラゾリウム塩法をアルコール脱水素酵素（alcohol dehydrogenase：ADH）の検出を例にとると，反応液中の酵素基質（アルコール）とともにテトラゾリウム塩（nitro blue tetrazolium：NBT），補酵素ニコチンアミドアデニンジヌクレオチド（nicotinamide adenine dinucleotide：酸化型 NAD），水素中間受容体としてフェナジンメトスルファート（phenazine methosulfate：PMS）を添加し，ADH の酵素反応により生じた NADH（還元型）により，PMS が PMSH に還元され，PMSH は無色のテトラゾリウム塩を還元し，不溶性有色色素のホルマザン（不溶性 NBT ジホルマザン）として沈殿・発色させる（図 III.2.1C）．

DAB 法をペルオキシダーゼ（peroxidase：POD）の検出を例にとると，POD は水素受容体（過酸化水素）存在下に水素供与体（DAB）を酸化する．

DAB はベンチジンの誘導体であり，水によく溶け，無色透明である．POD の酵素反応により酸化されると，酸化的重合と酸化的還元が進行し，不溶性の褐色フェナジン（phenazine）重合体を形成し，沈殿・沈着して酵素局在部位を可視化する（図 III.2.1D）．Graham と Karnovsky は，外因性 POD（西洋ワサビペルオキシダーゼ，horseradish peroxidase：HRP）をエンドサイトーシスのトレーサーとして用いて，その動態を電子顕微鏡で観察した[4]．DAB 反応産物は四酸化オスミウムにより還元され，電子密度の高いオスミウム黒（osmium black）を形成するため，電子顕微鏡での観察も可能となる（図 III.2.1D）．この DAB 法による POD 検出法は，内因性 POD 活性の検出（酵素組織化学）以外にも，抗体に標識した外因性 POD を検出する免疫組織化学の酵素抗体法の検出法として広く使用されている．

2.1.3　酵素組織化学の現状と展望

1939 年に Takamatsu および Gomori が初めて光顕組織切片上でホスファターゼ活性を検出して以来，たゆまぬ検出法の開発と改良により，組織化学の一分野として確立し，さらに電子顕微鏡の登場とともに発展を続け，医学生物学領域で役割を果たしてきた[1]．しかし，人体で働いている酵素が数千種類存在するのに対し，酵素組織化学が各酵素の酵素反応（酵素活性）を用いた検出法であるため，方法論的に検出可能な酵素は 80 種類程と限られていることから，医学生物学領域での応用は伸び悩みのままである（図 III.2.3）．しかし，酵素組織化学は，筋疾患（ミオシン ATP アーゼなど）やヒルシュスプルング（Hirschsprung）病（アセチルコリンエステラーゼ染色）などの病理診断において現在もその一翼は担っている[5]．また，医学生物学研究においても，さまざまな構造（リンパ管 -5'-ヌクレオチダーゼ，ライソゾーム-酸性ホスファターゼなど）のマーカーとして使用されている．

一方，免疫組織化学は，1955 年に Coons らが蛍光色素を抗体に標識した蛍光抗体法の技術に始まり，1967 年に Nakane と Pierce により標識物質に HRP 酵素を用いた酵素抗体法が開発され，さらにさまざまな蛍光標識物質・技術の開発，顕微鏡の開発（共焦点顕微鏡，電子顕微鏡など）が進み，免疫組織化学は，汎用性の高い研究技術となった（図 III.2.3）[1]．免疫組織化学は，酵素分子だけでなくさまざ

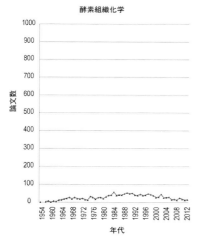

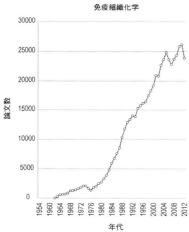

図 III. 2.3　酵素組織化学と免疫組織化学の論文数の推移. 米国立医学図書館提供の医学・生物文献データベース PubMed (http://www.ncbi.nlm.nih.gov/pubmed/) を用いて検索した酵素組織化学と免疫組織化学の年代別論文数推移.

まな分子を標識する抗体作製が可能であり，細胞生物学および分子生物学の飛躍的な進歩に伴い，多くのシグナル伝達経路に関連する分子を標識する抗体が作製され，組織化学分野の中で免疫組織化学の位置づけは，重要なものとなってきている（詳細は 2.2 免疫組織化学法を参照）．

最後に，先にも述べたが，免疫組織化学の酵素抗体法は，組織細胞内の分子（抗原）と特異的に結合した抗体の局在を，抗体に標識した（外因性）酵素を用いて，酵素組織化学的に検出する技法である．抗体に標識する酵素には HRP，ALP などがあり，HRP を用いた DAB 法，ALP を用いたテトラゾリウム塩法が最も一般的である．免疫組織化学のなかでも，酵素抗体法は最も一般的に利用されている技術の一つである．その意味においては，"酵素組織化学は死なず"，形を変えて現代の組織化学の中に息づいているともいえる．　　　　　　　　　　［瀧澤俊広］

参考文献

1) 武内忠男（1980）新酵素組織化学（武内忠男，小川和朗編），朝倉書店，pp.1-31.
2) 小川和朗，酒井眞弘（1986）酵素（組織細胞化学の技術）（小川和朗，中根一穂，斎藤多久馬他編），朝倉書店，pp.11-23.
3) Seligman, A. M., Karnovsky, M. J., Wasserkrug, H. L. et al. (1968) J. Cell Biol. **38**：1-14.
4) Graham, R. C. Jr., Karnovsky, M. J. (1966) J. Histochem. Cytochem. **14**：291-302.
5) Meier-Ruge, W. A., Bruder, E. (2008) Pathobiology. **75**：233-243.

2.2　免疫組織化学法

2.2.1　原理

免疫組織化学法は，抗原-抗体反応の特異性を利用し，細胞または組織切片上での抗原の局在部位を可視化する方法である[1,2]．この方法の主役が抗体であることはいうまでもない．多くは検出したい抗原に特異的な抗原を動物で作製することになり，したがって，特異的な抗体が存在する場合にのみ用いることができる方法である．抗体で検出できるのは，タンパク質やペプチドの他に，多糖類や脂質，核酸などである．

a．抗体

免疫組織化学法で用いられる抗体には，まず，ポリクローナル抗体とモノクローナル抗体の区別がある．いずれを得る場合にも，目的とする抗原を動物に免疫することから始まる．抗原が異物と認識されればリンパ球が抗原に対する抗体（イムノグロブリン分子）をつくり始める．ポリクローナル抗体とモノクローナル抗体では，その後の抗体を得る過程が異なる．ポリクローナル抗体では，血液を採取し，血清（抗血清）を得る．この中には免疫した抗原に対する抗体の他に，動物が自然に獲得した多くの抗原（異物）に対する抗体も含まれている．抗血清のまま，いわゆる抗体として用いられることもある．抗血清から，免疫に用いた抗原でアフィニティ精製して，目的とするイムノグロブリン分子だけを回収して用いることもある．こうして得られたポリクロ

ーナル抗体は，複数種類の抗体産生細胞（リンパ球）に由来するため，イムノグロブリン分子としても均質ではなく，特異性（後述）や親和性（抗原への結合力）が異なるイムノグロブリン分子の集合である．これに対し，モノクローナル抗体では，イムノグロブリン分子を合成しているリンパ球クローンを単離するので，単一のイムノグロブリン分子の集合として得ることになる．したがって，特異性や親和性はすべて均質である．ただし，親和性においては，一般にポリクローナル抗体より低いことが多いといわれている．モノクローナル抗体作製に用いる動物としては，マウスやラットが主であるが，最近ウサギも用いられるようになっている．動物に抗原を免疫後，脾臓やリンパ節から抗体産生細胞を取り出し，がん細胞と融合させる．融合細胞は増殖し続け，抗体を産生し続ける．この細胞から，最適な抗体を産生する細胞のクローンを得る．最近ではがん細胞を用いない，遺伝子組み換え技術によるモノクローナル抗体の作製も可能となっている．

b. 抗体の特異性

抗原-抗体反応を用いる免疫組織化学法において，注意しなければならないのが抗体の特異性である．今，イムノグロブリン分子1個に注目したとする．このイムノグロブリン分子が結合する抗原領域（抗原決定基）は1カ所である．モノクローナル抗体は均質なイムノグロブリン分子の集合であるから，抗原決定基は1カ所である．しかし，異なる別の分子に抗原決定基と同じまたはきわめて似たアミノ酸領域が存在すれば，抗体は両分子を識別することはできず，両者に結合し得る（これを交差反応という：図III. 2.4）．さらに，ポリクローナル抗体では，抗原決定基が異なるイムノグロブリン分子が多く存在するため，モノクローナル抗体以上に交差反応を起こす可能性が高くなる．結局，抗体が認識している分子が目的とする分子そのものであるかどうかを直接確認する手段はなく，イムノブロット法をはじめとする他の実験結果と合わせて結果を判定する必要がある．免疫組織化学法に限らず，抗体を用いた研究では常にこのことを念頭に置かなくてはならない．

c. 直接法と間接法

細胞または組織切片上の抗原に結合した抗体を可視化するためには，抗体そのものに標識物を結合させておく方法（直接法）と，抗原に結合した抗体を標識物で標識した別の抗体で認識させる方法（間接

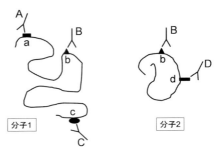

図III. 2.4 抗体の交差反応（組織細胞化学2013―蛍光抗体法の基礎から応用まで，pp.17-31，2013．図3より一部改変）．分子1には3カ所の抗原決定基 a, b, c が存在し，分子2には抗原決定基 d に加えて，分子1と共通の抗原決定基 b が存在すると仮定する．イムノグロブリン分子 A, B, C, D は，それぞれ抗原決定基 a, b, c, d に結合するものとする．モノクローナル抗体は，いずれかの抗原決定基に結合する1種類のイムノグロブリン分子のみから構成される．A の集合であるモノクローナル抗体 A，または C の集合であるモノクローナル抗体 C は，分子1のみに結合することができるが，B の集合であるモノクローナル抗体 B は，分子1と分子2の両者に結合する．これを抗体の交差反応といい，モノクローナル抗体 B では二つの分子を識別できない．分子1に対するポリクローナル抗体が，A, B, C の混ざったものであるとすると，このポリクローナル抗体も抗体 B の交差反応で分子2を認識してしまう．

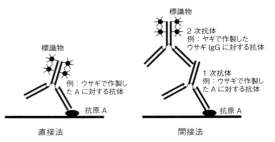

図III. 2.5 免疫組織化学法における直接法と間接法（組織細胞化学2013―蛍光抗体法の基礎から応用まで，pp.17-31，2013．図1より一部改変）．直接法では，あらかじめ標識した抗体を用いて抗原を検出する．間接法では，抗原を検出する非標識抗体を1次抗体として反応させた後，1次抗体を検出するために，別の動物種で作製し，標識した2次抗体を用いて間接的に抗原を検出する．

法）がある（図III. 2.5）．目的分子を認識する抗体を1次抗体といい，1次抗体を認識する抗体を2次抗体という．直接法では，抗体反応のステップが1回なので，迅速に結果を得たい病理診断分野などで用いることがある．しかし，1次抗体それぞれを標識しなければならない．間接法では，例えば，ウサギで得られた1次抗体には，ウサギのイムノグロブリンを認識するヤギなどの抗体を2次抗体として用いる．したがって，1種類の標識2次抗体を用意すれば，あらゆるウサギ1次抗体に汎用できる．また，

一つの1次抗体分子に複数の2次抗体が結合しうるので，直接法に比べ，一般に検出感度が増す．抗体の標識物の詳細は後述するが，酵素や蛍光色素が一般的である．酵素を用いる場合を酵素抗体法といい，蛍光色素を用いる場合を蛍光抗体法という．酵素抗体法では基質を発色させることで抗体の存在，すなわち抗原の存在を可視化する．一方，蛍光抗体法では，蛍光顕微鏡やレーザー顕微鏡下に，蛍光色素からの蛍光を得ることで抗原の存在を可視化する．

2.2.2 いろいろな標識物

抗体の標識物としては，古くから用いられてきた酵素のほかに，蛍光色素や量子ドットなどが用いられている．

a．酵素

酵素を用いた酵素抗体法では，標本を通常の光学顕微鏡で，明視野下に観察できるため，陽性部位の解釈が容易である点と，永久標本として保存できる点が大きな利点である．また，後述する種々の増感法も開発されていて，検出感度に優れている．用いる酵素としては，西洋ワサビペルオキシダーゼ（HRP）やアルカリホスファターゼ（ALP）が一般的である．いずれの場合も，組織に内在性に存在する酵素活性に注意しなければならない．内在性ペルオキシダーゼの不活性化には過酸化水素，内在性アルカリホスファターゼの不活性化にはレバミゾールがよく用いられる．HRP を用いる場合の基質は，過酸化水素と 3,3'-ジアミノベンジジン（3,3'-diaminobenzidine：DAB）が汎用され，茶褐色に発色する（図 III. 2.6）．なお，DAB は発がん性物質なので，取り扱いには注意が必要である．ALP を用いる場合の基質は BCIP（5-bromo-4-chloro-3-indolyl-phosphate）と NBT（nitro blue tetrazolium）の混合液が汎用され，青紫に発色する．後述する多重染色を酵素抗体法で行う際には，酵素として HRP と ALP を組み合わせ，DAB と BCIP/NBT を用いることができる．

b．蛍光色素

今日最も多く用いられている標識物は，蛍光色素であろう．蛍光色素を用いた免疫組織化学法を蛍光抗体法という．蛍光色素は，1871 年にアドルフ・フォン・バイヤー（Johan Friedrich Wilhelm Adolf von Baeyer）によって合成されたフルオレセイン（fluorescein）に始まり，数多くの色素が開発されている．蛍光色素は，色素の特性に合わせた励起光を当て，放出される蛍光を検出するため，蛍光顕微鏡やレーザー顕微鏡を用いて観察する．したがって，強い蛍光を発し，退色しにくい色素ほど有用である．励起光と蛍光の特性を理解したうえで，適切な色素を組み合わせれば，同一切片上で同時に複数の色素を識別できるので，多重染色には蛍光色素を用いることが多い．

蛍光色素の特性：蛍光色素は，光を吸収し，基底状態にあった電子が励起状態となり，再び基底状態に戻る際に一部は熱として，多くは光として放出する．このとき，蛍光色素に当てる光を励起光といい，放出される光を蛍光という．励起に必要な励起光の波長と，放出される蛍光の波長は蛍光色素ごとに異なる．例えばフルオレセインの最大励起波長は 492 nm（青色の可視光）で，最大蛍光波長は 520 nm（緑色の可視光）である．今日，多くの色素が開発されているが，色素の選択にあたっては，まず，この励起光と蛍光の波長特性を把握する必要がある[3]．蛍光色素は，励起し続けると次第に発光が弱まる．これを退色（褪色）という．生物学試料の観察では，一定の時間励起光を当てることが必要であり，この退色が大きな問題となる．特に高倍率レンズを用いた場合，励起光が局所に強く当たり，退色が著しいことがある．フルオレセインは蛍光色素の中でも退色がきわめて速い色素の一つであり，注意を要する．試料の封入に，退色防止効果を有する封入剤を用い

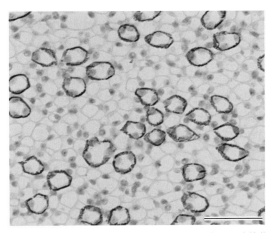

図 III. 2.6 酵素抗体法（口絵 12 参照）．HRP 標識 2 次抗体を用いた酵素抗体法の例（マウス腎臓髄質でアクアポリン 3 を染色）を示した．基質は過酸化水素と DAB を用い，茶褐色に発色した．ヘマトキシリンで核を染色し，通常の明視野顕微鏡で観察した．集合管細胞が陽性である．スケールバー：50 μm.

ることで，ある程度対処可能である．近年蛍光自体も強く，退色しにくい色素として，Alexa Fluor シリーズや DyLight シリーズをはじめとする多くの有用な色素が開発され，選択の幅が広くなっている．

蛍光色素の選択：通常の蛍光顕微鏡観察においては，青，緑，赤，近赤外の蛍光を発する4種類の色素を組み合わせた多重標識が行われることが多い（図 III. 2. 7）．フルオレセイン，およびその誘導体である FITC（fluorescein isothiocyanate），Alexa Fluor 488 などが緑の蛍光を発する代表的な色素である．赤の蛍光を発する色素としては，Rhodamine Red-X や Texas Red，Alexa Fluor 594 などが挙げられる．青の蛍光を発する色素としては，AMCA（aminomethylcoumarin acetate）や Alexa Fluor 350 が挙げられる．また細胞核を標識する色素として用いられる DAPI（4', 6-diamidino-2-phenylindole）は，DNA に結合すると，近紫外線で励起され青色の強い蛍光を発する．近赤外の蛍光を発する色素として Alexa Fluor 647 が挙げられ，ヒトの視覚では観察しづらいが，検出できる CCD カメラなどのシステムがあれば有用な色素である．蛍光多重染色においては，それぞれの蛍光色素からの蛍光を，確実に分離して観察できることが必要であり，検出システムの特性に合わせた適切な色素の選択が必要となる．レーザー顕微鏡観察では，原理的には搭載されたレーザーの数に相当する数の色素による多重標識が可能である．

c. 量子ドット

量子ドットは特殊な半導体で，特徴として，既存の蛍光色素と比較してきわめて明るい蛍光を発し，退色しにくいことや，電子顕微鏡で観察できる粒子であることが挙げられる．

量子ドットの構造と特性：量子ドットは 1980 年代に発明され，現在さまざまな分野で応用されている．生物学的標識として用いられる量子ドットは，半導体物質であるセレンやテルルと混合したカドミウムをコア（核）とし，その周囲を硫化亜鉛からなるシェル（殻）で覆い，さらに，水溶性を高めるためのコーティングが施されている．大きさは直径 10 ～ 20 nm で，従来の蛍光色素（10 nm 以下程度）よりは大きい．また，蛍光物質でありながら電子顕微鏡でも粒子として観察できるという特徴がある．量子ドットの蛍光色素としての特徴は以下のような点が挙げられる．まず，蛍光が明るいうえに，光安定性がきわめて高い点である．このため，長時間の蛍光観察にも耐えることができ，免疫組織化学法での抗体標識にはもちろん，生体分子を直接標識し，生体内や培養細胞内での動態を長時間にわたって観察するのにも適している．もう一つの特徴として，広範な励起波長で励起され，量子ドットのサイズにより異なる波長の蛍光を発することが挙げられる．つまり，同一標本上で，単一の励起光源により，複数のサイズの量子ドットからの異なる色の蛍光を同時に検出することが可能である．

免疫組織化学法での応用：免疫組織化学法においては，量子ドットは抗体の標識として用いることができる．蛍光を観察する際に，退色をほとんど気にしなくて済むという点では非常に有用である．また，電子顕微鏡でも粒子として観察できる点から，蛍光を光学顕微鏡で観察したのちに，その試料を電顕観察用に包埋して，電顕観察することもでき，目的によっては非常に便利である．しかし，標識のサイズが大きくなると抗体の浸透が悪くなり，抗原に到達しにくくなる．実際，量子ドット標識の抗体を用いる場合，抗体希釈液に Triton-X100 を加えたり，反応時間を長くしたりという工夫が必要となる．それ

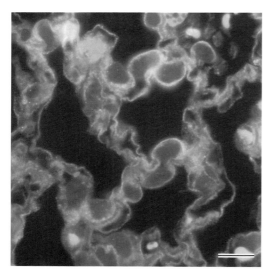

図 III. 2. 7　蛍光抗体法による多重染色（口絵 13 参照）．ウサギで作製した1次抗体（アクアポリン1）と，モルモットで作製した1次抗体（アクアポリン5）を用いた二重染色の例（マウス肺）を示した．2次抗体は，ロバで作製し Alexa Fluor 488（緑）で標識したウサギ IgG に対する抗体と，ロバで作製し Rhodamine Red-X（赤）で標識したモルモット IgG に対する抗体で蛍光標識した．また細胞核を DAPI で標識した（青）．蛍光顕微鏡で観察．アクアポリン1は血管内皮に，アクアポリン5は肺胞上皮に陽性である．スケールバー：10 μm．

でも浸透が悪いこともあり，微量な抗原の検出には必ずしも有用ではない．

2.2.3 多重染色

同一組織切片上で，同時に複数種類の抗原の位置関係を知りたい場合，多重染色が非常に有効な手段である．この場合，異なる動物種で得られた1次抗体を組み合わせるのが最も理想的である．例えば，抗原Aに対するウサギで作製した抗体と，抗原Bに対するモルモットで作製した抗体を1次抗体として用いて二重染色をする場合，2次抗体としては，ウサギIgGに対するロバで作製した抗体とモルモットIgGに対するロバで作製した抗体を用いれば，それぞれの1次抗体を特異的に認識できる（図III.2.7）．ここで注意すべき点は，目的とする動物種以外のIgGには交差反応しない2次抗体を用いることである．動物種は異なっても，IgGの構造は似ているので，交差反応が起こりやすい．多重染色用に，交差反応する抗体を除去した2次抗体が市販されている．また，2次抗体の標識物には，識別可能な組み合わせを用いる必要がある．標識物には酵素も蛍光色素も用いることができるが，多種多様な蛍光色素とその検出装置が開発されている今日においては，蛍光色素を用いるのが便利である．蛍光色素を用いる場合，1次抗体の動物種が異なれば，原則として1次抗体同士，2次抗体同士を混ぜて切片上で反応させることが可能であり，単染色と同じステップ数でおこなえる．ただし，一方の染まりが悪くなるような場合，1次抗体を別々に，場合によっては2次抗体も別々に反応させた方がよい結果が得られることもある．同じ動物種で作製した1次抗体で多重染色を行う場合，原理的に確実な方法は，1次抗体を直接標識する方法である．抗体を酵素標識あるいは蛍光標識するためのキットがメーカーから市販されているので，これを用いるのがよい．

多重染色は，抗原の位置関係を示すには有力な手段であるが，結果の解釈を誤らないために，以下の点はとくに注意すべきである．すなわち，異なる抗原に由来するシグナルを確実に分離できる色素の組み合わせを用いることと，単染色と多重染色の結果にそごがないことを注意深く確認することである．

2.2.4 高感度な方法や増感処理

抗体に付着する標識物の量が多くなるほど，シグナルが増強され好感度となる．間接法では，1次抗体1分子に結合する2次抗体の数は通常複数であるから，直接法よりも間接法の方が感度が高くなる．さらに，2次抗体に多くの標識物を付着させれば，より感度が高くなる．実際，さまざまな高感度な方法や増感法が開発され，各種メーカーからキットと

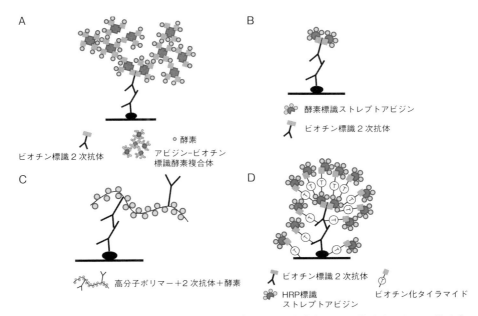

図 III. 2.8 免疫組織化学における高感度な方法や増感法．ABC法（A），LSAB法（B），ポリマー法（C），CSA（TSA）法（D）を示した．各法の詳細は本文を参照．

して販売されている．微量抗原の検出には有効な手段であるが，注意点も忘れてはならない．まず，非特異的に2次抗体が付着した場合でもシグナルが増強される点である．検出器の感度も著しく向上している今日，あたかもそれらしい免疫染色像をつくり出してしまう危険性があり，十分に注意しなければならない．また，標識物の塊が大きくなればなるほど，元の抗原の局在よりも広範囲に標識が広がって観察される点も注意しなければならない．

a. ABC法（avidin-biotinylated peroxidase complex method）（図 III. 2. 8A）

この方法はアビジンとビオチンの結合を利用した方法である．アビジンは卵白中に存在する糖タンパク質で，低分子ビタミンであるビオチン（別名ビタミン B_7）に非常に強い親和性を有する．さらにビオチンはタンパク質の分子標識として広く用いられるように，容易にタンパク質に結合させることができる．ABC法では，ビオチンで標識した2次抗体を用い，そこに，あらかじめ調整したアビジン-ビオチン標識酵素複合体を結合させる．アビジン-ビオチン標識酵素複合体の大きさが大きいほど，含まれる酵素分子が多くなり，酵素-基質反応が増強されることになる．しかし，複合体の立体構造によっては，ビオチンへの結合性が低下する可能性も指摘されている．ABC法の優れた点は，ビオチンは小さな分子なので，ビオチン標識2次抗体の浸透への影響を無視できる点である．注意しなければならないのは，組織がもともと有している内在性の酵素活性に加えて，内在性のビオチンが非特異的にアビジン-ビオチン標識酵素複合体と結合してしまうことである．内在性ビオチンの含有量が多い器官としては，ヒトでは肝臓，腎臓，筋，乳腺，消化管などが挙げられる．アルデヒド系固定液の浸漬により，ビオチン活性は低下，失活するともいわれるが，抗原賦活化により復活することもあり，これらの器官の免疫染色では注意する必要がある．

b. LSAB法（labeled streptavidin biotinylated antibody method）（図 III. 2. 8B）

ABC法のアビジンに代わり，ストレプトアビジンを用いた方法がLSAB法である．ストレプトアビジンは，細菌の一種である *Streptomyces avidinii* が産生するタンパク質で，性質はアビジンによく似ており，ビオチンに非常に強い親和性を有する．一方，糖鎖を持たない点や，等電点が弱酸性から中性である（ビオチンは塩基性）点から，非特異的な結合が少ない利点があり，アビジンに置き換えて用いられている．ビオチン標識2次抗体を用いる点まではABC法と共通であるが，アビジン-ビオチン標識酵素複合体ではなく，ビオチンを介さずに直接酵素を結合させたストレプトアビジンを用いる点が異なる．前述の通り，ABC法では，アビジン-ビオチン標識酵素複合体が，立体構造によってはビオチン標識2次抗体に結合しにくくなる可能性があるが，LSAB法ではこの心配が少ない．また，ストレプトアビジンのビオチンへの親和性の強さと特異性から，ABC法よりも感度が高いとされる．しかし，ABC法同様に内在性のビオチンの影響を受ける点は変わらないので注意が必要である．

c. ポリマー法（図 III. 2. 8C）

ポリマー法は，高分子ポリマーに多数の酵素と2次抗体を結合させたものを1次抗体に反応させる方法である．ABC法やLSAB法と，酵素を多数結合させるという点では共通の発想である．高分子ポリマーでは組織への浸透性が問題となるが，実際にはそれほど影響がないようである．また内在性のビオチンの影響を受けることがない点や，染色ステップが通常の間接法と同じである点から，広く用いられる方法であるといえる．

d. CSA（catalyzed signal amplification）法，TSA（tyramide signal amplification）法（図 III. 2. 8D）

この方法は，タイラマイド（チラミド）といわれる物質がカギとなる．タイラマイドは，アミノ基をもつ p-フェノール誘導体であり，過酸化水素存在下で，HRPの触媒作用によってラジカル化される特性をもっている．このラジカルは，芳香族化合物（チロシンやトリプトファンといったアミノ酸など）が近くにあるとき，それらと非特異的な共有結合をつくる．手順と原理は以下の通りである．

①通常の間接法の手順で，1次抗体を反応させ，ビオチン化2次抗体を反応させる．②HRP標識ストレプトアビジンを結合させる．③ビオチン化したタイラマイドを過酸化水素存在下で添加すると，HRPの作用により，タイラマイドが，抗体を含めてその周囲に存在するタンパク質を構成するチロシンやトリプトファンに非特異的に結合する．④さらにHRP標識ストレプトアビジンを加え，ビオチン化タイラマイドに結合させる．これにより，多量のHRPが抗原周辺に結合するので，DAB反応を行えば格段

にシグナルが増強される．また，HRP 標識ストレプトアビジンの代わりに蛍光標識ストレプトアビジンを用いればシグナルを蛍光で検出することもできる．

この方法は免疫組織化学の他に，in situ ハイブリダイゼーションで微量なシグナルを検出する際に用いられることも多い． ［松﨑利行］

参考文献

1) 高田邦昭，松﨑利行（2008）組織細胞化学 2008（日本組織細胞化学会編），学際企画，pp.1-11.
2) 松﨑利行，多鹿・高橋幸子，多鹿友喜他（2004）組織細胞化学 2004（日本組織細胞化学会編），学際企画，pp.243-253.
3) 鈴木健史（2011）組織細胞化学 2011（日本組織細胞化学会編），学際企画，pp.103-115.

2.3 in situ ハイブリダイゼーション法とその応用

in situ ハイブリダイゼーション（ISH）法[1,2]は，細胞標本や組織切片上あるいは胚標本上で特定の塩基配列を持つ DNA ならびに RNA の局在証明法および定量法として，現在基本的な組織化学的手技の一つとなっている．特に mRNA を対象とする ISH 法は，この 30 年の間に大きく変化し，プローブ標識の主流は放射性同位元素から非放射性物質に変わり，プローブとなる核酸調整法も大いに簡素化された．本節では，組織切片上で特異的塩基配列を持つ mRNA 分子を色あるいは光シグナルとして視覚的かつ定量的に検出する免疫組織化学的 ISH について，その具体的操作と各操作ステップの必要性を解説する．

2.3.1 ISH の必要性
a. 遺伝子発現解析法としての意義

ISH は，基本的に細胞単位での特異的遺伝子発現解析法であり，ノーザンブロット法や RT-PCR 法による細胞集団の平均値としての結果では不十分な場合に威力を発揮する．また，最終生産物のタンパクレベルでの細胞単位での検討には，免疫組織化学が有効であるが，そのシグナルの局在が必ずしもその細胞でのその時点での合成を意味しないという欠点がある．さらに，免疫組織化学が抗原の安定性に左右されることから，検出結果が固定操作や抗原性の賦活化により大きく影響を受ける．これら免疫組織化学の落とし穴を回避するためには，ISH 法によるそれら遺伝子の mRNA 発現の確認が有効である．

b. ポストゲノム時代における ISH の必要性

全ゲノム配列が知られる現代では，ゲノム自身の解析よりも遺伝子の発現制御機構の解析が必要とされており，miRNA の作用にみられるような転写産物間の相互作用の理解が重要と思われる．これらのタンパクに翻訳されることのない機能性 RNA の細胞単位での解析にも ISH の有効性は明らかであろう．

2.3.2 ISH の基本原理と反応理論
a. 雑種形成の原理

DNA はデオキシリボース鎖を骨格としてプリン塩基であるアデニン（A），グアニン（G）およびピリミジン塩基であるチミン（T），シトシン（C）の四塩基から構成されている．また RNA はリボース鎖を骨格として A，G，C およびチミンの替わりのウラシル（U）から構成されている．核酸塩基間においては，A に対して T あるいは U が，G に対しては C が相補的であり，それぞれ 2 本および 3 本の水素結合を塩基間に形成することにより安定な複合体を構成する．したがって，検出対象である mRNA をそれと相補的な塩基配列を持つ DNA あるいは RNA（このような核酸に何らかの標識が入っているものをプローブ（探索子）という）と適当な条件下で反応させると両鎖は安定な二本鎖の分子雑種を形成する．分子雑種の安定性は基本的には塩基間に形成された水素結合の総数に依存している．

b. 雑種形成に関する基本的パラメータ

分子雑種の安定性は，いわゆる融解温度（T_m 値）で表され，一般的には DNA 鎖間で得られた次の式で計算される．

$$T_m = 81.5 + 16.6 \log[溶液中の塩濃度]$$
$$+ 0.41 \times (GC 含量：\%) - 820/塩基数$$
$$- 0.61 \times (ホルムアミド濃度：\%)$$

この計算式を基本にして，DNA-RNA 雑種の場合は 5〜8℃ 加算し，RNA-RNA 雑種の場合には 10〜15℃ 加算する．本式から明らかなように，T_m は塩濃度，GC 含量，分子雑種の長さ，ホルムアミド濃度などによって影響を受ける．そこでより厳しい条件，すなわちより相補性が高い雑種しか存在できないような条件を「stringency が高い」と呼び，高温度，低塩濃度，高濃度のホルムアミド存在下などが相応する．なお，これらの計算式は溶液中での反

応に関するもので、ISHのような固層にあるmRNAと溶液中のプローブとの反応の場合には、T_m値は約5℃下がる。雑種形成反応の速度に関しては、溶液中ではプローブの塩基配列が単調で長くかつ高濃度であるほど速いことが知られているが、実際上はいずれのプローブ核酸を用いる場合でも、(T_m-30)℃から(T_m-15)℃で15～20時間ハイブリダイゼーションを行うのが通例である[1,2]。なお、合成オリゴDNAのように20～45塩基程度の比較的短いDNAプローブを利用する場合は、T_m値の計算は次の式による。

$$T_m = 81.5 + 16.6 \log[溶液中の塩濃度]\\ + 0.41 \times (GC含量：\%) - 675/塩基数\\ - 0.61 \times (ホルムアミド濃度：\%)$$

c. 免疫組織化学的ISH法の原理

図III.2.9に示したように、まず標的RNAに相補的な配列（アンチセンス配列）を持つ核酸分子（ここでは合成オリゴDNA）を抗原性物質（ハプテン）で標識しプローブとする。ついで、組織切片などとin situでハイブリダイゼーション反応を行わせた後、最終的にハプテンに対する抗体を用いて免疫組織化学的にシグナルを検出する。ここでは西洋ワサビのペルオキシダーゼ（HRP）活性を利用してシグナルを視覚化している。プローブ核酸としてはいろいろな選択肢が存在するが、筆者らは結果の定量性とプローブ作製の簡便性から現在合成オリゴDNAを利用している（図III.2.9）。

2.3.3 試料やプローブの選択肢

a. 放射性か非放射性か

ISH法では、プローブとして用いる核酸を放射性あるいは非放射性物質で標識し、雑種形成反応後その標識物の特性あるいは活性を利用してその存在箇所を視覚化する。放射性法では、^{3}H、^{32}P、^{33}P、^{35}Sなどの放射性同位元素でプローブ核酸を標識し、雑種形成後オートラジオグラフィーによりシグナルを検出する。一方、非放射性法の場合には、抗原性物質（ハプテン）でプローブ核酸を標識し、最終的にHRPなどの酵素や蛍光色素で標識した抗ハプテン抗体を反応させ免疫組織化学的にシグナルを視覚化する。現在では解像力や簡便さおよび安全性において勝る非放射性法が広く利用されている。特に技術的な改良や観察機器の発展により、感度や定量性に関して両者に基本的な差異はなく、また非放射性法では電顕応用や二重染色への応用など汎用性が高い点が注目されている。本節では以下非放射性法に焦点を絞る。

非放射性法としては、図III.2.9に示した免疫組織化学的ISH法が最も一般的である。ハプテン物質としては、ビオチン、ブロモデオキシウリジン、チミン二量体、ジゴキシゲニンなど多数の報告があり、それぞれに長所・短所が認められる[1]。筆者らが独自に開発したチミン二量体法は、紫外線（$\lambda = 254$ nm）照射によりDNAそのものをハプテン化するもので、ハプテン化反応中になんら不要な物質の混入はなく標識後のプローブの精製も不要であり、安価でさまざまな欠点を克服している。筆者らの研究室では、異なるRNAの二重染色を念頭にハプテンとしてチミン二量体法とジゴキシゲニンを用いている。

b. プローブ核酸の種類

二本鎖のcDNA、一本鎖cDNAあるいは合成オリゴDNAと一本鎖のcRNAが選択肢である。作製が

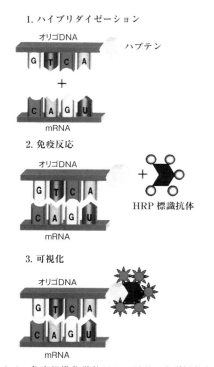

図III.2.9 免疫組織化学的ISHの原理．まず標的とするmRNAに相補的核酸配列を持つオリゴDNA（oligo-DNA）を合成し、その末端をチミン二量体やジゴキシゲニンなどのハプテンで標識しプローブとする（step 1）．ついで組織標本上においてin situで（その場で）雑種形成を行わせ（step 2）、最終的にHRP標識抗ハプテン抗体を用いて免疫組織化学的に視覚化する（step 3）．

最も簡便なのは合成オリゴ DNA で，対象となる RNA 配列がわかれば直ちに合成して利用できる．通常は 25 から 60-mer 程度の一本鎖 DNA を合成する．DNA 合成機があれば 1 塩基あたり 5～6 min で合成可能であるし，外注しても 1～2 週間以内にしかも安価に入手可能である．RNA プローブは，DNA に比べて組織構成成分への非特異的吸着傾向が強く，それらを除去するための RNase の使用とその組織上での反応性のムラに問題がある．結論からいえば，いずれの核酸でも使い方次第で有効なシグナル取得が可能である．重要なのは，各自の研究現場でのプローブの入手の容易さであろう．ここでは最も簡便で，シグナルの定量性が唯一保証されるオリゴ DNA を例とし扱う．

c. 試料の選択

試料としては，培養細胞，凍結切片，通常のパラフィン切片および樹脂包埋切片などが可能である．それぞれに特徴があるので，それらをよく理解して選択すべきである．簡単な特徴を表 III. 2. 1 にまとめておく．

d. シグナルは色か光か

非放射性法で得られる最終シグナルを色で得るか蛍光として得るかという選択肢がある．いずれも画像処理システムの利用により定量的に解析できる．

色シグナルは一般的には安定で通常の光学顕微鏡で観察可能であり，構造全体の中で評価できる点で，組織試料に適している．一方，蛍光シグナルに関しては共焦点レーザー顕微鏡を含めハード面での進歩が著しく特に二重染色像は美しい．筆者らは，通常は色シグナルで検討を行い，必要に応じて蛍光シグナル結果を提示している．

いずれにせよ多数の共同研究の経験から述べれば，最終的に必要とする結果のレベル（解像力，シグナルの種類，定量的解析の必要性など）の設定を基本として，自分の専門知識と経験および実際に当該研究に割ける時間，属する研究室の専門性，周辺機器や設備を考慮の上，最も効率の高い組み合わせを選択するのが最良と考える．

2.3.4 具体的操作と注意点

ここでは，頻用されるパラフィン包埋切片での特異的 mRNA 検出用プロトコルの各ステップについて詳述する（表 III. 2. 2）．必要とされる試薬や緩衝液の組成および作製法については，他書を参照願いたい[1]．特に，検出対象が RNA なら，その分解酵素であるリボヌクレアーゼ（RNase）の混入を最小限にすることが基本である．素手でスライドガラスや使用容器類に触れることがないようゴム手袋などを常時着用する．RNase を失活させるには，高温（例えば 240℃，2～4 時間）で乾熱処理するか，0.2%（v/v）ジエチルピロカーボネート（DEPC）溶液に室温，20 分浸漬する．水に関しては，ミリ-Q 等逆浸透膜を通した，いわゆる「純水」なら特に問題はなく，DEPC の処理は基本的に不要である（表 III. 2. 2）．

a. 固定

組織形態の保存と mRNA の不動化を目的として固定を行う．DNA を固定する場合は，エタノール-酢酸（3 : 1（v/v））混液などのアルコール系の固定液が有効であるが，mRNA を対象とする際は，4% パラホルムアルデヒド（PFA）の利用が最も有効である[1]．一般的にはグルタルアルデヒド（GA）固定は避ける．筆者らは，PFA 粉末を加水分解して 4% PFA/PBS（pH 7.4）を調整し，4℃保存で 1 カ月程度内で使い捨てている．採取組織は，室温で一晩（17～24 hr）固定する．

b. 切片作製

切片の厚さは，必要とする解像力とも関係するが，

表 III. 2. 1 さまざまな試料の mRNA を検出する上での利点と欠点

試料の種類	利点と欠点
培養細胞	mRNA の保存が良好 細胞単位での全発現量の測定が可能 プローブの浸透性に注意が必要
新鮮凍結切片	プローブの浸透性が良好 高感度 RNA の抽出など多目的利用可能 mRNA の消失に注意が必要
既固定凍結切片	シグナルの再現性が高い ブロックの再細切可能 解像力もかなり高い
パラフィン切片	高解像力 ブロックの保存が簡単 感度が若干下がる
樹脂包埋切片	超高解像力（subcellular での解析可能） 電子顕微鏡での利用が中心 プローブの浸透性に難がある

表 III. 2. 2　パラフィン切片を用いたチミン二量体化オリゴ DNA プローブによる ISH

1) 脱パラフィン	トルエンに浸漬（5 min，3回）後，100～70％エタノール処理し PBS に浸漬
2) 除タンパク	0.2 N HCl（室温（RT），20 min）
3) 透過性賦与	0.2％ Triton X-100/PBS（RT，10 min）
4) 除タンパク	プロテイナーゼ K/PBS 処理（10～200 μg/mL，37℃，15 min）
5) 洗浄	PBS で洗浄（5 min，3回）
6) 後固定	4％ PFA/PBS で後固定（RT，5 min）
7) アルデヒドの中和	PBS で洗浄後，2 mg/mL グリシン/PBS に浸漬（RT，15 min，2回）
8) プレハイブリダイゼーション	蒸留水で洗浄後，40％脱イオン化ホルムアミド/4×SSC[*1] に浸漬
9) ハイブリダイゼーション	ハイブリダイゼーション溶液[*2]（25 μL）を添加し，よく混ぜ合わせる．湿室内[*3]にて，37～42℃で一晩反応させる．プローブ濃度は通常 12 μg/mL とする．
10) 洗浄	2×SSC，50％ホルムアミド/2×SSC[*4]，PBS などで洗浄する（37℃，1 hr，5回）
11) ブロッキング	500 μg/mL 正常マウス IgG/5％ BSA/100 μg/mL サケ精巣 DNA/100 μg/mL 酵母 tRNA/PBS を添加（30～35 μL）し，PBS で飽和した湿室内でブロッキング操作を行う（RT，1 hr）
12) 抗体反応	HRP 標識マウスモノクローナル抗体（抗チミン二量体抗体[*5]/5％ BSA/100 μg/mL サケ精巣 DNA/100 μg/mL 酵母 tRNA/PBS）溶液を添加（30～35 μL）し，一晩反応（RT）
13) 洗浄	0.075％ Brij 35/PBS および PBS にて洗浄（RT，15 min，4回）
14) 発色	0.5 mg/mL 3,3'-ジアミノベンジジン 4 塩酸（DAB）/0.025％ CoCl$_2$/0.02％ NiSO$_4$(NH$_4$)$_2$SO$_4$/0.01％ H$_2$O$_2$/0.1 M リン酸ナトリウム緩衝液（pH 7.5）溶液に浸漬し，6 min 発色させる
15) 洗浄・脱水	蒸留水で洗浄後，通常のアルコール・キシレン系列を用いて脱水・封入

[*1]　ハイブリダイゼーションに用いるホルムアミドは，使用直前に脱イオン化する．
[*2]　ハイブリダイゼーション溶液の組成（250.00 μL）は以下のようである（40％ ホルムアミドの場合）：1M Tris/HCl（pH 7.4）；2.50 μL，5M NaCl；30.00 μL，0.2M EDTA（pH 7.4）；1.25 μL，脱イオン化ホルムアミド；100.00 μL，100×Denhardt 溶液；2.50 μL，酵母 tRNA（10 mg/mL）；6.25 μL，サケ精巣 DNA（5 mg/mL）；6.25 μL，硫酸デキストラン（50％）；50.00 μL，プローブ/10 mM Tris/HCl-1 mM EDTA（pH 7.4）；51.25 μL．
[*3]　ハイブリダイゼーション溶液に用いるホルムアミド濃度と同じ濃度の溶液で飽和したもの．
[*4]　この条件はプローブの T_m 値によって可変である．
[*5]　協和メデックス抗 T-T dimer 抗体を使用する場合は，80 倍希釈して用いる．また，非特異的反応を抑えるため 0.3 M NaCl を添加する．

シグナル強度の点からいえばプローブの浸透できる最大限が理想である．具体的には，凍結切片では 13 μm 程度まで，パラフィン切片では 5～6 μm と思われる．得られた切片は，操作途中での脱落・剥離を防ぐためシラン処理ガラスなどに拾う[2]．他のさまざまな表面処理[1] よりも接着力の点や非特異的吸着の低さおよび処理の簡単さから最も推奨できる．

c．脱パラとリハイドレーション

トルエンに 5 分，3 回浸漬後，100～70％のエタノール系列を経て PBS に浸漬する．パラフィン切片は，脱パラ前に 60℃で 1 時間ほど暖めておき，脱パラ系列に浸漬すると効率がよい．パラフィンに溶けているプラスチックが溶解されにくいためである．

不完全な脱パラ操作により染色ムラを生じることがある．筆者らは，より完全な脱パラを目指してキシレンの代わりにトルエンを用いている．さらに，一度水溶液に戻したなら操作終了まで切片を乾燥させないことが，染色ムラを抑える上で重要である．

d．塩酸処理

0.2 N HCl で室温，20 分処理する．本操作は，核酸と静電気的に親和性のある RNase やヒストン様の塩基性タンパクを標本から除去する一種の除タンパク操作である．したがってこの処理により特に塩基性タンパクに由来するプローブ核酸との静電気的非特異的反応を下げることができる．しかし，除去対象である塩基性タンパクのアミノ基は PFA 固定で

有効に固定されるためパラフィン切片での本操作の効果は限定的である．

e．表面活性剤処理

0.2%（v/v）Triton X-100/PBS に室温，10分浸漬する．プローブの組織中への浸透性を上げるための操作で，特にパラフィン切片の場合に有効なことがある．ISH に必ずしも必須な操作ではなく，過度の処理は形態損傷および非特異的呈色を生ずる．

f．タンパク質分解酵素処理

最も有効な除タンパク操作で，標的核酸を露出させることを目的とする．一般的にはプロテイナーゼ K が使用され，PBS に溶解して 1 ～ 100 μg/mL，37℃，5 ～ 15 分処理する．酵素液は，37℃，30分プレインキュベートして混入が疑われる RNase や DNase をあらかじめ自己消化させる．プロテアーゼ処理の至適条件は固定状態や試料の種類および臓器によっても異なるので，28S rRNA[1,2] などを指標として至適化する必要がある（後述）．酵素液は分注して凍結保存し，凍結-融解を繰り返すことがないよう留意．

g．後固定

スライドガラスを 4% PFA/PBS に室温，5分浸漬する．この処理により，緩んだ組織を再固定し以降の操作過程における RNA の流出を抑える．PBS での洗浄後，2 mg/mL グリシン/PBS 処理（15 分，2 回）し，残存する反応性アルデヒドを中和しておく．

h．プレハイブリダイゼーション

一般的には 40 ～ 50% ホルムアミド／4×SSC（1×SSC（standard saline citrate の略）：0.15 M NaCl，0.015 M Na citrate，pH 7.0）に室温で 30 分程度浸漬する．ホルムアミドは，使用直前に Bio-Rad 社製 AG-501-X8（D）樹脂（10 mL あたり 0.5 ～ 1 g）などにて室温，30 分脱イオン化して用いる．最近の遺伝子解析用試薬では精製度が高くこの種の脱イオン化が必要ないものもある．しかし，一度封を切ると不活性気体で封じない限りはイオン化が進むので要注意．

i．ハイブリダイゼーション

ハイブリダイゼーション混液の組成は表 III. 2.2 に示している．プローブ間あるいはプローブ塩基内に相補的配列が存在する場合もあり，混液は使用前に一本鎖化操作（沸騰浴で 5 ～ 7 分加熱後，氷水にて急冷）を行う．混液の添加に際しては，乾熱滅菌処理し RNase を失活させたガーゼで試料切片の周囲のプレハイブリダイゼーション溶液を拭い去り，一切片あたり 20 ～ 30 μL の反応液を添加し，ピペットチップの先を上手く使ってよくかき混ぜた後，約 15 ～ 20 時間湿室内にて反応させる．反応温度（T_h）は，上述したように融解温度（T_m）値を計算し，そこから一定の温度を減じて決定する．例えば，45-mer のオリゴ DNA を用いるときには，$T_h = (T_m - 15)$℃である．プローブ濃度は，通常 1 ～ 2 μg/mL とする．湿室内には，ハイブリダイゼーション溶液と同じ濃度のホルムアミド（もちろん高純度である必要はない）を入れ飽和させる．この条件下では，反応液の乾燥防止のために行われるカバーガラスなどで切片を覆う操作は必要ない．

j．洗浄

2×SSC や 50% ホルムアミド/2×SSC などで室温あるいは 37℃で 1 時間ずつ 5 回洗浄する．基本的には，ハイブリダイゼーション反応に用いた条件よりもやや高 stringent な条件で洗浄を行い，非特異的雑種を除去する．最終的に，2×SSC および PBS で洗浄してホルムアミドを除いておく．

k．免疫組織化学

500 μg/mL 正常マウス IgG/5%（w/v）BSA/100 μg/mL サケ精巣 DNA/100 μg/mL 酵母 tRNA/PBS を 30 ～ 35 μL 切片に添加し，PBS で飽和した湿室内で 1 時間静置し非特異的反応をブロッキングする．続いて，HRP 標識マウスモノクローナル抗体溶液を添加（30 ～ 35 μL）し一晩反応する．後，0.075% Brij 35/PBS および PBS にて，15 分ずつ 4 回洗浄．発色は，3,3'-ジアミノベンジジン 4 塩酸溶液に $CoCl_2$ と $NiSO_4(NH_4)_2SO_4$ を加えた増感法を用いている．プローブ核酸を標識したハプテンに対する抗体を用いてシグナルを検出するわけであるが，筆者らはチミン二量体法の場合には HRP 標識マウス抗 T T dimer モノクローナル抗体（協和メデックス）を用いて検出しており，ジゴキシゲニンの場合にも HRP 標識ヒツジ抗ジゴキシゲニン抗体（ロッシェ）を利用している．

2.3.5 最低必要な対照実験

a．陽性対照実験

mRNA は容易に消失するため，組織切片での RNA の保存状態の把握は重要である．特に固定条件などを一定にしにくい臨床材料や病理標本間でのシ

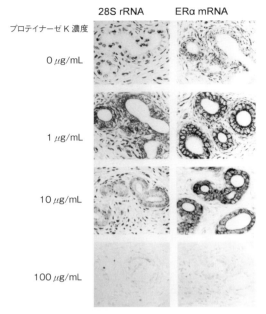

図 III. 2. 10　ラット子宮パラフィン切片における 28S rRNA ならびにエストロゲン受容体α（ERα）mRNA 検出へのプロテアーゼの効果[2]．ラット子宮パラフィン切片を，種々の濃度のプロテイナーゼ K 処理（0 〜 100μg/mL，37℃，15 min）し，それぞれについてチミン二量体化合成オリゴプローブを用いた ISH を行い，28S rRNA（左列）ならびに ERα mRNA（右列）を検出したもの．その結果，雑種形成可能な RNA として検出した 28S rRNA の染色強度はプロテアーゼ濃度に依存しており，10μg/mL で最強となった．また同様の条件で ERα mRNA シグナルも最善の結果を示した．この結果は，28S rRNA 染色は，特異的 mRNA の検出を行う際の種々の条件の至適化に有効な指標となりうることを示している．

グナル強度の比較には，一定の RNA の保存度を保つ試料選択は必須である．RNA の一般染色法としては，メチルグリーン・ピロニン Y 染色が有効であるが[2]，全 RNA 量の高低よりも重要なのは，雑種形成可能な RNA の保存度である．この検討を目的として，筆者らは 28S rRNA に対する ISH による雑種形成可能な RNA の保存度評価システムを確立した[2]．なお，この配列は哺乳類はもとより驚くほど多くの生物種で遺伝的に完全保存されており，広く使用可能である．またプロテアーゼ処理の至適化にも有効であり（図 III. 2. 10），さらには試料間での特定の遺伝子発現程度を定量的に比較検討する際にも大変有用である（図 III. 2. 10）．

b．陰性対照実験

さまざまな生体高分子が共存する組織細胞標本を解析対象とする組織細胞化学では，シグナルの特異性の検定[2]が必須である．RNase の前処理でシグナルが消失することにより，シグナルが RNA 由来であって，DNA やタンパクとの反応による結果でないことを示すことがまず基本である．さらに，合成オリゴ DNA プローブを利用した場合の塩基配列特異性の検定法としては，mRNA と同一配列のセンス鎖をプローブとしたとき呈色しないことを示すとともに，アンチセンス配列をもつ無標識の DNA 存在下（モル比で 50 〜 100 倍量）でシグナルが激減するが，同一でない DNA の存在下では呈色に変化がないことを示す[1]．

おわりに

本章では，光学顕微鏡レベルでの ISH 法による特異的 mRNA の検出に関する原理と操作について解説した．現在では，本法による mRNA シグナルの定量的解析も画像処理システムの発展によりきわめて容易になっている．また本条件の多くは直ちに電子顕微鏡レベルへも応用可能である．究極の増感法として in situ PCR[3] の利用も含め，転写因子の解析法であるサウスウェスタン組織化学[4] や DNA のメチル化部位検出法である HELMET 法[5] なども開発され，遺伝子発現制御の解析に向けての多角的なアプローチも可能となっている．これらの併用により ISH 法の有用性がさらに高まるものと思う．

［小路武彦］

参考文献

1) 小路武彦編（1998）In situ hybridization 技法，学際企画．
2) 小路武彦（2016）組織細胞化学 2016（日本組織細胞化学会編），学際企画，pp.67-78．
3) 小路武彦，菱川善隆（2010）日本臨床 68（増刊号 8）：219-226．
4) 小路武彦（2010）組織細胞化学 2010（日本組織細胞化学会編），学際企画，pp.61-70．
5) 小路武彦（2012）顕微鏡 47（1）：1-4．

第 IV 部
生きた細胞，組織・器官の観察

1 生きた培養細胞の観察

現代の顕微鏡は，固定，切片化し，染色した標本を観察するだけでなく，培養した標本，生体から生きたまま取り出した標本，そして，生きたままの動物（あるいはヒト）そのものも，高倍率観察の対象とする．特に，蛍光化した標本では，光を組織中を透過させずに，露出された組織の表面に当てるだけで落射照明ができることから，組織全体の大きさを気にせずとも，片面へ露出した部位の観察が可能である．こうした状況から，顕微鏡の下に，細胞，組織，個体を生かしておくことが，観察結果を左右する一つの重要な技術となる．本章では，顕微鏡と組み合わせた生体維持法について，論じてみたい．

1.1 細　　胞

株化細胞でも，動物個体から採取した初代培養細胞でも，できることなら生きている細胞の動的な活動を観察したい．このためには，顕微鏡の対物レンズの下に細胞を置き，光源からの光を導いた状態で，数分から数日，できればさらに長い時間，連続的に細胞を生かしておかなければならない．そのための必要条件は，細胞の培養条件そのものである．いわゆる，CO_2 インキュベータの中では，多くの細胞が長期にわたって生存し，分裂増殖することが可能である．したがって，インキュベータの環境を顕微鏡対物レンズの下に実現すればよい．しかしながら，通常の手持ちの顕微鏡を用いてこのことを実現しようとすると，簡単ではないことがわかる．細胞が生きる条件は，溶液として培養液（リン酸と炭酸の緩衝液）を置き，温度を37℃に，湿度を100％に保ち，外気に5% CO_2 を加えるというのが標準的である．市販の装置としては，インキュベーション・ボックスがある．顕微鏡のステージ上にこれを置いて，温度，湿度，CO_2 の制御をする．

温度の制御は，温度計とヒーターがあれば，簡単に自動化できるが，顕微鏡標本に関してはいくつかの注意点がある．問題となるのは，実際には温度の変動が起こること，細胞の温度が正確に37℃になっているかどうか確認しにくいことである．温度が下がる方向は，細胞活動の程度を下げるけれども，細胞がすぐ死ぬことにはならない．温度が上がり過ぎるのは，細胞の変性が急速に起こるので，より注意が必要である．

1.2 温度制御した溶液を培養ディッシュに灌流する

生きた細胞の生理的な反応を観察するには，通常，何らかのアゴニストを細胞が漬かっている溶液に加えるか，アゴニストを加えた溶液を細胞に流す必要がある（下記，1.6参照）．刺激をする前から一定の条件で生理的な溶液を流し，途中から刺激物が入った溶液に切り替えることになる．刺激をするためにも，温度維持のためにも，生理溶液や培養液を，細胞の入ったチェンバーに灌流することがよく行われる．

図 IV.1.1 のようなノズルを使用して，静水圧や，ペリスタルティック・ポンプで溶液を駆動し，チェンバーの灌流をする．ノズルの高さはマニピュレータで微調整できると便利である．供給側と排出側の速度が一致していないと，水面の上昇下降が繰り返して起こり，画像が不安定になる．流速を個別に微調整し，速度を合わせておけば，20分程度は，水面の変動なしに観察できる．チェンバー内の実際の水流は，ときに，予想しない流れとなることがあるので，着色した溶液を使用して，時々流れの様子を確認しなければならない．チェンバー全体の体積を入れ替えるような水流にしなくても，観察細胞の入っ

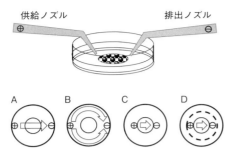

図 IV. 1. 1　培養ディッシュを観察するための細胞外溶液の灌流．灌流装置外観（上）と灌流液の実際の流れ（下）．A，期待される灌流液の流れ．B，ノズルの配置によってときに生ずる流れ．C，細胞のある中心部だけに灌流液を流す方法．D，ワセリンを円環状に塗り（破線），領域を制限して灌流液を流す方法．プラス印は溶液の供給ノズル位置，マイナス印は排出ノズルの位置を示す．

た，狭い領域の溶液だけを交換する方法もある（図 IV. 1. 1）．

できるだけ細胞のそばに極細（直径 0.5 mm：熱電対式のものやサーミスタ式のもの）の温度計を入れ，その温度を基に流れている溶液の温度を制御することになる．このような系では，ネガティブ・フィードバックを掛けるわけであるが，温度を制御すべき細胞のある場所と，温度を実際に変化させている部位の間に，流れによる時間差があり，結局，全体の温度は振動的に変化しやすい．そこで，温度を変える働きをする装置を細胞のそばに置くことが解決策の一つとなる．

細胞はディッシュの中で培養されているが，顕微鏡法によっては，ディッシュの底がプラスチックである場合と薄いガラスの板（カバースリップ）の場合があり，このディッシュを透明な薄いヒーターを張り付けたガラス板の上に置くと，よりよい制御が期待できる．こうした発熱ガラス板を備えた小型の恒温箱が市販されている．

小型の恒温箱を使用しても，顕微鏡という装置の特殊性から，さらに問題が残されることもある．一つは，対物レンズがどのように細胞を視野に収めるかに関わる問題である．対物レンズは標本やそれを入れている容器に対して，長く突き出している構造のため，ステージ上の恒温箱にどのように結合するかが難しい．恒温箱にガラス窓をつけ，それを通してレンズを向けられるだけの焦点距離の長さがあれば，それが一番よい．長焦点対物レンズを使用するのは一案である．

一般的に，対物レンズが恒温箱の下に来る倒立顕微鏡が，生細胞の観察に向いている．それでも，100 倍対物レンズを使用するような高倍率観察をしたい場合は，ガラス窓として，細胞を載せている培養ディッシュの底を 0.17 mm の厚みのカバーガラスにする必要がある．そこで，発熱ガラスの使用は難しくなる．必要な工夫として，対物レンズそのものを発熱体にすることが解決法となる．対物レンズの鏡筒の周りに発熱シートを巻きつけ，通電することで細胞の底面からの熱散逸を防ぐことができる．特に，100 倍対物のように油浸を前提とする場合は，観察対象の細胞の直下に発熱体があることになり，温度制御には大変有効である．レンズは顕微鏡本体に繋がっており，全体としては高い熱容量があり，安定になる．それでも，培養ディッシュの中の溶液の灌流速度との組み合わせで，細胞の温度が決まるところは注意しなければならない．顕微鏡メーカーの指定する対物レンズの動作温度は 23℃ 前後であり，37℃ になるとガラスや金属の膨張が起こり，焦点や収差に影響があるが，使用途中での温度変化がない限り，得られる画像には大きな画質低下はみられない．温度を室温より高く保つことは，哺乳動物の標本に関する限り，反応速度を上昇させるのに有効である．顕微鏡のステージの温度を専用のヒーターで高めることも有効である．

1.3　恒温箱を使う

温度の維持に関して，顕微鏡の筐体全体を箱の中に入れ，箱の中の温度を制御するのも一案である．そのような目的のプラスチック製の恒温箱も市販されている．箱が大きくなると，箱の中の温度制御をどのように行うかが，実際的な問題となる．内部の空気を直接温めるか，温めた空気を箱に流すことになるが，0.5℃ から 1℃ 程度の変動が残る場合が多い．箱の代わりに，空気の入った小袋を配列した梱包用のポリビニール・シートを使うこともできる．これによって，顕微鏡を覆い，温度を安定化する仕掛けを自作することも可能である．温度計と電気スイッチを組み合わせた装置も，多種類のものが安価に市販されている．要は，上下動の少ない敏感な温度制御ができればよい．37℃ に設定できる恒温箱を別に用意し，そこで暖めた空気を，常時，顕微鏡が入っている恒温箱に一定の速度で供給するような形がとれればよい．

理想的には，顕微鏡を置いた部屋の温度を37℃に維持しておくのがよい．顕微鏡とその周りの付属装置を載せた机，さらに，観察用の装置まで含めて，全体を小部屋に入れてしまう．部屋と資金に余裕があれば理想的といえる．観察する実験者は，37℃に空調した部屋に，長時間居ることはできない．そこで，顕微鏡の焦点，ステージのX-Y位置の制御，得られる画像の観察と記録などを，すべて，部屋の外から遠隔的に行う必要がある．こうして，小部屋の入口を閉ざしておけば，中の温度は一定となり，1，2日の長時間，焦点のずれなしに画像の記録が可能である．

1.4 恒温箱一体型の顕微鏡

顕微鏡光学系を恒温装置の中に組み込んだ製品が，市販されている．培養した細胞の数日間の生きた様子を連続的に観察することを目的にして，いわば，培養器の中に顕微鏡を持ち込んだ形である（オリンパス：インキュベータ蛍光顕微鏡LCV110，ニコン：バイオステーションIM）．いずれの製品も，タイムラプス観察が自動的にできるようなコンピュータ装置とセットになっている．いくつもの培養ディッシュを自動的に交換して，どのディッシュの細胞についてもタイムラプス観察し，その結果をネットを介して，遠隔地のPCから観察することができる製品もある（ニコン：バイオステーションCT）．

1.5 ガスの供給

培養用のインキュベータの中では，空気にCO_2を5％の濃度で添加した雰囲気となっている．培養溶液中の炭酸水素イオンの濃度と合わせて，溶液のpHが7.3に緩衝されるように設定されている．炭酸ガスは自由に細胞膜を通過し，細胞内にも入って，細胞内pHの緩衝作用にも与る．

一方，酸素は空気中の20％濃度で十分培養ディッシュの中に拡散し，通常は細胞の増殖に問題がない．しかし，小さなチェンバー内に細胞が一杯になっていたり，組織の断片を入れていたり，密閉した蓋を設けているときには，酸素の供給を考える必要がある．特に，刺激をしたときに細胞が特別な反応をすることを期待するような場合は，十分な酸素濃度が必要である．細胞を入れた培養ディッシュや組織の標本を入れたチェンバー内に，直接酸素ガスを吹き出す方法もあるが，濃度の制御が難しく，爆発の可能性もありうる．簡単な方法は，灌流液を貯留してあるフラスコ内に100％酸素ガスを泡として吹き出す方法（バブリング）である．これで，酸素ガスは溶液内に飽和した状態となる．ただ，この方法は，溶液に溶けずに外に排気されてしまう酸素ガスの量は圧倒的に多い．

溶液を効率よく酸素化するには，酸素を薄いシリコン膜を介して供給する方法がある（図IV.1.2）．まず，シリコンゴムのチューブを用意し，それをビニール製の太いチューブの壁を通して中に入れ，中を走らせた後に，別の点の壁から外に引き出すような形をつくる．二重のチューブにして，外側のチューブに酸素ガスを通し，内側のチューブに灌流液を通す．この仕組みで，チェンバーに送る灌流液を酸素で飽和することが可能である．

直径1mmのシリコンチューブ40cmほどで，灌流液を$100\mu L/min$の速度で流すと，ほぼ飽和レベルの酸素化ができる．外套となるチューブ内の酸素はほとんど流す必要はなく，外気圧よりわずかに高めを維持すれば十分である．溶液の酸素レベルは，図IV.1.2下に示す方法で簡単に計れる．

唾液腺，膵臓，胃腺，大腸粘膜などの摘出組織や，クロマフィン細胞などの初代培養細胞の分泌活動は，いずれも酸素の人工的供給がある方が，反応性は高い．脳下垂体後葉の摘出標本は分泌顆粒を含む神経終末の集塊であるが，これをチェンバーに封

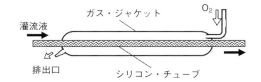

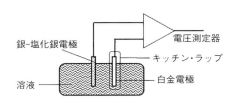

図IV.1.2 灌流液へガスを供給する二重チューブ法（上）と，溶液の酸素濃度を計る簡単な装置（下）．シリコンチューブはガス透過性が高いので，気相から水相へ酸素などを供給できる．酸素濃度は，酸素選択透過性の高いキッチン用の薄いラップを介して測定できる．ラップは，その内側にも溶液を入れて，白金線を包むように巻きつける．

じ込めて，その光透過度を観察したところ，酸素化した溶液を灌流していると，大きな分泌反応が見られたが，灌流を止めると，30秒ほどで中心部の変性が始まるのが認められた（図 IV. 1. 3）．これは，ある程度可逆的な反応であったが，脳組織の酸素要求性の高さをよく示している．変性部位の分泌反応は低下しているのが認められる．

二重のチューブを使って溶液にガスを送り込む装置は，人工肺類似のものといえる．安価で自作でき，大変有効である．5% CO_2 と 95% 酸素を詰めた市販のボンベを使えば，便利である．溶液にアルブミンなどを添加したときには，バブリング法では容器に泡が大量に発生してあふれ出るが，二重チューブ法ならばその問題はなくなる．

1.6 刺　　激

顕微鏡で観察している細胞や組織に刺激を与えるには，何らかの工夫が必要となる．前述の脳下垂体標本は，電気刺激が可能である．組織も 1 mm の大きさがあるので，太さ 1 mm の白金線を 2 本使って，組織を軽く押すようにして挟み固定することができ，それを電極として電気刺激をする．ディッシュの底に張りついた単離細胞の場合は，ガラスピペット電極（先端直径 1 μm）を細胞に押し当てて，電気パルスを与えれば刺激できる．細胞膜電位を変えることになり，電位依存性チャネルの活性化を通じて，細胞内 Ca^{2+} イオン濃度の上昇となり，細胞が活性化する．

アゴニストを含む溶液を細胞に与えて刺激するには，やや先端直径が太いガラスピペット（直径 5 μm ほど）から，溶液を細胞に向けて噴射する方法が取れる．ピペットの後端にチューブを繋ぎ，そのチューブの他端を注射筒へつけ，注射筒内に溶液を入れて圧をかける．注射筒の高さを 50〜100 cm にして，静水圧をかければよい．途中に電磁弁を入れれば，PC 制御もできる．100 ミリ秒程度の遅れ時間で刺激は可能である．刺激を止めると，同じ程度の時間で反応も止まる．標本ディッシュ内の全体を刺激物の入っていない溶液で常時灌流しておけば，ピペットからの刺激物は速やかに取り除かれる．

溶液を連続的にチェンバーに灌流し，そこにアゴニストとなる薬剤を添加する方法も刺激するのによい方法である．しかし，このときは，刺激の開始時点が遅くなるかもしれない．溶液の種類を切り換える場所と観察する細胞がある場所の間に距離があり，溶液が到着するまでに少し時間がかかる場合が多い．一定の速度であれば，どの時点で刺激が始まるのかを決めることは可能である．できるだけ速く溶液の種類を切り替えたい場合は，灌流速度をあらかじめ速くしておかなければならない．溶液を供給する容器を 500 mL ビンにして，1 mL/min の速度で流し

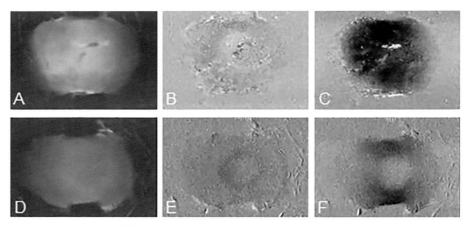

図 IV. 1. 3 ラットの脳下垂体後葉の分泌反応の観察．組織（大きさ：1 mm）を閉鎖系のチェンバー内に，電極で挟むことにより固定し，溶液を連続灌流しながら，電気刺激し，光の透過度の変化を画像として測定した．対物レンズ倍率は 4 倍．上，酸素を二重チューブ式装置を介して供給．下，溶液の流れを停止．A，組織全体の形状．B，30 秒間における光透過度の変化の差画像．ほとんど差がない．C，電気刺激の結果．光透過度が上昇した部分を黒く表示．全領域に反応が起きている．D，別標本の全体像．E，溶液灌流を停止したときの，30 秒間における光透過度の変化の差画像．中心領域の変性が進行している．F，E に続いて，電気刺激した結果．反応は，組織周辺部分にのみ認められる［渋木克栄氏との共同研究による］．

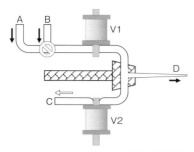

図 IV.1.4 細いピペットを使った溶液噴射型刺激装置．対照溶液（A）と刺激溶液（B）を静水圧がかかるように準備する．A と B は手動活栓（S）で切り替えられる．電磁弁（V1）を開け，電磁弁（V2）も開けると，D の基部で A か B の溶液が流れ，V2 を閉じると，その溶液は D へ向かう．C の高さを D の高さよりわずかに低くしておき，V1 を閉じて，同時に V2 を開けると，D からの溶液の流れは停止する．A と B のチューブにも電磁弁を設ければ，すべてが自動で行える．

ていれば，35 mm ディッシュの中の溶液の交換にはそれほど時間はかからない．流速が遅い場合に，高速に溶液の種類を切り替えるには，T 字路を使用する．すなわち，速く流れる側道を用意し，なるべく死腔となる体積を減らした部分で溶液を素早く交換することである．溶液交換を終えたら，側道を閉じ，流速の遅い本道へ流れを切り替える（図 IV.1.4）．この方法で，長さ 3 cm，直径 150 μm の管を通してでも，1 秒程度で溶液交換が可能である．

顕微鏡観察では，ステージに載せた培養ディッシュのような標本を使うことが多いが，灌流装置を使用せず，濃い刺激薬が入った溶液をディッシュの上から滴下して刺激することも簡便法として，よく行われる．このときは当然，薬剤のディッシュ内の最終濃度を計算して，少量の溶液を滴下するわけであるが，問題が起こることがある．一つは，滴下する溶液の温度がディッシュ内の溶液の温度より低いことである．これは，溶液の密度を高め，滴下した溶液はすぐにディッシュの底に沈んでいくことになる．つまり，細胞が高い濃度の薬剤で刺激されることになり，意図した実験にならない．滴下直前に加温する必要がある．また，刺激溶液がグルコースやスクロースを多めに含む場合も，比重が変わり，液体が重くなるので，同じようなことが起こる．滴下する位置を観察している細胞の真上にするのではなく，端にして，溶液の一部を吸い込んでは吐き出すということを繰り返して，ゆっくりと撹拌することが必要である．

ケイジド化合物を溶液に加えておき，光刺激をして，ケイジを解除するという方法も取れる（ケイジド化合物については V.3 を参照）．光刺激の範囲をうまく取れば，不均一の起きない刺激が可能である．逆に，光を限局して与えれば，局所的な刺激もしやすくなる．最近登場した，光刺激でチャネルの構造が変化するような光感受性タンパクを細胞に発現させてから，光刺激をするという方法（オプトジェネティクス）は，細胞を選んで刺激したり，1 個の細胞の一部だけを刺激したりするのに都合がよい．

［寺川　進］

2 生きた組織の観察

培養下の組織や胚を丸ごと観察するには，厚みを持った試料を生理的条件に保ちつつ，長時間，深部まで立体観察できることが必要である．このような目的には，伝統的には共焦点顕微鏡（ガルバノミラー式，スピニングディスク式）が広く使われてきたが，必ずしも生物学者の要求を十分に満たすものではなかった．近年，2光子顕微鏡や光シート顕微鏡を使った成果が多数発表されるようになってきている．本章では，ここ10年ほどで急速に発展してきた光シート顕微鏡について解説する．

2.1 光シート顕微鏡法の基本原理

光シート顕微鏡の基本原理を図IV.2.1に示す．他の顕微鏡法との決定的な違いは，励起光照射と蛍光検出の光学系が独立しており，両者が直角に配置されている点である．照射系は，薄いシート状に整形された励起光を試料の側方から入射させる．検出系は通常の広視野顕微鏡と同じ構成であり，蛍光はバリアフィルターと結像レンズを通してCCD/CMOSカメラに捉えられる．検出用対物レンズの焦点面と励起光の入射面を一致させておくことで，ピントの合った光学切片像が得られる．立体像を得るためには，試料をZ方向に動かす方法が簡便であり主流だが，後述するように光シートと検出用対物レンズを同期させつつ動かすことでも可能である．

光シートのつくり方としては大きく分けて，シリンドリカルレンズを用いて一方向にだけビームを薄くする方法と，細く絞った光を走査することで擬似的なシートを得る方法がある．いずれも，実際には低NAの凸レンズで絞った焦点のくびれ，ビームウエスト領域が使われる．

なお光シート顕微鏡の略称としてはLSFM（light sheet fluorescence microscope）が一般的に使われる．現代の光シート顕微鏡の祖であるErnst Stelzerは，最初に発表したシリンドリカルレンズを用いたタイプをSPIM（selective plane illumination microscope），走査型をDSLM（digital scanning light-sheet microscope）と命名したが，他グループの報告の多くは，走査型の改良版についてもxx-SPIMと呼んでいる．

2.2 分解能と視野の関係

単純な光シート顕微鏡システムにおけるXY分解能は，通常の広視野顕微鏡と同じアッベの公式（$0.61\lambda/NA$）に従う．しかし，照射用と検出用の対物レンズを直角に近接して配置させるため，検出用として使用できるのは，先頭形状がテーパー状になった，長作動距離ノーカバー水浸対物レンズに限られる．この種のレンズのNAが比較的低いことでXY分解能は実質的に制限される．対してZ分解能は光シートの厚み，つまりビームウエストの径によって決まる．照射用レンズのNAが高いほどこの径は小さくなりZ分解能は上がるが，代わりにビームの発散角が大きくなるため，視野中心から離れるにつれZ分解能が急激に悪化することになる．したがって，実用的な視野の広さとZ分解能はトレードオフの関係にある．低倍の検出用対物レンズがカバーする1mm弱の視野を得るためのセットアップでは，中心部でのZ分解能は3μm程度になる．

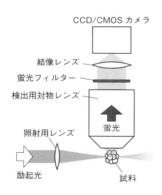

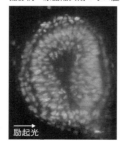

図IV.2.1 光シート顕微鏡の基本原理

2.3 光シート顕微鏡の長所と短所

2.3.1 低退色・低光毒性

共焦点顕微鏡では，特定の面を観察するたびに，その上下の面にも同量の励起光が照射される．そのためZ方向に数百枚撮影することになる厚い試料の観察では，退色や光毒性といった悪影響が深刻である（図IV.2.2）．光シート顕微鏡では，励起光は観察したい面だけに照射されるので，照射エネルギーは最小限に抑えられる．

2.3.2 高速性

励起が観察面だけで起こるため低退色・低光毒性である点は2光子顕微鏡にも当てはまるが，一般に点走査である2光子顕微鏡に比べ，面で撮像する光シート顕微鏡は高速である．最近の高感度，高速度なCMOSカメラを用いれば100フレーム/秒オーダーの画像取得が可能である．

2.3.3 深部観察能

メダカなど透明度の高い試料については，光シート顕微鏡は共焦点顕微鏡より深部まで観察できる．これはおそらく，生体組織（屈折率1.38程度）と水（屈折率1.33）の屈折率差が原因で，共焦点顕微鏡では組織深部から出た光は理想的な光路から外れピンホールではじかれてしまうのに対し，ピンホールのない光シート顕微鏡では少々ゆがみやボケを生じさせつつもカメラに到達するためと考えられる．一方で，脳組織のような見た目に白っぽい，すなわち散乱が大きな試料の観察は，光シート顕微鏡の苦手とするところであり，2光子顕微鏡の方が適している．後述するように両者を組み合わせたものもつくられている．

2.3.4 観察中の対物レンズ交換が困難

光シート顕微鏡では，励起光の入射面と検出用対物レンズの焦点面の位置は観察前に調整して正確に一致させておく必要がある．また，試料と検出用対物レンズの間は屈折率を合わせるため水や透明化剤で満たされるが，検出用対物レンズが水平方向に配置された顕微鏡では，あらかじめ検出用対物レンズを組み込んだ試料チャンバーを組み立て，そこに水を入れるという方法を取る．これらの理由から，観

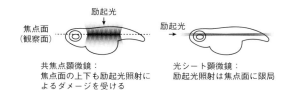

図IV.2.2 共焦点顕微鏡と光シート顕微鏡の励起光の当て方

察途中で検出用対物レンズを交換するのは困難である．そのため，試料の位置合わせのために別方向から観察できる低倍の顕微鏡を取りつけておくことが多い．

2.3.5 光シートの劣化

試料側面から入った励起光は，試料の表面および内部で散乱・遮蔽・屈折の影響を受ける．励起光の散乱は，焦点面から外れた場所に蛍光を生み，背景ノイズを上げる．遮蔽や屈折は，入射方向にほぼ平行な縞状の照射むらをもたらす．どちらも照射用レンズから離れるほど影響は深刻であり，一枚のXY画像の中でも照射側は鮮明で反対側が劣化した像を生む．

2.4 光シート顕微鏡の光学的工夫

上述した欠点の克服のための，および分解能や深部観察能を向上させるための技術が多数発表されている．その中から主なものを紹介する．

2.4.1 マルチビュー撮影

上述の通り，照射用対物レンズ・検出用対物レンズの双方から離れるほど画質は劣化する．そこで試料を回転させさまざまな角度から3次元撮影し，画質のよい部分をつなぎ合わせ等方的（isotropic）な画像を得る手法が開発されている．トモグラフィーとは違うので注意されたい．撮影する角度の数を増すほど画像取得にかかる時間は長くなるが画質はよくなる．縞状のむらも軽減される．画像のつなぎ合わせは，回転させた各3次元画像の角度を合わせる操作，画像同士を比較し，位置合わせ（レジストレーション）して画質のよい部分を選ぶ，という2段階の操作からなる．後者の計算には時間がかかるため，試料を包埋するゲル中に蛍光ビーズをまぶしておいて，レジストレーションの指標として使うことで計算時間を短縮する方法が提案されている．

2.4.2 双方向照射・双方向撮影

マルチビュー撮影は試料を回転させながら複数回撮影するため，画像取得に時間がかかり，変形の速い試料には適用できない．照射用対物レンズ・検出用対物レンズをそれぞれ2本ずつ対向させて配置すると，試料を回転させず四つの角度に対応する像を高速で得ることができる．このような顕微鏡がmultiview selective-plane illumination microscope（MuVi-SPIM）として提案されている．

2.4.3 同一平面内の異なる角度からの照射

縞状の照射むらを抑えるための方法論がmulti-directional selective plane illumination microscopy（mSPIM）として発表されている．図 IV. 2.3 に示す通り，mSPIM では2種類の工夫を行っている．一つは上述の双方向照射であり，縞状の照射むらを薄める効果がある．これに加えて，共振ミラーを用い，励起光の入る向きを光シートの平面内において高速で変化させている（ピボットスキャン）．これによって影はほとんど見えなくなる．Zeiss社が販売している顕微鏡にもこの機能は実装されている．

2.4.4 構造照明

SPIM においてはシリンドリカルレンズの手前に細いグリッドを置くことで，DSLM においてはビームの走査に同期させてレーザー光を点滅させることで，励起光に細かい縞模様をつくり，構造化照明を実現できる．これによって散乱による影響を軽減し，画像のコントラストや分解能を向上させることができる．さらに，LSM（空間光位相変調器）によって格子状に配列した励起光の点をつくり出すことで，さらなる高分解能と低退色を実現した手法が格子光シート顕微鏡（lattice light-sheet microscope）として発表されている．

2.4.5 2光子化

先に，励起光の散乱は背景ノイズを上げると述べたが，もし光シート顕微鏡を2光子化したら，通常のポイントスキャンの2光子顕微鏡同様，散乱した励起光はノイズを生じなくなる．ただし蛍光の散乱は2光子顕微鏡の場合と違いノイズの原因になる．このような顕微鏡は2P-SPIMとして発表されており，ショウジョウバエ胚の深部観察に効果があったと報告されている．ただし2光子励起に十分な光子密度を得るには，照射用対物レンズの NA を高くしなければならず，視野の広さとのトレードオフになる．そこで2P-SPIMでは双方向照射それぞれの励起光のビームウエスト位置をずらすことで視野を広げる工夫をしている．なお筆者らはレーザー自体の発振特性を変えることによって，より広い視野を確保できる2光子光シート顕微鏡を開発している．

2.4.6 ベッセルビームの利用

図 IV. 2.4 に示すように，アキシコンと呼ばれる円錐状の光学素子に平行光を入れた場合，透過した光はくさび形の波面を持ち，位相が干渉し合いながら伝播するベッセルビームと呼ばれるものになる．同様の光線はLSMによっても実現できる．このベッセルビームは自己修復性と呼ばれる特徴を持つ．つまり光路中に障害物があった場合，これによってできる影は長く続かずすぐに消える．この性質を光シート顕微鏡に応用すると，自己修復性によって縞状の照明むらを軽減できる．さらに，ベッセルビー

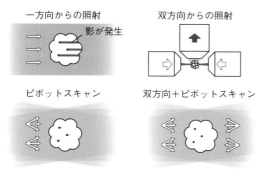

図 IV. 2.3 影を消す mSPIM の技術

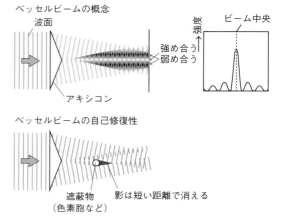

図 IV. 2.4 ベッセルビームの利用

ムと2光子励起を組み合わせることで，優れたZ解像度（<0.5μm）が実現されている．

2.4.7 i-SPIM, di-SPIM

通常の倒立顕微鏡の上に，光シート顕微鏡の光学系をV字型に45°傾けて配置した顕微鏡がi-SPIM（inverted selective plane illumination microscope）として発表されている．この配置には通常の倒立顕微鏡と同じようにサンプル調製できるという利点があるが，これをさらに改良して，照射系・検出系を交互に入れ替え可能にしたのがdi-SPIM（dual-view i-SPIM）である．照射・検出を入れ替えて撮影した一対の画像に対してジョイントデコンボリューション（joint deconvolution）と呼ばれる演算を行うことで，等方的（isotropic）かつ分解能に優れた像（約0.3μm）が得られている．

2.5 試料周りの技術

光シート顕微鏡では，照射用，検出用それぞれの対物レンズが集中して配置されるため，試料周りはどうしても従来の顕微鏡に比べて窮屈になる．また，生きた試料の観察に適した方法であるゆえ，試料を良好な状態で生かしておくことについて，より工夫が必要とされる．Stelzerらによって提案されZeiss社の製品でも踏襲されている最も伝統的な方法（図IV.2.5）では，試料はアガロースのゲル担体に包埋される．光シートと対物レンズの位置は固定されていて，立体観察のためには試料を移動させる必要があるからである．具体的には，先端を切った1 mLの注射筒またはガラスキャピラリー内に，溶けた低融点アガロースと試料を一緒に吸い込む．観察時には，光路中にキャピラリーや注射筒の壁が入らないように，アガロースゲルをわずかに押し出して試料部分が飛び出した状態にする．ところてんを押し出した様子を想像してもらいたい．

固定試料についてはこのゲル包埋法で十分であり，アガロースの代わりにマトリゲルなどを使えば，細胞を3次元培養して組織形成を観察するような実験にも好都合である．しかし，組織や胚を生かした状態で長時間イメージングする上で，この方法はいろいろ問題がある．ゲル中ではガス交換や栄養の供給が妨げられるため，その中で長時間生理的な状態を保てる生物試料はあまり多くない．また，発生現象を追う場合，硬いゲルは変形の妨げになるが，担体としてのゲルには一定の機械的強度が必要なため，あまり柔らかくするわけにもいかない．また陸上植物の観察の場合，長時間観察するためには茎葉の部分は空中に出ている必要がある．このような問題を解決する手法も開発されている．

2.5.1 固い担体の使用

付着性の細胞を観察するには，アガロースゲルの代わりに小さく切ったカバーガラスをぶら下げ，そこに細胞を貼り付けておくことで対応できる．またゲル中では正常に育たない原腸陥入期のマウス胚を観察するためには，アクリルの棒に小さな穴を開けて，そこに胚の一部をはめ込むことで対応できる．ただし担体を光路中に入れないよう注意が必要である．

2.5.2 フッ化エチレンプロピレン（FEP）担体の使用

フッ素樹脂の一種FEPはほぼ透明，かつ屈折率も水とほぼ同じ（n=1.34）であるため，光路中に入っても悪影響を及ぼさない．FEP製の管の中にゼブラフィッシュ胚を入れ，かつ管内での揺動をごく低濃度のアガロースゲルまたは粘性の高いメチルセルロースで抑えることで，3日間以上にわたって正常な発生を観察できたと報告されている．

2.5.3 植物のためのセットアップ

前述のゲル包埋の観察法では，試料の上はゲルを押し出すためのピストンが位置する．シロイヌナズナの根を観察するために，担体のゲルとしてファイタゲルを用い，かつその上部にある茎葉は空気中に置かれるようサンプルホルダーを工夫した例が発表

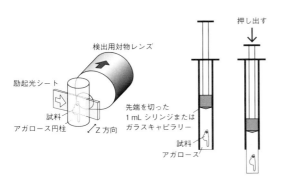

図 IV.2.5　光シート顕微鏡の基本的な試料マウント法

2.5.4 試料を動かさない光学系

先にも述べたように，立体像を得るためには試料をZ方向に動かす方法が簡便であり主流だが，光シートと検出用対物レンズを同期させつつ動かすことでも可能である．この場合，試料を動かす必要がなくなるぶん高速な立体撮影が可能になる．検出用対物レンズの移動ではなく，その背後に置いた電気式焦点可変レンズ（ETL）によって焦点面をずらすことでさらなる高速化を実現した手法も報告されている．

まとめ

光シート顕微鏡は立体的な試料のライブイメージングのために種々の長所を備えている．新たな技術改良も盛んで，大きさ数mm程度の大きな試料を見る技術とともに，オルガネラのようなサブミクロンの構造を高速・高分解能で観察する技術が発展しつつある．

この顕微鏡はまだ若い方法論であり，今のところ大部分の発表論文が自作のセットアップを用いているが，すでにZeiss社，Leica社，ほか数社から完成品の市販が始まっているほか，自作を支援するOpenSPIMというプロジェクトも進められている．今後は普及が急速に進んでいくはずである．

[野中茂紀]

参考文献

1) Huisken J., Swoger J., Del Bene F., *et al.* (2004) Science **305**：1007-1009.
2) Keller P. J., Pampaloni F., Lattanzi G., *et al.* (2008) Science **322**：1065-1069.
3) Maizel A., von Wangenheim D., Federici F., *et al.* (2011) Plant J. **68**：377-385.
4) Planchon T. A., Gao L., Milkie D. E., *et al.* (2011) Nature Methods **8**：417-423.
5) Huisken J. (2012) Bioessays **34**：406-411.
6) Chen B. C., Legant W. R., Wang K., *et al.* (2014) Science **346**：1257998.
7) Ichikawa T., Nakazato K., Keller P.J., *et al.* (2013) PLoS One. **8**：e64506.

3 生きた個体の観察

個体内部の事象を顕微鏡によって読み出す手法（*in vivo* imaging）の開発により，これまでは不可能であった長期的な細胞・組織の発達・形態変化の解析や，外部環境への細胞の応答など，個体への実験的なアプローチが可能になった．個体のイメージングにはさまざまな方法があるが，本章では近年特に応用が盛んに行われている2光子顕微鏡を用いた組織深部観察について主に説明し，それ以外の重要な技術として，エンドスコープについても簡単に解説する．

3.1 2光子顕微鏡を利用した個体の観察のメリット

2光子励起現象によって蛍光分子を励起し，そのシグナルを検出器で取得して画像化する装置が2光子顕微鏡である[1]．通常の蛍光励起は1個の光子が蛍光分子に吸収されることで生じるが，2光子励起は二つの光子が同時に蛍光分子に吸収される必要があり，局所的に極端に光密度が高い状態が必要である．2光子励起を起こすためにはフェムト秒パルスレーザーを用いて，瞬間的な光密度を連続励起の場合の10^7倍程度に高める．またこの場合に高い光密度を達成できる対物レンズ下の空間は微小で，半径$0.4\,\mu m$，焦点面から$2\,\mu m$以内のほぼ円柱状の空間となる．したがって2光子励起現象を利用した蛍光分子の励起では，特別な検出系への工夫を施さなくても対物レンズの点像分布関数（point spread function：PSF）に対応した微小領域の選択的励起が可能である．1光子励起の場合には深い層の画像を取得している間に常に浅層の細胞・組織が同じ量の光によって励起され，蛍光消退や光毒性などの問題を生じる．これに対して，2光子顕微鏡では2光子励起現象の空間選択性により，深い層に焦点を合わせて画像を取得している際に浅層の細胞・組織の蛍光分子の不必要な励起は起こらない．

2光子顕微鏡の第二のメリットは，励起に必要な光子のエネルギーが蛍光分子の励起エネルギーのおよそ半分となり，そのような光が近赤外の波長域（800〜1000 nm）に相当する点である．この波長域

の近赤外光は組織の透過性に優れている．

もう一つの2光子顕微鏡のメリットは，3次元画像を取得する際の検出器側での光子の損失が少ない，という点である．共焦点効果によりZ方向の画像の選択性を高めるためには，光電子増倍管の前にピンホールを設置する必要がある．これに対して2光子顕微鏡ではすでに励起側で空間選択性が得られているので，生成した光子をなるべく多く光電子増倍管に導入できれば高感度のイメージングができる．組織深部で発生した光子は，組織表面に到達して対物レンズに入るまでに組織内で散乱を受けており，結像に利用できる光子だけではなく，このような散乱光もシグナルとして検出することが望ましい．受光面の広い光電子増倍管を対物レンズのなるべく近傍に置くことで，高い感度で蛍光シグナルが検出できる．このような手法は2光子顕微鏡に独特であり，組織深部の観察に適している．

3.2 2光子顕微鏡による個体観察の実例

2光子顕微鏡を利用して動物の個体レベルの観察を行う実験は広く行われており，対象となる組織も脳，免疫系，皮膚などさまざまである．ここでは2光子顕微鏡による個体観察の対象としても最も頻度が高い脳組織を取り上げてその技術的な特徴や問題点について議論したい．

3.2.1 蛍光プローブの組織発現

2光子顕微鏡による個体観察のためには，実験動物（多くの場合にはマウスが利用されている）の脳内に蛍光プローブを発現させる必要がある．マウスの脳組織の観察の場合には，Thy-1-GFPトランスジェニックマウスがよく利用されている[2]．Thy-1プロモーターは少数の神経細胞に遺伝子を発現させることができ，かつマウスの系統ごとに別々の神経細胞種がGFPを発現する．したがって研究者は自分が目的とする神経細胞（例えば大脳皮質のII-III層の錐体細胞）にGFPが発現している特定のThy-1-GFPマウス系統を選択すればよい．GFPではなく，シナプスタンパク質に蛍光タンパク質を付加したプローブなどを神経細胞に発現させたい場合には，子宮内電気穿孔法やウイルスベクターにより遺伝子を神経細胞に導入する方法が用いられることもある．

3.2.2 個体観察のための動物の操作

個体レベルで脳組織内の神経細胞の蛍光シグナルを画像化するためには適切な頭蓋骨の手術操作を行う必要がある．麻酔下で1回のみ脳組織を観察する場合には，観察に必要な最小限の範囲の頭蓋骨を除去し，上から水浸対物レンズを設置し，硬膜とレンズの間を人工脳脊髄液などで満たすことで観察が可能である．同一のマウス個体を数日から数ヵ月の間隔を空けて繰り返し観察する場合には，上記のような簡便な方法では感染などの事故が生じてしまう．慢性観察の場合には，open-skull法とthinned-

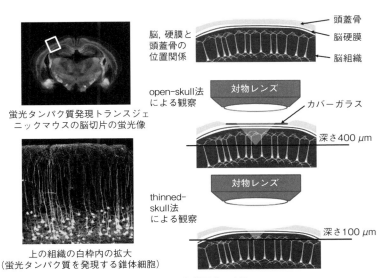

図IV.3.1 個体観察の方法

skull 法の 2 種類の方法が主に用いられる（図 IV. 3. 1）．

thinned-skull 法は頭蓋骨を完全には除去せず，特殊なナイフを用いて 0.2 mm 四方程度の領域の骨を非常に薄く（20 μm 以下）削る方法である．この手法では骨が薄いため，下の脳組織を圧迫しないための細心の注意が必要であるが，成功すれば脳内のミクログリア細胞などの活性化をあまり起こさずに個体観察が継続できる．ミクログリアの活性化はシナプスの形成・除去率を有意に上昇させることが報告されており，神経回路の可塑性などを定量する場合には避けるべきである．また 1 年以上の間隔を空けても同一の組織を観察することができる．一方で thinned-skull 法の欠点は，残った骨組織を通してレーザー光を脳組織内に収束させることが脳深部では難しく，観察可能な深さが脳表面から 100～200 μm 程度に限定されること，および骨の菲薄化はせいぜい 3 回までが限度であり，それ以上の繰り返し観察には向かないこと，である．

一方の open-skull 法では，硬膜を残して頭蓋骨を直径 2～5 mm 程度の領域で除去し，生じた空間には人工脳脊髄液などを満たして上からカバーガラスで覆い，さらに骨表面とカバーガラスの間を歯科用セメントで密閉する．この手術中，あるいは直後にある程度の出血が硬膜表面に観察されるが，これは数日で消失し，その後は良好な視野を数カ月にわたって確保できる．観察窓に異常が生じなければ数カ月の範囲で何回でも脳組織観察が可能である．一方で手術的な侵襲が大きいために脳実質の炎症を惹起することは避けられず，ミクログリアの活性化があまり強くならないような実験条件を確立する必要がある．open-skull 法ではレーザー光の脳深部での収束は良好であり，大脳皮質深部（脳表面から 800～1000 μm）の観察も可能である．

3.2.3　2 光子顕微鏡による画像取得

いずれの観察窓作成法を行ったとしても，手術後にマウスを安定な麻酔深度に保ちつつ，顕微鏡ステージに固定してイメージングを行う必要がある．麻酔方法としてはウレタン，イソフルランの吸入，またケタミンの腹腔内投与がよく利用される．ケタミンは神経細胞のグルタミン酸受容体に作用する薬物なので，麻酔中のシナプスなどの変化の解析の際には麻酔薬の効果についても考慮する必要がある．画像取得中に最も問題になるのは呼吸や脈拍による脳実質の動きである．頭の固定方法，体の位置，麻酔方法などによって脳実質の動きは変化するので，最も安定した画像取得条件をあらかじめ決めておく．スキャン速度を上昇させ，画像取得自体を高速化させることでブレに対応することも可能である．

画像のブレをアルゴリズムにより画像取得後に補正する方法も存在する．慢性実験では同じ神経細胞の樹状突起などの構造を毎回のイメージングの際に同定する必要がある．この目的のためには脳表面を走る血管のパターンを別に記録し，血管の走行から同じ脳領域を特定することとなる．毎回の実験ではぼ同じ領域の脳組織の画像を取得していることは確認できても，微細構造の対応を実験中につけることは難しい．そこで画像取得の際には広い脳領域について XYZ 画像スタックを取得することになる．実際には脳表面に平行な XY 平面内で約 60 μm 四方，深さ方向にも 60 μm 程度の立方体に相当する体積について XYZ 画像スタックを取得し，この画像スタックを 3×3 の升目を埋めるように合計 9 カ所取得することが行われている．この方法では脳表面でおよそ 200 μm 四方の領域内に含まれる樹状突起やシナプスの構造を解析することが可能であり，定量的な解析に十分な画像情報を得ることができる．

3.3　2 光子顕微鏡の技術的な改良

2 光子イメージングの深度方向の限界により，個体組織の表面からの観察には物理的な制限が生じる．2 光子顕微鏡でどの程度の深部からの画像情報を得ることができるのかについては実験・理論の両面から考察がなされている[3]．

3.3.1　瞬間的なレーザーパワーの増加による方法

瞬間的なレーザーパワーを増加させれば，組織内で結像に寄与する光子の割合は同じでも，より高い光密度を組織内で実現することができる．この場合にパルスレーザーの平均出力を 10 倍，100 倍にすることは現実的ではないので，レーザーの平均出力は上げずに，パルス周波数やパルス幅を下げることで瞬間的なレーザーパワーの増加を達成させる．もちろん脳表面近くに存在する蛍光分子はレーザーパワーを上げれば光子の吸収が飽和し，定量的なイメージングができなくなるため，実際には観察深度に応

じてレーザーパワーを調節することになる．regenerative amplifier（再生増幅器）を利用することで，もともとは100 MHzのパルスレーザーを200 kHz程度のパルス周波数に下げることができる．再生増幅器からの出力は600 mW程度であり，もともとのパルスレーザーの出力の約半分程度である．計算上の瞬間的なパワーの増加は250倍であり，蛍光分子励起効率としてはその二乗で約6万倍となる．この方法を実際に脳組織に適用した場合，1 mmより深い深度からの蛍光シグナルの検出が可能であった．

3.3.2 波面補償光学系による方法

光が通過する組織の光学的な性質が一様でないためにレーザー光を回折限界まで組織内で収束させることは現実的には難しい．特に組織深部の蛍光分子を励起する際にはこのような波面の乱れが問題になる．天文学では一般的に利用されている波面補償光学系を導入することによってこの問題を解決することが可能である．個体組織のイメージングに利用する場合には，まず組織内で生じる波面の乱れを検出・定量し，その乱れを回復させるのに必要な波面整形を励起用のレーザー光に導入する必要がある[4]．前者は収差の検出，後者は収差の補正に対応する．

組織内での収差の検出にはいくつかの方法があるが，2光子顕微鏡の収差補正にはcoherence-gated wavefront sensing（CGWS）と呼ばれる方法が利用されている．この手法では標本にイメージング用の光学系を介してレーザー光を導入し，標本内で起こる背面散乱により得られた光と参照光の間での干渉を検出することで，標本内で散乱光の波面が受けた乱れを検出する．この波面の乱れを補正するために，励起用のレーザー光はdeformable mirror（曲率可変ミラー）で反射させた後に対物レンズに導入される．より簡便な手法としては，標本内に存在する微小な蛍光体を対象として，曲率可変ミラーあるいはLSM（空間光位相変調器）で励起用レーザーを反射させ，波面変調を起こしたレーザー光を対物レンズにより集光してイメージングを行い，蛍光イメージの輝度が最大となるように空間変調を低い周波数から高い周波数へと調整していく方法も報告されている．この手法の場合には標本内の収差情報をあらかじめ取り出していないので，精密な波面収差を行うことはできないが，存在する大きな収差の除去を迅速に行うという目的にはより適している．

3.3.3 2光子深部イメージングの理論的な限界

上記のような手法を取り入れることで，脳表面から1 mm程度の深さまでの2光子顕微鏡による in vivo imagingが可能となりつつあるが，一方で通常の対物レンズと近赤外パルスレーザーの組み合わせで達成しうるイメージング深度の限界についても理論的な考察がなされている[3]．

組織内での光の散乱の強さはmean free path（l_s：平均自由行程，衝突イベント間の光子の平均移動距離）によって表される．組織の場合には散乱源が光の波長に近い物体の場合が多いので，気体中の散乱で主体となるレイリー散乱の要素は小さく，散乱方向は等方性ではなく前方に偏る．したがって組織内のtransport mean free path（l_t：光子の方向性が失われるまでの平均移動距離）はl_sよりもずっと大きな値（約10倍）を取る．脳組織内の平均自由行程l_sは800 nmの光で約200 μmであるが，l_t値は2000 μmである．したがって脳の深部まで到達する光子は多いが，それらはすでに散乱によって初期の方向性を失っているために結像には寄与できないことになる．

図IV.3.2は散乱を受けずに直進して結像に寄与する光子によって生み出される蛍光シグナル（F_{ball}：signal from ballistic photons）と非レイリー散乱によって前方に向かうが結像に関与しない光子によっ

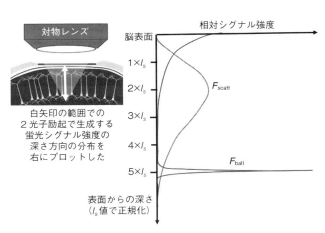

図IV.3.2 脳表面からの蛍光シグナルの分布

て生まれる蛍光シグナル（F_{scatt}：signal from scattered photons）の組織内での深度方向への分布を示す．まずl_sの1倍以内の浅層にF_{ball}由来の非結像シグナルのピークが存在し，続いてl_sの2〜3倍程度の深さでF_{scatt}由来のシグナルのピークが現れ，最後に焦点面（ここではl_sの5倍の深さ：およそ$1000\,\mu m$に相当）でF_{ball}の高い像形成に関与するピークが形成される．ここで初めの二つの結像に関与しない背景ノイズとなるシグナルと最後の焦点面からのシグナルの深さ方向への積分値を比較すると大体9：1になっている．この場合には蛍光分子が一様に組織内に分布していることを仮定（蛍光分子の局在が強くなく，ダイナミックレンジが狭い場合）しており，l_sの5倍の深さである$1000\,\mu m$が焦点近傍からの蛍光シグナルの検出限界に相当する．実際には蛍光シグナルは組織内の一部（一部の神経細胞内など）に集積する場合が多く，そのようなコントラストの強い標本ではl_sの7倍程度の深さ（$1400\,\mu m$）までの解像が理論的には可能となる．

3.4 エンドスコープによる組織深部観察

通常の対物レンズを組織表面に置き，対物レンズから集光させたパルスレーザーで組織深部の構造中の蛍光分子を励起させる2光子顕微鏡のセットアップでは深部方向の到達度はおよそ$1400\,\mu m$が理論的な限界であることがわかった．したがって脳深部の構造である海馬，線条体，視床などの観察にはまったく別の方法論が必要である．近年，さまざまなエンドスコープが開発され，個体の観察に利用されているので，本章でも簡単にこのような技術（顕微鏡と組み合わせて高い解像度を得るmicroendoscopy）を取り上げる[5]．microendoscopyに必要なのは，a)光を伝えるためのファイバー，b)ファイバー先端の光学系，c)光走査・検出のための機械装置，である．高い解像度で組織内のイメージを取得するためのa)とb)の組み合わせには制限がある．まず光を伝播するためのファイバー素材として利用可能なものは主に以下の四つである．

a-1) **シングルモード光ファイバー**：直径が数μmと細く，10万本程度を束にした直径数百μmのファイバーバンドルを作成することでそれぞれのファイバーを1ピクセルとした画像情報の伝播が可能である．

a-2) **マルチモード光ファイバー**：開口数は大きいが，1本のファイバーの直径が太いためにファイバーバンドルとして画像を伝播する目的には向かない．

a-3) **GRIN ファイバー・レンズ**：内部から外側に向けて屈折率が低下するように設計されたファイバーであり，内部で光は屈折して数回焦点を結ぶ．ピッチが1のGRINファイバーであれば，一方の端で結像した光は内部で2回反転して反対の端で正立像を再度形成する．またピッチ1のGRINファイバ

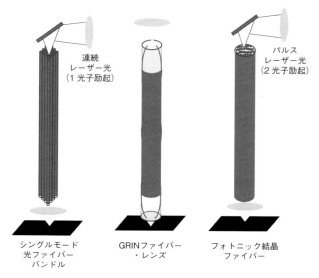

図 IV.3.3 エンドスコープによる組織深部観察

ーの両端に，ピッチ0.25以下のGRINファイバー（この場合にはGRINレンズと呼ぶことが多い）を接着すれば，ピッチ0.25のGRINレンズの外側で別のレンズにより集光させた光は反対側のGRINレンズの外側の対称の位置で再度集光する．すなわちGRINレンズを組み合わせることで，1本のファイバー内・外での集光・像形成が可能となる（図IV.3.3）．他のファイバーはファイバーバンドルにしない限り画像情報を伝えることができないが，このファイバーの場合1本で画像の伝播が可能である．この特性を利用したmicroendoscopyは将来性が高い手法である．

a-4) **フォトニック結晶ファイバー**：比較的新しい材料であり，基本となる材料のケイ素の内部に光の波長に近い直径の微細な空気のトンネルを持つ．結果として電磁波の伝播が許されない領域（フォトニックバンドギャップ）が形成され，光はこのトンネル内を伝播する．フォトニック結晶ファイバーの最大の利点は光が空気中を伝播することであり，このためにガラス中を2光子励起用のパルスレーザーが通過する際に起こる群遅延分散（波長によって媒質中の伝播速度が異なるために光パルスが時間的に広がる現象）が生じない．ファイバーを用いた2光子励起用パルスレーザーの導入の目的でのフォトニック結晶ファイバーの利用は今後増加すると予想される．

b) のファイバー先端の光学系に関しては，すでに紹介したGRINレンズ，あるいは直径が3mm程度のマイクロレンズをファイバー先端に接着して使用する場合が多い．

c) の光走査・検出のための装置としては，通常の顕微鏡の走査光学系と検出器を利用する方法もあるが，このc) の部品を小型化することができれば，a)～c) の装置全体を動物に取りつけて，自由行動下でのイメージングが行えるようになる．実際に超小型の光検出デバイスを開発し，これをGRINレンズと組み合わせてマウスの頭部に装着し，自由行動下で脳の深部にある海馬から神経細胞の活動を記録することが可能になっている．このシステムでは光源としてはLEDを用い，CMOSセンサーによりシグナル検出を行っている．

まとめ

個体のイメージングは，特に組織深部からの蛍光シグナルが2光子顕微鏡によって高い精度で取得できるようになって大きく進歩した．2光子顕微鏡によるシグナル検出には深部方向に限界があり，さらに深い領域からの蛍光検出にはエンドスコープなどの手法を利用することが必要である．エンドスコープの技術は急速に進歩しており，自由行動下の動物における細胞活動の記録などに今後活用されるであろう．

[岡部繁男]

参考文献

1) Helmchen, F., Denk, W. (2005) Nature Methods **2**: 932-940.
2) Feng, G., Mellor, R. H., Bernstein, M., *et al.*. (2000) Neuron **28**: 41-51.
3) Theer, P., Denk, W. (2006) J. Opt. Soc. Am. A **23**: 3139-3149.
4) Rueckel, M., Mack-Bucher, J. A., Denk, W. (2006) Proc. Natl. Acad. Sci. USA. **103**: 17137-17142.
5) Flusberg, B. A., Cocker, E. D., Piyawattanametha, W., *et al.* (2005) Nature Methods **2**: 941-950.

第 V 部
光による マニピュレーション

1 光ピンセット

1.1 はじめに

水溶液中の数十 nm～数 μm の微粒子に，急峻に絞ったレーザー光を照射すると，その微粒子をレーザー光の焦点付近で安定に捕捉することができる．これは，1986～87 年にアシュキン (Arthur Ashkin) らによって確立された[1,2]．これは，光トラップ (optical trap)，または，光ピンセット (optical tweezers) などと呼ばれる．この方法を用いると，微粒子を生体分子に結合させることによって，その分子を，自由に捕捉し動かすことができる．このような微粒子を生細胞内の特定分子に結合させることができれば，細胞内で，生体分子を 1 分子のレベルで意のままに動かすことが可能である．

光ピンセットによる微粒子の捕捉は，調和型ポテンシャル内への閉じ込めとして起こる．すなわち，フックの法則が成り立ち，安定な捕捉位置から微粒子の位置が変位すると，変位に比例する逆向きの力が働く．すなわち，微粒子に対する光ピンセットのバネ定数を最初に決定しておくと，変位を測定することによって（例えば 30 nm など），微粒子に働く力を求めることができる．

微粒子の位置測定精度は，タンパク質 1 分子のサイズ程度，すなわち，ナノメートルレベルであり，力測定の精度は生体分子間に働く力，すなわちサブピコニュートンの程度になっている．このように，光ピンセットのよいところは，ちょうど，生体分子間に働くのと同程度の力を，じわじわとかけることができるところにある．微粒子観察の時間分解能もサブミリ秒（通常のビデオレート（33 ミリ秒）の 1000 倍以上）が可能になっており，きわめて精度の高い操作が可能である．

光ピンセットはいわば 1 分子を扱うための「光の手」で，生きている細胞内に手を入れて分子を移動させたり，集めたり，力をかけたりすることができる．すなわち，細胞のまねをしたり，細胞の邪魔をすることもできる．このような手法は細胞の研究に大きな革新をもたらすものである．

1.2 光ピンセット法の基礎

1.2.1 光ピンセットの原理

光の波長よりも大きな直径を持ち，水より大きな屈折率を持つ透明な粒子（ミー粒子；細胞，ラテックスビーズ，シリカ粒子など）は，集光されたレーザー光に捕捉される．これは，幾何光学で説明できる（図 V.1.1A）．レーザー光が粒子に当たると，屈折率が水より大きな粒子はレンズとして働き，粒子を通った光の進行方向が変化する．光は運動量を持っているので，光の進行方向がミー粒子で屈折して変化すると，光の運動量の一部が粒子に与えられる（飛行機の翼は，斜めについており，それに正面から風が当たると空気の向きが斜め下向きに変わる．そうすると，上向きの運動量が翼に与えられ飛行機は浮く．それと同じ原理である）．このとき，力は常に焦点方向に向かう（図 V.1.1A）．

微粒子の位置がレーザー光の焦点位置から上下あるいは左右方向にずれると屈折の角度が変わり，どちらにずれても粒子を焦点に引き戻す合力が働く（図 V.1.1A）．これらが，上下，左右方向に安定して粒子がトラップできる理由である．トラップ用のレーザー光として赤外光を用いると，生物試料に対する影響も小さく，バクテリアでは，トラップしている間に細胞分裂したケースも報告されている[2]．

光の波長よりもずっと小さい粒子（レイリー粒子；微小なラテックスビーズや金属微粒子）も光ピ

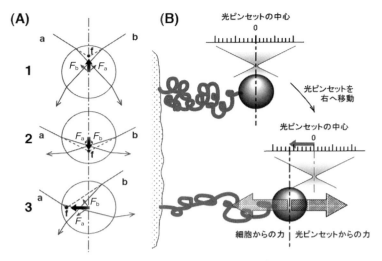

図 V.1.1 光ピンセットの基礎. (A) 光ピンセットの原理（光の波長よりも十分大きい透明誘電体粒子の場合）. 光路 a, b を通るレーザー光は，粒子に入射するときと出るときの 2 回進行方向を変え，粒子は光の運動量の変化と逆向きの力，F_a, F_b を受ける．これらの合力は，常に粒子をレーザー光の焦点 f に引き戻す方向に働く．粒子が焦点 f より下にあると粒子は上向きの力を受け (1)，上にあると下向きの力を受ける (2)．右（左）側にあると左（右）向きの力を受け (3)，結局焦点 f に向かって引き寄せられる．(B) 光ピンセットはやわらかいバネ秤である．生きている細胞内のタンパク質分子などに微粒子をつけ，光ピンセットでつかんで引っ張ると細胞からそのタンパク質に働く力がわかる．このバネ秤の目盛は，粒子の中心と光ピンセットの中心との距離（変位）である．変位に光ピンセットのバネ定数をかけると，粒子に働く力が求められる．光ピンセットのトラップの中心から距離 x 離れた部位でのポテンシャルエネルギーを U，光ピンセットのバネ定数を k_{OT} とすると，$U=1/2\,k_{OT}x^2$ という関係が成り立つ．例えば，$k_{OT}=1\,pN/\mu m$, $x=0.2\,\mu m$ のとき，$\Delta U=1/2\cdot1(pN/\mu m)\cdot0.2^2\,(\mu m^2)=0.02\,pN\cdot\mu m=20\,pN\cdot nm$ と計算される．常温での熱揺らぎのエネルギーは，k をボルツマン定数として，$1\,kT=4\,pN\cdot nm$ で表されるので，中心とのポテンシャルの差は $\Delta U=5\,kT$ となる．

ンセットで捕まえることができる．このときはトラップの原理として，光の屈折という幾何光学の概念は使うことができない．しかし，ラテックスビーズのような絶縁体（誘電体）のレイリー粒子を，レーザー光路に置くと，微粒子中では正負の電荷分布に偏りが生じるので，急峻にフォーカスされるレーザー光，すなわち，焦点へ向かって鋭い勾配を持って増加する電場にレイリー粒子を置くと，この電場で分極した電荷と電場自体とが相互作用して，粒子には焦点に向かう力が働く．これが，レーザー光が散乱されて粒子を押す力と釣り合ったところで，レイリー粒子は安定にトラップされる．

金属粒子のような導電体の場合，光（電磁波）が粒子の表面から内部に少し染み込む（スキン効果と呼ばれる）．例えば，波長 1047 nm の光が金粒子の表面から染み込む深さは 23 nm である．したがって，粒子の直径が 40 nm 程度より小さければ，粒子は誘電体と同様に振る舞い，トラップされる．直径がこれより大きいと内部まで電場が届かず，自由電子が動き回ってしまうため分極が起こらず捕捉できない．しかし，逆にサイズが小さすぎると，捕捉力が弱すぎて熱運動のエネルギーに負けてしまうので，この場合も捕捉できない．金コロイド微粒子なら直径 20～40 nm であれば光ピンセットで捕捉できる．20 nm というのは免疫グロブリンよりわずかに大きい程度の大きさである．すなわち，タンパク質程度の大きさの金コロイド微粒子で生体分子を標識すれば，生体分子を 1 個ずつ捕捉し動かすことが可能である．

1.2.2 光ピンセットはやわらかいバネ秤である

強い電場勾配中の微粒子に働く力は，電磁気学のマクスウェルの基本法則をもとに，長い計算を実行することによって導出することが可能である．計算結果は，「光ピンセットは，レーザー光が集光された中心付近（焦点からは少しずれている）で，物体をその中心に向かって引き込むような調和ポテンシャル（x, y, z の 3 軸で立体的に働く；距離の 2 乗に比例する中心力）」となることを示す．すなわち，力の場としては，フックの法則に従うような場である（図 V.1.1B）．微粒子はこの調和ポテンシャル中で熱運動する．中心からはずれるほど，変位に比例した力が中心に向かって働いて，微粒子を中心に向かって引き戻そうとする．すなわち，微粒子は 3 次元で働くバネに結合しており，しかし，バネは弱いので，微粒子は，その力の場の中で，拡散運動をするのである．

では，この場ではどの程度の力が働くのだろうか．計算からは，力は微粒子の半径の 6 乗に比例して大きくなること，また，誘電率が大きいほど強いことなどがわかる．しかし，具体的には，力の場を直接

に測定する方が早道である．以下に，測定法を2例紹介する．

第1の方法は，トラップした物体を既知の粘性抵抗を持つ水溶液中で速く引っ張り，物体がトラップから外れる速度を調べるものである．この方法では最大の捕捉力が測定できる．筆者らの光学系では，試料面で100 mWの強度のNd/YAGレーザーを直径1 μmに絞り込んで直径40 nmの金粒子を捕捉したとき，最大の力は0.25 pNであった．

第2の方法は，トラップ内部での微粒子の分布を正確に測定するというものである．粒子の分布は各点のポテンシャルエネルギーで決まるボルツマン分布なので，分布を求めるとポテンシャルが得られる．このとき，決定した粒子の分布に拡散運動の影響が出ないよう露光時間の短い（繰り返し露光の頻度とは直接には関係のないことに注意）高速シャッターカメラを用いる必要がある．拡散運動が速いと，露光時間全体での微粒子の位置の平均値を求めることになり，中心力が働いているので，実際よりも，中心付近の方へと座標がずれる．すなわち，ポテンシャルが強くみえてしまう．それで，10ナノ秒レベルの露光が可能なカメラを用いる必要がある．

筆者らの光学系では，試料面で100 mWの強度のNd/YAGレーザーを直径1 μmに絞り込んで直径40 nmの金粒子を捕捉したとき，中心付近でのバネ定数は約1 pN/μmであった．すなわち，中心と，中心から200 nm離れた部位でのポテンシャルの差は$5kT$程度である（kはボルツマン定数．計算法は，図V.1.1Bのキャプションを参照）．熱揺らぎはkTの程度であるので，これは，それの5倍程度の弱いポテンシャルであるといえる．

このような分子を操作する光ピンセットのバネ定数は，筆者らの通常の感覚でいうと非常に弱いものである．このようなバネの先に1円玉（1 g）をつけたとすると，10 kmくらいも伸びてしまう．しかし，細胞の中で，分子同士が結合したり，細胞膜を支えたりなどするのに1分子に働く力としては，ちょうどよい程度の大きさなのである．

これらを簡単にまとめると，光ピンセットは，図V.1.1Bに示すように，バネ秤であり，生きている細胞内などで微小物体をバネ秤の先につけて，秤の目盛を見ながら引っ張る道具と考えればよい．バネ秤の目盛は物体の光トラップの中心からの距離である．この距離だけ物体がバネの中心からずれている

ということは，その物体に細胞から力が働いていることを意味する．力は，この距離に光ピンセットのバネ定数を掛けることによって求められる．

光ピンセットのバネ秤の固さは，原子間力顕微鏡で利用されるカンチレバーの曲げの固さに比べると100〜10000分の1程度と非常にやわらかい．例えば，あるタンパク質分子を，平均0.1 pNの力で10 nm動かすというようなことが可能である．このときの仕事は1 pN・nmとなる．熱揺らぎのエネルギーは常温で2 pN・nm（$=1/2 kT$）であるから，タンパク質分子が熱揺らぎをうまく利用して動いているとすると，光ピンセットはちょうどその程度の仕事を実験者の意志によって加える手段を提供できる．一方，1分子のATPが分解されると40〜80 pN・nm（$=10〜20 kT$）程度の自由エネルギーが放出されるが，これも光ピンセットでできる仕事の範囲内にある．このように，光ピンセットのバネの力は，細胞が分子を動かしたり集合させたりするのと同じくらいの力であり，分子の操作をするのにちょうどよいのである．

1.2.3 生体分子に把手をつけてつかむ

生体分子（タンパク質・脂質・糖鎖・核酸など）やそれらの複合体は，光との相互作用が弱く，また，大きさがせいぜい100 nm程度までなので，光ピンセットで直接につかむことはできない．捕捉力が小さいのでブラウン運動に抗しきれないのである（バクテリア・リポソーム・赤血球・細胞など，マイクロメートルサイズの，曲率の高い膜を含むような構造は，捕捉が可能である）．そこで，生体分子の1分子操作のためには，微粒子を，生体分子1個，たとえば，タンパク質分子1個に結合させ，その微粒子を捕捉することによって，タンパク質分子を操作する．細胞において目的のタンパク質に微粒子を結合させるためには，このタンパク質に対する抗体のF_{ab}断片とか，目的とするタンパク質に結合する別のタンパク質をまず微粒子に結合させ，それを細胞とインキュベートしたり，細胞内に顕微注入したりする．

1分子を特異的に結合させるには，条件をさまざまに振ってやり，うまい条件を探すことが必要である．この段階をいかにうまくクリアするかが最終的な結果の明快さを左右する．1.2.1で述べたように，直径40 nmの金コロイド微粒子は，この目的に非常

に優れている．直径200 nmから数μmのラテックスビーズなども，多分子結合や多点結合が問題にならない場合には便利である．このように「生体分子に微粒子の把手をつけ，これを光ピンセットでつかむ」というやり方を用いると，ほとんどの生体分子を捕捉して動かすことができる．

1.3 光ピンセット装置

図V.1.2は，典型的な光ピンセットの光学系を示す[3]．原理からわかるように，大事なのはレーザー光をできるだけ大きな角度で小さく絞り込むことである．筆者らの装置では，Nd/YAGレーザー（波長1064 nm，強度350 mW）の単一に近いモード（TEM00）を光源として開口数の大きなレンズで集光し，試料面で100 mWの強度で直径約1μmのスポットを形成している．レーザー光のスポットはガルバノスキャナーに取りつけたミラー（図V.1.2のSx, Sy）を動かすことによって，2次元平面内の任意の方向に移動できる．これは基本的にレーザースキャン顕微鏡と同じである．また，固定したスポットに対してピエゾステージ上の試料を動かす方法も用いている．前者はレーザーを分岐して2本の光ピンセットを用いることが可能になるという長所があり，後者はスキャンのひずみが小さく，速度を大きく変えられるという長所がある．その他，ガルバノスキャナーミラーのかわりにピエゾティルティングミラーやAOモジュレータを用いることもできる．レーザーとしてはNd/YAGレーザーがよく用いられるが，これは波長が細胞と水の吸収しやすい波長からはずれているためである．レーザーの照射による温度上昇は，水分子の吸収については100 mWあたり約1℃とほとんど影響がないことがわかっている[4]．

1.4 ナノ計測技術

粒子の座標を求める方法として，主に二つの方法が用いられている．第一に，CCDやsCMOS（scientific complementary metal oxide semiconductor）の2次元アレイによって一連の粒子像を得，その一つの像をカーネルとして，その他の像との相互相関を計算する方法である．第二の方法は，4分割フォトダイオードに粒子像を投影して，四つの素子が受ける光の強度比から粒子の変位を求める方法である．ともに40 nmの金粒子の軌跡を数ナノメートル程度の空間精度，25マイクロ秒程度の時間分解能で計測することが可能である．

1.5 細胞膜内の分子に働く力の2次元マッピング

特定の膜タンパク質に，細胞外から金コロイド微粒子を結合させ，細胞膜の2次元平面をラスタースキャンして，2次元面内で働く力を画像化する実験が行われている[5]．膜貫通型タンパク質のCD44に直径40 nmの金コロイド微粒子を結合させ，これを，光ピンセットで捕捉し，レーザーをゆっくりと2次元的にスキャン（ラスタースキャン）し，膜上の各位置で，粒子が光ピンセットの中心からどれくらい遅れているかを測る．この遅れは，その場所で，粒子にかかる力，すなわち，細胞内から粒子にかかる力に比例している．すなわち，実験では，CD44という膜貫通型タンパク質をプローブとして，膜の各所で，CD44にかかる力を得ている．すべての場所で力をマッピングし，それを画像化した結果を図V.1.3に示す．

図V.1.3では，暗い部分が力を受けなかった場所で，明るい部分はCD44が力を受けた場所である．他の研究で，細胞膜の内側表面にはアクチンの網目が結合し，アクチン膜骨格という構造ができていることがわかっている．また，アクチン膜骨格の網目

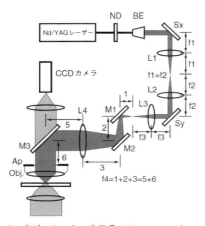

図V.1.2 光ピンセットの光学系．ND：ニュートラルデンシティーフィルター，BE：ビームエキスパンダー，Sx, Sy：ガルバノスキャナーミラー（x, y軸），L1-L4：レンズ（L1-L4の焦点距離はf1-f4），M1-M3：誘電体ミラー，Obj.：対物レンズ，Ap：対物レンズの後ろの焦点面にある開口

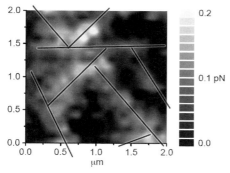

図 V.1.3 膜タンパク質をプローブとして細胞膜上を2次元走査（ラスタースキャン）し，アクチン膜骨格を可視化する．膜貫通型タンパク質のCD44をプローブにして，NRK (normal rat kidney) 細胞の細胞膜上の $2\times2\,\mu m$ の矩形領域を2次元走査（走査線20本）し，CD44が受けた力をマッピングした例．色の明るい部分（受けた力の大きい場所）をつなぐと $0.5\sim1\,\mu m$ 程度のサイズの膜骨格のメッシュワークが見えてくる．膜骨格を示す黒い線は，目を助けるために入れた線である．

のために，細胞内を拡散している分子が，網目の中に閉じ込められること（フェンス構造），時間が経つと，膜分子はある確率でこの網目の境界を乗り越えて，隣の網目に移動すること（ホップ拡散），が示されている．この結果と考え合わせると，CD44に力がかかった部分というのは，アクチン膜骨格フェンスであることが推定される．また，フェンス構造を乗り越えるのに必要な力は，この実験の場合には，約 0.2 pN であった．明るい部分をつなぐと（黒い線で示す），サイズが $0.5\sim1\,\mu m$ 程度の膜骨格のメッシュワークが可視化できていることがわかる．

本実験で用いられたNRK細胞の細胞膜では，膜タンパク質と脂質の拡散運動の1分子追跡結果から，二重のフェンス構造が存在することがわかっている．そのうち，高い拡散障壁として働く大きい方の網目は，そのサイズが平均 700 nm 程度であり，ここで得られた画像とよく一致する．すなわち，CD44が膜骨格とぶつかっているあいだは，膜骨格から力を受け，金コロイド微粒子がトラップの中心からずれているのが画像として捉えられたのである（膜骨格を乗り越えて次の網目に入ると，次にアクチン膜骨格にぶつかるまでは，ほとんど力がかからない）．

1.6 おわりに

光ピンセットは，生体分子を1分子レベルで捕捉し動かすことができる方法で，しかも，光による操作なので，細胞内の分子に対しても用いることができる．分子間相互作用などを，1分子レベルでの力と揺らぎという観点から直接に観測し，また，1分子レベルでの結合時間を求めることができる．応用はまだ限られているが，使う人の想像力しだいで，まだまだ広がるものと考えられる．

[楠見明弘・藤原敬宏]

参考文献

1) Ashkin, A., Dziedzic, J. M., Bjorkholm, J. E. *et al.* (1986) Opt. Lett. **11**:288-290.
2) Ashkin, A. and Dziedzic, J. M. (1987) Science **235**: 1517-1520.
3) Tomishige, M., Sako, Y., and Kusumi, A. (1998) J. Cell Biol. **142**:989-1000.
4) Kuo, S. C. (1998) Methods Cell Biol. **55**:43-45.
5) Ritchie, K., and Kusumi, A. (2002) J. Biol. Phys. **28**: 619-626.

2 光照射分子不活性化法（CALI/FALI法）

2.1 はじめに

遺伝子やタンパク質の機能を網羅的に解析するポストシーケンス時代へと移行した今日，プロテオミクス研究が精力的に行われている．発生・老化や脳機能などといった高次生命現象を担う生物学的機能の解析においては，特定分子の欠損あるいは機能的不活性化は最も有効な研究手段の一つである．特定分子の欠損はその分子をコードする遺伝子を操作すること（遺伝子ターゲティング）で今日実現し，数多くの有用な研究データが集積されてきた．しかし，タンパク質の生物学的機能解析においてより重要なことは，生きた細胞や組織においてタンパク質の動態（ダイナミクス）を時系列的に解析し，空間的に配置されたタンパク質がどのような生理現象に直接的に関わるかを解析することで，分子機能が実際に発揮される時間と場所で解析を行うことにある．ことに，極度な細胞極性を示す神経細胞などにおいては時空間的な分解能を有する解析ツールは奏功する．光照射分子不活性化法（chromophore-assisted light inactivation：CALI）は特定分子を時空間的に不活性化させ得る研究方法として登場し，細胞や組織の局所領域や特定時間での分子機能解析に有効なアプローチを提供する．本章では，細胞における特定分子の機能解析ツールとして顕微鏡下で実現するmicro-scale CALI（Micro-CALI）法を中心に概説する．

2.2 CALI法の原理

CALI法とは，抗体を用いて標的分子にアクセスし，抗体に標識した色素を光励起してラジカルを産生させ，ラジカルによる強い酸化反応によって光の照射された場所と時間で標的分子を不活性化するというものである（図V.2.1）．CALI法は1988年にDaniel G. Jay（ハーバード大学分子細胞生物学部，現タフツ大学医学部生理学教室）によって最初に発表された[1]．抗体の標識色素にマラカイトグリーン（malachite green：MG）色素を用いるのがJayが発表した原法で，一般的にCALI法と呼ばれている．MG色素はレーザーによる赤色光（波長：620 nm）で励起され，発色団からヒドロキシラジカルが発生する．

一方，1998年にはプリンストン大学物理学・化学・分子生物学教室の共同研究チームは，青色光（波長：490 nm）で励起されるfluorescein isothiocyanate（FITC）蛍光色素から産生する活性酸素（一重項酸素）を利用したfluorescein-assisted light inactivation法（FALI法）や，緑色蛍光タンパク質GFPを用いたCALI法原理を発表した[2]．また，彼らはレーザーの代わりに蛍光観察に用いる通常の水銀ランプを用いてFALI法が実現することも実験的に示し，CALI法が簡便に実現することも併せて示した[2]．CALI法の詳しい実験手順などについては，筆者が記したプロトコルがあるので参照願いたい[3]．また，CALI法の長所と短所を表V.2.1にまとめた．

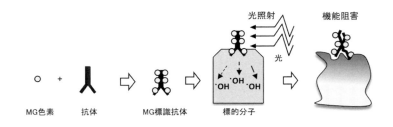

図V.2.1 CALI法の原理．抗体にマラカイトグリーン（MG）色素を化学的に標識し，抗原抗体反応で標的分子に標識抗体が結合している状態に波長620 nmのレーザー光を照射すると励起された色素団からヒドロキシラジカルが発生し，ラジカルの強い酸化反応（15 Å以内）で標的分子の構造変化を誘起して機能的阻害を起こす．

表 V. 2.1 CALI法の長所と短所

[長所]
- 機能阻害しない抗体で機能阻害できる
- 局所的に特定分子を機能阻害できる
- 急性的に特定分子を機能阻害できる
- 生細胞や生体内で解析できる
- 比較的簡単にセットアップできる

[短所]
- CALI効果は用いる抗体の特性に左右される
- 標識色素は長時間安定しない
- 標的分子と会合する結合型低分子に対する影響は明らかでない

2.3 CALI法の改変法

前出のFALI法と同様に、近年の10年間で従来のCALI法の改変法や新たな応用例が発表され、この技術の新しい展開が示されてきた。東京大学の長野哲雄と飯野正光の共同研究グループは低分子リガンドにMG色素を標識して行うsmall molecule-based CALI (sm-CALI) 法を発表した。また、カリフォルニア大学のR. Y. Tsienのグループからは4個のシステイン残基への特異的結合を示すReAsH色素を用いたReAsH-CALI法が発表された。ノースカロライナ大学のK. JacobsonらはGFPを発色団に用いたGFP-CALI法を発表したが、高いエネルギーを必要とするため実用化が困難であった。しかしその後、2光子励起顕微鏡を適用することでGFPを用いたCALI法を実用化させる利便性の高い多光子励起CALI (multiphoton excitation-evoked CALI：MP-CALI) 法が京都府立医科大学の髙松哲郎のグループから発表された。

一方、ロシア科学アカデミーのK. A. LukyanovのグループはGFP-CALIの困難さを新たな異種蛍光タンパク質KillerRedを用いて解決させるKillerRed-CALI法を発表した。つい最近、大阪大学の永井健治のグループはeosinによるCALI法を実現させ、従来法やその改変法における問題を一挙に解決する有用な方法を発表した。用途や機器によって種々の方法を使い分けるとよいと思われる。これらの改変法などについては文献4を参照されたい。

2.4 CALI法の適用例

2.4.1 Micro-CALI法とMacro-CALI法

顕微鏡下における直径数十μm程度のレーザースポット内の標的分子をターゲティングするMicro-CALI法と、直径数mm程度の広範囲のスポット内の標的分子をターゲティングするlarge scale-CALI (Macro-CALI) 法がある。これらは、レーザー照射範囲 (レーザースポット) の大きさによって区別されたもので、レーザースポットは用いるレーザー光発振機の種類によって限定される。MG色素を用いた原法による細胞局所を対象としたMicro-CALI法では、正立型または倒立型顕微鏡に窒素パルスレーザーに色素レーザーをジョイントさせ、励起波長のレーザー光を光ファイバーを介して顕微鏡内に導入する。生体の広範囲や生化学用試料を対象としたMacro-CALI法のセットアップでは、ポンプレーザーとしてNd-YAGレーザーを用い、オプティカルパラメトリックオシレーターによって波長選択して目的の波長のレーザー光を作製して垂直方向に落射して試料に照射する。用いる機器の種類などのセットアップの詳細や詳しい実験手順については他稿を参照願いたい[3]。

2.4.2 Micro-CALI法の主な実験手順

① MG色素標識抗体の負荷：MG色素を標識した抗体を細胞に負荷する。培養系の場合、細胞外エピトープを認識する抗体では培養液に色素標識抗体を添加して30分程度インキュベートする。細胞内分子に対する抗体では細胞内に抗体を導入する必要が生じ、株細胞などの場合はマイクロインジェクション法で個々の細胞に抗体液を注入する。細胞内に色素標識抗体を導入する場合、MG色素は可視化できないので、蛍光標識物質 (蛍光標識デキストランなど) を付随的に注入して細胞内導入の度合いを確認する。一方、神経細胞の初代培養系の場合、筆者らは細胞破砕法と呼ばれる簡単な方法 (抗体溶液中でピペティング操作を行って多数の細胞に抗体を一挙に導入する方法) を用いている。

② レーザー照射：目的の細胞領域をレーザースポット内に設定する。レーザー照射前の観察・計測を行った後、レーザー照射し (波長：620 nm、パルス頻度：10 Hz、時間：5分)、照射中および照射後の

観察・計測を行って照射前と比較検討する．

③対照実験：同様に色素標識した非特異的IgGや特異抗体を色素標識しないで用い，同様にレーザー照射して行う実験をネガティブコントロールとする．CALI（機能阻害）効果を誘起するのに必要なエネルギーのレーザー光は，MG色素を励起する長波長（620 nm）では生体にまったく影響を与えない．

2.4.3 神経成長円錐における実験例

神経細胞には極度に発達した細胞極性を示す形態的特徴があるため，現在までのCALI法による実験例の多くは，伸長中の神経突起先端に存在する成長円錐のような運動性のある細胞局所における分子機能解析に主に用いられてきた．

JayとKeshishianは軸索束に発現するfasciclin Iの生理機能についてCALI法を適用した最初の成果を1991年に発表し，その後，ハーバード大学のJayの研究グループは顕微鏡下で行うMicro-CALI法を開発して，神経束形成因子fasciclin I/II，脱リン酸化酵素calcinurin，細胞骨格分子myosin-V，talin，vinculin，radixin，細胞接着分子L1とNCAM，などのさまざまな分子の成長円錐における機能を解明した．これらの初期の研究報告を契機に，CALI法を用いた研究は細胞局所領域での分子機能解析を行う研究グループの研究ツールとして普及し，例えば，ドイツでは軸索ガイダンス分子RGMや細胞骨格分子MAP1Bの成長円錐における機能，本邦ではイノシトール3リン酸受容体（IP$_3$レセプター），カルシウム結合タンパク質NCS-1，反発性軸索ガイダンス分子のシグナル伝達分子であるCRMP1とCRMP2，ラフトに集積するGM1などの成長円錐における役割が明らかにされた．

本章では最近筆者らが行った実験例として，神経成長円錐上における局所タンパク合成が神経突起伸長に重要な役割を演ずることを検証するために行ったMicro-CALI実験を示す（図V.2.2）．この実験例では，タンパク合成を促進する翻訳因子EF2を成長円錐上の局所領域で急性的に機能阻害すると神経突起伸長が停止するのに対し，EF2の特異的リン酸化酵素EF2KはEF2をリン酸化して負に制御することから，EF2Kを同様に機能阻害すると逆に神経

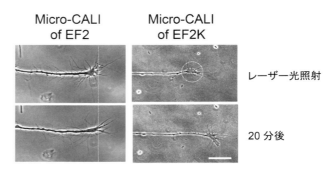

図V.2.2 Micro-CALI法の実験例．Ca^{2+}依存性タンパク質翻訳因子EF2，またはEF2の特異的リン酸化酵素EF2Kを培養後根神経節細胞の成長円錐上でMicro-CALI法によって局所的にかつ急性的に機能阻害した場合の神経突起伸長の変化．上段：レーザー照射時（白線の円：レーザースポット），下段：レーザー照射後20分．スケールバー：10 μm．

突起伸長が促進されていることを示している．

2.4.4 CALI/FALI法によるスクリーニング

細胞局所領域における分子機能解析として使われてきたCALI法は，最近になって大規模スクリーニングの一端を担うプロテオミクス解析法の中に組み込まれ，その汎用性が拡大した．Jayらは，がん細胞の浸潤・転移に関する重要因子を検索する目的でphage-display法によって得られた膨大な数の抗体を用いてFALI法で大規模スクリーニングする方法を考案して創薬ターゲット解析に応用した．

一方，筆者らは独自にCALI/FALI技術を簡単に行う方法（simple-easy-long-term FALI：SELT-FALI法）を開発し，発生現象を担う機能分子のスクリーニングツールとして起用し，メタルハイドライトを用いた光ファイバー光源装置，FITC用蛍光フィルター，平面ライトガイドを用いて最大2000 luxの490 nmの青色光を6ウェルプレートに均一に照射する方法で，器官培養における神経回路形成に関与する新規分子LOTUSを発見した[4,5]．

2.5 今後の課題

筆者は，2005年に文部省リーディングプロジェクト「シミュレーションモデル構築支援技術の開発」によって数理計算科学とCALI法との接点を探った．CALI法は翻訳産物のタンパク質を直接の標的として機能阻害するので，RNA干渉や遺伝子ノックアウトとは異なり，タイムラグなく急性的に標的分子を機能阻害する．この利点を生かし，刻々と変化する

リアルタイムの分子動態を表現する動的シミュレーションモデルにおけるタイアップ実験として，CALI法による急性機能阻害実験を適用し，それらを比較検討するE-CALI系の構築を目指した．システムバイオロジーにおける次世代研究技術の一つとしてCALI技術の活用が期待される．

一方，病態プロテオミクス解析ツールとしてもCALI法の活用が期待される．筆者らが開発したSELT-FALI法[5]のターゲットを発生現象から病態に変え，病巣を抗原として網羅的に抗体を作製し，病態関連分子を同定するアプローチが可能である．これは分子標的薬として用いる抗体エピトープの同定に等しく，機能阻害できない抗体でも機能阻害できるCALI法の最大のメリットを活かした方法といえる．

さまざまな改変法の中，装置の簡便性を鑑みるとMicro-CALI法としてはKillerRed-CALI法が非常に有用であると思われるが，二量体を形成する必要があるため，その発現効率や異常な細胞内分布が問題となっている．これらの問題を解決するような単量体KillerRedの開発が望まれる．

最後に，CALI法の原点は，Jayがエール大学のHaig Keshishianとの共著で1990年にNature誌に発表した論文の末尾にあった1文，"We have employed a novel technique to demonstrate the role of a specific molecule by converting a binding reagent into an inhibitor."にあると筆者は考える．CALI/FALI法をベースとした次世代技術の創造を期待する．

　　　　　　　　　　　　　　　　　　［竹居光太郎］

参考文献

1) Jay, D. G. (1988) Proc. Natl. Acad. Sci. USA. **85**: 5454-5485.
2) Surrey, T., Elowitz, M. B., Wold, P.-E. *et al.* (1998) Proc. Natl. Acad. Sci. USA. **95**: 4293-4298.
3) 竹居光太郎 (2001) CALI法による分子機能解析，遺伝子の機能阻害実験法（多比良和誠編，実験医学別冊），羊土社，pp.113-131.
4) 竹居光太郎 (2012) 光照射分子不活性化法 (CALI/FALI法)，日本薬理学会雑誌 **140**：226-230.
5) Sato Y., Iketani, M., Kurihara, Y., *et al.* (2011) Science **337**：769-773.

3　ケイジド化合物

顕微鏡を用いて生命現象を受動的に観察するだけでなく，光を利用して細胞・組織あるいは個体の生理現象を誘発させ解析することができる．ケイジド (caged) 化合物は，不活性な状態で組織に与えてから，光によってこの試薬を活性化すること (uncaging) により組織や細胞を刺激する化合物である．ここではケイジドグルタミン酸の2光子励起法[1]を中心に，その応用可能性を解説する．

3.1　ケイジド化合物に関して

3.1.1　ケイジド化合物

目的の物質に不活性化のための官能基（保護基と呼ぶ）を付加して合成される低分子化合物で，光により保護基がはずれて目的の物質の活性を回復するものをケイジド化合物 (caged compounds) と呼んでいる．目的の物質には，蛍光色素，プロトン，核酸 (cAMPなど)，アミノ酸類（グルタミン酸など），イノシトール，ペプチドなどが報告されている．mRNA，DNA，タンパク質のような高分子に保護基を付加することも行われる．ケイジドカルシウムのように光によってCa^{2+}に対する親和性が減少し，Ca^{2+}を放出する化合物もある[2]．図V.3.1Aに示したのはケイジドグルタミン酸である4-mathoxy-7-nitroindolinyl-Glu (MNI-Glu) が光分解（アンケイジング：uncaging）して活性化する過程である．

3.1.2　ケイジド化合物の励起

一つのケイジド化合物分子に一つの光子のエネルギーが吸収される現象を1光子励起と呼ぶ（図V.3.2）．一方，エネルギーが1光子励起の場合の約半分（つまり波長が約2倍，赤外線領域を使用する）の二つの光子のエネルギーが同時に吸収される現象を2光子励起と呼ぶ[1]．エネルギーダイアグラムで表示すると，1光子励起によるエネルギー準位の近傍に2光子励起によっても励起されやすいエネルギー準位があり，1光子励起も2光子励起も最終的には同じエネルギー準位に至って分解反応が生じるとすると，後述する量子収率（分解の生じやすさ）は1光

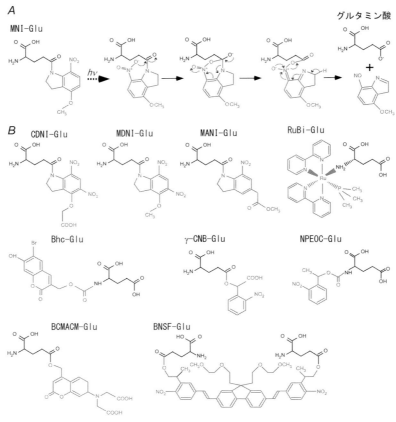

図 V. 3. 1　ケイジド化合物（ケイジドグルタミン酸）．A：4-methoxy-7-nitroindolinyl-caged-L-glutamate（MNI-Glu）の光分解反応　B：さまざまな保護基によるケイジドグルタミン酸（表 V. 3. 1 参照）．

子励起と 2 光子励起で同一であると思われる．

　2 光子励起は光子密度が非常に高い条件で生起するため，超短パルスレーザーを用いて時間的に光子密度を高め，さらに対物レンズを用いて空間的にも光子密度を高めた条件で 2 光子励起はようやく生じる．逆にそのことを利用して対物レンズの焦点付近の約 $1\,\mu m^3$ といった非常に狭い範囲で 2 光子励起アンケイジングにより物質を投与することができる．このことは，神経細胞のシナプスのような小さい構造に選択的に神経伝達物質などを投与するときに有効な方法である（2 光子励起の詳細な解説は本書の第 II 部を参照されたい）．

　2 光子励起の生じやすさ（後述する 2 光子吸収断面積の大きさ）は，分子の遷移双極子モーメント（transition dipole moment）の大きさに依存することが予測されている．これに基づき電子の分布の非局在化経路（π共役）の距離を大きくする，あるいは電子供与性基（donor）と電子求引性基（acceptor）の効率をより高くすることなどで 2 光子作用断面積の大きいケイジド化合物も報告されている（図 V. 3. 1B，BNSF-Glu）．

3.1.3　ケイジド化合物の特性を示す指標

a. モル吸光係数，量子収率，2 光子吸収断面積，2 光子作用断面積

　表 V. 3. 1 にそれぞれの指標の説明を示す．これらの値から，その化合物のアンケイジング反応の効率を評価する．

b. 励起波長

　組織や細胞に存在する核酸の吸収極大が 260 nm，タンパク質による吸収が 280 nm 付近，NADH や NADPH の吸収極大が 340 nm にある．そのために 350 nm 以上の波長で励起を行うことが望ましい[3]．多くのケイジド化合物の 1 光子吸収波長極大が 350 nm 付近にあるが，最近はより長い波長で励起できるケイジド化合物が市販されている（RuBi-

3 ケイジド化合物

表 V.3.1 モル吸光係数，量子収率，2 光子吸収断面積，2 光子作用断面積

名称	記号	単位	説明
モル吸光係数 (mol extinction coefficient)	ε	$M^{-1} \cdot cm^{-1}$	（単位濃度あたりに）光子が単位長さあたりに物質に作用する割合で，1 光子励起の効率を示す指標
量子収率 (quantum yield)	ϕ_u	—	1 光子励起もしくは 2 光子励起が生じたときに実際に分解が生じる割合．したがって，1 光子励起による光分解反応の効率は $\varepsilon\phi_u$ で示される．
2 光子吸収断面積 (two-photon absorption cross-section)	δ_a	GM	2 光子励起の効率を示す指標
2 光子作用断面積 (two-photon uncage action cross-section)	δ_u	GM	2 光子励起による光分解反応の効率を示す指標．$\delta_u = \delta_a\phi_u$

1 GM (Goeppert-Mayer) = $10^{-50} cm^4 \cdot s \cdot photon^{-1}$

表 V.3.2 ケイジドグルタミン酸の各指標

名称	ε	ϕ_u	$\varepsilon\phi_u$	λ_{1P}	δ_u	λ_{2P}	κ	市販 (Maker)
MNI-Glu	4300	0.085	366	340	0.06	730	$\sim 10^5$	Tocris
CDNI-Glu	6400	0.6	3840	340	0.26	720	$\sim 10^5$	NA
MDNI-Glu	8600	0.47	4042	350	0.06	730	NA	Tocris
MANI-Glu	4300	0.1	430	330	NA	NA	NA	Sigma
RuBi-Glu	5600	0.13	728	450	0.14	800	NA	Tocris
Bhc-Glu	17470	0.019	329	369	0.95	740	NA	NA
γ-CNB-Glu	5100 (500)(註)	0.14	714 (70)(註)	262 (350)(註)	Low	NA	4.8×10^4	MP
NPEOC-Glu	5700	0.65	3705	347	NA	NA	NA	NA
BCMACM-Glu	13100	0.1	1310	379	NA	780	NA	NA
BNSF-Glu	64000	0.25	16000	415	5.0	800	NA	NA

NA：情報なし／市販されていない．註：生体に対する傷害性がより小さい波長 350 nm で励起した場合の参考値．
ε：モル吸光係数 ($M^{-1} \cdot cm^{-1}$), ϕ_u：量子収率, λ_{1P}：1 光子励起波長 (nm), δ_u：2 光子作用断面積 (GM), λ_{2P}：2 光子励起波長 (nm), κ：反応速度 (s^{-1}). （詳細は本文参照），MNI：methoxy-nitroindolinyl, CDNI：carboxy-methyl-dinitroindolinyl, MDNI：methoxy-dinitroindolinyl, MANI：methyl-acetoxy-nitroindolinyl, RuBi：ruthenium-bipyridine, Bhc：bromo-hydroxy-coumarin, CNB：carboxy-nitrobenzyl, NPEOC：nitro-phenethyl-oxycarbonyl, BCMACM：bis-carboxymethyl-amino-coumarinyl-methyl, BNSF：bis-nitro-propyl-styryl-fluorene
Maker URL　Tocris：http://www.tocris.com/, Sigma：http://www.sigmaaldrich.com/, MP：Molecular Probes (ThermoFisher Scientific) http://www.thermofisher.com/

Glutamate など）．さらに生体 (in vivo) でアンケイジングを行うためにはヘモグロビンの吸収が大きい 700 nm 以下を避けると都合がよい．この点 2 光子励起では 700 nm 以上を用いるので都合がよい．また，細胞膜界面による散乱も組織透過性を低下させる要因であるが，光の屈折は波長が長いほど小さくなるので，700 nm 以上の励起光を用いる 2 光子励起法ではこの点からも組織透過性に有利である．

c. 水溶性

アンケイジングによって投与できる目的分子の濃度は元のケイジド化合物濃度以下であるので，用いる溶液に対する溶解度が投与できる濃度の目安とな

る．実験に必要な目的物質濃度の10倍以上のケイジド化合物の溶解度があると使用しやすい．

　d．分解速度

　例えばシナプスにおける神経伝達物質投与の効果を調べる際にはシナプスにおける神経伝達物質の拡散の時定数以下で光分解が生じる必要がある．それより遅い分解の場合は時間・空間分解能が低下する．目的とする現象に対して光分解の速度（rate constant：k（sec^{-1}））が十分に速いケイジド化合物を選択する必要がある．

　e．自発的分解

　ケイジドグルタミン酸の場合，ゆっくりとした自発的分解（光非依存的な加水分解など）によって生じた遊離グルタミン酸（free glutamate）は非常に低濃度であっても，神経細胞を脱分極させカルシウムを流入させることで組織にダメージを与える可能性がある．したがって，化合物の水溶液中の安定性もケイジド化合物使用のための重要な因子の一つになりうる．

　使用にあたっては，分解を低減させるために，除湿した環境で作業すること，不活性化ガス（Ar）を保管チューブに吹き込み低温除湿下で保存することなどを筆者らは行っている．

　また，筆者らはケイジドグルタミン酸である MNI-Glutamate や CDNI-Glutamate などの加水分解で生じた遊離グルタミン酸などを逆相 HPLC で精製して取り除いている．特に2光子アンケイジングの実験においては，分解されるのはごく一部分であるため，実験後に回収して再精製すれば経費を節約することができる．

　f．ケイジド化合物のオフターゲット効果

　例えば，ケイジドグルタミン酸のなかには，GABA$_A$受容体抑制能の反応性を持つものが存在する．ケイジドグルタミン酸の種類によってGABA$_A$受容体抑制能にも差違があり，MNI-Glutamate は比較的抑制能が大きく，RuBi-Glutamate や BCMACM-Glutamate は比較的小さい．副次的な反応（オフターゲット効果）の大きさが実験内容の許容範囲であることを確認する必要がある．

3.1.4　実際のケイジド化合物（ケイジドグルタミン酸）

　上記の指標がすべて良好であるケイジド化合物を設計することは非常に困難なことと感じられる[4]．実際，現在報告されているケイジド化合物は上記にあげた指標のかなりの要求水準を満たしているが，まだそれぞれ改善の余地はある．

　ケイジド化合物の例として，ケイジドグルタミン酸をいくつか図 V.3.1B と表 V.3.2 に示した．例えば，α-carboxy-o-nitrobenzyl-glutamate（CNB-Glu）は最初に成功した神経伝達物質のケイジド化合物であるが，この保護基は 262 nm に吸収極大があり，350 nm の吸光係数がその後開発された MNI-Glu などよりもよくない．また，2光子励起作用断面積も非常に小さいので2光子励起法に用いることができない．現時点で市販されているもののうち2光子励起法を用いた生理学解析に最も使用されてい

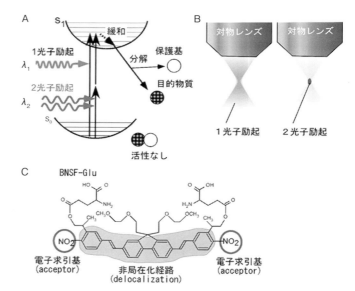

図 V.3.2　1光子励起と2光子励起．A：励起のエネルギーダイアグラム．基底状態（S_0）のケイジド化合物は光子のエネルギーを吸収することにより励起状態（S_1）へと移行する．2光子励起においては約半分のエネルギー（波長約2倍）の二つの光子を同時に吸収する．分子内緩和過程を経て目的物質に分解する．B：1光子励起は光路のすべてで生じるのに対し，2光子励起は光子密度が高い状態でのみ生じるために対物レンズの焦点付近の局限された領域のみで生じる．C：2光子吸収断面積は，分子の遷移双極子モーメントの大きさに依存することが予測されている．電子求引基（acceptor）に加えて，比較的長い距離の電子の非局在化経路（π共役）を備えた BNSF-glutamate は，高い2光子吸収断面積（5.0 GM）を示した．

るのが MNI-Glu である．これは水溶液中の安定性が高く，組織内での拡散よりも速い時定数（>10^5/sec）で光分解する．MNI-Glu の 2 光子アンケイジングを用いることにより，中枢神経系のグルタミン酸シナプスの速い情報伝達を担う AMPA 型受容体電流のキネティクスがケイジドグルタミン酸で初めて模倣された[1]．MNI-Glu の改良版の carboxy-methyl-dinitroindolinyl-Glu（CDNI-Glu）は 2 光子作用断面積が約 4 倍向上している．2 光子作用断面積の向上を目的として，フルオレニル保護基に電子求引性基を対称に付加し，さらにその間のπ共役系を長くした bis-nitropropyl-styrylfluorene-Glu（BNSF-Glu）は 5.0 GM という非常に高い 2 光子作用断面積を達成している（図 V.3.2C）．ただしこの化合物は中性付近の水溶液への溶解度が小さい（pH 7.4 において 0.1 mM）ことが生理学実験への応用に不利に働く．今後は水溶液中での安定性や中性の緩衝液への溶解度の改良されたものが開発されてくると思われる．

3.2 ケイジド化合物の使用

3.2.1 アンケイジングに用いられる光源

フラッシュランプ（キセノン），水銀アークランプなど：1 光子励起

安価で堅牢である．必要な波長を光学フィルターで選別して用いる．フラッシュランプでは繰り返し刺激の際に充電時間の制約が生じる．視野における刺激位置は固定されている．刺激範囲を一様に励起できる．

レーザー（半導体（LD），Ar-Kr など）：1 光子励起

上記よりも高価である．シャッターとスキャナーを併用することにより，刺激時間と位置を視野内で自由にコントロールすることができる．

レーザー（モードロック Ti：sapphire（チタンサファイア））：2 光子励起

一般的に 1 光子励起に用いられるレーザーよりも高価である．赤外領域の波長であるので，組織の散乱に強く，組織や個体を用いた実験に有利である．

3.2.2 ケイジド化合物の組織中濃度の推定

組織中の目的部位のケイジド化合物の実質濃度は，ガラス毛細管を用いた吹きかけ投与（puff applica-tion）やマウス個体を用いる実験では，必然的に希釈され実効濃度が未知となる．蛍光を放出するケイジド化合物では，実効濃度を 2 光子励起蛍光測定により推定することができる．蛍光を放出しないケイジド化合物では，分子量や極性が類似の蛍光分子を代用的に用いて蛍光測定することにより推定する．

$$F(z) = \frac{F(0) \cdot R(z) \cdot C(z)}{C(0)} \text{ のとき}$$
$$C(z) = \frac{C(0)}{R(z)} \cdot \frac{F(z)}{F(0)}$$

ここで，

$F(z)$：深さ z からの蛍光，
$F(0)$：深さ 0 における蛍光，
$C(z)$：深さ z における色素濃度，
$C(0)$：深さ 0 における色素濃度，
$R(z)$：深さ z における光学的な効果

である．$R(z)$ は経験的に求める必要があるが，一様に色素が分布している条件で，深さ z で測定したときの蛍光の表面との比をとることにより求められる．詳細は文献 5 参照．

3.2.3 アンケイジングの実施例

実験目的によっては二つ以上のケイジド化合物を同時に存在させて，選択的にアンケイジングすることも可能である．二つのケイジド化合物をそれぞれ 2 光子励起する，あるいは，1 光子と 2 光子励起の組み合わせで励起することも筆者らのグループは成

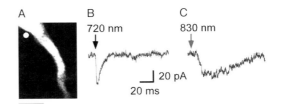

図 V.3.3 2 color アンケイジング．海馬急性スライスの CA1 錐体細胞の細胞体から CsCl を主成分とする内液で whole-cell 電流記録を行い，ケイジド-glutamate（CDNI-Glu）とケイジド-GABA（N-DCAC-GABA）を混合した溶液を微小ガラス管からの吹きかけ（puff application）によって投与した．この条件では，グルタミン酸受容体電流と GABA 受容体電流の双方とも内向き電流として観察される．（A）Alexa Fluor 594 によって染色された CA1 錐体細胞細胞体．（B），（C）におけるアンケイジングの位置を白丸で示した．（B）波長 720 nm のアンケイジングによって AMPA 型グルタミン酸受容体の速いキネティクスの電流のみが記録された．（C）波長 830 nm のアンケイジングによって $GABA_A$ 受容体のやや遅いキネティクスの電流のみが記録された［Kantevari, S. *et al*. Nat. Methods（2010）**7**：123-125 より改変］．

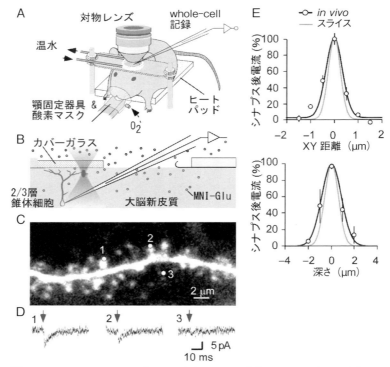

図 V.3.4 *in vivo* グルタミン酸アンケイジング．A：実験セットアップ．B：生体マウス（2〜4カ月齢）大脳新皮質 2/3 層の錐体細胞からパッチクランプ電流記録を行い，脳表面からケイジドグルタミン酸（MNI-Glu）を拡散させた．次にその細胞の樹状突起において 2 光子アンケイジングを行った．C：樹状突起の XYZ スタックイメージ．白丸の位置でアンケイジングを行った．樹状突起の幹から出ているトゲ状の部分はスパインと呼ばれ，シナプスがここに形成されている．D：(C) の数字で示された丸の位置でアンケイジングを行って得られたシナプス後電流をそれぞれ示す．E：*in vivo* アンケイジングの空間解像度（半値全幅）を黒色の線で示した（上段 XY 解像度，下段 Z 解像度）．急性スライスで得られた解像度をグレーの線で示した．解像度は 200 μm の深さまで有意な変化はなく，単一シナプスの選択的刺激が可能であることがわかった[5]．

功している．例えば，CDNI-Glutamate を 720 nm，N-DCAC-GABA を 830 nm で 2 光子励起することにより，一つの神経細胞にグルタミン酸と GABA を任意のタイミングで選択的に投与することができた（図 V.3.3）．

一方，著者らは深麻酔した生体（*in vivo*）マウスの頭蓋骨と硬膜に穴を開け，ケイジドグルタミン酸を拡散させ，2 光子アンケイジングすることで，任意のシナプスにグルタミン酸を投与し，シナプス後電流（EPSC）を発生させることに成功した（図 V.3.4）．驚いたことに，2 光子励起の解像度は大脳皮質の 200 μm の深度まで，深さによってあまり変化せず，半値全幅解像度の平均値は xy 方向 $0.80±0.05$ μm，z 方向 $1.9±0.3$ μm であり，単一シナプスを刺激できる範囲内であった．これは励起光である赤外線が組織散乱の影響を受けにくいこと，散乱した励起光は焦点に集まらず励起に寄与しないため PSF（point spread function：点像分布関数）の劣化が抑制されたためと考えられる．この方法論により生体マウスにおいても任意のタイミングで狙った 1 シナプスに EPSC を発生させられることを示した[5]．

3.2.4 オプトジェネティクスとケイジド化合物を用いた実験の特徴の比較

光照射による細胞機能のコントロール法としてオプトジェネティクス（光遺伝学的方法；optogenetics）がよく知られている．光で活性化されるカチオンチャネルである ChR2（チャネルロドプシン）とケイジド化合物を用いる（2 光子励起法）実験とを比較してみる．

ケイジド化合物の実験においては，組織外部からケイジド化合物を投与することが必要であるが，視

野内のすべての構造をサブミクロンの解像度で刺激可能である．一方 ChR2 においては遺伝子の導入が必要で，通常 1 光子励起が用いられる．ChR2 は発現密度の問題から 2 光子励起するには工夫が必要で，遺伝子の発現パターンにより刺激の選択性を持たせることが多い．

神経科学の重要課題の一つであるシナプスの可塑性誘発の検討については，ケイジド化合物を用いた実験では直接単一シナプスを刺激するが，ChR2 では，軸索に形成される多数のシナプス前終末が刺激され，単一シナプスの刺激はできない．このように双方の特徴をうまく使い分けて実験を行うことが必要である．

3.2.5　2 光子アンケイジング励起範囲の調節

2 光子アンケイジングされる範囲は，励起光の性質や対物レンズの開口数などによって決定され，開口数が大きいほど，励起される範囲は小さくなる（第 II 部参照）．PSF サイズよりも大きい範囲を励起したいときには励起スポットを短時間で移動させてその範囲を照射するのが簡便である．Z（深さ）方向に高速で動かすことは容易ではないが，ピエゾアクチュエータによる対物レンズ（あるいはサンプル）の高速移動，acousto-optic deflector（AOD），あるいは spherical acousto-optic lens（AOL）による焦点位置の移動などが報告されている．ピエゾ以外は，最適深さでない深さにおける PSF の劣化などの問題がある．現在のところ顕微鏡メーカーが標準対応しているのはピエゾのみである．

一方，開口数と励起範囲の関係を利用して対物レンズの実質開口数を小さくする（対物レンズの後部開口を満たさないような）入射光を用いることにより，特に入射光の進行方向の励起範囲を大きく（～20μm）する方法もある．

空間光変調器（spatial light modulator：SLM）を用いた入射光の位相変調により 3 次元的に任意に励起光の照射範囲をデザインすることも試みられている．この方法では励起光はスキャンミラーを使用せずに視野内の任意の照射位置に集光でき，励起スポットを増やしたり，円形以外の励起範囲をつくったりすることも可能である．大出力のレーザーの使用耐久性があり，簡便に照射位置を指定できるようなものが市販されれば普及していくと思われる．

3.3　おわりに

ケイジド化合物を用いる実験では，高い時間分解能を利用してミリ秒単位で生じる現象を再現し解析することができる．2 光子アンケイジングを用いることにより，空間解像度も＜1μm となり，組織の深部も解析対象となる．この性質により生体においても任意の単一シナプスの刺激を行えることが示された．

今後のこの方法論の発展は新規に報告されるケイジド化合物にも非常に依存する．ケイジド化合物に要求される制約は非常に多いが，着実に性能の高いものが報告されてきている．目的以外の副次的な反応などは使用する者しか知り得ない場合が多いと思われるので，化合物を開発する研究者やメーカーとより緊密に情報交換を行う必要性を感じている．

　　　　　　　　　　　　　　　[野口　潤・河西春郎]

参考文献

1) Matsuzaki, M. and Kasai, H. (2011) Cold Spring Harb. Protoc. **2011**（5）: pdb. prot5620.
2) Ellis-Davies, G. C. (2007) Nat. Methods. **4**（8）: 619-628.
3) 古田寿昭，鈴木商信 (2011) 生化学 **83**（10）: 966-974.
4) Ed. Yuste R. and Konnerth A. (2005) Imaging in Neuroscience and Development. A laboratory manual, Cold Spring Harbor Laboratory Press, pp. 367-419.（Chapter 46-53）．
5) Noguchi, J., Nagaoka, A., Kasai, H., *et al.* (2011) J. Physiol. **589**: 2447-2457.

4 オプトジェネティクス操作法

　神経細胞ネットワークにおける情報統合とその動的変化を解明するに当たり，インプットとして光刺激を用いることにより，時間・空間的に高い解像度が得られるメリットがある．光刺激法は，また，組織に対する傷害が少ない，取り扱いが簡便などの点においても優れている．特に，チャネルロドプシン2（ChR2）を用いたオプトジェネティクスは，神経ネットワークの研究において，強力なツールになっている．ChR2発現ニューロンに青色光を短時間照射することにより，活動電位閾値を超える脱分極を引き起こすことができる．反対に，Cl⁻トランスポーター（NpHRなど）やH⁺トランスポーター（Arch, ArchTなど）を用いたオプトジェネティクスにより，黄色光依存的な過分極を引き起こし，活動を抑制することができる．また，これらの遺伝子を組み込んだマウス・ラットが作製されているので，容易に実験系を構築することが可能になった．これらの分子や遺伝子組み換え動物を活用するにあたり，多点並列的な光照射に最適化された光学系が用いられる．

4.1　オプトジェネティクス（光遺伝学）

　ヒトを含むさまざまな動物において，脳の機能は，神経細胞（ニューロン）のネットワークの活動に依存している．したがって，ニューロンネットワークにおける信号の流れを解読することに，脳研究の主要な目的がある．この目的のため，*in vivo* および *in vitro* の実験系において，人工的に活動電位を引き起こし，その応答を計測することにより，脳・神経系の機能が解析されてきた．

　例えば，ペンフィールド（Wilder Penfield）らは，1930年代に行った一連の研究で，人の大脳皮質のさまざまな部位を電気刺激したときの筋肉の収縮応答や感覚に基づいて，大脳皮質の精細な運動地図や感覚地図を作成した．従来の研究において，主に電気的な方法が神経細胞を刺激する目的に用いられてきたが，ここに光学的な手法を導入することにより，空間的・時間的に高い分解能による刺激が期待される．加えて，光刺激法は，電気刺激法に比べ神経組織に機械的なダメージを与えないこと，より簡便に用いられることなどが期待され，現在に至るまで，さまざまな光刺激法が考案されてきた．特に，遺伝子工学的手法を用いて，さまざまな生物種に由来する光感受性機能タンパク質を神経細胞に発現させ，光操作する技術が2005年に開発されたことにより，脳・神経系の研究に大きな変革が始まっている．このような，遺伝子工学と光学計測技術の組み合わせ技術（光遺伝学，オプトジェネティクス）は，神経細胞に限らず，感覚受容細胞，筋細胞，内分泌細胞，iPS細胞などあらゆる細胞の機能制御に発展しつつある[1,2]．

4.2　光感受性機能タンパク質

　生物はさまざまな方法で光を感知し，行動を制御している．生物界に分布する光感受性タンパク質の多くは，ロドプシンファミリーに属している．例えば，淡水池沼に普通に生息しているクラミドモナスは，葉緑体を持ち，光合成をする緑藻類に属する単細胞真核生物である．クラミドモナスは，眼点近傍の特殊な膜領域で光を受容し，鞭毛運動を制御することにより，走光性や光驚動性などの光依存的な行動を示す．クラミドモナスの一種 *Chlamydomonas reinhardtii* の眼点近傍に分布している微生物型ロドプシンファミリータンパク質は，可視光に応答して陽イオンを透過させ，膜電位を制御することにより，光依存的な行動を制御していると考えられている．

　クラミドモナスにおいては，2種類の微生物型ロドプシンタンパク質，チャネルロドプシン1（ChR1）とチャネルロドプシン2（ChR2）が報告されている．これらは，光受容チャネルの一種であり，単一の分子で，光感受性とイオンチャネルの機能を合わせ持っている点においてユニークである．ChR1は，510 nmの緑色光を，ChR2は，460～480 nmの青色光を吸収し，ともにNa^+，K^+，Ca^{2+}，H^+などの陽イオンを非特異的に透過する性質がある．したがって，ChR2を発現している神経細胞においては，青色光の吸収により，膜を介して内向きのイオン電流（光電流）が発生する．その結果，膜が脱分極する（図V.4.1）．この脱分極の大きさは，ChR2の発現量と照射する光の強度に依存しているが，しばしば活動電位発生の閾値を超える．ChR2の場合，

青色光のオン・オフに応答して，光電流がミリ秒のオーダーの遅れでオン・オフする性質があるので，光刺激のタイミングに同期した神経細胞の活動を引き起こすことができる．ChR1 の場合，ChR2 に比べ光電流の大きさが小さいので，単独でオプトジェネティクスに用いられることはない．しかし，チャネルロドプシンのキメラ改変体の素材として重要である（後述）．

微生物型ロドプシンファミリーには，チャネルロドプシン以外にさまざまな機能を有する光感知タンパク質が報告されている（図 V. 4. 1）[3]．たとえば，ハロロドプシン（NpHR）は，590 nm 付近の単一光子（フォトン）エネルギーの吸収に伴い1個の Cl^- を輸送するトランスポーターである．NpHR を発現した神経細胞においては，Cl^- が細胞外から細胞内へ移動するので，膜が過分極する．また，アーケオロドプシン（Arch/ArchT）は，580 nm 付近の単一フォトンエネルギーの吸収に伴い1個の H^+ を輸送するトランスポーターである．Arch/ArchT を発現した神経細胞においては，H^+ が細胞内から細胞外へ移動するので，この場合も膜が過分極する．いずれの場合も，黄色光を照射している間，神経細胞の活動が抑制されるが，照射の終了とともに速やかに抑制から解放される．

したがって，ある神経細胞（群）の局所回路における機能や，個体レベルにおける行動に関連づけた仮説に対し，NpHR あるいは Arch/ArchT をその神経細胞（群）に発現させ，黄色光照射と組み合わせることにより，活動を抑制した効果から，その仮説の必要条件を検証することができる．反対に，ChR2 を同じ神経細胞（群）に発現させ，青色光照射による活動促進の効果から，仮説の十分条件を検証することができる．オプトジェネティクスは，神経細胞（群）と脳・神経系の機能の間の因果関係を，必要・十分の双方向的に研究できる強力な手段である．従来においては，必要条件の研究には，脳の損傷，薬物の局所投与，ノックアウト動物，テタヌス毒素やイムノトキシンを用いた実験系などが用いられてきた．しかし，長期間の機能抑制により，ネットワークに可塑的な変化が引き起こされる可能性を除去することが困難だった．オプトジェネティクスにより，高い時間分解能と空間分解能で必要十分条件の研究ができるようになったことの意義は大きい．しかし，ある神経細胞（群）の機能をポジティブ，あるいはネガティブに操作することにより，ネットワークの動作が変動したとしても，その神経細胞（群）がその動作の担い手であると結論するのは短絡的である．ネットワークにおいては，情報の流れにより動作が生まれている．したがって，ある神経細胞（群）の活動低下が動作に必要であるということは，それが情報の流れを遮断したためである．また，十分であるということは，情報の流れを促進したに過ぎない．また，同一の神経細胞（群）が，異なる動作に関与している可能性もある．

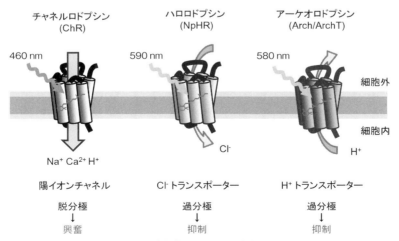

図 V. 4. 1　オプトジェネティクス光操作に用いられる微生物型ロドプシンファミリータンパク質とその機能

4.3 オプトジェネティクス技術課題

4.3.1 チャネルロドプシンの最適化

　ChR2 は最も多く用いられてきたオプトジェネティクスツールである．しかし，野生型の ChR2 には脱感作があり，OFF 時定数も決して速くないので，高頻度で連続して光刺激を行うと刺激効率が著しく低下し，活動電位が光刺激に追随しないことがしばしば起こる．さらに，野生型 ChR2 は細胞膜への発現効率が低いことも問題である．そこで ChR のアミノ酸を別のアミノ酸に置換する，あるいは異なる種類の ChR を組み合わせて融合タンパク質（キメラ）を作製することで，より優れた性質をもった ChR が多くのグループによって開発されている．脱感作の少ない改変体や ON/OFF の速い改変体を作製した結果，高頻度の光刺激も可能となっている．さらに ChR2 と異なる応答波長特性をもった改変チャネルロドプシンを作製することで，異なる種類の神経細胞を波長によって弁別刺激することも可能である．

　筆者らの研究室では，単一アミノ酸変異によってチャネルロドプシンのイオン透過のメカニズムを解析し，また ChR1 と ChR2 のキメラを作製することで各膜貫通領域がどのようなチャネル特性に関わるのかを明らかにしてきた．そしてそれらの研究を基に光刺激に最適化されたチャネルロドプシンの開発を行ってきた．例えば，ChR1 の第 6 膜貫通領域と第 7 膜貫通領域後半を ChR2 の配列に置き換えたキメラチャネルであるチャネルロドプシン・グリーンレシーバー（ChRGR）は，脱感作がほとんどなく光電流の ON/OFF が速いので，高頻度で連続刺激を行った際にも効率的に刺激を行うことが可能である．さらに，ChRGR を発現させた細胞は任意の光強度パターンに応じた脱分極を示すので，光で単一細胞や細胞集団の活動レベルを自在に制御するオプトカレントクランプ法（opto-currento clamp）が使える．緑藻類の一種ボルボックスから同定された VChR1 は，540 nm 近傍に最大吸収領域を有しているが，実用に十分大きな光電流が得られない．そこで，一部を ChR1 の構造と入れ替えたキメラ分子（C1V1）が開発され，大きな光電流が得られるようになった．これに点変異を導入した C1V1(E162T)，C1V1(E122T/E162T) なども，広い応用が見込まれる．

　ユニークな特性を持つチャネルロドプシンに，第 3 膜貫通領域あるいは第 4 膜貫通領域の単一アミノ酸置換によってつくられたステップ機能型ロドプシン（step-function opsin/rhodopsin：SFO/SFR）がある．これは OFF 時定数が非常に長くなった改変体で，SFO は青色光照射後に数十秒から数十分にわたって光電流が流れ続ける．また，開口状態のチャネルは黄色光によって閉じるので，2 波長の光照射によって ON/OFF を制御することが可能である．チャネルロドプシンの光感受性はチャネルの閉じる時定数に比例することが知られており，時定数の長い SFO は ChR2 の 100 倍以上の高い光感受性を有していると見積もられる．厚みのある組織では光の吸収・散乱が顕著に影響するので，*in vivo* の実験において組織の深い領域に届いたわずかな光でも神経細胞を刺激することが可能である．

4.3.2 細胞種選択的発現系の確立

　オプトジェネティクスの最大の特徴は細胞種選択的な光操作を行うことができることであり，光感受性機能タンパク質をいかに細胞種特異的に発現させるかが鍵となる技術である[4]．ChR などを発現させる主な方法としては，ウイルスベクター（virus vector）やエレクトロポレーション法（electroporation）による遺伝子導入，トランスジェニック動物の作製が行われている．ウイルスベクターは注入部位に限局して感染するので，細胞種非特異的なプロモーターであっても特定の投射経路選択的に ChR などを発現させることが可能である．さらに，軸索末端から逆行性に感染するウイルスベクターや，細胞種特異的なプロモーターを用いることで，さまざまな発現パターンを実現することができる．ウイルスベクターとしてはアデノ随伴ウイルス（AAV）やレンチウイルスが最も多く用いられている．子宮内エレクトロポレーション法は，子宮内の胎児の脳室にプラスミド溶液を注入し，電気パルスによって細胞に遺伝子導入する手法である．エレクトロポレーションを行う発生時期や電極角度によって遺伝子導入される細胞種が異なるので，例えば大脳皮質の層特異的にチャネルロドプシンを発現させるような目的に最適である．

　細胞種特異的にチャネルロドプシンなどを発現させるためのシステムとして，Cre-loxP システムやテトラサイクリン発現誘導システム（Tet システム）

といった発現系がよく用いられている．これらのシステムでは，Cre を発現している細胞特異的，あるいはテトラサイクリン制御トランス活性化因子（tTA）を発現している細胞特異的にチャネルロドプシンなどの遺伝子転写が起こる．細胞種特異的に Cre や tTA を発現している遺伝子改変マウスの系統は多数確立されているので，それらに loxP 配列やテトラサイクリン応答因子（TRE）を組み込んだウイルスベクターを注入すれば，特定の細胞種のみにチャネルロドプシンなどを発現させることが可能である．また最近，loxP 配列や TRE とチャネルロドプシンなどを組み合わせた遺伝子改変マウスも複数系統確立されており，細胞種特異的な光操作がより行いやすくなってきた．

オプトジェネティクスは哺乳類以外の動物では，ゼブラフィッシュやニワトリ胚，ショウジョウバエや線虫などにも適用されている．例えば筆者らの研究室では，改良型チャネルロドプシンのワイドレシーバー（ChRWR）を発現するトランスジェニックゼブラフィッシュの系統を確立した．この系統は GAL4 転写因子が認識する UAS 配列の下流に ChRWR の遺伝子が組み込まれており，細胞種特異的に GAL4 を発現する系統と掛け合わせることで，細胞種特異的に ChRWR が発現する（GAL4-UAS システム）．筆者らはゼブラフィッシュの初期体性感覚神経細胞である Rohon-Beard ニューロン特異的に ChRWR を発現させ，光刺激で逃避行動を誘発することに成功した．ゼブラフィッシュの初期胚は透明で光透過性が高いので，脊椎動物モデルとしての光操作実験に役立つと期待される．

4.3.3 顕微鏡照射法

a. 照射エネルギー密度の計測

チャネルロドプシンなどの光感受性機能タンパク質の活性化速度は，一般に，単一光子のエネルギー（波長の逆数に比例する）と単位面積，単位時間あたりの光子数に依存している．したがって，以下，いずれの方法においても，照射エネルギー密度の計測が不可欠である．10 mW/mm² 以下の微弱光の計測には，サーモパイルが適している．レーザーなどエネルギーの高い光を用いる場合はレーザーパワーメーターが適している．ともに，光エネルギーを吸収し，起電力として出力する．顕微鏡対物レンズの焦点面にサーモパイル素子を置き，起電力を必要に応じて増幅し，オシロスコープやテスターで計測する（図 V. 4. 2）．これをエネルギーに換算し，焦点スポットの面積で割算することにより，照射エネルギー密度（単位，mW/mm²）が求められる．焦点スポットが素子よりも広い場合は，素子の面積で割算する．

b. 落射照明光源

顕微鏡の落射照明には，水銀ランプがよく用いられるが，可視光域では，405，435，546，577 nm にそれぞれピークがある（図 V. 4. 3）．CFP などの蛍光励起に用いられる青紫色の励起光フィルターと組み合わせることにより抽出される 435 nm 光は，ChR2 などの活性化に適している．また，RFP 励起に用いられる緑色光フィルターと組み合わせることにより抽出される 546 nm 光は，ChRGR や C1V1（およびその点変異体）などの活性化に適している．最近は，580 nm 付近の励起光を有するミラーユニッ

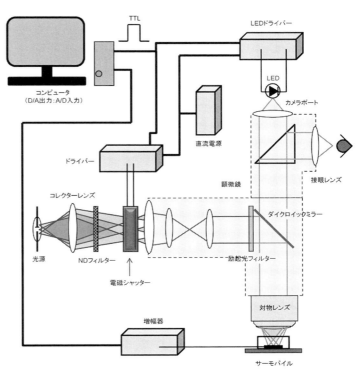

図 V. 4. 2　LED をカメラポートに置いた例

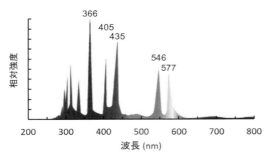

図 V. 4. 3　水銀ランプのスペクトル特性

トも各社から市販されているので，これと組み合わせることにより，577 nm 光を抽出できる．これにより，NpHR や Arch/ArchT も効率よく使えるようになる．これに対して，キセノンランプのスペクトルは，連続的に平坦なので，励起フィルターとの組み合わせで，光感受性機能タンパク質それぞれに最適な光を得ることができる．光源と対物レンズの間に電磁シャッターを置くことにより，ドライバーを介して，照射のタイミングを TTL 制御することができる．しかし，シャッターが完全に開口するまでの時間遅れがあり，これが影響するような実験には使えない．また，照射エネルギー量の調節には，ND フィルターを用いるとよい．

c．外部光源

　LED やレーザーダイオード（LD）のオン・オフや照射エネルギーは，外部からのパルス入力により，精密に制御できる．とくに LED は，立ち上がりが速く操作性において優れている．また，光感受性機能タンパク質それぞれに最適化されたスペクトル特性の LED を選ぶことができる．顕微鏡に組み込み，対物レンズの焦点で光刺激する場合，パワー LED で十分大きなエネルギーが得られる．図 V. 4. 2 では，LED をカメラポートに置いた例を示したが，場所はこれに限定されない．パワー LED の場合，500 mA 以上の電流が流れるので，LED ドライバーを介して駆動する必要があるだろう．

d．プロジェクタ操作式光学系（projecto-managing optical system：PMOS）

　ディジタルマイクロミラーデバイス（digital micromirror device：DMD）は，可動式のマイクロミラーを格子状に配列した素子で，各マイクロミラーがイメージの 1 画素（ピクセル）に相当する．マイクロミラーが静電駆動によりわずかに傾くことにより，それぞれのピクセルがオンまたはオフになる．個々のマイクロミラーが高速で動くことにより，動画イメージを作成する．最近の研究により[5]，市販の DMD 方式プロジェクタを顕微鏡に組み込んだ多点並列的な光刺激システム（プロジェクタ操作式光学系，PMOS）が構築されている（図 V. 4. 4A）．このシステムでは，DMD につくられた画像パターンが顕微鏡対物レンズの焦点面に結像する．コンピュータ上につくられた画像パターンを操作するソフトウェアにより，領域ごとに，色調，光強度，パルスプロトコルが設定される．したがって，あるニューロンに青色光を 10 Hz で照射しつつ，他のニューロンに緑色光を 0.3 Hz で照射するなど時間・空間的にさまざまなパターンで並列光刺激できることが実証されている．さらに，3-バンドパスフィルターを組み合わせることにより，430 〜 460 nm（青）および 570 〜 600 nm（黄）の強い光を独立に操作できる（図 V. 4. 4B）．それぞれの光は，ChR2 やその改変体と NpHR や Arch/ArchT を互いに干渉することなく活性化できる（図 V. 4. 4C）．また，ChR2-C128S などのステップ機能型ロドプシン（SFO/SFR）の操作にも最適化されている．

e．2 光子吸収

　脳のような厚みのあるサンプルでは，表面に照射した光は深部に到達しない．また，これを補うために照射エネルギーを大きくすると，目的以外の細胞に発現している光感受性機能タンパク質を活性化してしまうことがある．2 光子吸収を利用することにより，深部にある目的の細胞を選択的に光操作することができる．しかし，2 光子吸収が有効な体積が小さいので，活性化される分子が少ないため，脱分極などにおいて有効な効果が得られにくい．そこで，ある大きさをもった体積（面積）をスキャンする方法が用いられる．しかし，スキャン速度が遅いと同時に活性化される分子数が少なく，これでも有効な効果が得られない．このような場合，ChR2-C128A などのステップ機能型ロドプシン（SFO/SFR）を標的分子にすると OFF 時定数が比較的長いので，スキャン時間内に活性化された分子が蓄積され，時間分解能とのトレードにより，十分効果的な脱分極が得られる．

4.4　おわりに

　オプトジェネティクスを研究に用いるには，光感

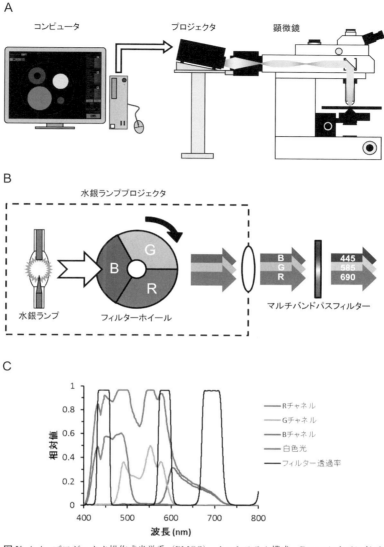

図 V. 4. 4 プロジェクタ操作式光学系（PMOS）．A：システム構成，B：マルチバンドパスフィルターによる最適波長の取出し，C：プロジェクタの各カラーチャネルのスペクトルとマルチバンドパスフィルター透過率の比較．

受性機能タンパク質の選択，遺伝子導入法の選択，光照射のための光学系の選択など，多くの解決すべき課題がある．しかし，遺伝子組換え動物が容易に得られるようになったこと，PMOSなどの汎用性の高い光学系が市販されるようになったことから，これらを組み合わせることにより，オプトジェネティクスが，ニューロンネットワークの基礎研究および中枢神経作用薬のアッセイなどの応用研究に広く用いられることが期待される． [八尾 寛]

参考文献

1) ダイサーロス K.（2011）日経サイエンス 2011 年 2 月号：59-66.
2) 杉山友香，王 紅霞，石塚 徹他（2009）現代化学 **459**：30-36.
3) Zhang, F., Vierock, J., Yizhar, O., *et al.*（2011）Cell, **147**：1446-1457.
4) Yizhar, O., Fenno, L. E., Davidson, T. J., *et al.*（2011）Neuron **71**：9-34.
5) 八尾 寛，酒井誠一郎，上野賢一他（2012）実験医学 30：2584-2585.

第 VI 部
電子顕微鏡の原理と鏡体

1 透過型電子顕微鏡

1.1 原理,鏡体の構造,収差補正,電子線回折法

電子顕微鏡とは,電子の持つ波動性を利用して像を拡大する顕微鏡である.通常の光学顕微鏡と同様の光学特性を持つが,高電圧により加速された電子線のドブロイ波(物質波,表 VI.1.1)の波長が短いことから,高い分解能を示し,超高圧電子顕微鏡法や収差補正電子顕微鏡により,現在では,50 pmを超える分解能が報告されている.

表 VI.1.1 電子線の加速電圧とそのドブロイ波長

加速電圧	ドブロイ波長
30 kV	7.0 pm
80 kV	4.2 pm
200 kV	2.5 pm
1000 kV	0.8 pm

1.1.1 結像の原理

顕微鏡における結像の原理を図 VI.1.1a に示す.光学顕微鏡と電子顕微鏡では,その倍率は異なるが,対物レンズによる結像の基本原理は同じである.光学顕微鏡はガラスを用いて凸レンズをつくるが,電子顕微鏡では,静磁場が凸レンズ(磁界レンズ,焦点距離 f)の役割を果たす.この凸レンズを用いて,前焦点面の前(レンズから a の距離)に置かれた試料で散乱した光,または電子が,レンズから距離 b の位置に像を結ぶ($1/f = 1/a + 1/b$).電子顕微鏡では,数 mm 程度の焦点距離を持つ対物レンズを用い,ほぼ,前焦点面近く(実際には,対物レンズのつくる磁場の中)に試料を置く($a \fallingdotseq f$)ことにより,数百倍から数万倍という倍率($M = b/a$)をつくり出している.

一般に,光学顕微鏡ではその光の波長レベルの分解能まで達しているが,電子顕微鏡では表 VI.1.1 に示すドブロイ波の波長とはほど遠い 0.05〜0.2 nm

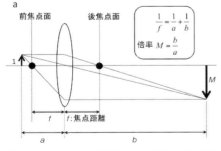
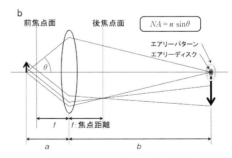

図 VI.1.1 凸レンズが像をつくる原理.(a) 凸レンズにより M 倍に拡大された実像.光軸に平行な電子線は後焦点面を通り,レンズの中心を通る電子は直進する.その結果,レンズの前(距離 a の位置)で散乱した電子は,レンズの後(レンズ距離 b)の位置に像を結ぶ.(b) 開口数 NA の大きさと像の分解能.一点から散乱した電子は,開口数に応じて,エアリーディスク,エアリーパターンで示すような点拡がり関数を示す.開口数が大きいとエアリーディスクは小さく,開口数が小さいとエアリーディスクは大きくなり,本来,一点から散乱した電子がぼけることになる.また,同じ角度に散乱した電子線は,凸レンズでは,後焦点面で一点に焦点を結び,干渉する.したがって,後焦点面に電子線回折パターンが得られる.

程度の分解能に留まっている．これは，磁界レンズが凸レンズとして有効に働く部分が光軸近くのみであるために，図VI.1.1bに示すように，電子顕微鏡の対物レンズの開口数（一点から散乱した電子線のどのくらいの角度を対物レンズが捉えることができるかを示す量：$NA = n \sin \theta$）が小さいこと，また，レンズが収差を持つこと（収差補正に関しては後述）に起因している．アッベの分解能（λ/NA）やレイリーの分解能（λ/NA）で定義されているように，NA が小さいとその分解能は波長 λ よりも悪くなる．電子顕微鏡では，この NA が小さいことに起因して，試料の一点から散乱した電子が拡がり（ベッセル関数に従い，エアリーディスクとエアリーパターン）を持つことになる．実際，電子顕微鏡では，その開口数が 1 〜 10 mrad ほどと，光学顕微鏡（$NA = 0.1$ 〜 1.0）に比べて極めて小さい．結果として，一般的な電子顕微鏡ではその分解能は 0.1 〜 0.3 nm 程度となっている．

さらにいえば，現在のところ，生物電子顕微鏡で，この最大分解能を活かすことは困難である．これは，多くの生物試料が導電体でないために，電子線による直接の損傷や，電子線による加熱による損傷を受けるためである．一方で，有機物の1分子がカーボンナノチューブ中で可視化できていること，あるいは，雰囲気電子顕微鏡を用いた水中でのアクチンフィラメントの高分解能観察ができている報告があることなどに着目するべきである．今後，電子線損傷を抑える手法の開発とともに，電子顕微鏡が本来持つ分解能を活かせる可能性が期待できる．

1.1.2 透過型電子顕微鏡の鏡体

まず，透過型電子顕微鏡は，前提として，電子線が通過する光路が，試料を除いてすべて真空であることに注意する必要がある．このことは，電子顕微鏡試料に大きな制限を与える．ほとんどの生体試料は水中で機能を発現するが，液体の水は真空中では気体として蒸発するので，試料を乾燥させて観察するか，急速凍結により凍結した試料をそのまま低温ステージ（クライオステージ）上で観察する必要がある．前者の乾燥法は，電子顕微鏡法が「スルメをみてイカがわかるか」といわれる理由になりかねない．後者は，安定したクライオステージや強力な汚染防止装置（アンチコンタミネータ）を対物レンズ周辺に備える必要があるが，アモルファスアイス（非晶質氷）に固定された生体試料を観察できることから，この20年ほどの間にずいぶんと利用されるようになった．さらに最近，狭い領域に隔離した空間をつくり，その狭小空間につくられる水中に存在する生体試料を観察する手法も実用化してきた．これらの技術のさらなる発展が期待できる．

電子顕微鏡の鏡体は，図VI.1.2aに示すように，電子線発生部（電子銃），照射レンズ系（絞り含む），対物レンズ（絞り含む），中間レンズ系，投影レンズ系，撮影装置の六つのシステムからなる．以下にそれぞれの現状と，発展の可能性を記述する．

a. 電子線発生部

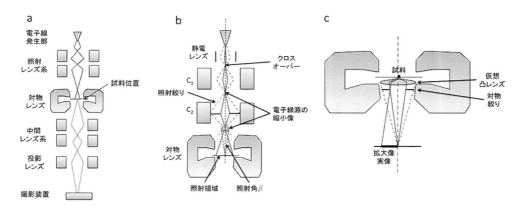

図VI.1.2 電子顕微鏡の鏡体図．(a) 電子顕微鏡に必要な六つの装置．試料は対物レンズ内に設置される．(b) 照射レンズ系の必要性．電子銃から発生した電子線は静電レンズによりクロスオーバーを形成し，仮想電子線源となる．これを C_1，C_2…の二つ以上の照射レンズを用いて，縮小像をつくる．試料の直前につくられる電子線源の縮小像を，試料の一点から見たときに見える視野角の半分が照射角 β であり，点光源性を示す量として用いられる．(c) 対物レンズによる拡大，および対物絞りの持つ意味を示している．散乱角の大きい電子線は対物絞りにより遮蔽され，実像の形成に寄与せず，散乱コントラストを生む．

電子線の発生方法には，熱電子型，ショットキー型，冷電界放出型の3種の方法がある．表 VI. 1. 2 にその性質の違いを示すが，それぞれ取り出せる電子線の質が異なる点に留意が必要である．

熱電子型電子銃は，タングステンや LaB_6 などを加熱し，飛び出してきた熱電子を加速する方法である．低コストで，安定した電流が得られるものの，電子線のコヒーレンス性（点光源性，単色性）が悪く，像のボケを生み出しやすく，高分解能が得ずらい．一方，ショットキー型電子銃，冷電界放出型電子銃は，いずれも，強い電界により飛び出してくるトンネル電流を利用することから，高輝度でコヒーレンス性の高い電子源が得られる．

そのいずれも，図 VI. 1. 2b に示すように，静電レンズなどを用いて，クロスオーバーと呼ばれる仮想電子線源を電子銃の下部につくり，電子線源の点光源性を上げる．

b. 照射レンズ系

電子銃から発生した電子線は，照射レンズ（集束レンズ）を用いて，電子線のコヒーレンス性を上げるとともに，必要な視野だけに電子を照射する．一般に照射系のレンズは2段以上（C_1，C_2，…）からなる．その役割は，おおよそ異なっている．その電子線の光学系の概略を図 VI. 1. 2b に示す．

まず，点光源性を上げるために，C_1 レンズを使って，仮想電子線源の縮小像（〜1/10）をつくる．一般に，ここでつくられる縮小像の倍率が，スポットサイズと呼ばれる離散的な値として設定されている場合が多い．次に，C_2 レンズを使って，その縮小像を必要な視野の大きさに拡大する．C_2 レンズには，照射絞り（収束絞り；condenser aperture：CA）が装着されており，必要以上に広がった電子線を除去し，かつ，C_1 レンズとの組み合わせで明るさを調節することができる．また，周辺の電子線は，その多くが熱揺らぎに起因する加速方向以外の運動量を持っている．そこで，この周辺電子線を取り除くこととは，コヒーレンス性の高い電子線（単色性）を得ることに対応する．ただし，小さい照射絞りを使うと，照射絞りの大きさに依存したエアリーパターン（図 VI. 1. 1b 参照）を生み出す．

分解能を考える上で，重要なことは，電子線の点光源性である．点光源性は，照射角（β：試料面上の一点から見たときの，C_2 がつくる縮小像の視野角の半分）により示される．すなわち，C_1 レンズと C_2 レンズによりつくられる電子線源の縮小像は，試料面の上側に，かつ，できる限り上方につくる方が，よりよいコヒーレンス性の電子線を得られる．このとき，照射角が小さいほど，点光源性が高く，ボケの少ない画像を得ることができる．一般の撮影電子線量では，熱電子型銃では 0.15〜0.5 mrad，ショットキー型銃では 0.03〜0.04 mrad，冷電界放出型銃では 0.01〜0.02 mrad 程度に設定できる．

照射レンズ系の磁界レンズは大きくその電流値を変化させるため，磁界のヒステリシスが問題となる．ビームの飛びなどの問題が生じやすいヒステリシスの少ない撮影方法などを検討する必要がある．

従来の透過型電子顕微鏡では，一点に収束する電子線を使うことはないが，走査型透過電子顕微鏡法（scanning transmission electron microscopy：STEM）では，この収束した電子線を用いる．また，電子線を走査するための偏向コイルも必要となる．その電子線の収束角は STEM の分解能や深さ方向の情報限界などを決定する．さらに，2段の照射レンズでは不十分で，多段の照射レンズを用意することで，収束角の自由度を上げられる．これにより，傾斜試料の広視野での同一フォーカスを実現することができる．

c. 対物レンズ

対物レンズは，照射された電子線による試料から散乱した電子を結像するための装置（電磁石）で，電子顕微鏡の心臓部として，像質を決める最大の要因である．一般に，極低倍（数百倍以下），低倍

表 VI. 1. 2　電子線源の違い

電子銃型	光源の大きさ	輝度 [A/cm^2·str]	エネルギー幅 [eV]	陰極温度 [K]	特徴
熱電子型	30 μm	10^5	2.0	2600	低コスト・安定電流
ショットキー型	200 nm	10^8	0.3〜1.0	1800	高輝度・安定電流
冷電界放出型	50 nm	10^9	0.2	室温	高輝度・高コヒーレンス

（数千倍），高倍（数万倍），超高倍（数十万倍）などのいくつかのモードでの電流値により制御されており，それぞれの固定倍率となっている場合が多い．後述の中間レンズにより，詳細な倍率をつくり出すことができる．

電子顕微鏡の像質を決める主たる要因はレンズの持つ収差である．収差には，電子線の単色性に起因する色収差（電子線のエネルギーごとに異なる焦点距離を持つ）やザイデルの5収差（球面収差，コマ収差，歪曲収差，非点収差，像面収差）などが挙げられる．非点収差に関しては，従来より補正コイルによる補正が可能であった．一方，高倍率，光軸近傍で問題となるのは，球面収差，色収差であり，従来，これらの収差をとることは困難であった．昨今，収差補正レンズ（後述）が開発され，この収差の問題は解決してきた．

対物レンズによる像形成においては，下記の四つの点を意識する必要がある．

第1は，対物絞りである．図VI.1.2cで示すように，対物絞りは，対物レンズの後焦点面に設置される絞りである．試料からの散乱角が大きいと電子が絞りに吸収される．これは，後述する散乱コントラストを生む．散乱コントラストを大きくするには，小さい絞りを入れればよいが，散乱角の大きさは，図VI.1.1bで示す点拡がり関数（エアリーディスクなど）に関連しており，画像の持つ分解能に対応する．

第2は，像の回転である．磁界レンズに電子が入ると，電子は磁界レンズ内で回転する方向に力を受け，回転運動を始める．この回転運動により，凸レンズ性を示す力（光軸方向に電子の軌道を曲げようとする力）を生みだす．したがって，光学顕微鏡は単に像が180°回転するだけだが，電子顕微鏡では，焦点距離（対物レンズの電流値，一般に，フォーカスつまみにより変化するもの）に応じて，像に回転が生じる．これは，後述する中間レンズによって補正することができる．

第3は，z軸制御によるフォーカス合わせとレンズ電流量によるフォーカス合わせの違いである．本来の対物レンズの電流値の状態で，z軸制御によりフォーカスを合わせた場合には，対物レンズの倍率がかなり保証され，かつ，設計通りの性能を発揮できる．しかし，大きくレンズ電流を変えることでフォーカスを調整した場合には，その倍率や性能は保

証されず，像が大きくひずんだり，照射条件により像が変化したりする．

最後は，磁場のヒステリシスである．対物レンズは，非常に高い磁場を生みだすため，高磁場から低磁場への変更（大きな倍率の変化）などの際の残留磁場などの問題を無視できない．倍率の変化，フォーカスの変化などを生みだす可能性にも留意するべきである．また，電流値の変化による温度ドリフトを意識すべき場合もある．

d. 中間レンズ系

中間レンズは，対物レンズの機能を補完するために使われるレンズであり，2段から3段のレンズを利用し，詳細な倍率および像の回転を補正する．電子線回折パターンもまた，そのカメラ長（本来，電子線回折を撮影するカメラと試料の距離）を変更して，倍率と回転を変更し，適切な観察条件を設定する．

また，電子線回折においては，中間レンズの途中にある試料の実像をつくる結像面に，制限視野絞りが用意されている．これは，試料に照射する電子線を，可能な限り平行照射と見なせるよう，C_2がつくる電子線源の像を試料から離す必要がある．しかし，そのことは，結晶性をもたない領域も含めて広範囲に照射することになる．これは，照射絞りを用いると，照射絞りのエアリーパターンの影響を受けるため，あまり小さい照射絞りを使えないことに由来する．これを解決する手段として，この制限視野絞りが用意されている．

e. 投影レンズ系

投影レンズは，中間レンズによってつくり出された実像をフィルムやデジタルカメラなどに結像するためのレンズで，光学顕微鏡の接眼レンズやカメラレンズに対応するものである．

投影レンズのもう一つの有効な使い方は，電子線回折パターンの撮影である．対物レンズの後焦点面には，図VI.1.1bで示すように，試料の電子線回折パターンがつくられる．そこで，中間レンズにより適切に拡大・回転され，かつ，適切なカメラ長となるよう，投影レンズの前面に電子線回折パターンを結像させる．この電子線回折パターンをフィルムやデジタルカメラに結像することで，電子線回折パターンを撮影できる．

f. 撮影装置

現在では，単にフィルムで写真を撮影するだけで

はなく，画像処理，3次元再構成を行うことが普通になってきた．このため，アナログ画像をスキャナーを用いてデジタル化する必要がある．その場合に，フィルムの持つ分解能を十分に活かせるスキャナーは存在しないので，スキャナーの能力に合わせて，撮影倍率を上げる必要がある．電子線量による損傷を最小限にするために，倍率を上げた場合には，フィルムに照射される電子線量が減少し，フィルムの感度が足りないなどの問題が生じてしまう．

そこで，最近では，デジタル化を意識して，CCD (charge coupled device) や CMOS などを用いたデジタルカメラが利用されるようになっている．単一電子をカウントできる感度を持つカメラも存在しており，かつ，ピクセル数も 8k×8k といったフィルムに対抗できる広視野撮影が可能なカメラも販売されるようになった．電子線トモグラフィーを始めとした自動撮影などの機能を持つためにもデジタルカメラの設置は当たり前になっている．

1.1.3 像のコントラスト

像のコントラストとは，見たい試料とそれ以外の場所との電子線量（光量）の違いを意味する．ここでは，電子顕微鏡による像のコントラスト形成の原理に簡単に触れておく．

電子は，原子や分子などが示す静電場，静磁場を感じてその振る舞いを変え，そのコントラストを生み出す．磁荷を持たない原子や物質の場合には，主に原子核の持つ正電荷を周辺の電子が遮蔽した電場を感じると考えればよい．したがって，中性原子では，その原子番号が増加すると，より高い散乱能を有する．しかしながら，生物試料はそのままでは，水素，炭素，窒素，酸素といった軽原子のみからなる．また後述される氷包埋試料では，溶媒である水との差をみる必要が生じるため，ほとんどその散乱能の違いがない．そのためにコントラスト形成に工夫が必要となる．

電場の違いによって生じる像形成のコントラストは，散乱コントラスト，強度（吸収）コントラスト，位相コントラスト，回折コントラストという主として四つの要因により生みだされる．生物試料では，特に，重原子染色による散乱コントラストと位相コントラストが重要である．

散乱コントラストは，原子ごとの電場の違い（原子番号の違い）に応じて，散乱量，散乱角が大きく異なることを利用して，対物絞りを利用してコントラストを生みだすもので，大きく散乱する原子の電子は対物絞りに吸収され，像形成に寄与しない．水素，炭素，酸素，窒素など，そのほとんどが軽原子でできているタンパク質や生体高分子の場合には，溶媒である水と比較して，ほとんど原子の違いによる違いはないが，鉛やウランなどの重原子で染色すると，重原子の散乱能が大きいために，電子が結像面まで来ないため，吸収コントラストとよく似たコントラスト（重原子が黒，軽原子が白）を生む．

位相コントラストは，正電荷のつくる電場を通り抜ける際に，電子波の位相が遅れることを利用して，フォーカスを外した状態で，周辺との位相差を通して，コントラストを生み出す方法である．このとき，イオン化しているなど荷電した原子ではその振る舞いが異なることに注意が必要である．

1.1.4 収差補正

前述した対物レンズの収差補正に関する研究は，歴史的には古い．1947 年には，すでに，Scherzer が非軸対称多極子レンズを利用することで，球面収差補正方法の提案をしているが，1950 年代以降試作も連綿と続けられてきた．大きく実用化，分解能の改善へと繋がったのは，Rose が 1990 年に提案した 6 極子レンズ＋転送レンズ以降である．現在では，4 極子 − 8 極子収差補正レンズ，国産の他の方式などを含め，各種の方式が提案されている．色収差補正についても同様に開発と実用化が進んでいる．超高圧電子顕微鏡が必要であった高分解能観察が比較的安価な電子顕微鏡でも可能となりはじめている．

収差補正が生物電子顕微鏡に与える影響について記述しておく．球面収差補正に関しては，対物レンズの収差補正だけではなく，照射レンズの収差補正も重要である．例えば，STEM 法を用いた生物試料の観察では，より収束した電子線が得られることから高分解能化が見込める．一方，色収差補正に関しては，現在，主に軽原子由来の非弾性散乱によるボケが生じているため，対物レンズにより生じるボケを補正するために有効に機能する．

1.1.5 電子線回折法

電子線回折法とは，試料に当たった電子が回折したときの回折パターンの強度をフィルムやデジタルカメラで撮影する方法である．図 VI. 1. 1b に示すよ

うに，試料の別の場所から同じ散乱角度で散乱した電子は，平行に対物レンズに入射するため，対物レンズの後焦点面で一点に集まり，干渉し合う．対物レンズの後焦点面にできる試料の電子線回折パターンを投影レンズを使って，結像する．本来，複素数であるため，強度と位相をともに持つ量であるが，観察の結果，強度のみしか観察できない．

この電子線回折法は，生物試料においては，例えば，タンパク質などの2次元結晶による構造解析に利用される．直接像は，対物レンズのデフォーカスによる変調，ドリフトによる変調を受けるため，フーリエパターンの強度が撮影条件で変化する．一方，電子線回折では，ドリフトなどによる影響を受けないことから，正しい散乱強度を取得することができる．

電子線回折法によって得られた散乱強度と撮影像（実像）のフーリエ変換から得られる位相情報を組み合わせることにより，正しい密度マップを再構成することができる．密度マップでは，低分解能から高分解能に到るまで強度が保証されることから，各原子のイオン化状態を可視化できるとの報告がなされている．

今後，自由電子レーザーなどの高輝度の電子線源が利用できるようになれば，正しい強度分布を持つ電子線回折と構造解析を組み合わせる新しい手法へと繋がることが期待される． ［安永卓生］

参考文献

1) 堀内繁雄（1988）高分解能電子顕微鏡―原理と利用法，共立出版．
2) Reimer, L., Khol, H. (2008) Transmission Electron Microscopy : Physics of Image Formation (Springer Series in Optical Sciences), Springer.
3) Kerkland, E.J., (2010) Advanced Computing in Electron Microscopy, Springer.
4) 安永卓生，我妻竜三（2012）顕微鏡 47（2）：110-117．

1.2 超高圧電子顕微鏡

超高圧電子顕微鏡は，一般に1000 kV以上の加速電圧を有する透過型電子顕微鏡のことを指すことが多い．現在日本には十数台の超高圧電子顕微鏡が稼働しており，そのほとんどは材料科学の研究に使用されている．しかし，ライフサイエンスの研究においても有効な装置であることには違いない．ライフサイエンスの最小単位は細胞であり，大きさが数μmから数百μmの細胞は，その中の小器官で行われる物理・化学反応を基本として活動し，さらに細胞同士が複雑に相互作用して高次の生命システムを形成している．

これらを構造学的に研究するには，光学顕微鏡よりも高い空間分解能（ナノスケール分解能）が必要となる．ところが，汎用の電子顕微鏡では細胞や組織を直接透過して観察することができないため，これを厚さ数百nm以下の薄い切片にしなければならない．そして，細胞の3次元構造を調べるためには，この切片を連続に並べて立体再構築する必要がある．これに対して，超高圧電子顕微鏡は試料透過能の高さと被写界深度の深さから，厚さ数μmにおよぶ細胞や組織の試料を直接観察することができる．さらにトモグラフィーなどを応用することによって，さまざまな細胞形態や細胞内器官の3次元構造が解明されてきた．本節では，ライフサイエンスに用いられる超高圧電子顕微鏡の特徴とその周辺技術，将来像を紹介する．

1.2.1 超高圧電子顕微鏡の特徴

a. 試料透過能

超高圧電子顕微鏡の一番の特徴は，高い試料透過能である．図VI.1.3a, bに加速電圧200 kVと1 MVの電子顕微鏡で撮影した厚さ約1 μmのシアノバクテリアの氷包埋像を示す．200 kVの電子顕微鏡ではシアノバクテリアの内部まで観察できないのに対して，1 MVの超高圧電子顕微鏡ではバクテリアの内部構造まできちんと透過して観察することができる．図VI.1.3cに厚さt（nm）のアモルファス氷と，これに照射した電子の散乱の様子を示す[1]．試料に電子線を照射すると，まず散乱するものと散乱しないもの（unscattered）とに分けられる．そして散乱した電子には，対物絞りによりカットされるもの（scattered outside aperture）とスクリーンまで到達するもの，さらに後者は，試料と弾性散乱するもの（elastically scattered）と非弾性散乱するもの（inelastic and mixed scattered）に分けられる．弾性散乱はエネルギーのロスを伴わない散乱で，試料の構造情報を伝達する．これに対して，非弾性散乱はエネルギーのロスを伴う散乱で，スクリーン上で

1 透過型電子顕微鏡

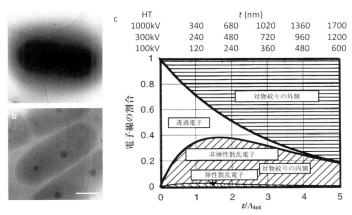

図 VI. 1. 3 (a, b) 加速電圧 200 kV と 1 MV の電子顕微鏡で撮影したシアノバクテリアの氷包埋像．スケールは 1 μm．(c) アモルファス氷試料に対する電子の散乱．試料の厚さ (t) に対する電子の散乱の様子は電子顕微鏡の加速電圧（HT）によって変化する．Λ_{tot} は平均自由行程．対物絞りは加速電圧 300 kV で 0.4 nm カットオフのものを仮定（横縞）（文献 1 を改変）．

はバックグラウンドノイズとなる．つまり厚い試料を観察するためには，電子が試料を透過できることに加えて，多くの弾性散乱電子を得ることが必要になる．厚い試料では，一部の非弾性散乱電子（most probable loss）も像コントラストに寄与することができるが，これについては後述する．

図 VI. 1. 3c に示すように，異なる加速電圧における電子の散乱現象は，加速電子の平均自由行程 Λ_{tot} に対する相対厚み (t/Λ_{tot}) の変化としてみることができる．そして t/Λ_{tot} が大きくなるに従って，急激に対物絞りを透過できる散乱電子の量は減少し，弾性散乱電子の割合も減る．Λ_{tot} は電子顕微鏡の加速電圧が高いほど長くなるので，図の上枠に示したように t も長くなる．つまり超高圧電子顕微鏡を用いることによって，厚い試料を観察することができるようになる．また，厚い試料でも対物絞りの直径を大きくする必要がないので被写界深度も深くできる．

b. 分解能

超高圧電子顕微鏡は，光学的にも分解能を上げることができる．電子顕微鏡の分解能を制限する主な要因には，回折収差 δ_d，球面収差 δ_s，色収差 δ_c の三つの収差があり，それぞれの焦点のボケ量は最小錯乱円の直径として以下の式で表される[2]．

$$\delta_d = \frac{0.61\lambda}{\alpha} \quad (1)$$

$$\delta_s = \frac{1}{2}C_s\alpha^3 \quad (2)$$

$$\delta_c = C_c\left(\frac{\Delta E}{E}\right)\alpha \quad (3)$$

λ は電子の波長，α は対物レンズの開口角，C_s は球面収差係数，C_c は色収差係数，E は加速電圧，ΔE は試料からの非弾性散乱によるエネルギー損失を示す．回折収差（diffraction aberration）は，対物絞りの縁による干渉縞が同心円状の焦点のボケ（エアリーディスク）として像に重なる現象である．球面収差（spherical aberration）は，対物レンズの球面収差により焦点がぼける現象で，電子顕微鏡に使われる電磁レンズは非常に大きな球面収差係数（1～5 mm）を持つ．色収差（chromatic aberration）は，前述した非弾性散乱電子による焦点のボケであり，試料が厚い（ΔE が大きい）ほど大きくなり，加速電圧 E が大きいほど小さくなる．十分薄い試料では色収差の影響が小さいため，収差によるボケ量は回折収差と球面収差の総和となる．そして，これを最小にする開き角 α_s のときの分解能は，次式で与えられる．

$$\delta_0 = 0.82(C_s\lambda^3)^{1/4} \quad (4)$$

図 VI. 1. 4 の例（$E = 300$ kV（$\lambda = 1.96$ pm），$C_s = 3.2$ mm）では分解能が 0.33 nm と計算できる．一方，厚い試料の場合には球面収差より色収差の影響が大きくなるので，ボケ量は色収差と回折収差の総和となる．そして，これが最小になるような開き角 α_c のときの分解能は，次式で与えられる．

$$\delta_0 = \left(0.61\lambda C_c\frac{\Delta E}{E}\right)^{1/2} \quad (5)$$

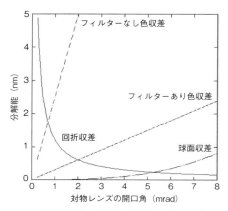

図 VI.1.4　電子顕微鏡の分解能．横軸は対物レンズの開口角，縦軸はそれぞれ回折収差（diffraction aberration），球面収差（spherical aberration），色収差（chromatic aberration）によるボケ量（分解能の制限値）．加速電圧 E：300 kV（波長 1.96 pm），C_s：3.2 mm，C_c：3.0 mm，焦点距離：3.9 mm，ΔE unfiltered：250 eV，ΔE filtered：25 eV を仮定[2]．

同様に図 VI.1.4 の例（C_c = 3.0 mm）では，ΔE = 25 eV のときには分解能が 0.55 nm，ΔE = 250 eV のときには分解能が 1.73 nm，と計算できる．

超高圧電子顕微鏡では，加速電圧を上げることによって電子の波長を短くし，かつ色収差の影響を小さくすることで，厚い試料においても高い分解能を達成することができる．

c. 照射ダメージ

超高圧電子顕微鏡における試料ダメージは複雑で，条件によってはより大きなダメージを受けることがあるので注意が必要である．電子顕微鏡による一般的な試料ダメージは，試料における非弾性散乱によって引き起こされる．入射電子の非弾性散乱は試料をイオン化し，これが試料の共有結合を切断して，試料の変形や消失，再結晶化を引き起こす．またイオン化した試料表面は鏡筒内の残留ガスと反応して，試料の汚染（コンタミネーション）を引き起こす．超高圧電子顕微鏡では，電子の加速電圧を上げることによって，ダメージの原因である非弾性散乱電子の量を少なくすることができる．しかし，同様に弾性散乱電子の量も減少してしまうため，像コントラストが低くなる．これを補うためには電子線照射量を増やさなくてはならず，条件によってはより大きな試料ダメージを与えることになる．また，加速電圧を上げることにより電子のエネルギーが大きくなると，ノックオン（knock-on）と呼ばれる別の種類の試料ダメージが問題となる．これは，電子線照射によって試料がその結合エネルギーよりも高いエネルギーを受け取ることで，結合が切れて個々の原子がたたき出されてしまう現象である．ノックオンダメージは，加速電圧が 100 kV を超えると軽い原子から徐々に発生する[3]．

以上のことから，超高圧電子顕微鏡観察では，一般に試料ダメージに強く十分に染色された試料が用いられてきた．また，トモグラフィーのように数十枚の投影像を撮影する場合には，あらかじめ試料を弱い電子線で照射して（annealing），試料の変形やコントラストの変化を最小にしてから撮影が行われる．

1.2.2　超高圧電子顕微鏡の周辺技術

a. 超高圧電顕トモグラフィー

超高圧電子顕微鏡は，前述したように数 μm の厚い試料の投影像を撮影することができる．しかし，この投影像の中には細胞や小器官の構造が折り重なって記録されているため，トモグラフィーなどの手法を用いてこれらを3次元的に分離する必要がある．このときに問題となるのは，何枚の投影像を撮影すればよいかである．分解能と撮影枚数の関係はCrowther の公式によって与えられる[1]．有限の大きさの試料では，その直径を D とすると，期待される分解能 d は，

$$d = D\Delta_\alpha = \frac{\pi D}{N} \qquad (6)$$

となる．Δ_α は傾斜角度ステップ（ラジアン），N は180° の範囲で一定の角度で撮った投影像の枚数である．例えば，1 μm の直径の物体を 20 nm の分解能で再構成するには，157 枚の投影像が必要であり，その傾斜角度ステップは 1.1° である．しかし，多くの電子顕微鏡用生物試料はある一定の厚みで2次元に広がっているので，180° すべての範囲で試料を傾斜させることができない．そこで，通常は ±60° 〜 ±70° の範囲で試料傾斜が行われる．また，傾斜角度が上がるのに従い光軸方向の厚みが $1/\cos\theta$ に比例して増加するので，これを式（6）に応用すると，分解能 d と撮影枚数 N の関係は，

$$d = \frac{L}{\cos\theta}\Delta_\alpha = \frac{\pi L}{N\cos\theta} \qquad (7)$$

となる．これは提唱者の名前を取って Saxton tilt と呼ばれる．L はもともとの試料の厚さ，θ は試料の各傾斜角度である．よって，1 μm の厚さの試料を

20 nm の分解能で再構成するには，傾斜範囲が±60°の場合には 133 枚，±70°の場合には 175 枚の投影像が必要になる．このときミッシングウエッジ（missing wedge）と呼ばれるデータが収集できない角度領域が残るため，3 次元再構成像は完全ではないことに注意する必要がある．

また，厚い試料で問題となることとして，傾斜シリーズを通して同じ検出感度で像を記録するためには，傾斜角度に応じて照射量または露光時間を変化させなければならない．露光時間を変化させる場合には，露光時間 t は，

$$t = t_0 \exp[T(1/\cos\theta - 1)] \quad (8)$$

で計算される．t_0 は傾斜角度 0° での露光時間，T は平均自由行程に対する相対試料厚さ（上述の t/Λ_{tot}），θ は傾斜角度である．

その他に，厚い試料のトモグラフィーでは，金コロイドなどのポジションマーカーを試料につけると便利である．厚い試料においても焦点合わせを正確に行うことができるとともに，少ない照射量で撮影しても傾斜像のアライメントが可能である．さらにコロラド大学で開発された IMOD ソフトウエア（http://bio3d.colorado.edu/imod/）を用いることで，像の移動，回転，変形，傾斜角度，傾斜方向のずれを同時に補正することができる．

図 VI. 1. 5 に超高圧電顕トモグラフィーの例を示す．HeLa 細胞の核の周りに集まるミトコンドリアの構造は，2 MeV の加速電子を使って 2°間隔で±70°の範囲で撮影され，重みつき逆投影法（weighted back projection）で 3 次元再構成された[4]．

b．エネルギーフィルターと MPL 像
前述したように厚い試料の観察では，非弾性散乱の増加により像の分解能が低下する．エネルギーフィルターは散乱電子をエネルギーごとに分光（energy loss spectra）し，像の形成に必要な弾性散乱電子（ゼロロス）だけをスリットで選択して利用することができる．図 VI. 1. 6a に異なる厚さのアモルファス氷試料に対するエネルギー損失スペクトラムを示す[5]．平均自由行程 Λ_{tot}（加速電圧 100 kV で 120 nm）の厚さでは，0 eV 付近に弾性散乱電子（ゼロロスピーク）が強く観察される．20～25 eV のあたりには外殻電子のエネルギー損失からくるプラズモンロスピークが見られる．そしてそれよりも高エネルギー側に内殻電子のエネルギー損失からくるコアロスが続く．傾斜などで試料が相対的に厚くなると，ゼロロスピークが減りプラズモンとコアロスピークが増大する（2～4Λ_{tot}）．そして最後にはほとんどがコアロスになる（8Λ_{tot}）．生物試料では，主にゼロロスピークのみで結像することで像コントラストを高めることができる（zero-loss imaging）．しかし，ほとんどの電子が非弾性散乱であるようなとても厚い試料では，スリットをゼロロス以外の適当な位置に入れることでコントラストを高めることができる．これを MPL（most

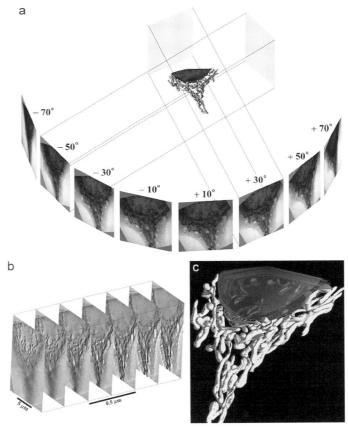

図 VI. 1. 5　超高圧電顕トモグラフィーによる HeLa 細胞の核の周りに集まるミトコンドリアの構造．2 μm の厚さの樹脂切片試料を，2 MeV の加速電子で 2°ずつ±70°の範囲で撮影し，重みつき逆投影法により 3 次元再構成．(a) 投影像，(b) トモグラム光軸スライス，(c) 3 次元再構成像[4]．

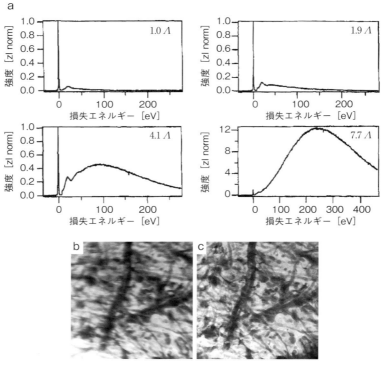

図 VI. 1. 6 (a) 異なる試料厚さのアモルファス氷試料に対するエネルギー損失スペクトラム（文献5より）．厚さは平均自由行程 Λ_{tot} に対する相対値で示す．(b) 通常像と (c) MPL 像の比較．試料は 2 μm の厚さの樹状突起棘試料．MPL は 150 eV の 40 eV 幅で得られた．加速電圧 300 kV[3]．

probable loss）像という．図 VI. 1. 6b, c にその一例を示す[2]．厚さ 2 μm の神経樹状突起の試料について，MPL 像では色収差によるボケが除かれて，像がより鮮明に見えることがわかる．トモグラフィーではあらかじめ MPL の位置を各傾斜角度について算出しておいて用いることができる．

1. 2. 3 超高圧電子顕微鏡の将来像

超高圧電子顕微鏡とその周辺技術は，数 μm の厚い生物試料をナノスケールの分解能で3次元再構成することを可能にする．今回紹介したもの以外でも，凍結試料のクライオ観察，STEM トモグラフィー，免疫抗体染色法，光顕・電顕相関観察（CLEM），環境セル，直接電子検出カメラ（direct electron detection camera），電界放出型電子銃（FEG）などの周辺技術が昨今超高圧電子顕微鏡に応用され，その観察の幅を著しく広げている．これらの観察技法は，生物試料をより自然に近い状態でピンポイントに，そして動的な変化までも解析することを可能にする．そうすることによって，近い将来，超高圧電子顕微鏡がミクロンオーダーの細胞生物学とナノスケールの分子生物学との世界を完全につなぐ装置となりえると期待される． [村田和義]

参考文献

1) Koster, A. J., Grimm, R., Typke, D., *et al.* (1997) J. Struct. Biol. **120**:276-308.
2) Bouwer, J. C., Mackey, M. R., Lawrence, A., *et al.* (2004) J. Struct. Biol. **148**:297-306.
3) Williams, D. B., Carter, C. B. (2009) Transmission Electron Microscopy：A Textbook for Materials Science (2nd ed.), Springer, pp.64-69.
4) Takaoka, A., Hasegawa, T., Yoshida, K., *et al.* (2008) Ultramicroscopy **108**:230-238.
5) Grim, R., Typke, D., Bärmann, M., *et al.* (1996) Ultramicroscopy **63**:169-179.

2 走査型電子顕微鏡

2.1 原理，鏡体の構造

走査型電子顕微鏡（SEM）は，透過型電子顕微鏡と同様に，電子線と電子レンズを用いた顕微鏡である．透過型電子顕微鏡が電子線を透過させた影絵のような画像を取得するのに対し，SEMでは，ブロック状の試料表面に電子線を照射し，それにより表面から生じた信号（おもに2次電子）をもとに，表面立体形状を画像化することが一般的である．

SEMが最初に市販されたのは1960年代の後半であるが，それからさまざまな開発が行われ，また生物試料観察のための試料作製法も開発されてきた．このうち試料作製法についてはVII部にゆずり，本章では，SEMの原理と特徴的な装置について解説する．

2.1.1 SEMの原理

SEMでは透過型電子顕微鏡と同様に，像形成に電子ビーム（電子線）を利用する．電子ビームを屈折させるレンズは磁石（または電磁石）でできており，電子レンズと呼ばれる．

このように電子レンズを用いて電子ビームを収束させて固体試料に照射させた場合，試料の表面からは，2次電子，反射電子，特性X線，陰極蛍光（カソードルミネッセンス）などの種々の信号が放出される（図VI.2.1）．通常のSEMでは，これらのうち最も信号量の多い2次電子を2次電子検出器により検出している．しかし，必要によって，その他の信号，すなわち反射電子，特性X線，陰極蛍光を用いて画像を形成することもあり，その場合はそれぞれに応じた検出器が必要である．ここでは，最も一般的に利用される2次電子像と反射電子像の形成について，さらに詳しく述べる．

a．2次電子像

2次電子は，試料に入射した電子ビームが試料内の自由電子にエネルギーを与えることで生じる電子である（図VI.2.2）．したがって，2次電子は入射電子が試料内で散乱したどの部位からも生じるが，エネルギーが数十eVと小さいため，試料表面の近傍（約10 nm以内の深さ）で発生したもののみが真空中に脱出する．また，この2次電子の表面からの放出率は，試料表面の凹凸形状に強く影響されるのが特徴である（図VI.2.3）．

たとえば，入射する電子ビームに対して試料表面の傾斜角度が大きいと2次電子放出率が増加し，その部分が画像として明るく見える（傾斜角効果）．また，試料面に見られる突起物の先端部や，ステップ上の段差がある部位も2次電子の放出量が増すので周囲より明るく見える（エッジ効果）．その結果，2次電子を信号としたSEMの画像は試料の表面立体形状を反映することになる．

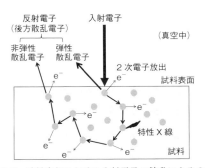

図VI.2.2 試料内部における入射電子の散乱による2次電子と反射電子の放出（文献1より改変）．

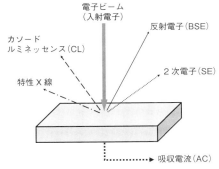

図VI.2.1 試料に電子ビームが照射した際に生じる信号

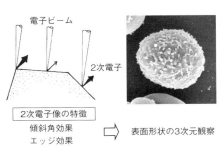

図VI.2.3 2次電子の特徴

b. 反射電子像

試料に入射した電子ビーム自体が試料内で散乱し，入射時の進行方向と反対方向（後方）に向きをかえ，真空中に飛び出るものが反射電子（または後方散乱電子）である．反射電子には，入射電子のエネルギーをほとんど失わずに試料の表面で後方に散乱した成分（弾性散乱電子）と，試料内で多重散乱してエネルギーを損失した成分（非弾性散乱電子）が含まれる（図 VI.2.2）．そのため，反射電子を信号とした場合，試料の深部の情報が含まれている．また反射電子の放出率は，試料を構成する成分の原子番号に依存し，原子番号が増大するとその放出率が増大することが知られている．したがって，反射電子像では試料の組成を反映したコントラスト像を得ることができる．またエネルギーの大きい点を利用して，低真空 SEM の信号に利用されている．

2.1.2 SEM の基本構造

SEM は鏡体部，試料室，排気部，操作部から成り立っている（図 VI.2.4）．

a. 鏡体部

鏡体は電子銃，電子レンズ，偏向・非点収差補正器から構成される．電子銃は透過型電子顕微鏡の電子銃とほぼ同様で，金属から放出させた電子を加速させて電子ビームをつくり出す．電子の放出のさせ方から熱電子銃，ショットキー電子銃，電界放出型電子銃に大別される．電子銃から放出された電子ビームは，電子レンズ（コンデンサーレンズと対物レンズ）で収束させた後に試料表面に照射させる．その際に電子線は，途中に配置した偏向コイルの作用で試料の XY 平面上を走査されることになる．なお，2 枚の電子レンズのうちコンデンサーレンズは電子ビームを絞るレンズであり，対物レンズは試料表面にビームの焦点を合わせるレンズである．対物レンズの球面収差と色収差の低減は SEM の画質に大きな影響を与える．また，対物レンズが短焦点のものほど分解能が向上することから，一般的なアウトレンズ形に加え，高分解能 SEM 用には焦点距離を短くしたシュノーケルレンズ（セミインレンズ）形やインレンズ形の対物レンズが開発されている（図 VI.2.5）．

b. 試料室

試料室は一般に鏡体の下にあり，試料移動機構を持った試料ステージと，信号検出器が備えつけられている．この検出器は通常は 2 次電子検出器であるが，目的に応じて別の検出器（反射電子検出器や X 線検出器など）が装着されることもある．試料に電子線が照射された際に放出される信号は，これらの検出器によって捕捉される．また，試料室の真空度によっては，試料の出し入れを円滑にするために，試料予備室が用意されるものもある．

c. 排気部

SEM の鏡体内と試料室は安定した真空環境にしておく必要がある．特に電子銃が正常に動作するために電子銃周囲の真空状態を安定させることが重要で

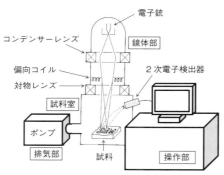

図 VI.2.4　SEM の基本構成

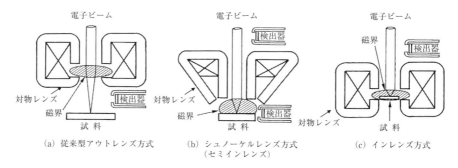

図 VI.2.5　3 種類の対物レンズの模式図[1]

ある．汎用型の SEM ではタングステン熱電子銃を用いており，その周囲を 10^{-3} Pa 程度の真空に保つ必要があることから，油拡散ポンプ（diffusion pump）またはターボ分子ポンプを用い，油回転ポンプ（ロータリーポンプ）やダイヤフラムポンプで補助するのが一般的である．しかし，後で述べる高分解能 SEM では電界放出型電子銃を用いるために，10^{-8} Pa 程度の高い真空度が必要となり，電子銃部にさらにイオンポンプが使用される．

d. 操作部

操作部は，本体を制御する各種電源（加速電圧電源やレンズ電源）と検出した信号を処理する信号処理系，最終的に信号を画面（ディスプレイ）に表示する像表示部などから構成される．従来は SEM の像表示に CRT（ブラウン管）が用いられ，その像をカメラで撮影することで記録をしていた．しかし，現在はコンピュータで SEM を制御するようになったため，デジタル画像として直接記録することができるようになっている．

2.1.3 高分解能 SEM

SEM の分解能は，試料表面に照射するビームの径に大きく依存しており，ビーム径が小さいほど分解能は向上する．この条件を達成するためには，電子銃の輝度が高く，電子源の直径が小さいことが望ましいことになる．そこで，高分解能の SEM では，タングステン熱電子銃よりも輝度が高く電子源の径の小さい，ショットキー電子銃や電界放出型電子銃が搭載されている．ただし，これらの電子銃を用いる場合，電子銃部は 1×10^{-8} Pa という非常に高い真空度が必要となることから，排気系にはイオンポンプが必須となる．

また，すでに述べたように対物レンズの短焦点化が分解能に大きな影響を及ぼすことから，高分解能を目指す電界放出形 SEM には低収差のインレンズ対物レンズが用いられることになる．この場合，試料は鏡体から対物レンズの中に挿入する必要があるので試料の大きさが限られる．また，信号は対物レンズの上方に放出されるので，検出器も対物レンズの上方に設置する必要が生じる（図 VI.2.5）．

ちなみに，タングステン熱電子銃を用いた汎用型 SEM の分解能は一般に 3～4 nm 程度で，倍率にして 1～2 万倍程度までが実用的である．一方，電界放出形インレンズ SEM では 0.4～1.5 nm という高分解能を得ることができるので，数十万倍の観察が容易となる．

2.1.4 低加速電圧 SEM

通常の SEM 観察では，電子銃に加える加速電圧は 10～30 kV 程度である．一般に加速電圧が高い方が電子ビーム径が小さくなるので分解能は高くなるが，導電性の低い試料では帯電による像障害が生じたり，表面より深部の情報が像に加わることとなる．そこで，導電性の低い標本においては，金属でコーティングをするなどの工夫がされる．しかし，コーティングを行うことは，雪で被われた景色を観察するのに似ており，表面の微細な構造を隠してしまうことにもなりかねない．この問題を克服するために，加速電圧を下げた観察が可能な SEM が開発されるようになってきた．最近では，加速電圧を 1 kV 以下にする極低加速電圧 SEM も出現し，絶縁物の表面もコーティングせずに高分解能で観察できるようになってきている．

2.1.5 環境制御型 SEM

一般の SEM は高真空下で利用されているが，鏡体と試料室の間にオリフィス（電子線だけが通るような小さい孔を持った薄板）を挟むことで，鏡体内の真空を保ちながら，試料室の真空度を下げることができる．このように圧力隔壁をつくることで低真空状態の観察を可能にした装置を低真空 SEM と呼んでいる．一般に試料室の圧力は 1～270 Pa 程度に設定が可能で，反射電子を検出して像を得る（図 VI.2.6）．この状態では，入射電子や反射電子が試料内のガスと衝突し，ガス分子をイオン化するため，生成された正イオンが試料表面の帯電を緩和するというメリットがある．このため，導電性のない試料をコーティングせずに観察することができる．また，

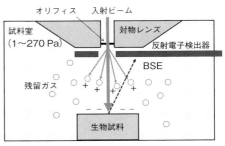

図 VI.2.6 低真空 SEM における帯電緩和の現象

水分を多少含む試料の観察も可能である．

なお，多くの低真空SEMでは，試料室内の残留ガスにより2次電子が減衰するため，エネルギーの高い反射電子を信号に用いているが，試料の周囲に電界をつくり，試料から出た2次電子を加速させ，周囲のガスに衝突させることで2次電子をさらに増幅させて，その信号を検出する方法も知られている．この方法では100〜3000 Pa程度の圧力で良好な像が報告されている．

これらの低真空SEMは試料内の環境，すなわちガスの種類や圧力を任意に設定したり，温度を変えて変化を見るなどの観察に利用できることから環境制御型SEMということができる．

さらに最近では，鏡体部と試料室の間を，電子線が透過できる薄膜で完全に隔てることで，試料を大気圧環境にしたままSEM観察を行う手法が報告されはじめている．いわゆる大気圧SEMである．この場合，観察する試料を薄膜に接触させるか近接させた状態で電子ビームを試料に照射し，発生した反射電子を検出して像としている．当然のことながら分解能は高くはないが，濡れた試料や，大気環境下の試料を直接観察できる点は魅力的で，大きな可能性を感じさせる手法である．　　　　　　［牛木辰男］

参考文献
1) 日本顕微鏡学会関東支部編（2011）新・走査電子顕微鏡，共立出版，pp.1-540
2) Reimer, L. (1998) Scanning Electron Microscopy, 2nd ed., Springer.
3) 日本工業規格（1997）走査電子顕微鏡試験方法通則 JIS K 0132-1997，日本規格協会．

2.2　SEMによる寸法測長，3次元SEM，SEMとマニピュレーション

2.2.1　SEMによる寸法測長

a．SEMの倍率とFOV

図 VI.2.7 にSEMの倍率について示す．SEMでは，1次電子線が偏向器によってX-Yに2次元走査され，試料に照射される．試料から放出された2次電子や反射電子は，検出器で捕集されて増幅され，SEMのディスプレイ（モニター）上に表示される試料拡大像の輝度信号となる．このとき，SEMのディスプレイ（モニター）上にSEM像を表示する際の走査信号は，試料表面に照射される1次電子線の走

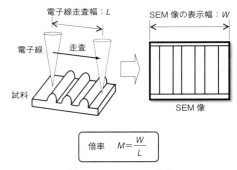

図 VI.2.7　SEMの倍率

査信号と同期している．

SEM像の倍率 M は，試料上での1次電子線の走査幅 L と，表示された試料拡大像の表示幅 W との比で表すことができる．すなわち，

$$M = \frac{W}{L} \qquad (1)$$

となり，一般のSEMにおいては，倍率値は L（試料上の1次電子線の走査幅）を変化させることによって，任意に変化させることができる．例えば，$L=1\,\mu m$，W（SEM像の表示幅）$=100\,mm$ であれば，SEM像の倍率 M は10万倍ということになる．ここで注意しなければならないのは，SEM像の倍率値 M は，L（試料上の1次電子線の走査幅）の値が確定していても，W（SEM像の表示幅）の値によって，どのようにでも変化してしまうことである．先の例の場合でも，SEM像の表示幅が2倍の200 mmになれば，SEM像の倍率値は20万倍になってしまう．以前のSEMは，最終像を写真にしていた関係で，SEM像の倍率 M も写真サイズ（127×95.3 mm）を基準として規定していた．この慣例は，現在の観察用SEM装置でも採用されており，「写真倍率」として定着している．一方，現在のSEM像はPCモニター上やプリンターによる出力などさまざまな形式で表示されることが多くなり，表示幅 W が常に一定とは限らないので，「SEM像の倍率値」自体に物理的な意味合いがなくなっている．そこで，特にエレクトロニクスを中心とした産業分野では，SEM像の倍率値 M の代わりに，SEM像に写っている試料上の表示幅（＝試料上の1次電子線走査幅 L）であるFOV（field of view）値が用いられている．

b．寸法測長

SEMにおける寸法測長は，試料上で着目する二点間の距離を測定することである．以前のアナログ方

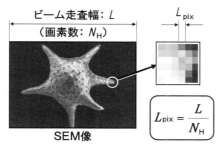

図 VI. 2. 8 SEM のデジタル画像

式の SEM では，着目する二点間を最終出力像である SEM 写真上でスケールを用いて手動で計測し，同じ SEM 写真上にあるミクロンマーカーや倍率値から換算して寸法としていた．しかし，現在の SEM はコンピュータによって制御されており，SEM 像はデジタル画像として取得される．図 VI. 2. 8 に示すように，SEM のデジタル画像では，試料上の X 方向の 1 次電子線走査幅 L と，それに対応するデジタル画像の X 方向 1 ラインの画素数 N_H から，試料上に換算した 1 画素あたりのサイズ（画素サイズ）L_{pix} が確定される．すなわち，

$$L_{pix} = \frac{L}{N_H} \quad (2)$$

となる．このデジタル SEM 画像で寸法測長を行うときは，試料上で着目する二点間の画素数 N_d を計測し，それに画素サイズ L_{pix} を掛け合わせることによって計算される．すなわち，寸法測長値を d とすると，

$$d = N_d \cdot L_{pix} \quad (3)$$

となる．

最近の観察・分析用 SEM 装置における測長は，PC の SEM オペレーション用 GUI 上で行われる．この測長機能は，大別して手動測長と自動測長に分けられる．手動測長は，オペレータが SEM 像上で着目する二点を自ら判別し，そこに測長カーソルを手動で移動させ，その測長カーソル間の画素数 N_d から測長値を算出する方法である．この方法では，オペレータによって測長カーソルの移動先が変化するため，測定値のばらつきが大きくなってしまう．一方自動測長は，SEM 像上で着目する二点をコンピュータで判別し，自動で測長カーソルを移動させて測長値を算出する方法である．これにより，オペレータの違いによるばらつきを抑えた測長結果を得ることができる．

c. 測長の不確かさの発生要因と対策方法

SEM の寸法測長における測長精度の低下（不確かさ）の発生要因として，前述の通り測定者や測定方法によるもののほかに，被測定物や，SEM 装置に起因するものがあげられる．被測定物としては，試料の汚染（コンタミネーション），帯電（チャージアップ），損傷（ダメージ），収縮（シュリンク）などがあり，これらの発生を回避するような試料の前処理や SEM の条件設定が必要である．また SEM 装置に起因するものとしては，加速電圧，作動距離（working distance：WD），電気的像回転などがあり，測長精度を確保するためには，これらの設定を揃える必要がある．また，測長値の絶対精度をあげる必要があるときは，トレーサビリティーの確立された標準寸法試料を用いて校正を行い，校正した同一条件で測長を行う必要がある．

2.2.2　3 次元 SEM

a. これまでの SEM による 3D 観察

SEM は，細く絞った電子線を用いることで焦点深度の深い，高分解能の観察が可能である．また，SEM で得られる観察画像（SEM 像）は，立体的なコントラストを有することも特徴である．しかし，一般に観察される SEM 像は単眼視の情報であり，表面形状の情報を十分に生かしているとはいえない．そこで，SEM 像の立体（3D）観察法が 1960 年代後半から現在まで試みられている．

b. 3D 観察の原理

SEM 像を 3D 観察するためには，人の視差に応じた 2 枚の画像（視差画像）が必要となる．このときの観察モニター（f_0）と観察者の位置関係を図 VI. 2. 9 に示す．人の眼の間隔（瞳孔間距離）が約 65

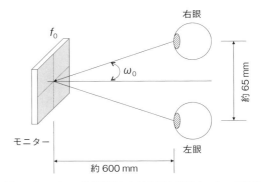

図 VI. 2. 9 SEM 像観察時における眼と観察モニターの関係

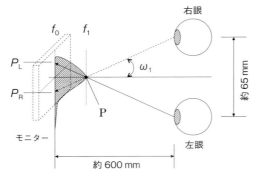

図 VI. 2. 10 3D 観察における立体構造とモニター表示の関係

mm，眼と観察モニターとの距離が約 600 mm とした場合，観察モニター画面上の位置 f_0 で焦点が合うようにすると，視差角 ω_0 は約 3° と計算することができる．

このとき，観察モニターに表示された画像が立体的に見える原理を示したものが図 VI. 2. 10 である．f_0 よりも手前の位置 f_1 に物体 P が存在するように見えるためには，物体 P を右眼で見た場合の視差角は ω_1 となり，観察モニター上では P_R の位置に投影された画像となる．同様に，左眼で見た画像では，物体 P は P_L の位置に投影された画像となる．これらの投影された画像（右目の場合は P_R のように投影された画像，左目の場合は P_L のように投影された画像）がそれぞれ対応した眼で見えるようにすることで，物体が立体的に観察できる．このとき，$\omega_0 < \omega_1$ となるが，f_1 よりもさらに手前に物体 P が飛び出しているように見るには，視差角 ω_1 がより大きくなる．このように視差角が大きくなると，立体感は強くなるが，左右の画像の違いが大きくなるため，眼の疲労感が大きくなるといわれている．

一方，視差角が小さくなると立体感は乏しくなるが，3D 観察ができないということではない．また，ここでは観察モニターと眼の位置関係を前述のように考えて視差角を算出したが，瞳孔間距離は人により多少異なり，モニターとの距離はモニターの大きさにも依存するため，視差角が必ずしも 3° である必要はなく，コンピュータ画面や一般的なプロジェクタに投影した結果からは，視差角 2° 程度で十分な立体感を得ることができることがわかっている．

c．視差画像取得法

SEM で視差画像を取得する方法はさまざまあるが，代表的なものに試料を傾斜させる方法（試料傾斜法）と，電子線を傾斜させる方法（電子線傾斜法）

がある．

試料傾斜法：試料傾斜法の原理図を図 VI. 2. 11 に示す．試料傾斜法は，試料を搭載したステージを傾斜することで視差画像を取得する方法である．試料傾斜法の利点は，ステージの傾斜機構を有する汎用 SEM であれば，視差画像を取得できる点である．しかし，試料ステージ傾斜時に発生する視野逃げに注意が必要であることや，左右の視差画像を 1 枚ずつ取得するため，リアルタイムで 3D 観察ができないなどの欠点もある．

電子線傾斜法：電子線傾斜法の原理図を図 VI. 2. 12 に示す．電子線傾斜法は，対物レンズの収束作用により電子線を傾斜し，傾斜した電子線で試料上を走査することで視差画像を取得する方法である．傾斜角および傾斜方向は，対物レンズの上部に配置した傾斜角制御コイルを用いて制御する．電子線傾斜法の利点は，試料を傾斜させずに 2 枚の視差画像を取得できることにある．したがって，1 回の操作で 3D 観察が可能である．また，傾斜角制御コイルを用いることで，1 ラインまたは，1 フレーム単位で電子線を傾斜することができるため，TV スキャンのような高速スキャンにおいても，それぞれの視差画像を取得することができる．さらに，任意の方向や角

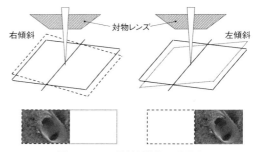

図 VI. 2. 11 試料傾斜法の原理図

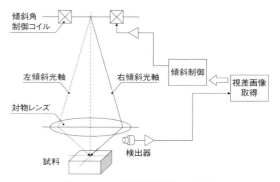

図 VI. 2. 12 電子線傾斜法の原理図

度に電子線を傾斜できることから，試料を機械的に回転させなくても画像を回転させて3D観察を行うことができる点も，実際の観察においては便利である．

d．電子線傾斜法の課題

通常のSEM観察は，対物レンズの中心（軸上）にビームを通過させるように制御する．しかし，電子線傾斜は，レンズの集束作用を利用するため，対物レンズの中心から離れた場所（軸外）にビームを通過させる必要がある．このとき，電子線傾斜に伴う収差が発生し，分解能が低下する課題がある．

ここで，電子線傾斜時の分解能（R_{eso}）は，以下の式（二乗平均法とした場合）により求めることができる．

$$R_{\text{eso}} = \sqrt{\Delta W_{S0}^2 + \Delta W_{RL}^2 + \Delta W_{C1}^2 + \Delta W_{C0}^2 + r_d^2 + (r_{SS})^2} \tag{4}$$

球面収差：ΔW_{S0}，コマ収差：ΔW_{RL}，軸外色収差[※1]：ΔW_{C1}，軸上色収差：ΔW_{C0}，回折収差：r_d，試料上光源径：r_{SS}
（※1：倍率色収差と回転色収差の和）

上記式を，熱電子銃を搭載した汎用型SEMに適用した場合の計算結果を図VI.2.13に示す．電子線傾斜時に分解能を低下させている原因は，コマ収差，および軸外色収差であることがわかる．なお，非点収差は通常の汎用SEMにも使われているスティグメータを利用することで低減を見込むことができる．したがって，電子線傾斜角3°のとき，分解能は150 nm程度となり，観察倍率に換算すると2000倍程度に制限される．

そこで，現在，より高倍率の3D観察を可能とするため，分解能低下の要因となっているコマ収差，軸外色収差の発生を抑えた3次元SEMが考案されているので紹介する[3,4]．分解能の低下を抑えた3次元SEMの概略図を図VI.2.14に示す．

これまでの3次元SEMからの変更点は，対物レンズから見て電子源側に，電子線傾斜に伴う収差を低減するためのレンズ（収差低減レンズ）と，傾斜角制御コイル2が追加されていることである．収差低減レンズと傾斜角制御コイル2を用いて，図VI.2.14に示すような光学系を実現する．傾斜角制御コイル2で傾斜された電子線は，収差低減レンズで収差（ΔW_t）を発生する．この収差（ΔW_t）を試料上の収差に換算すると，対物レンズの横倍率（M_{obj}）との積（$M_{\text{obj}} \cdot \Delta W_t$）となる．次に，傾斜角制御コイル2で傾斜された電子線を傾斜角制御コイル1で振り戻し，対物レンズで収差（ΔW_{obj}）を発生させる．このとき，電子線傾斜に伴う収差は式(5)のように低

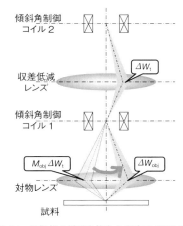

図VI.2.14　分解能の低下を抑えた3次元SEMの概略図

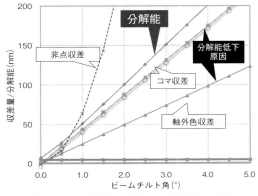

図VI.2.13　傾斜角と収差および分解能の関係

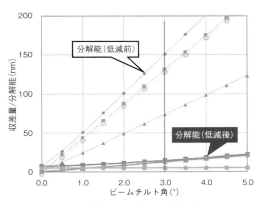

図VI.2.15　傾斜角と収差および分解能の関係2

減され，高倍率の 3D 観察が可能となる．
$$\Delta W_{obj} - M_{obj} \cdot \Delta W_t \tag{5}$$
この光学系を適用した場合の計算結果を図 VI. 2. 15 に示す．前述の 150 nm 程度の分解能が，15 nm 程度まで改善し，観察倍率にして 20000 倍を達成できる見込みとなる．

2.2.3 SEM とマニピュレーション

SEM 試料室内に小型のマニピュレータを導入するための開発がいろいろ行われているが，ここでは，小型のマニピュレータの例を紹介する（図 VI. 2. 16）．このマニピュレータは，大きさ 50 mm（縦）×30 mm（横）×35 mm（高さ）を実現している．

小型のマニピュレータを用いて微細加工した例を図 VI. 2. 17 に示す．このようにマニピュレータを使用することで細胞に微細加工を施すことも可能である．今後の応用が期待される分野である．

[伊東祐博・小竹　航・小柏　剛]

参考文献

1) 佐藤　貢（2011）新・走査電子顕微鏡（日本顕微鏡学会関東支部編），共立出版，pp.48-49.
2) 小竹　航（2011）新・走査電子顕微鏡（日本顕微鏡学会関東支部編），共立出版，pp.116-120.
3) 伊東祐博他（2010）日本顕微鏡学会第 66 回学術講演会予稿集，p.179.
4) 伊東祐博他（2011）日本顕微鏡学会第 67 回学術講演会予稿集，p.259.

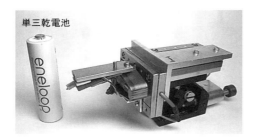

図 VI. 2. 16　AFM 型マニピュレータ

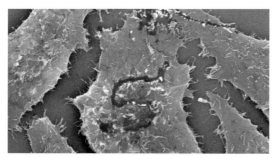

図 VI. 2. 17　AFM を用いた微細加工の例

3 分析電子顕微鏡[1]

固体材料に高エネルギー電子を照射すると，図 VI. 3.1 に示すようなさまざまな 2 次量子線が試料から放出される．これらを利用する電子顕微鏡は分析電子顕微鏡と呼ばれ，なかでも X 線（フォトン）と次節で扱う非弾性散乱電子の検出が標準的である．これらは図 VI. 3.2 に示すような一連の電子励起-緩和過程として捉えるべきである．励起状態から元の基底状態へ戻る二つの緩和過程は厳密な確率過程に従い，軽元素ほどオージェ過程の確率が高く，重元素になるほど特性 X 線放出確率が高くなる[2]．このことをよく理解して適切な分析手段を選ぶことが重要である．

3.1 X 線分析[1, 2]

試料から放出される X 線は，制動放射による連続 X 線と電子準位間遷移による特性 X 線（蛍光 X 線ともいう）の 2 種類があり，後者は元素に特有のエネルギーを持つピークを生じるため主として元素分析の目的で用いられる．図 VI. 3.3 に電子間遷移と放出される主な特性 X 線のライン名を示す．K_α 線などという呼び方はシーグバーン方式という．詳しいスペクトル線の名前の付け方は教科書[2]を参照されたい．X 線の検出には次の 2 種類に大別される検出器が用いられる．

3.1.1 エネルギー分散型検出器（energy-dispersive X-ray spectrometer：EDX または EDS）

エネルギー分散型の X 線検出器では，半導体検出器を用いて特性 X 線のエネルギーと強度を同時に計測する．X 線が検出器に入射するとそのエネルギーに比例した数の電子-正孔対がつくられ，そこで発生した電子を電流として集めプリアンプでエネルギーに比例した電圧パルスに変換する．この入射 X 線パルスのエネルギーを横軸にして入射 X 線パルスごとに計数したものが EDX スペクトルとして現れる．

これまでシリコンにリチウムを添加した Si（Li）検出器が主流であったが，検出器を液体窒素で冷却する必要がなく計数もれが生じにくいシリコンドリフト型検出器（SDD）に取って代わられつつある．SDD の出現によって検出器の大面積化が容易になり，後で触れるように EDX による原子分解能元素マッピングも報告されている．

また通常 X 線検出器のウィンドウにはベリリウム（原子番号 4）箔が用いられるため，分析可能な元素は原子番号 5（ホウ素）以上の元素であるが，ごく最近テスト段階ではあるがウィンドウレス検出器で

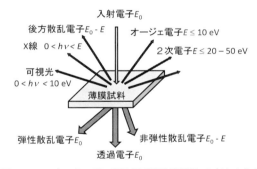

図 VI. 3.1 高エネルギー電子が固体試料薄膜に入射したときに出てくる情報

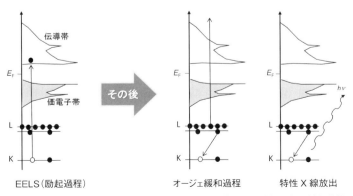

図 VI. 3.2 固体内電子のエネルギー準位間遷移の模式図：励起過程と緩和過程

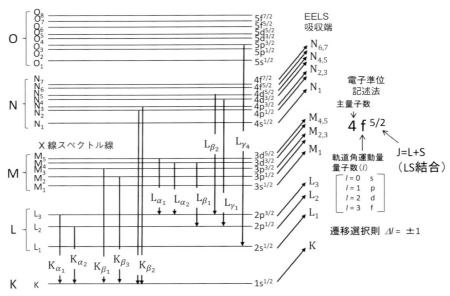

図 VI. 3.3 電子エネルギー準位と準位間遷移の模式図．特性 X 線および EELS 吸収端の名称を示した．

リチウム（原子番号 3）を検出した例が報告されている[3]．

またこれらとは全く異なる原理に基づき，一桁エネルギー分解能が向上したカロリメータ検出器も開発されている（VI. 3. 3 参照）．

3. 1. 2 波長分散型検出器（WDX または WDS）

試料から射出した X 線を分光結晶によって波長ごとに弁別して検出するものを波長分散型 X 線検出器と呼ぶ．一般に EDX 検出器のエネルギー分解能が 100 eV 程度であるのに対し，WDX は 10 eV 以下という優れた分解能を示し，異なる元素によるピークの重なりが著しく改善される．通常の WDX 分光器は回折結晶と検出器の回転機構を要するために一般に大がかりな装置になるので，検出器配置に自由度の大きい SEM または EPMA に装備される．しかし近年回折格子と斜入射配置 CCD 検出器を組み合わせたパラレル高波長分解能軟 X 線検出器システム[4]やマルチキャピラリ X 線レンズによって射出 X 線を集光平行化することで平板回折結晶を用いた分光器[5]が TEM に装着できるようになった．これらは高いエネルギー（波長）分解能を持ち，元素選択的価電子帯状態密度を反映したスペクトルが得られるために，3. 2 節で述べる電子エネルギー損失分光法と相補的に化学結合状態の解析に用いられる．

3. 1. 3 定性分析

EDXS 元素分析ではまず対象の物質にどのような元素が含まれているかを網羅する定性分析が行われる．現在商用の EDX システムでは自動的に元素同定を行って各ピークに元素ラベルを付けるようになっている．しかし多くの元素が含まれる場合にはピークの重なりによる誤った同定がなされることがある．また測定条件によってエスケープピーク，コヒーレント制動放射ピーク，システムピーク（試料ホルダーや試料をマウントしているグリッドなどに含まれる元素，特に Ni, Cu などに注意）が現れるので，常に K 線および L 線のファミリーピークが同時に現れているかどうか確認しながら元素同定を続けることを勧める．

3. 1. 4 定量分析

測定する対象物質の元素組成を X 線分析によって定量したい場合にも，やはり現在の商用分光器に付属のソフトウエアを使って機械的に行うことが多くなった．しかし実際に信頼できる定量分析を行うためには非常に多くの原理的な点を理解しておく必要がある．

試料中に含まれる元素 i の濃度 C_i を EDX によって定量分析するには，まず同じ元素 i に対して既知の濃度 $C_{(i)}$ だけ含まれる標準試料に対する次式が出発点となる．

$$C_i/C_{(i)} = [K]I_i/I_{(i)}$$

ここで I_i は試料から測定した X 線強度, $I_{(i)}$ は標準試料から測定した X 線強度である. K は感度因子と呼ばれ, 原子番号, 試料の X 線吸収, 試料中からの X 線収率に依存している. これを基本として, TEM-EDX では, 試料が十分に薄く吸収や蛍光が無視できるとき (薄膜条件) に Cliff-Lorimer 法[1] と呼ばれる簡単な比例計算で各元素の重量比率を求めることができる. しかしこのときの比例定数である k 因子 (上記の感度因子 K に対応) は, さまざまな条件に強く依存するので, 分光器付属のソフトウエアに含まれているデータベースをそのまま信じることは危険である. これらを考慮して実験的に定量性を上げた ζ-factor 法[6] は優れた定量分析法である.

一方, SEM や EPMA においてバルク試料で励起体積が大きいときには, 射出 X 線の試料による吸収や, 射出 X 線による別の X 線蛍光など複雑な過程を考慮する必要がある. 正確な定量のためには, 試料自体を薄くして薄膜条件に近づけるのが最も現実的な対処法である.

3.1.5 SEM/STEM による元素マッピング

電子ビームを試料上で走査しながら X 線スペクトルを取得し, 元素ピークごとにその空間分布を表示することは SEM-EDX の標準的な機能である. リチウムイオン 2 次電池正極の SEM-EDX 元素マッピングの例を図 VI. 3. 4 に示す. また近年デジタル回路による TEM 機能の PC 制御と電磁レンズの収差補正技術の進展によって, 特に電子を原子サイズ以下にまで収束させて試料上を走査する走査型透過電子顕微鏡 (STEM) の革新が目覚ましい. STEM と大口径の高感度 EDX を同期させてデータ取得することによって, 特定の元素ピークによる元素分布の原子レベルマッピングが実現可能となった.

3.1.6 さらに進んだ分析

分析対象が結晶である場合, 得られる X 線強度は入射電子方位によって著しく変化する場合がある. これはブラッグ反射条件によって固体内に励起されるブロッホ波の対称性と励起割合が異なるために特定の結晶学的位置を占める元素の励起確率が変化することに起因する. したがって蛍光 X 線を用いて定量分析を行うときには, 特に低次の反射の強い励起

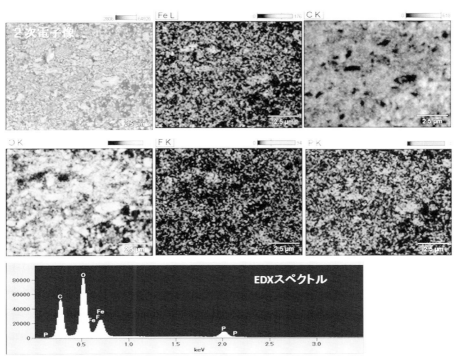

図 VI. 3. 4 SEM-EDX 元素マッピングの一例. (試料：LiFePO₄ 正極断面, スキャン倍率：×10000, 加速電圧：4.0 kW)

（ブラッグ条件）を外すような条件を選ぶことが望ましい．逆にこの性質を利用して特定の元素がどの結晶学的位置を占めるかを定量的に測定することができる．この手法はALCHEMI（atom location by channeled electron microanalysis）法，あるいはさらに進んでHARECXS（high angular resolution electron channeling X-ray spectroscopy）法と呼ばれる．

また最近になって統計学の多変量解析と呼ばれる手法の一つである主成分解析（PCA）をSTEM-EDXマッピングデータに適用して，微量な成分（元素，相）を抽出する試みがなされ，すでに商用のソフトウエアとして利用可能となっている[7]．

[武藤俊介]

参考文献

1) Williams, D.B., Carter, C.B., (2009) Transmission Electron Microscopy, A Textbook for Materials Science (2nd ed.), Springer, pp.581-675.
2) 中井　泉編（2005）蛍光X線分析の実際，朝倉書店，pp.2-51.
3) http://ll1.workcast.net/10406/3170567774102893/Documents/Presentation%20slides.pdf
4) Terauchi, M., Kawana, M. (2006) Ultramicrosc. **106**: 1069-1075.
5) Muto, S., Tatsumi, K., Takanashi, H. (2008) Proc. EMC 2008, European Microscopy Congress, **1**: 61-62.
6) Watanabe, M., Horita, Z., Nemoto, M. (1996) Ultramicrosc. **65**: 187-198.
7) Watanabe, M., Okunishi, E. Ishizuka, K. (2009) Microsc. Anal. **23**: 5-7.

3.2　電子エネルギー損失分光法（EELS）

試料から出る非弾性散乱電子に電磁場を印加することによって電子エネルギーごとに振り分けて検出する分光法を電子エネルギー損失分光法（EELS）と呼ぶ．検出する電子の幾何学的配置によって，透過法と反射法に分類される．後者ではオージェ電子分光器の一種である円筒型ミラーアナライザ（CMA）を流用して反射電子のエネルギー分析をする方法と，低エネルギー電子を専用のセクターマグネットで分析する高エネルギー分解能EELS（HREELS）がある．しかしこのような反射型のEELSは超高真空下での表面分析に特化されるため，生物試料ではほとんど使用されることはなく以後TEM付随の透過法EELSに話を限定する．

3.2.1　ポストコラム型分光器とインコラム型分光器[1]

TEM-EELS分光器にはTEM本体下部に後づけするポストコラム型とTEM鏡体の中間レンズの下に組み込むインコラム型の2種類がある（図Ⅵ.3.5）．一般的にはインコラム型の分光器の方がスペクトル安定性に優れており，後に述べるエネルギーフィルター法に適しているが，装置の改良が進みそのような区別は薄れつつある．ポストコラム型はすべてのTEMにオプションとして装着可能であることに対し，インコラム型は最初からTEM本体に組み込まれており，その使い分けは単なる好みを越えてかなり個別専門的な領域へと移るであろう．

3.2.2　EELS分析の基礎[1,2]

TEM付随のEELSでは，一般的に入射電子のエネルギーが高い（100 keV以上）ため，入射した固体中の素励起過程ほぼすべてにかかわる情報をスペクトルに含んでいるといっても過言ではない．図Ⅵ.3.6にEELSスペクトルの特徴の模式図を示した．エネルギー損失ゼロの位置に弾性散乱ピーク（ゼロロスピーク，以下ZLP）が現れる．以下，エネルギー損失の小さい順番に順次現れるスペクトルについて説明する：

a. low loss領域（0〜50 eV）

この領域には強いプラズモンピークが現れる．これは電子の通過によって価電子が集団的に振動することに対応し，そのピーク位置は自由電子ガスモデルでは次式で記述される．

$$E_\mathrm{p} = \hbar \sqrt{\frac{ne}{\varepsilon_0 m}}$$

ここでmは電子の有効質量，ε_0は真空の誘電率，nは価電子密度を表す．したがって大ざっぱにはプラズモンピークのシフトは物質の密度変化に対応する．しかし遷移金属や絶縁体ではプラズモンピークはその電子状態に特有のスペクトルプロファイルを示すことが多く，特にポリマーなどのソフトマテリアルにおいて炭素結合（混成軌道や飽和/不飽和炭素環）を区別することができる場合が多い．

このほかにZLPとプラズモンピークの間の0〜10 eVの領域にはバンド間遷移，欠陥準位に由来す

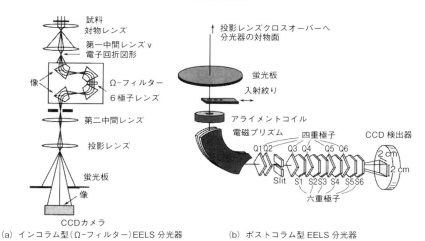

(a) インコラム型（Ω-フィルター）EELS 分光器　　(b) ポストコラム型 EELS 分光器

図 VI. 3. 5　二つのタイプの EELS 分光器の模式図．[Williams, D. B., Carter, C. B. (1996): Transmission Electron Microscopy, IV Spectrometry, Plenum, p. 651, Figure 37.11 を一部改変]

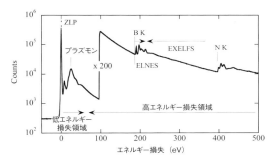

図 VI. 3. 6　対数目盛で表示した EELS スペクトル例（試料：六方晶窒化硼素）．

るピーク，フォノン励起，チェレンコフ放射など多彩な物性に対応する構造またはピークが現れるが，これらの検出のためには 0.2 eV 程度あるいはそれ以下のエネルギー分解能が要求されるため，モノクロメータを搭載した電界放出型電子銃が必要となる．

b．内殻電子励起吸収端（コアロス）

さらにエネルギー損失の値が大きくなると選択則に従って内殻電子準位を非占有準位へと励起することに対応する吸収スペクトルが現れる．スペクトル開始位置（吸収端と呼ばれる）は，元素特有の電子励起準位間のエネルギー差に対応するので，特性X線と同様に元素分析に用いられる．前節図 VI. 3. 3 にスペクトルの呼称規則を示した．さらにスペクトル吸収端から 20 eV 程度の領域には，その元素の化学環境を反映する微細構造（吸収端近傍微細構造：ELNES）が現れ，化学結合情報の解析に用いられる．このスペクトルプロファイルは始状態からの選択則を考慮した非占有状態（伝導帯）部分状態密度をほぼ反映したものになる．

この解析には構造および化学結合の既知な標準試料の ELNES と比較する指紋法とモデル構造に基づいた第一原理電子状態計算による理論スペクトルと比較する二つの方法が存在する．前者は確実な方法であるが，必ずしも対応する標準試料があるとは限らず，また格子欠陥などの影響を解析することは難しい．後者の理論計算法は万能といえるが，元素または吸収端の種類によって計算の難易度が大きく異なり，未だすべての元素の吸収端について商用プログラムやフリーウエアで簡便に計算ができるような体制にはなっていない．しかしライフサイエンス分野では軽元素からなる分子構造が主であるため，このような場合は注目原子を中心とする原子クラスターを基にした分子軌道法で定性的な解釈が可能な場合が多い[3]．

ELNES より高エネルギー側数百 eV にわたる領域には弱い振動構造が現れる．これを電子エネルギー損失広域微細構造（EXELFS）と呼び，当該元素を中心とした近接原子対の距離，結合元素種，配位数などの情報を担っており，X 線吸収分光（XAFS）における EXAFS と等価物である．このため解析にはよく整備された EXAFS 解析のためのフリーソフトウエアをインターネットからダウンロードして使用することができる．また定量解析には，文献 4 を参照されたい．

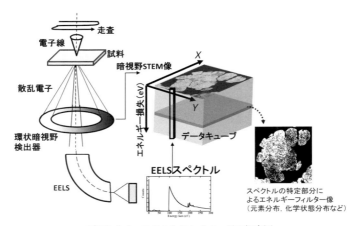

図 VI. 3. 7　スペクトラムイメージの概念図

3.2.3　エネルギーフィルターとスペクトラムイメージ

TEM-EELS において特徴的な手法としてエネルギーフィルターが挙げられる．これは EELS スペクトルの特定のピークや微細構造をエネルギースリットで選択することで，その情報の空間分布を高い分解能で可視化するものである．この手法によって従来染色が必要であった生物試料においても，例えば元素ごとにその分布をナノメートル分解能で可視化することができるようになった．同様のことが STEM-EELS でも行われる．この場合は図 VI. 3. 7 に示すように細く絞った電子ビームで試料上を走査し，各点のスペクトルを集めた後（このようなデータをデータキューブと呼ぶ），元素吸収端のみを選んで元素空間分布を表示するのみならず，ELNES の特定の微細構造を選択することで特徴的な化学結合の空間分布マップを得ることができる．このような手法をスペクトラムイメージと呼ぶ．

3.2.4　今後の進展

カーボンナノチューブやグラフェンの研究を対象として原子はじき出しによる損傷を避けるため TEM の加速電圧を下げた装置が開発されてきている．これらは生体材料やポリマーなどのソフトマテリアルに有効であり，モノクロメータを利用した高エネルギー分解能の EELS によって生体材料特有の軽元素，なかでも炭素原子のさまざまなタイプの結合を区別することが可能となる[5]．また逆に加速電圧の高い超高圧電子顕微鏡では，絶縁体における電子励起による損傷確率が小さいことと，厚い試料を透過観察できる利点を利用して生体材料の新しい展開が始まっている[6]．この点で超高圧電子顕微鏡に装着された EELS の新たな応用が今後出てくるであろう．

[武藤俊介]

参考文献

1) Williams, D.B., Carter, C.B. (2009) Transmission Electron Microscopy: A Textbook for Materials Science (2nd ed.), Springer, pp.679-757.
2) Egerton, R.F. (2011) Electron Energy Loss Spectroscopy in the Electron Microscope, Springer.
3) 小和田善之，田中　功，中松博英他 (1998) はじめての電子状態計算，三共出版．
4) http://cars9.uchicago.edu/ifeffit/
5) Ade, H., Urquhart, S.G. (2002) Chemical applications of synchrotron radiation, World Scientific, pp.285-355.
6) http://nagoya-microscopy.jp/result/index.html

3.3　マイクロカロリメータ

3.3.1　EDS による組成分析における精度・感度の問題点

電子顕微鏡における組成分析の手段としては，エネルギー分散型 X 線分光法（energy dispersive X-ray spectrometry：EDS）を利用する X 線分析が多く用いられている．この方法は，比較的簡便な操作で，ある程度定量的な数値が得られることが大きな特徴である．しかし，これまで標準的に用いられてきた検出器である，リチウムをドープしたシリコン結晶を利用するもの（Si(Li) 半導体検出器）で

は，分析の精度・感度ともに十分に高いものとはいえない．分析精度・感度が上がらない要因は，検出器で収集するX線のカウント数が不足していることと，検出器そのもののエネルギー分解能の不足，の二点に集約されるといってよい．

収集するX線のカウント数が不足しているという問題は，シリコンドリフト型検出器（SDD）の開発・普及によって改善されつつある[1]．SDDは，Si(Li)半導体検出器とは検出原理は変わらないものの，素子構造の改良により検出器に入射したX線の速いパルス処理が可能になり，単位時間あたりに処理できるカウント数が飛躍的に増大した．それに加え，大面積の検出器の製作が可能になり，X線の検出立体角が増大した．X線検出効率を向上させるこれらの技術の発展により，十分に意味のある定量値の元素分布マップが，低倍率から高倍率まで比較的短時間に取得できるようになっている．

ここでは，X線を用いた組成分析のもう一つの課題である，検出器のエネルギー分解能不足に起因する課題と，それを克服するためのハードウエアからのいくつかのアプローチを紹介し，さらにその解決法の一つとして開発が進められているマイクロカロリメータ型X線検出器の原理と応用例について述べる．

3.3.2 X線検出器のエネルギー分解能

X線検出器のエネルギー分解能が低いことに起因する問題点を考える．X線分析におけるエネルギー分解能は，Si(Li)半導体検出器やSDDのような，電子-正孔対の生成によるエネルギー計測の原理に基づく検出器においては，マンガンのKα線（5.9 keV）の半値幅として定義する．典型的にはエネルギー分解能は130 eV前後であり，この検出原理による技術的限界は100 eV程度といわれている．100 eV程度の分解能では互いに近いエネルギーを持つ元素同士の分離ができない．それらの「分離できないピーク」の元素の組の例を表VI.3.1に示す．これらの元素が同時に含まれていると正確な定量ができなくなる．

図VI.3.8（a）はそれを模式的に示す図である．この図はクロム（Cr）に，その1/10の量のマンガン（Mn）が含まれていることを想定したときの，クロムのKβ線とマンガンのKα線の付近の模式図である．ピークの半値幅は130 eVを想定している．このエネルギー分解能では，二つの元素からのピークは重なって，目視ではあたかも1本のピークのよ

表 VI.3.1　Si(Li) 検出器で分離できないピークの例

元素1, ピークの種類, X線のエネルギー (keV)	元素2, ピークの種類, X線のエネルギー (keV)	エネルギー差 (eV)
Ti Kβ_1 4.932	V Kα_1 4.952	20
V Kβ_1 5.427	Cr Kα_1 5.415	12
Cr Kβ_1 5.947	Mn Kα_1 5.899	48
S Kα_1 2.308	Mo Lα_1 2.293	15
S Kα_1 2.308	Pb Mα_1 2.346	38
Si Kα_1 1.740	W Mα_1 1.775	35
Si Kα_1 1.740	Ta Mα_1 1.710	30

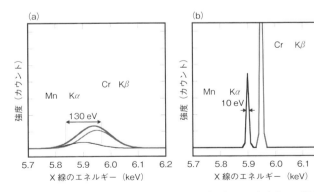

図VI.3.8　クロム（Cr）と少量のマンガン（Mn）が両方含まれる場合の，クロムのKβ線とマンガンのKα線のピークオーバーラップを示す模式図．（a）エネルギー分解能は130 eVを想定．（b）エネルギー分解能が10 eVになった場合を想定．（a）と（b）では，同じ元素のピーク面積（カウント数）が等しくなるように描いてある．

うに見える．マンガンが含まれることをあらかじめ知っていれば，計算によってピーク分離をして定量できる場合もあるが，含有元素が未知でありその含有量が微量のときは，検出が困難な場合も多い．図 VI.3.8 (b) は，(a) と同様の場合で，検出器のエネルギー分解能（ピークの半値幅）が 10 eV であることを想定した模式図である．この場合ではマンガンはクロムとは別々のピークとして確実に認識できるだけでなく，マンガンのピーク，つまりマンガンの含有量がもっと少ない場合でも検出および定量化が可能になる．

図 VI.3.8 (a) と (b) の図は，それぞれの図で同じ種類の元素のピーク面積が等しく描いてある．つまり，隣接したピークがオーバーラップしてしまうという問題がない場合でも，同じ強度（X線カウント数）を計数した場合で比較すると，高いエネルギー分解能の検出器を用いた方がピーク・バックグラウンド比が向上し，検出下限値は向上する．つまり，エネルギー分解能が高い検出器を用いることによって，隣接するピークの分離能力が上がるだけでなく，組成分析の精度が向上するといえる．

3.3.3 高エネルギー分解能 X 線検出器

高いエネルギー分解能を持つ検出器を電子顕微鏡に搭載して，高い精度・感度の組成分析を実現しようとする試みはこれまでも継続して行われてきた．適用する X 線の検出原理によって一長一短はあるものの，これまでにいくつかの方式の検出器が開発されている．一つは波長分散型の X 線分光（wavelength dispersive X-ray spectrometer：WDS）がその典型的な例である．これはブラッグ反射を応用して分光する結晶分光器を利用するもので，表面分析における電子線マイクロアナライザ（electron probe micro analyzer：EPMA）の検出器として利用されている．しかし，透過型電子顕微鏡での応用に関していうと，一般的には検出器に機械的に動き振動を発生する部分があること，検出効率を上げることが難しいことなどから適用範囲は限られていた．ごく最近になって，可動部のないものや X 線集光素子によって検出効率を上げたものが開発されている．結晶分光器による波長分散型の場合，一つの結晶で分光できる波長領域が限られるため，広いエネルギー範囲の計測には複数の結晶を使う必要があり，かつ，一つの結晶でもエネルギー分解能にエネルギー依存性がある．一方で波長の絶対値が求められるので，比較的狭いエネルギー範囲で精密にエネルギーを比較するような使い方から，電子状態分析に応用する研究に活発に用いられるようになっている．

高いエネルギー分解能を持つ検出器の新しい流れとして，超伝導検出器を組成分析などに利用することが試みられている．超伝導検出器には，超伝導遷移端センサ（transition edge sensor：TES）型マイクロカロリメータを用いるものや，超伝導トンネル接合素子（superconducting tunnel junction：STJ）などのいくつかの方式があるが[2]，電子顕微鏡に搭載する分析装置としては，TES 型マイクロカロリメータが応用として先行している．

TES 型マイクロカロリメータは，X 線フォトンを吸収することによる温度上昇を測定して，そのエネルギーを算出する熱量計の一種で，その温度計として超伝導体の遷移端を使っている．図 VI.3.9 (a) にその素子の構成図を示す．素子は X 線フォトンを吸収するための吸収体，超伝導体による温度計，吸収した熱を逃がすための熱浴からなっている．吸収体に X 線が入射すると，その X 線フォトンのエネ

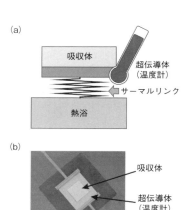

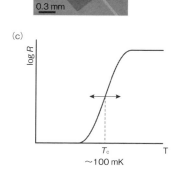

図 VI.3.9 (a) TES 型マイクロカロリメータの構成概念図．(b) 素子写真．(c) X 線エネルギー測定の原理．

ルギーに応じて吸収体の温度が上昇する．温度計として用いる超伝導体は遷移端の温度 T_c（図 VI.3.9 (c)）に保持されている．この温度計は，吸収した X 線フォトンのエネルギーによるわずかな温度上昇に対して大きな抵抗変化を生じるので，その変化量を測定することによって X 線のエネルギーに換算する．そのため，温度計として用いる超伝導体の性質として，T_c 付近では温度と抵抗のリニアリティが高く，かつ傾き a が急峻なほどよい．実際には TES には定電圧のバイアスがかけられているので，抵抗増加に対応して電流が減少する．この変化を超伝導量子干渉素子（SQUID）で増幅して X 線パルスとして取り出す．

TES 型マイクロカロリメータのエネルギー分解能 ΔE は，$(k_B C T^2)^{1/2}$ に比例する．ここで k_B はボルツマン定数，C は検出素子の熱容量，T は動作温度を示す．つまり，動作温度 T が低いほどエネルギー分解能は向上する．そのため一般には TES 型 X 線検出器は極低温で，典型的には 100 mK 以下の温度で動作させる．その温度で用いる場合のエネルギー分解能は 10 eV を切る程度まで向上する．エネルギー分解能がそこまで向上すると，表 VI.3.1 に示した元素のピークオーバーラップの大半は解消される．その実現のために技術的には，エネルギー分解能を上げるには温度は低いほどよい，さらにはその極低温がきわめて安定でないと精度が確保できない，といった，極低温生成とその温度管理が最も重要なポイントとなる．100 mK 以下という極低温を発生し，それを安定に保ちつつ検出器を動作させるためには，液体ヘリウム，GM 冷凍機，パルス管冷凍機などで 4K 程度まで冷却したうえで，さらに希釈冷凍機や断熱消磁冷凍機などにより冷却する冷凍機が使われる．

TES 型マイクロカロリメータは，1990 年代の中盤に米国において開発され，国立標準技術研究所（National Institute of Standards and Technology；NIST）のグループによって発展した[3]．その開発の過程では，走査型電子顕微鏡（SEM）に取り付けて SEM の分析装置として開発が行われていた．その後は主に宇宙用途で，つまり X 線天文学に用いる X 線望遠鏡として米国のほか欧州や日本で開発が進められている．近年（2010 年以降），高いエネルギー分解能を活かして，電子顕微鏡の分析装置としての応用が再び活発に行われるようになっており，米国や日本において SEM に取り付ける分析装置として市販が開始されている．その一例を図 VI.3.10 (a) に示す．図 VI.3.10 (a) は SEM に取り付けた例で，この検出器の場合は液体ヘリウムと希釈冷凍機により検出器を冷却している．また，SEM より高い空間分解能での高精度組成分析を目指して透過型電子顕微鏡（TEM）への応用も試みられている[4]．図 VI.3.10 (b) に TES 型マイクロカロリメータを TEM に取り付けたものの外観写真を示す．この装置の場合も希釈冷凍機で 100 mK 以下の温度を達成しているが，その前段は液体ヘリウムの代わりに機械式冷凍機を用いている．

TEM に取り付けた図 VI.3.10 (b) の装置で取得したスペクトルの例を図 VI.3.11 に示す．試料は半

(a) 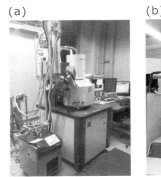 (b)

図 VI.3.10 (a) TES 型マイクロカロリメータ分析装置を SEM に取り付けた例．(b) TES 型マイクロカロリメータ分析装置を TEM に取り付けた例．

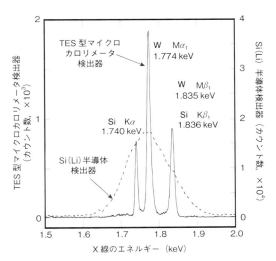

図 VI.3.11 TEM に取り付けた TES 型マイクロカロリメータ分析装置で取得したスペクトルの例．試料は半導体デバイスのシリコンとタングステンの両方を含む領域．実線がマイクロカロリメータで測定したもの．破線は Si(Li) 半導体検出器（$\Delta E = 130$ eV）で測定したもの．

導体デバイスで，シリコンとタングステンの両方を含む領域からのスペクトルである．通常の Si(Li) 半導体検出器では分離できない，シリコンの Kα (1740 eV) とタングステンの Mα (1774 eV) が分離して測定できている．現状では，TEM に取り付けたシステムにおいては，エネルギー分解能はシリコン Kα 線の半値幅として，7.8 eV を達成している．

このように，TES 型マイクロカロリメータ検出器は，従来のものと比較して一桁以上のエネルギー分解能の向上を達成している．さらに，TES 型検出器は数 eV という高いエネルギー分解能を実現するだけでなく，広いエネルギー範囲（例えば 10 keV 程度以上）を一つの検出器でカバーでき，かつ原理的にはエネルギー分解能がエネルギーに依存しないという利点がある．その点で TES 型マイクロカロリメータの場合は広いエネルギー範囲を一度に計測できる，いわゆるエネルギー分散型であることから，広いエネルギーにわたる多元素からのピークを比較して定量するような使い方に適している．

TES 型マイクロカロリメータは上述したように高いエネルギー分解能のスペクトルが得られることは実証されているが，いくつかの技術的な課題が残されており広く普及する段階にまでは至っていない．その要因のうちハードウエアの課題として，検出効率が低いこと，エネルギーの絶対値が直接は求まらないこと，冷凍機が高価で扱いがやや複雑なこと，などが挙げられる．また，高いエネルギー分解能のスペクトルの解析法の構築といったソフトウエアの課題も残されており，実用に向けた開発が継続されている．

［原　徹］

参考文献

1) Williams, D.B., Carter, C.B. (2009) Transmission Electron Microscopy: A Textbook for Materials Science (2nd ed.), Springer, pp.588-589.
2) 副島啓義 (2003) 電子顕微鏡, **38**：131-133.
3) Irwin, K.D. (2006) Scientific American, **295**：86-94.
4) 原　徹, 田中啓一, 前畑京介他 (2012) 応用物理, **81**：139-142.

4　位相差電子顕微鏡

位相差電子顕微鏡は実用化されてまだ 10 年ほどの若いイメージング法である．生物を含む無染色有機材料の像コントラストを改善するこの革新的手法の原理と応用展開について概説した．原理説明では顕微鏡の結像原理をもとに位相板の働きを数理的に解明した．応用に関してはタンパク質，ウイルス，細胞の凍結試料につき無染色観察下でどのような新規発見がなされたか説明した．

4.1　歴史的背景

第 II 部の光学顕微鏡でも紹介された位相差顕微鏡は，本来透明なものを見るために約 80 年前にオランダのゼルニケ（Zernike）により発明された．同じころ電子顕微鏡がドイツで発明され，ともに第 2 次大戦後大きな発展を遂げた．このドイツ科学圏の二つの発明が結びつき位相差電子顕微鏡が提案されたのは大戦直後の急速な科学発展の中，1947 年のことである．ドイツの電顕学者ボルシュ（Boersch）によりすでに今日我々が目にする位相板法の原型，薄膜型と微小電極型が提案されている[1]．アイデアが最初に実行に移されたのは 1950 年代後半で日本の研究者の手になる．その後 1970 年代から 1980 年代初めにかけ位相差電顕開発のブームが到来する．軽元素でできた生物を重金属染色なしに直接観察したいという生物学者の要求からであった．しかしたった一つの壁の存在ですべてが水泡に帰した．「位相板帯電問題」である．そして本来の性能を持った位相差電子顕微鏡の実現は 2001 年の Danev & Nagayama の報告まで待たなければならなかった[2]．

4.2　位相差法の原理

4.2.1　透明物体は位相物体

透明なモノはなぜ見えないのか．それは波（光や電子）の強度が物質透過前後において変化しないためである．一方不透明なモノは波を吸収しそのためモノの存在が言わばシルエットのように画像として表現される．位相差法の原理は見えない空気を「か

げろう」として見る日常経験の背後にある原理と同じである．透明物質も屈折率の内部分布があると，波が一種のプリズム効果で曲がる．この曲がりによりスクリーン上に波の集中するところと拡散するところが生まれ，明るさの濃淡すなわちコントラストが生まれる．このかげろうを見る原理をレンズ系を用いて体系的に行うのが位相差電子顕微鏡である．これにより物質の密度変化に伴う屈折率変化をコントラストの付与された像として画像化できる．モノの屈折率変化は透過した波の位相変化（位相差）として顕現するので，その位相変化の画像化として位相差顕微鏡の名前が冠された．透明物体は波を吸収しないが，このように場所依存的に波の位相を変えるので位相物体とも呼ばれる．

4.2.2 結像原理と位相問題

図 VI.4.1 に示すのはレンズ二つを用いた最小顕微鏡である．レンズを 2 個用いた顕微鏡の本質はモノの光学的性質（モノ関数 $\psi_0(r)$ と表現される）の離れた場所（スクリーンなど）への搬送波による再現である．搬送波に光が用いられると光学顕微鏡，電子が使われると電子顕微鏡である．モノそのものではないが，モノの光学的性質が空間伝播するという意味で一種のテレポーテーションである．この仕組みをレンズによる波の拡大，縮小の物理表現である回折作用と数学表現であるフーリエ変換を用いて解説しよう．

図 VI.4.1 (a) は点としてのモノから出た拡散波が対物レンズにより平行化され，投影レンズにより収束波に変換され，点像を形成するプロセスを示している．この過程は物理では回折過程と呼ばれる．図 VI.4.1 (b) に示したのは (a) の物理過程の数理表現である．レンズによる回折はフーリエ変換（FT）に対応するので，二つのレンズによる回折過

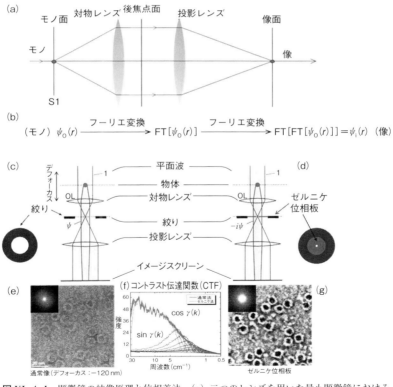

図 VI.4.1 顕微鏡の結像原理と位相差法．(a) 二つのレンズを用いた最小顕微鏡における点の結像過程．(b) 点結像過程の数理表現（2 回フーリエ変換）
(c) デフォーカス位相コントラストを示す通常法模式図
(d) 正焦点で高コントラストを示すゼルニケ位相差法模式図
(e) 陰染色フェリチンの通常像（−120 nm デフォーカス）[2]
(f) (e) と (f) の像のフーリエ変換像に現れる CTF
(g) 陰染色フェリチンのゼルニケ位相差像（正焦点）[2]

程は2回のFT作用と等価になる．数学的にみるとある関数の2回FTは原関数に戻るので（$\psi_0(-r)$＝FT[FT[$\psi_0(r)$]]，ここでFT[f]はfのフーリエ変換），モノ関数$\psi_0(r)$が復現する．すなわちイメージングである．いわばこれはモノが像として左から右へ搬送されたことを意味する．厳密には像の座標反転が生ずる（像の向きが元と逆になる）がこれは本質的でないので忘れてよい．この2回FT過程は数学的に可逆なので，物理過程か数理過程そのものなら像はモノの完全な写しとなるはずである．しかし現実の物理過程はこのような理想化された数理過程ではない．

第一にレンズ作用の不完全性が顔を出し，対物レンズによるFT後，後焦点面で波動の変調が生ずる．この変調は数学的には元のモノ関数に対するコントラスト伝達関数（CTF）の乗算として表現される．CTFにはsin型（$\sin \gamma(k)$）とcos型（$\cos \gamma(k)$）があり，前者が通常法に対応し，後者が位相差法に対応する．$\gamma(k)$は波面位相と呼ばれる後焦点面で定義される関数であり，デフォーカス（焦点外し）効果や収差効果を反映する（式（2）参照）．ここでkは空間周波数座標（実空間座標のFT共役座標）である．CTF変調で特徴的なのは回折像の中にゼロの部分（$\sin \gamma(k) = 0$または$\cos \gamma(k) = 0$に対応するk部分），すなわち画像情報を欠落した周波数部分が現れることである．情報は一度ゼロになると回復できないので，この過程は不可逆となる．

次に第2のFTが投影レンズで行われ，像面に像関数$\psi_i(r)$が現れる．しかし我々が観測するのは$\psi_i(r)$そのものではなくその絶対値二乗$|\psi_i(r)|^2$である（像強度と呼ぶ）．$|\psi_i(r)|^2$のみが検出可能という量子力学原理のため，ここに第二の不完全性が現れる．この二乗検出過程で$\psi_i(r)$が本来持っている位相情報が失われる．これはX線回折法で位相問題と呼ばれる難問と同じで，先人たちは位相回復に多大な努力を払ってきた．ではどうやったら二つの不完全性を乗り越え像関数$\psi_i(r)$そのものの観測，すなわち位相情報の回復ができるだろうか．FTは本来可逆変換なので$\psi_i(r)$（イメージ）自体がわかればそれは$\psi_0(r)$（モノ）と等価といってよい．この問題に位相差顕微鏡が回答を与えたのである．

4.2.3　位相差法の定式化

図VI.4.1（b）の数理の流れで示したように顕微鏡結像はモノ関数$\psi_0(r)$の2回FTと後焦点面における変調が本質的である．入射平面波1がモノに当たり通過すると，モノの屈折率分布を反映した位相情報（$\theta(r)$）を含む$e^{i\theta(r)}$という複素数で表されるモノ関数となる（複素透過率とも呼ばれる）．それがFTされた後に焦点面に現れる（FT[$e^{i\theta(r)}$]）．そこで変調関数$H(k)$（具体的には波面位相$e^{i\gamma(k)}$や位相板）で代表される変調を受ける．この変調の数学表現は乗算過程の$H(k)$FT[$e^{i\theta(r)}$]である．それからもう1回FTされ，像面上の像関数となる．2回のFTにより最終的にFT[$H(k)$]$\otimes e^{i\theta(r)}$（$\otimes$は重畳積（コンボリューション）でFT変換後の掛け算的演算）となる．ここで座標rの符号は無視した．先に述べたように観測はさらに二乗検出による像強度として行われる．

以上の説明をまとめると次の形式に定式化できる．

$$\text{像強度}: |\text{FT}[H(k)] \otimes e^{i\theta(r)}|^2 \quad (1)$$
$$\text{変調}: H(k) = e^{i\gamma(k)} \quad (2)$$

（焦点のずれやレンズ収差に対応するこの変調は常に存在する）

$$\gamma(k) = ak^2 + bk^4$$
$$\left(k^2 = k_x^2 + k_y^2,\ a = -\pi\lambda\Delta z,\ b = \frac{\pi}{2}C_s\lambda^3\right) \quad (3)$$

式（3）で第1項はデフォーカス（焦点ずれ）項，第2項は球面収差項である．λは電子波の波長，Δzはデフォーカス量，C_sは球面収差係数である．周波数座標はそれぞれの方向の波数k_x, k_yで表される．通常法と位相差法との違いは変調$H(k)$のところに現れる．それらの$H(k)$はそれぞれ以下の形を取る．

通常法（デフォーカス法）：
$$H(k) = e^{i\gamma(k)}$$
（デフォーカスΔzでコントラスト調整）　　(4)

ゼルニケ位相差法：
$$H(k) = e^{i\gamma(k)}(\delta(k) + e^{-i\pi/2}(1 - \delta(k)))$$
（$\delta(k)$：デルタ関数）　　(5)

式（5）のカッコ内は位相板の働きを表し，中心孔を通る電子線（非散乱透過光対応（$\delta(k)$で表現））は位相変化せず，位相板を通る電子線（$1-\delta(k)$で表現）は位相板より$\pi/2$の位相シフト（$e^{-i\pi/2}$で表現）を受けることを表している．式（1）に式（4）や式（5）を代入し，計算すると，位相$\theta(r)$が小さい弱位相物体の場合，像強度は以下となる．

通常位相差像強度＝FT[$\sin \gamma(k)$]$\otimes \theta(r)$　　(6)

ゼルニケ位相差像強度＝FT[cos γ(k)]⊗θ(r)　(7)

上記は強度像として位相 $\theta(r)$ が sin 型もしくは cos 型の CTF のフーリエ変換で変調されて現れることを示している．周波数空間（k 空間）で考えれば $\theta(r)$ の周波数成分が図 VI.4.1（f）に示すような sin 型もしくは cos 型関数で減弱されることを意味している．

図 VI.4.1（c）～（g）は上記の数理的内容を図解したものである．（c）と（e）はデフォーカスを用いる通常法の顕微鏡モデルと像である．球面収差を無視した場合，デフォーカスゼロでは位相物体の特徴として像コントラストはゼロとなり，文字通り透明．デフォーカスを与えると弱いながらコントラストを回復できる．デフォーカスとは焦点をずらし像をぼかすことである．その働きは先に述べた CTF（sin γ(k)）による変調である．$\Delta z=0$ の場合，sin(0)＝0 となり像コントラストは 0 となる．$\Delta z \neq 0$ のときは k が大きい所で sin γ(k)≠0 となり高周波数成分において像コントラストが回復する（(e) ではデフォーカスは 120 nm）．すなわち sin γ(k) はハイパスフィルター（高周波透過）として機能し（図 VI.4.1（f）の sin γ(k) 参照），コントラストは低いが分解能は高くなる．ゼルニケ法の場合（図 VI.4.1（d），（g））はデフォーカスがあろうとなかろうと高いコントラストを示す．これは cos $\pi\lambda\Delta z k^2$ の関数型のためである．いかなる Δz の場合でも cos(0)＝1 であり，コントラストを決定する低周波成分（|k|〜0）は常に本来の情報を回復する．

4.3　位相差法の分類と装置

4.3.1　位相差法の分類

すべての技術進化の例に漏れず，電子顕微鏡の位相差法も 1947 年提案以来多岐にわたる進化を遂げてきた．その全体像を見るために，ここでソフト的位相差手法とハード的位相差手法の 2 軸を用いて位相差法を分類し，併せて位相板のデザインを示したい．

ソフト的位相差手法としては，すでに詳述したデフォーカス法とゼルニケ法がある．さらに光顕の微分干渉法に対応するヒルベルト法と，そのヒルベルト法の原型のシュリーレン法がある．ヒルベルト法もシューリレン法も後焦点面の絞り面の半分をモノで覆い電子線を遮る．ただし前者は π 位相板（位相を π（180°）シフト）で覆い，後者では電子を完全遮閉するナイフエッジで覆う．そのためヒルベルト法はシュリーレン法より 2 倍明るい．

ハード的位相差法としては位相変化に静電ポテンシャルを利用する薄膜型位相板（原子ポテンシャル利用），微小電極型位相板（電極ポテンシャル利用）と，位相変化にベクトルポテンシャルを利用するゼルニケ型アハラノフ-ボーム効果位相板（AB 位相板）とヒルベルト型 AB 位相板がある．これらの組

表 VI.4.1　位相板を利用する位相差技術の分類

ソフト的手法 ＼ ハード的手法	静電ポテンシャル 原子ポテンシャル	静電ポテンシャル 電極ポテンシャル（すべてゼルニケ型）	ベクトルポテンシャル（AB 位相板）
ゼルニケ型	非晶質炭素膜位相板[2]	2 極型 Boersch 位相板[11]	ドーナツ型 AB 位相板[14]
ヒルベルト型	非晶質炭素膜位相板[9]	単極型 Glaser 位相板[12]	微小棒磁石 AB 位相板[15]
シュリーレン型	チューリップ型位相板[10]	単極型 Zach 位相板[13]	

み合わせで表VI.4.1のような多彩な位相板利用位相差技術が可能となる．位相板の実際の感じを知ってもらうため，表VI.4.1には位相板拡大写真も載せてある．詳細説明は省くが，位相板といっても板に限らないことに注意．ポイントは位相板中心を通る非散乱透過波とその周りを通る散乱波の間の位相関係をどう制御するかである．

筆者の研究室では薄膜型ゼルニケ法，薄膜型ヒルベルト法そして微小棒磁石ヒルベルト法の開発を行ってきた．

4.3.2 ゼルニケ位相差法の中心デバイス

これまではもっぱら概念的に位相法を説明してきたが，位相板とは具体的にどんなものかをゼルニケ薄膜型位相板を例に示したい．図VI.4.2に位相板デバイスの概要が示されている．

位相板は図VI.4.1（a）に示す後焦点面上の絞りの位置に挿入される．ただし既存のディスク型絞りを位相板ディスクに置き換えてもうまく働かない．試料からくる有機物汚れで位相板に帯電を生じるからである．この汚れ回避に加熱法が適用される．

図VI.4.2（a）は加熱型位相板ホルダーの全容である．先端に4枚のディスク型位相板グリッドが乗る．グリッドは図VI.4.2（b）に示されているように，$100\,\mu m$直径の穴が25個あいており，各穴に位相板がはめられている．位相板は図VI.4.2（c）に示されている．$100\,\mu m$直径位相板の中心には$1\,\mu m$の穴があけられている．筆者らの位相板は非晶質炭素膜でできており，厚さは加速電圧$200\,kV$の場合$20 \sim 30\,nm$であった．膜厚は加速電圧に依存し調整される．

位相板材料として非晶質炭素膜を使うのは以下の理由による．i）電気伝導度が高い，ii）酸化物はCO_2なのでガスとなり位相板表面に残らない（この点で金属は絶縁酸化物となるので使いにくい），iii）軽元素であり電子線損失が小さい．

汚れのない炭素膜なら問題ないが，汚れを完全になくすことは困難で，汚れ由来の電子線誘起帯電が位相板特性を劣化させる．まずこの問題が長年の課題であった．しかし汚れの問題が解決しても炭素の電気的性質の制御の困難さが完全に帯電のない位相板の作製を阻んできた．

4.4 位相差法の実践的応用

ウイルス観察への要求は歴史的にみて電子顕微鏡開発の最大の原動力であった．光学顕微鏡応用の最大の眼目は細菌観察で，ウイルスは光顕では見えない．そのウイルスを見たいという医学者，生物学者の要望に応える形で電子顕微鏡が開発された．事実開発直後の1940年代にすでにウイルスの一つバクテリオファージ像が報告されている．当時の観察法は細胞やウイルス懸濁液を超薄炭素基板に載せ，乾燥させて撮像した．しかしこの方法では生物組織は見えない．その後多大の時間をかけ現在の標準的電子顕微鏡試料調整法が確立された．しかし化学固定，樹脂包埋，重金属染色（負染色）などの難しい調整工程を含むので，アーティファクトが生まれ，真の細胞内微小構造を見るのは不得手であった．替わって現在では急速凍結による氷包埋試料が広く用いられている．しかしこの氷包埋試料にもほとんどコントラストが付かないという欠点があった．位相差法はこの低コントラストの問題を解決した．

図VI.4.3上段は低温電顕で観察した凍結試料のインフルエンザウイルス像で，図VI.4.3（a）はデフォーカスを用いた通常低温電顕像，図VI.4.3（b）はゼルニケ低温位相差像である[3]．新聞などでよく目にするインフルエンザ像は陰染色像のため表面が金属ウランに覆われ内部は見えない．その点図VI.4.3（a），（b）は内部の情報を含んだ投影像である．しかもゼルニケ位相差像の場合コントラストが圧倒的に高く，ウイルス内部のゲノムが明示されて

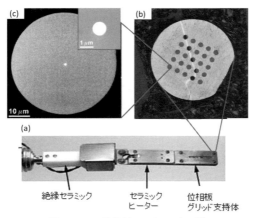

図VI.4.2 位相板デバイスの概要[16]
(a) 位相板用の加熱ホルダー概観
(b) 25個の位相板を保持した位相板グリッド
(c) 位相板（非晶質炭素膜）直径：$100\,\mu m$，中心孔：$1\,\mu m$

いる．位相差像の有利さがこの例からよくみてとれる．

世界の他のグループの位相差電顕応用例を図 VI. 4.3 (c)～(g) に示した．図 VI. 4.3 (c), (d) はラット肝細胞の凍結切片像で，(c) が通常デフォーカス像，(d) が薄膜型位相板を用いたゼルニケ位相差像である[4]．この場合位相差法によるコントラスト増強は図 VI. 4.3 (a), (b) ほど劇的ではないようにみえる．多分試料が厚いせいと考えられる．

図 VI. 4.3 (e)～(g) はタバコモザイクウイルスの通常像と微小電極型ゼルニケ位相差像である[5]．表 VI. 4.1 のゼルニケ型電極ポテンシャル位相板の上段例にみられるように，スポークで支えられたドーナツ型電極は構造が複雑で，コントラストに寄与する低周波成分を電極棒が遮るので期待通りの高コントラストが得られていない．通常像 (e) と位相差像 (f) を比較しても両者のコントラストに大きな違いはないようにみえる．ただし電極型は正負の電位をかけられるので位相板位相シフトを正負に制御できるという薄膜型にはない優れた特徴がある．薄膜型の位相シフトは $-\pi/2$ だが反対電位をかけると $\pi/2$ シフトも可能である．図 VI. 4.3 (f) は通常像と同じ方向のコントラストだが，$\pi/2$ シフトを与えると図 VI. 4.3 (g) のように白黒反転コントラスト像となり，場合によって有効に使われる．

4.5 生物学における位相差法の有効利用

電子顕微鏡の生物応用の最前線はタンパク質，ウイルスの立体構造解析である．個々の分子，粒子が直接観察できる利点を生かし，異なる向きを持つ多数の分子像，粒子像から立体構造を再構成する1粒

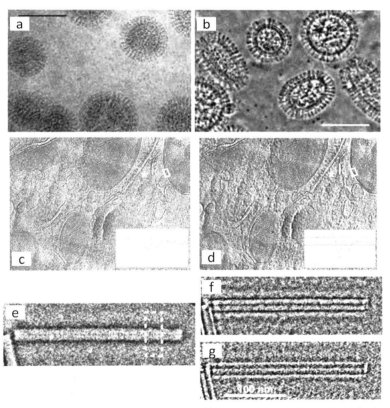

図 VI. 4.3 位相差法の（低温電顕）実践例．(a) インフルエンザウイルスの通常像（20 μm デフォーカス，200 kV，氷包埋，液体窒素温度）[3]．(b) インフルエンザウイルスのゼルニケ位相差像（正焦点，200 kV，氷包埋，液体窒素温度）[3]．(c) 肝細胞凍結切片の通常像（20 μm デフォーカス）[4]．(d) 肝細胞凍結切片のゼルニケ位相差像（正焦点）[4]．(e) タバコモザイクウイルスの通常像（10 μm デフォーカス）[5]．(f) タバコモザイクウイルスのゼルニケ位相差像（正位相差）[5]．(g) タバコモザイクウイルスのゼルニケ位相差像（負位相差）[5]

子解析が確立している．この手法の問題点はほとんどコントラストを持っていない通常像について，いかに粒子を探しその向きを特定するかである（particle picking）．この点で高コントラストの位相差像は粒子を特定できる大きな利点を持っている．以下本項で示すすべての像はゼルニケ位相板内蔵の200 kV低温電顕（液体窒素温度）で撮影されたものである．

4.5.1 タンパク質への応用

図VI.4.4（a）は長いRNAから小分子RNAを切り出すヒト由来ダイサーへの応用例である[6]．

小分子RNAによるRNA干渉という遺伝子発現制御は，医療応用の観点から注目されている．小分子RNAは，長さ20から25塩基ほどの短いRNAで，他の遺伝子の発現を調節する機能を持っている．ダイサーが生体内で長いRNA分子から小分子RNAを切り出す機構は不明な点が多く，特にヒトダイサーとRNAの結合構造は未知であった．ヒトダイサーは結晶化しにくくX線結晶構造解析は困難で，直接分子を見ることのできる電子顕微鏡法が有効とされてきた．

図VI.4.3に示すようにウイルスや細胞のような大きな粒子の立体構造解析に多くの実績を持っている低温電子顕微鏡法だが，ヒトダイサー分子は，ウイルスに比べた違いに小さいため像にコントラストが付かずほとんど見えなかった（図VI.4.4（a）①参照）．その構造解析の壁はコントラストを劇的に向上させる位相差低温電子顕微鏡の応用（図VI.4.4（a）②参照）で初めて突破された．最終的にヒトダイサー・RNA位相差電顕，他種ダイサーX線構造そして二重鎖RNAモデルの結果を統合した結合構造が明らかになった（図VI.4.4（a）③）．

4.5.2 ウイルスへの応用

ウイルスはタンパク質に比べ大きいので，コントラストは付きやすい．それでも図VI.4.4（b）①に示すように通常像のコントラストは十分とはいえない．その点でゼルニケ位相差像はコントラストが高く明白である（図VI.4.4（b）②）．一般にウイルス研究ではDNAの出入りを制御する複雑な機構が焦点の一つである．その機構には細胞表面への吸着構造，DNAのゲート構造などがあるが，多くのウイルスでは通常法での構造決定が行われてきた．しかしヘルペスウイルスではDNA出入り制御構造はきわめて小さくほとんど見えないため，DNA出入

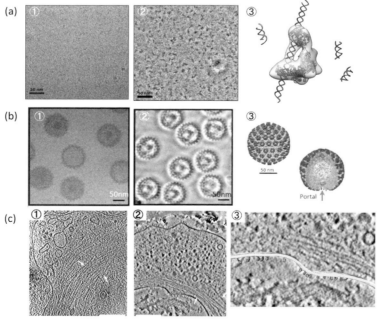

図VI.4.4 位相差電顕応用による生物学的発見（口絵14参照）．（a）ヒトダイサーのRNA結合構造[6]．（b）ヒトヘルペスウイルスのDNA出入り口構造[7]．（c）PtK2細胞表面の膜タンパク質[8]．

り口の存在位置と構造に関し，長い間論争があった．位相差電顕は高コントラスト像の特徴を生かしその論争に決着をつけた．そして図VI.4.4（b）③に見られるように小さなDNA出入り口構造体がウイルス内部にほとんど埋もれていることがわかった．

4.5.3　細胞への応用

大きな生体系への応用について，位相差像はさらに有効である．特に平均操作を用いず真の1粒子から立体構造を起こすトモグラフィーに位相差法は向いている．トモグラフィーでは異なる角度の多数の画像を取得する必要があるが，生体物質の電子線損傷を避けるため，一枚一枚の像の電子線照射量は極端に少なくなり，コントラストがさらに悪化する．位相差法はコントラストが高いのでその点有利となる．培養細胞に関する具体例を図VI.4.4（c）に示した．

動物腎臓由来の平坦な細胞PtK2についての像が通常法と位相差法で比較された（図VI.4.4（c）①，②参照）．位相差像は高コントラストという特徴のほかに背景が滑らかという特徴を持っている．通常法では細胞など高コントラストを実現するため特に深いデフォーカスをかけるが，このことにより背景がざらついた画像となる．背景がざらついていても線状構造は区別しやすいため，例えばアクチン線維は通常像，位相差像で同様に観察される（図VI.4.4（c）①，②の矢印参照）．しかし細胞内の微粒子は背景のざらつきと区別しにくい．したがって図VI.4.4（c）①の通常像においては細胞表面の膜タンパク質を同定するのは困難だった．一方，図VI.4.4（c）②には細胞表面に突起物が明確に見え，数nmの大きさの膜タンパク質であると同定された（図VI.4.4（c）②の矢頭の部分）．図VI.4.4（c）②の左下に矢頭で示す細胞表面の膜タンパク質を拡大して示したのが図VI.4.4（c）③である．ピンク色で示したのが膜タンパク質で緑色で示す細胞表面に並んでいるのが確認された．

4.6　帯電問題を解決した最近の発展

すでに述べたが，位相板の帯電は位相差電顕の最大の障害である．日常的には冬，衣服に生じる静電気として帯電はお馴染みだが，電子線照射による物質の帯電も特に絶縁物に対し常時起こっている．この問題を回避するため，位相板材料には伝導性の非晶質炭素膜が用いられてきた．しかし位相板に付着するゴミの帯電や電子線照射に伴う変質炭素体の帯電により，位相板本来の性能劣化がしばしば起こり，位相板は短寿命である．位相板性能の長期持続が困難なため，位相差電顕の導入は装置に強い一部の研究室に限定され，その優れた性能を理解できても一般ユーザーにまでは普及しないという状況が発明以来10年以上続いてきた．この障害を取り除く発明が2014年になされ，位相差電顕の展開は新しいフェーズに入りつつある．最後にその紹介を行いたい．

蒸着法などで作られた炭素膜は，非晶質炭素膜と呼ばれ金属に比べれば劣るが電子が内部で自由に動く導電性を持つ．一般に電子線がモノに当たると2次電子が飛び出し，あとに正の電荷が残る．導電性物質ではその電荷は接地に流れ，必ずしも帯電しない．しかし絶縁性ゴミの付着や電子線により変質した炭素の絶縁化により接地に流れない電荷すなわち帯電が生ずる．絶縁性ゴミについては，試料そのものが出す有機物や水も原因となるが，これについては幸い位相板を200℃以上に昇温することで解決された．しかし炭素膜自体の電子線照射による変質は常に避けがたい．特に焦点面におかれる位相板の中心には平行背景光由来の収束した強い電子ビームが当たるので炭素膜の変質が著しい．ゼルニケ法は中心に穴を持つことでこれを回避したのだが，収束ビームは強いので中心孔周りの炭素膜にはかなりの量の電子線があたる．炭素膜の変質は電子線量に依存するので位相板の短寿命化を招く．

この難問は，電子線由来の変質を単なる劣化と捉えず，むしろ積極的に利用するという逆転の発想により，R. Danevにより2014年に解決された[17]．彼は筆者とともにゼルニケ位相差電顕を開発し，総合研究大学院大学で学位を取得したが，帯電問題の解決はドイツのマックスプランク研究所で行われた．

Danevの着眼点は二つある．一つは電子線照射により炭素膜に導入される経年変化に2種類あることを見抜いたこと．もう一つは電子線照射自体を位相板作製の要素としたこと．2種類ある経年変化の一つは，炭素膜表面に付着するゴミへの電子線照射に伴う帯電で，先にも述べたように正の帯電をもたらす．もう一つは炭素膜と残留ガスとの化学反応に伴う炭素膜材質変化でこれは電子線照射により加速されかつ負の帯電をもたらす．これらの帯電現象を積

極的に利用し，電子線照射自体を位相板作製の工程に組み込むという逆転発想と組み合わせ，非晶質炭素膜位相板の高性能化と長寿命化を完成させた．その作製手順は以下となる．

1) 10 nm 程度の厚さのクリーンな非晶質炭素膜を図 VI.4.2 に示すように 100 μm 程度の穴あきのチタン製グリッドに乗せる．

2) 対物レンズの後焦点面にそのグリッドを置き 200℃で加熱し 1 か月以上放置．

3) 生物試料の観察開始．このとき先に述べたように非晶質炭素膜位相板の中心にきわめて強い電子ビームが当たる．

4) すると炭素膜は変質し照射部のみ負の電位を生成する（図 VI.4.5 参照）．負の電位は炭素膜が持つ正の内部電位を打ち消しいわば穴があいたのと同じ状態を作る．すなわち自動的に位相板が作製される．

5) むろん負の電位は電子線量とともに増加するので，電子線誘起位相シフトは一定でないが，増加過程でも観察データを撮り続ければよい．位相シフト量はデータ自体から見積もれるので撮り続けたデータ全てが有効に使える．

負の電位は，電子線誘起表面電位と炭素素材内部電位の差として生成され，いわゆるボルタ電位と同じ機構なので，Danev はこの新規位相板をボルタ位相板（Volta Phase Plate：VPP）と命名した．

図 VI.4.5 A は，1 μm 直径の電子ビームが当たったときに −1 V の電位が局所的に生じそれが空間に広がる様子を示している．その空間電位により照射

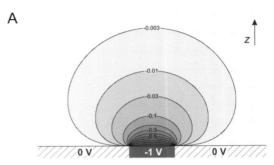

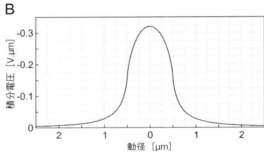

図 VI.4.5　ボルタ位相板（VPP）のボルタ電位と空間電位[17]
A. 位相板中心にて円盤状（直径 1 μm）に広がるボルタ電位が誘起する空間電位
B. 空間電位中を照射電子が通過するとき生じる積分電位

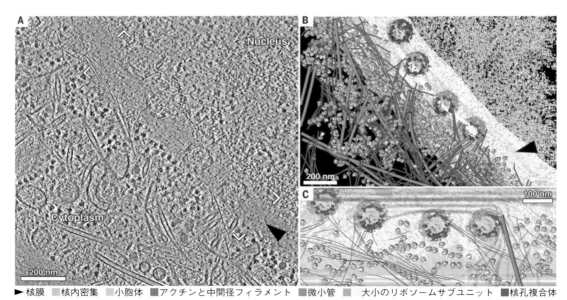

▶核膜　■核内密集　□小胞体　■アクチンと中間径フィラメント　□微小管　□大小のリボソームサブユニット　■核孔複合体

図 VI.4.6　位相差低温電子顕微鏡で明らかになったヒーラ細胞の核周辺超微小構造[18]
A. 200 nm 凍結切片の 1 断層像，B. 断層像より解釈した立体的な各種超微小構造，C. 超微小構造を分節抽出した断面像（口絵 15 参照）

される電子に位相のシフトが生ずるが，その電位を通過方向に積分したのが図VI.4.5Bである．こうして位相シフトが電子線照射近傍に限局されることになる．これを先に述べたゼルニケ法に引きなおして考えると，以下の好ましい特徴を持つことになる．1) 電子ビームの直径が穴径を決め穴の外に電子がはみ出ない．2) 位相変化が境界で滑らかなのでいわゆるフリンジ問題を引き起こさない．3) 電子線照射量が十分多いと位相シフトが一定化するので同一位相板で試料条件を変えながら多数の位相差観察ができる．4) 何らかの事情で使用位相板が劣化しても，同一炭素膜の他の部位を新たに用い，新規位相板を容易に作製できる．1), 2) の性質は位相差法の高性能化に寄与，3), 4) の性質が長寿命化に寄与する．この位相板が特に有効なのは，電子線損傷に敏感な生物材料である．弱い電子線でも十分なコントラストが得られるからである．次にその応用例を示そう．

図VI.4.6に示すのは，ヒト由来のヒーラ細胞について，核近辺の種々の超微小構造について高解像度の電子線断層像を観察した事例である[18]．凍結したヒーラ細胞から200 nm厚の試料を切り出し，それを電子線トモグラフィー法で観察した．位相板の作製，試料の出し入れ，観察時の試料回転，観察，データ保管など全自動による観測手法が適用され，解析も半自動でなされた．図VI.4.6Aは8.4 nm厚の断層像で右上が核内，左下が細胞質である．核と細胞質の境にいわゆる核孔複合体（nuclear pore complex）が並んでいる．断層像の解釈がカラーで立体的に図VI.4.6Bに示されている．また図VI.4.6Aから超微小構造を分節抽出した断面像が図VI.4.6Cに示されている．これらより細胞内の核膜，小胞体，アクチン，微小管，リボソーム，核孔複合体が見事に立体像として抽出され，更なる解析の出発点を与えた．図VI.4.6は，細胞内の分子社会学とでも言える細胞生物学新領域の到来を告げている．

[永山國昭]

参考文献

1) Boerch, H. (1947) Z. Naturforsch. **2a**：615-633.
2) Danev, R., Nagayama, K. (2001) Ultramicroscopy **88**：243-252.
3) Yamaguchi M., Danev R., Nishiyama K., *et al.* (2008) J. Struct. Biol. **162**：271-276.
4) Marko, M., Leith, A., Hsieh, C., *et al.* (2011) J. Struct. Biol. **174**：400-412.
5) Barton, B., Rhinow, D., Walter, A., *et al.* (2011) Ultramicroscopy **111**：1696-1705.
6) Taylor, D.W., Ma, E., Shigematsu, H., *et al.* (2013) Nat. Struct. Mol. Biol. **20**：662-670.
7) Rochat, R.H., Liu, X., Murata, K., *et al.* (2011) J. Viol. **85**：1871-1874.
8) Fukuda, Y., Nagayama, K. (2012) J. Struct. Biol. **177**：484-489.
9) Danev, R., Nagayama, K. (2004) J. Phys. Soc. Jpn. **73**：2718-2724.
10) Buijsse, B., van Laarhoven, F. M. H. M., Schmid, A. K., *et al.* (2011) Ultramicroscopy **111**：1688-1695.
11) Majorovits, E., Barton, B., Schultheiß, K., *et al.* (2007) Ultramicroscopy **107**：213-226.
12) Cambie, R., Downing, K. H., Typke, D., *et al.* (2007) Ultramicroscopy **107**：329-339.
13) Schultheiss, K., Zach, J., Gamm, B., *et al.* (2010) Microsc. Microanal. **16**：785-794.
14) Tonomura, A., Osakabe, N., Matsuda, T., *et al.* (1986) Phys. Rev. Lett. **56**：792-795.
15) Nagayama, K., Danev, R. (2009) Biophys. Rev. **1**：37-42.
16) Nagayama, K. (2011) Microscopy **60**：S43-S62.
17) Danev, R., Buijsse, B., Khoshouei, M., *et al.* (2014) Proc. NAS. **111**：15635-15640.
18) Mahamid, J., Pfeffer, S., Schaffer, M., *et al.* (2016) Science **351**：969-972.

第 VII 部
電子顕微鏡のための標本作製と応用技法

1 超薄切片法

1.1 はじめに

超薄切片法は生物試料の微細な内部構造を透過電子顕微鏡を用いて観察するために必要な切片作製法であり，特徴としては，1) 物質透過性の低い電子線を媒体とすることと，構造の重なりを避けるために薄い (60～90 nm) 切片の作製が必要である．2) 安定した構造とその構造を含む超薄切片を得るために，観察目的とする生物試料を固定し，樹脂モノマーに包埋，重合して固くすることによって超薄切片を得る．3) 電子線に対してのコントラストを得るため（特に細胞の膜構造のコントラストを明らかにするため）に，重金属を含む染色液で固定・染色（電子染色）を行う必要があることなどがあげられる．

このように，超薄切片を得て，実際に透過型電子顕微鏡で観察するためには，①試料の固定，②樹脂包埋，③樹脂包埋した試料の薄切，④作製した超薄切片の電子染色といったステップが必要になる．本章では，これらのステップについて，できるだけわかりやすく実践的に説明することにする．

1.2 固　定

固定 (fixation) には，大きく分けて物理的固定（凍結固定）と化学的固定の二つがあげられる．凍結固定は生体を"生きたままの状態で瞬間に固める"理想的な固定法といえる．近年，凍結技術が進歩し広く応用されるようになってきている．タンパク質やペプチドなどのいわゆる抗原の保持がよく，また構造も美しく観察できるのできわめて優れた方法である（VII. 5の急速凍結・凍結置換法を参照）が，凍結のための装置が必要であり，どこでも簡単にできるわけではない．本章では，これまでにも一般的に多用されてきた化学物質（固定剤）による化学固定について解説する．

化学固定は，組織のタンパク質を変性させて，組織に一定の固さを与えて構造変形を抑え，組織自身の生物活性を停止させて，生物学的変化を停止させる作業である．電子顕微鏡観察のための固定は，光学顕微鏡観察のための固定を超える，強い固定が必要である．そのために基本的にはグルタルアルデヒド (glutaraldehyde) と四酸化オスミウム (osmium tetroxide) による二重固定が基本的な固定法となる．その他，目的に応じてホルムアルデヒド，重クロム酸カリ，過マンガン酸カリ，タンニン酸なども用いられる．強い固定は，すなわち構造変形や生物学的変化をしっかりと抑えることになるが，その過程でタンパク質の変性や構造変化を起こすこともあり，これらのタンパク質やペプチドなどの細胞内物質を免疫学的に構造上で同定する．免疫組織化学を組み合わせる場合にはむしろその強い固定が邪魔になることがある．このような場合にはグルタルアルデヒドの使用濃度を下げ，ホルムアルデヒドとの混合液を利用するなどの工夫が必要である．

電子顕微鏡観察のための試料作製に用いる固定液は，使用直前に作製することが大切である．固定液はグルタルアルデヒドなどの主剤とリン酸緩衝液やカコジル酸緩衝液などの補助剤の混合水溶液である．ここでは，まず主剤として，汎用されるグルタルアルデヒドと四酸化オスミウムについて述べ，次に補助剤として緩衝液，浸透圧調節剤について述べる．また，さらに実践的な固定液について解説する．

1.2.1 グルタルアルデヒド

2価のアルデヒド基を有する化合物で，25％，50％，70％の水溶液として市販されている．高濃度で

粘性が高く，無色透明である．特有の刺激臭があり，粘膜を侵すことがあるので，固定液作製やその使用時には必ずドラフト内で使用することが望ましい．品質は固定効果に影響があるので，必ず電子顕微鏡用特級試薬を用いることが望ましい．劣化しアルデヒドの酸化が進み，不純物が混ざると固定効果が著しく低下する．このようなこともあり，電子顕微鏡試料作製用の固定液は常に使用直前の調整が望ましいのである．なお，グルタルアルデヒドやパラホルムアルデヒドから作製したホルムアルデヒドは劇物指定であり，使用にあたって，液体の回収などの注意が必要である．

1.2.2 四酸化オスミウム

ほとんど無色，あるいは多少の黄緑色の付いた結晶で，独特の刺激臭がある．この試薬を用いるときも，結晶を吸い込んだりすると激しい呼吸困難を起こすこともあるのでドラフト内での使用が望まれる．四酸化オスミウムは強い酸化剤でもあり，自身は還元されて黒色の二酸化オスミウムになる．オスミウム処理された試料が黒くなるのは主にこの二酸化オスミウムによる．通常は1gあるいは0.5gの結晶として褐色アンプルに封入されている．これをそれぞれ50mLあるいは25mLの精製水に溶解し，2%四酸化オスミウム溶液として密栓の付いた褐色瓶にて保管する（通常，使用時はさらに緩衝液と混合して1%四酸化オスミウム溶液を用いることが一般的である）．四酸化オスミウムは非常に溶けにくい化合物なので，使用する数日前には室温で溶解を開始する必要がある．非常に不安定な化合物なので結晶にしても水溶液にしても冷暗所にて貯蔵しなければならない．なお，不純物が混入しないように四酸化オスミウムの封入されたアンプル瓶には直接触らないようにしなければならない．

1.2.3 固定液補助剤

固定液補助剤としては1）緩衝液，2）浸透圧調節剤があげられる．

緩衝液としては，主として用いられるのは，リン酸緩衝液とカコジル酸緩衝液である．このうち，カコジル酸はヒ素を含有するため，毒物指定となり，使用後の処理をきちんとする必要がある．このようなこともあり，一般的には，リン酸緩衝液が汎用されている．ただし，リン酸イオンは鉛やカルシウムイオンと反応して沈殿物をつくるので，酸性ホスファターゼ検出のような電顕酵素組織化学を行う場合には，リン酸緩衝液ではなくてカコジル酸緩衝液を使用しなければならない．リン酸緩衝液は固定の主剤と混合して最終濃度が0.1Mになるように調整する．

固定液の浸透圧が実際にどの程度固定に影響するのかは明らかではないが，低張な固定液を用いると小胞体やミトコンドリアの膨化を引き起こすことがあり，筆者は基本的には等張からやや高張の設定を行っている．浸透圧調節にはショ糖（スクロース）やブドウ糖（グルコース）が用いられる．筆者は固定液に8%濃度になるようにショ糖を加えてだいたいの固定がうまくいっている．

1.2.4 実際の実用的な固定液

免疫組織化学や酵素組織化学といった組織化学を行わずに，微細構造のみを観察する目的の場合には，2.5%グルタルアルデヒドを含有する0.1Mリン酸緩衝液（phosphate buffer：PB）（これに，8%ショ糖が加わる）で，pHが7.3〜7.4になるように調整する．また，グルタルアルデヒドの固定効果をやや緩やかにする場合には，ホルムアルデヒドとグルタルアルデヒドの混合固定液として4%パラホルムアルデヒド1%グルタルアルデヒドが含まれた0.1M PBも汎用される．グルタルアルデヒドの濃度が低下するに従って組織内におけるタンパク質やペプチドの抗原性は残りやすくなり，免疫電子顕微鏡法を行う場合には，グルタルアルデヒド濃度の調整が鍵になることもある．このようなアルデヒド系を用いた固定後，四酸化オスミウム（OsO_4）を用いた固定を加える，いわゆる二重固定が一般的に行われる．0.5〜1% OsO_4水溶液にて固定を行う．四酸化オスミウムは細胞膜の脂質と反応し，その後の電子染色（酢酸ウランとクエン酸鉛を用いる）と反応し，細胞の膜構造の輪郭を明らかにする．

具体的な固定方法であるが，基本的には固定液を体中の血管に行き渡らせる，灌流固定を行うことが望ましい．灌流固定法では臓器をいったん in situ（動物の体内において）で固定し，その後組織を摘出し，細切して灌流固定において用いた固定液で再度浸漬固定する．筆者は，2本の点滴瓶（500 mL）を三方活栓で結び，一方の点滴瓶には生理食塩水，一方には固定液を用意し，深麻酔下において動物の胸

部を開放し，左心室にカニュレーションし，まず，生理食塩水を流して（同時に右心房を開放し），脱血後，固定液を灌流させている．脳などの上部だけを灌流したい場合には，胸部大動・静脈をクランプして，効率よく上部だけに灌流液が回るようにする．また，左心室からの灌流が困難な場合には大動脈などの大血管を用いることもできる．灌流固定を行う場合に重要なことは，あまり高い灌流圧をかけて血管が崩壊し，固定液が末梢まで行き渡らないようなことにならないように注意することである．灌流液は室温で灌流する．あまり冷えた液体を灌流すると，血管の攣縮を引き起こし，十分な灌流に支障をきたすことがある．一般的に灌流量は循環血液量の3〜4倍程度が標準であろう．灌流がうまくいったかどうかは目視で臓器の脱血具合や固さを確かめることによっておおよその見当がつく．灌流後，臓器を取り出し，灌流に用いた固定液と同じ固定液において2時間〜一昼夜浸漬固定する．大きな臓器においてはその一部を細切して，小片にしておいてから浸漬固定をすると効果的である．その後，組織，小片を灌流に用いた際と同じ緩衝液（8％ショ糖付加）にて数回洗浄後，0.5〜1％のOsO_4水溶液にて約1〜1.5時間，低温（4℃）で後固定を行う．こうして，二重固定が完成する．

1.3 脱水，置換

固定後の試料は，包埋剤に包埋する必要があるが，水溶性の包埋剤を用いる場合は別にして，現在多用される非水溶性の包埋剤に包埋する場合には，その前に脱水操作を行わなければならない．固定後，8％ショ糖の加わった0.1 M PBで数回洗浄後，エタノールを用いた上昇脱水系列，すなわち50％，70％，80％，90％，95％，100％エタノールに順次通して脱水を行う．それぞれの脱水時間は試料の大きさにもよるが，必要最短時間で行うのが望ましい．試料片の大きさが1 mm³程度であれば，それぞれの濃度に10分程度浸漬すれば十分と考えられる．脱水が不十分であると，樹脂包埋の際に包埋剤の浸透が悪くなり，包埋重合がうまくいかず，その結果，超薄切片作製時にうまく切れなくなる．

脱水後，包埋剤の浸透をよくする目的で，エタノールに比べて包埋剤とよく混合する有機溶媒（置換剤）に通す．汎用するエポキシ系樹脂に包埋するためには，酸化プロピレン（プロピレンオキシド）が広く用いられる．プロピレンオキシドは揮発性が高く，試料が乾燥しやすいので，プロピレンオキシドに試料を浸漬する操作は手早く行うことが肝心である．また，爆発性の液体なので，火気から遠ざけることが必要である．

1.4 包　　埋

脱水と置換が終了した試料は，包埋操作に進む．一般的には樹脂の浸透を促進する意味で，置換剤と樹脂の混合液に試料を浸漬する．プロピレンオキシドと包埋剤（エポキシ系樹脂，EpokやQuetolなど）と1：1の比率で混合した液体に数時間〜一晩程度浸漬させ，さらに1：3の比率の液体に1時間程度浸透し，目的の包埋剤に包埋する前には，100％の包埋剤に試料を移し，最後の包埋操作に移る．

包埋剤は，実用上，非水溶性樹脂（主にエポキシ系樹脂，EpokやQuetolなどが汎用される），水溶性樹脂（グリコールメタクリレートなど），親水性樹脂（Lowicryl K4M，LR whiteなど）に分類される．本項では，最も汎用される非水溶性樹脂への包埋について説明する．

エポキシ系樹脂包埋には，エポキシ系樹脂（Epok, Quetolなど），硬化剤であるMNA（methylnadic anhydride），DDSA（dodecenyl succinic anhydride），加速剤であるDMP-30（dimethylaminomethyl phenol）の混合液を用いる．この混合比は，後の重合後の樹脂の硬度に関わってくるので，やや柔らかめのもの，あるいは硬めのものを求める場合には，それに合わせてバランスを変更するが，基本的な重合のための比率としては，エポキシ系樹脂（Epok, Quetolなど）：MNA：DDSA＝5：2：3としている．さらに全体の0.15％程度のDMP-30を加え，よく撹拌する．十分な撹拌による混合ができていないと，包埋剤にムラが生じ，重合時にムラのある重合が起こり，超薄切片作製に影響を及ぼす．十分な撹拌が終了した重合剤は，真空ポンプを用いた吸引装置内で混合液中に含まれる空気を除く作業を行う．これは必須の作業ではないが，包埋時に空気が混ざり，包埋剤の浸透しない部位が生じることを防ぐために行う．包埋剤内の空気を除去した後は，その包埋剤を用いて実際の包埋作業に移る．なお，作製した包埋剤は，室温でも徐々に硬化が進むので，使用

図 VII. 1. 1　試料の包埋

しない分については筆者はプラスチックの容器（空のフィルムケースなど）に分注し，しっかりと蓋をしてさらにパラフィルムで覆った後，-80℃のディープフリーザーにて長期保存している．

さて，試料の包埋であるが，一般的には市販のシリコンラバー包埋板を用いる．この場合に，試料の方向性を定めて包埋することが難しく，方向性を重視する場合には同じシリコンラバー包埋板で平板包埋用のものもある．さらにより厳密な場所や方向性を確保するために，筆者はシリコン処理を施したガラススライド上に試料を載せ，その上から薄いシリコンラバーシートをかぶせ，その上に少量の重りをのせて水平になるように包埋している．このようにすると，包埋剤の重合後，顕微鏡下で選択部位を観察しながら特定し，その部分をトリミングすることによって目的の部位を比較的正確に求めることができる（図 VII. 1. 1）．

これらの包埋板に包埋剤とともに試料を包埋し，熱重合により硬化させる．このために熱重合装置を用いる．筆者はだいたい45℃を24時間，60℃を48時間の設定で樹脂重合を行っている．

1.5　超薄切片の作製

ウルトラミクロトーム（ultramicrotome）を用いて樹脂包埋された試料の超薄切片を作製する．用いるウルトラミクロトームの性能により，切削できる切片の大きさに差があるので，用いるミクロトームの状態を確認する必要がある．その上で，まずはガラスナイフを用いて，やや大きめのエポキシ樹脂に包埋された試料の準超薄切片（厚さ1〜2μm，大きさは5×5 mm程度）を作製し（面出し），ガラススライド上の水滴に載せる．乾燥して切片をガラススライドに貼り付けた後，トルイジンブルー染色を行う．光学顕微鏡で染色状態を確認し，固定状態の安定した部位（トルイジンブルー染色において，染色ムラがなく，細胞間隙の離開なども観察されない部位）を選び，その周囲を含む0.5〜1 mm四方程度の試料面を選定し，ごく薄い刃（両刃カミソリ程度の薄さのものがよい）の切り込みなどのマークをする．実体顕微鏡下で，刃の切り込みマーク周囲を切り落とし（トリミング），実際の切削面をつくる．この際に，その面内が，できるだけ試料だけの部分になるようにすると，後の超薄切片作製がやりやすい．面内に試料の部分と樹脂だけの部分が混在すると，物理的な抵抗性が異なり，安定した切片作製がやりにくくなることがある．また，トリミングする面の形状は正方形や台形などの形状を推奨する（上下の面が水平であることが重要である）（図 VII. 1. 2）．このような形状にして切片を作製すると，切り出した切片がつながって，切片を回収するグリッド（メッシュ）に一度に数枚を回収することができる．

トリミングの済んだ試料をウルトラミクロトームに装着し，ダイヤモンドナイフを装着し，慎重に面合わせし（刃と試料面を上下左右水平になるようにセットする），ダイヤモンドナイフのボート部分に水を満たす（図 VII. 1. 3）．面合わせをした試料を少しずつ微動させ，ナイフと接するギリギリの位置にまで進める．その後，いよいよ超薄切に入る．その前に，必ず試料保持に関わる固定ネジがきちんと締まっているかを確認することも大切なことである．以後は，自動装置で同じ速度（おおよそ1 mm/sec程度で行う）での薄切をセットする．これによって，厚さとしては60〜90 nmの超薄切片を作製するが，ウルトラミクロトームの薄切セット目盛りよりも実

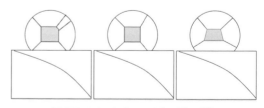

図 VII. 1. 2　トリミングする面の形状

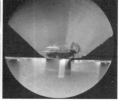

図 VII. 1. 3　ウルトラミクロトームに装着した試料

際に切れてくる切片の色の干渉色で厚さを判断することが通常である．シルバー色から薄めのゴールド色が適切な厚さ（60～90 nm）になる．

切片は，ダイヤモンドナイフ内のボート部分に満たされた水表面上に浮かんでくる．これらの切片を表面にメッシュセメント処理をした，あるいは薄膜を張った電子顕微鏡切片採取グリッド（メッシュ）に回収する．この試料載物に用いるグリッド（メッシュ）は，使用前に前処理として，小さなビーカーに洗浄液として無水アルコールあるいは無水アセトンを用い，これにグリッド（メッシュ）を入れて，超音波洗浄機を用いて洗浄する．洗浄したグリッド（メッシュ）は濾紙に載せて水分を取り除く．次に，メッシュセメント（ネオプレンラバー 0.1～0.5％トルエン溶液）やコロジオン液（コロジオン 1～2％酢酸アミル溶液）にグリッド（メッシュ）を浸したのち，乾燥させる．

1.6 電 子 染 色

ここで述べる「染色」は切片内の構造物のコントラストを高くする処理を意味する．そのために，ウラニウム塩と鉛塩が広く用いられる．固定の際に用いた OsO_4 とウラニウム塩，鉛塩という重金属化合物により処理され生み出された像が，細胞微細構造を描き出しているといえる．

電子染色の一般的な方法は，薄切し，グリッド（メッシュ）に回収した切片に酢酸ウラニル（uranyl acetate）とクエン酸鉛（lead citrate）を用いて二重染色を施す方法である．筆者は飽和酢酸ウラニル水溶液（約7.7％）に使用直前に等量のメタノールを加えて，染色液として使うことが多い．パラフィルム上に染色液の水滴を1滴落とし，グリッド（メッシュ）ごと超薄切片を沈めて5～10分染色する．続いてグリッド（メッシュ）を50％アルコール，超純水の順に洗浄し，今度はパラフィルム上に0.5％クエン酸鉛水溶液の水滴を1滴用意し，グリッド（メッシュ）ごと超薄切片を沈めて2～3分染色する．この際に，特にクエン酸鉛は空気中の二酸化炭素と結合反応を起こしやすく，その結果，切片上に結晶性のコンタミネーションを起こすことがある．これを防ぐために，クエン酸鉛で染色をする間は息を吹きかけたりすることのないように，染色する容器の蓋をしっかりと閉めたり，（CO_2 を吸収する目的で）容器中に NaOH の顆粒を数粒置くなどの処置を行うとよい．

最後に超純水でしっかりと洗浄し，濾紙で余分な水分を除去し，グリッド（メッシュ）を乾燥させて，実際の電子顕微鏡観察に進む． [小澤一史]

参考文献

1) 藤田尚男（1989）Journal of Clinical Electron Microscopy **21**（Suppl）：S31-S35.
2) 酒井俊男（1989）Journal of Clinical Electron Microscopy **21**（Suppl）：S37-S51.
3) 平光厲司，中村裕昭，宮本博泰（1991）電子顕微鏡法．医歯薬出版，pp.123-169.

2 低角度回転蒸着法と負染色法

2.1 低角度回転蒸着法

「単離した分子を見る」ことは電子顕微鏡（電顕）というイメージから簡単なように思えるが，実際は難しい．電顕は高分解能であるが，タンパク質分子はすべて低元素から構成されており，そのままでは電子線を十分散乱させることができない．像のコントラストは主に電子線の散乱により形成されるので，散乱が起こらないと像として観察できない．併せて，真空中で観察しなければならないことおよび電子線による照射ダメージを考えると精製タンパク質をそのままグリッドに載せ観察することは不可能に近い．したがって，単離精製分子を簡単に見るためにはグリッド上に適当な希釈率で分子を載せ，染色剤（2%酢酸ウラン）を注ぎ，濾紙で水分を吸引し，乾燥と同時に分子の周りを染色剤で固める方法（ネガティブ染色法，負染色）や分子の変形を極力抑えて乾燥したのち白金蒸着して観察する方法（低角度回転蒸着法（low angle rotary shadowing））がある．ここでは低角度回転蒸着法について解説する．

単離精製したタンパク質分子や核酸を観察するには前述のネガティブ染色法のほかに白金蒸着による方法がある．白金を蒸着するのでネガティブ染色に比べコントラストが高く，容易に分子の形やおおまかな立体構造をつかむことができる．ただ，対象となる試料は小さいので高角度からの蒸着では埋もれてしまい，観察することはできない．そのため，水平に対し2〜5°というきわめて低い角度で蒸着し，分子を埋もれさせるのではなく，その形を強調するように修飾する．これがこの方法の名前の由来である．分解能は白金蒸着の分だけネガティブ染色より劣る．しかし，電子線による照射損傷を気にせず，比較的簡単な手順で分子の形を明瞭に観察できるのでたいへん価値がある．この方法のキーポイントは不純物をまとわず試料分子だけを水平な基質（通常マイカ劈開面）の上に載せ，かつ乾燥時に形が潰れないようにすることである．ここではこのための試料処理として最も一般的なグリセリン法とマイカフレーク法を紹介する．前者に比べ後者の方が優れているが，手間がかかるうえ急速凍結装置などの設備が必要である．また，マイカフレーク法はフリーズエッチングレプリカから派生した方法であるので低角度回転蒸着法とは別に独立した方法として記載される場合が多い．

2.1.1 グリセリン法[1-3]

50%グリセリン溶液に精製したタンパク質を混ぜ，絵書き用のエアブラシでマイカ劈開面に噴霧する．噴霧するためのガスは一般に純粋な窒素ガスを用いる．エアブラシ先端からマイカ面までの距離は約40 cmであるが厳密ではない（図VII.2.1を参照）．ガス圧を上げれば試料を含んだ霧は遠くまで届くが試料の機械的損傷を招きかねない．また，近づきすぎると空気圧は減少できるが，霧の粒の密度が上がりマイカ面上で融合し，大きくなるため，試料分子のグリセリン溶液から遊離が不完全になる．したがって，霧が40〜50 cmほど飛んで見えなくなるようにガス圧を調節する．グリセリンを用いることにより不純物をまとわず分子をマイカ上に展開できる理由はその表面張力にある．

図VII.2.2に示したように試料分子を含んだグリセリン水滴は真空中に持ち込まれると急速に収縮す

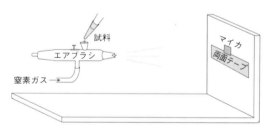

図VII.2.1 試料噴霧装置

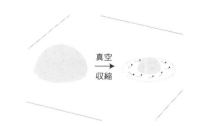

図VII.2.2 マイカ劈開面に付着したグリセリン試料液滴の真空中での挙動．50%グリセリンを含む試料液滴は真空に持ち込むと液滴が潰れるのではなく同心円上に収縮する．その際試料分子がマイカ表面に置き去りにされる．これを水平方向からの低角度回転蒸着で強調し観察する．

2 低角度回転蒸着法と負染色法

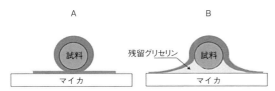

図 VII. 2. 3 試料分子の遊離の程度と蒸着像の変化．グリセリン試料滴の収縮が効果的に行われ，試料分子がマイカ表面に遊離した場合（A）は試料分子の全体像を把握することができるが，不純物が多くグリセリン試料滴の収縮が不完全である場合（B）は，残留グリセリンにより分子の一部が覆われてしまうため分子の全体像を観察できない．

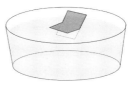

図 VII. 2. 4 蒸着膜の剥離法．カーボン支持膜の剥がし方と同様に水面に対し斜めに接触させ，マイカを徐々に水中に差し込むようにして，表面の蒸着膜を遊離させる．

る．最初の収縮においてグリセリン水滴は表面張力により球形を保ったまま収縮する．このとき水滴に含まれる試料分子のうちの一部がマイカ面上に取り残される．この取り残された分子を白金蒸着して観察するわけである．また，マイカ面上に取り残されるとき，分子にまとわりついているものが（グリセリンの大半も）取り払われる．すなわち，50％グリセリン溶液は噴霧するときは試料分子を保護し，急激に真空中に持ち込んだときは中心に向かい張力を保ったまま収縮するので試料をマイカ面上に遊離させる作用がある．このようにグリセリンの物性を利用する方法であるため，リン酸緩衝液のようにグリセリンと反応し表面張力を減少させる物質は試料分子の溶媒として使用できない．グリセリンの表面張力が落ちると収縮がうまくいかず，図 VII. 2. 3 に示すように試料分子に多くのグリセリンがまとわりつき形の一部しか観察できない．タンパク質分子に精製過程で用いた物質が残存するのもあまり好ましくない．また，真空中でのグリセリン滴の収縮において，試料分子とグリセリンの間に張力が発生するので，これにより分子の形が変化し，破損することも考えられる．像の解釈には十分注意を払う必要がある．

この方法のもう一つの特徴は試料が微量で済むことである．試料の濃度は 1 μg/mL 濃度以上で，3 μL あれば十分である．このため，結晶回折の前におおよその分子の形を捉えるためにも使用される方法である．

プロトコール
① グリセリン溶液に試料を懸濁し，全体で 50％グリセリン溶液とする．1 回の実験に使用する量は 40 μL であるので 80 μL もつくれば十分である．濃度は 1 μg/mL 以上が望ましい．
② マイカを 7 mm×7 mm 程度の大きさに切る．

使用直前にピンセットでマイカを二つに劈開する．図 VII. 2. 1 のように劈開面をエアブラシ側に向け，両面テープで端を軽くとめる（マイカ全面を接着すると試料噴霧後に剥がすのに苦労するのでほんの一部だけ接着する）．
③ エアブラシの絵の具を投入する場所（エアブラシの上部にラッパ上に開口している部分）に試料溶液約 40 μL を注ぎ，ほぼ同時に窒素ガス導入のトリガーを引き噴霧する．噴霧は瞬間的に 1 回行う（2 秒程度）．
④ 噴霧後マイカを取り外し直ちに蒸着装置の試料台に取り付け，真空にする（30 秒以内）．筆者らはフリーズエッチング装置を用いているので，試料台を載せるステージに直接両面テープを張り，そこにマイカを固定し，装置に持ち込む．
⑤ 白金は試料面に対し 2.5°で蒸着する．EB ガンによる電子線蒸着では約 1 分間かけて通常のフリーズエッチングレプリカを作製するときと比べ，ほぼ 4 倍量ぐらい蒸着する．それでも低角度のため大半が通り抜け，マイカ面上にはそれほど堆積せず，試料分子の形が強調される（蒸着厚約 3 nm）．
⑥ 白金蒸着の後，炭素を補強のため高角度から蒸着する．筆者らは試料面に対し 90°で蒸着している（蒸着厚は約 6 nm）．
⑦ 蒸着後マイカを大気中に取り出し，図 VII. 2. 4 のように蒸留水に斜めに徐々に浸けて，蒸着膜をマイカ面から水面上に剥離する．これをグリッドメッシュで回収し，透過型電顕で観察する．

2.1.2 マイカフレーク法[4, 5]

1983 年ジョン・ホイザー（John Heuser）により開発された方法で精製に用いた溶液や塩に依存しないなど優れた点が多い．基本的にはフリーズエッチングレプリカ法であり，細胞や組織の代わりにマイカ断片を用い，そこに試料分子をちりばめた人工細

胞と考えればよい．試料とマイカ断片の懸濁液を急速凍結し，フリーズエッチングレプリカをつくり電子顕微鏡で内部を観察すると，オルガネラや線維の代わりに試料分子が観察されるというわけである．エッチング（かるい凍結乾燥）をするのでかえってグリセリンは必要なく，精製してすぐの分子が望ましい．精製条件によらず新鮮な分子を観察できる極めて有用な方法であるが，あえて欠点をあげるとフリーズエッチングレプリカ法などの習熟とさまざまな高価な機器類が必要な点である．蒸着角度も2.5°というような低角度である必要はないが，観察対象が小さいのでやはり低角度の方がきれいに観察される．この方法のキーポイントはきわめて小さなマイカ断片（マイカフレーク）をつくることである．すなわち凍結試料の割断に際し，マイカも割断されてしまう．マイカ割断面には試料分子は存在せず，その後のエッチングで近傍の別の非割断のマイカ表面に付着している試料分子が露出され観察されるわけである．したがって，再度割断されにくいほど薄く，かつ露出頻度が高くなるほど細かい方がこの実験には適している．

プロトコール

① マイカフレークスラリー（マイカ懸濁液）を作製する．マイカ（ムスコバイト）を鋏で5 mm×7 mm以下の小断片に切り，20枚（量は適当でよい）ほど15 mLのコニカルチューブに入れる．蒸留水を5 mL注ぎ，ブレンダー，ホモジナイザー（Virtisその他；要するに粉体にできればよい）で5分ほど高速で粉体にする．2分間ほど放置し，多少濁っている上清液を用いる．上清を1.5 mLのエッペンチューブにとり2000 rpmで遠心し，今度は上清を捨て，沈殿をマイカスラリーとして使用する．試料分子のマイカ面への接着を促進するために1 M KClで処理する方法もある．このためには沈殿を再度1 M KCl溶液で溶解し，再び遠心してマイカ細片を集める．KCl上清溶液を捨ててから，蒸留水を入れよく撹拌し，また遠心によりマイカ細片を集める．これをもう一度繰り返した後の沈殿（マイカ細片）を実験に用いる．

② フリーズエッチング用の試料台にマイカフレークスラリー（マイカ懸濁液）を載せ，余分な水分を濾紙で除き，乾く直前に精製した試料分子を載せる．

③ 試料台に載せた試料を金属圧着法で急速凍結

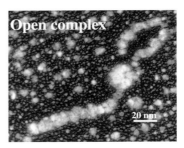

図 VII. 2. 5　大腸菌DNAとRNAポリメラーゼとの結合のステレオアナグリフ

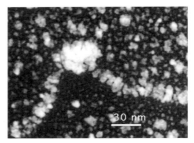

図 VII. 2. 6　大腸菌DNAとRNAポリメラーゼとの結合部の拡大写真

する．

④ フリーズエッチングレプリカ装置に凍結試料を持ち込み，−90℃でエッチングする（高真空中に放置し，表面から氷を昇華させること，表面の凍結乾燥に相当）．

⑤ 白金を試料面に対し5°の角度で蒸着．続いて炭素を補強のため高角度から蒸着する．一般に装置や蒸着電流により膜圧は変化するが，いずれの場合も試料面上で白金は3 nm，炭素は6 nmぐらいが適当である．

⑥ 口径3 cmぐらいのプラスチックディッシュに10%フッ化水素酸を入れ，蒸着後の試料をここに浮かべる．大きさに依存するがマイカが完全に溶けるまでには2時間から12時間ほど必要である．その後，蒸留水で3回洗浄後，支持膜を張ったメッシュに拾い電子顕微鏡で観察する（この部分はフリーズエッチングレプリカと同じ）．

低角度回転蒸着法によるDNAとRNAポリメラーゼとの結合状態の観察例を図VII. 2. 5，図VII. 2. 6に掲げる．
　　　　　　　　　　　　　　　　　　［臼倉治郎］

参考文献

1) Tyler, J. M., Branton, D. J. (1981) Ultrastruct. Res. **71**:95-102.

2) 月田早智子（1990）実験医学増刊 8（5）：34-41.
3) 臼倉治郎（2008）よくわかる生物電子顕微鏡技術，共立出版，pp.105-116.
4) Heuser, J.E.（1983）J.Mol. Biol. **169**：155-195.
5) 片山栄作（1990）実験医学増刊 8（5）：42-48.

2.2 負染色法

負染色法（negative staining）とは，タンパク質複合体の周りの溶媒を酢酸ウラン溶液などの，電子散乱能の高い重原子を含んだ染色液で置換し，乾燥して観察する手法である．タンパク質複合体の形は，染色剤の中にあいた立体的な穴として観察される．非常に簡便でありながら，分解能 2 nm くらいまでは元のタンパク質複合体構造をよく保存する．実際，多くのタンパク質複合体の 3 次元構造が，負染色法によって得られている．

2.2.1 負染色法とは

タンパク質複合体を観察する手法として広く用いられている方法は，他に，シャドウイング法，フリーズレプリカ法，クライオ法などがあるが，その中で最も簡便なのがこの負染色法である．負染色法においては，まず，カーボン膜やコロジオンカーボン膜などの支持膜を貼ったグリッドの上にタンパク質溶液を載せる（図 VII. 2.7A）．このとき，多くの場合タンパク質が支持膜に吸着する．この状態で溶媒を酢酸ウランなどの重原子を含んだ染色液に置換し（図 VII. 2.7B），乾燥する（図 VII. 2.7C）．酢酸ウランなどの染色剤にはそれ自体固定作用が存在し，乾燥時にもタンパク質の構造はかなり保たれる．酢酸ウランを用いた場合，10 ミリ秒以内に構造が固定されるというデータもある[1]．もちろん染色，乾燥による変形がまったくないわけではなく，乾燥時にグリッド面と垂直な方向に構造が圧縮されるフラットニング（flattening）という現象が起きることが知られている（図 VII. 2.7C）．しかし，通常の電子顕微鏡写真は，グリッド面と平行な面への試料密度分布の投影像であるので，グリッド面と垂直な方向の情報はもともとなく，このフラットニングによる影響は大きくない．ただし，試料を傾斜して撮影する電子線トモグラフィーやランダムコニカル法[2]などを負染色試料に適用する場合は注意が必要である．

実際の撮影例は図 VII. 2.8A, C のようになる．染色剤はタンパク質に比べてはるかに電子線散乱能が強いので，タンパク質がある部分は染色剤にあいた立体的な穴として観察される（図 VII. 2.7C）．多数の負染色像をコンピュータ上で解析することによって，図 VII. 2.8B, D のような 2 次元，3 次元像を得ることもできる．ただし，染色剤はタンパク質の疎水性コアの内部や表面の細かいくぼみなどには入り込めず，分解能は 2 nm 程度に制限される．

現在，タンパク質構造解析においては，より生理

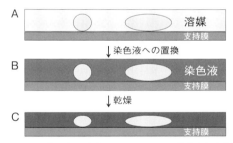

図 VII. 2.7 負染色法模式図．A：タンパク質溶液を支持膜上に載せると，タンパク質が支持膜に吸着する．B：溶媒を染色液で置換する．C：乾燥させる．乾燥させるときに，試料がグリッドと垂直方向に圧縮されるフラットニングという現象が起きる．

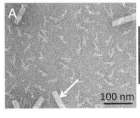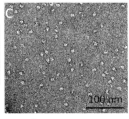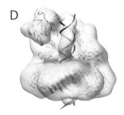

図 VII. 2.8 負染色法の例．A：ダイナクチン複合体[3]．蛍光板上ではタンパク質は白く見える（フィルム上ではコントラストは逆になる）．長方形の物体（白矢印）は染色を改善するためのタバコモザイクウイルス．B：ダイナクチン複合体の 2 次元平均像．C：古細菌 DNA リガーゼ-PCNA-DNA 三者複合体像[4]．D：C を解析して得られた 3 次元像．構築された DNA（青）とタンパク質（紫，水色，黄色，緑）の構造モデルを重ねて表示している．

的でかつ変形のない構造を撮影することができるクライオ法の方が注目を集めているが，負染色法にはクライオ法にはない多くの利点がある．①電子顕微鏡は20年以上前の古い透過型電子顕微鏡でも十分．クライオ法なら電界放出型電子銃が必須だが，負染色法であればどのタイプの電子銃でもよい．②クライオ法と比べてコントラストが圧倒的に大きい．③グリッド作製が簡単で，特別な装置を必要としない．作製後のグリッドの取り扱いも室温でよい．④電子線耐性が強く，撮影が簡単．

以上の特徴により，電子顕微鏡操作の習得も含めて一週間程度練習すれば，専門家でなくても手軽にタンパク質複合体構造の概形がわかるようになる．電子顕微鏡さえあれば高価な装置は必要なく，もっと広く習得されてよい技術である．専門家であっても，構造がわかっていないタンパク質複合体についてはまず負染色法を試すのがセオリーである．タンパク質複合体を精製する場合，どの程度構造が均一であるかチェックするのはきわめて重要であるが，その用途にも負染色法が最も適している．以下具体的な手順について，染色剤の選択，負染色用グリッド，グリッドの親水化，染色の順に解説する．

2.2.2　染色剤の選択

負染色のために用いられる染色剤には多くの種類があるが，ほとんどの場合酢酸ウランが用いられる．核燃料物質にカテゴライズされているため，新たに使用，購入の許可を得るのはかなり面倒であるが，コントラストが高く，構造の再現性もよく，非常に多くの実績がある．酢酸ウラン以外には，リンタングステン酸が比較的用いられているが，どの染色剤も，コントラストの面で酢酸ウランには劣る．

2.2.3　負染色用グリッド

負染色法には，コロジオンカーボン支持膜，ホルムバール支持膜，カーボン膜などさまざまな支持膜が用いられ，近年では各社から支持膜付きグリッドも発売されている．筆者らは，ステム社から発売されているエラスチックカーボン支持膜付きグリッドを用いており，問題は生じていない．このような出来合いのグリッドを購入するのが一番簡単である．しかし，ランダムコニカル法[2]を用いて3次元構造決定を行いたい場合など，支持膜に高い平面性が要求される場合は，雲母劈開面にカーボン蒸着し，できたカーボン膜をグリッドに貼り付けて使用する方がよいかもしれない．

2.2.4　グリッド親水化

支持膜はたいてい疎水的であり，そのままではタンパク質溶液や染色剤がうまくグリッドに載らない．そのため，染色グリッドを作製する直前にグロー放電を用いて親水化する（図VII.2.9A）．グロー放電は，低真空化で高電圧をかけることで，真空チャンバー内の残留空気がイオン化して放電する現象で，イオンを支持膜にぶつけることで親水化を行う．筆者のグループでは，エイコー社のイオンコーターIB-3という装置を使っている．濾紙の上に支持膜を上にしてグリッドを載せ，チャンバーに入れる（図VII.2.9B）．放電は，電流値5mA前後で15〜60秒行う．放電時間が長いほど支持膜は親水的になるが，支持膜が破れがちになる．

図VII.2.9　グローディスチャージ．A：グロー放電中のイオンコーターの一例．青紫の光がグロー放電である．B：濾紙の上に支持膜面が上になるようにグリッドを載せ，濾紙ごとチャンバーにセットする．濾紙は新品を使わず，同じ濾紙を使い回すほうがよい．新品を使うと濾紙からガスが出て放電が安定しない．新しい濾紙を使う場合は，一度グリッドを載せずに，濾紙だけで，濾紙が茶色く変色するまでグロー放電を行った上で使用する．

2.2.5 試料の染色

ここでは，染色手順の一例を示す．酢酸ウランを使用する場合，使用した濾紙，パラフィルム，チップなどは放射性廃棄物となるので注意．作業は非常に簡単である．酢酸ウランの場合，染色液は2%（w/v）溶液を用いる．①ピペットマンなどで10 μLの染色液をとり，それを使ってパラフィルム上に三つの染色液滴を準備する（液滴一つ3〜4 μLになる．図 VII. 2. 10A）．また，濾紙をちぎり（はさみで切らない方がよい），折り目を付けて，ちぎった端がシャーレの底から浮くようにして，シャーレの中に置く．②クロスピンセットでグリッドの支持膜面が上になるようにして，2.2.4で親水化したグリッドを保持．その上にタンパク質溶液を2〜4 μL程度載せて，30秒程度待つ．③その上に染色液をタンパク質溶液と等量静かに載せる．その際，決してピペッティングをしてはならない（図 VII. 2. 10B）．30秒程度置く．④グリッドの縁を濾紙にあて（図 VII. 2. 10C），溶液を吸い取らせる．ちぎった断面にグリッドを触れさせるとよく吸い取る．⑤グリッドをパラフィルム上の染色液の玉に触れさせる（図 VII. 2. 10D）．染色液の玉は触れた瞬間にグリッドの上に移る．⑥④と同様に濾紙に染色液を吸わせる．⑤，⑥をパラフィルム上の液滴がなくなるまであと2回繰り返す．最後は念入りに濾紙に染色液を吸わせるとよい．⑦1分以上置く．置かないとグリッドがピンセットに貼り付き，グリッドケースにうまくしまえないことがある．⑧グリッドケースに入れ，グリッドケースの蓋は閉じずにシリカゲルを入れた密封容器に入れる（図 VII. 2. 10E）．2時間以上，できれば一晩乾燥させる．乾燥が足りないと，電子顕微鏡観察時に試料中に気泡が生じることがある．

2.2.6 よい試料をつくる

負染色において，タンパク質複合体の溶液条件はそれほど厳しくはない．高濃度の塩や糖は避けるべきであるが，合計100 mM程度までの塩やバッファーが含まれていても大きな問題は生じない．リン酸は，酢酸ウランと反応して沈殿をつくるが，10 mM程度までであれば，多少バックグラウンドが汚く見える程度である．

負染色法においては，タンパク質複合体は染色剤の中に空いた空洞として観察される（図 VII. 2. 7）ので，染色液の厚さの不均一性がシグナルに影響する．特に，グリッドの親水性が低い場合，タンパク質に付着した染色液だけが残り，タンパク質が蛍光板上で黒く見えることがあり，そのような場所は撮影するべきではない．図 VII. 2. 8A, Cのようにタンパク質複合体の周囲がなるべく均一に染色され，タンパク質がきれいに白く抜ける状態が理想である．グリッド作製の条件決定に際して変化させる条件は主に，1：グロー放電の長さ（親水性），2：タンパ

図 VII. 2. 10　負染色法の実際．A：パラフィルム上の染色液滴．B：染色の様子．タンパク質溶液に静かに染色液を載せる．C：濾紙で染色液を吸い取る．ちぎった端を使うとよく吸う．濾紙にはなるべくグリッドのエッジを触れさせること．D：濾紙で吸った後，グリッドに染色液を載せる．パラフィルムの上の液滴にグリッドを触れさせれば，その瞬間に染色液がグリッドに付着する．E：シリカゲルを入れた密閉容器の中で乾燥させる．乾燥させるグリッドが入っている部分（矢印）は，グリッドケースのカバーを開けておく．

ク質複合体の濃度（0.02 〜 0.2 mg/mL 程度の範囲にたいていよい条件があるが，例外もある）である．この二つを振れば，ほとんどの場合観察に適した条件がある．また，染色状態は同じグリッド上でも場所によって大きく異なる．最初見たところがよくなくとも，グリッドのどこかによい場所があることは多い．

3次元構造解析の場合には，特に均一な染色が必要とされる．この場合，タバコモザイクウイルスなどの親水的で大きな分子をタンパク質溶液に混ぜることで，染色を改善することがよく行われる（筆者らはタバコモザイクウイルスを繁殖させている研究室からウイルスをご厚意で分けていただいている）．
謝辞

本章の執筆にあたり，九州大学の真柳浩太博士に図の提供および内容へのアドバイスをいただいた．この場を借りて感謝する．　　　　　　［成田哲博］

参考文献

1) Zhao, F.Q., Craig, R. (2003) J. Struct. Biol. **141**：43-52.
2) Radermacher, M., Wagenknecht, T., Verschoor, A., et al. (1987) J. Microsc. **146**：113-136.
3) Imai, H., Narita, A., Schroer, T.A., et al. (2006) J. Mol. Biol. **359**：833-839.
4) Mayanagi, K., Kiyonari, S., Saito, M., et al. (2009) Proc. Natl. Acad. Sci. **106**：4647-4652.

3　SEMのための標本作製

走査型電子顕微鏡（SEM）は，組織や細胞の微細構造を立体的に観察することができる魅力的な装置である．SEM試料作製法は，特別な化学処理を施さないで組織・細胞の表面を観察する一般的な試料作製法をはじめ，結合組織を選択的に取り除き細胞成分を残す方法（細胞成分観察法）や，細胞成分を溶かし結合組織だけを残す方法（結合組織観察法），細胞内の膜成分（ミトコンドリアや小胞体，ゴルジ装置など）を観察する方法（細胞内構造観察法），血管に樹脂を流し込み，その鋳型を観察する方法（脈管鋳型作製法）など目的に応じてさまざまである．ここでは，はじめに一般的なSEM試料作製法の基礎知識として，固定（fixation），導電染色（conductive staining），脱水（dehyderation），乾燥（drying），載台（mounting），金属コーティング（metal coating）について説明し，さまざまなSEM試料作製法についても説明する（図 VII. 3. 1）．

3.1　固　　定

固定には，試料採取後（死後）の形態変化を最小限に抑え，組織や細胞成分の構造を生きたままに近い状態に保つ効果がある．また，細胞内のさまざまな成分を不動化し，引き続く試料作製処理において

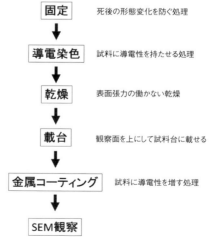

図 VII. 3. 1　SEM試料作製法の基本的な流れ

流出しないようにする効果もある．固定には，凍結や熱による物理的な処理（凍結固定，熱固定）や，薬品で化学的に処理する方法（化学固定；chemical fixation）がある．このうち，SEMでは一般的に化学固定を用いる．電子顕微鏡用の固定剤として，ホルムアルデヒド，グルタルアルデヒド，四酸化オスミウムが一般的で，用途に応じて使い分けられる．SEMの試料作製法では，哺乳動物の組織・細胞を固定する場合，2％グルタルアルデヒド溶液（0.1 Mリン酸緩衝液またはカコジル酸緩衝液でpH 7.2～7.4に調整）を用いるのが一般的である．特に，遊離細胞（培養細胞，血液細胞，精子など）では，1％グルタルアルデヒド溶液を用いることが多い（2％以上であると細胞の収縮や変形が起こりやすい）．

固定は，試料作製法の最初のステップであり，最終的に電子顕微鏡像の良否を大きく左右する最も重要な工程である．細胞や組織を固定剤により化学的に固定する方法として，浸漬固定（immersion fixation）と灌流固定（perfusion fixation）がある．

3.1.1 浸漬固定

浸漬固定は，動物より採取した試料を直接固定液に浸して固定する方法である．大きなサイズの試料を固定液に入れ，内部が十分に固定されていないと，脱水・乾燥の処理過程で未固定の部分の収縮が大きく，観察しようとする構造を変形させてしまう．したがって試料のサイズは必要最小限にする．灌流固定が不可能な大型動物試料や人体材料などに適用される．

3.1.2 灌流固定

血管を介して目的臓器や組織に固定液を効率よく流す方法である．灌流固定の特徴は，臓器の深部まで固定液が迅速に浸透し，動物の死後に生じる構造変化を最小に防げることにある．特にマウス，ラット，モルモットなどの実験小動物では，心臓から固定液の全身血管灌流を行うことで良好な固定が得られる．

3.2 導電染色法

電子顕微鏡内で生物試料に電子線を照射すると，試料の内部に電子が蓄積することがある．この現象は，帯電（チャージアップ）と呼ばれ，生物組織のように試料に導電性がないときに起きる．そこで，よりよいSEM観察を行うためには，導電処理が必要となる．導電処理には，1）乾燥した試料表面に金属をコーティングする方法と，2）乾燥前に試料内部に金属を埋め込む（染色する）方法が用いられる．後者を導電染色といい，もともとは金属コーティングをしないで観察するために開発された方法であるが，現在は金属コーティングと併用することが多い．

導電染色法（conductive staining method）として，①タンニン・オスミウム法（Murakami, 1973），②チオカルボ・オスミウム法，③タンニン・フェロシアニド・オスミウム法などさまざまな手法が紹介されてきたが，タンニン・オスミウム法がもっとも一般的に利用されている．この方法では，アミノ酸とタンニン酸との親和性，タンニン酸と四酸化オスミウムとの親和性を利用し，タンニン酸を仲介にして組織のアミノ酸にオスミウムを大量に結合させる．つまり，導電染色剤として四酸化オスミウムが用いられ，オスミウム酸を効率よく試料へ付着させるための媒染剤（還元剤）として，タンニン酸が使われている．導電染色の利点としては，以下の3点があげられる．1）金属コーティングの量を減らすことができる．2）試料の強度が増し，脱水や乾燥時の試料変形を軽減できる．3）電子線による試料の損傷を軽減できる．

3.3 脱水・乾燥法

SEMの鏡体内は高真空になっているので，この中に試料を入れて観察するためには，前もって試料を乾燥しておく必要がある．もし水分を含んだまま鏡体内に入れれば，試料は水分の蒸発とともに収縮変形し，微細構造は壊れてしまう．これは乾燥時に試料を通り抜ける空気と液体の界面がおよぼす表面張力が働いて，標本に激しい変形，収縮が起きてしまうためである．したがって，試料は表面張力の働かない（もしくは最小限に抑えた）条件で乾燥しなければならない．そこで現在では，表面張力のかかることなく乾燥させる方法として，臨界点乾燥法（critical point drying method）と凍結乾燥法（freeze drying method）の二つの方法が用いられている．

水分を含んだ試料を液相と気相の間のラインを越えて乾燥すると，表面張力が働き，微細構造は破壊されてしまう（図VII.3.2①）．これを回避する方

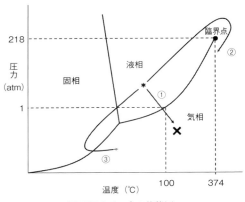
図 VII.3.2 水の状態図

法として，臨界点（critical point）を越えて液相から気相に持ち込む方法（臨界点乾燥）がある（図VII.3.2②）．もう一つの方法として，固相から液相を経由せずに気相に持ち込む方法（凍結乾燥）がある（図VII.3.2③）．

3.3.1 臨界点乾燥法

水の臨界点は374℃，218気圧である．したがって水から臨界点を越えて試料を乾燥させると表面張力は働かないことになる．しかし，実際にはこのような高温・高圧の環境を容易につくれない．また，このような高温・高圧の条件下では，試料は破損してしまう．そこで，実際には臨界点の低い二酸化炭素（31℃，73気圧）を用いた臨界点乾燥法が用いられている．この方法では，まずエタノールまたはアセトンの上昇系列によって脱水を行い，次に脱水の完了した標本を酢酸イソアミル（中間液）に置換した後，臨界点乾燥器（耐圧チャンバー）の中で液状炭酸ガス（移行液）と置換し，二酸化炭素の臨界点を越えるような条件で排ガスすることで試料を乾燥する．

3.3.2 凍結乾燥法

凍結乾燥法は，凍らせた試料を真空中に置き，試料中の水分や溶媒を昇華によって除去し，試料を乾燥させる方法である．通常の凍結乾燥は，水分を含んだ未固定の試料もしくは，固定後の試料を凍らせ，真空中で昇華させながら乾燥させる方法で，非常に時間がかかるとともに，試料に氷晶が形成されるため，実用的とはいえない．そこで，試料を脱水後，t-ブチルアルコールに置き換えて凍結乾燥させるt-ブチルアルコール凍結乾燥法が開発された．この方法により，試料は短時間のうちに，また氷晶を形成することなく乾燥することができる．

3.4　載　　　台

乾燥した試料は，SEM専用の試料台に載せてから観察を行う．この過程を載台（mounting）という．試料台は試料を保持するためだけではなく，吸収電流をアースへ逃がすための働きがある．そこで，試料台はアルミニウムやカーボンを材料とした台が用いられる．通常はアルミニウム台が最もよく使われている．試料台への試料の接着には，さまざまな接着剤が用いられる．一般には，導電ペースト，市販の接着剤，両面テープなどが用いられているが，いずれにしても試料が帯電しないようにしっかりと接着させる必要がある．

3.5　金属コーティング

乾燥した生物試料の表面を，金属で薄くコートすることで，導電性を高めることができる．つまり，帯電防止と2次電子発生効率の向上のため，金属コーティングは重要な過程である．金属コーティング（metal coating）により，電子線照射による試料組織の熱損傷の軽減にも役立つ．金属コーティングには，大きく分けて①真空蒸着法（真空中で金属を加熱蒸発させて試料表面に付着させる方法），②イオンスパッタリング法（プラズマ放電によりターゲット金属をスパッタする方法），③オスミウムプラズマコーティング法（四酸化オスミウムガスを含む雰囲気でプラズマ放電を行い，カソード上に置いた試料の表面にオスミウムイオンを衝突させ金属オスミウム膜を形成させる方法）の三つの方法が知られている．通常，観察目的に応じて金属の種類とコーティング法をそれぞれ組み合わせて使用する．

最も一般的に用いられているのは，イオンスパッタリング法である．また，イオンスパッタリング法に用いられる金属は，電気を通すものであれば何でもよいわけであるが，コーティングされた金属粒子が細かく（粒状性がよいもの），しかも2次電子発生効率が高い金属が最適である．すなわち，金や白金または，それらとパラジウムとの合金（金パラジウム・白金パラジウム）がよく用いられる．どのター

ゲットを選ぶかは観察倍率に関係し，特に高倍率の観察には粒子の細かい白金を選ぶとよい．コーティング粒子の大きい方から並べると，金＞金・パラジウム＞白金・パラジウム＞白金となる．

3.6 SEM 観察

最後に，金属コーティングされた試料を SEM 観察する．一般に生物分野で利用される機器として汎用型 SEM と電界放出型 SEM（FE-SEM）がある．汎用型 SEM では，電子銃にタングステンでできたフィラメントを用いるのに対し，FE-SEM では電界放出銃を用いる．FE-SEM では放出される電子ビームの直径（スポット）が汎用型 SEM に比べて細かく，輝度も高いので超高分解能（5 万〜10 万倍）の観察が可能となる．汎用型 SEM では，観察可能倍率が 1 万〜2 万倍であるので，観察目的に応じて両者を使い分ける必要がある．

3.6.1 細胞成分観察法（結合組織消化法）

SEM は細胞・組織の構造を立体的に観察できる利点があるが，一般的にはその観察の対象は管腔臓器の自由表面や培養細胞，血液細胞などの単離細胞に限られる．しかし，上皮組織の基底面や結合組織に埋もれている腺組織や血管，神経などは基底膜や膠原線維におおわれてそのままでは観察できない．そこでこれらの構造を直接 SEM で観察するために，膠原線維や基底膜を化学的に消化（加水分解）することで取り除く方法が結合組織消化法である．

結合組織消化法としては，塩酸消化法や水酸化カリウム消化法（KOH 消化法）などがある．塩酸消化法は，固定後の組織に高温，高濃度の塩酸を作用させる方法である．一方，KOH 消化法（Ushiki and Ide, 1988）は，タンパク質のアルカリ加水分解を組織に応用したもので，固定した標本を高温，高濃度の水酸化カリウムで処理する方法で，どちらの手技も基底膜と膠原線維を選択的に除去し，目的の細胞を露出することができる（図 VII. 3. 3）．

3.6.2 結合組織観察法

生体組織のコラーゲン細線維を観察したい場合，固定標本にアルカリと水で細胞要素や弾性線維を浸軟除去するアルカリ-水浸軟法（Ohtani, 1987）を用いる．この方法では，基底膜のⅣ型コラーゲンは溶けてしまうが，リンパ組織を構成する細網線維や筋線維の筋内膜を構成する細網線維などを 3 次元的に解析することができる．

3.6.3 細胞内構造観察法

ゴルジ装置やミトコンドリア，小胞体などの細胞内の膜性小器官を観察する方法として，オスミウム浸軟法（Tanaka and Naguro, 1981）が有用である．四酸化オスミウムは，通常用いられる濃度（1〜2％）では，主に膜の固定に効果を発揮するが，若干ながらタンパク質も固定する能力を持っている．しかし，極端に薄い濃度では，逆にタンパク質を破壊する性質を持っている．そこで，オスミウム浸軟法は，このオスミウムの性質を利用して，固定した組織を低濃度のオスミウム液で数日間処理することで，

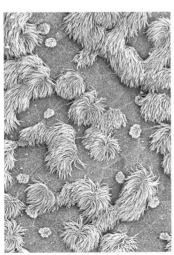

図 VII. 3. 3　気管の内腔面の SEM 像

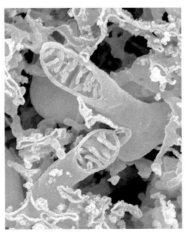

図 VII. 3. 4　ミトコンドリアの SEM 像（オスミウム浸軟法）

細胞基質（タンパク質）を除去し，膜成分を観察する方法である（図 VII. 3. 4）．この手法では，細胞基質のほか，アクチンや中間径フィラメント，微細管などの細胞骨格は除去される．

3.6.4 脈管鋳型作製法

鋳型法とは，血管，リンパ管などの管腔臓器の内腔に鋳型剤（プラスチック樹脂）を注入し，硬化させた後に周囲の組織を腐食させ，得られた構造物（鋳型）を観察する方法（Murakami, 1971）である．さまざまな器官の中の複雑な血管の3次元分布を知る際に効果的である． ［甲賀大輔］

参考文献

1) Murakami, T. (1973) Arch. Histol. Jpn. **35**：323-326.
2) Ushiki, T., Ide, C. (1988) Arch. Histol. Cytol. **51**：223-232.
3) Ohtani, O. (1987) Arch. Histol. Jpn. **50**：557-566.
4) Tanaka, K., Naguro, T. (1981) Biomed. Res. (Suppl. 2)．63-70.
5) Murakami, T. (1971) Arch. Histol. Jpn. **32**：445-454.

4 電顕組織化学法と標識物質

4.1 電顕酵素組織化学

酵素組織化学は，特定の酵素分子の局在を知るために，細胞や組織標本の中で酵素が触媒する反応を起こさせ，その反応の結果として生じる産物を何らかの方法で可視化し，顕微鏡で観察する方法である[1]．たとえばホスファターゼを検出する場合，基質となる分子を含む液に細胞や組織標本を浸漬すると，ホスファターゼ活性で基質が分解され，リン酸が遊離される．あらかじめリン酸と反応して沈殿するような物質（例えば鉛イオン）を浸漬液に加えておくと，リン酸が遊離された場所（すなわち酵素が存在する場所の直近）にリン酸鉛の沈殿ができ，それを可視化することによってホスファターゼのある場所がわかる（図 VII. 4. 1）．リン酸鉛のように沈殿する物質の電子密度が高ければ，透過型電顕で見ることができるので，電顕レベルの酵素組織化学の方法として使うことができる．

酵素組織化学で検出できるのは酵素活性を持つタンパク質に限られる．この点では原理的にどのようなタンパク質でも検出できる可能性のある免疫組織化学に比較して大きな制約がある．また多くの場合，酵素組織化学で得られるシグナルは定量性に乏しい．これらの理由により酵素組織化学が使われる頻度は

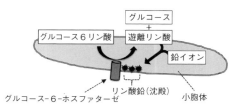

図 VII. 4. 1 酵素組織化学の原理（グルコース-6-ホスファターゼ（G6Pase）の場合）．G6Pase の生理的な基質であるグルコース6リン酸を含む溶液に細胞サンプルを浸漬すると，酵素反応で加水分解が起こり，グルコースと無機リン酸が産生される．この無機リン酸は反応液中の鉛イオンと結合してリン酸鉛となり沈殿する．リン酸鉛の沈殿は酵素分子のごく近傍で形成されると考えられるため，リン酸鉛の分布を見ることで酵素がどこに存在するかについての情報を得ることができる．G6Pase の場合には酵素活性部位が小胞体膜の内腔側にあるため，リン酸鉛の沈殿は小胞体内腔に生じる．

以前に比べて減少した．しかし酵素組織化学の中にはオルガネラを同定する手段として特異性が高く，簡便に使える方法がある．また超高圧電顕による厚い切片の観察では，酵素組織化学で得られる高電子密度の反応産物が有用である．

本章では最初に酵素組織化学に共通する手技を説明し，ついで小胞体に存在するグルコース-6-ホスファターゼを取り上げ，実際の応用例を紹介する．

4.1.1 基本的操作

酵素組織化学を行う場合，通常は化学固定したあとの細胞や組織を用いる．固定にはグルタルアルデヒド，ホルムアルデヒドを用いることが多いが，純形態を見るために使われる強い固定を行うと，酵素分子が過度に変性し，酵素活性を失うことが多い．酵素活性が残存し，なおかつ微細形態が保持される程度の固定を行う必要があり，適切な固定条件は酵素によって異なる．

固定後の試料を，酵素反応を検出するための反応液に浸漬する．反応液には，酵素反応の基質となる分子，基質から遊離された物質と結合して沈殿をつくる分子，pHを調整するための緩衝イオンが含まれる．酵素によっては酵素活性に必須となるイオンなどを反応液に添加する．得られた結果の特異性を確認するためには，反応液から基質を除いたり，反応液に阻害剤を入れることによって反応産物が消失することを見る．

酵素組織化学では，組織や細胞の内部に反応液を均一に浸透させることが重要である．基質は通常水溶性の物質であり，膜透過性が高くないものもある．単層の培養細胞などの場合には特別な透過性処理をしなくても問題のないことが多いが，動物体内の組織については固定後に数十μm程度の厚さの切片をつくり，これを反応液に浸漬するのが一般的である．

4.1.2 グルコース-6-ホスファターゼ（G6Pase）活性検出法

G6Paseは小胞体膜を貫通するタンパク質で肝細胞などに特に強く発現する．G6Pase活性により，糖新生系などで産生されたグルコース6リン酸が小胞体内腔で加水分解され，グルコースとリン酸ができる．

G6Pase活性を検出するための反応液は，基質であるグルコース6リン酸，リン酸と結合して沈殿をつくる鉛イオン，pHを至適域の6.5に調整する緩衝液からなる．固定以降の過程は以下のようである．

① 0.5％グルタルアルデヒド，100 mM PIPES（pH 7.0），5％ショ糖で室温，30分固定する．

② 100 mM PIPES（pH 7.0），10％ショ糖で洗浄する．

③ 80 mM トリス・マレイン酸緩衝液（pH 6.5）で洗浄する．

④ 酵素反応液に室温，120分浸漬する．酵素反応液は10 mLの80 mM トリス・マレイン酸緩衝液（pH 6.5）に0.19 gのグルコース6リン酸を溶かし，さらに攪拌しながら80 μLの12％硝酸鉛水溶液をゆっくり加えてつくる．鉛イオンは沈殿をつくりやすいので，硝酸鉛水溶液の作製や添加には注意が必要である．

⑤ 80 mM トリス・マレイン酸緩衝液（pH 6.5）で室温，5分，ついで80 mM カコジル酸緩衝液（pH 7.2）で洗浄する．

⑥ 2％四酸化オスミウム，80 mM カコジル酸緩衝液（pH 7.2）で室温，15分，後固定する．以下は定法どおり脱水，包埋し，電子染色ののち超薄切片を電顕観察する．

上記の方法で処理すると，電子密度の高いリン酸鉛の沈殿が小胞体の内腔に認められる．リボソームが付着する粗面小胞体は形態像だけで同定することが可能だが，滑面小胞体はもちろん，粗面小胞体であっても切片の方向によっては他のオルガネラとの判別が困難な場合がある．G6Paseの酵素組織化学を行い，小胞体内腔に連続的に電子密度の高いリン酸鉛の沈殿を生じさせることによって小胞体の同定は非常に容易になる．

G6Pase以外に，リソソームの酸性ホスファターゼ，ゴルジ装置のトランス槽のチアミンピロホスファターゼなどを見る方法も，それぞれのオルガネラを特異的に標識し，同定するために有用である．これらの方法は，ホスファターゼ活性で遊離されるリン酸を鉛イオンで検出するという点ではG6Paseと同じだが，反応液に含まれる基質やpHなどを変えることにより，それぞれの酵素に特異的な反応を検出することができる．

後述するように，免疫電顕法の標識物として使われる西洋ワサビペルオキシダーゼ（HRP）も酵素組織化学を用いて局在を可視化する．HRPを検出する反応液には基質となるジアミノベンチジン（DAB）

が入っており，ペルオキシダーゼ活性によって酸化されると不溶性の沈殿物が形成される．

4.2 免疫電顕法

免疫電顕では抗体を使って抗原分子を標識し，結合した抗体の局在する部位を電顕観察する[2〜4]．抗体そのものを見ることはできないので，電顕で観察可能な標識物を抗体に結合させ，その標識物の分布を見る．標識物については後述する．

抗体としてはウサギやマウスなどのIgG（分子量16万），IgM（分子量90万）が使われることが多いが，IgGのFab断片（分子量5万）なども使用可能である．一般的には，検出対象の抗原を認識する抗体（1次抗体）には標識物を付けず，1次抗体に結合する2次抗体（IgGまたはIgMと結合する抗体）やプロテインA（IgGのFc部分に結合する）に標識物を付ける方法（間接標識法）が使われる．

多くの場合，細胞・組織をアルデヒドで化学固定し，その後に抗体を作用させて標識を行う．酵素組織化学の場合と同じく，抗体の反応性と超微形態保持のバランスを考えた適切な固定条件を選択する．強すぎる固定は細胞質マトリックスの過度の架橋や抗原の変性を生じさせ，抗体の浸透や抗原抗体反応を妨げる．

免疫電顕の主な対象はタンパク質だが，抗体が入手できれば，原理的には糖，脂質，その他の低分子も標識することができる．ただしタンパク質以外の分子は通常の方法では十分に固定されない可能性があり，本来の分布と異なる結果が得られる可能性がある．

遊離細胞や単層培養細胞の細胞表面にある抗原に関しては，抗体を直接反応させて標識することが可能である．一方，細胞内にある抗原や組織中の抗原については，高分子である抗体を，効率的に到達させるための処理が必要になる．そのための方法として，(i) 膜に孔をあけ抗体を細胞内に浸透させる方法，(ii) 超薄切片をつくり，その表面に抗体を反応させる方法，(iii) 凍結割断レプリカに抗体を反応させる方法，などがある（図 VII. 4.2）．

4.2.1 膜に孔をあけ抗体を細胞内に浸透させる方法

細胞膜に孔をあける方法として，凍結融解など物理的に膜構造を破壊する方法と化学的に膜脂質を可溶化する方法がある．通常は固定後にこれらの操作を行う．

物理的な方法は簡便であるが，細胞構造の破壊や抗体の浸透の程度は試料内の場所によって一様ではない．構造が壊れているほど，抗体の浸透度が高いので，両者のバランスが適度なところを捜して観察する必要がある．化学的方法の場合，Triton X-100のような界面活性剤を使うと細胞膜だけでなく細胞内膜系も完全に可溶化されてしまい，細胞の超微構造がほとんど保たれない．これに対してジギトニン，サポニンのようにコレステロールにほぼ選択的に結合する試薬を使うと，比較的穏和な条件で細胞膜に透過性を与えることができる．しかし細胞内膜系のうち小胞体膜などはコレステロール含量が低いため，小胞体内腔にある抗原には抗体が到達できない可能性がある．

上記の方法で膜に孔をあけて標識する場合，浸透をできるだけよくするために，抗

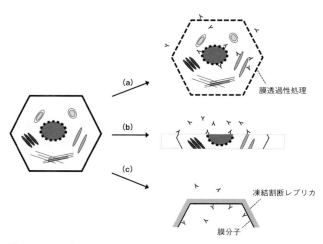

図 VII. 4.2 免疫電顕の原理．(a) 膜に孔をあけ抗体を細胞内に浸透させる方法．包埋前標識法とも呼ばれる．細胞・組織の形を保ったまま，抗体を浸透させて抗原に結合させ，その後に電顕観察のための包埋，薄切を行う．
(b) 細胞・組織の超薄切片をつくり，抗体を反応させる方法．最初に超薄切片を作製し，抗体と反応させる．樹脂に包埋した切片を用いる場合には包埋後標識法と呼ばれる．樹脂包埋を行わず，凍結超薄切片を標識する方法も含まれる．
(c) 凍結割断レプリカに抗体を反応させる方法．凍結割断によって生体膜は内外両葉の間で分かれ，白金とカーボンの薄膜で物理的に固定される．非常に薄い薄膜状の試料に抗体を作用させ，膜分子を標識する．

体に結合させる標識物は小さいものがよい．標識物として最も小さいのはナノゴールドといわれる金化合物であるが，ナノゴールド自体は電顕で見ることができないので，後述する方法で処理し，観察可能な大きさの標識にする．その後，通常の形態観察と同じ手順で標本を作製し，超薄切片を電顕観察する．

固定以降の方法の概略は，膜に孔をあける，1次抗体との反応，標識2次抗体との反応，標識可視化のための処理，オスミウムによる後固定，脱水，包埋，薄切となる．

4.2.2 細胞・組織の超薄切片をつくり，その表面に抗体を反応させる方法

何らかの樹脂に埋め込んだあとに超薄切片を作製する方法と，試料を凍結して超薄切片を作製する方法がある．樹脂包埋した方が永久標本として保存しやすく，切片作製も容易だが，包埋までの処理で抗原性が影響を受けたり，包埋樹脂自体が抗体反応を阻害して，抗原を検出できない場合がある．熱重合させるエポキシ樹脂ではなく，低温で紫外線重合させる樹脂の方が抗原性の保持がよい．一方，凍結超薄切片の場合は高濃度のショ糖液を浸透させ，凍結状態で切片を作製する．特別なミクロトーム装置を必要とするが，抗体との反応性は保たれることが多く，また膜構造の観察に適している．

厚さが 50～70 μm 程度の超薄切片では，形質膜の一部が切片中のどこかで横断され，細胞の内部が切片表面に露出される可能性が高い．しかし抗体は切片の内部にはあまり浸透せず，切片の表面近くにある抗原にだけ反応する場合が多いことに注意を要する．標識物としては直接観察できる大きさの金コロイドを用いることが一般的であるが，ナノゴールドなどを使用することもできる．

4.2.3 凍結割断レプリカに抗体を反応させる方法

凍結割断法では生体膜が脂質二重層の中間で分かれ，脂質一重層と内在性タンパク質が凍結割断レプリカに物理的に固定された状態で保持される．弱い固定後もしくは未固定の試料の凍結割断レプリカを用いて膜タンパク質，膜脂質を標識することができる[5]．純形態像を観察する場合には凍結割断レプリカを次亜塩素酸ナトリウム処理してすべての生物試料を消化するが，免疫電顕に用いる場合には SDS で処理して膜外の分子を除去し，凍結割断レプリカに保持された膜分子に抗体を反応させる．凍結割断レプリカは厚さ 20～30 nm 程度の薄さで，標識対象の膜分子はその片側の表面に露出している．このため抗体は標本全体に容易に到達し，一定の条件で抗原抗体反応が起こる．抗体結合部位の可視化には金コロイドを用いる．

4.3 電顕用の標識物（図 VII. 4.3）

4.3.1 西洋ワサビペルオキシダーゼ（HRP）

HRP は 40 kDa の酵素タンパク質で，2次抗体に共有結合させて用いる．電顕観察のためには酵素反応の基質となるジアミノベンチジン（DAB）と過酸化水素を含む浸漬液中で酵素組織化学反応を行わせ，不溶性の反応産物をつくらせる．四酸化オスミウムで処理することにより，この反応産物は高い電子密

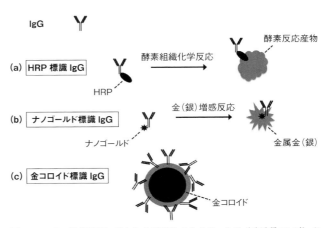

図 VII. 4.3　免疫電顕に使われる標識物の大きさ．IgG（分子量 16 万）や IgM（分子量 90 万）自体を通常の電顕で見ることは難しいので，さまざまな標識物が使われる．
(a) HRP（分子量 4 万）は IgG より小さいタンパク質である．HRP の酵素活性によって生じる反応産物を電顕観察する．
(b) ナノゴールドは直径 1.4 nm の金原子クラスターと周囲のシェルからなる．金原子クラスターの周りに金属金（もしくは金属銀）を沈着させて電顕観察する．
(c) 通常の免疫電顕に使われる金コロイドの直径は 5～20 nm 程度で，その周囲に多数の IgG やプロテイン A の分子が吸着する．このため金コロイド・IgG 複合体や金コロイド・プロテイン A の実際の体積は，電顕で見える金コロイドのサイズよりもかなり大きく，細胞内への浸透度を低下させる原因となっている．

度を持つ不定形の沈着物となり，電顕観察できる．

HRPを用いる方法の利点として，DAB反応産物が茶褐色を呈するため同一試料を明視野光学顕微鏡でも観察できること，HRP標識2次抗体のサイズが比較的小さく組織・細胞への浸透性が比較的よいことなどがある．一方，酵素組織化学でできる反応産物はHRPの近傍に沈着するとは限らず，拡散して無関係の構造に付着する可能性がある．このため，コロイド金など抗体に結合した標識物を直接観察する方法に比較して空間分解能の精度は低い．

4.3.2 ナノゴールド

ナノゴールドは直径1.4 nmの金原子クラスターであり，マレイミド基などを介して抗体，プロテインAなどに共有結合させることができる．ナノゴールド自体を通常の透過電顕で見ることはできないので，ナノゴールドを核として金属金もしくは金属銀を形成させることによって可視化する．最終的な金属金（銀）の大きさは処理時間によってさまざまに調節できる．また直径が非常に小さく，直接観察できないサイズの金コロイドを結合させた抗体なども同様の可視化処理により可視化することができる．

ナノゴールドは標識物としては最小であり，組織・細胞への浸透はよい．また金属金（銀）の形成を強く行わせることにより，明視野光学顕微鏡でも抗体結合部位を観察できる利点がある．一方，金属金（銀）の沈殿は大小不揃いで不整形を示し，非特異的な沈着形成が起こる可能性がある．

4.3.3 金コロイド

金コロイドは塩化金酸（$HAuCl_4$）の水溶液にさまざまな還元剤を加えることによってつくられる．金コロイドは球形で，還元方法によりさまざまな粒径のものをつくることができる．一般にはさらに密度勾配遠心法などで粒径を均一に揃えてから用いる．透過型電顕による免疫電顕法では，通常直径5〜20 nm程度の金コロイドに結合した抗体やプロテインAなどが使われる．

金コロイドは高い電子密度を示すので電顕観察が容易である．また粒径の異なる金コロイドを別々の抗体に結合させることにより，多重標識を容易に行える利点がある．一方，金コロイドは抗体などと比較してはるかに大きな体積を持つため，組織・細胞などへの浸透性は低い．また金コロイドに抗体，プロテインAなどが吸着する反応の詳細な機序は明らかでなく，抗体の種類によっては十分な抗原結合性を維持できない場合がある．

4.3.4 その他

蛍光標識として使われるQドットも電顕用の標識物として使用可能である．Qドットは半導体物質のセレン化カドミウムなどを核とする結晶であり，ポリエチレングリコールを媒介として外殻部に抗体などが結合する．電顕では楕円球〜円柱形の構造として観察される．発光波長の異なるQドットは大きさが異なるので多重標識も行える．金コロイドよりもやや電子密度が低いこと，また金コロイドと同様にサイズが大きいために浸透が悪いことなどが弱点である．

［藤本豊士・大﨑雄樹・鈴木倫毅］

参考文献

1) 藤本豊士，小川和朗（1980）新酵素組織化学（武内忠男，小川和朗編），朝倉書店，pp. 32-53.
2) Griffiths, G. (1993) Fine Structure Immunocytochemistry, Springer.
3) Spector, D. L., Goldman, R. D., Leinwand, L. A. (eds.) (1998) Cells: A Laboratory Manual, Cold Spring Harbor Laboratory Press.
4) Celis, J. E. (ed.) (2006) Cell Biology: A Laboratory Handbook (3rd ed.), Academic Press.
5) 藤本豊士，山本章嗣（2008）電子顕微鏡で読み解く生命のなぞ：ナノワールドに迫るパワフル技術入門，秀潤社.

5 急速凍結・凍結置換法

　動植物の細胞や組織などを生体における真の姿で捉えることは，構造と機能の結びつきを解明する形態学者にとって究極の到達点である．しかし，真空の状態で観察試料に電子線を当てる電子顕微鏡の特性上，細胞を生きた状態のまま観察することが不可能であるため，真の姿を捕捉する「固定」の成否が電子顕微鏡観察の成否を分けるといっても過言ではない．本章では細胞や組織を凍結する物理固定法の利点や，ライフサイエンス分野で応用が進む加圧凍結法とそれに続く後処置となる凍結置換法について概説する．

5.1　化学固定法と物理固定法

　固定法には大きく分けて化学固定法（chemical fixation）と物理固定法（physical fixation）の二つがある．電子顕微鏡観察における化学固定法はホルムアルデヒドやグルタルアルデヒドによる前固定に続いて，四酸化オスミウムで後固定する二重固定法に代表されるもので，化学反応によって細胞や組織の微細構造を捕捉する手段である（詳細は前章を参照）．高価な特殊装置や高度な技術を要さず，試薬の入手も容易であることから一般的に汎用される固定法ではあるが，化学固定剤が作用するまでに一定の時間を要することや，生体高分子を架橋する化学固定剤の作用によって形態に少なからぬ収縮が加わることが難点として挙げられている．

　他方，物理固定法は細胞や組織を瞬時に凍結し，その微細構造を捕捉する手段である．上述の化学固定法における二つの難点を解決する魅力的な手段ではあるが，細胞内成分の60％以上が水分で占められていることから，凍結の過程で氷晶が形成されると細胞の微細構造が著しく破壊されてしまう（図VII.5.1，左）．直径100 nm程度の氷晶であっても光学顕微鏡下では問題にならないが，電子顕微鏡下では観察に適さないため，氷晶の形成を最大でも20 nm以下に抑え，均質で構造破壊のない硝子様凍結（vitreous freeze）または無氷晶凍結（amorphous freeze）の状態を得る必要がある．

　従来の物理固定法では，液体窒素や液体ヘリウムで冷却した熱伝導率の高い銅や銀などの金属に試料を圧着して凍結する金属圧着法（metal contact method）が最も普及しているほか，試料を冷媒に浸漬して凍結する浸漬法や，冷媒を試料に高速噴出して凍結する冷媒噴出法なども用いられている．しかし，大気圧の下で硝子様凍結を得るには10000 K/秒に及ぶ急速な冷却速度が要求されるため，得られる硝子様凍結の深度は凍結面からわずか10 μm程度であった．これは凍結面に並ぶ細胞一層分に相当する深度であり，この限界を超えて細胞から「組織」の単位で良好な硝子様凍結を可能にする方法が求められていた．その画期的な物理固定法が，1960年代にRiehleやMoorらによって開発された加圧凍結法（または高圧凍結法）である[1,2]．

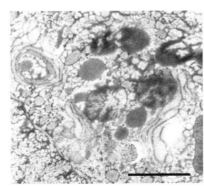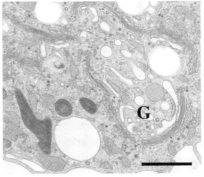

図 VII. 5.1　（左）樹枝状に白く抜けて見える氷晶形成によって破壊された細胞形態．（右）加圧凍結法による細胞形態．ウサギ初代培養胃底腺粘液細胞のゴルジ装置（G）．スケールバーは1 μm．

5.2 加圧凍結法

加圧凍結法（high pressure freezing）とは，2100 bar（210 MPa）付近の高圧下では水の融点が22 K 低下し，251 K となる物理的性質に基づいた凍結技法である．この高圧下で形成される氷は大気圧での氷相とは異なる高密度の氷相にあって，氷晶形成につながる核形成が少なく，その成長速度も遅くなる．さらに大気圧に比べて 1500 倍以上の粘性を持つことになり，氷晶の形成がさらに抑制される．この結果，加圧凍結法の条件下では氷晶が形成されにくく，約 200 K/秒という比較的遅い冷却速度でも硝子様凍結が可能となる結果，得られる硝子様凍結の深度が飛躍的に深くなる．実際に動物試料の場合で，凍結面から 15～20 細胞層に相当する約 200 μm の深さまで硝子様凍結が可能であり，これは「組織」のレベルで理想的な凍結が得られることを意味する．

加圧凍結装置として代表的な BAL-TEC HPM010（図 VII.5.2）の内部には大型の油圧ポンプが装備され，この油圧ポンプの圧力が 300 bars に達するとピストンの作用で液体窒素の圧力が高められる．このピストンの面積比によって圧力が増幅され，あらかじめエタノールが充填された試料凍結室に 2100 bar の高圧が 0.5 秒間維持された状態となったところへ，液体窒素が噴出する構造となっている．凍結された試料は直ちに液体窒素に移され，次の工程まで液体窒素中で保管される．

加圧凍結法では生体から取り出された細胞や組織

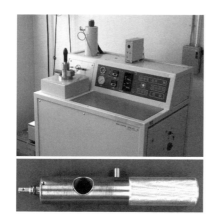

図 VII.5.2 加圧凍結装置（BAL-TEC HPM010）．試料ホルダー（下）の先端部（左端）に装填する直径 3 mm の試料キャリアに，細切された試料を挿入して凍結する．

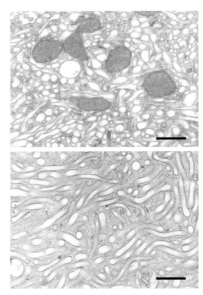

図 VII.5.3 化学固定法（上）と加圧凍結法（下）による形態像の比較．ラット胃底腺壁細胞の細管小胞像．1/2 Karnovsky 固定液を用いた化学固定法では顕著な収縮が認められる．スケールバーは 500 nm．

を，試料ホルダーの先端に装填する直径数 mm の試料キャリアへ迅速に挿入することが肝要で，肝臓や腎臓などの臓器から試料キャリアの容積にほぼ一致する大きさに試料を細切することが重要なポイントとなる．さらに試料の形状や特性によっては，試料キャリアを独自にデザイン・加工する必要があり，満足な凍結を再現性よく得るためには一定の習熟を要するが，図 VII.5.3 に示される通り，習練を積むだけの価値は十分にある．

加圧凍結された試料は，電子線トモグラフィー法やフリーズフラクチュアー・レプリカ法など，近年の幅広い微細構造解析に応用されながら，生体の機能形態をより美しく，よりダイナミックに解き明かしている．また，凍結試料から凍結超薄切片を作製してクライオ電顕法に応用する新技術「CEMOVIS（cryo-electron microscopy of vitreous sections）」においては，他の方法で代替できない深さの硝子様凍結を生み出す加圧凍結法が欠かすことのできない凍結（物理固定）法となっている．

5.3 凍結置換法

凍結置換法（freeze substitution）は加圧凍結法などで凍結された試料に施す後処置に相当するし，

試料が凍っている−90〜−80℃の低温下でアセトンなどの有機溶媒による置換・脱水を行うものである．また，同時に化学固定剤を加えることで，凍結（物理固定）された形態や生体物質の局在を保持する狙いもある．低温の状態で脱水を完了させることは，試料を室温に上げる過程で生じる氷晶形成を未然に防ぐ効果もあり，試料を樹脂に包埋して形態学的および組織化学的に解析する際に多用される．

凍結置換剤の溶媒はアセトンが標準的に用いられ，形態学的観察には2％四酸化オスミウム/アセトン，組織化学的解析には0.5％グルタルアルデヒド/アセトンが多く用いられる．また，グルタルアルデヒドを添加することで免疫組織化学的解析における抗原-抗体反応が失活する場合には，100％純アセトンが用いられる（アセトンの固定効果によって，最低限度の形態は保持される）．凍結置換にはグルタルアルデヒドや四酸化オスミウムなどの化学固定剤が使用されるものの，−90〜−80℃の低温で作用させるため，前述の収縮をはじめとする微細構造の変形や生体物質の流出は最小限に抑えられる．

従来の凍結置換法として，ドライアイス/アセトン中で48時間保持した後，冷凍庫（−20℃），冷蔵庫（4℃）と段階的に室温まで温度を上げる方法が多く用いられるが，自動凍結置換装置（図 VII.5.4）を使用すると液体窒素から室温までの自動温度制御が可能で，時間設定も自由にプログラムすることができる．標準的なプログラムでは，試料は液体窒素中の凍った状態で凍結置換剤とともに装置内にセットされた後，1時間あたり3℃の割合で−145℃から−90℃までゆっくりと加温され，−90℃で48時間保持される（図 VII.5.4）．この間に置換・脱水と化学固定が施された後，1時間あたり10℃の加温速度で室温まで上げられる．すでに試料の脱水が完了しているため，続いて樹脂に包埋されるが，形態学的解析ではエポキシ系疎水性樹脂，金コロイド標識抗体などを用いた免疫組織化学的解析では Lowicryl K4M や LR White 樹脂などのメタクリル系親水性樹脂が多く用いられる．

加圧凍結した試料を四酸化オスミウムで凍結置換し，エポキシ系疎水性樹脂に包埋した切片を酢酸ウラニウム・硝酸鉛法で二重染色すると，化学固定と比較して細胞膜や細胞内小器官の膜系の保存が良好で，電子密度が高い像を得ることができる（図 VII.5.3）．また，生体物質の保存性に優れる加圧凍結法によって作製された試料では，金コロイド標識抗体などを用いた免疫組織化学的解析において，より高密度で感度の高い標識が得られるため，化学固定法では特異的な標識が得られにくい標的タンパクの局在解析が可能となる． ［澤口　朗］

参考文献

1) Dahl, R., Staehelin, L. A. (1989) J. Electron Microsc. Tech. **13**:165-174.
2) McDonald, K. (1999) Methods Mol. Biol. **117**:77-97.

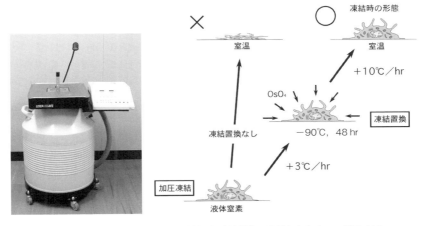

図 VII.5.4　自動凍結置換装置（左）と凍結置換の過程を表すイメージ図（右）

6 生体内凍結技法

以前より形態学分野では，光顕や電顕を主な手段として，動物臓器内細胞組織を検索してきた．その通常の電顕標本作製のためには，固定，脱水，包埋，切片作製・染色が必要であるが（図VII.6.1a），ダイナミックな機能を営む動物生体内形態像を捉えることはできなかった．一方では，生体内により近い機能形態像を観察するために，新鮮切除組織の急速凍結技法が開発された（図VII.6.1b）．しかし，生きた動物臓器の切除時には，循環血流遮断による虚血や酸欠が，瞬時に起こってしまうために，生体内機能状態下の形態像を明らかにできなかった．そのために，循環血流が保持された麻酔下動物臓器を直接に凍結する"生体内凍結技法"を開発した（図VII.6.1c）[1-3]．この方法により，実験動物における機能的形態像が捉えられるようになった．本章では，生体内凍結技法の基礎的事項，および機能的小脳組織像について解説する．

6.1 生体内凍結技法の概略

生体内凍結技法は，アルミニウム製漏斗を装着したメス刃を自作して行うことができる．漏斗部の容量は約100 mLくらいあり，粘着テープで凍結切断用メスに付着させる．まず，メス刃先を発泡スチロール箱内に入れた液体窒素（-196℃）で十分に冷却する．この冷却された刃先は，さらにスポンジに吸着した液体窒素で持続的に冷却されている．漏斗の先端には直径約5 mmくらいの穴があり，そこから液性寒剤を一瞬のうちにメス刃で凍結切断した臓器にかける．このように切り込むと同時に液性寒剤を流すことで，切断面組織を冷却する．すでに自動開閉弁付生体内凍結装置（エイコー社製）が販売されており，この生体内凍結が単独で可能となった[2]．

6.2 液性イソペンタン・プロパン混合寒剤の作製法[2-3]

はじめに針金などで50 mLビーカーを液体窒素中につるすことができるように加工する（図VII.6.2a）．そこに約15 mLのイソペンタン溶液を分注してから，液体窒素中につり下げる（図VII.6.2b）．このときに液体窒素を入れた発泡スチロール箱の下から，マグネットスターラーにより，ビーカー内のイソペンタンを撹拌する．さらに速やかに市販のプロパンボンベに接続したノズル先端をイソペンタン内に埋没させて，プロパンガスを吹き出すことで，冷却液化させることができる（図VII.6.2c）．このように作製される液性イソペンタン・プロパン混合寒剤の容量は，4～5分で約45 mL（イソペンタン：プロパン＝1：2）になる．この作製された液性寒剤に空気中の湿気が微細な霜となって溶け込むことを防ぐように，発泡スチロール箱に蓋をする．

6.3 自動開閉弁付生体内凍結装置の使用法

1）液体窒素を160 mLタンク（図VII.6.3a）と

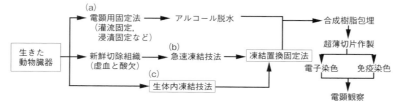

図VII.6.1 電顕試料作製法と凍結試料処理法

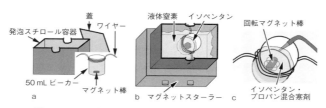

図VII.6.2 液性イソペンタン・プロパン混合寒剤の作製法

1.1 L タンク（図 VII. 6.3b）に入れる．2) タイマー1（図 VII. 6.3k）を4秒，タイマー2（図 VII. 6.3j）を5秒にセットして，フットスイッチを入れ（図 VII. 6.3h），液体窒素を流出させ，流出弁をチェックする（図 VII. 6.3c, d）．3) 次いで冷却された160 mL タンク内に，別途に作製した液性イソペンタン・プロパン混合寒剤を約45 mL ほど内筒に入れる．4) 同時に麻酔下動物の臓器を露出させる．5) メス刃と流出路先端を液体窒素中で十分に冷却する（図 VII. 6.3e）．タイマー1は5秒，タイマー2は15秒，オーバーラップタイム（図 VII. 6.3m）は1秒にセットする．6) 麻酔下動物臓器を冷却メス刃で切り込む直前には，フットスイッチにより弁を開放する（図 VII. 6.3h）．すると冷却メス刃が臓器に刺入すると同時に液性寒剤が瞬時に流出する．7) さらに4秒後に別タンク中の液体窒素で自動的に15秒間追加冷却し（図 VII. 6.3b, f），凍結された動物臓器を発泡スチロール内液体窒素へ移す．後に凍結保存した標的臓器を液体窒素中で歯科用電気ドリルにより摘出する．

6.4 実験小動物の処理法

麻酔下実験小動物を開腹する．肝臓，胃腸管や脾臓などは可動性を有するので，生体内凍結と割断摘出を容易にするために，各臓器の下にあらかじめアルミホイル被覆プラスチック板を敷いておくと便利である．また，腎臓，尿管，大動脈や下大静脈などの後腹壁臓器は，周囲組織を注意深く剥離しておくことが必要である．露出した各臓器は，アルミホイルの小片でその周囲を覆うことにより，液性混合寒剤を局所に十分に貯留させる．一方，脳組織では，歯科用電気ドリルで一部の頭蓋骨を取り除くことが必要である．

このように麻酔下小動物の準備が完了したら，速やかに前述の生体内凍結技法を行う．特に電顕レベルの解像力が必要である場合は，前述のように冷却メス刃による切り込みは必須である．一方，光顕レベルの観察で十分な場合は，動物臓器に液性寒剤を

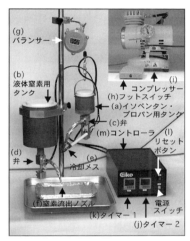

図 VII. 6.3 自動開閉弁付生体内凍結装置の概観

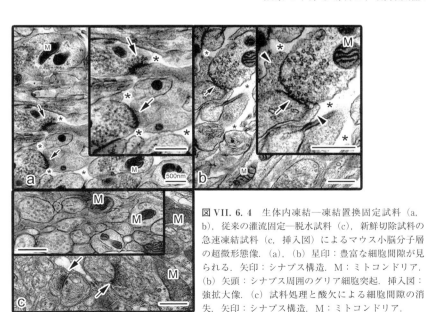

図 VII. 6.4 生体内凍結—凍結置換固定試料 (a, b)，従来の灌流固定—脱水試料 (c)，新鮮切除試料の急速凍結試料 (c，挿入図) によるマウス小脳分子層の超微形態像．(a), (b) 星印：豊富な細胞間隙が見られる．矢印：シナプス構造．M：ミトコンドリア．(b) 矢頭：シナプス周囲のグリア細胞突起．挿入図：強拡大像．(c) 試料処理と酸欠による細胞間隙の消失．矢印：シナプス構造．M：ミトコンドリア．

直接かけることで生体内凍結が可能である．なお，臓器表層部の凍結は良好だが，深部では氷晶形成による組織ダメージが起こる．

6.5 マウス生体内小脳分子層の電顕的解析応用

麻酔下マウスを開頭し，脳表面を露出させ，速やかに脳表面より冷却メス刃で切り込むと同時に液性イソペンタン・プロパン混合寒剤で生体内凍結した[4]．この凍結小脳組織を2％四酸化オスミウム含有アセトン中で凍結置換固定後，エポン合成樹脂に包埋した．脳循環血流の保持された小脳分子層では，神経細胞やグリア細胞間隙は開大し（図 VII. 6. 4a, b 星印），正常機能状態下シナプス構造が散在し（図 VII. 6. 4a, b 矢印），一部のシナプスはグリア細胞突起に囲まれていた（図 VII. 6. 4b, 挿入図，矢頭）．しかし，通常の灌流固定・アルコール脱水標本試料では，これらの細胞間隙がほとんど消失していた（図 VII. 6. 4c）．また，新鮮切除小脳組織の急速凍結技法においても，細胞間隙は見られなかった（図 VII. 6. 4c, 挿入図）．このことは，正常血行動態が維持された生体内小脳分子層においては，細胞間隙は豊富であるが，しかし固定・脱水処理過程や血流遮断の酸素欠乏により，その細胞間隙が速やかに消失してしまうことを示している[4]．すなわち，生体内マウス小脳組織では，シナプス可塑性を考えると，豊富な細胞間隙が，重要な意義を持つと考えられる．

以上に述べたように，「生体内凍結技法」により，動物臓器組織の機能形態学的特徴を明らかにできる．特に分子機能を解析できる「光イメージング法」と「生体内凍結技法」の併用により，生理的機能に対応して循環血流を遮断しない細胞組織の動的機能形態学的解析が可能となる．　　　　［大野伸一・大野伸彦］

参考文献

1) Ohno, S., Terada, N., Ohno, N., *et al.* (2010) J. Electron Microsc. **59**:395-408.
2) 大野伸一，寺田信生，大野伸彦他 (2009) 組織細胞化学 2009：179-186.
3) 大野伸一，寺田信生，大野伸彦他 (2012) 組織細胞化学 2012：1-10.
4) Ohno, N., Terada, N., Saitoh, S., *et al.* (2007) J. Comp. Neurol. **505**:292-301.

7 フリーズレプリカ法

組織や細胞の生体環境で，きわめて瞬時にかつ小規模に生成する細胞内プロセスを捕捉・可視化・理解するための電子顕微鏡法を紹介する．フリーズレプリカ法と総称される電子顕微鏡法のうち，組織・細胞の全体構造を可視化する「フリーズフラクチャー法（freeze-fracture EM）」，細胞膜の表面構造に適する「ディープエッチング法（deep-etch EM）」，これらの構造に局在する分子を識別するための「免疫レプリカ法」を概説したい．

7.1 フリーズフラクチャー法[1, 2]

7.1.1 細胞の凍結

組織や細胞の内部構造を生きた状態のまま観察するには，化学固定ではなく，細胞を急速に凍結する必要がある．細胞の構造を破壊する氷晶形成を抑えて凍結するには，液化エタンや液化プロパンによる浸漬法や高圧凍結法も有効であるが，フリーズフラクチャー法に推奨されるのは，液化ヘリウムによる金属圧着法である．なかでも，カバーガラスに培養された細胞の観察に適している．液化ヘリウムで冷却した純銅ブロックの鏡面に対して，自然落下させた試料を圧着することで急速凍結を行う．純銅の熱伝導率が液化ヘリウム温度付近で最大となる性質を利用している．きわめて急速（$10^5 \sim 10^6$℃/秒）に温度降下が起きるため，圧着面から 20 μm 程度の細胞領域では氷晶形成による構造破壊が生じることなく，良好な凍結が得られる．単層培養細胞であれば，ほぼ全体を凍結できる．

7.1.2 細胞の割断

急速凍結試料は，液化窒素中で半永久的に保存できる．電子顕微鏡の鏡筒内部と同程度の高真空チャンバーで，液化窒素温度に冷却した金属ナイフにより，凍結試料の表面を1回だけ割断する．実体顕微鏡で覗いたイメージとしては，試料表面に氷の粉が舞い上がる感じであろうか．この操作により，細胞膜，オルガネラ膜，核膜については，脂質2分子層の中間の疎水面で割れ，さらに細胞質や核質の細胞

内部へも割断面が一気につながって，フラクチャーが完了する．シビレエイのポストシナプス膜に局在するアセチルコリン受容体の結晶様構造や，小腸上皮細胞の膜直下に構築されたアクチン，ミオシン，中間径フィラメントからなる細胞骨格や，ギャップジャンクションの存在が著名である．

7.1.3 細胞のレプリカ作製

細胞内の微細構造を高いコントラストで観察するために，凍結割断面に細かい（ナノサイズの）白金・炭素粒子を蒸着させ，裸出したさまざまな構造の超極薄レプリカ（2 nm程度の鋳型）を調製する．既述の高真空かつ低温環境のチャンバー内で，低角度回転蒸着することにより3次元構造が保存される．あとは，細胞のレプリカ膜を電顕観察用グリッドにマウントして，通常の透過型電子顕微鏡（80〜120 kV）で観察するだけである．

7.1.4 細胞のアナグリフ観察

細胞構造を反映したアンデュレーションの激しいレプリカ膜には，±10°のステレオ観察が有効である．市販の画像処理ソフト（Adobe Photoshopなど）を利用して，このステレオペア像をRGBカラ

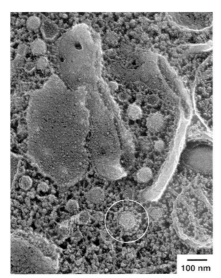

図 VII.7.1 マウス由来初代培養神経細胞の細胞体内部にあるゴルジ装置近傍のフリーズフラクチャー像．ゴルジ装置（層板）だけでなく，ゴルジ装置と細胞膜間の輸送に関係するクラスリン被覆小胞を含めた，ゴルジ体の各層・網間で出芽や融合を繰り返すゴルジ小胞が多数割断されている．輸送のレールに相当する細胞骨格フィラメントが，小胞につながったり，また周囲を取り囲んだ状態で可視化されている．

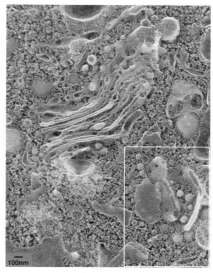

図 VII.7.2 マウス由来初代培養神経細胞の細胞体内部にあるゴルジ装置近傍のフリーズフラクチャー像（図 VII.7.1を含む弱拡大のステレオアナグリフ像）．ゴルジ体ネットワークの広い領域で，ゴルジ扁平嚢の層状構造が割断されている．小胞体側のシス・ゴルジ網，反対側のトランス・ゴルジ網，側面のゴルジ嚢が可視化されているとすると，クラスリン被覆小胞ばかりでなく，COPIやCOPIIによる被覆小胞も割断されている（口絵16参照）．

ーチャネルに組み込み，赤緑メガネ（あるいは赤青メガネ）で立体視すれば，アナグリフ（anaglyph）の完成である．この手法は，アニメ映画で有名なWalt Disneyを始め，宇宙開発のNASAでも汎用されている．ナノレベルで細胞を見れば，細胞膜の陥入微細構造の凹凸がくっきりと判別できるだけでなく，重なり合ったフィラメント構造群の上下関係も瞬時に識別できる．実際，細胞膜のフラクチャー面には，局在する膜貫通型タンパク質が，直径数nmの膜内粒子として，また核膜には，核孔という核質と細胞質との通り道が，立体的に観察される．併せて，アクチン線維，中間径フィラメント，微小管などのフィラメント構造，ゴルジ体，小胞体，リボソームが高いコントラストで観察できるのも，本手法の特徴である．図 VII.7.1は，初代培養神経細胞の細胞体にあるゴルジ装置近傍の割断像である．クラスリンで被覆された小胞（白丸線のなか）を含め，多くの小胞が可視化されている．図 VII.7.2は，その低倍率像の赤緑（カラー）のアナグリフ像であり，ゴルジ装置の層状構造まで観察されている．

7.2 ディープエッチング法[3]

細胞膜の裏側（細胞質側表面）には，細胞の形状維持に重要なアクチン膜骨格（太さが7〜9 nm）や，エンドサイトーシスに関わる膜陥入構造であるクラスリン被覆ピット（clathrin-coated pits：直径200〜300 nm）やカベオラ（caveolae：直径70〜80 nm）が構築されている．これらの構造変換や分布を観察するためには，ディープエッチング法が適している．

7.2.1 細胞膜の裸出

a．アンルーフィング法（unroofing）

高周波出力1ワット以下のプローブ型超音波発生機から生じる超微弱超音波で，ベーサル側細胞膜（細胞質側表面）を裸出する．アピカル側の屋根を吹き飛ばしてしまうので，アンルーフィングと呼ばれている．小さなカバーガラスに培養した細胞を扱う場合，バッファーを満たしたプラスチックシャーレにプローブを挿入し，実体顕微鏡下で，ピンセットでつかんだガラスに超音波を1回（あるいは数回）だけ照射する．位相差型生物顕微鏡で，上手に裸出された細胞膜を選別することができる．

b．リップオフ法（rip-off）

通常，アニオン性にチャージしている細胞膜に対して，カチオン化処理したガラスでアピカル側細胞膜を剥離する．カチオン化試薬としては，アルシアンブルー（Alcian Blue 8GX）やポリエルリジン（Poly-L-Lysine）が使われる．細胞株によって，プラスチックシャーレとの接着力が大きく異なるので，この剥離にはあらかじめ条件検討が必要である．

7.2.2 細胞膜のディープエッチング

特徴的なことは，細胞膜の凍結試料を高真空チャンバー内で，−90〜−80℃で数分間凍結乾燥させるため，氷包埋された微細構造が深く（1 μm程度）裸出され，培養状態に近い形態のレプリカを作製できる点にある．この超高真空下（10^{-6} Pa程度）での凍結乾燥をディープエッチングという．低角度回転蒸着などレプリカ作製過程やアナグリフ観察は，フリーズフラクチャー法と同じである．細胞膜直下の微小管や中間径フィラメント，ストレスファイバー，小胞体の観察にも適している．図VII.7.3は，

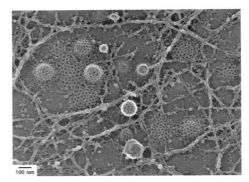

図VII.7.3 ヒト由来膀胱上皮細胞のベーサル細胞膜の細胞質側表面ディープエッチング像．多格子模様のクラスリン被覆ピットと渦巻き状被覆模様のカベオラの周囲をアクチン膜骨格が取り囲んでいる．詳しく見ると，すべてのピットとカベオラが膜骨格と構造的に直接つながっている．ピットは，平坦化領域に加えて，細胞質への陥入進行中の領域，ベシクルが観察されている．

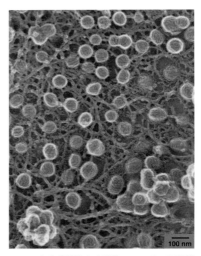

図VII.7.4 ヒト由来膀胱上皮細胞のベーサル細胞膜の細胞質側表面ディープエッチング像（ステレオアナグリフ像）．カベオラが集積した領域でも，すべてのカベオラに膜骨格のアクチン線維が構造的に直接つながっている．アナグリフ像により，カベオラの渦巻き状のストランド構造がより明瞭に観察できる．3次元的にカベオラが重層したカベオソームも可視化されている（口絵17参照）．

上皮細胞の細胞質側表面に構築されている多格子模様のクラスリン被覆ピットと渦巻き状被覆模様のカベオラの周囲を取り囲むアクチン膜骨格である．ピットからは，陥入が進行したベシクルも観察されている．図VII.7.4には，カベオラの集積した領域がアナグリフ像（赤緑のカラー）で表現されている．

7.3 免疫レプリカ法（immuno-replica EM）[4, 5]

細胞膜上の膜分子を同定するために，凍結・レプリカ作製前に，免疫抗体・金コロイド染色を施すことが可能である．ディープエッチング法と併用することで，細胞膜の外側や裏側（内側）のタンパク質について，膜上分布やカベオラやピットへの取り込み，膜骨格との相互作用を検討できる．

7.3.1 細胞膜の免疫染色

通常の細胞生物学実験と同様に，対象となる抗原タンパク質の裸出後に，パラホルムアルデヒド固定，未反応アルデヒド基のクエンチング，非特定染色を防ぐブロッキングを経て，1次抗体と金コロイド結合済み2次抗体で染色する．5 nm 以上の金粒子であれば，プラチナ製のレプリカ上でも視認性が高く，可視化する上で問題は生じない．異なる直径の金粒子を組み合わせて，多重染色することも可能である．生化学のウェスタンブロッティングとは異なり，培養状態のまま抗原が細胞膜に局在しているので，抗体がアクセスできる抗原部位を確認して抗体を選択することが重要である．細胞膜に局在する受容体，フィラメントを構成するアクチン結合タンパク質，カベオラを構成するタンパク質，膜脂質の解析に利用されている．図 VII. 7.5 は，上皮細胞のカベオラを抗カベオリン1抗体・10 nm 金コロイドで染色した免疫レプリカ像である．白く観察される金コロイ

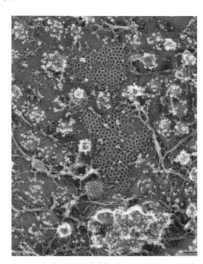

図 VII. 7.6 ヒト由来膀胱上皮細胞のカベオラに対する免疫レプリカ像（ステレオアナグリフ像）．図 VII. 7.5 と染色プロトコールは同じである．クラスリン被覆ピットと比べて，カベオラに多くの免疫金コロイドが検出されていることがわかる（口絵18参照）．スケールバー：100 nm.

ドの周囲には，低角度回転蒸着により，抗体の IgG タンパク質がハロー構造として観察されている．図 VII. 7.6 は，異なる領域であるが，低倍率像のアナグリフ像（赤緑カラー）であり，金のラベルがクラスリン被覆ピットへほとんど入っていないことがわかる．

7.3.2 組織・細胞の内部構造への免疫染色

フリーズフラクチャーにより裸出される組織・細胞内部の膜構造（細胞膜やオルガネラ膜）に局在する膜タンパク質や膜脂質へも免疫染色が可能である．凍結割断レプリカを SDS（sodium dodecyl sulphate）で洗浄後，レプリカに直接付いた分子を免疫抗体金コロイド染色する．故藤本和博士により考案・開発された SDS-FRIL 法（SDS-digested freeze-fracture replica immuno-gold labeling）である．組織あるいは培養状態にある細胞の急速凍結試料を利用すれば，細胞膜にいかなる応力も掛けずに，試料調製を完了できるため，最もアーティファクトの少ない免疫染色法といえる．タイト・ジャンクション（tight junctions），アドヘレンス・ジャンクション（adherens junctions），デスモソーム（desmosomes），ギャップ・ジャンクション（gap junctions）を構成する膜タンパク質，シナプスに局在する受容体タンパク質，膜脂質，脂質修飾アンカ

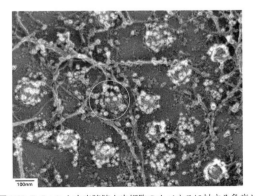

図 VII. 7.5 ヒト由来膀胱上皮細胞のカベオラに対する免疫レプリカ像．カベオラを構成すると考えられているカベオリン1に対して，抗カベオリン1抗体と 10 nm 金コロイド吸着させて2次抗体で検出している．金コロイドの周囲に白く観察されるハロー構造は，低角度回転蒸着により蒸着された，IgG 抗体のタンパク質である．

ータンパク質等々の局在解析に利用されている．

［諸根信弘・ホイザー，ジョン］

参考文献

1) Heuser, J. E., Salpeter, S. R. (1979) J. Cell. Biol. **82**：150-173.
2) Hirokawa, N., Heuser, J. E. (1981) J. Cell. Biol. **9**：399-409.
3) Morone, N., Fujiwara, T., Murase, K., *et al.* (2006) J. Cell. Biol. **174**：851-862.
4) Rothberg, K. G., Heuser, J. E., Donzell, W. C., *et al.* (1992) Cell **68**：673-682.
5) Fujimoto, K. (1995) J. Cell. Sci. **108**：3443-3449.

8 光学顕微鏡と電子顕微鏡との対比観察

電子顕微鏡（以下，電顕）は光学顕微鏡（以下，光顕）よりも数段分解能が高いため，光顕で球状や線状にしか見えない構造の微細構造が観察できる．そのため光顕で詳細がわからない構造の微細構造を電顕で観察する，あるいは電顕で観察した注目している微細構造がどのような状態の細胞や組織のどの場所に存在するのかを特定する場合に光顕と電顕との対比観察が必要になる．ここでは光顕によるタイムラプス撮影で目的の構造が出現したときに素早く固定（あるいは凍結）して電顕で対比観察を行う方法について，*in vivo* 光顕観察（ライブイメージング観察した細胞）との対比観察の場合と *in vitro* 光顕観察との対比観察の場合について説明する．また，電顕観察している領域がどのような細胞あるいは組織のどの場所に当たるかを特定するための対比方法についても現状を説明する．

8.1 ライブイメージング観察した細胞の対比観察

ダイナミックに変化する細胞内の構造を光顕でタイムラプス撮影しながら，適当な時期に顕微鏡下で固定し電顕観察することはかなり古くから行われている．特に細胞内の構造が劇的に変化する細胞分裂の研究では，1960年代からいくつかのすばらしい研究がある．図VII.8.1はバッタの精母細胞の細胞分裂の例である[1]．細胞分裂後期の染色体（図VII.8.1a, bの黒く見えている領域）の移動は，微小管と呼ばれる直径25 nmの管状のフィラメントが染色体上にある動原体と呼ばれる場所を引っ張ることによって行われている．この実験は外部から微小ガラス針を使った顕微操作で，細胞分裂後期の正常な染色体移動をじゃましたときに微小管がどのようになっているかを調べた研究である．

図VII.8.1aの三つの写真は細胞の顕微手術とその後の固定過程の染色体の様子を16 mmフィルム（当時はまだビデオ顕微鏡は主流でなかった）で撮影したタイムラプス光顕像の中の3コマで，左下の数字は記録時間を示している．図の細胞の左端の染色体は，動原体（図VII.8.1a, 0.0分の図の矢印）に

8 光学顕微鏡と電子顕微鏡との対比観察

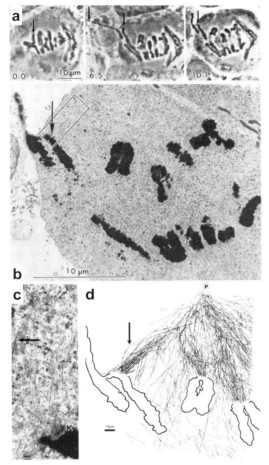

図 VII. 8. 1 バッタの精母細胞の細胞分裂の光顕タイムラプス観察と電顕観察による対比．細胞分裂中の染色体に微小ガラス針を使って顕微手術を行っている様子を光顕で連続記録し（a），その場で固定して電顕観察（b～d）している[1]．

電顕を比較するには連続切片で電顕観察することが重要になる．図 VII. 8. 1d はこの試料の電顕の連続切片から微小管を追跡し，その分布を重ね合わせて示した図で，電顕と光顕との対比で，微小ガラス針で引っ張るという顕微手術により動原体に接続している微小管の一部が湾曲している（図 VII. 8. 1c, d, 矢印）ことが明確に示されている．ただこのような実験では，単なる電顕観察とは異なり，光顕で観察した構造を確実に固定し，試料内のその構造の位置を確実に探し当てる必要があるため，光顕でのライブ観察用の培養チェンバーの工夫，細胞の固定方法の工夫が必要である．

化学固定はグルタルアルデヒドなどの固定剤が細胞の中に入り，細胞内の構造を架橋することで行われる．カバーガラス上で細胞分裂している細胞に直接固定液を加えて固定する従来の方法では，固定されるまでに時間がかかりその過程で構造が変化する可能性がある．図 VII. 8. 1 の場合，染色体が移動中の細胞を瞬時に固定するために，顕微注射の方法で目的の細胞のすぐ傍にグルタルアルデヒド固定液を直接注入し，グルタルアルデヒドが細胞まで到達する時間を極力短縮している．この方法では固定液を微小ガラス針に入れているため，大量の固定液を使用できない．そこで，この実験では通常のグルタルアルデヒドの濃度の2倍の濃度のグルタルアルデヒド溶液を使用して顕微注射を行い，細胞内の運動が停止した（仮固定された）後，通常の濃度の十分量のグルタルアルデヒド溶液で細胞を再固定している．

光顕でタイムラプス撮影した細胞を電顕で対比観察するためには，材料によって細胞の培養方法とその後の樹脂への包埋方法の工夫が必要で，多くの研究者がさまざまな工夫を行っている[2]．植物の内乳細胞の光顕と電顕との対比観察で行われているサンドイッチ法[2,3]では，カーボン蒸着したカバーガラスに BSA を塗布し，その上に細胞を置き，細胞が乾かないように細胞の上に薄いショ糖を含む寒天とゼラチンを混合した膜を張り，細胞を寒天・ゼラチン層と BSA 層との間に挟む形で細胞分裂を進行させている．細胞分裂の連続観察には，スライドガラス上にスペーサーを置き，その上にこのカバーガラスを逆さまに載せて湿室をつくって観察する．固定はカバーガラスごと固定液に浸漬する．

培養方法としては，プラスチックのシャーレ内で培養する方法と，カーボンコートしたカバーガラス

力がかかって極の方向（0.0 分の図の中央上部の方向）に引っ張られている．0.0 分の直後，微小ガラス針を使って，この動原体が移動する方向とは別の方向（図 VII. 8. 1a, 6.5 分の左上矢印の方向）に染色体を引っ張り，その状態を維持したまま 8.4 分にグルタルアルデヒド溶液で仮固定を行った．固定開始後1分少々で細胞内の動きが止まる（図 VII. 8. 1a, 10.1 分）．この仮固定した細胞を，従来の電顕試料作製法に従って再固定後，脱水，樹脂包埋し，連続切片を作製して観察した像が図 VII. 8. 1b である．図 VII. 8. 1c は図 VII. 8. 1b の矩形で囲った部分の拡大で，観察したい動原体（図 VII. 8. 1c, K）から出ている微小管（フィラメント状の構造）が観察できる．電顕は光顕に比べ焦点深度が浅い．そのため光顕と

上で培養する方法がよく使われている．前者は微分干渉像による観察など偏光を利用した光顕観察には向いていないが，包埋樹脂とプラスチックの固さがあまり違わなければ，そのまま切片を作製できる．後者は微分干渉像などでも観察できるが，カバーガラスを樹脂から剥離する操作が必要になる．樹脂包埋された試料では固定前の光顕観察では観察されていた構造や細胞が観察しづらいことが多い．これは樹脂包埋によって光学条件が悪くなっているためであるが，光顕と電顕との対比観察では，少なくとも切片作製の際に試料のどの部分が光顕で観察していた場所か判定できなければならない．光顕である程度の詳細がわかるようにするため，樹脂は薄い板状の形に包埋することが多い．実際には，試料の載ったカバーガラスの上に樹脂を載せ，必要ならばスペーサーを挿入し，その上からもう１枚のカバーガラスを少しずらして載せた状態で樹脂を重合させる．試料を包埋した樹脂板からカバーガラスを剥離する方法としては，あらかじめガラス表面をカーボンコート，あるいはテフロンコートしておく方法と，液体窒素を使ってカバーガラスを樹脂から剥がす方法がある．

8.2　*in vitro* 光顕観察との対比観察

光顕の進歩により，従来光顕の分解能の限界で見えないと思われていた微小管やアクチンフィラメント，その他の分子集合体の構造が，ビデオ顕微鏡や超解像顕微鏡などで観察できるようになってきた．これらの光顕観察で見えた糸状あるいは球状の構造が本当に目的の構造か，また，それが１本のフィラメントなのか，数本が束になったフィラメントなのか判定する場合に電顕が用いられている．この場合は，そのまま試料を急速凍結してレプリカ法などで観察する．樹脂に包埋する必要がないため，試料作製はⅦ.1 の生細胞を固定し樹脂包埋する方法に比べ簡単である．例として，ビデオ顕微鏡で観察したイカ軸索から抽出した原形質中の顆粒輸送フィラメントが１本の微小管であることを示した Schnapp らの方法[4]について説明する．

この方法では，カバーガラス上の光顕観察した狭い領域を電顕観察の際に探し当てるための工夫が必要である．まずカバーガラス上に電顕用の 300 メッシュを載せ，金パラジウムでカバーガラス表面を蒸着する．これによりカバーガラス上に金パラジウムの蒸着された場所とされていない場所による格子状のパターンができ，光顕で観察した場所の特定が簡単になる．このカバーガラス上にイカ軸索から抽出したイカ原形質を載せ，適当な溶液に入れ換える．このカバーガラスを灌流チェンバーに装着し，ビデオ顕微鏡を使って金パラジウムでコートされた領域に挟まれた部分のタイムラプス撮影を行う．その後，溶液中でカバーガラスの不要な部分をトリミングし，扱いやすい大きさにしたカバーガラス破片を急速凍結，凍結乾燥後，ロータリーシャドウイング法で金属を蒸着し，レプリカを作製する．レプリカを剥離すると，最初に金パラジウムでコートした部分はレプリカの表面に残るため，光顕で観察していた格子模様が判別でき，観察したい場所の特定が可能である．

どちらの方法でも労力を要するのは光顕で観察した場所を電顕で見つける操作である．光顕で観察した場所を記録する方法として，培養ディッシュの底につけたカバーガラスにグリッドパターンを印刷したガラスベースディッシュが市販されている．また最近はデジタルカメラの普及により，光顕でデジタル記録した像を，モニター上で拡大，反転，回転の操作を使って電顕像と重ね合わせて比較できるようになっている．

8.3　電顕で観察している領域の細胞・組織内での位置の特定

電顕は倍率が高いため観察できる視野が限られてくる．また，薄い切片を観察するため，観察できる場所は細胞の一部の領域に限られる．そのため，観察している場所が組織や細胞のどの部分にあたるか，また，その組織や細胞はどのような状態なのかなどの情報の特定が必要である．一般の樹脂包埋試料の電顕観察では，樹脂包埋した試料ブロックをトリミングし，厚さ 500〜1000 nm の準超薄切片を作製し，光顕観察を行う．光顕観察で目的の構造が存在することを確認した後，厚さ 60〜90 nm の超薄切片を作製し，電顕観察する．この光顕試料の観察は，見たい構造の存在の確認だけでなく，光顕的所見との対応を確認するのに必要である．観察する細胞・組織が十分に小さい場合は，少し労力はかかるが，超薄切片を連続で何十枚作製し，すべて低倍の電顕観察で大局観も得ることも可能である．しかし，多

くの場合電顕観察する目的の構造に比べ，大局観を得るための細胞・組織のサイズは大きく，連続超薄切片を作製するのが難しい．この場合は，電顕用の超薄切片の前後の準超薄切片の光顕観察が重要になる．組織切片用のダイヤモンドナイフを使えば，連続の準超薄切片の作製も可能で，電顕観察している構造を有する細胞・組織の大局観に関する，より多くの情報が得られる．高度な技術を要するが，光顕観察した比較的厚い切片を再度樹脂ブロックに貼付けて超薄切片を作製し光顕で観察した場所を電顕観察することも不可能ではない．

電顕観察に電子線トモグラフィー法[5]を用いれば従来の電顕観察用切片よりも数倍厚い切片で電顕観察が可能である．厚い切片では連続切片作製は比較的簡単なため，厚い連続切片を使って低倍の電顕観察と高倍の電顕観察（電子線トモグラフィー観察を併用）の対比で，従来の光顕と電顕の対比観察に相当する観察が可能である．その例として長さ数十 μm，幅 $10\,\mu m$ 弱の筒状をしているタマネギ子葉表皮細胞の細胞表層の特定の場所の微細構造と細胞の核の状態の対比観察について説明する[5]．

図 VII.8.2 に示している電顕写真はタマネギ表皮の同じ領域の異なる2枚の切片像である．この観察では，幅の広いダイヤモンドナイフを使って子葉の内部から表面に向かって 250 nm の厚さの連続縦断切片を作製し，1枚ごとにフォルムバール膜を張ったスロットメッシュの上に載せ，約 100 枚の連続切片を作製したものを用いている．あらかじめ組織の内側から試料をトリミングし，表皮細胞に接する内側の細胞層の場所からこの操作を開始すれば，約 100 枚の切片の中に表皮細胞丸ごと連続切片が得られる．まずこの連続切片の中から表皮細胞の中央縦断面（図 VII.8.2 左の＊印の細胞）が観察できる切片を見付け，次にその細胞の細胞表層が見える別の切片を電顕の低倍観察で捜し出す．図 VII.8.2 の左上の番号は連続切片の通し番号で，若い番号ほど子葉の内側になっている．図 VII.8.2 の場合，#61 の切片で細胞の中央縦断面が現れ，22 枚前の #39 の切片で，同じ細胞の内側の細胞表層（図 VII.8.2 右の＊印の細胞の矩形で囲った部分）が出現する．#61 の切片の核の状態から＊印の表皮細胞は分裂前期と判断できる．細胞の内側の面の細胞表層（図 VII.8.2 #39 の切片の矩形で囲った部分．左下は矩形領域の拡大図）には微小管が平行に走り，中央縦断面ではこの微小管の横断面が多数見えている（図 VII.8.2 #61 の切片の矩形で囲った部分．左下は矩形領域の拡大図）ことから，微小管は細胞壁のすぐ内側を核の周りを取り囲むように帯状に配向していることがわかる．#39 の切片の矩形で囲んだ部分の電子線トモグラフィー観察で微小管帯のある細胞表層の微小管に付随している微細構造が詳細に観察でき（トモグラフィーのデータは文献5参照），その同じ細胞の核の状態（#61 の観察）と対比できる[5]．

最近は高分解能 SEM で透過電顕像に近い像が得られるようになり，GFP などの蛍光プローブで光らせた細胞の蛍光顕微鏡観察と SEM 観察の対比も可能になった．SEM との対比観察は，ここで紹介した透過電顕との対比観察に比べ，熟練した技術が要求されないため今後普及することが期待でき，この目的のための顕微鏡システムも市販されている．また，

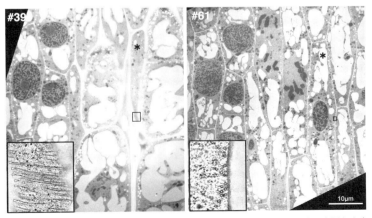

図 VII.8.2　タマネギ子葉表皮細胞の 250 nm 厚の連続切片を使った細胞の表層と中央縦断面の対比観察［写真は竹内美由紀博士提供］．

高分解能 SEM の試料室内で，試料の表面を薄く削っては表面の高分解能 SEM 像を取得する操作を繰り返し，得られた像をまとめて再構成して 3D で観察するシステムも市販されている．ただ，このシステムには試料の大きさに制限がある．凍結した試料の光顕と電顕の対比については，VIII.1 の CEMOVIS で扱う．　　　　　　　　［峰雪芳宣］

参考文献

1) Nicklas, R. B., Kubai, D. F., Hays, T. S. (1982) J. Cell Biol. **95**:91-104.
2) 新津恒良，花岡炳雄（1977）続細胞学大系 3 植物細胞学（小川和朗，黒住一昌，小池聖淳他編），朝倉書店，pp.155-182.
3) Molè-Bajer, J., Bajer, A. (1967) La Cellule **67**:257-265.
4) Schnapp, B. J., Vale, R. D., Sheets, M. P., et al. (1985) Cell **40**:455-462.
5) Takeuchi, M., Karahara, I., Kajimura, N., et al. (2016) Mol. Biol. Cell **27**：1809-1820.

第VIII部
クライオ電顕法

1 CEMOVIS

1.1 凍結切削の原理

　これまでの章で，凍結固定後のワークフローとして凍結割断法，フリーズレプリカ法，凍結置換法などについて紹介されている．これに対して，凍結試料をクライオミクロトームで薄切しcryo-TEMで観察する手法はcryo electron microscopy of vitreous sections (CEMOVIS) という．非晶質の氷は135 K (−138.15℃) 以上になると相転移して氷晶を形成してしまうため（図VIII.1.1)[1]，試料作製から観察までの全過程で厳密な温度管理が必須となる．

　凍結超薄切片の作製には冷却窒素ガス雰囲気下で切削可能なクライオミクロトームを用いる．筆者らが使用しているウルトラミクロトーム EM UC7（ライカマイクロシステムズ）にクライオ切削システム EM FC7（ライカマイクロシステムズ）を取り付けた『クライオミクロトーム』での試料作製法について述べる．EM FC7 は−185 〜 −15℃の範囲で任意に温度設定した冷却窒素ガス雰囲気下で切削を行うことができる．クライオチャンバーの左手側に液体窒素プールがあり，そこから生成される冷却窒素ガスがチャンバー内から常に一定量フローアウトする仕組みになっている．チャンバーは精密作業と実体顕微鏡観察のためオープントップとなっているが，内部は常に陽圧になるため，チャンバー表層で生成される霜がチャンバー内に落ち込みにくい構造となっている．

　凍結試料は温度が高いほど柔らかく，温度が低いほど硬い．柔らかいほど厚く切りやすいので面出しやトリミングに向き，試料が硬いほどより薄い切片が得やすく超薄切片作製に向く．そのため，超薄切片作製に適した温度設定が不可欠である．CEMOVISと同様にクライオミクロトームで切削を行う凍結切片法の1つである徳安法では，一般的に−80 〜 −60℃でトリミングを行い，−120 〜 −100℃で超薄切片作製を行う．しかし，氷晶防止処理して凍結した試料を用いる徳安法と異なり，CEMOVISの場合この温度帯にすると氷晶が形成されてしまう．

　樹脂包埋試料で用いられるウェット切削では水を潤滑剤かつ伸展剤として使用する．これに対して，CEMOVISで用いられる温度帯で液体であり切片が浮かぶ物質は知られていないため，ドライ切削をする必要がある．ウルトラミクロトームの切削機構はかんな削りに近く，試料表面に逃げ角を持ってナイフを当てながら滑らせることで切片が繰り出される．ドライ切削では切片が繰り出される際，ナイフ表面との摩擦で刃先にたまっていくので，プローブ（ヒトのまつげ，動物（例えば，ミンク，キツネ，ダルメシアン）の毛，歯ブラシのナイロン毛など）で切片をリードしながら切削を行う必要がある（図VIII.1.2）．

　液体窒素や135 K以下の冷却窒素ガスによって空気中の水が急速に冷却されると，微小な霜（結晶性の氷）が生じる．これが超薄切片に付着

図VIII.1.1　氷の相転移

図 VIII.1.2 凍結切片のリード（口絵19参照）

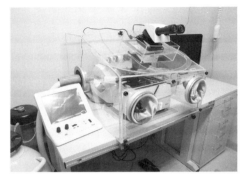

図 VIII.1.3 クライオスフェアに格納されたクライオミクロトーム

すると cryo-TEM 観察を著しく妨げるコンタミネーションとなる．また，切片積載前のグリッドに霜が付着してしまうと積載した切片とグリッドとの密着が阻害され，ドリフトの原因となる．そこで，霜の発生を極力防ぐため，防霜グローブボックスであるクライオスフェア（ライカマイクロシステムズ社）を用いるとよい（図 VIII.1.3）．クライオスフェアはクライオミクロトームのほぼ全体を収納できるアクリル製の簡易式グローブボックスで，クライオチャンバーからフローアウトした窒素ガスがクライオスフェア内に充満したのち，クライオスフェアと防振機との接続部に設けた隙間からフローアウトする構造になっている．さらに，窒素ガスをクライオスフェア外から積極的に送り込むことも可能である．高温多湿な日本においても気候・天気にかかわらずクライオスフェア内部の湿度を10%程度に保つことができ，クライオチャンバー内の霜の発生を大いに抑制することにより，長時間コンタミネーションフリーでの作業が可能である．

1.2 cryo-TEM 観察

CEMOVIS では生物試料を無染色のまま観察する

ため，散乱コントラストでは観察が困難である．そこで，主に位相コントラストを用いて観察する．そのため，薄い切片を用いることが重要である．また，非晶質氷は閾値以上の電子線を照射すると相転移して氷晶を形成する．電子線を当てすぎると凍結試料はダメージを受ける．そのため，撮影したい場所を外して焦点合わせをし，最小限の電子線照射量で高感度の CCD カメラを用いて撮影する．こうした撮影システムは，cryo-TEM 観察に必須であり，各メーカーにより名称の違いはあるものの，今日ではすべての cryo-TEM に搭載されるようになった．

1.3 標本作製

1.3.1 キャリアーの切り出し（必要に応じて）

高圧凍結（VIII.5.3 参照）した試料は通常，金属製のキャリアーの中に埋まっているため，超薄切削の前に金属を除去して試料のみ突出させる必要がある．そのため，必要に応じて，事前に液体窒素中で金属製のカッターでキャリアーと試料を切断して試料を露出させる（図 VIII.1.4）．これを 135 K 以下に冷却したクライオチャンバー内へ搬送する．

1.3.2 精密トリミング（必須）

クライオチャンバー内に搬送した試料をそのまま試料ホルダーにチャックする．もしくはクライオグルー（エタノール：イソプロパノール＝2：1 v/v）を用いてクライオミクロトームの試料ピンに張り付ける[2]．クライオグルーは凝固点降下により −140℃ 付近では流動性があるが，温度の低下に伴って粘性が上昇し，−160℃ 付近になると固まる．チャンバー外で試料ピンの頭にクライオグルーを数 μL 塗り，−150 〜 −145℃ に冷却したクライオチャンバー内に

図 VIII.1.4 キャリアーを切断し，露出した試料（口絵20参照）

図 VIII. 1. 5　試料の精密トリミング（口絵 21 参照）

入れる．クライオグルーの上から試料を載せ，平らに接着されるようピンセットで押し付けてから液体窒素に浸漬して冷却し，固着させる．その後，クライオチャンバーをさらに －165 ～ －160℃ まで冷却して作業を行う．粘性があった方が作業に都合が良い場合は適宜チャンバーの温度を調節する（ただし，使い勝手が良い手法とはいえない）．

トリミングの精度は切削性と密接にかかわっているため，CEMOVIS ではトリミングにも専用のダイヤモンドナイフ（DiATOME 社）を用いる．トリミング用のダイヤモンドナイフには左右の角に 20° のテーパーがあるもの（trim 20，旧 cryotrim 20）と 45° のもの（trim 45，旧 cryotrim 45）が市販されている．この角を試料に当てて切削すると，ナイフ自体を回転させなくても試料をピラミッド状に整形することができる（図 VIII. 1. 5）．

trim 20 を用いた場合，形成できるピラミッド型の斜面の角度が急になるため，試料先端が非常に細くなる．試料に柔軟性がない CEMOVIS では超薄切片作製時に加わる力で試料が折れてしまう可能性がある．そのため，筆者らは trim 45 を使用している．ただし，銅製のチューブキャリアーのトリミングには，銅を極力除去するために trim 20 を用いる．また，切片の面積は樹脂ブロックの場合より小さくする必要がある．ほぼ位相コントラストのみで観察する CEMOVIS では適切なコントラストを得るためには切片を 25 ～ 35 nm と薄くする必要がある．このためには，試料の横幅を狭くするとよい．作製する超薄切片の厚さによるが，90 μm 角 ～ 150 μm 角にする．

だが，いずれの環境でも，窒素ガスでパージされたチャンバー内は非常に乾燥しており試料が静電気を帯びやすい．切削するという行為自体も静電気を発生させてしまう．この静電気により切片の取り扱いが著しく困難になる．そこで，静電気制御装置 EM CRION（ライカマイクロシステムズ社）を用いて除電をしながら切削を行う．EM CRION は後述の蓄電効果も併せ持っている．

1. 3. 3　超薄切片の作製

前述の通り，ドライ切削にて超薄切片を作製する．一般に，刃角 45°（cryo dry 45°）または 35°（cryo dry 35° または cryo immuno）の超薄切片作製用ナイフが用いられている．筆者らは切削時の圧縮応力が少ない 35° を使用している．ここでは特に静電気が問題となるため，EM CRION の除電レベル 5 前後（中間レベル）で除電しながら切削を行う．除電レベルは切れ方によって適宜調節する．切片がトリミングにより帯電した試料表面に引き寄せられてしまう場合，レベルを下げる．これに対して，切片がナイフ表面に付着する場合や，しわができて折り畳まれる場合，レベルを上げる（電極と対象物との距離も重要である．近いと強まる．レベルと共に調整すると良い）．

切れた切片は holey carbon 支持膜付きのグリッドに積載する．これは表面が非常に平滑で，均一な大きさの微細な孔があいたカーボン支持膜付きのグリッドである．QUANTIFOIL（Quantifoil Micro Tools 社）よりも物理的強度のある C-flat（Protochips 社）を使用している．まず，プローブを用いて切片をグリッド上に移動させる．この際，従来は片手でピンセットを用いてグリッドをナイフ近傍に固定しながら，もう一方の手で切片のプローブ操作をしなければならず，難易度の非常に高いテクニックであった．EM FC7 ではグリッドの固定を容易に行えるマイクロマニピュレータシステムが開

図 VIII. 1. 6　マイクロマニピュレータシステムを用いた超薄切片の回収．(1) ダイヤモンドナイフの直近で試料を回収．CRION にて静電的に切片をグリッドに接着させる．(2) 切片を載せたグリッドを，ダイヤモンドナイフから遠ざけ，グリッドボックスの近くに寄せる．(3) グリッドボックスにグリッドを格納する．(4) グリッドをピンセットから離す．

図 VIII. 1. 7　CRION により静電的に凍結切片を密着させたグリッド

発された（図 VIII. 1. 6）．

　専用の先曲りピンセットをクライオチャンバーのトッププレート付属の三軸ゴニオ付きピンセットホルダーに取り付けることで，ピンセットでつかんだグリッドをダイヤモンドナイフの刃先ぎりぎりまで安全に近付けることができる．ピンセットを正方向でレールに取り付けるとグリッドが水平に固定される．載せた切片は薄く脆い．さらに，支持膜も同様に無理な力が加わると破れてしまう可能性があるため，物理的な圧着などをせず，EM CRION の蓄電機能によってグリッドを蓄電させることで holey carbon 支持膜に切片を静電的に密着させる（図 VIII. 1. 7）．このグリッドを専用グリッドボックスに格納して，霜の付着を防ぎながら cryo-TEM まで搬送する．マイクロマニピュレータ用ピンセットをピンセットホルダーに取り付けた状態で上下反転させると，グリッドが垂直下方向を向くため，ナイフホルダーに付属のグリッドボックスホルダーにセットした縦入れのグリッドボックスに格納できる．近年，グリッドだけではなく切片もマニピュレータ操作可能となるダブルプローブマイクロマニピュレータ（ライカマイクロシステムズ社）が開発された．このシステムを用いることにより，切片の回収効率が大幅に向上した．

　凍結切片はクライオトランスファーホルダーを用いて液体窒素温度を維持したまま cryo-TEM へ搬送する．クライオトランスファーホルダーには液体窒素中で試料ホルダーの先端部にグリッドを装填するためのワークステーションがあり，ここにグリッドボックスを搬送する．ワークステーション中でグリッドボックスからグリッドを取り出し，クライオトランスファーホルダーに取り付け cryo-TEM に挿入する．

1. 3. 4　用途

　CEMOVIS では図 VIII. 1. 8（大腸菌の CEMOVIS 写真），ならびに図 VIII. 1. 9（酵母の CEMOVIS 写真）に見られるように，自然の状態に近い細胞を分

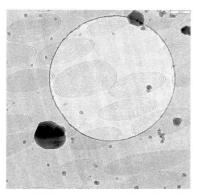

図 VIII. 1. 8 大腸菌の CEMOVIS 写真. 写真に写っている黒いつぶ（大小さまざま）は, 試料に付着した霜. 結晶性の氷である霜は, cryo-TEM で凍結試料を観察する際に, 非常に強いコントラストを持ったコンタミネーションとなる.

図 VIII. 1. 9 酵母の CEMOVIS 写真

子分解能で観察できる．また，CEMOVIS に電子線トモグラフィーを併用することでタンパク質の 3 次元構造解析が可能である（tomography of vitreous sections : TOVIS）．TOVIS はタンパク質を結晶化せず in situ で構造が観察することができるという点で，非常に優れている．TOVIS によりリボソームの 80S サブユニット[3] やデスモソーム（カドヘリン）[4] などの立体構造が報告されている．しかし，CEMOVIS においては，信号/ノイズ比（S/N 比）が非常に小さいうえ，切片作製後の染色が困難であるため分子を同定するのが難しい．筆者らはこの問題点を克服するため，金属結合タンパク質を用いた遺伝的コード化標識法を開発している．これは蛍光顕微鏡観察における GFP などの蛍光タンパク質標識に相当する．電子顕微鏡観察では標識タンパク質として金属結合タンパク質（メタロチオネイン）を用いる[5]．

1. 3. 5　課題，応用

自然の状態に近い細胞を観察できる CEMOVIS だが，弾性の低い氷を切削することによるアーティファクトも存在する[6]．前述の通り，ドライ切削では切片がナイフ表面で折れ曲がりながら繰り出されてくる．弾性がある試料は伸展させれば元に戻る．しかし，氷は曲がった際に切削方向と直交した方向に割れ目（クレバス）が生じる．また，切削により切片が圧縮されて変形が生じることがある．これらは刃角の小さいナイフを用いることで軽減できる．刃角 25° のナイフ（cryo dry 25°）も市販されているが，刃角を小さくすることはナイフ先端部の耐久性の低下につながるため，取り扱いには細心の注意が必要である．切削性と耐久性とのバランスから 35° のナイフが，現状では CEMOVIS に最適と考えている．

切片を作製した残りの試料断面には前述のようなアーティファクトは生じにくく構造保存性が高い．そこで，筆者らは現在この断面を cryo-SEM で観察する手法も行っている[7,8]．組織全体への，よりワイドな領域の観察に優れた方法である．EM FC7 のチャンバー側面に凍結試料を取り出すための導管を設ける改造を行った EM FC7T から真空冷却トランスファー装置 EM VCT100（ライカマイクロシステムズ社）を用いて，切削した試料を冷却状態で霜の付着を最小限に抑えながら cryo-SEM に搬送することができる．cryo-SEM のステージ温度をコントロールして試料をわずかにエッチングすれば，2 次電子像により細胞構造を観察することができる．また，真空冷却トランスファー装置を使うことで，一度観察した試料を再び EM FC7T や他の試料前処理装置に搬送することもできるので，切削と観察を繰り返して目的部位を探すことも可能である．さらに，今後はこれまで主に材料系分野の試料作製法として発展してきた cryo-FIB（focused ion beam）（XII. 1. 2 参照）および cryo-ion milling を用いた，凍結生物試料の薄膜化や断面作製への適応にも期待したい．

［伊藤喜子・宮澤淳夫］

参考文献

1) Dubochet, J., McDowall, A. W. (1981) J. Microscopy **124** : RP3-RP4.
2) Richter, K., Dubochet, J. (1989) Experientia **45** : A42.
3) Frank, J., Wagenknecht, T., McEwen, B. F., *et al.*

(2002) J. Struct. Biol. **138**：85-91.
4) Al-Amoudi, A., Castaño-Diez, D., Devos, D. P., *et al.* (2011) PNAS **108**（16）：6480-6485.
5) Nishino, Y., Yasunaga, T., Miyazawa, A. (2007) J. Electron Microscopy **56**（3）：93-101.
6) Al-Amoudi, A., Dubochet, J., Studer, D. (2002) J. Microscopy **207**：146-153.
7) Ito, Y., Nishino, Y., Miyazawa, A., *et al.* (2015) Microscopy **64**（6）：459-463.
8) Shimanuki, J., Ito, Y., Miyazawa, A., *et al.* (2017) Microscopy **66**（3）：204-208.

2　電子線結晶学

　細胞骨格を形作るアクチンやチュブリンなどのような線維タンパク質は，生体内でらせん状に並んで機能している．また，膜タンパク質は脂質二重層中に2次元状に局在しており，古細菌に存在するバクテリオロドプシンのように，生体中で規則正しく並んで，2次元結晶を形成している場合がある．天然には規則配列がないタンパク質についても，例えば膜タンパク質を適当な条件で脂質二重層に再構成することで，らせん対称性を持つチューブ状の結晶や2次元結晶を作製できることもある．このような規則正しく整列している生体高分子の構造は，その周期配列を利用して，原子モデルを決めたり，2次構造を可視化したりできるような高分解能で立体構造解析を行うことができる．2次元結晶の場合には電子線結晶学で，らせん対称性を持つ試料の場合にはらせん再構成法により，その立体構造を計算する．

　一方，ウイルスなどの場合，正二十面体対称を持ってタンパク質が配列している場合があり，その対称性を用いて構造解析を行うことができることが知られている．そこで，ここでは規則性を持つ試料に利用できる，電子線結晶学，らせん再構成，正二十面体対称からの再構成の三つの手法について，その概略を説明し，それらの手法を用いて期待できる結果に関して，実例を挙げて紹介する．

2.1　電子線結晶学

　膜タンパク質は生体内で2次元状に局在しており，水溶性タンパク質と比較して，X線結晶構造解析に用いる3次元結晶を作製するのが困難であることが知られている．一方，古細菌に存在する光駆動プロトンポンプであるバクテリオロドプシンなどで，天然の細胞膜内で膜タンパク質が規則的に配列しており，2次元結晶を形成していることが知られている．また，天然では2次元結晶を形成していない膜タンパク質についても，適当な条件で脂質二重層に再構成することで2次元結晶を作製することができる．そのような2次元結晶から，電子回折により構造因子の強度情報を得て，電子顕微鏡像からの画像解析

により位相情報を得ることで，原子モデルが得られるような立体構造を計算することができる[1]．

2.1.1 2次元結晶作製

膜タンパク質の2次元結晶を作製するには，まず，目的の膜タンパク質を精製する必要がある．そこで細胞を破壊し，その膜画分から適当な界面活性剤を用いて，膜タンパク質を可溶化する．この際，界面活性剤の選択は重要で，膜タンパク質がその立体構造をなるべく安定に維持する界面活性剤の利用が望ましい．温度変化に対する安定性を測定し，変異などにより安定性を向上させる場合もある．その後，同じく界面活性剤で可溶化した脂質を適当な比率で混ぜて，透析ボタンを用いて透析膜を通して界面活性剤を取り除く．透析で取り除くため，臨界ミセル濃度が高い界面活性剤が2次元結晶化に適している．透析の期間，一定の温度に保つ場合が多いが，例えば，透析開始24時間後から温度を37℃に上げて，その24時間後に元の20℃に戻すことで，結晶性を向上できることもある．

界面活性剤がなくなると，沈殿が溶液中に観察できるようになる．そこで，十分に界面活性剤が除去できた後，その沈殿を含む溶液をピペットマンなどでよく攪拌して，溶液を透析ボタンからエッペンチューブに移す．カーボン膜を張ったグリッドにその溶液を載せ，負染色を行い電子顕微鏡観察する．比較的大きな膜について，その内部を数万倍以上の高倍率で観察することで，規則正しく並んだ結晶を確認できる．膜外部分が小さい膜タンパク質の場合には，高倍率でも規則的な格子が明瞭でない場合があるが，その高倍像をフーリエ変換することで格子点を明瞭に観察できる．そのため，リアルタイムに画像を取得し，そのフーリエ変換ができる電子顕微鏡用カメラが利用できると結晶の確認作業が効率的になる．

膜タンパク質以外にも，膜タンパク質と相互作用するタンパク質について，人工脂質膜を用いて2次元結晶が得られた例がある．また，適当な相互作用を行うタグを用いて，人工脂質膜を用いた2次元結晶も得られている．しかし，これらの2次元結晶からは電子顕微鏡試料の作製が難しく，高分解能の解析はこれまで成功していないので，現在では電子線結晶構造解析は，主に膜タンパク質に応用されている．

2.1.2 電子顕微鏡観察と画像解析

2次元結晶が得られたら，そこから電子回折と電子顕微鏡像を撮影する．電子顕微鏡内は真空のため，2次元結晶をカーボン膜上でトレハロースなどを用いて包埋し，液体窒素で凍結した後に低温ステージを持つ電子顕微鏡に挿入する．その凍結グリッドの作製手順を図VIII. 2.1に示す．そして，そのまま凍結試料を電子顕微鏡観察し，試料の電子線による損傷を最小に抑えて，高分解能のデータを収集する．立体構造を得るためには，試料を傾けて，いろいろな方向からデータを得る必要がある．なるべく高傾斜の試料からデータを得ることで，逆空間でデータが得られないミッシングコーンと呼ばれる領域を最小とするようにする．試料を傾けると，2次元結晶を載せたカーボン膜に凹凸があると，傾斜軸と垂直方向の回折強度が弱くなるので，高真空でカーボンをマイカ表面に蒸着することで，原子レベルで平らなカーボン表面を作製する．また傾斜すると，電子線照射による試料の帯電により，像が動くといわれており，その影響を最小に抑えるには，2枚の同じ

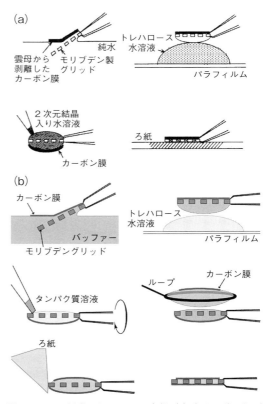

図VIII. 2.1 通常のトレハロース包埋（a）とカーボンサンドイッチ法（b）

厚さのカーボン膜で試料を挟むカーボンサンドイッチ法が有効である[2]．

低温電子顕微鏡を用いて，電子回折から構造因子の強度を，電子顕微鏡像からは構造因子の位相を得て，その構造因子をフーリエ変換することで，立体構造を計算することができる．立体構造の計算には，X線結晶構造解析でも用いられるCCP4ソフトウエアを利用できる．電子顕微鏡像の画像解析には，2dxソフトウエア（http://2dx.org/）を用いることができる．実際には，このプログラムはMRCプログラムを利用しており，それを用いれば，電子回折からの強度計算もできる．そして，得られた立体構造からの原子モデルの作製には，X線結晶構造解析で一般的に用いられているcootなどを用いる．

2.1.3 電子線結晶解析の具体例

最後に，電子線結晶構造解析により原子モデルが得られたいくつかの実例を紹介する．まず，古細菌の膜表面で，天然で2次元結晶を形成しているバクテリオロドプシンについて，電子線結晶学による研究が進み，その原子モデルが得られるとともに，MRCプログラムなどの基本的な技術開発が行われた．バクテリオロドプシンは光駆動プロトンポンプで，光のエネルギーを用いてプロトンを細胞内から細胞外へ排出する．その効率を高めるため，細胞表面で密に存在し，2次元結晶を形成していると考えられる．

次の例として，水チャネルであるアクアポリンについて，そのファミリーのいくつかのメンバーが，電子線結晶構造解析により原子モデルが決定されている．ヒトの赤血球膜に大量に存在するAQP1について，透析法により2次元結晶が作製され，その3.8Å分解能の立体構造から原子モデルが報告された．その構造から，分子中央付近に，一部がほぼ水分子の大きさの水透過経路があることが明らかになった．また，脳に存在するAQP4については，2次元結晶2枚がAQP4の細胞外のループで相互作用することで重なった二層結晶が得られており，そこから2.8Å分解能の構造解析が行われた．目に存在するAQP0においても同様に二層結晶が得られ，現在までの最高分解能である1.9Å分解能で解析されている．

2.2 らせん再構成法

細胞骨格を形成するアクチンやチューブリンなどのタンパク質は，生体内で線維状に重合することで機能しており，それら分子は線維中でらせん対称性を持って配置している．また，膜タンパク質の2次元結晶を作製しているときに，膜が曲率を持つことで，チューブ状の結晶が成長し，同じく構成分子がらせん対称性を持って配置する場合がよくあることが知られている（図VIII.2.2）．これら，らせん対称性を持つ試料から，らせん再構成法を用いることで立体構造を得ることができる．

2.2.1 電子顕微鏡観察と画像解析

天然でらせん対称性を持つ試料やチューブ状の結晶が作製できた場合，その低温電子顕微鏡像を撮影する．そのため，カーボン膜に適当な大きさの孔があいているマイクログリッドを用いて，そのグリッドに試料が入った溶液を載せ，余分の水を濾紙で吸

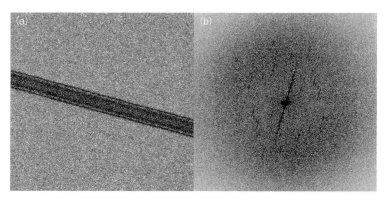

図VIII.2.2 負染色した膜タンパク質のチューブ状結晶試料の電子顕微鏡画像（a）と，そのフーリエ変換（b）で観察できる層線の例

い取った後，液体エタンで急速凍結することで，電子顕微鏡観察に適したグリッドを作製することができる．マイクログリッドとして，最近は規則的に決まった大きさの孔があいている QUANTIFOIL や C-flat が販売されており，それを利用する場合が多い．それらのグリッドは，クロロホルムなどで洗浄してから使用する．試料にもよるが，グリッドは使用直前にグロー放電により親水化する場合が多く，濾紙で裏面から吸い取ることで，多くの線維が孔を横切るように配置することができる．最近はVitrobot などの自動急速凍結装置を用いて凍結する場合も多く，装置によっては片面から濾紙で吸い取ることはできない．S/N を向上するため，なるべく薄い氷ができるように，溶液量や濾紙で吸い取る時間を変化させて凍結し，最適な条件を見つける．

このようにして得られた低温電子顕微鏡像から，そのフーリエ変換を計算すると，分子のらせん対称性の配置により軸と平行方向に周期があるので，その周期に対応する層線と呼ばれる線状の強度が観察できる．このときに，なるべく真っすぐ配置している線維部分を切り出す．また，その層線ごとにらせん対称性に起因するベッセル関数で記述できる強度分布をするので，その層線の位置とベッセル関数の次数から，どのようならせん対称性を持つか推定する．そして，らせん対称性を用いてフーリエ・ベッセル変換を行うと，らせん対称性がよい場合には，1 枚の画像からでも立体構造を得ることができる．その解析には MRC プログラムや Phoenix パッケージなどを用いることができる．ただし最近は，らせん対称性を持つ試料の場合にも，その対称性からのずれ補正などのために，フーリエ・ベッセル変換を用いず，IHRSR（iterative helical real space reconstruction）法など単粒子解析を基本とした方法で立体像を得る場合が多い．

2.2.2 らせん再構成の具体例

このらせん再構成法を用いて，ニコチン性アセチルコリン受容体について，高分解能の構造解析が行われ，原子モデルが得られている．ニコチン性アセチルコリン受容体はシビレエイの発電器官に大量に存在し，その膜画分を適当な結晶化条件に置くことで，チューブ状の結晶が成長することが知られている．そのチューブ状結晶を用いて，フーリエ・ベッセル変換を用いた通常のらせん再構成法により，原子モデルが得られる高分解能の構造が決定されている．また，急速凍結前にアセチルコリンを吹き付けることで，チャネルが開いた中間体の構造解析も行われている[3]．

また最近，単粒子解析を元にした IHRSR 法を用いて，アクチン線維の 6.6 Å 分解能が報告され，その 2 次構造を可視化することができた．天然で細胞骨格などとして重要な役割をしている線維状タンパク質の多くがらせん対称性を有しているので，それらの立体構造解析にも，らせん再構成法は有効と考えられる．線維状タンパク質は，膜タンパク質のチューブ状の結晶と比べて，より細い場合が多く，そのため曲がりやすいので IHRSR 法が有効だったと思われる．また，そのような細い線維についてコントラストのよい電子顕微鏡像を得るために，薄い氷を再現性よく得る技術を用いて，エネルギーフィルターによる非弾性散乱電子の除去を行った[4]．

2.3 正二十面体対称からの再構成

ウイルスのキャプシドタンパク質などは自己集合し，正二十面体対称性を持つ粒子を形成することが知られている．このような粒子の構造は，正二十面体対称を用いた立体再構成により，かなり高い分解能で解析することができる[5]．実際，アクアレオウイルスの原子モデルが，その低温電子顕微鏡像からの立体構造解析により得られている．

2.3.1 電子顕微鏡観察と画像解析

正二十面体対称性を持つウイルスなどの粒子については，チューブ状の結晶のときと同様の方法で，電子顕微鏡グリッドを作製する．高分解能の解析をするためには，数万個の粒子が必要で，そのデータ収集のため，電子顕微鏡像でのウイルスなどの粒子の密度は高いことが望ましい．それらの像から正二十面体対称性を利用した再構成により，その立体構造を得ることができる．正二十面体対称性を持つ粒子の向きを決定するには，共通線探索（common line search）といわれる手法が利用できる．同じ粒子からの投影像は，その立体構造のフーリエ変換図形の中心を通る二つの断面となる．そのため，その 2 面の交線として，共通線を持ち，その線上は同じ構造因子を持つ．正二十面体対称性があると，60 の対称要素を持つので，それに対応して異なる方向か

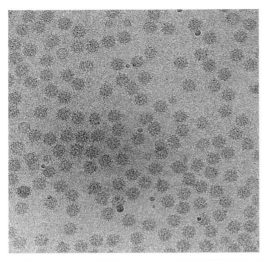

図 VIII. 2. 3 ヒトE型肝炎ウイルスの低温電子顕微鏡像の例

らの投影像が同じになるので,投影像のフーリエ変換図形上に37ペアの共通線ができる.そこで,この37ペアの共通線上の差分を最小化することで,粒子の向きを決定することができる.

そのような共通線探索を行って,正二十面体対称性がある主にウイルスの構造解析が行えるプログラムとして,IMIRSやSAVRなどがある.ウイルスは大きな粒子が多く,対称性も用いて向きなどが正確に決定できるので,分解能が向上する場合が多い.しかし,その大きさから計算時間も必要となり,現在は,それらのプログラムを用いて計算機クラスタで計算を行う場合が多い.実際のウイルス像の電子顕微鏡写真を図 VIII. 2. 3 に示す.このようにウイルスはコントラストよく電子顕微鏡観察できる場合が多く,電子顕微鏡による構造解析に適した試料ということができる.

2. 3. 2　正二十面体対称を用いた解析の具体例

実際,正二十面体対称を用いた構造解析により,アクアレオウイルスの原子モデルが決定されている.アクアレオウイルスは,エンベロープのない二重鎖RNAウイルスで,レオウイルス科に属する.その3.3 Å 分解能の構造解析により,その感染可能な(primed)状態の立体構造が決定され,その細胞への侵入に必要な膜挿入タンパク質の露出のための,自己切断に関する知見が得られている.その休眠状態の原子モデルは,X線結晶構造解析により得られていたが,結晶化を必要とせず,準備した試料をす

ぐに急速凍結して用いる低温電子顕微鏡法は,準安定な構造の解析に適していると考えられる.また,その高分解能構造解析のために,平行性のよい電子照射系を用いるとともに,コマ収差を最小とする電子顕微鏡の調整も行われた.　　　　　　［光岡　薫］

参考文献

1) Kühlbrandt, W. (2013) Methods Mol. Biol. **955**:1-16.
2) Mitsuoka, K. (2011) Micron **42**:100-106.
3) Fujiyoshi, Y., Unwin, N. (2008) Curr. Opin. Struct. Biol. **18**:587-592.
4) Fujii, T., Iwane A. H., Yanagida T., et al. (2010) Nature **467**:724-728.
5) Grigorieff, N., Harrison, S. C. (2011) Curr. Opin. Struct. Biol. **21**:265-273.

3 単粒子解析による生体高分子の構造解析

粒子状の生体高分子複合体の構造の電子顕微鏡による解析を一般に，単粒子クライオ電顕（single particle electron cryo-microscopy）あるいは単粒子解析（single particle analysis）という．単粒子解析は，タンパク複合体の構造を中〜高解像度（約20-3 Å）で研究するために非常に有用である．

実験は以下の手順で行われる．まず，生化学的に均一なサンプルを精製する．次に，観察目的に応じて，負染色（negative staining），負染色急速凍結硝子化（cryo-negative staining），あるいは，染色せずに急速凍結硝子化（unstained vitrified）などの方法で，精製した粒子を包埋した透過型電顕用標本グリッド（grid）を作製する．そして，グリッドを透過型電顕で観察し，粒子像のデータを大量採取する．高品質かつ高解像度の情報を得るため，安定した装置と適切な電子光学系（例えば，FEI Titan Krios, エネルギーフィルター，位相プレート[1,2]），直接電子検出器（direct electron detector，例えば，Gatan K2 Summit），そして，自動的にデータを大量採取するコンピュータソフトウエア（例えば，FEI EPU や SerialEM[3]）を用いる．データ採取後，画像解析をし，3次元構造モデルを計算する（例えば，Relion2[4] ソフトウエア）．計算負荷が大きいので CPU クラスタと GPU クラスタの両方を使う．

コンピュータを用いた画像解析が必要なのは，①生の電顕粒子像はシグナルが弱くノイズが多いため，②透過型電顕により得られるデータは3次元粒子の2次元像であるため，③急速凍結硝子化した粒子は電子線にさらされると多少動くので，通常の直接電子検出器を用いて時系列的に記録した画像（movie frames）の粒子移動を補正する必要があるため，さらに④電顕粒子像は電子線が粒子のコントラストを生成するメカニズムの影響により修飾を受けており，粒子の正しい形態を抽出するには修飾の補正が必要なためである．"たくさん（数十〜百万）"の粒子像を集めなければならないのは，少数の粒子像では情報が不十分で，画像解析を用いて統計的に意義のある構造を抽出する必要があるからである．

最後に，計算によって得られたモデルの検証と解釈を行い生物学的に有用な情報を抽出する．近年は到達する解像度が高くなったため，構造生物学的情報を得ることができる．単粒子解析によって得られる情報の守備範囲は広く，構造生物学だけではなく，細胞生物学，分子生物学，神経科学をはじめ，あらゆる基礎医学的研究にわたる．結晶化しにくいタンパク複合体でも単粒子解析は適応できる．

本章では，単粒子解析をこれから行おうとする構造生物学の背景を持たない生物学者を対象に入門の手助けになる情報を提供する．電顕を用いた構造生物学は新しい技術が常に導入される分野で，2012年以降，画像記録装置の改良とそれを用いた新しい画像解析法が導入され，さらにベイズ理論に基づく確率論的アルゴリズムによる論理的な画像分類が可能なコンピュータソフトウエア，NVIDIA 社の GPU による計算速度の飛躍的向上，より高いコントラストが得られる実用的位相フィルター，自動的データ大量採取ソフトウエア，機能的に優れた電子顕微鏡，などの導入により研究のパラダイムが革命的に変化した．今後もこれらの分野の技術的向上は数か月ごとにしばらく続くと思われる．

3.1 単粒子解析の原理

電子顕微鏡内でタンパク複合体と電子線が相互作用すると，波としての電子線の位相にずれが生じる．染色を用いないクライオ電顕法では粒子像のコントラストは電子線を波と解釈した際の位相差干渉により形成される．電子線はタンパク複合体を透過するため，タンパク複合体の表面だけではなく内部の構造とも相互作用する．したがって，粒子投射像にはタンパク複合体内部構造の情報が含まれ，構造生物学的な微細分子構造の抽出が可能となる．

透過型電子顕微鏡で物体を観察して得られる像は2次元画像であり，3次元情報は失われている．単粒子解析で取り扱っている問題は「固定構造を持つ粒子をさまざまな角度から透過電顕像を撮った．得られた2次元の粒子像の集合から3次元の構造を計算せよ．」である．固定構造を持つという条件が前提となることに留意されたい．さまざまな要因によって動くため，厳密には生体分子が固定構造を持つということはありえないのだが，それに近い条件を満たしていることが，高解像度の解析には必要である．逆に，さまざまな形に変化する粒子をいろいろな角

度から撮影しても，一つひとつの画像がどの形の粒子に相当するかの情報がなければ，問題があまりにも複雑で解が得られないのは直感的に理解される．生の電顕画像から個々の粒子を同定するには，自動的粒子同定（automated particle picking）をする（Relion2 に含まれている機能）．GPU を使えば，数千枚のデジタル電顕画像から数十万個の粒子を，電顕画像あたり1分程度のスピードで抽出可能である．

　3次元空間における剛体の回転は三つのオイラー角で規定できる．各粒子像に対応する三つのオイラー角とX-Y軸の変位を何らかの方法で決定することが目標となる．投射像のみを取り扱う2次元の解析では角度のパラメータは平面内の回転を定める一つの変数に簡略化される．3次元での解析，構造再構成には通常，負染色によって得られた低～中解像度の初期モデル（initial model）が必要となる．すでに構造がある程度わかっている場合，すなわち，ホモロジーの高いタンパクであれば，低解像度でフィルターしたX線構造を初期モデルとして使用するケースが近年多く見られる．初期モデルと粒子画像のデータを比較して，各粒子画像の上記五つ（三つのオイラー角とX-Y軸の変位）のパラメータを決定し，3次元構造を再構成する．実際には，位置のパラメータは初期モデルから1回で正確に決定することは困難である．旧来，初期モデルから出発し，モデルとデータの平均二乗誤差を最小化する最適化法により五つの位置パラメータを検索決定し，それに基づいた新しい3次元再構成でモデルを更新するプロセスを繰り返すことによって，モデル収束させる方法が使われていた．しかし，そのようにして得られた最終モデルは正しい構造であるという論理的導出を介していないことが指摘され，今日では，ベイズ理論に基づき，「粒子画像のデータセットが与えられたとき，五つの位置パラメータがしかるべき値をとる事後確率分布を最大化する」ことを目的にして五つの位置パラメータを最適化するアルゴリズムによる解析を行うのが主流である．例えば，Relion2 は後者のアプローチを取り，多くの研究者に利用されている．

　五つの位置のパラメータ以外に，粒子画像は contrast transfer function（CTF）の補正が必要である．光学顕微鏡の場合と同様に，電子顕微鏡でも"粒子像の形"は忠実に"粒子本来の形態"を反映していないことに留意されたい．言い換えると，像は粒子の単純な投射像ではなく，あたかも粒子本来の姿が修飾を受けたような形態をとる．修飾を受けた像から本来の粒子の形態の情報を抽出するにはどのような修飾を受けたのかを定量的に理解する必要がある．粒子像のフーリエ変換はCTFと粒子本来の形のフーリエ変換の積として表現される．フーリエ空間での積演算は実空間においては畳み込み（convolution，コンボリューション）に相当するので，フーリエ空間で商演算により補正を行うことによって，本来の粒子の形態を抽出することが可能である．要するに，CTF 補正は蛍光顕微鏡で行うデコンボリューション（deconvolution）操作に類似する．CTF そのものは焦点のずれ（defocus）と電子線波長に依存するため，撮影条件を正確に記録しておく必要がある．したがって，撮影条件が異なる二つの電顕写真のCTFは同一ではない．個々の電顕画像のCTFは撮影条件の情報があれば，CTFFIND4[5]，Gctf[6] などの画像解析プログラム（Relion2 を介して利用可能）により抽出可能である．CTF 補正により高解像度の情報がより正確に抽出できる．また，位相フィルターを用いると defocus を固定してより高いコントラストが得られる．この際，位相フィルターに蓄積する電荷の量によりコントラストの強度が変わる．位相フィルターを用いて得た画像のCTF補正は，defocus の変化によって生じたCTFの補正とは異なるが，両方とも Relion2 を介して行うことができる．

　電子線は物体に当たると散乱する．電子線の散乱には弾性散乱と非弾性散乱がある．非弾性散乱では電子線の波としてのエネルギーが減少する．非弾性散乱によって得られる像のコントラストは amplitude contrast である．一方，弾性散乱ではエネルギーは維持されるが波としての位相が変化する．位相の変化が極めて小さいとき，非散乱の波との干渉効果により像としてのコントラストが生じる．粒子像は電子線との弱い相互作用の結果生じるが，タンパク複合体の粒子像は電子の弾性散乱による位相差コントラスト（phase contrast）の貢献が高い．CTFは位相差コントラストによる像形成過程の理論から導出できる．

　計算された3次元構造の解像度を評価する方法の一つに次のような方法がよく使われる．まず，再構成に用いた粒子画像のデータを無作為に2分割し，半分のデータセットからそれぞれ独立に3次元構造

を計算する．次に，二つの構造をフーリエ変換した後に比較し，各空間周波数（spatial frequency）の近傍での相関値（Fourier shell coefficient：FSC）が，ある基準（例えば，0.5）よりも小さくなったらそれよりも高い空間周波数は信頼できないと見なす．したがって，計算された構造をFSC＞0.5の基準に従い，有効解像度よりも高い空間分解能の情報をフーリエフィルター（Fourier filter）によって棄却するのでFSC＞0.5は絶対的基準ではない．むしろ，FSC＞0.143 Gold standard FCSが基準として使われている[7,8]．この新基準で得られる結果はX線結晶によって得られた同じ分子の構造と整合性がある．Relion2のpost-processingの機能を用いれば，この解像度評価の計算は容易に可能である．

解析のプログラムはいろいろな選択の余地があり，computationを研究室内で立ち上げるのにベンチ上での実験と同じかそれ以上の労力を要する（もちろん，ITの専門家が研究機関にいれば，助けを借りるべき）．SBGridを利用すると便利である[9]．計算負荷が大きいのでCPUクラスタとGPUクラスタの両方を使うのが標準的である．Relion2は開発者の解説通りにコンパイルすれば問題なく使える．ただし，Relion2を介して利用する，他の開発者によるプログラム（例えば，Gctf，Motioncorr2など）は個別にダウンロードする必要がある．また，利用しているシステムのNVIDIA GPUドライバーライブラリーのバージョン（cuda version）をRelion2コンパイル時に指定する必要があることに留意されたい．通常，筆者の研究室では所属機関の共有計算施設を使い，2次元画像分類では12コアのIntel Nehalem CPUを100〜200ノード（node）使用しているケースが多い．また，3次元構造分類では1CPU＋4GPUのノードとして使用している．数10万の画像粒子を10以上のクラスに3次元分類する際は2〜3の1CPU＋4GPUノードをRoCEでつなぎ1CPUをマスターにし他のすべてのGPUを奴隷として使うと，仕事にかかる時間が使用しているGPU数に逆比例する（GPUはNVIDIAのMaxwellとPascalを使用）．詳細は今後も改良が進むはずなので，常に最新の情報を研究者同士の交流によって集めることをお勧めする．上記のほかに，データ保管と移送の計画を前もってする必要がある．直接電子検出器（direct electron detector，例えば，Gatan K2 Summit）から排出されるデータのサイズはデータ収集が成功した場合，24時間で数テラバイトに及ぶので，そのデータをタイムリーに安全な場所に保管移送し画像解析を開始する必要がある．無計画だと，思わぬところで予算がかさむことがあるので留意されたい．

コンピュータによるデータの解析は数週間〜数か月もかかることが多い．得られた電顕構造は既存のX線結晶構造データと比較することでその評価を行う．7〜8Åの解像度では，2次元画像の平均像ですでにαヘリックスのタンパク質2次構造がはっきりと見える．例えば，単粒子解析ではいくつものドメインを有する結晶化しにくい大きなタンパク複合体を構造解析し，おのおののドメインのX線結晶構造と比較し構造を解釈する．また，大きなタンパク複合体の中の構造的に変形しやすい領域は再構成の過程で可視化されにくい．X線結晶構造はタンパク質の限定したコンフォメーションを取れているにすぎないことが多く，単粒子電顕構造と比較することにより，タンパク複合体のどの部分が構造的可変領域なのかを実験的に理解できる．また，逆にX線結晶構造で可視化できない可変ループ構造などが単粒子構造解析によって見える例もある．以上，簡略した大まかな原理を紹介したが，より詳細に学びたい読者には文献10）やMethods in EnzymologyのcryoEM特集を勧める．

3.2 試 料 作 製

単粒子解析ではタンパク複合体の粒子を以下の3通りの手法で透過電顕を用い観察可能である．

a. 染色を用いる方法

分子構造を電顕で観察する最も簡単で効率的な手法として負染色がある．負染色は強いコントラストが得られるため，未知の粒子を解析する際の初期実験に極めて有用である．電顕グリッドに付着したコロジオン支持膜にカーボンを蒸着して薄いカーボン膜を片面に形成させる．グロー放電によりカーボン膜を親水性にし，タンパク溶液3〜4μLをカーボン膜上に置く．30秒から5分待ったのちWhatmanのフィルター紙に余分な液体をグリッドの角に触れさせることによって取り除く．2〜5回MilliQ水でグリッドを洗浄した後，0.7% uranyl formate（あるいはuranyl acetate）を用い染色する．染色後，過剰な染色溶液を取り去り乾燥させる．この操作により，

タンパク複合体を包み囲むように薄いウラニウム塩の層が形成される．言うまでもなくウラニウム塩は放射線を発するので取り扱いに注意を要する．詳細のプロトコールは文献 11) に正確に従うことを勧める．このように作製されたグリッド上では粒子はいわゆる "preferred orientation" をとる．すなわち，ブラウン運動の影響を忠実に受けているかのごとく，粒子はグリッド上にランダムに着陸するわけではなく，ある程度バイアスのかかった付着しやすい粒子上の表面を介してグリッドに着陸する．preferred orientation のために特定の角度の投影像はとれないが，逆に粒子画像の整列，分類，および，整列分類後の平均像（class average）の計算には系の複雑さが減少し有利となる．筆者の経験では preferred orientation を考慮しても上記の方法により，試料作製の条件決めに十分な情報が得られる．タンパク複合体は uranium ほど電子線を散乱しないため，得られる粒子の電顕像は背景が暗く，タンパク複合体粒子が白抜けとなる．粒子そのものを観察しているのではなく，粒子を取り囲むウラニウム塩を観察していることに留意する必要がある．言い換えれば，タンパク複合体と溶液との境界を観察していることになる．乾燥したウラニウム塩は電子線照射に対しタンパク複合体そのものよりはるかに安定であるため，照射による粒子像の変形は比較的小さい．粒子によっては染色液の影響を受け構造が部分的に崩れることがあることに留意する必要がある．

b. 染色なしによる方法（一般に単にクライオ電顕法と呼ばれることもある．広義のクライオ電顕法は 2 次元結晶法やトモグラフィー法など他のものも含む）

このアプローチでは試料溶液を電顕グリッド d 内の薄膜に形成された微細な孔の中に薄い溶液層を張り急速凍結により硝子化（vitrification）を行う．タンパク質を含む水溶液を冷却した場合，かなり高速度で冷却しない限り水分子が微細な結晶を形成し，タンパクの構造が破壊するか，あるいは，タンパクは天然では起こりえない変形を受ける．急速に冷却すると氷の結晶が形成されずに凍結状態を達成することができる．この状態では水分子および溶液中のタンパク複合体はお互いにランダムに配置し，実質的に何も人為的な干渉を受けてない溶液中のタンパク複合体の構造が維持されている．したがって，鏡筒内の試料周辺を低温にし，凍結状態を維持したま

ま透過型電顕を用いて自然に最も近い状態の粒子像を記録することが可能である．クライオ電顕を行うためには，電子光学系はそれにふさわしいものが必要となる．タンパク複合体内の原子は水分子を形成する窒素と酸素と原子番号が近いために，電子線を被弾性散乱する強度差は背景にある溶液とタンパク複合体との間でわずかである．そのため，クライオ電顕の生の粒子像はノイズが多く背景とのコントラストは非常に弱い．データを活用するには画像解析が不可欠になる．

染色や化学固定をいっさいしていない溶液中の粒子を観察するには，グリッド上で粒子溶液を急速凍結し結晶構造を持たない水分子よりなる氷に包埋する．つくり方はさまざまな技術的詳細を伴い，研究室によっては自製の装置を作製しているケースもあり，また高価ではあるが FEI 社製の Vitrobot という市販の装置も存在する．グロー放電によって親水性にしたグリッドをピンセットで支持し，2 μL の試料溶液を親水性のカーボン膜側に apply する．短時間放置した後に余分な水を濾紙で取り除く．その直後にグリッドをピンセットの先端ごと液体エタンまたはプロパンの中に完全に浸し急速凍結を達成する．液体窒素を用いない理由は沸点と液化点が近いので気体の層が浸したグリッドの表面に形成され，グリッドの熱伝導度を下げ急速凍結を阻害するためである．液体エタンならびにプロパンは沸点と液化点が十分に解離しているため，グリッド表面に気体層を形成しにくく，急速凍結がより効率的である．余分な水分を取り除くことにより，電子線が透過するのに適切な薄さ（100 nm もしくはそれ以下の薄さ）の凍った溶液の膜がグリッド中に残るようにするには経験が必要である．温度，湿度，水分の取り除き具合，溶液の粘性（主に，タンパク濃度，緩衝液組成によって作用される）などのパラメータをコントロールするのが重要である．Vitrobot を用いると条件決めが再現性高くコントロールできる．分子量 500000 以下のタンパクによっては薄い氷でなければ十分にコントラストが得られない．数 μm の孔がたくさんあけてあるカーボン支持膜の施してある holey carbon grid（製品名：QUANTIFOIL，C-flat），または孔のあいていないカーボン支持膜の施してあるグリッドを目的に応じて使い分ける必要がある．上述した preferred orientation の導入および，カーボン支持膜に散乱された電子線由来のノイズを避ける

ためにはカーボン支持膜中の孔の中に形成された凍結試料を観察するのが望ましい．

c．cryo-negative staining

これは上述の2手法の部分的長所を合併した方法である．電顕用グリッド表面のカーボン膜に付着したタンパク複合体を短時間 0.7% uranyl formate（あるいは，uranyl acetate）で処理した後，余分な水分を取り除いた後，急速凍結し水分子が結晶構造化していない vitrified specimen を作成する．タンパク複合体溶液にはあらかじめ，cryo-protectant として 5%グリセロールを加える．研究室によって詳細なプロトコールは若干異なることに留意されたい．染色をした後，乾燥させないために，粒子の乾燥による形態の変形を避けることが可能である．欠点は，タンパク複合体と溶液との境界を観察していることと，解像度が staining で使用しているウラニウム塩の粒子の大きさで規定されていることの二つが挙げられる．それでも，到達される解像度は一概に 20 Å 程度が適切な目標となる．この解像度だと個々のドメインを明確に見ることができる．cryo-negative staining と random conical-tilt 3D reconstruction を組み合わせることにより信頼性の非常に高い3次元初期モデルの算出が可能である．初期モデルの解像度は低いが，非対称性のタンパク複合体の cryo-EM による高解像度解析の出発点として重要である．対称性の高い粒子だと初期モデルがなくても3次元再構成が可能である．cryo-negative staining の試料作製法は文献 11) に詳細が記載されている．筆者はこの方法を用い膜タンパク質の構造解析に成功している[12,13]．cryo-negative staining は今後使われることは少なくなると思われる．なぜなら，graphene oxide フレークに染色なしで吸着した粒子は直接電子検出器を使えば，染色せずにコントラストの高い画像を提供するからである[14]．

統計的構造解析を行う性質上，単粒子解析では観察する試料中のすべての粒子の形状が同一であることが必要である．生化学的に精度が高いだけでは不十分である．言い換えれば，SDS-PAGE で単一バンドとして確認されても電顕で観察すると，構造的に不均一であったり，部分的に凝集（aggregation）を起こしたりしている例は非常に多い．また，多量体を形成しうるタンパクの場合，解離定数（dissociation constant：K_d）によっては単体などの不完全な多量体と完全な多量体が混合した試料を調製せざるを得ないこともある．生化学的均一性と構造的均一性との相関は電顕を用いれば瞬時に得ることができる．そのため，単粒子解析の実験を行う場合，より適切で解析可能な試料を作製するために，生化学的精製と電顕観察を繰り返し，試料作製条件を最適化することに多大な労力を要するのは稀でない．この際，可能であれば，ゲル濾過を精製最終段階で行うと粒子の均一性が向上し実験上有利である．構造的不均一性は生理的な場合と，複合体の溶液中での不安定性による二通りの可能性を吟味する必要がある．実験条件のスクリーニングには LaB_6 フィラメントと CCD カメラを搭載した加速電圧 100 keV の透過型電顕（JEOL 社製 JEM-1400 や FEI 社製 T12 など）と負染色を組み合わせて行うと便利である．

では，どのようなタンパクあるいはタンパク複合体が単粒子解析に適しているのであろうか．均一な粒子として生化学的に精製できるタンパク複合体で非球状かつ分子量 100000 以上の質量を持つものであれば，単粒子電顕法により何らかの分子構造情報を得ることが可能である（ただし，球状タンパクの場合数百キロダルトン必要である）．"何らかの"という条件がつく背景には試料の性質，ことに質量，構造的均一性，さらには，生化学的均一性によって得られるデータの質がさまざまであるためである．また，得られた像の画像解析手法によっても結果は左右される．

グリッド上の粒子の密度は試料溶液中の粒子の濃度に比例し，希釈と濃縮によりコントロールすべき重要な実験条件である．電顕写真上，粒子が過密だと，個々の粒子が単離した望ましいデータがとれない．また，低密度だと解析必要なデータを収集するのに大量の電顕写真を撮る必要に迫られる．また，実験に用いるカーボン膜は原子的に平坦である必要がある．非常に高水準のカーボン膜をつくるにはカーボン蒸着を高真空下（10^{-6} Torr）で施す必要がある[15]．負染色で低解像度の解析を行う場合は安価な蒸着装置でさほど高真空でなくても（$10^{-4} \sim 10^{-5}$ Torr）使いものになるカーボン膜が得られる．

3.3 電子顕微鏡を用いたデータ採取

超薄切片と単粒子解析における粒子の電顕的観察は多少異なる．超薄切片では試料は電子線に安定な

エポキシ樹脂などのポリマーに包埋され，さらにウラニウム塩，鉛，四酸化オスミウムなどで強く染色されているため，電子線を非弾性的に散乱（inelastic scattering）する．したがって，正焦点でもコントラストが得られ，その条件で画像を記録することが多い．単粒子解析では負染色で仮に染色されていても，電子線を非弾性に散乱する効果は低く，弾性散乱（elastic scattering）によって画像のコントラストを得る必要がある．弾性散乱でコントラストを得るためには，焦点をずらす必要がある．

透過型電顕で粒子像を位相差コントラストによって得るためには粒子を真の焦点から少しずらして観察する必要がある．実際正焦点で観察すると位相差コントラストは消失し粒子が見えなくなる．焦点からずらす（defocus する）ことにより初めて粒子像が観察できる．cryo-EM では，field emission gun（FEG）のように電子線の位相がコヒーレントな電子線源を使うと染色なしの粒子のコントラストが向上する．また，液体窒素で冷却した試料ステージを用いると高解像度のシグナルを効率よく回収できる．

データの質の向上には試料の質と像の質の両方を最適化する．完璧な試料でも電顕の操作いかんで質の悪い像を得ることがある．また，逆に，電子光学系と装置の操作が完璧であっても，試料が悪いと質の高いデータは得られない．試料については上述した．電子顕微鏡の操作については相当の経験が必要であり機種と周辺機器の存在と配置により具体的操作は異なるため，専門家から直接習うことが必須となる．超薄切片と異なり，肉眼で画像を解釈するにはクライオ電顕では不十分で画像解析をしなければデータの質の善し悪しは評価しにくい．誤操作があった場合それを修正するためのフィードバックを円滑にするために，電子顕微鏡を操作するコンピュータ上に簡単な画像解析機能をもつソフトウエアを要する．direct electron detector や CCD カメラに付随するプログラムに多くの即席解析機能が含まれていることが多い（例えば，Gatan Digital Micrograph）．

撮影時 objective aperture を入れることにより，粒子に起因しないさまざまな理由で散乱し，粒子像の位相差コントラストに貢献しない電子線を取り除くことができる．よって，objective aperture を入れることは像の S/N 比の向上に必要がある．objective aperture の口径はどの解像度までシグナルを通過させるのかを考慮して選択する必要がある．小さすぎる口径だと高解像度の情報をカットすることになるので注意を要する．また，像の質向上のためには非点補正をしっかりする必要がある．vitrified ice（amorphous ice）やカーボン膜そのものも電子線を散乱しコントラストを形成する．このような，バックグラウンドの電顕写真をフーリエ変換するとその画像は中心が明るい重なり合った同心円を形成する．このようにして得られた同心円は Thon ring と呼ばれる．Thon ring はバックグラウンドのフーリエ変換のみでなく，たいていの試料のフーリエ変換で観察される．電子顕微鏡の対物レンズの周辺の電磁場の不均一性により非点を生じる．平易な言葉を用いれば，非点のあるレンズを用いて得られた点の像は特定の方向にひずんでいる．電顕に標準的に搭載されている非点補正操作を行えば非点は大部分取り除くことができる．撮影した電顕像に非点がどのくらいあるのかを確認するには，デジタル画像を即座に高速フーリエ変換し，Thon ring が真に同心円であることを確認すればよい．非点のある電顕写真は Thon ring が特定の方向に楕円状にひずんで見える（ただし，画像または試料の drift がある場合も似たような Thon ring のひずみを起こすので原因の区別に留意する必要がある）．

電子線の正体はベータ線であるため，長時間照射すると生物試料が破壊される．タンパク複合体であれば，形態の変形，質量の損失，といった結果をもたらす．試料を保護するために照射時間を短縮し，また低温に保つことで電子線による損傷を抑えることが可能である．このような撮影方法を low dose imaging という．多くの論文では $20e^-/Å^2$ 以下に照射を抑える撮影条件を使用している．この線量を過大に超えると硝子化した氷が消失するのが電顕の蛍光板上に目視できる．直接電子検出器を使用した場合，電子線量は 30〜40 フレームにわたり $20e^-/Å^2$ よりも過剰に照射してデータ収集し，後の画像処理の段階で dose filtering をして各フレームから照射線量に適合した解像度の情報のみを抽出するのが効果的で標準的に使用されている．むしろ，Motioncor2 または，Unblur[16] を使って dose filtering をするのは高解像度を得るのに必須である．

グリッドの charging による電気的な像のぶれは，グリッドを傾斜させて撮影するときに起きやすい．電子線照射時に電子がグリッド表面に蓄積し電子線

の reflective index が撮影中に時々刻々と変化するためにあたかも像が動いているように見える．thermal drift により，試料そのものが動いた結果像がぶれることがある．これは鏡筒の横から試料ホルダーを入れる電顕で起こりやすい．cryo-specimen holder または鏡筒の cold trap の窒素が枯渇しても生じうる．さらに，電顕室内の室温変化にも起因する．また，近年電子線が cryo-EM グリッドに照射すると数～10 Å試料が包埋されているグリッド内の膜が振動するかのように動くことが報告された[17]．個々の粒子の動きを高感度高速画像記録が可能な CMOS 技術でつくられた直接電子検出器を用いて時系列記録した後に，画像解析により粒子の動きにより生じた画像のぶれを補正して解像度を向上させることが可能になった[18]．

音による振動や，他の物理的振動による像の質の悪化を防ぐため，撮影中は静かにして電顕および周辺機器に触れないようにする．cryo-EM ではこの他に，グリッドホルダーの熱膨張収縮によるぶれ（thermal drift），微小な氷の結晶のコンタミネーション（ice contamination），試料の温度変化による氷の相変化による artifact などに気を付ける必要がある．実験姿勢としてグリッド上の観察可能な部位をできる限り網羅することは極めて重要である．これにより，データを採取する価値のあるグリッドかどうかの判断ができるようになる．また，よくないグリッドからデータをとってしまう人がいるが，やはりデータをとらないことも重要である．近年コンピュータによるデータ採取の自動化も活発に加速している[19,20]．EPU（FEI 社製）のように電子顕微鏡に装備したソフトウエア商品もある．

3.4 画像処理によるデータ解析

直接電子検出器[21]が主流の道具である．FEI の Falcon や Gatan の K2 のような直接電子検出器は，すでに 2012 年頃より製品化されている．今後さらに技術は向上する（例えば，Gatan K3 が 2018 年頃から導入される）．上述のようにこの装置を最大限活用するためには，そのハードウエアにふさわしい新しい解析アルゴリズムが必要となる場合が多い．

解析ではまず電顕の広域像から粒子を同定し小さい box 画像にする．この作業は自動化可能であるし[22]，マニュアルで肉眼とマウスを用い粒子の同定をアシストするインターフェイスとなるプログラムを使用することもできる[23-25]．筆者らの研究室では以下のようなアプローチを採る．染色しない cryo-EM の解析には，上記の通り，motioncor2[26]，Gctf，Relion2 を使う．負染色の解析は，SPIDER と WEB[24]を使う（Relion2 を使うこともある）．cryo-negative staining の解析では，SPIDER と WEB を用い初期モデルを計算した後に FREALIGN[27]を用いて refinement を行う．

3.5 実践に重要な知識

構造が未知な単粒子を研究する際，負染色による 2 次元解析をした後に 3 次元解析に移行することを勧める．負染色は本来の分子の形態を忠実に反映していないためにあまり意味がない，という意見をときどき耳にすることがあるが，それは厳密には正確な判断ではない．コントラストの弱い cryo-EM 実験の予備調査として，負染色は極めて有用である．単粒子解析では試料中のすべての粒子が同一の構造（homogeneous conformation）であることが前提になる．粒子の生成精度，構造の安定性を検査するために負染色を活用すべきである．負染色で構造が変形しない非常に安定な粒子はクライオ電顕で高解像度解析が可能と考えるのが自然であろう．また，負染色の class average で多様な構造が得られたからといって落胆する必要はない．タンパク複合体によっては，その構造が溶液の組成に強く依存する可能性もある．その場合，直接染色なしの cryo-EM で構造解析が必要となり，高解像度が得られるかどうかは画像解析を行うまではわからない．また，粒子の構造的に均一な部位と不均一な部位を個別に画像処理する方法（focused refinement）がある．そのようにすれば，部分的に高解像度を得ることができる．情報収集のために 3DEM メールリスト登録するのも役に立つ．

3.6 2017 年ノーベル化学賞

2017 年のノーベル化学賞は「水溶液中の生体分子構造を高解像度で決定できるクライオ電顕技術の開発」の業績で Jacques Dubochet, Joachim Frank, Richard Henderson の 3 氏が受賞した．本章では，3 氏が開発貢献した電子顕微鏡技術のうち，近年急

速に発展し実用的に成熟した一部分を紹介した．また，クライオ電顕により，生体分子の原子構造の解明が可能になる手法の確立には何十年もかかり，世界中の多くの研究者の貢献があった．「今回の受賞は分野全体の成功を認めた表彰とみなせる」と受賞直後の MRC での記者会見で Richard Henderson 氏は指摘した． ［中川輝良］

参考文献

1) Khoshouei, M., *et al.* (2016) Nat. Commun. **7**：doi：10.1038/ncomms10534.
2) Nagayama, K., Danev, R. (2008) Philos. Trans. R. Soc. Lond. B. Biol. Sci. **363**：2153-2162.
3) Mastronarde, D. N. (2005) J. Struct. Biol. **152**：36-51.
4) Kimanius, D., Forsberg, B. O., Scheres, S. H., *et al.* (2016) elife **5**：e18722.
5) Rohou, A., Grigorieff, N. (2015) J. Struct. Biol. **192**：216-221.
6) Zhang, K. (2016) J. Struct. Biol. **193**：1-12.
7) Rosenthal, P. B., Henderson, R. (2003) J. Mol. Biol. **333**：721-745.
8) Scheres, S. H. (2012) J. Struct. Biol. **180**：519-530.
9) Morin, A., *et al.* (2013) elife **2**：e01456.
10) Frank, J. (2006) Three-dimensional electron microscopy of macromolecular assemblies: visualization of biological molecules in their native state 2nd ed Oxford UP, pp xiv, 410 p.
11) Ohi, M., Li, Y., Cheng, Y., *et al.* (2004) Biol. Proced. Online. **6**：23-34.
12) Nakagawa, T., Cheng, Y., Ramm, E., *et al.* (2005) Nature **433**：545-549.
13) Nakagawa, T., Cheng, Y., Sheng, M., *et al.* (2006) Biol. Chem. **387**：179-187.
14) Russo, C. J., Passmore, L. A. (2014) Nat. Methods. **11**：649-652.
15) Fujiyoshi, Y. (1998) Adv. Biophys. **35**：25-80.
16) Grant, T., Grigorieff, N. (2015) elife **4**：e06980.
17) Brilot, A. F., *et al.* (2012) J. Struct. Biol. **177**：630-637.
18) Campbell, M. G., *et al.* (2012) Structure **20**：1823-1828.
19) Zhang, J., *et al.* (2009) J. Struct. Biol. **165**：1-9.
20) Suloway, C., *et al.* (2005) J. Struct. Biol. **151**：41-60.
21) McMullan, G., Faruqi, A. R., Henderson, R. (2016) Methods. Enzymol. **579**：1-17.
22) Chen, J. Z., Grigorieff, N. (2007) J. Struct. Biol. **157**：168-173.
23) Smith, J. M. (1999) J. Struct. Biol. **125**：223-228.
24) Frank, J., *et al.* (1996) J. Struct. Biol. **116**：190-199.
25) Ludtke, S. J., Baldwin, P. R., Chiu, W. (1999) J. Struct. Biol. **128**：82-97.
26) Zheng, S. Q., *et al.* (2017) Nat. Methods. **14**：331-332.
27) Grigorieff, N. (2007) J. Struct. Biol. **157**：117-125.

第 IX 部
走査型プローブ顕微鏡

走査型プローブ顕微鏡（scanning probe microscope：SPM）は，探針（プローブ）を試料に近接させた際に生じる物理量を指標としながら探針（または試料）を走査し，その情報を画像化する顕微鏡の総称である．この顕微鏡は1981年に開発された走査型トンネル顕微鏡に端を発し，現在では多様な走査型プローブ顕微鏡が考案されるとともに，さまざまな生物応用も行われるようになってきている．IX部では，まず走査型プローブ顕微鏡の種類と，その原理について簡単に概説し，つぎに生物応用が最も進んでいる原子間力顕微鏡について，特に高分解能観察と高速観察の現状を紹介する．また，最近注目され始めている走査型イオン伝導顕微鏡についても解説する．

[牛木辰男]

1 走査型プローブ顕微鏡の生物試料への応用

1.1 はじめに

走査型プローブ顕微鏡の応用を生体観察の立場で考えると，「生きた試料のその場観察」「分子オーダーの高分解能観察」「表面物性測定」の3項目に大別される．SPMを生体分野へ応用する場合を前提として，一番使用されている原子間力顕微鏡（atomic force microscope：AFM）を中心に，装置と観察例，試料処理等について紹介する．

1.2 SPMの概要

SPMは，1980年代初頭にIBMチューリッヒ研究所のビーニッヒ（G. Binnig），ローラー（H. Rohrer）両博士により研究・開発され，1986年のノーベル物理学賞授賞の対象となった走査型トンネル顕微鏡（scanning tunneling microscope：STM）[1]が原型であり，その後，探針試料間の力を検出し動作するAFM[2]をはじめ，さまざまな相互作用を用いたSPM（FFM，SMM，SNOAM，MFM，KFM，…）が研究・開発されてきた（表IX.1.1）．

最初に開発されたSTMはトンネル電流を検出して動作する原理のため，導電性をもつ試料しか測定することができず，生物試料への応用は試料処理技術の困難さなどのため限られていた[3]．しかし，1985年にAFMが開発されると，絶縁性試料の観察や，溶液中でのその場観察が可能となり，生体試料への応用の扉が開かれた．

AFM開発当初の応用分野は，試料の処理が不要あるいは簡単な金属や半導体などの無機材料が中心で，電子顕微鏡では観察が難しい，微小な高低差や絶縁性の試料に用いられることが多かった．測定が簡便に行える大気中で，AFMによる生体試料観察をする場合，電子顕微鏡用の試料と同じような固定処理を行わなければならないケースが多いが，導電処理（AuやPtなどのコーティング）を行わずに直接表面の形状を観察できることが特徴である．溶液中での測定技術が進むにつれて，固定処理を行わずに生理的に活性な状態での観察が可能となってきて

表 IX.1.1　測定する物理量による SPM

トンネル電流	ST
原子間力	AFM, DFM
摩擦力	FFM, LM-FFM
粘弾力	VE-AFM
吸着力	PFM（アドヒージョン）
表面電位	KFM, SMM
誘電率	SNDM, SCM
分極	圧電応答法
光	SNOM
イオン電流	SICM

おり，その応用は徐々に増えている．近年，ナノ領域におけるバイオテクノロジー技術の研究が進むにつれて，DNAやタンパク分子の直接観察，生きた培養細胞のその場観察，生体チップの評価や生体分子のマニピュレーション，創薬のスクリーニングなど，この分野ではなくてはならないツールとして定着してきている．

1.3 AFMの原理と構成

AFMは，試料探針間に働く力を検出し，その力が一定になるように両者の距離を制御しながら試料表面を走査することにより，表面の3次元形状を測定する顕微鏡である．原子間力の検出には，カンチレバーと呼ばれる微細な板バネの変形を利用する．初期のAFMは，板バネの変形量を検出する部分にSTMを使用していたが，現在のAFMの検出部分は，取扱が容易な半導体レーザーを利用した光てこ方式（図IX.1.1）が主流である（力によるレバーの変形を，レーザーの光路の変化として光センサーで検出し，その変位が一定となるように試料の高さを制御しながら走査する）．

最初に開発されたコンタクトモードAFMは，探針試料間に働く吸着力の影響があるため弱い力の設定には限度があり，10^{-8}N程度の力で測定する場合が一般的である．高分解能観察では変形による影響を避ける必要があるため，弱い力で測定が可能な共振モード（ノンコンタクトモードやサイクリックコンタクトモード）が実用化され，現在の測定の主流となっている（図IX.1.2）．

共振モード（DFM：distance force mode）は，試料に接しないノンコンタクトモードと，試料に接するサイクリックコンタクトモードに分かれるが，

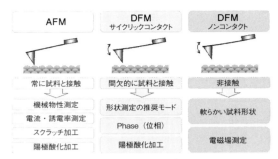

図 IX.1.2　AFMの測定モード

装置の構成は同じであり，測定時の振幅の設定で使い分けることができる．ノンコンタクトモードは，試料に加わる力が小さく生体試料のような軟らかい試料に向いている．一般的な共振モードは，力を振幅の変化として検出する振幅制御が一般的であるが，微小力によるノンコンタクト測定では，FM制御（カンチレバーを自励発振させた状態で試料からの力により共振周波数が変化する現象を利用し，一定の周波数を維持するように探針試料間の距離を制御する方法で，弱い力を感度よく検出できる）が主流である．近年，大気中や溶液中におけるノンコンタクト測定により，分子分解能観察の研究が増えており，今後，溶液中での高分解能測定の応用が期待される．

AFMは，探針を含むカンチレバー部，カンチレバーに加わる力をレーザーにより検出する光てこ検出部，試料表面を探針が走査できるようにするためのスキャナ部，探針と試料の位置を大きく移動させ測定するポイントへ調整する粗動部，探針と試料の位置関係を観察したりカンチレバーにレーザーを照射する時に使用する光学顕微鏡部，ユニットへの振動を防ぐ除振機構と防音カバー部，探針と試料間を弱い力を保ちながら走査し形状情報を計測するステーション部，取り込んだ形状情報を画像化するコンピュータ部により構成される．走査方式は，試料を移動させるサンプルスキャン方式と（小さな試料に向いている：図IX.1.3），カンチレバーを移動させるカンチレバースキャン方式（大きな試料に向いている）がある．光学顕微鏡部は，直上から観察する正立タイプが一般的であるが，生体試料を前提とした倒立顕微鏡タイプの装置も商品化されている．スキャナーの最大走査範囲は，面内100μm，高さ10μm程度が一般的であり，高分解能観察では，1桁小さな走査範囲のスキャナーへ変更する場合が多い．

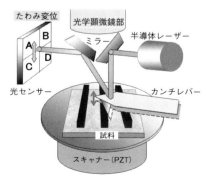

図 IX.1.1　AFMの原理図：光てこ方式

① カンチレバー部
　● Si, Si₃N₄
② 検出部
　● 光てこ方式
③ スキャナー部
　● 圧電素子（PZT）
④ 粗動部
⑤ 光学顕微鏡部
⑥ 除振機構
⑦ 防音カバー
⑧ ステーション部
⑨ コンピュータ部

図 IX.1.3　一般的な AFM 装置の構成

1.4　プローブとカンチレバー

AFM では，カンチレバー（板バネ）の先端に配置されたプローブへ加わる微小な力を，板バネの変位として検出する．プローブ部も含めてカンチレバーと呼ぶ場合が多いが，カンチレバーは測定の分解能を左右する大切な構成要素である．当初，金属板を加工し探針を接着して製作していたが，半導体のプロセスを利用したマイクロカンチレバーに置き換わり，高品質，低価格，大量供給を可能とした．現状のカンチレバー（図 IX.1.4）は，シリコンまたは窒化シリコンでできている物が大部分である．また，探針先端を細くする技術は年とともに進み，当初（1991 年）30 nm であった先端半径は現在 7 ～ 3 nm 程度まで細くなってきている．AFM の探針として，機械的な強度が高く化学的に安定なカーボンナノチューブや，電子線で堆積させたハイデンシティカーボンを使用するなど，その選択肢も増えてきている．また，光てこを使用しない，自己変位検出型のカンチレバーも使用される場合があり，装置の小型化や操作性の向上を実現している．

1.5　液中での観察について

光てこ方式の AFM は，検出に使用する光が透過する環境であれば動作するため，溶液中で試料を観察（図 IX.1.5）することが可能である．電子顕微鏡では高倍率観察が可能であるが，溶液中の試料をそのまま観察することは困難である．しかし，液中 AFM では「生の状態」，「生きた状態」の生体試料や，溶液中での反応過程の高倍率・その場観察ができるわけであり，AFM の代表的な応用方法である．試料を溶液中に浸した場合，大気中に比較して軟らかくなる場合があるため，より弱い力で測定できるノンコンタクト AFM 等が実用化されている．大気中で使用しているシリコン製のカンチレバーを溶液で振動させると，平らな形状であるため溶液の粘性抵抗が大きく影響して，基本周波数での安定な振幅を得ることが困難な場合が多い．Q 値制御（カンチレバーの共振運動が周囲の溶液や気体の粘性抵抗により妨げられ，Q 値が低くなり力検出の感度が低下する現象を，カンチレバーの加振信号に粘性抵抗を相殺する信号を加えて，Q 値の低下を少なくし感度低下を低減する方法）を搭載した装置が実用化され，粘性抵抗を低減し，液中でも安定に動作させることが可能となった．また，微小振幅による FM 制御により，微弱力測定を安定して行えるようになってきた．

AFM により液中で測定する場合，液中で浮いて

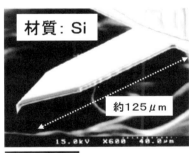

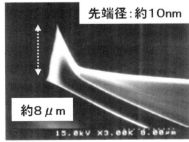

図 IX.1.4　SEM によるマイクロカンチレバーの拡大像

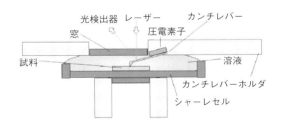

図 IX.1.5　溶液セルの構成

いる試料は，対応できない．プローブの力を受けて，測定中に試料が移動してしまうからである．基板へ吸着させた状態で観察する事になるが，生化学的に活性な状態での観察の場合は，弱い力での吸着が重要であり，基板との静電気力や，親水・疎水の状態，溶液のpHや塩濃度などを考慮する必要がある．

1.6 測定事例

大気中で，自然乾燥させたヒト染色体（図IX.1.6）は，水の表面張力等により基板に強く引き付けられながら乾くため，凹凸が数十の1程度になってしまい，AFM観察の結果は，30 nm程度の高さしかない．しかし，培養液中の「生の状態」で観察した染色体（図IX.1.7）は，300～500 nm程度の高さとなる．また試料表面はとてもやわらかく，大気中の1/10以下の弱い力で測定しないと，変形する．

電子顕微鏡で観察する場合と同じ方法で溶媒固定（メタノール酢酸を使用）した試料の高さは約400 nm（図IX.1.8）であり，生の状態と同じような高さで観察される．詳細に比較すると，染色体のねじれた構造がはっきり観察され，生の状態に比べ硬く巻きが強くなっている．

図IX.1.9は生きた細胞（ヒト：肺がん細胞）の培養液中AFM観察像である．細い線上に見える部分は，アクチン・ファイバー等の細胞骨格と思われる．生きた状態での観察であるため，細胞が動いていく様子が観察できる．薬品を添加し細胞にどのような影響を与えるかを観察できる手法であり，薬剤などの効果を検証するなどの応用が考えられる．

図IX.1.10はプラスミドDNA（二重らせん状態）のDFM（共振モード）像である．DNAは2 nm程度の直径であり，DFM像からも基板に対して1.7 nm程度の高さで観察されている．しかし，その幅

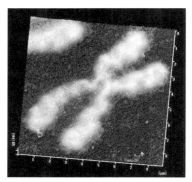
図IX.1.6 自然乾燥した染色体

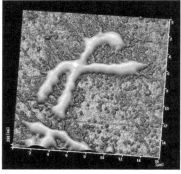
図IX.1.7 液中の染色体

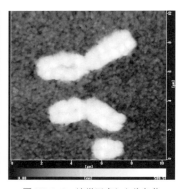
図IX.1.8 溶媒固定した染色体

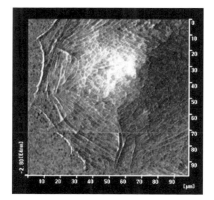
図IX.1.9 生きた細胞（ヒト：肺がん細胞）の培養液中AFM観察像．試料処理と観察：スライドガラス上に培養した細胞を，培養液が満たされた倒立顕微鏡上のシャーレに移し，倒立顕微鏡に取りつけられたAFMで培養液中観察を行った．

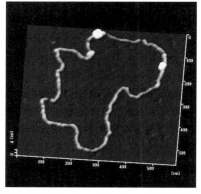
図IX.1.10 プラスミドDNA．試料処理：脱塩処理後のDNA水溶液，0.005 g/Lを，マイカ基板上に10 nL適下し，5～10分放置後，DFM観察．

は 10 nm 程度であり実際の DNA の 5 倍程度の幅として観察されている．この原因は，探針の先端の太さであり（先端半径：10 nm 程度），そのため二重らせんの細かなピッチは観察できていない．しかし，探針の先鋭化技術と液中での微弱力測定の進歩により二重らせんが観察できるようになってきている．

1.7 おわりに

今日，電子顕微鏡はさまざまな情報を我々に提供してくれる重要な顕微鏡として位置づけられているが，目的にあった試料調整方法を確立する努力がそれを支えてきたことは，誰もが認める事実である．SPM においても今後の応用に向けた，試料調整方法の最適化をはかる段階にきている．

また，SPM は形状観察から物性測定，マイクロマニピュレーションへと発展してきており，応用分野は飛躍的な広がりを見せている．局所的な粘弾性測定（VE-AFM），光の波長以下の分解能での局所分光測定（SNOAM），表面電位測定（KFM），液中での局所電位計測などの新しい測定手法が，それぞれの分野で役立つためには，多くの研究者・開発者に使用されながら育っていかなければならない．AFM をはじめとする SPM は，まだまだ進歩の途上であり多くの課題を含んでいるが，多くの可能性を秘めた顕微鏡でもある． ［繁野雅次］

参考文献

1) Binnig, G., Rohrer, H. (1982) Helv. Phys. Acta. **55**：726-738.
2) Binnig, G., Quate, C.F., Gerber, Ch. (1986) Phys. Rev. Lett. **56**：930-933.
3) Ushiki, T., Hitomi, J., Ogura, S., *et al.* (1996) Arch. Histol.Cytol. **59**：421-431.

2 高分解能原子間力顕微鏡

2.1 はじめに

原子間力顕微鏡（atomic force microscopy：AFM）は，観察に際しての環境および試料に対する制約が極めて少ないという，他の高分解能観察法にはないユニークな測定手法であり，液中における原子・分子分解能構造観察，特に，生理条件下での生体試料の *in vivo* 高分解能観察や，固液界面における微視的解析などに応用されている．従来，液中 AFM 観察においては，測定パラメータが少なく，観察操作が比較的容易な接触モード AFM 観察が主流であったが，生体試料など柔らかい試料の場合，探針が試料に接触した状態での AFM 観察は，試料にダメージを与える，あるいは試料を探針走査方向に引きずるという問題を引き起こすため，現在は，AM-AFM（振幅変調 AFM＝タッピングモード AFM）や FM-AFM（周波数変調 AFM）など，これらの問題を回避しうるダイナミックモード AFM が広く使用されている．

本章では，液中における高感度・高分解能イメージングが可能で，近年著しい発展を遂げている FM-AFM の動作原理および高分解能生体分子観察への応用について紹介する．

2.2 FM-AFM の動作原理[1]

AM-AFM では，カンチレバーをその自由共振周波数付近の固定周波数で強制励振するのに対して，FM-AFM では，図 IX. 2.1 に示されるように，カンチレバーを機械的共振器とする電気-機械発振系を構成することで，カンチレバーは常に共振周波数で振動（自励発振）するように動作する．分子間力や静電気力など探針-試料間に働く相互作用力はカンチレバーの実効共振周波数を変化させるため（図 IX. 2.1 右参照），この発振周波数も変化する．カンチレバーの自由共振周波数，バネ定数，振動振幅を，各々 f_0, k, A とし，探針-試料間相互作用力を $F_{ts}(z)$ とすると，この周波数変化 Δf は次式で表される[2]．

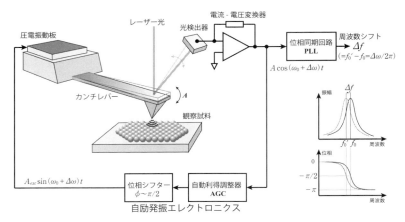

図 IX. 2. 1　左：FM-AFM の動作原理図．右下：カンチレバーの振動振幅スペクトル（上）および位相特性（下）．相互作用力により共振周波数は Δf だけシフトする．一方，カンチレバーの振動位相遅れは，自励発振回路により常に $-\pi/2$（$90°$）にロックされている．

$$\Delta f = \frac{f_0^2}{kA} \int_0^{1/f_0} F_{\mathrm{ts}}(z) \cos \omega_0 t dt$$

ただし，$\omega_0 \equiv 2\pi f_0$ である．通常の FM-AFM では，探針-試料間相互作用力が引力領域（$F_{\mathrm{ts}} < 0$：いわゆる"非接触領域"）で動作する場合，一般的に Δf は負となる場合が多い（正確には測定条件に依存する）．

FM-AFM では，上記 Δf を検出することで探針-試料間に働く力を精密に制御する FM 検出法が用いられる．周波数シフトを検出するにはさまざまな方法があるが，最も一般的な方法は，位相同期ループ回路（phase-locked loop：PLL）による周波数変化検出法である[3]．この方法では電圧制御発振器の出力信号を常に入力信号に位相同期させ，そのときの電圧制御値を周波数変化に比例する制御信号として用いる．PLL の特性にもよるが，回路パラメータの変更を伴わず許容入力周波数帯域を広く取れること，高い周波数分解能を持つことなどの特徴から，FM 検出法では広く用いられている．外力の変化に対する周波数シフトの応答時間は，発振系の応答時間（$1/f_0$）で決まり，カンチレバーの Q 値には依存しないため，FM-AFM では，AM-AFM のように真空環境で応答時間が長くなるなどの問題は生じない．

AM-AFM および FM-AFM を，その動作領域により区別すると，それぞれは，間欠接触領域（間欠的斥力領域）と非接触領域（引力領域）における動作に対応するが，AM-AFM においても引力領域での動作が不可能ではなく，また FM-AFM による間欠接触領域の動作も可能であり，動作領域上の境界は重なっているといってよい．

2.3　溶液中観察への応用

2.3.1　カンチレバー変位検出雑音の低減

FM 検出法によって，高感度（高信号雑音比）での相互作用力検出が可能なのは，カンチレバー共振系が，FM-AFM の通常の動作環境である真空中において極めて高い Q 値を持ち（通常 10000 を超える），周波数ゆらぎの少ない低雑音の検出系として動作するためである．これに対して液中環境では，液体の運動抵抗のために Q 値は著しく減少し，カンチレバーの振動周波数に大きなゆらぎを引き起こす．FM-AFM においては振動周波数の変化を測定制御信号として用いるため，この周波数ゆらぎは AFM 動作の大きな障害となる．

真空中など Q 値の高い環境での FM-AFM 動作における周波数ゆらぎ δf_{FM} は，カンチレバーの振動振幅を A，測定系の変位換算雑音を n，周波数シフトを f_{m}（発振周波数 f と自由共振周波数 f_0 の差：$f_{\mathrm{m}} = f - f_0$）とすると，$\delta f_{\mathrm{FM}} = f_{\mathrm{m}}(n/A)$ と表される（熱雑音が無視できる場合）．δf_{FM} は f_{m} に比例し，よく知られる三角雑音スペクトルを示す[1,4]．

一方，Q 値が低い場合は，そもそも発振系そのものの周波数雑音 δf_{osc} が無視しえないほど大きくなる．発振器の周波数雑音は，発振ループ内の位相雑音 n/A と，発振器の持つ位相-周波数特性の傾き f_0/Q の積で表されるため，δf_{osc} は f_{m} に依存せず，$1/Q$ に比例する．Q 値が低い液中での FM-AFM 動作においては，この δf_{osc} が主要な雑音源となる[4]．Q 値

は通常実験条件によって固定されるため，δf_{osc} を低下させるには発振器内の位相雑音を減らすしかなく，発振器内の主要な雑音源であるカンチレバー変位測定系（一般的には光てこ法）の雑音を減らすことが最も重要な課題となる．

近年，光てこ変位測定系におけるレーザー光のコヒーレンス雑音の低減，検出・駆動回路系の最適化など，大幅な改善が進められたことで，変位測定系の雑音密度は $10\,f\mathrm{m}/\sqrt{\mathrm{Hz}}$ 程度まで低減し，液中での真の原子・分子分解能観察が達成された[5]．

2.3.2 小振幅モードによる FM-AFM の高感度化

カンチレバー振動における位相雑音（$=n/A$）を減らすためには，カンチレバーの振幅を大きく設定する方が有利である．しかしながら，一般的な AFM の実験条件では，探針-試料間相互作用は，探針が試料近傍（相互作用距離 λ 以内～1 nm）にあるときにのみ働くため，振幅が大きいと（A_{large}），図 IX.2.2 に示されるように相互作用時間は実効的に減少して信号レベルは小さくなる．一方，振幅が λ と同程度，あるいはそれ以下になると，振動の1周期の全時間にわたって相互作用することになるため，信号レベルは増加する．もちろん，このとき位相雑音も同時に増加するので，結局，S/N を最大化する振幅の最適値が存在する[6]．通常用いられる振幅値は 5～20 nm 程度であり，最適値よりはるかに大きいため，小振幅化は周波数検出における S/N 改善に直接つながる．ただし，小振幅化による位相雑音の増加を抑制するために，上述したような，変位測定系を含む装置の十分な低雑音化が前提となる．

2.4 FM-AFM による生体分子観察

2.4.1 DNA 二重らせん構造観察

DNA 二重らせん構造は，結晶化した DNA 試料の X 線構造解析によって解明されたが，X 線構造解析では生理環境下での DNA の状態を観察することは難しく，また DNA-タンパク質複合体など，DNA 分子の特定位置の構造を解析することは困難となる．このため，液中測定が可能な AFM による DNA 観察は，タッピングモード AFM が開発された 1990 年代頃から広く試みられており，一定の成果を挙げてきたものの，二重らせんを解像できるような高分解能観察の報告例はなかった．従来の AFM では，探針は試料に常にあるいは間欠的に接触しており，その接触領域の広がりによって微細な構造の観察は困難となり，また，試料への強い接触による，生体試料のダメージがしばしば問題となった．これに対して，FM-AFM では探針と試料が基本的には非接触状態で動作することから，溶液中の生体分子の自然な構造を破壊することのない，分子スケールでの観察が可能となる．図 IX.2.3 (a) に，水溶液中におけるプラスミド DNA 分子（pUC18）の高分解能 FM-AFM 観察像を示す[7]．図 IX.2.3 (b)，(c) にその拡大像と対応する構造モデルを示す．観察像は右巻き B 型二重らせんに対応し，交互に現れる主溝と副溝の二つの溝によって，二重らせん周期が形成されていることが明瞭に示された．二重らせん周期は 3.6 nm であり，ワトソン-クリックモデルの 3.4 nm より長い．これは，以前からも指摘されている

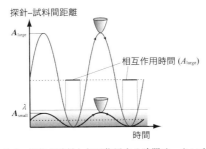

図 IX.2.2 探針が試料と相互作用する時間は，カンチレバーの振動振幅（A_{large}, A_{small}）によって大きく異なる（λ は試料表面からの相互作用距離を示す）．

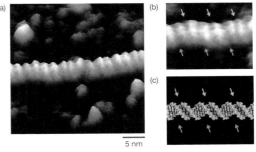

図 IX.2.3 (a) 液中 FM-AFM により観察された DNA 分子（pUC18 プラスミド DNA）の二重らせん構造．(b) は (a) の部分拡大像を示す．(c) は (b) で観察された構造に対応する二重らせん DNA の構造モデル．(b, c) の上向きの矢印と下向きの矢印は，DNA の二重らせん骨格の間隙に交互に現れる主溝と副溝をそれぞれ示す．（口絵 22 参照）

ように，生理条件下では，結晶状態に比べて本来の構造が若干緩和しているためと推測されている．より詳細な観察により，二重らせん構造の骨格を構成している個々のリン酸基（0.5 nm 間隔）を明瞭に分解できることが報告されている．

2.4.2 IgG 抗体

近年，Ido らは，マウス由来の抗ヒト血清アルブミン（human serum albumin：HSA）抗体分子（IgG）をマイカ劈開表面に吸着させ，液中 FM-AFM 観察を行うことで，IgG 分子が Fc（fragment, crystallizable）領域を中心とする環状の六量体を形成し，さらには，この六量体が 2 次元結晶を形成することを新たに見出した（図 IX.2.4 参照）[8]．過去にも，モノクローナル IgG 抗体の 2 次元結晶については，抗原基ハプテンを有する脂質膜上で，2 次元結晶の形成例が報告されているが，上記観察結果は，抗原が存在しない水溶液中でも IgG 抗体が自己組織的に 2 次元結晶を形成することを示している．さらに彼らは，抗体の結晶化が生理活性に与える影響をみるため，この抗体分子 2 次元結晶上に HSA 抗原を加え，その変化を AFM 観察により追跡した．その結果，HSA を加えた後の 2 次元結晶表面には，HSA 分子がほぼ一様に吸着していることが確認された．一方，非抗原性アルブミン（MSA）を同様の方法で加える対照実験においては，こうした分子吸着はほとんど観察されず，抗体結晶表面への HSA の吸着は非特異吸着ではないことが確認された．これらの結果により，この抗体分子系では多量体・結晶化しても生体活性が失われないことが示された．

2.5 展　　望

液中 FM-AFM による原子・分子分解能測定が実現したことにより，その応用分野は格段に広がりつつある．特に生体試料の高分解能計測への応用は，今後もっとも精力的に進められると思われる．一方，観察領域全面におけるフォースカーブ（相互作用力の探針-試料間距離依存性）を高い空間分解能で取得する 3 次元フォースマッピング法が確立しており，固液界面上の水和構造の分子レベルでの可視化が実現し[9]，さらには界面における局所電荷密度の測定も実現しつつある．こうした新たな計測手法によって，生体試料周囲における水和構造や，生体分子上の局所電荷密度の直接計測が可能になろうとしており，生体分子の機能計測に向けての今後の展開に注目したい．

[山田啓文]

参考文献

1) Albrecht, T. R., Grütter, P., Horne, D., et al. (1991) J. Appl. Phys. **69**：668-673.
2) Giessibl, F. J. (1997) Phys. Rev., B. **56**：16010-16015.
3) Kobayashi, K., Yamada, H., Itoh, et al. (2001) Rev. Sci. Instrum. **72**：4383-4387.
4) Kobayashi, K., Yamada, H., Matsushige, K. (2009) Rev. Sci. Instrum. **80**：043708.
5) Fukuma, T., Matsushige, K. Yamada, H., et al. (2005) Rev. Sci. Instrum. **76**：053704.
6) Giessibl, F. J., Bielefeldt, H., Hembacher, S., et al. (1999) Appl. Surf. Sci. **140**：352-357.
7) Ido, S., Matsushige, K., Yamada, H., et al. (2013) ACS Nano **7**：1817-1822.

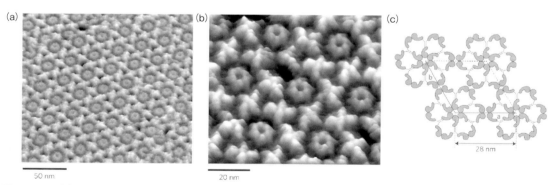

図 IX.2.4　(a) MgCl$_2$ 溶液中で観察された IgG 分子六量体の 2 次元結晶の FM-AFM 像．(b) (a) の拡大像．2 次元結晶構造は，六つの Fc 領域で構成される円環構造とその周囲に四つの Fab 領域からなる X 字型構造を基本構造として形作られている．(c) 観察された FM-AFM 像をもとにした 2 次元結晶の分子モデル．（口絵 23 参照）

8) Ido, S., Matsushige, K., Yamada, H., *et al.* (2014) Nat. Mater. **13**:264-270.
9) Kimura, K., Imai, T., Yamada, H., *et al.* (2010) J. Chem. Phys. **132**:194705.

3 高速原子間力顕微鏡

3.1 高速AFMの原理

　AFMの最大の弱点は，1画像を撮るのに時間がかかることにある．効率が悪いだけでなく，試料のダイナミックな変化を捉えることができない．この問題を克服すべく，高速AFM（high-speed AFM）は開発された[1-3]．そのイメージング原理と装置構成は，基本的に通常のAFMと同じである．ただし，装置に含まれるすべてのデバイスの応答遅延は最小化され，その結果，カンチレバー探針と試料との接触力を一定に保つフィードバック制御（feedback control）が通常のAFMより千倍程度高速である点，スキャナーを高速走査しても振動しないように工夫されている点，および高速性と低侵襲性を両立するフィードバック制御法が採用されている点が大きく異なる．高速AFMでは，試料とカンチレバー探針との間に摩擦がほとんど作用しないタッピングモードが採用されている．

　フィードバックループ（図IX.3.1）の入力はカンチレバー直下にある試料の高さであり，最終出力はZスキャナーの走査である．このループ中には，それぞれ限られた応答速度を持つカンチレバーや振幅計測器などの複数のデバイスが存在するため，この

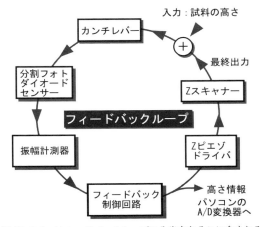

図IX.3.1 フィードバックループの入出力とそこに含まれる種々のデバイス

入力が変化してから最終出力が得られるまでに時間がかかる．この遅延時間を τ_0 として，1画像撮影にかかる時間を考えよう．議論を簡単にするために，試料表面は周期 λ のサイン波形状を持つと仮定する（図 IX.3.2）．試料ステージを X 方向に速度 V_s で走査すると，カンチレバー直下の試料の高さは，周波数 $f = V_s/\lambda$ のサイン波で時間とともに変化する（図 IX.3.2 の実線）．探針・試料間に働く力を一定にすることは，カンチレバーから見たとき，試料表面は完全に平面に見えるようにすることを意味する．したがって，Z スキャナーは周波数 f で試料の高さ方向と逆向きのサイン波で走査されることになる（図 IX.3.2 の破線）．しかし，遅延時間 τ_0 があるため，Z スキャナーのサイン波の位相は遅れる．この位相遅れ θ は，$\theta = 2\pi f \tau_0$ である．したがって，このフィードバックエラーによって，カンチレバーから見た試料表面は完全に平面にならず，凹凸を持つ（図 IX.3.2 の灰色の線）．位相遅れが大きくなればなるほど，凹凸が大きくなる．

カンチレバーから見たとき，試料表面が凸に見える箇所では，探針と試料との接触力は目標とする力の大きさより大きくなり，逆に凹に見える箇所では小さくなる．接触力が大きくなると試料が壊れることもあるため，V_s を小さくしなければならない．一方，凹の箇所ではどうであろうか．接触力が小さくなるので構わないと思われがちだが，そうではない．小さくなり過ぎてこの接触力がゼロになると，探針は試料から離れてしまう（パラシューティングと呼ばれる）．離れている間，試料は完全に見えなくなってしまう．接触力を弱くしようと接触力の目標値を小さめにすると，パラシューティングが頻繁に起こるようになる．つまり，試料を壊さないぎりぎりの最大位相遅れ θ_F^{max} とパラシューティングを起こさないぎりぎりの最大位相遅れ θ_P^{max} のうち小さい方の値を θ_0 とすると，X 方向の最大走査速度 V_s^{max} は θ_0 で決まる．生物試料のように脆い試料では接触力の

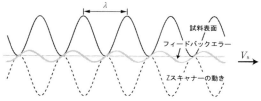

図 IX.3.2 位相遅れを持つ Z スキャナーの走査とその結果起こるフィードバックエラー

目標値を小さくするため，通常 $\theta_P^{max} < \theta_F^{max}$ の関係が成り立ち，パラシューティングは可能なイメージング速度を下げる最も大きな障害となる．しかし，この問題は，ゲインを自動調整するダイナミック PID 制御法によりすでに解決されているため，最大イメージング速度は以下に示すように試料の脆さで決まる θ_F^{max} の関数となる．

X 方向の走査範囲を W，走査線の数を N とすると，1画像取得にかかる時間 T は，$T = 2WN/V_s$ となる．最大可能な Z 方向の走査周波数を f_{max} とすると，$\theta_F^{max} = 2\pi f_{max} \tau_0$ および，$f_{max} = V_s^{max}/\lambda$ の関係から，1画像取得にかかる最小時間 T_{min} は，$T_{min} = 4\pi WN\tau_0/(\lambda \theta_F^{max})$ と求められる．この式には，フィードバックループの遅延時間 τ_0 が入っているため，実用的ではない．一般にフィードバック制御の速さはフィードバック帯域 f_B で与えられる．f_B は $\pi/4$ の位相遅れが生ずる周波数で定義されるので，$2\pi f_B \tau_0 = \pi/4$ の関係がある．したがって，最終的に

$$T_{min} = \frac{\pi WN}{2\lambda f_B \theta_F^{max}} \tag{1}$$

の関係が与えられる．筆者らの高速 AFM 装置で達成された $f_B = 110$ kHz の場合，例えばタンパク質の像を撮る現実的な条件，$W = 150$ nm，$N = 100$，$\lambda = 10$ nm，$\theta_F^{max} = \pi/9$ では，$T_{min} = 62$ ms となる．

3.2　カンチレバー，試料ステージ，基板

高速 AFM 装置はすでに（株）生体分子計測研究所から市販されているので，ここでは装置に含まれる高速化技術には触れず，高速 AFM イメージングにおいてユーザーが工夫しなければならない要素について述べる．

3.2.1　カンチレバー[4]

カンチレバーの応答時間 τ_c は，その共振周波数 f_c と Q 値 Q_c によって決まり，$\tau_c = Q_c/(\pi f_c)$ の関係がある．水中では Q_c は小さいため，応答の高速性能は f_c で決まる．ただし，バネ定数 k_c を小さく維持したまま f_c を大きくするには，小型化して質量を小さくするしかない．高速 AFM 用の窒化シリコン製のカンチレバーは，長さ6〜10 μm，幅 2 μm，厚さ 90〜130 nm と従来の 1/10 以下の大きさであり，水中で $f_c = 600$ kHz〜1.2 MHz，$Q_c = 2$ の特性を持ち，$k_c = 0.1$〜0.2 N/m である．オリンパス社や

Nano World 社から入手できる．先端が細い EBD（electron beam deposited）探針やカーボンナノファイバー探針を持つ微小カンチレバーも市販されているが高価である．走査型電子顕微鏡を利用できる場合には，EBD 探針を容易に作製できる．例えば，蓋に小さい孔をあけた容器に昇華性のフェノール結晶を入れ，その蓋の上にカンチレバーを置き，電子線をスポット照射すると，アモルファスカーボンの針が成長する．これをアルゴンあるいは酸素雰囲気下でプラズマエッチングすると先端曲率半径 1〜5 nm の探針が得られる（図 IX.3.3a）．

3.2.2 試料ステージ[4]

高速イメージング中に試料ステージは Z 方向に 20〜100 kHz で走査されるため，試料ステージが大きいと，そのそばに位置するカンチレバーとその支持部には大きな水圧がかかる．この水圧によりカンチレバーは動くため，探針・試料間の接触によるカンチレバーの応答が遅くなる．ひどい場合には，最小化したフィードバックループの遅延時間よりも長くなる．したがって，試料ステージの直径は 1〜2 mm 程度にしなければならない．さらには，図 IX.3.3b に示すように，カンチレバー全体と試料ステージが重なる面積を小さくするように配置する必要がある．水圧は他にも影響する．カンチレバーと試料基板が急速に接近すると，その間にある水が圧縮される．探針が短いと，この圧縮は大きくなり，カンチレバーの振動振幅は減少し，探針・試料間の接触に対するカンチレバー振動の応答は鈍くなる．この圧縮効果を小さくするには通常，探針の長さを 2.5 μm 程度にする必要がある．

3.2.3 試料基板[4]

高速 AFM により観察すべき生体分子のダイナミクスを捉える上で，試料を載せる基板は極めて重要である．基板表面が十分に平滑であることに加え，生体分子の機能を阻害しない程度に緩やかに基板表面は分子を吸着しなければならない一方，激しくブラウン運動しない程度に強く吸着しなければならない．異なる分子間のダイナミックな相互作用を観察するには，どちらか一方を選択的に基板に固定する必要がある．これまでに基板表面として，無処理あるいは化学処理されたマイカ表面，脂質平面二重層膜，ビオチン脂質を含む脂質平面二重層膜上に形成させたストレプトアビジンの 2 次元結晶などが用いられてきた．これらの表面作製法と利用法については，文献 5) を参照．以下のイメージング研究で具体的な基板表面の利用例を紹介する．

3.3 分子イメージング

高速 AFM が使われ出して間もないが，すでに生体分子の多様なダイナミクス観察が行われている[6]．これらを分類すると，①タンパク質の機能中の構造変化，②タンパク質や脂質の自己集合，③ダイナミックなタンパク質-タンパク質相互作用，④膜中にある膜タンパク質やタンパク質 2 次元結晶中の空隙欠陥の拡散，⑤酵素反応中における分子プロセス，⑥DNA 折り紙上で起こるダイナミクス，などである．ここでは，タンパク質の機能中の構造変化と分子プロセスを捉えた例を概説する．

3.3.1 歩行中のミオシン V

モータタンパク質であるミオシン V（M5）は N 末端にアクチンに結合し ATP を分解する二つの等価なモータドメインと二つの等価な長いネック（両者を合わせて頭部あるいは脚と呼ばれる），それに続きコイルドコイル構造を持つ 1 本の長い尾部，そして C 末端に荷物結合部位を持ち，細胞中では種々の荷物をアクチン線維に沿って運搬する（図 IX.3.4a 参照）．主に 1 分子蛍光顕微鏡観察により，以下の事実が確立されている[7]．M5 はアクチン線維上をその

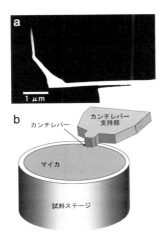

図 IX.3.3 (a) EBD 探針を持つカンチレバーの SEM 像．(b) 水圧効果を最小にするカンチレバーと試料ステージの相対的配置

＋端に向かって連続的にハンドオーバーハンド様式で，ATPの加水分解サイクルごとに36 nmの歩幅で運動する．ここでハンドオーバーハンドとは，2本の等価な脚の前脚，後ろ脚の役割を交互に切り替えながら進むことを意味する．以下に歩行運動の高速AFM観察[8]の条件と観察結果をまとめる．

基板として，中性リン脂質，プラス電荷を持つリン脂質，ビオチンを含む脂質からなる平面二重層膜を用いた．部分的にビオチン化したアクチン線維を低密度のストレプトアビジンを介して固定した．図IX. 3. 4bに示すようにM5-HMMが一方向運動する様子が7フレーム/s（fps）の速度で撮影された．一つのモータドメインが約1 MHzで振動する探針に何万回と叩かれても，運動速度は減少しなかった．しかし，一歩前進する途中の様子は速すぎて捉えることはできない．そこで，ストレプトアビジンを多めに基板に撒いたところ，その途中の様子も含め，歩行運動が撮影された（図IX. 3. 4c）．後ろ脚がアクチンから解離するとすぐに前脚は前方向に回転し，途中にあるストレプトアビジン分子に引っ掛かる．一方ネック-ネック接合部で前脚につながった後ろ脚がアクチンから大きく離れた状態で前方に運ばれる．やがて前脚はストレプトアビジン分子を乗り越えさらに前方に回転し，それとともに後ろ脚はさらに前方に運ばれ，前方のアクチンに着地し，一歩前進が完了する．この一連のプロセスの中で起こる前脚の回転こそが前進のための動力工程（パワーストローク）である．

ADP存在下で両脚がアクチン線維に結合したM5-HMMでは，時折コイルドコイルが解け，その

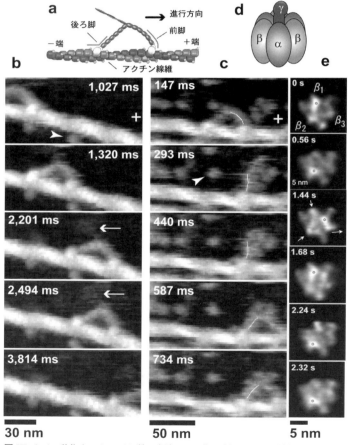

図IX. 3. 4　動作中のタンパク質の高速AFM像．（a）アクチン線維に結合したM5-HMM分子の模式図，（b）一方向運動するM5-HMMを捉えた高速AFM像，（c）M5-HMMが一歩前進する途中のプロセスを捉えた高速AFM像，（d）F_1-ATPaseのサブ複合体$\alpha_3\beta_3\gamma$の模式図，（e）ATPを分解している$\alpha_3\beta_3$サブ複合体の構造変化の回転伝播を捉えた高速AFM像．（口絵24参照）

直後に前脚が前方に回転する．これは，両脚がアクチン線維に結合した M5-HMM の前脚に張力が発生していることを意味し，パワーストロークを起こすための張力発生に ATP の加水分解エネルギーが不要であることを示している．また，ADP-Pi を結合した脚から Pi が放出されるステップなしでも張力発生とパワーストロークが起こることを示す現象も観察された．これらの結果は，ATP 加水分解反応と歩行過程との共役，および化学-力学エネルギー変換についての従来の考え方を覆すものである．

ヌクレオチドが存在しない場合でも，M5-HMM は両脚でアクチン線維に結合するが，前脚がしばしば大きく屈曲する様子も観察された．ヌクレオチド存在下では屈曲は起こらない．したがって，低濃度 ADP 存在下では，前脚における ADP の結合・解離に伴って，前脚はまっすぐになったり，屈曲したりする．この頻度の測定から，前脚から ADP が解離する速度定数が 0.1/s と見積もられた．すなわち，平均で 10 秒間に 1 回だけ ADP が前脚から解離する．しかし，10 秒間に M5-HMM は何歩も歩くことから，歩行中に前脚から ADP は解離しないと結論される．すなわち，ADP の解離，それに続く ATP の結合，その結果起こるアクチンからの解離は後ろ脚でしか起こらない．これこそが，M5 が連続的にハンドオーバーハンドで歩行する仕組みである．

3.3.2 構造が回転伝播する F_1-ATPase

1 分子蛍光顕微鏡観察から F_1-ATPase のサブ複合体 $\alpha_3\beta_3\gamma$（図 IX. 3. 4d）は回転モータであり，固定子である $\alpha_3\beta_3$ リングの孔に部分挿入された γ サブユニットは，露出した γ（あるいは $\alpha_3\beta_3$ の C 端）側から見て反時計回りに回転することが示された[9]．ATPase サイクル中，常に三つの β サブユニットは異なる化学状態（ATP 結合，ADP 結合，ヌクレオチドなし）をとる．各化学状態は三つの β サブユニットにわたって循環的に伝播する．したがって，β サブユニット間には強い協同性が存在する．しかし，β サブユニット間には直接の相互作用はないので，非対称な構造を持つ γ サブユニットと β サブユニットとの相互作用は三つの β 間で必ず異なるから，β-γ 相互作用がこの協同性を生むと提唱され信じられてきた．

この説の成否を決めるために，γ を取り去った $\alpha_3\beta_3$ が高速 AFM で観察された[10]．アミノシランコートの後にグルタルアルデヒド処理されたマイカ基板に β の N 端に $(Lys)_7$ タグが導入された $\alpha_3\beta_3$ が共有結合で固定された系が用いられた．図 IX. 3. 4e に示すように，ATP 存在下で撮影された高速 AFM 像は，β の構造変化が反時計回りに回転伝播する様子を捉えた．上方に突起（小さい円でマーク）を持ちリング外側に飛び出た構造（O 状態）を有する β サブユニットの位置が反時計回りに伝播している．残る二つの β サブユニットの上方の突起は低く，リング外側の部分は内側に引っ込んでいる（C 構造）．一つの β が O→C 遷移すると，その反時計回りの隣にある β は C→O 遷移する．ヌクレオチドなしと AMP-PNP 存在下での AFM 像から，O 状態はヌクレオチドなしの β であり，C 状態はヌクレオチドを結合した β であることが同定されたことから，O→C 遷移は ATP の結合，C→O 遷移は ADP の解離を意味している．したがって，ヌクレオチドなし，ADP 結合，ATP 結合の β サブユニットはこの順で反時計回りに配置している．こうして，γ を回転させるトルクの発生に必須な協同性は β-β 間の連携のみで起こり，γ は受動的にこのトルクを受け回転することが明らかとなった．

3.4 将来展望

上記の観察例が示すように，高速 AFM が与える動画映像は動作中の分子の挙動を極めて明瞭に示すため，複雑な解釈や解析なしに直截的に解釈でき，それゆえ，あいまいさのない結論を得ることが可能である．また，従来の手法では得ることが困難な情報が得られるため，どのように生体分子が機能するかについて深い洞察を得ることができる．今後ますますこの新しい顕微鏡は広範な生体分子系に適用され，機能メカニズムの解明を加速するものと期待される．

分子よりもはるかに大きな細胞の動態を観察可能な高速 AFM も開発されつつある．例えば，バクテリア全体の像を得た後で，その局所表面にある分子のダイナミクスも観察可能であることが最近示されている．したがって，ミトコンドリアや核，あるいはニューロンのシナプスといった高次構造体の表面で起こる分子プロセスのその場観察も近い将来可能になると予想される．さらには，非接触イメージング可能な走査型イオンコンダクタンス顕微鏡を高速

化する開発も進められつつあり，凸凹の大きな真核細胞の微細構造動態や，その表面で起こる分子プロセスの観察も可能になるものと予想される．

［安藤敏夫］

参考文献

1) Ando, T., Uchihashi, T., Fukuma, T. (2008) Prog. Surf. Sci. **83**：337-437.
2) 安藤敏夫 (2011) タンパク質分析（日本分析化学会編），丸善出版，pp.170-182.
3) Ando, T., Uchihashi, T., Kodera, N. (2013) Annu. Rev. Biophys. (in press) doi：10.1146/annurev-biophys-083012-130324
4) Uchihashi, T., Kodera, N., Ando, T. (2012) Nat. Protc. **7**：1193-1206.
5) Yamamoto, D., Uchihashi, T., Kodera, N., et al. (2010) Methods Enzymol. **475**：541-564.
6) Ando, T. (2012) Nanotechnology, **23**：062001.
7) Sellers, J. R., Weisman, L. S. (2008) Myosins：A Superfamily of MolecularMotors（Proteins and Cell Regulation Vol. 7）(Ed. Coluccio, L. M.), Springer, pp. 289-323.
8) Kodera, N., Yamamoto, D., Ishikawa, R. et al. (2010) Nature **468**：72-76.
9) Kinosita Jr. K., Adachi, K., Itoh, H. (2004) Annu. Rev. Biophys. Biomol. Struct. **33**：245-268.
10) Uchihashi, T., Iino, R., Ando, T. et al. (2011) Science **333**：755-758.

4 走査型イオン伝導顕微鏡（イオンコンダクタンス顕微鏡）

4.1 原理と基本構成

走査型イオン伝導顕微鏡（イオンコンダクタンス顕微鏡，scanning ion-conductance microscope：SICM）は，SPM の一種として，1989 年に Paul Hansma らによって報告された[1]．この顕微鏡は，SPM の探針に，マイクロガラスピペットを用いる点が特徴である．中空性のこのガラスピペットの内部には電解質が満たされ，小さい電極が挿入されているので，マイクロ電極として機能する．したがって，電解質溶液を満たしたシャーレに別の電極（対照電極）を留置したものを用意し，これにガラスピペットを入れて電極間に電圧をかけると，電流（イオン電流）が生じることになる（図 IX. 4. 1）．シャーレ内に試料を置いてイオン電流を測定しながらガラスピペットを試料に近づけていくと，ガラスピペット先端が試料表面に近接したある時点で，ガラスピペットの先端開口部が遮蔽されてイオン電流が減少する．このようなイオン電流の変化を指標として，ガラスピペットの上下の位置を制御しながら，試料上を走査することにより，試料の表面立体形状を画像化することが可能となる．SPM と同様に，ピペットの上下（Z 方向）の動作と，試料平面（XY 平面）の走査には，圧電素子（ピエゾスキャナー）が用いられるのが一般的である．

この基本原理を用いたさまざまな装置構成が可能であるが，生体試料の観察に用いる場合は，倒立顕微鏡のステージ上に SICM を搭載する場合が多い．この場合，試料を入れたシャーレを XY フラットスキャナーの上に配置し，ピペットは別に配置した Z スキャナーに固定するなどの構成が考えられる（図 IX. 4. 1 (c)）．ピペット内の電極と，シャーレの中の対照電極との間を流れるイオン電流は極めて微弱であるため，アンプを通して増幅して測定をすることになる．このイオン電流をコントローラで制御しながらピペットを試料表面で走査し，Z スキャナーの高さの変化を記録することで，試料の表面形状像を画像化することができる．

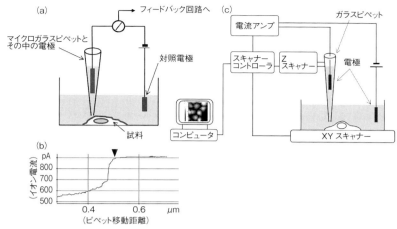

図 IX. 4.1 SICMの原理（a）とアプローチカーブ（b），基本構成（c）
アプローチカーブはピペットが試料に接近した際のイオン電流の変化を示している．▼が試料に近接した点．

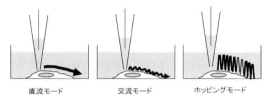

図 IX. 4.2 SICMの測定モード

SICMのピペットを走査する方法については，直流モード，交流モード，ホッピングモードなどが知られている（図 IX. 4.2）．このうち直流モードは，ピペットを試料に近接させて，イオン電流の減衰量を一定にしながら，ピペットで試料表面をなぞるように走査して表面像を得るものである．一方，交流モードでは，ピペットを小さく振動させながら試料表面を走査する．直流モードと異なる点は，ピペットを振動させた際に生じるイオン電流の振幅をロックインアンプにより検出し，それを指標にしながら試料表面の形状を取得する点にある．ところでこれらのモードは大きな凹凸を持った試料には適さないことから，ホッピングモード（またはバックステップモード）と呼ばれるさらに別の走査方法が生物試料に用いられていることが多い[2,3]．この方法では各走査点において，まず試料から遠ざかった位置にピペットを引き上げ，その後にイオン電流を測定しながらピペットを試料へ接近させ，イオン電流が少し減衰したところでピペットを引き戻す．このような操作を各走査点で行い，それぞれの点の高さ情報を取得することで試料の表面形状を得ている．したがって，ピペットを引き上げる距離を調節することで，凹凸の激しい試料表面の観察も可能となる．

なお，SICMで使用するマイクログラスピペットは，内径100 nmほどのものを用い，測定時の電圧は約100 mV，電流の大きさは約1 nAに設定することが一般的である．

4.2 SICMの特徴

従来，生物学分野に最も一般的に用いられてきたSPMはAFMであるが，AFMの制御には探針・試料間の相互間力を用いるため，試料表面に探針が接触するのが一般的である．そのため，AFMで生物試料を観察する場合は，探針が試料を押しつけて変形させたり，表面を刺激することも多く，柔らかい細胞の観察には不向きであった．一方で，SICMでは探針（この場合はピペット）の制御に力を用いる必要がないので，試料に探針（ピペット先端）を接触させることなく観察することも可能である．したがって，生物試料のように極めてソフトなものでも，力で変形させることなく表面形状を取得できる可能性を秘めている．しかも，SICMは，生物にとって生理的な条件ともいえる液中において，試料の表面微細構造解析ができる点が魅力である．

また，ホッピングモードを用いた場合，かなり凹凸の激しい試料でも対応が可能である点も，通常のAFMにはない大きな魅力である．

4.3 応用例

4.3.1 コラーゲン細線維の SICM 観察

コラーゲン細線維は直径数十～数百 nm の棒状構造物であり，SICM の生物試料応用の可能性を知る上で格好の対象物である[3]．例えば，コラーゲン細線維を豊富に含むラット尾腱の小片をガラス上に載せ，これを薄く引き延ばすと，コラーゲン細線維が網状にほぐれた伸展標本を作製することができる．これを軽く乾燥させて，コラーゲン細線維をガラスに付着させた後に生理食塩水（あるいはリン酸緩衝生理食塩水）に浸して，SICM で観察すると，コラーゲン細線維が網状に重なり合って走行する様子や，それぞれの線維の重なりの上下関係を明瞭に観察することができる（図 IX.4.3）．一部のコラーゲン細線維は床との接触がなく浮いた状態となっているように見えるが，SICM ではこうした一部宙吊りの細線維も観察が可能である．

4.3.2 培養細胞の SICM 観察

培養細胞の液中観察は AFM においても行われてきたが，探針が接触することで細胞表面に力が加わり，試料の変形をきたすなど，困難な点が多かった．すでに述べたように，SICM では試料に力を加える必要がないことから，液中におけるこうした培養細胞観察に有用であることが想像される．図 IX.4.4 は HeLa 細胞（ヒト子宮頸がん由来の培養細胞）に対し 1% グルタルアルデヒド固定を行い，ホッピングモード SICM で観察したものである．このように，急峻な傾斜を有する高さ 10～15 μm ほどの細胞においても，ホッピングモードを用いることで観察が可能となり，またその表面の微細な細胞質突起も押しつぶすことなく画像化することができる．もちろん，液中測定なので，生きた状態で培養細胞を観察することも可能である．もっとも，現状では SICM による 1 枚の測定時間が数分～数十分とやや長くなる傾向があることから，ライブイメージングの範囲は限られている．この点の改善が今後おおいに期待されるものである．

4.3.3 組織の観察

ホッピングモード利点は，凹凸の激しい試料の表面観察が可能なことである．その点で，単に培養細胞だけでなく，より大きな組織の観察にも SICM が利用できそうである．図 IX.4.5 は，2% グルタルアルデヒドで固定したラットの気管の小片を切り取り，ホッピングモード SICM で観察したものである．試

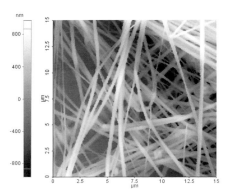

図 IX.4.3 コラーゲン細線維の SICM 像

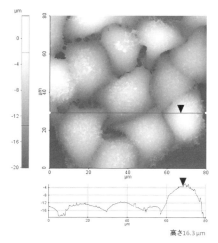

図 IX.4.4 培養細胞（HeLa 細胞）の SICM 像
図の実線の部分の断面プロファイルを下に示してある．矢じりの部分の細胞の高さは 16.3 μm であることがわかる．

図 IX.4.5 ラット気管内腔の SICM 像

料の凹凸の程度は，利用する SICM の Z スキャナーの走査範囲に依存するが，うまく条件が合うと，気管内腔の表面像，すなわち線毛細胞の表面の線毛や分泌細胞の表面を液中で画像化することができる．

4.4 将来展望

　上で述べたように，SICM では試料表面に力を加えることなく，試料の立体形状を液中で取得できるというユニークな顕微鏡である．この点から，これまでの SPM（特に AFM）では得られなかった試料，特にソフトな生物試料観察に適している．また，ホッピングモードを用いることで，凹凸の激しい組織片の観察にも利用が期待されることは上に述べた．こうした細胞や組織の表面立体微細構造の観察は，これまで走査電子顕微鏡により行われてきたが，真空中での電子線による観察のために，試料を乾燥させたり導電処理を施したりする必要があった．SICM では，同様な画像を液中で観察できることから，生きた細胞や組織の形態機能変化の解析に威力を発揮することが期待される．すでに述べたように時間分解能が悪いという現状があるが，今後の研究開発でこの点が大幅に改善されることも期待できそうである．

　一方で，SICM で使用するガラスピペットは，その開口部を細胞膜表面などに密着させることで，密着部での膜電位の変化などを測定するパッチクランプ法にも利用できるという報告もある[4]．このように SICM を画像の取得とパッチクランプの両者の目的で用いることで，形態学と生理学を結び付ける装置として利用することもできそうである．また，SICM を倒立顕微鏡の上に取り付けた場合は，光顕像と SICM 像との比較も容易であり，こうした点からも生物学分野への多様な応用が期待される．

[牛木辰男]

参考文献

1) Hansma, P. K., Drake, B., Marti, O., et al. (1989) Science **243**：641-643.
2) Novak, P., Li, C., Shevchuk, A. I., Stepanyan, R., et al. (2009) Nat. Methods **6**：279-281.
3) Ushiki, T., Nakajima, M., Choi M., et al. (2012) Micron **43**：1390-1398.
4) Gu, Y., Gorelik, J., Spohr, H. A., et al. (2002) FASEB J. **16**：748-750.

第 X 部
多彩な顕微鏡

1 X 線顕微鏡

X 線は，波長が光学顕微鏡に比べて短いので，原理的に分解能が高くなる．

X 線顕微鏡とは，X 線を対象に照射して，X 線，電子線など種々のプローブで観測する手法の総称であるが，ここでは主に出てくる X 線を検出して用いる方法を解説する．この場合も入射 X 線のエネルギーにより，硬 X 線顕微鏡，軟 X 線顕微鏡に分かれる．またレンズに代わる光学素子を用いた結像型と走査型がある．さらに最近急速に発達してきた方法として，回折顕微鏡がある．以下結像型の軟 X 線顕微鏡を主体として，他の方法の特徴をまとめて示す．

1.1 結像型軟 X 線顕微鏡

X 線は，エネルギーにより吸収係数が異なるが，吸収端の前後で大きくその値が異なる．特に，酸素と炭素の吸収端の間では，炭素や窒素に比べて酸素の吸収係数が 1 桁以上小さい（図 X.1.1）．この性質を利用すると，水の中にある物質をほとんどその影響なしに観測することができる[1]．

軟 X 線の結像型顕微鏡では，光学素子として可視

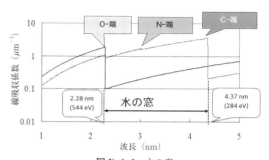

図 X.1.1 水の窓
水の中にある物質を水の吸収の影響なしにみられることを「水の窓」と表現している．

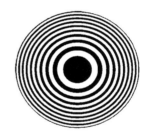

図 X.1.2 ゾーンプレート

光で利用しているようなレンズは使えない．代わりに回折光学素子であるゾーンプレート（ZP）が用いられる．ゾーンプレートは，図 X.1.2 にある白い部分だけを光が透過する仕組みになっており，かつ隣を通過した光が波長分だけ光路長がずれるようになっていることにより，通過した光は互いに強め合う．

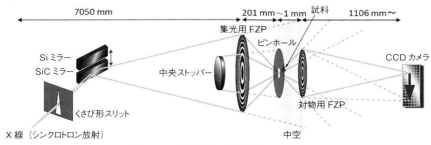

図 X.1.3 結像型軟 X 線顕微鏡の光学系

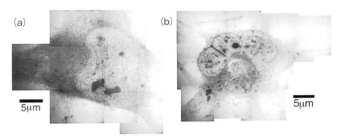

図 X.1.4 結像型軟 X 線顕微鏡による測定例
(a) ヒト卵巣がん細胞と，(b) 重金属系抗がん剤シスプラチン（CDDP）を与えたヒト卵巣がん細胞の軟 X 線顕微鏡写真．観察波長：2.4 nm[3]

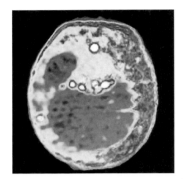

図 X.1.5 軟 X 線顕微鏡 CT による撮影例[4]
（口絵 25 参照）

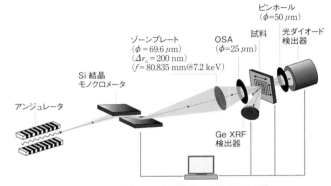

図 X.1.6 走査型 X 線顕微鏡の光学系概念図[5]

このゾーンプレートに平行光が入射されると 1 点に集光する．ゾーン数が 100 を超えた場合には，ほぼ通常のレンズを用いた集光と同じに考えてよい．分解能は，最外輪帯幅で決まり，現在の世界のチャンピオンデータは 10 nm を切りつつある[2]．

通常のシンクロトロン放射光を用いた X 線顕微鏡の場合には，集光用のゾーンプレートと対物用のゾーンプレートとを図 X.1.3 のように配置して測定を行う．図 X.1.4 に測定例を示す．重金属系抗がん剤であるシスプラチン（略称 CDDP）を与えた含水状態のヒト卵巣がん細胞の軟 X 線顕微鏡写真である．CDDP に含まれるプラチナにより，核小体，核膜，ミトコンドリアといった細胞小器官のコントラストが増強され，明瞭に観察ができている[3]．

結像型の X 線顕微鏡を用いると試料を回転させることにより，CT を撮ることができる．図 X.1.5 にその例を示す[4]．

1.2　走査型軟 X 線顕微鏡

走査型 X 線顕微鏡は，1 枚の光学素子により，集光・分光を行った後，試料をスキャンすることにより，走査型の顕微鏡とすることができる．走査型の場合には，光源として輝度の高いアンジュレータを用いることが多い．図 X.1.6 に代表的な光学系の図を示す[5]．走査型では，X 線のエネルギー（波長）を掃引するのが容易なので，スペクトロスコピーに利用されることが多い．軟 X 線領域では，炭素，酸素，窒素の吸収端近傍の XAFS（X-ray absorption fine structure）の測定によく利用されている．

1.3　X 線蛍光をプローブとした顕微鏡

硬 X 線領域では，X 線蛍光を利用した測定も行われている．X 線の吸収を利用した場合に比べて，感度が高い．図 X.1.7 に測定例を示す[5]．生物はある種の金属元素を進化の過程で取り入れ機能に利用している．バナジウムボヤという和名を持つ *Ascidia gemmata* は，血球の中にバナジウムを，海水に溶解している濃度 35 nM の 1000 万倍に相当する 350 mM という高濃度に濃縮している．光学顕微鏡と X 線顕微鏡透過像で確認できた，3 種類の血球細胞，

 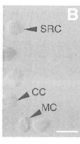 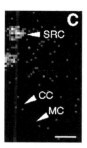

図 X.1.7 *Ascidia gemmata*（和名バナジウムボヤ）の血液細胞の微分干渉顕微鏡（A），走査型 X 線顕微鏡による透過像（B），走査型 X 線顕微鏡によるバナジウムの蛍光像（C）．励起エネルギー：5.5 keV，スケールバー：10 μm．血球細胞は光学顕微鏡観察により，シグネットリング細胞，モルーラ細胞，コンパートメント細胞と同定されている[5]．

シグネットリング細胞（SRC），モルーラ細胞（MC），コンパートメント細胞（CC）のうち，SRC 細胞だけがバナジウムを蓄積していることがわかる．

1.4 硬 X 線顕微鏡

硬 X 線領域でも，基本は軟 X 線顕微鏡と同じであるが，吸収が小さくなる．それに対し，位相差は，あまり小さくならないので，位相コントラストを利用した顕微鏡が用いられる．光学素子は軟 X 線の場合と同じゾーンプレートも用いられる．

1.5 X 線回折顕微鏡

光源のコヒーレンスが高くなると，回折光を利用した測定が可能になる．一般に回折光を利用した測定の場合には，位相情報が失われるので，フーリエ変換して実空間の像に戻すためには，位相情報を得るための工夫がいるが，近年その方法がいくつか見出され，回折像から元の空間像を分解能高く得ることができるようになってきた．

その一つの例がタイコグラフィーである．タイコグラフィーでは，何らかの方法で，位相のリファレンスを得ることにより，実像を作り出すことができる[6]．

[木原　裕・竹本邦子]

参考文献

1) Kirz, J., Jacobsen, C., Howells, M., (1995) Q. Rev. Biophys. **28**:33-130.
2) Mohacsi, I., Vartiainen, I., Rosner, B., *et al.* (2017) Nature com/scientific reports **7**:43624, Doi:10.1038.
3) Kiyozuka, Y., Takemoto, K., Yamamoto, A., *et al.* (2000) AIP Conference Proceedings **507**:153-158.
4) Larabell, C.A., Le Gros, M.A. (2004) Molecular Biology of the Cell **15**:957-962.
5) 竹本邦子，木原　裕（2004）放射光 **17**：100-105.
6) Giewekemeyera, K., Thibaultb, P., Kalbfleischa, S., *et al.* (2010) Proc. Natl. Acad. Sci. USA **107**:529-534.

2 光音響顕微鏡

2.1 原理と特徴

光音響顕微鏡は"光音響効果"を用いた顕微鏡である[1-4]．物質にナノ秒光パルスのようなパルスエネルギーの高いレーザーを照射すると，吸収が存在する部位において，瞬間的に体積が膨張し超音波が発生する．この効果を"光音響効果"と呼んでいる．光音響顕微鏡では，この効果により発生した超音波を音響トランスデューサーによって検出し，画像化している．光音響効果はアレキサンダー・グラハム・ベルによって1880年に最初に報告がなされているが，顕微鏡技術として使われるようになったのは音響トランスデューサーやレーザーの発展の後である．

光音響顕微鏡によるイメージングは，光と超音波のそれぞれの利点を活かしたハイブリッド技術である．光は分子構造によって吸収スペクトルが異なるので，吸収ピークに一致した波長の光やいくつかの波長の組み合わせの光を照射することによって，特定の分子を高コントラストに観察することができる．一方，生体内において超音波は，光に比べて2から3桁散乱係数が小さいため，光学顕微鏡では観察することができない生体深部を観察することができる．さらに，分子吸収により信号が発生するため，蛍光を発しない分子に対しても無染色で顕微観察できることも特徴である．

2.2 装置

光音響顕微鏡の構成を大きく分けると，①光源，②集光と音波検出部，③画像表示部に分けられる．図X.2.1に光音響顕微鏡の概略と画像化の原理を示す．

①として，一般的にエネルギーの高い，パルス幅がナノ秒の光パルスが使われる．波長可変のものを用いて多波長化することによって，特定分子をコントラストよく捉えることが可能である．

②に関して，光音響顕微鏡では光で励起し，超音波を検出するため，光と超音波を別の経路にするか，光と超音波を分けるビームスプリッターを使う必要がある．ここでは，光・音響スプリッターを用いた光音響顕微鏡を例として説明する[2]．図X.2.1（a）に示されているように，集光のためのレンズの後に光を透過，音波を反射する光・音響スプリッターを設置する．光・音響スプリッターは直角プリズムとロンボイドプリズムによって構成され，プリズムの対角面とロンボイドプリズムの斜面の間にシリコーンオイルを挟んでいる．シリコーンオイル層は非常に薄く透明であるため，光は透過する．しかしながら，ガラスとシリコーンオイル界面の音響インピーダンスは非常に大きいため，超音波は反射する．よって，光を透過し，超音波を反射するスプリッターとして働く．光と同軸に戻ってきた光音響波の時間波形を音響トランスデューサーを用いて計測する．

③に関して，光学顕微鏡と光音響顕微鏡との大きな違いは，検出信号が光と違い超音波であることで

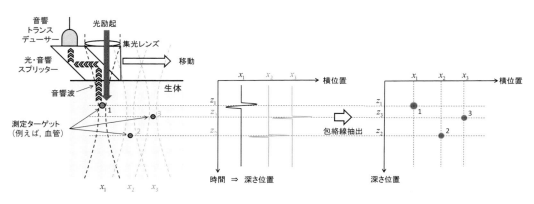

(a) 光音響顕微鏡の概略　　(b) 得られる光音響信号　　(c) 得られる光音響像

図X.2.1　光音響顕微鏡の概略および画像化の原理

2 光音響顕微鏡   257

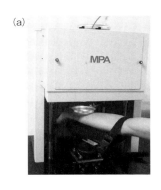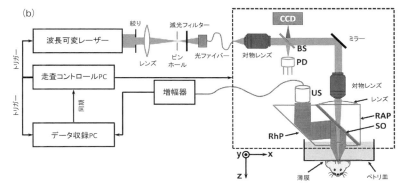

図 X.2.2 (a) 光音響顕微鏡装置（Micro Photo Acoustics 社製）．(b) そのシステムの概略図．BS：ビームスプリッター，PD：光検出器，RAP：直角プリズム，SO：シリコーンオイル，RhP：ロンボイドプリズム，US：音響トランスデューサー．[Micro Photo Acoustics 社ホームページより]

ある．光は速度が速く，生体内の深さの違う位置から発生した光が検出器に到達する時間の差は非常に小さいので，時間的に分けることができない．一方，超音波の進む速度は光に比べて非常に遅いので，深さの違う位置から発生した超音波を時間的に分けることができる．図 X.2.1（b）に示されるように，音響トランスデューサーで信号が検出されるタイミングは，測定ターゲット（例えば，血管など）が生体内の深い位置にあるか，浅い位置にあるかによって異なる．したがって，時間を深さ位置に変換することによって，測定ターゲットの深さ方向の情報が得られる．レーザーを1次元に走査すると深さ方向を含む2次元の情報が得られる（図 X.2.1（c））．同様に，2次元走査すると，3次元の情報が得られる．深さ位置に対する測定ターゲットの位置を正確に捉えるため，得られた光音響信号の包絡線を計算し画像化している．図 X.2.2（a）に代表的な光音響顕微鏡の装置写真を，(b) にそのシステム概略図を示す．光ファイバーを用いて光パルスを集光レンズまで導光し，レンズ，光・音響スプリッター，音響トランスデューサーを含むイメージングヘッドを移動させることによってレーザーを走査している．

横分解能（光軸に垂直な面の分解能）は，励起領域，あるいは，検出領域をどれくらい小さくできるかによって決定されるため，集光励起，集音検出が用いられる．光音響イメージングにおいて，深達距離サブミリメートルからセンチメートルまで深達距離を空間分解能で割った値は一定であり，スケーラビリティが高い[3]．光拡散限界以上の深さでは，横分解能は音響的に決定される．一方，光拡散限界以下の深さでは，横分解能は光学的に決定され，薄い試料に関しては光の波長を切る横分解能が得られる．

深さ分解能（光軸方向の分解能）は，光音響波の時間軸を位置情報に変換することによって得られるため，検出する光音響波成分を高周波にすればするほど向上する．生体内での超音波の伝播速度はおよそ 1500 m/s であるので，音響波の1波長程度の深さ分解能が得られると仮定すると，10 MHz の超音波成分を検出すると 150 μm，100 MHz の超音波成分を検出すると 15 μm の深さ分解能が得られる．しかしながら，さらなる深さ分解能向上のために検出周波数を上げていくと生体内での超音波の減衰も無視できなくなってくる．このような問題点を解決するために，2光子吸収（非線形光学現象の一種で，2個の光子が同時に吸収される現象）によって空間分解能を向上させ，低周波超音波を検出することによって，生体深部を高空間分解能観察する提案も行われている[5,6]．

2.3 何が測定できるのか？

現在報告されている光音響イメージング（顕微鏡のみではなく断層撮影法なども含む）の測定対象は，ヘモグロビンを対象分子とした血管（皮膚，虹彩，網膜，脳，消化管，乳房など），脂質を対象としたアテローム性動脈硬化巣，メラニンを対象分子としたメラノーマ，RNA，DNA を対象とした細胞核などがある[1-3,7]．*in vivo* 観察から切片までさまざまな状態の生体を観察することができる．また，光イメージングよりも生体深部の観察が可能であるため，蛍光イメージングで用いられる色素，インドシアニングリーン，ポルフィリン，コンゴレッドなどを造

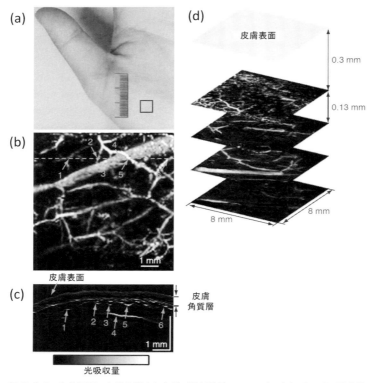

図 X. 2. 3　生体深部の血管を測定した例（励起波長：584 nm）．（a）手の平の測定箇所（四角）．（b）光音響信号の最大振幅を投影した像（maximum-amplitude-projection（MAP）像）．（c）（b）の点線の深さ方向の断面像（Bスキャン像）．（d）皮下 0.17 mm から 0.3 mm の MAP 像，それ以降，0.13 mm ごとの MAP 像を示している[4]．

影剤として，血管造影，リンパ節転移の評価，アミロイド斑を対象とした脳など生体深部のイメージングが可能である[3,7]．光散乱の大きい成体ゼブラフィッシュ深部の蛍光タンパクの観察にも成功している[3]．一方，蛍光を発しない色素でも観察可能であり，リポーター遺伝子 LacZ と X-gal の組み合わせによる腫瘍検出やメチレンブルーによるセンチネルリンパ節転移の観察も光音響イメージングにより可能である[3,7]．金ナノ粒子，金ナノロッド，カーボンナノチューブなどは光音響波を増強する効果があるため，金ナノ粒子を取り込んだマクロファージの観察や金ナノ粒子でタグ付けされたメラノーマの観察が行われている[1,3]．このようにさまざまな測定ターゲットに対して，生体深部を詳細に観察するのに光音響顕微鏡は適している．

具体例として光音響顕微鏡で測定された手の平の血管像を示す（図 X. 2. 3）[4]．波長 584 nm を励起光として使用しているが，この波長は酸化，還元ヘモグロビンの吸収係数が同じになる波長であり，血液量に基づき血管走行を画像化している．図 X. 2. 3（b）は（a）の四角で囲まれた部分の光音響信号の最大振幅を投影した像（maximum-amplitude-projection（MAP）像），（c）は（b）の点線で示された場所の深さ方向の断面像（Bスキャン像）を示している．図 X. 2. 3（d）はさまざまな深さの層における MAP 像を示している．これらの図から，生体深部の血管が正確に捉えられていることがわかる．また，測定時における集光点のエネルギー密度は約 6 mJ/cm^2 であった．日本工業規格（JIS）により規定されている皮膚における最大露光許容量（maximum permissible exposure：MPE）20 mJ/cm^2 以下であり，生体に使用しても安全と考えられるエネルギーレベルである．このように，光音響顕微鏡は生体深部の血管走行を非侵襲，かつ，詳細に捉えることができる．さらに，酸化ヘモグロビンと還元ヘモグロビンの吸収スペクトルの違いを利用して，2波長（例えば，561 nm と 570 nm）の励起を用いると，動脈と静脈を別々にイメージングするこ

とも可能である[1-4].このように機能的なイメージングができることも特徴である.

2.4 まとめ

光音響効果が発見されてから,100年以上経過しているが,この効果が顕微鏡となって応用され,生体イメージングへの有用性が指摘されてきたのは,ここ最近のことである.光の高コントラスト特性を有しておりながら,生体深部が観察可能な光音響顕微鏡は生体内を生きたまま観察できる技術としてさらなる発展が期待される.　　［山岡禎久・髙松哲郎］

参考文献

1) Wang L. V., ed. (2009) Photoacoustic Imaging and Spectroscopy, CRC press.
2) Hu, S., Maslov, K., Wang, L. V. (2011) Opt. Lett. **36**: 1134-1136.
3) Wang, L. V., Hu, S. (2012) Science **335**:1458-1462.
4) Zhang, H. F., Maslov, K., Stoica, G., et al. (2006) Nat. Biotechnol. **24**:848-851.
5) Yamaoka, Y., Nambu, M., Takamatsu, T. (2011) Opt. Express **19**:13365-13377.
6) Yamaoka, Y., Harada, Y., Sakakura, M., et al. (2014) Opt. Express **22**:17063-17072.
7) Beard, P. (2011) Interface Focus **1**:602-631.

3 質量顕微鏡

質量顕微鏡とは従来の光学顕微鏡から得られる形態学的情報と質量分析から得られる生化学的な情報を同時に抽出することでより高い解像度で生命現象を捉えることを目的として開発された装置である[1].目的物質への標識や,抽出などの処理が必要ないため一度に数千もの分子を数μmの解像度で測定することが可能である.

3.1 原　　理

質量顕微鏡法（imaging mass spectrometry：IMS）とは試料上をレーザーで走査しながら質量分析（mass spectrometry：MS）を繰り返し,各位置で得られた質量分析スペクトル（mass spectrum）を基にさまざまな物質の分布を可視化する手法である.従来の顕微鏡のように光子や電子を検出するのではなく,イオン化した試料が結ぶ像を調べることができる.質量分析を表面分析へ拡張することで空間的な情報と組み合わせるものであるため,質量分析を抜きにしてその原理を語ることはできない.質量分析とは,原子や分子,およびそれらの構成するクラスターなどの粒子をイオン化し,それらを質量電荷比（mass-to-charge ratio：m/z）に従い分離・検出し,測定する手法の総称である.測定対象の試料や注目する物質に適したイオン化手法と,測定に用いる質量分析計の組み合わせによってさまざまな質量分析装置が考案・開発され,利用されている[2].

装置の一例として島津製作所が販売する質量顕微鏡の外観とその内部構造の概略を図X.3.1に示す.質量顕微鏡法に適したイオン化手法としては,扱える試料の多様さやイオン化効率の高さからマトリクス支援レーザー脱離イオン化（matrix-assisted laser desorption/ionization：MALDI）法が多く採用されている.MALDI法では結晶マトリクスで試料を包み込むことでイオン化における断片化が軽減されるため,それまでの手法では壊れやすかった数十万Daに及ぶ巨大分子もそのままの大きさでイオン化することが可能となり,多様な分子を一度に測定する用途でよく用いられる.

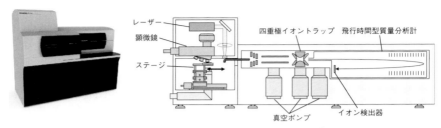

図 X. 3. 1　質量顕微鏡の外観（左）と内部概略（右）[3]

　イオン化した物質を m/z に従って分離・測定を行うのが質量分析計であり，広い質量範囲を高い質量分解能で測定できることから質量顕微鏡では飛行時間（time of flight：TOF）型が用いられることが多い．TOF 型質量分析計内部は気体分子との衝突・散乱を防ぐために高真空状態に保たれており，その内部を既知の電場によって加速したイオンが飛行することで質量の小さいものから順に検出器に到達し，その飛行時間から m/z が求められる．図 X. 3. 1 に示した質量顕微鏡では四重極イオントラップ（quadrupole ion trap：QIT）を質量分析計の試料導入部に設置することによってイオンを一度閉じ込め，すべてのイオンの飛行開始位置を揃えており，より正確な飛行時間を測定することで高い質量精度を実現している．検出器で得られたデータは，横軸が飛行時間から換算される m/z，縦軸が各 m/z におけるシグナル強度で表される質量分析スペクトルとして記録される．質量顕微鏡法によって得られるデータは位置情報を保持したこれらの無数の質量分析スペクトルであり，2 次元平面を解析した場合，x 座標，y 座標，m/z，シグナル強度の四つの次元をもつ膨大なものとなる．

　質量顕微鏡データの解析の基本は，質量分析スペクトルの特定の m/z におけるシグナル強度を 2 次元平面上の各点にプロットすることで試料中のさまざまなイオンの分布を可視化し，それぞれの分布を比較することである．このようにして得られるイオン像（ion image）は標的とした物質はもとより予期せぬものも含めれば数千にも及ぶ．得られたイオン像の中で特に注目すべき分布を示した m/z について，多段階質量分析（tandem mass spectrometry）という構造解析手法を用いることで，その物質を同定することも可能である．多段階質量分析とは特定の m/z のイオンだけを取り出し，希ガスと衝突させるなどして分解・断片化させ，それらの断片化イオンが示す質量分析スペクトルのパターンから元の m/z を示したイオンを推定するものである[2]．MS を複数回行うことから MS^n 解析とも呼ばれ，$n=2$ のときは特に MS/MS 解析と表記されることが多い．

3.2　何がわかるか

　基本的に質量分析で測定可能な分子は質量顕微鏡法の対象となりうるため，ターゲットを絞らずにタンパク質，脂質，糖など幅広い分子を同時に可視化することができる．そのため，多くの物質が関連するような複雑な反応過程をも捉えることが可能であり，多様な分子が協同的に振る舞う生命現象への応用は特に活発に行われている．抗体の作製が困難であるためあまり調べられてこなかった脂質の可視化も容易に行うことができ，多段階質量分析を用いることで含まれる脂肪酸の種類まで同定することが可能であるため，特に脂質解析（lipidomics）や代謝産物解析（metabolomics）において大きな威力を発揮している．図 X. 3. 2 に質量顕微鏡データの一例としてマウス海馬矢状面の解析結果を示す．光学顕微鏡像に見られる形態学的な特徴に従ってリン脂質の一つであるホスファチジルコリン（phosphatidylcholine：PC）がさまざまな分布を示していることがわかる．ここで PC に結合する脂肪酸を炭素数：二重結合数で表す記法を用いており，例えば PC (16:0/18:1) とは 16 の炭素からなる二重結合を含まない飽和脂肪酸（パルミチン酸）と，18 の炭素からなり二重結合を一つだけ持つ脂肪酸（オレイン酸）が結合していることを意味している．質量顕微鏡法のこのような特徴は，薬物動態において投与された薬剤だけでなくその代謝物の局在まで調べることが可能であるため注目を集めている．

　膨大な量の高次元データは大規模網羅解析を可能にし，注目する構造や試料の状態を特徴づける物質

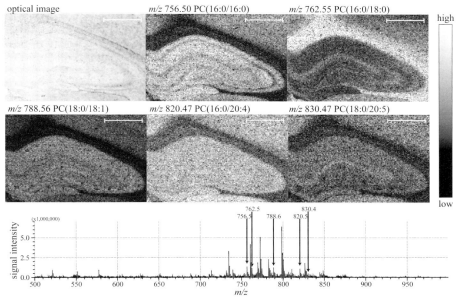

図 X. 3. 2　マウス海馬矢状面の質量顕微鏡法データ．測定領域の光学顕微鏡像と代表的な分布を示すリン脂質のイオン像を示す．画像に示した全領域に対して平均した質量分析スペクトルを下段に示した．スケールバーの長さは 1 mm．

のスクリーニングにおいても有用な手法である．実際に医学応用ではがんや肝炎，動脈硬化などさまざまな疾患に特異的に変化する物質の発見に貢献している．標的が特定の物質に限られていないため，異物混入などの品質管理においても有効である．また，微量な試料から一度に膨大な情報を抽出できるため貴重な試料を損なうことなく測定可能であり，臨床検査のみならず考古学などでの利用も将来的には行われることが期待される．

質量分析以外の測定を組み合わせることで同一の m/z をもつイオンを異なるシグナルとして検出する装置も開発されている．例えばイオン移動度計（ion mobility spectrometer：IMS）を組み合わせることで，立体構造の違いを移動度の差として同時に測定することも可能となっている．このような手法が組み合わされることで，「どこに」，「何が」，「どのくらい」という情報に加えて分子の配座など「どのように」ということまで調べられるため，対象のより正確な観測が可能になってきている．

質量分析が生命科学において重要な役割を担うようになってきたこともあり，今後もさらなる改良やさまざまな手法との組み合わせが行われることで，より多くの情報をより正確に抽出することが可能になるであろう．それによって質量顕微鏡法もその対象を広げ，より高い解像度で観測可能になることが見込まれる．質量分解能を高める試みとしてはイオン光学系や飛行軌道の工夫がなされており，周回軌道を飛行させるフーリエ変換質量分析計（Fourier transformation-mass spectrometry：FT-MS）やらせん軌道を飛行させるスパイラル TOF などの質量分析計を用いることでより精密な質量が測定可能になっている．また，光学限界を超えた数十ナノメートルレベルの空間解像度で測定するためにイオンビームを用いたイオン化を行う 2 次イオン質量分析法（secondary ion mass spectrometry：SIMS）も注目されている．SIMS はもともと表面分析や材料科学の分野で元素分析の装置として開発され，その歴史は MALDI 型質量顕微鏡よりも古く，同位体測定などに利用されてきた．イオンの断片化が起きやすく分子量が 1000 以上の分子を測定することが困難であったため，生物学への応用例が少なかったが，近年より穏やかにイオン化することが可能なイオンビームが採用されたことにより注目され始めている．

このように装置自体の発展も目覚ましく，それに伴い取得されるデータのサイズもより膨大なものになっている．生体内においておのおのの分子が独立に振る舞うことはむしろ少なく，お互いに影響を与えながら協同的に振る舞うために，個々のイオン像

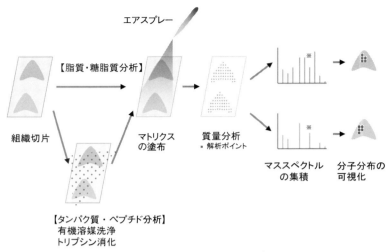

図 X. 3. 3　質量顕微鏡法の流れ[4]

だけに注目すればよいケースはまれである．質量顕微鏡法から得られる複雑なデータの解釈は研究者の知識や経験の蓄積に負うところが多いため，より簡便に注目すべき特性を抽出する解析は不可欠である．統計解析や情報理論，機械学習などを用いた解析ソフトウエアの開発も今後増大していくであろう．

3.3　標本の調整

質量顕微鏡法の測定における一連の操作を図 X. 3. 3 に示す．質量顕微鏡法に特有な試料の調整はマトリクスの塗布だけであり，基本的には試料を選ばない．特に細胞などもともとサイズの小さな試料などであれば切片化の工程を省略することも可能である．その簡便さのため生物学，医学，薬学，農学，工学など多岐にわたる分野において利用されている．レーザーの照射によるイオン化を用いた表面分析であるため，測定したい断面を正しく露出させることが重要である．そのため切片化しスライドガラス上に張り付けた試料を用いることが多い．試料の断面構造とできるだけ多くの物質を保持することが望まれるため，生物系の試料では新鮮凍結切片を用いることが多い．特定の物質に特化した測定を行う場合であれば固定試料の切片を用いることも可能である．タンパク質などの分子量が非常に大きい物質を測定する場合にはトリプシンなどの酵素による消化処理を行い，ペプチド化させるなどの工夫によりシグナルを向上させることもできる．イオン化に適した切片の厚さは試料によって異なるため最適化を行う必要があるが，一般的には 10 μm 前後の厚さがよいと考えられている．イオン化によって帯電した試料の電位を逃がすためにスライドガラスには導電性コートを施したものを使用する必要があり，一般的に indium-tin-oxide（ITO）コートしたものが使用されている．

よい質量分析スペクトルを得るためには最適なマトリクスを選ぶ必要があり，測定する質量範囲や電荷の正負，標的となる物質などを考慮しなければならない．現在一般的に利用されているものとしては α-シアノ-4-ヒドロキシケイ皮酸（α-cyano-4-hydroxycinnamic acid：CHCA）や 2,5-ジヒドロキシ安息香酸（2,5-dihydroxybenzoic acid：DHB），9-アミノアクリジン（9-aminoacridine：9AA），シナピン酸（sinapic acid）などが代表的である．試料のイオン化効率においてマトリクスの量のばらつきは大きく影響するため，試料上への一様な塗布が理想的である．従来は生体分子の抽出を同時に行うことが可能であることもあり，有機溶剤に溶かした状態でエアブラシを用いて手動でスプレーを行うことが多かったが，空間解像度の向上やマトリクス塗布装置の改良，定量的な測定への要求が高まるにつれ，蒸着装置やスプレー装置などによるより均一な塗布が採用されるようになってきている．測定条件の最適化や標本の前処理は質量顕微鏡法の最も大切なポイントであり，その改良はむしろ装置自体のそれよりも重点的に行われている．マトリクスだけに限っても，新規物質や塗布法などその発展は目まぐるしい．

［正木紀隆・瀬藤光利］

参考文献

1) 瀬藤光利編（2008）質量顕微鏡法―イメージングマススペクトロメトリー実験プロトコール，シュプリンガー・ジャパン．
2) 高山光男，早川滋雄，瀧浪欣彦他編（2013）現代質量分析学―基礎原理から応用研究まで―，化学同人．
3) Harada, T., Yuba-Kubo, A., Sugiura, Y., *et al.* (2009) Anal. Chem. **81**：9153-9157.
4) 瀧澤義徳，田中宏樹，早坂孝宏他（2009）細胞工学別冊 明日を拓く新次元プロテオミクス―医学生物学を変える次世代技術の威力（中山敬一，松本雅記監），学研メディカル秀潤社，pp.51-60.

第 XI 部
画像記録と画像処理

1 顕微鏡のための撮像素子

蛍光顕微鏡下で蛍光画像を取得する場合，使用するカメラの特性によって画質や検出限界が大きく左右される．本章では，蛍光画像取得に使用される2次元撮像素子である CCD（charge coupled device），増倍機能を有した電子増倍型 CCD（electron multiplying CCD），科学計測用 CMOS（scientific complementary metal oxide semiconductor）の構造や特徴について解説する．

1.1 CCD

顕微鏡用カメラとして使われる CCD 2次元検出器は，主にシリコン半導体で構成される．入射した光は CCD の各画素内に作り込まれたフォトダイオード部（photo diode：PD）で光電変換され信号電子（光電子）として検出される．個々の画素は光電変換された信号電荷を溜める井戸となっていて，画素内に蓄積された信号電荷を順次転送し，電荷電圧変換アンプ（floating diffusion amplifier：FDA）で電圧に変換され，信号電圧として撮像素子外部へ取り出す．CCD は，その構造の違いにより，インターライン CCD とフレームトランスファ CCD に大別される．

1.1.1 インターライン CCD

インターライン CCD（interline CCD）は，図 XI.1.1（a）に示すように，各画素が信号を検出するフォトダイオードと，検出された信号電荷を転送するための垂直転送路（vertical CCD：V-CCD）から構成される．検出された信号電荷は，遮光した垂直転送路に転送された後，センサ最下部に配置された水平電荷転送部（horizontal CCD：H-CCD）へラインごとに順次転送される．水平転送路最終段には，信号電荷を信号電圧に変換するための電荷電圧変換アンプ（FDA）が配置され，CCD 外部へ1画素ずつ読み出されていく．この電荷電圧変換部の特性は，CCD センサの性能決定の重要なパラメータである読み出しノイズ（readout noise：RD）に大きく影響する．読み出しノイズとは，入射光がない暗状態において CCD から発生するノイズのことであり，ノイズ分散の標準偏差 r.m.s.（root mean square）で計算され，通常は電子数で表される．また，CCD 画素内の 60〜70％ を占める垂直転送路はアルミなどで遮光され，不感帯となってしまうが，これを補うために，各画素上には光集光用のオンチップマイクロレンズ（図 XI.1.1（b））が配置され，効率よくフォトダイオード部へ光を導いている．

検出器の絶対感度を表す指標として量子効率（quantum efficiency：QE）がある．これは，1画素内に入射した光子（photon）が光電変換によって光電子（信号電荷）に変換される絶対的な確率のことであり，図 XI.1.2 にインターライン CCD（ER-150）の量子効率を示す．最大で70％の量子効率を有し，GFP から Cy5 まで広い波長域で感度が高いことがわかる．ER-150 の場合は，135万画素の情報

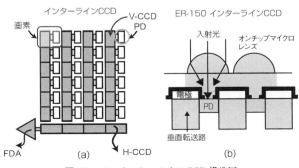

図 XI.1.1 インターライン CCD 構造図

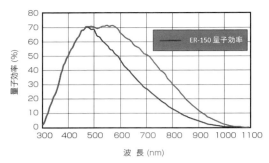

図 XI. 1. 2　インターライン CCD の量子効率

を1秒間に8〜16枚の画像（フレーム）として読み出すことができ，読み出しノイズも6〜10電子と低いため，汎用の蛍光画像観察用カメラとして広く使われている．

1.1.2　裏面入射型フレームトランスファ CCD

フレームトランスファ CCD の構造を図 XI. 1. 3 (a) に示す．フレームトランスファ CCD は，インターライン CCD のように画素内に垂直転送路がなく，フォトダイオード（感光部）と垂直転送路を兼ねた構造となっている．CCD の上部エリアは入射した光を検出し光電変換する感光部，遮光された下部エリアは，感光部で検出された信号電荷を一時的に蓄えるための蓄積部となっている．信号電荷を感光部から蓄積部へフレームごと転送するため，フレームトランスファ CCD と呼ばれている．図 XI. 1. 3 (b) に裏面入射型フレームトランスファ CCD (back illuminated frame transfer CCD) の断面図を示す．CCD の表面は信号電荷のフレーム転送を実行するために，透明な電荷転送電極で覆われている．しかし，入射した短波長の光（紫〜青）は透明電極で吸収されてしまうため，400〜500 nm 領域の量子効率が低下してしまう．この量子効率低下を防ぐために開発された CCD が裏面入射型である．CCD の裏面を10〜20 μm まで薄く削り，光は裏面から入射する構造をとっている．そのため，光を吸収する電極を光入射経路から排除することが可能となり，90% を超える高い量子効率を実現している．

図 XI. 1. 4 に裏面入射型フレームトランスファ CCD の量子効率を，また比較のために図中に表面入射タイプの量子効率も示す．一般的に，顕微鏡イメージング用カメラに使われているフレームトランスファ CCD は，ほぼすべてが裏面入射型である．

通常のフレームトランスファ CCD は，電荷電圧変換部の変換係数が小さいため，低速度で CCD から信号を出力させないと読み出しノイズが下がらないという特性を持つ．したがって，顕微鏡イメージングでは，スロースキャンカメラとして静止したサンプルを長時間露光するような極微弱発光観察に使われていることが多い．

1.1.3　電子増倍型 CCD

一般の CCD は信号増倍機能を持たないため，信号電荷を電圧に変換する電荷電圧変換部（FDA）で発生するノイズが画質や検出限界を決定する大きな要因となる．通常，検出された信号電荷が変換部で発生するノイズよりも低い場合，信号はノイズに埋

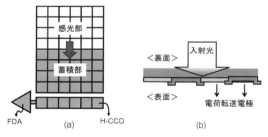

図 XI. 1. 3　フレームトランスファ CCD

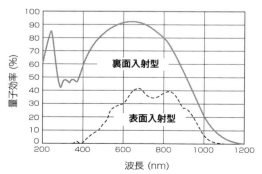

図 XI. 1. 4　フレームトランスファ CCD の量子効率

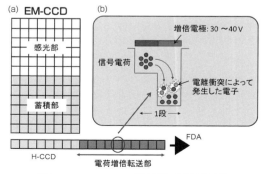

図 XI. 1. 5　EM-CCD 構造図と電荷増倍機構

もれてしまい信号として検出することができない.EM-CCDは,この読み出しノイズによる検出限界を克服するために開発された.EM-CCDは図XI.1.5(a)に示すように,電荷電圧変換を実行する前に信号電荷を増倍するための電荷増倍転送機構を撮像素子内部に持つ.

図XI.1.5(b)に増倍原理を示す.電荷増倍転送部に入った信号電荷は,電離衝突効果(インパクトイオナイゼーション:impact ionization effect)を利用して増倍される.そのために,電荷増倍転送部は通常のCCD駆動電圧(5〜10V)よりも高い30〜40Vを供給する.インパクトイオナイゼーションプロセスでは,1個の信号電荷はもう1個の電子しか発生させることができず,アバランシェ効果とは異なる.しかもその発生確率(g)はわずか数%に留まるため,1段の増倍ではほとんどゲインを得ることができない.微弱な信号電荷を高いゲインで増倍し,電荷電圧変換部の読み出しノイズよりも十分大きい値になるようなゲインを得るためには,このプロセスを500段以上に増やすことが必要となる.増倍ゲインをM,増倍段数をn,インパクトイオナイゼーション発生確率をgとすると,増倍ゲインは以下の式(1)で示される.

$$M = (1+g)^n \tag{1}$$

発生確率が$g = 1.5\%$の場合でも,段数が$n = 500$段あればゲイン$M = 1710$となり,電荷電圧変換部の読み出しノイズが100電子の場合でも,一つの信号電荷が読み出しノイズを上回る1710電子に増倍されるため,微弱な信号検出が可能となってくる.

以上のように,EM-CCDの最大の特徴は,信号電荷を電荷電圧変換する前に増倍を実行することで,検出限界を決定する最大の要因である電荷電圧変換アンプの読み出しノイズ特性に依存しない,高感度計測を実現することができることである.

通常,生細胞の蛍光画像を観察する場合,細胞へ与える毒性を最小限に抑えるために励起光は極力弱くし,なおかつ,ダイナミックな動きを観察するためにリアルタイム性を持ったライブ画像を取得することが求められる.励起光パワーの低下による蛍光量の低減と高速読み出しによる1画像あたりの入射光量の低下は深刻な問題であり,撮像素子には,高速性と高感度特性の相反する要求が求められる.一般的にCCDでは,駆動速度に比例して電荷電圧変換部の読み出しノイズも増加する特性を持つため,生細胞観察の高感度ライブ画像取得は実現しにくい.しかし,EM-CCDの増倍機能は,これら速度と感度の両立という問題点を克服することができ,共焦点スピニングディスクユニットの読み出し,全反射顕微鏡下の1分子蛍光イメージングなど顕微鏡下の生細胞ライブ画像観察に広く使われている.

しかし考慮すべき問題点として,EM-CCDの増倍過程で発生する過剰雑音係数(エクセスノイズ:excess noise)がある.増倍を実行した場合,インパクトイオナイゼーション発生確率に由来した統計的増倍ゆらぎがエクセスノイズとして信号に加わり,信号品質を劣化させてしまう.エクセスノイズ(F)は,電子増倍転送路への入力信号の分散σ_{in}と出力信号の分散σ_{out}の比と増倍ゲイン(M)から以下の式で表される.

$$F = \frac{(\sigma_{out})^2}{(M\sigma_{in})^2} \tag{2}$$

増倍機構がない通常のCCDでは$F = 1$となるが,EM-CCDの場合は$F = 1.4$となり,通常のCCDと比較して1.4倍だけノイズ特性が劣化してしまう.つまり,増倍ゲインによって信号の輝度比(コントラスト)は高くなるが,同時に信号の品質を示す,信号対雑音比(S/N比)は悪化することとなる.この現象は入射する光の量に依存するので,観察する対象によってセンサの正しい選択が重要となる.(後述のEM-CCDとSCMOSの比較で説明)

1.2 科学計測用CMOS:SCMOS

CCDに対抗する撮像素子としてCMOSが広く普及している.一般のCMOSセンサは,携帯電話やデジタルカメラなど,小型軽量,低消費電力に主眼を置いた設計がされてきたため,画素サイズも1μm前後と非常に小さく,性能面でも顕微鏡下の蛍光画像観察に用いるレベルには及ばなかった.しかし,近年の半導体プロセスの進化とともに,低ノイズ,高量子効率,5〜7μmの画素サイズを持った科学計測用CMOSが急速に普及してきている.前者の一般的なCMOSと区別するために科学計測用CMOSはSCMOSと呼ばれている.

代表的なSCMOS〈FL-400〉の構造を図XI.1.6に示す.SCMOSの特徴は,各画素内に感光部であるフォトダイオード(PD)と電荷電圧変換部(FDA)を有すること,画素内で変換された信号電圧をライ

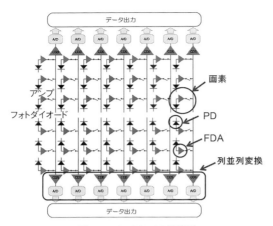

図 XI.1.6　SCMOS 構造図

ンごとに全水平画素同時にデジタル信号変換（列並列変換）を実行する部分にある．そのために，全水平画素数分のノイズ除去回路（correlated double sampling：CDS）とアナログ信号からデジタル信号に変換するための AD コンバータ（analog to digital convertor：ADC）をセンサ内部に配置している．CCD の場合は，1個の電荷電圧変換部（FDA）を介して水平信号を順次読み出していく（シリアル変換）が，SCMOS の場合は，全水平画素を同時に読み出すため（パラレル変換），CCD に比べて相対的に画素の読み出し速度を（1/水平画素数）に下げることができる．電荷電圧変換部の読み出しノイズ特性は，前述のように読み出し速度（駆動速度）に比例するため，駆動速度を落とすことによって大幅な読み出しノイズの改善が得られることとなる．〈FL-400〉では，読み出しノイズは2電子以下となり，CCD の読み出しノイズよりも大幅に低減されている．

各画素は，インターライン CCD と同様にオンチップマイクロレンズが配置され，画素内の不感帯（電荷電圧変換部）による量子効率の低下を防いでいる．SCMOS は，量子効率の違いで第1世代と第2世代とに区分けされている．

図 XI.1.7 に第2世代の SCMOS〈FL-400〉の量子効率を示す．第2世代では最大で70%を超える量子効率を示し，500～700 nm までの蛍光観察に重要な各種蛍光色素の発光波長帯をカバーする良好な特性を示している．FL-400 の場合，解像度400万画素の画像を毎秒100枚のレートで読み出すことができるため，高速性に加え，低ノイズ，高解像度，

高量子効率など，EM-CCD と同様に速度と感度を両立させることができ，1分子蛍光観察や共焦点画像観察なども含めた顕微鏡下のあらゆる蛍光画像観察用カメラとして急速に普及しつつある．SCMOS の考慮すべき問題点として，各画素のノイズ不均一性が上げられる．CCD の場合，電荷電圧変換部は一つしかないため読み出された全画素のノイズ特性は均一となるが，SCMOS の場合は各画素内に電荷電圧変換部を持ち，さらに全水平画素数分の列並列変換部を有するため，全画素がわずかに異なるノイズ特性を持つ．特に，列並列変換部の特性のばらつきは，図 XI.1.8 に示すような縦縞の固定パターンとなって表れるが，通常はカメラ内部で補正される．

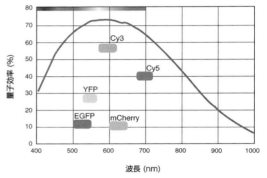

図 XI.1.7　SCMOS の量子効率

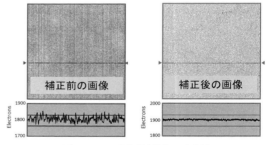

図 XI.1.8　列並列変換部の感度差

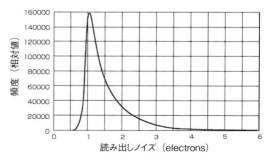

図 XI.1.9　各画素内の電荷電圧変換部の特性

さらに，各画素内の電荷電圧変換部の特性のばらつきを図 XI. 1. 9 に示す．

CMOS 製造プロセスの発展によって，これらの問題も解決されつつあり，読み出しノイズも 1 電子以下が実現しつつあるため，今後，SCMOS はさらなる進化を遂げることは間違いない．

1.3　EM-CCD と SCMOS の比較

SCMOS の進化によって，EM-CCD と SCMOS をどのように使い分けるかが重要なテーマとなっている．EM-CCD は撮像素子内の信号電荷増倍機構によって信号電荷を読み出しノイズ以上に増倍することで，高速駆動によるノイズの増加をキャンセルし，高感度を実現している．一方，SCMOS は列並列変換読み出しによる駆動速度の低減によって，読み出しノイズそのものを十分に小さくして，微弱な信号を検出しているため，増倍機構は不要となる．両撮像素子において認識すべき重要な点は，EM-CCD のエクセスノイズである．前述したように，EM-CCD では増倍によって信号のコントラスト（輝度差）を得ることができるが，エクセスノイズによって画像品位（S/N 比）は低下する場合があるということである．図 XI. 1. 10 に実際の細胞撮像例を示す．細胞のあるエリアの信号輝度プロファイルを示すが，明らかに EM-CCD ではエクセスノイズによって，画像輝度の高いエリアの信号のばらつきが大きくなっている．

図 XI. 1. 11 に，両撮像素子のクロスオーバーポイントを示す．EM-CCD の S/N を 1 としたときに相対的な SCMOS の S/N 値を示したもので，1 画素あたり約 10 フォトンを境として，それよりも光量の多い用途では，SCMOS の方が得られる画像の S/N がよい．図 XI. 1. 10 は背景信号（自家蛍光や光学系内

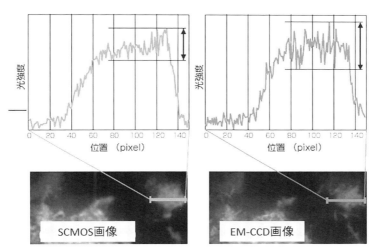

図 XI. 1. 10　画像比較

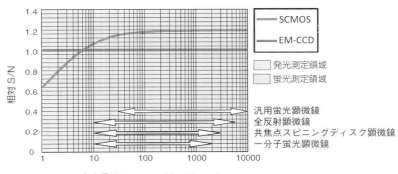

図 XI. 1. 11　S/N 比クロスオーバーポイント

部の反射など）がゼロの場合であり，実際の背景光が存在する領域では，クロスオーバーポイントはさらに少ない入射光量にシフトするため，ほぼすべての顕微鏡イメージングでSCMOSは優れた特性を示すことになる．しかし発光などの極微弱光観察や共焦点コンフォーカルなど背景光が極端に低い場合では，EM-CCDの増倍は有効な手段となる．

1.4 各撮像方式の比較とまとめ

近年，ライブセルイメージングの重要性が高まりつつあるなかで，各撮像素子の特性を理解することは非常に重要なことである．アプリケーションに応じた最適な撮像素子を選択することが，最適な顕微鏡イメージングシステムを構築することとなる．本章がそのための一助となることを期待する．

［丸野　正］

2 顕微鏡画像のデジタル処理

顕微鏡で得られる像は多くの工夫と努力の賜物であり，同じものは二度とは現れないほど貴重なものである．その価値を保存し，世に示すために，PCの使用が欠かせない．本章では，顕微鏡画像のデジタル記録法，画像や動画像のデジタル処理法，プログラムだけで一部の光学系の代替をする手順などを取り扱い，PCの応用をするための基礎について紹介する．

2.1 画像は2次元マトリクス

画像は平面上の光強度の分布である．これは，2次元の要素を持つマトリクスであると考えることができる．各要素の8ビットないし16ビットの数値はその空間的な位置（点）における光強度に応じたものである．顕微鏡像に限らず，画や写真のような実際の画像は，すべてこうした性質のものである．カラーであれば，3原色に分解した各色の強度を数値化したものが，同じ空間の点に三重に指定されることになる．

2.2 画像のデジタル化

実際の画像は，空間的に連続したものであるが，それを適宜切り分けて，マトリクスの要素に対応させる．これが画像のデジタル化である．この処理に際しては分解能の問題を考慮しなければならない．分解能は，空間方向にどのくらい小さな点の配列に対応させるかということと，その点の光強度をどのくらいの精度で数値化するか（最大値をいくらにするか），そして，どのくらいの長さの時間における光の平均値を用いるか，などが問題となる．8ビットで540×480点，時間分解能30分の1秒というのが，一つの標準である．最近のHDテレビの規格では1900×1024の空間分解能である．画像をデジタル化するには，ADコンバータという装置が使われるが，分解能を高くするには，それなりに高いコストが必要になる．

最近では，顕微鏡画像を接眼レンズを覗いて観察

するより，ディスプレイ画面上で観察することが多くなっている．解像度やコントラストが高い，よいディスプレイがあるので，直接，眼で光学像を見るより，よくわかることも多い．また，観察をする時点で，すでに画像処理をしており，それによって初めて目標とするものが見えるということもある．このときに注意すべきことは，観察している画像が，使用しているADコンバータのダイナミックレンジに対してどのような範囲に入っているものなのかを，認識することである．ディスプレイ上でよく見える状態の画像を，そのまま記録して，他のディスプレイで見たり，写真に印刷してみると，見え方が違ってしまう可能性がある．全体のダイナミックレンジの中で，その一部しか使用しない形で，記録してしまうと，このようなことが起きやすい．記録装置は一種の入れ物であり，その中に画像を入れるときは入れ物がちょうど一杯になるように入れることが，装置の能力を100%使用することになる．

2.3 画像の数値処理

画像処理の大きな目的の一つに，画像コントラストの増強（コントラスト強調）がある．特別に組んだ顕微鏡の光学系によって生体の画像が得られたとしても，十分なコントラストが得られない場合が多い．光がもたらす対象物の形状の情報は，ほとんど唯一コントラストといってよく，それが不足ということは形がよくわからないということを意味する．そこで，画像処理の力が役立つ．画像を十分な分解能でデジタル化すれば，適当な輝度範囲の領域だけを取り出し，それを白から黒の全域に対応した範囲に拡大して再表示することができる．輝度50から82までの32の範囲を0から256の範囲に拡大するということは，コントラストの幅が8倍になるということであり，眼では判別のつかないわずかな光学的な濃度の差が，はっきりした濃度差として現れてくることになる．この処理で犠牲にしているのは，注目範囲の外にある輝度情報であり，その領域は，すべてが0（真暗）か，256（真白）に圧縮され，コントラストは失われる．

カメラで捉えた画像の輝度情報が0から64までしかないという場合，その全体を4倍ほど拡大してから表示することは，画像を格段に見やすいものにする（コントラストの適正化）．しかし，0から64ま

でにデジタル化されていると，元の画像のアナログ情報はすでになく，4倍することによって，初めの各数値の間の輝度が抜けた情報を表示することになる．この抜け落ちた数値をプログラムで補完することもでき，画像の見た目の品質が向上する．これらの操作は，画像処理プログラムにおいては，コントラストの自動最適化というメニューで可能である．

このように注目する領域の画像の輝度信号を増幅することにより，1本の微小管構造などの分子レベルの像を，光学顕微鏡（微分干渉法）によって，初めて捉えることに成功した[1,2]．また，微小な細胞内顆粒が軸索流として軸索内を移動する反応が顆粒の微小管上の滑走運動であることがわかり，さらに，その運動の様子を可視化解析することから，運動を担うタンパクがキネシンという分子であることが判明した．こうした光学顕微鏡の革命的な能力の向上は，光学系そのものというより，コンピュータをはじめとするデジタル技術を基にした画像処理の力に負うところが多い．

コントラストの強調は，数学的には光輝度に対応したデジタル値の掛け算であり，難しいものではない．しかし，画像は数百万の画素でできているので，通常のビデオが表示されている速度での演算を高速で行うことは，演算装置の能力が低い場合には難しくなる．そこで，掛け算をする代わりに，表示装置のメモリーにあらかじめ表示の輝度数値をセットしておき，そのメモリーのアドレスを入力した光輝度値と対応させて選び出すという方法を取る（ルックアップテーブル方式）．高速演算が可能なCPUを用いれば，実際に数値計算をしてその結果を表示するというプログラムでも，リアルタイム動画処理が可能である．一度デジタル記録した動画に対して，オフラインの処理をするプログラムも多数ある．

見えないものをコントラスト増強処理で見えるようにする場合に問題となるのは，画像に含まれるノイズである．ノイズの発生源はいろいろあるが，コントラスト増強の処理で，ノイズもまた強調されるのが普通である．そこで，ある時間内に得られる複数の画像を重ねて加算平均する方法が取られる．多くのノイズは発生がランダムであり，平均化することで信号との比を下げることができる．信号を構成する画像の時間変化があると，信号の方も時間平均され，ぼけた画像となるので注意が要る．ある時間幅を一定に取り，その時間内に得られた複数の画像

を平均処理して表示し，時間がたつとともに，古い画像を捨て，新しい画像を採用して平均処理の画像を更新していく方法もある（動画像の移動平均）．対象物の時間変化の速度に照らして，平均するための画像を集める時間幅の設定を選ぶ必要がある．この平均化の処理は，観察している画像全体の中で，変化していく物の形をぼやけさせて，変化しない物だけを明瞭に表示するという効果を持つ（静止成分抽出）．動画像の各コマ間の差画像を表示するという，動画像の微分処理は，逆に，速く変化する物だけを表示し，変化しない物のコントラストを失わせ，見えなくさせる効果を持つ（変化分抽出）．差を取る画像間の時間を長くすれば，遅い変化を抽出することになり，速い変化は，差を取る2枚の画像の間の時間に開始しかつ終了する可能性があり，表示されないようになる．

2.4 マトリクスによるフィルター処理

ノイズ除去の他の方法として，1コマの画像の中の形に注目し，小さな点はノイズとして取り除く（スノーノイズ除去），小さくなくても他の形状と孤立しているものはノイズとして除くなど，何らかの判定基準を設けて，それを自動的に消去することもできる．狭く限った領域の中で，基準に照らしてこのような処理を行い，次に，そのような領域的処理を画面全体に施していく．通常，狭く限った領域として，縦3行，横3列（3×3）の要素を持つマトリクスを使い，デジタル化した画像との演算の結果（値）を，そのマトリクスの中心位置に当たる画像の1画素に置き換える．演算領域を順次ずらしていき，結果をそれぞれの位置の画素の値として設定する．このようにして，全画面のマトリクス計算をすることをフィルターをかける（フィルター処理）という[3,4]．フィルター処理に使う3×3や5×5などの要素を持つ小マトリクスを核と呼ぶ．

3×3マトリクス内の九つの画素の平均値を計算し，その平均値をマトリクスの中心に位置する画素に代入する方法を，平均処理という．例えば，[1, 1, 1；1, 1, 1；1, 1, 1]のようなマトリクスを核として画像マトリクスの3×3の画素の平均値を中央の画素に与えるという処理を施すと，これは，鮮明な境界線をぼやけさせる効果を持つと同時に，目立つ傷などをぼやけさせる（空間的平均化）．

九つの画素の大きさを比較して順に並べ，中間の値となる数値を選び出し，そのマトリクスの位置の代表値として設定する方法を，メディアン処理という．この処理は，古い壁画によく散在するひび割れのようなノイズを，描かれている画像の輪郭を比較的ぼかさずに，きれいに修復する効果がある．

[0, 0, 0；1, −1, 0；0, 0, 0]のような核を原画像に施すと，原画像を横方向に空間微分したような画像が得られる（微分フィルター）．[0, 0, 0；1, 0, −1；0, 0, 0]も同様である．[0, 1, 0；0, −1, 0；0, 0, 0]を使えば，縦方向に微分した像が得られる．2次微分もつくることができる．縦横方向に2回微分をして和をとる演算[0, 1, 0；1, −4, 1；0, 1, 0]は縦横の方向に対してエッジとなる箇所を明るい線と暗い線で二重に縁取るような処理となる（ラプラシアン・フィルター）．[1, 0, −1；2, 0, −2；1, 0, −1]は横方向の微分処理であるが，縦方向には重みをつけた平均化をしている．微分処理がノイズを際立たせやすいのに対して，生じたノイズを平均化して消すものである（ソーベル・フィルター）．これは，画像の輪郭を鮮明に浮き立たせる効果がある．原画像からその平均化画像を減算すると空間的変化分が取り出せる．原画像にその変化分を上乗せすると，画像が鮮明になるような効果が得られる（鮮鋭化フィルター：アンシャープ・マスク）．

2.5 画像のフーリエ変換処理

顕微鏡画像に限らないが，画像は，一般に，2次元空間に広がる光強度の分布と捉えることができる．それぞれの次元の方向について，プロファイルを考えると，光強度の複雑な分布は何らかの曲線となるはずである．この曲線は空間軸に沿って一価関数であり，閉曲線ではないものとする．すると，フーリエの定理を応用できて，どのような形の曲線でも，周期的なサイン波（またはコサイン波）の合成によって表すことができる．すなわち，画像を特徴づけている光の強度分布は，単純な波形の光の分布をいくつも重ねたものだと考えられる．空間的な周波数の異なる波をいくつか適切に選べば，きれいな周期振動でいかなる複雑な形状も作り出せるのである．音のような時間的振動については，音色というものがあり，それは，基準となる最も周波数の低い単振

動とその倍音となるいくつかの単振動が足し合わされたものに等しい．倍音の数や強さをいろいろに変えると，異なる音色となる．同様に，画像とは2次元の軸上で展開されている光の分布の音色であるといえる．フーリエ変換は，空間軸上の光強度プロファイルを，周波数軸上のスペクトルに変えるものである（図 XI. 2.1）．

フーリエ変換をすると，どのような周波数成分が多いのか少ないのかがわかる．そこで，画像に振動性のノイズが混入している場合，フーリエ変換した画面上で，その成分を見分けることにより，それを消すことができる．その後，逆変換して画像を戻すと，周期的ノイズ成分の消えた画像が得られる（図 XI. 2.2）．

2.6　移動対象の追跡

視野内で移動する細胞をあたかも静止しているかのように観察する方法がある．ビデオとして連続的に取り込む画像において，観察対象である細胞が移動していく場合，適当な時間間隔で捉えた2枚の連続画像を重ねて1枚の画像とする．その画像のフーリエ変換像を得ると，二つの著しく目立つ点が現れる（図 XI. 2.3）．これは，同じような形態をしたものが少しずれて二重に重なっていることから生ずる点で，2点間を結ぶベクトルから，2枚の画像の間で，どちらの方向へどれだけ対象が移動したかがわかる．そこで，この情報をフーリエ変換像から（ソフトウエアで）読み取って，元の連続画像において，画像の位置を修正することができる．このようにすると，細胞などが移動していくのに従って，画面をずらすことができ，細胞は，一見，視野の中央に固定したように観察できる．もちろん画像をずらすので，細胞の周囲の背景が移動することになる．同じ原理を用いれば，カメラ撮影時の手ぶれの補正も簡単である．また，完全に同じではないが，類似の処理として，高速で移動する物体をシャッターを開け続けて撮影したときの像の流れについても，フーリエ変換を利用して，鮮明な像の復元が可能である．

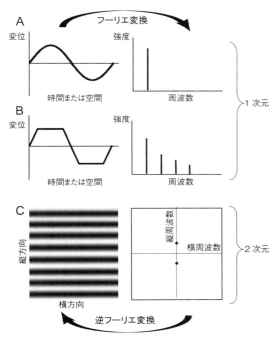

図 XI. 2.1　1次元，2次元のフーリエ変換

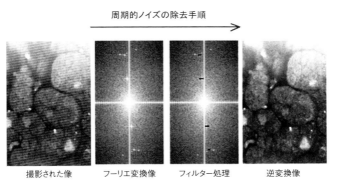

図 XI. 2.2　周期的ノイズの除去．レーザー走査中に振動が起こり，像に縞状ノイズが混入したものを処理．フーリエ変換像で，縦軸に近い上下二箇所の輝点を黒の長方形で塗りつぶした．

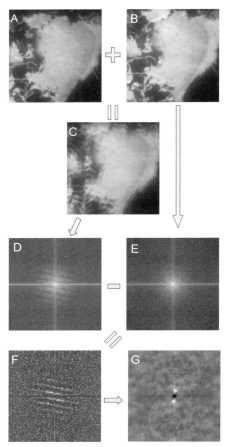

図 XI. 2. 3 細胞の追跡. A, B：ある時間間隔で撮影した連続の画像（中央に写っている細胞は，右上方向へ移動）. C：AとBを重ねた画像（移動した細胞が二重になっている）. D：Cの画像のフーリエ変換像. E：Bの画像のフーリエ変換像. F：DからEを引いた減算画像. G：Fの画像のフーリエ変換像. 現れた点の原点からのベクトルが細胞が移動した距離と方向を示す. このベクトルを使って，Bの画像を処理し，細胞の位置がAの画像と合うようにする.

2.7 デコンボリューション

　前述のフィルター処理は，原画像にフィルターをかけて新画像を形成するという過程である．顕微鏡のレンズの行う光学的な作用は，実はこれと似たものである．光が当たっている現実の世界を，レンズという投影装置によって，CCD検出器やスクリーン上にイメージとして再構成する．この過程で，さまざまな不完全性がイメージのボケを生じさせる．このボケを解消する方法として，不完全性の内容がわかっていれば，デコンボリューションという演算が利用できる．

　デコンボリューションはコンボリューションの逆の変換法である．上記のマトリクス・フィルターの変換過程がコンボリューションであり，核であるマトリクスの各要素を知った上で，逆の変換をするのがデコンボリューションである．コンボリューションの演算は，要素を足し合わせて一点の変換をし，核のマトリクスについてもフーリエ変換をしてやると，両者の間で割り算をすることが，原画像を求める（画像を復元する）ための演算となるのである．なぜなら，コンボリューションは原画像と核の掛け算に相当するからである．このような演算をデコンボリューションという．実際の顕微鏡像では，レンズという核がどのようなマトリクスに相当するのかを，知る必要がある．

　計算でこのような輝度分布がどのようなものかを求めることができる．まず簡単のためには，ガウス分布で近似したマトリクスが使える．理論的には，円形の窓を通る光線が中央の一点で干渉するという問題になり，ベッセル関数を基本とする点像強度分布関数というものが求められている．また，実験的に，極限の小さな点の像をレンズで実際に投影してみるという方法も取れる．低倍率では，小さな点の像ができる．しかし，大きな倍率で投影すると，中央が濃く，周辺に行くに従って薄くなるような輝度分布（点像分布関数）が得られる．この像の実際の分布から核マトリクスを作り出すことができる．後者の方が，レンズの収差など光学系の実際の不完全性を反映しており，よい結果を生むことが多い．

　顕微鏡の回折限界による分解能の限界は，デコンボリューション法を応用すると，多少改善する．しかし，実際には，デジタル化に起因する不完全さや，さまざまなノイズのため，劇的な改善を得ることは難しい．

2.8 デジタル共焦点顕微鏡

　デコンボリューションの方法は，光学系としては単純な明視野法を用いながら，画像としては共焦点画像に匹敵するほどの，光学切断の能力を発揮する．落射照明型の蛍光顕微鏡で，対物レンズの焦点を1 μm ずつ変えて3枚の蛍光画像を連続的に撮り，前後関係を参照しながらデコンボリューション処理をすると，対象物の1 μm 厚に近い切断像が得られる．連続する3枚の画像に限らず，さらに多数の前後の

像を参照することにより精度を高めることができる．多数の像を参照として使う場合には，各画像に対して一度デコンボリューション法を使って画像を改善し，それらの連続画像を新しい前後の参照像として再度計算するという繰り返し手法を取ることにより，精度を高めることもできる（イテレーション法）．前述のように，実際に使用している個々の顕微鏡において，0.1 μm の大きさの蛍光ビーズの点像分布関数を調べ，光学系の特性をデコンボリューションのための核に取り込んで処理すると，Z 軸方向の光学切断能は 1 μm を切るレベルとなる[5]．こうした原理に基づく顕微鏡は，レーザーや特殊な走査装置を必要としない共焦点顕微鏡として市販されている（Delta Vision）．ピンホールを使わずに全視野計測をするので，明るい画像が得られ，励起光の強度が下げられるので，蛍光標本の光退色が少ないとされる．構造化照明によって超解像を得る方法と組み合わせた機種も市販されている（Delta Vision-SIM）．

2.9 動画撮影とイメージング・プログラム

画像処理のために多くのソフトウエアが入手できるが，なかでも，顕微鏡用に特化した NIH Image は，無料で，機能が優れている．多くの人による改良やプラグインの追加があり，多数の CCD 型や CMOS 型カメラの画像を取り込むことができる．ImageJ もその発展形である．電動顕微鏡の駆動や顕微鏡用タイムラプス記録をする基本ソフトとしても便利である．自由な撮影時間間隔や画素のビニング（いくつかの隣り合う画素をまとめて一つの画素とするやり方）の設定で動画が撮影できる．これによって，コマ頻度を高速化した撮影もある程度可能になる．さらに自由度が高い実験研究用のソフトとしては LabVIEW（National Instruments 社）がある．グラフィカルなインターフェースで扱いやすく，光学フィルター，シャッター，電磁弁，スキャナーなどの制御ができ，動画撮影を含む実験操作全体が自動化できる．

PC を用いた画像処理は，得られた画像に手を加えることである．捏造に陥ることのないように注意し，処理内容を明らかにすることが重要である．

[寺川　進]

参考文献

1) Brady, S. T., Lasek, R. J., Allen, R. D. (1982) Science **218**：1129-1131.
2) Schnapp, B. J., Vale, R. D., Sheets, M. P. *et al.* (1985) Cell **40**（2），455-462.
3) Inoue, S., Spring, K. R.（2001）ビデオ顕微鏡—その基礎と活用法（寺川　進，市江更治，渡辺　昭訳），共立出版．
4) 杉山賢二（2010）基礎と実践画像処理入門，コロナ社．
5) 原口徳子，木村　宏，平岡　泰編（2015）新・生細胞蛍光イメージング，共立出版．

3 ビデオ顕微鏡

ビデオ顕微鏡という言葉は，光学顕微鏡とビデオ装置を組み合わせて観察するという手法を意味している．この技術は，光学顕微鏡と眼，あるいは光学顕微鏡と写真フィルムを使用して観察するのが当たり前だった時代に，新しい領域として現れた．しかし現在では，ごく普通の手法となっている．そこで本章では，この技術の過去の流れを顧みながら，現在の状況を概観することによって，顕微鏡法の全体を把握する資料とし，さらなる発展を目指すための糧としたい．

3.1 観察するということ

微小な世界の観察をするということは，その世界のX，Y，Zの点に特徴付けられる何らかの物理量を，測定するということである．その物理量の一つとして光強度を扱うのが顕微鏡ということになる．観察対象の空間において，照明する，蛍光励起する，化学発光させる，などのさまざまな方法で光を発生させることができる．その光をレンズを介して何らかの形で検出系に投射し，記録するのである．3次元の記録計は差し当たりないので，2次元の記録計を用いる（置く位置を変えれば3次元の測定もできる）．記録器の最も原始的な形は眼である．最も使いやすく高性能な装置といえる．眼で観察して，言葉やスケッチを残して記録とする．写真フィルムが現れてからは，撮影という方法が一般化し，より客観的な記録が残せるようになった．次に登場したのがビデオカメラやデジタルカメラであり，コンピュータとの結合によって急速な発達を遂げた．こうしたことにより，観察とは，微小なXYZ空間の情報をコンピュータの中のXYZメモリに投射すること，というように定義付けられるようになった．ここでは，投射するための光学装置は決定的に重要なわけではなく，どのような手法でもよいことになる．走査型のプローブで情報を得るのもよく，X線回折で情報を得るのも等しく顕微鏡ということになる．

3.2 ビ デ オ

ビデオという言葉の原型は，遠くを見渡すとか，知るという意味であった．この言葉から，英語のvideoという言葉とドイツ語のwissenという言葉が派生した．Wissenは，wiseとも通ずるが，知るを意味し，Wissenschaftは科学を意味する．videoの方はvisionにも通じ，見て知るということであろう．ビデオ顕微鏡は，レンズ系（scope）を通して小さな世界を科学するための道具ということになる．

3.3 ハードウエアの発展

テレビジョンのために発達してきたビデオカメラは，ヒトの眼を代替する能力があれば十分と考えられていた．しかし，技術向上で，ヒトの眼をしのぐダイナミックレンジが実現し，ノイズも抑えられるようになって初めて，その顕微鏡応用が実用的なものになった．初めは，真空管式の撮影装置であり，SIT管といわれるものが，特に暗い観察対象を撮影するのに使われた．記録には，ビデオテープレコーダ（VTR）が使われ，高感度フィルムとの競争になった．ビデオ信号を増幅するということが，顕微鏡像の低照度画像に対する増感やコントラスト増強に応用できるはずであったが，ノイズもまた増幅されるため，写真技術でコントラストを付ける方がよいと考えられていた．ビデオカメラの空間分解能の狭さ，ダイナミックレンジ（濃淡階調の幅）の低さ，などが弱点としてあり，なかなかフィルムに取って代わることができなかった．

1980年代に入り，カメラのノイズ自体がより抑えられるとともに，コンピュータ技術が発展し，デジタル処理ができるようになって，ビデオカメラの性能が眼やフィルムをはるかに凌ぐようになった．同時に，ビデオカメラも真空管式からCCDを用いた固体式になり，分解能が向上した．デジタル化により，大きくノイズを低減させることができ，顕微鏡の接眼レンズを眼で覗くという観察法に代えて，カメラで電気信号に変換し，それを増幅するという方法が実用的になった．それによって，直接眼には感じられないようなわずかなコントラストが捉えられるようになった．増幅率はわずか数倍であったが，この時点でパラダイムシフトが起こり，フィルムは

すっかり過去の物になった.

3.4 ビデオカメラと動画像の記録

ビデオ顕微鏡では，動画像をカメラで捉え，2次元の数値配列としてデジタル化して，PCのメモリーやビデオ・ディスクに連続記録する．このとき，カメラの検出器部分の面積と表示装置の面積の比は，観察対象の倍率に貢献する重要な要素となる．光学系の倍率と分解能に見合った画素の大きさを意識する必要がある．単位画素の面積，検出器全体の面積，そして解像度は，関わり合っている．現在，画素の大きさは十分小さくなっているので，高解像度カメラは検出器全体の面積が大きいのが特徴で，広視野の記録に向いている.

一般的に，ビデオ画像を得るには光学像の明るさ（光子の数）が重要で，暗いほど制限が多くなり，空間的・時間的解像度を下げざるをえなくなる．明視野像，位相差像，微分干渉像など，明るい像が得られる場合には，感度を低く抑えノイズを小さくしたカメラを使用する.

すでに，利用できるカメラとして，多様なものがある．4K，8Kといわれる高解像度カメラ，2億画素の走査型カメラ，1秒当たり100万コマを記録できる高速度カメラ，画面分割によって時間分解能を上げるカメラ，16ビット階調の低ノイズカメラ，各画素ごとにスペクトルを記録するカメラ，1コマの多数の画素について完全な同時記録をするカメラ，外部参照信号に対してロックイン動作をするカメラなどが開発されている.

ビデオ顕微鏡法では，ビデオ動画が得られるのが特徴である．それに加えて顕微鏡の焦点位置，観察対象に加えた刺激の種類や大きさ，その時刻，刺激で引き起こされるさまざまな動的な反応の測定結果なども記録しておきたい．これらは，動画の画面の中に，数字やマーカー，チャートレコードとして，重ねて挿入すると便利である．ミリ秒単位で画像との同時性が保証された記録が残される．振動的な反応を記録した動画に，その振動の周波数解析結果を，グラフとして時々刻々重ねることもできる．周波数解析装置の中には，NTSC規格のビデオ出力を持つものもあり，分割した画面に並べて表示できる．

3.5 ビデオ顕微鏡の観察法

ビデオ顕微鏡と呼ばれる方式は，狭い意味では，ビデオによってコントラストを増強する（video enhanced contrast：VEC）方式の顕微鏡を意味している．光の画像をビデオカメラで捉え，明暗に対応するビデオ信号を増幅してコントラストを高める方法である[1].

ビデオ信号の増幅には2段階がある．1段目は，アナログICを用いた電子回路による増幅であり，2段目は，デジタル変換したあとのコンピュータ的な数値処理による増幅である．ビデオ信号は輝度情報に加えて同期信号も含まれているので輝度情報部分を分離してからアナログ増幅をする．アナログ回路では，通常，輝度とコントラストという二つのパラメータがあり，それらの調整で最適状態が選べる．デジタル増幅は，2次元的な画像信号をデジタル数値の2次元マトリクスに変換することから始まる．これが，画像情報のコンピュータ処理の基礎になるので，XI．2．1節の説明を参照されたい．次に，画像の明暗に応じてデジタル化した輝度信号について，その大きさの変換を行う．すなわち，デジタル数値に定数の掛け算を施す．これが増幅に相当する．このとき，掛け算のための定数が大きい方が増幅率が大きいことになる．しかし，多くの場合，定数が大きいと，一部の大きい数値が表示範囲や取り扱い範囲の外に出てしまう．デジタル化された領域が，表示範囲の外に出てしまい，頭打ちになることを飽和するという．そこで，掛け算をする前に，全体の輝度範囲の中で情報が含まれていない領域—たいてい

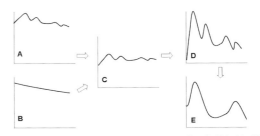

図XI.3.1 ビデオ顕微鏡におけるビデオ画像の信号処理．縦軸は画像の光強度．横軸は画像の位置を表す．A：原画像．B：焦点をずらして撮影したぼけた像．C：Aの光強度からBの光強度を減算し，定数kを加えたもの．D：Cの像に定数aを掛け，定数cを引いたもの．E：Dの横軸の中央の部分を横方向に2倍ほど拡大して表示したもの．

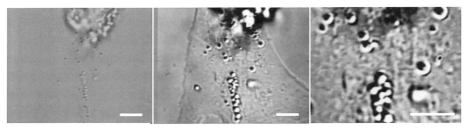

図 XI.3.2 ビデオ画像処理によるコントラスト増強と倍率の拡大.
左：培養細胞の微分干渉像.接眼レンズを通した目視観察に近い像である.
中：図 XI.3.1 のビデオ処理 A〜D を行ったもの.見えなかった細胞の輪郭や細胞内顆粒が多数現れる.
右：図 XI.3.1 のビデオ処理 E を行ったもの.倍率を 2 倍高めた.微小管のような構造が多数見られ,顆粒の滑走運動が明瞭になる.スケールバーは 5 μm.

の場合は明るさの低い領域や背景をなす緩やかな明るさの勾配など—を基準に,引き算をして,つまりバイアスを差し引いて,足切りをする.その減算の後に残された狭い領域の数値に対して掛け算を施すことにより,飽和することを避ける.これは,アナログ回路でいうところの直流（DC）増幅である（図 XI.3.1）.

顕微鏡像の背景の光輝度分布を得るには,対象物からわずかに焦点をずらし,標本の構造の詳細が失われた画像をつくる.こうすることにより,背景の光分布の不均等（shading という）や,焦点を変えても見え方が変わらない固定ノイズ（カメラの汚れなど）が記録され,そのあと焦点を戻して,先に得た背景の画像を観察画像から差し引くと,焦点を戻したことによって形成された詳細な画像のみが捉えられ,増幅（掛け算処理）によって,高いコントラストの画像が得られる.

引き算をするための基準になる画像を得るには,数十枚のビデオのコマを加算平均して,ノイズを抑える.減算してから掛け算を施した最終的な観察画像についても,移動平均することにより,高いコントラスト下でも,低いノイズレベルのビデオ画像とすることができる.観察画像について移動平均すると,時間分解能は低下するので,線毛運動のような速い動きのある動画像には向かないが,細胞内の顆粒運動のようなやや遅い活動を明瞭に観察するには,大変適している（図 XI.3.2）.最後に,画像をデジタル的に拡大することもできる.隣り合う画素の間に,それらの画素の中間の輝度の画素を新しく作り出して補完することによって,X,Y 方向に拡大表示する.情報にはほとんど変わりがないが,こうして拡大された像をリアルタイムに観察すると,細胞内の微小顆粒の運動などが非常によく見えるようになる.実際,表示装置の上では,顆粒の運動速度は実際のそれに比べて 1 万倍ほど速くなっているのである.これらの処理は,微分干渉顕微鏡に適用するとその有用性が明瞭である.

3.6 ビデオ画像の時間微分

大きさはある程度あっても光学系によるコントラスト形成が低いために見えないものについて,見えるようにする直流増幅の技術を上に記した.これに対して,時間的に変化するような細胞の反応で,そのコントラストの時間変化が大きくないために見えないようなものがある.また,時間変化の変化速度が異なるような反応もある.これらの反応は,時間変化しないものの中に埋もれるように存在することが多く,直流増幅された画像の中では見つかりにくい.微分干渉顕微鏡の項で紹介したような,分泌細胞の開口放出のような反応は,10〜50 ミリ秒の間に変化するような速い反応であり,そのコントラスト変化分は大変小さい.さらに,周りに沢山の類似の顆粒構造が集積している中で,1 個の微小な顆粒が反応するので,通常のビデオ画像での観察で捉えるのは容易ではない.そこで筆者は,時間変化分がある反応だけをスクリーン上に表示することを考案した.

ビデオ画像の時間的な変化は,各コマの間の差に他ならない.通常は,33 ミリ秒に 1 コマの速度で画像が生成されているので,この時間を短い時間と考えれば,隣り合うコマの間の差分を取ることは,微分をすることに等しい.遅い変化に対しては,コマの間の時間差がもっと長い方が変化が大きく現れる.

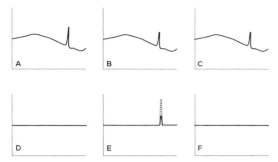

図 XI.3.3 ビデオ画像からの時間微分画像の生成．A〜C：連続的な画像の各コマの位置に対する光強度のプロファイル．D〜E：あるコマを直前のコマから減算した結果を，時間に従って並べたもの．AからBになるような時間変化のあるときだけ，信号が現れる（Eの実線）．そのあと増幅する（Eの点線）．

NTSC 規格のビデオ画像に対して，リアルタイムにこのようなコマの間の差分をとるような処理を，浜松ホトニクス社の C-2000 画像処理装置に初めて登載した．図 XI.3.3 のようにコマの間の差分のみを表示すると，たとえば分泌顆粒の開口放出のような比較的高速な反応が起きたときにだけ，その部分にコントラストが現れ，他の細胞領域のゆっくりした顆粒の移動運動は画面から消えてしまう．その状態で，画面の光強度プロファイルを増幅して表示すると，時間変化分に応じたコントラストが得られる．このようになると，時間微分処理したビデオ画面について，白や黒の点が現れるので，2値化処理の後，点の数を自動的に数えることができ，開口放出反応の自動的な定量が可能となった．同様に，細胞内顆粒の移動や流動的な動きについても，微分画像をつくり，その明暗の強度分布を定量すると，運動の程度を定量化でき，薬物処理の効果などを正確に検定することができる．

このようなビデオ画像の時間微分増幅は，活動する細胞の観察と自動的な定量に有用である．これは，アナログ信号に例えると，交流（AC）増幅に相当する．後にこの機能は浜松ホトニクス社の ARGUS-20 に受け継がれたが，現在は，この機種も生産中止に至っている．今は，ビデオカメラの信号は，直接的に PC のメモリーに記録するようになっており，得られたデータのオフライン処理が主流で，リアルタイム処理をするには，強力な CPU とそれなりのプログラムを必要とし，かえって不便になったともいえる．細胞内の分泌顆粒やミトコンドリアなどは，常にブラウン運動をしているが，その程度は細胞骨格系の密度や温度，水の出入りなどに大きく依存して変化する．また，細胞内 Ca イオン濃度が上昇するようなアゴニスト刺激をしたときには，多くの場合，細胞内顆粒の全体的な運動性は低下する．このような変化を時間微分で取り出して，その白黒の頻度分布（画素の光強度分布）の統計値を出せば，定量性のある解析が可能である．図 XI.3.4 に，開口放出反応を時間微分処理で捉えた例を示す．

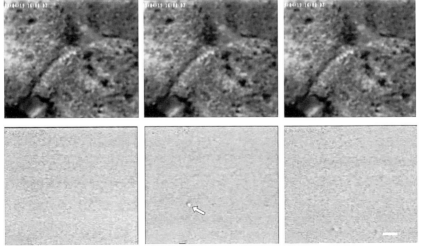

図 XI.3.4 副腎髄質細胞の開口放出反応．上：ビデオの連続したコマ（33 ミリ秒間隔）．下：上のビデオから得た時間微分ビデオ記録から連続する3コマを取り出した．開口放出は，微小な顆粒の明るさが急激に変化する反応（矢印）として現れる．スケールバーは2μm．

3.7 今後の展望

現代では，顕微鏡画像を捉えるのは，PCに接続したビデオカメラである．このような時代にわざわざビデオ顕微鏡という必要性は薄れてきているが，それがなくなったわけではない．研究室の外でも，スマートフォンなどのデジタルカメラが付いた製品が，最も身近な，携帯物となっているし，その他にもビデオ機能も併せ持つものはたくさんある．それらのカメラ部分に適当なレンズを追加すれば，立派なビデオ顕微鏡ができあがる（例として永山國昭氏らの特許がある）．光学系での拡大もさることながら，指でモニター画面を広げるだけで簡単に拡大ができるところは，特に，自作の顕微鏡で初めて微生物を観察したレーウェンフックに見せたい機能である．

[寺川　進]

参考文献

1) Allen, R. D., Allen, N. S., Travis, J. L. (1981) Cytoskeleton 1 (3): 291-302.
2) Inoue, S., Spring, K. (2001) ビデオ顕微鏡—その基礎と活用法（寺川　進，市江更治，渡辺　昭訳），共立出版．
3) Tkaczyk, T. S. (2009) Field Guide to Microscopy, SPIE Press.

4　バーチャル顕微鏡といわゆるバーチャルスライド

本章は『顕微鏡学ハンドブック』の1章であるが，厳密にいえばバーチャル顕微鏡（virtual microscope）を顕微鏡のなかに入れるのは正しくないかもしれない．バーチャル顕微鏡というのは言い得て妙であり，本章のタイトルではこの用語を使うが，欧米ではwhole slide imagingあるいはwhole slide image（定着している日本語の訳語はないようであるがWSIと略称される）といわれることが多いという．ただ，英語で書かれた成書でもバーチャルスライド（virtual slide）という言葉は現在でもよく使われていて，後述のように若干定義が異なる[1]．顕微鏡画像をデジタル化する作業の際，その画素数が非常に多くなり，通常の顕微鏡を使って肉眼で見た像と遜色ない状況になってきたということで，まさにバーチャルな顕微鏡感があるのである．光学系のレンズにヒトが直接接することなく，高解像度の画像をモニター上で，倍率を変えたり，視野を移動させたりという作業を可能にしたものをバーチャルスライド（virtual slide）と呼び，その装置をバーチャル顕微鏡（virtual microscope）と呼ぶ．

これらは，インターネット上でリアルタイムで扱うことができるので，標本の静止画像の転送ができることはもとより，観察者の意志で，好きな視野を好きな倍率で観察することができる．類似した装置として，遠隔操作可能な顕微鏡ステージを伴った遠隔病理診断（telepathology）用に特化したシステムも，ごく最近まで使われてきた（PathSight[TM]など）．これは読み込み（scanning）作業が必要ないので，その時間が節約でき，実際の術中迅速診断にきわめて有用であった．なかには衛星回線を使う設定などもあった．バーチャルスライド作製時の読み込みスピードが速くなるにつれ，術中迅速診断にもバーチャルスライドの方を用いることが現在では主流となった．さらに，通常のインターネット上で複数の観察者が使用可能であることから，数十人以上を対象にした教育用によく使われている．また，スキャンしたファイルをダウンロードして，保存して発表に用いたり，加工したりなど，光学顕微鏡像のすべての用途をカバーする．

4.1 歴史と概念

バーチャルスライドは高精度にデジタル化した組織標本スライドを，インターネット上でいくつかのソフトウエアにより，視野の移動，拡大，画像の保存，遠隔地の人々との共有などができるようにしたシステムである．

そもそも画像のデジタル化とその電送を，病理診断のような医療行為に使うという発想は1960年初頭からあったものの，受け入れられるようになったのは1990年代になってからである．はじめは静止画像の電送にとどまり，当然ながらどこを見るかという点が，送り手にかかってくる．術中迅速診断というのは，あとで述べるように，バーチャル顕微鏡も含めた遠隔病理診断への応用として必ず取り上げられる実務である．病理医不在の病院が，術中凍結標本の画像の1，2視野を写真に撮り，デジタル化して，大学その他にいる病理専門医に送って診断をしてもらうというシステムであった．しかし静止画像しか送れないような時代では，結局"向こう側（送り手）に診断できるヒトがいないと駄目だということがわかった"などという笑えない話が残るばかりで，実務上は期待はずれであった．ただ，この方法は現在でも，病理医同士のセカンドオピニオンなどには，特に投資をする必要がないので，使われている．Facebookなどの投稿サイトにも多数の画像が寄せられてかなりカジュアルな議論が行われている．Facebookを利用している病理医のサイトなどを見てみるとよいだろう．

静止画像の表示だけではなく，リアルタイムに遠隔地から対物レンズの変更やスライドのステージ上の移動を可能にしたシステムも存在する．このシステムの欠点は，ネットワークに大きな負荷がかかることである．かりにネットワーク自体が十分なスピードを持っていても，常時つながっている必要がある．視野を変えようとするたびに，かなりの時間がかかる．筆者も使用経験があるが，やや fragile な感のあるシステムである．画像の保存，教育などには向いていない．

最後に登場するのが，表題にあるバーチャル顕微鏡である．この用語は，かなりあいまいに使われているが，成書によると，ここで述べる顕微鏡様の機能をするシステムは，以下の三つに分けて定義される．

① ガラススライド標本をスキャンするシステム：スキャナー（scanning：whole slide imaging）
② 上記によりデジタル化されたスライド：デジタルスライド（digital slide）
③ デジタルスライドを拡大や視野の移動など見やすくしたアルゴリズムあるいはソフトウエア：バーチャル顕微鏡（virtual microscope）

これら①～③の複合したシステム全体を，実際にはバーチャルスライドと呼んだり，バーチャル顕微鏡と呼んだりする．

コンピュータとインターネットの技術進歩にともない，ほぼ完成品となったバーチャル顕微鏡システムは現在種々の量的な改良の伸びしろは大きいものの，実務に使用できるレベルになっているといってよい（図XI.4.1）．

どのようなものが，バーチャル顕微鏡として理想かというと

① あくまでもガラスのスライドの情報を過不足なく反映すること．通常の病理標本にも固定や染色といった人工的（artifact）な要素が加わったものであるため，デジタル化する段階で，余分な色調が入ったり，省略があったりすると不適切である．つまり十分な解像度と鮮明さが必要である．
② 次にガラススライドをバーチャルスライドにする手順が簡単かつ，短時間であることが望まれる．さらにそれを実際に"検鏡"する操作，保存や整理をする操作が平易であることが大事である．分厚いマニュアルなどがなくても自明であることがよい．扱うのはエンジニアではなく，病理医であるので，きわめて容易に操作できるものでなくてはならない．実際，スライドローダーというもの

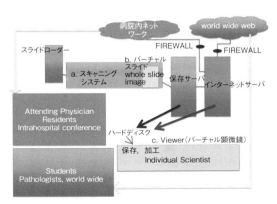

図 XI.4.1　バーチャル顕微鏡システム

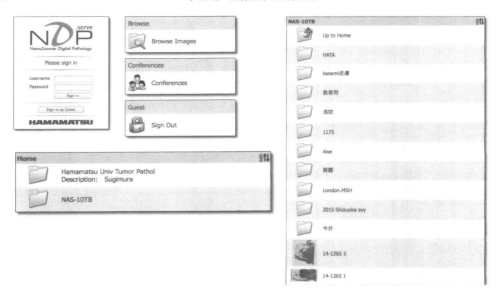

図 XI.4.2　デジタルスライドの例

が整備されるようになり，自動的に何百枚も一夜にして読み込む能力が備わったりしている．もっとも，のちに詳述するように，焦点ずれなど，スライドのムラをマニュアルで調整しなくてはならないものもある．

③できあがったデジタルスライドのファイルの大きさは，転送，アップロードなどネットワークに大きな負荷をかけないようなサイズが望ましい．実例を簡単に示す（図 XI.4.2）．

④バーチャルスライド情報は，発表やカンファレンスに便利なように注や矢印といったアノテーションが付けやすく，また複数の画像を比較しやすく，さらに，その画像を元に画像解析がしやすい，つまり，多くの画像解析ソフトと整合性があること，また，電子カルテシステムなどの中でも使用可能なものでありたい．

現在のテクノロジーは，上記の条件はほぼ満たしているといえるが，コスト，スピード，簡便さなどはいくらでも追求可能である．また，ここでも，インターネット環境に依存する．たえず，サーバーから画像を取り出すという作業が続くわけであるから，このインフラの未整備なところでは画像はクリアだがすごく遅いということになる．2010 年ころの筆者の経験では，米国，欧州などはまったく問題がないが，中国（南京）ではやや遅かった．しかし，中国内でも米国系のホテルなどでは十分なスピードで見ることができる．

4.2　バーチャルスライドと電子カルテ

電子カルテが大変普及し，病理レポートも，病理医の乱雑な字や，個人差のあるスケッチなどに悩まされることが少なくなった．病理像に多少なじみのある臨床医にとってはバーチャルスライドの像が添付されることは病理医の真意が伝わりやすく極めて有効である．現状では院内の電子カルテとリンクして院内の臨床カンファレンスなどに利用される．教授回診のときにタブレット端末の中に置かれたバーチャルスライド像を見ながら説明を受けることが可能になる．ただ，病理標本としてつくられた実際のスライドグラスの一部を取り込むのが普通であるため，そのための選択のステップは必要である（ある時期，全部を取り込んでいるという施設を聞いたことがあるが，あまり賢明ではあるまい）．その選定作業が円滑にいくかどうかについては，技師も含めた使用者がどのくらい快適に使えるかといった要素が重要である．ますます進む電子カルテ側の機能強化（病理情報以外にも薬剤投与の副作用情報など種々の付帯情報が加えられつつある）とあいまった，バーチャルスライドを含む全システムの操作性に依存してくる．バーチャルスライドにリンクしてほしいものは，画像に伴う計量（免疫染色のラベリングの割合）が簡易かつ安価にできるか，電子カルテ側に予

後情報がしっかり入って，病理側にフィードバックされるかなどであるが，本項の範囲を超えるので割愛する．

また，冒頭に述べた用語の点にも関連するが，最近では，古くからバーチャルスライドという名前が使われてきたものを whole slide image あるいは作製することを whole slide imaging と呼ぶ．これは DICOM（digital imaging and communication in medicine）の中での標準的な呼び名となっている．DICOM は，画像医療情報を病院間で連携して用いるためのフォーマットや通信プロトコルなどで，もともと，北米の，特に，放射線科領域と米国の電子機器工業界が中心となって進めている規格であり，本書の主題からはそれるので関連サイトなどにあたられたい．いずれにせよ，電子カルテのなかで高精度病理画像が使われる場合の規格になることが予想される．

4.3 バーチャルスライドと教育

病院における実務の現場に比べれば，教育現場では多くの施設で経験が積まれている．従来の光学顕微鏡と併用している施設，すべてをバーチャル化した施設，従来型とウェブサイト上のバーチャルスライドの中間型として，接眼レンズがなく，モニター画面で見るタイプなどとも併用されている．アノテーションとして矢印や，キャリブレーション用のルーラなどを付けやすいため，示説などにも圧倒的に便利である．従来型の実習との比較データは筆者自身はとっていないが，成書には書かれてある．現在，病理など形態学を光学顕微鏡で見るという実習自体があまり重視されなくなっているが，歴史的には，学生個人に光学顕微鏡を与えて実際の学習をさせた方がよいということで，従来型の実習ということになっている．そこへバーチャルスライドを導入すれば，手軽に理解ができるという点で，双方向性のアトラスというようなものになると思われる．現在でもこのタイプの教育リソースは，主立った病理の一般的教科書のウェブサイトにはあるが，近年，各施設で専門家が実務で使用しているバーチャルスライドははるかに解像度が高い．その画像にどのような注釈（アノテーション）を付けて，学生に提示していくかは完全にソフトの問題で，アトラスや教科書の執筆者と同様の工夫と労力がいるであろう．その労力に対するコストとのバランスになって，医学書の出版形態の将来像とも関係して，関係者が模索しているところと思う．すでに医学雑誌の中には，症例報告にこの WSI の像を要求するものがある．

4.4 バーチャルスライドと実務

実務レベルでこのシステムを得た場合の，最も頻繁に使用される目的は，セカンドオピニオン取得だと思われる．個々の病理標本に関する疑問は，日常業務の中でしばしば経験のある病理医にとっても，完全には解消されないことがあり，特に一人で勤務している病理医にとっては診断の時間的要求度・質的要求度を維持していくのは容易ではない．バーチャルスライドは，身近に同職種の同僚や指導者がいないこの一人病理医（orphan pathologist）に助言を得られる環境を提供するものである．超難解例を専門家にコンサルトするといった場合にも使えるが，もっとカジュアルな形で，あたかも，隣に先輩がいるような環境を提供する．実務レベルでは複数の目，つまり複数の病理医が標本を診ることは誤診その他種々のトラブルを避ける秘訣である．このことは行政機関も理解しており，複数の病理医が診断に責任を持ちうる施設に加算料を認めているくらいである．重要なのは加算料をとることではなく，深刻な事態になるようなミスを避けることであるので，隣に別の仮想的な病理医がいる状況というのは極めて有効である．現在，このための手間は，部屋の片隅にあるディスカッション顕微鏡に数歩近付くという手間よりは若干かかるが，いずれにせよ数字に表れる以上の効果があると思われる．

もう一つの利用法として普及しているのは術中迅速診断である．バーチャルスライド（whole slide image）の作製のスピードが上がるにつれ，十数分の内に web site で検鏡が可能になる．理想をいえば，術中迅速診断は病理医が，どの部分を切り出すのかを指示するのが望ましいが，それ以外の標本の質については実際の顕微鏡で見るのと変わらない．標本の一部の焦点がぼけることがあるのでスキャニングのときの注意は必要である．優れた点は，この迅速診断についてもセカンドオピニオンが受けられることである．また，一人しかいない病理医が出張するという状況でも，手術を中止したり延期したりしなくてもよい．これは，遠隔地の中小規模の病院

にとっては朗報だと思われるし，迅速診断の業務があるので，学会にも出られない一人病理医にも朗報かと思われる.

一方これらの活動，たとえば，近隣の一人病理医が学会に行っている間の迅速診断を担当するというような医療行為はいまのところは，もとの施設に算定される.

4.5 バーチャルスライドの利用の現状と将来

PubMed Central（PMC）のサイトで virtual slide で検索すると 400 以上の論文が出てくる．さらに，images search というところを探すと 100 ほどの画像を含む情報が出てくる．このなかには，バーチャルスライドを使ったカリキュラムの研究会の proceeding のようなもの[2)]，特定の機種についての経験を語ったもの[3)] などがあるが，さらに，通常の症例報告のあとにバーチャルスライドのサイトが呈示されている文献も登場してきた（図 XI. 4. 3).

特に，BioMed Central の出版する Diagnostic Pathology という雑誌では，バーチャルスライドをコストなしに呈示するサービスを行っている．ヨーロッパの病理学会が立ち上げているようであるが，その機関誌の Virchows Archiv にはそういう項目がないようなので，電子版だからこその試みかもしれない．成り行きを見守りたい．すでに 2013 年のものにバーチャルスライドのサイトが明示されているが，そこをクリックすると，特定のメーカーのプラットフォームのバーチャルスライドの実例が示される．いわば宣伝代わりではあるが，このような形式の学術誌がどのくらい現れるか興味深い．本邦ではすでに 10 年以上前から日本デジタルパソロジー研究会が活動をしている（http://www.digitalpathology.jp)．実習での活用もきわめて一般的であり，パリ大学などのサイト

http://virtual-slides.univ-paris7.fr:8080/mscope-education/coursematerials/displayCase.action?optimizeWorkflow=true&caseId=1454

では教育用のスライドの一部が外部からも閲覧が可能である（mScope Education Portal, 〈81.194.18.65〉 2017 年 6 月 30 日)．本邦でも病理医の地方会レベルでは，すでに virtual slide が実際の会議の前に upload されるというやり方が数多くとられている．日本病理学会でも 2012 年 11 月から病理情報ネットワークセンターが立上がり（http://pathology.or.jp/jigyou/slidepath-release.html)，そこで行われている議論を学会員は見ることができる．いくつかの機種ではカンファレンス機能を有しており，リアルタイムで議論をすることも可能で，まさにディスカッション顕微鏡で一方が矢印を動かしながら説明するという，遠方の病理医との体験を共有できる．さらに，2016 年からは「WSI による病理診断の多施設検証研究」と題する厚生労働科学特別研究事業も動いている（長崎大学福岡順也教授)．一方，スキャン装置を自施設では購入していない施設のために，バーチャルスライド画像を作製するサービスを提供するという会社も，種々見受けられるようになってきた（http://www.digiscan.in)．すでに，バーチャルスライドは導入期から，活用期に入っており，ソフト面での使用者の要求，価格面での導入施設側の要求などが続きながら，さらに汎用機器として発展することが期待される.

本章の内容は，文部科学省から浜松医科大学 21 世紀 COE プログラム「メディカルフォトニクス—こ

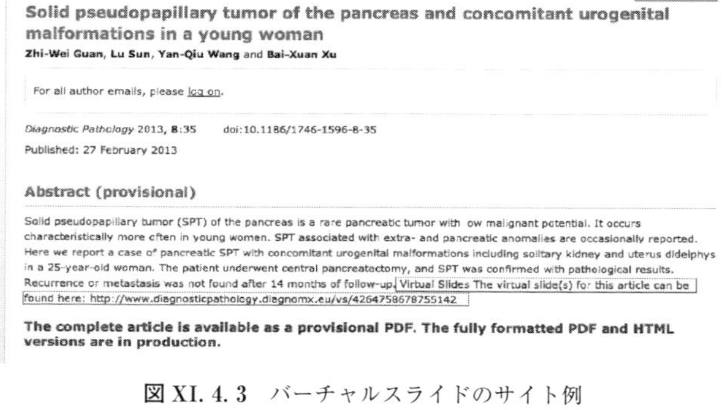

Case Report

Open Access

Solid pseudopapillary tumor of the pancreas and concomitant urogenital malformations in a young woman

Zhi-Wei Guan, Lu Sun, Yan-Qiu Wang and **Bai-Xuan Xu**

For all author emails, please log on.

Diagnostic Pathology 2013, **8**:35 doi:10.1186/1746-1596-8-35

Published: 27 February 2013

Abstract (provisional)

Solid pseudopapillary tumor (SPT) of the pancreas is a rare pancreatic tumor with ow malignant potential. It occurs characteristically more often in young women. SPT associated with extra- and pancreatic anomalies are occasionally reported. Here we report a case of pancreatic SPT with concomitant urogenital malformations including solitary kidney and uterus didelphys in a 25-year-old woman. The patient underwent central pancreatectomy, and SPT was confirmed with pathological results. Recurrence or metastasis was not found after 14 months of follow-up. Virtual Slides The virtual slide(s) for this article can be found here: http://www.diagnosticpathology.diagnomx.eu/vs/4264758678755142

The complete article is available as a provisional PDF. The fully formatted PDF and HTML versions are in production.

図 XI. 4. 3 バーチャルスライドのサイト例

ころとからだの危険を探る」(2003-2007),国立大学法人設備整備費補助金：未来型病理学Cloud-Learningシステム（2010年度補正予算，2011年度へ繰越承認），新学術領域研究「がん研究分野の特性等を踏まえた支援活動」，喫煙科学研究財団，高松宮妃癌研究基金の支援をうけた. [椙村春彦]

参考文献

web 上に多数の参考資料がある．この分野の進歩は早く，ウェブサイトなども刻々変わっている可能性があるので，その都度最新の情報を得られるようにされたい．

1) Gu, J., Ogilvie, R. W., ed (2003) Virtual Microscopy and Virtual Slides in Teaching, Diagnosis, and Research (Advances in Pathology, Microscopy & Molecular Morphology), CRC press.
2) Fujita, K., Crowley, R. S. (2003) AMIA Annu Symp Proc. **2003**：846.
3) Rojo, M. G., Gallardo, A. J., González, L., et al. (2008) Diagn. Pathol. **3** (Suppl 1)：S23.

第 XII 部
3 次元構築と立体画像

1 各種電子顕微鏡による連続画像撮影

脳の機能構造の探求は，研究者にとって非常に魅力的な課題である．世界中の神経科学者が，多様な手法を用いて真剣にその課題に取り組んでいる．神経局所回路の構造を研究する上で，シナプスが神経細胞のどこに存在するのか，また，そのシナプスはどの神経細胞由来であるかを研究することは，神経局所回路の構築を知るという点でとても大事な課題である．この課題を達成するための有効なツールとして電子顕微鏡を使い連続 EM（electron microscopy）画像から目的の神経細胞の構造を 3 次元的に再構築する手法が近年発展し普及しつつある．

電子顕微鏡が開発され，生物学に応用され始めた 1950 年代から半世紀ほどの間，微細構造の観察解析研究により，これまで未知であった神経細胞に関する多くの事実が明らかになった．1990 年も後半に入ると，一つの観察対象物の連続観察電子顕微鏡写真から，その観察対象物を 3 次元的に再構築することが試みられるようになってきた．コンピュータ上で 3 次元再構築するソフトウエアが開発され次第に普及してきたが，ウルトラミクロトームや透過型電子顕微鏡の操作を習得したごく限られた熟練技術者しかできない点や，非常に時間がかかるという点が大きな障壁となり神経科学分野で広く普及するには至らなかった．そこで，一連の作業をより簡便にする目的で，2000 年頃より，連続電顕画像自動撮影装置の開発が始まった．これまで数種類のシステムが開発されており，作業が簡便になっただけでなく，連続 EM 画像の撮影作業時間が大幅に短縮されるという大きなメリットが生まれた．熟練者による従来の手作業では数週間〜数か月を要していた連続画像撮影が，一日の自動運転で可能となった．画期的な技術の進歩が成し遂げられた．

1.1 透過型電子顕微鏡による連続超薄切片観察法（serial section, TEM 観察法；SSTEM 法）

これは，従来型の手法である．脳切片を組織処理して EPON などの樹脂に包埋する．その後，必要な部位を含む小さいブロック（長軸 0.5 mm，短軸 0.2

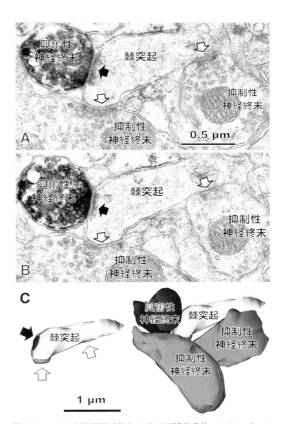

図 XII.1.1 連続電顕画像と 3 次元再構築像[1]．A, B：三つのシナプス入力を持つ棘突起（黒矢印：興奮性シナプス入力，白矢印：抑制性シナプス入力）の連続電顕画像．C：棘突起の 3 次元再構築像（左）．一つの興奮性シナプス（黒矢印）と二つの抑制性シナプス（白矢印）が見える．棘突起に入力している神経終末も含めた再構築像（右）．

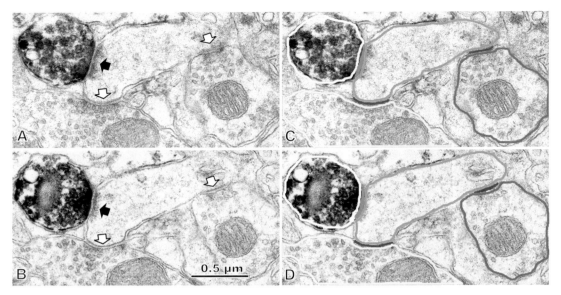

図 XII. 1. 2 縁取り (segmentation) 作業の例[1]. A, B：三つのシナプス入力を持つ棘突起（黒矢印：興奮性シナプス入力，白矢印：抑制性シナプス入力）の連続電顕画像. C, D：興奮性神経終末（水色），興奮性シナプス（紫色），抑制性神経終末（ピンク色，オレンジ色），抑制性シナプス（赤色），棘突起（黄緑色）で縁取りした．（口絵 26 参照）

mm 程度）に切り出し，ウルトラミクロトームで 40～70 nm 厚の連続した超薄切片を作製し，フォルンバール薄膜を張ったワンホールグリッドに拾う．その連続超薄切片を丹念に TEM で観察し，目的とする神経の部位を探し出し，同じ部位を連続した次の切片でも撮影する．それを繰り返して，神経細胞の樹状突起や棘突起に入力するシナプス結合を含む部分の前シナプス神経終末と後シナプス神経細胞の構造を 3 次元再構築により立体化するために EM 画像を撮影する（図 XII. 1. 1A, B).

3 次元再構築用のソフトウエアに，その連続 EM 画像を取り込む．角度や位置がずれているので，前後の画像の軸を合わせるアラインメント作業を行う．すべての連続 EM 画像で，できるだけ前後の EM 画像が一致するように位置や角度を調整する．つぎに，3 次元再構築対象神経細胞部位を縁取りし，形を切り抜く作業をする．これを英語で segmentation（縁取り）という．神経細胞の樹状突起や棘突起に入力するシナプス結合を含む部分の再構築の場合は，前シナプス神経終末，シナプス結合，後シナプスの樹状突起（棘突起）をそれぞれ縁取りする（図 XII. 1. 2). ここまでの作業は，集中力，根気がいる手作業である．この縁取りしたデータを元に，ソフトウエアが自動的にその対象物を 3 次元再構築する（図 XII. 1. 1C).

神経細胞の一部を 3 次元再構築してできた立体構造物から，長さ，表面積，体積などの形態的特徴を計測できる．光学顕微鏡の解像度（0.5 μm 程度）や単一の電子顕微鏡画像からは測定できなかった神経細胞の形態的特徴を測定することが可能となる[1,2].

1.2 クロスビーム型電子顕微鏡 (focused ion beam (FIB)-scanning electron microscope：SEM)

TEM 連続超薄切片観察法は，確実にデータを得ることができるが，熟練の電顕技術と膨大な時間が必要である．これを，質を落とすことなくより簡便な手法にしたのが，FIB-SEM である．走査型電子顕微鏡（SEM）のチャンバー内に，画像撮影用の SEM と，その走査線に対して 54°(Carl Zeiss 社 Crossbeam 340/550（図 XII. 1. 3A)，日本電子社 JIB-4610F，日立ハイテクノロジーズ社 NX-2000), 52°(Thermo Fisher Scientific 社 (FEI) Helios NanoLab DualBeam), 58°（日立ハイテクノロジーズ社 NB-5000), 90°（L 型，日立ハイテクノロジーズ社 NX-9000)（図 XII. 1. 3B, 図 XII. 1. 4A) の角度で挿入された FIB の二つのビームを持つため，クロスビーム型電子顕微鏡もしくは FIB-SEM と呼ばれている．

FIB-SEM は，もともと，IC チップの微細構造を

調べることや，材料科学研究分野で開発され利用されてきた．2008年に，シナプス構造の連続電子顕微鏡画像を自動で撮影できることがスイスのKnott教授らにより報告され[3]，それ以降，神経科学や細胞科学分野で使用されるようになった[4]．

脳組織を連続超薄切片TEM観察（SSTEM）法と同様の方法で，EPONなどの樹脂に重合する．それを，小さいブロックに切り出し，FIB-SEMのチャンバーに挿入し，ブロック全体を銀ペーストなどで薄くコーティングし，SEMビームの電子の通り道を確保する．FIBを脳組織ブロック表面と90°の角度で照射し穴を掘る．組織の原子をはじき飛ばすことで組織を切り出すと考えられている．FIBは円筒状のガリウムイオンのビームで，直径が数〜数百nmのサイズに調節可能である．FIB切削で組織に穴があいたら，FIB照射はその直径分だけ横方向に移動し，そこで同様の切削作業をする．これを繰り返すことで，脳組織ブロックに表面から垂直な板状の縦穴をつくる．その後，FIBの直径分だけFIBを奥側に移動し同様の切削を繰り返し，板状の穴幅を広げる．FIBとSEMのビーム角度が52〜58°の場合，滑り台ができるように，切削する深さを徐々に深くし，撮影する領域の深さまで掘り進む．FIB切削によりブロック表面と垂直な方向に新たにできた平面に現れた微細構造をSEMで撮影する．その後は，切削深さは一定にし，切削ごとにできるブロック平面をSEMでEM画像撮影することを繰り返す（図XII.1.3A, B）．FIBとSEMのビーム角度が52〜58°のFIB-SEMの場合，ブロック表面と垂直な平面が切削によりできる．SEMはこの平面を52〜58°の角度（斜め）から撮影するため，画像がひずむ（図XII.1.3A, C）．この画像に補正をかけ元の形に復元した画像が保存される．このシステムの利点は，ブロックの表面のどの部分でも自由に掘り進めることができるため，撮影する場所を自由に選択できる点である．一方で，FIBとSEMのビーム角度が90°のシステムの

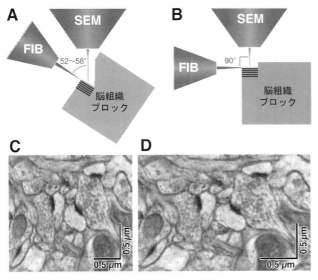

図XII.1.3 FIB-SEMのビーム角度とEM画像．A, B：FIBとSEMのビーム角度が52〜58°（A），90°（B）のFIB-SEMの，FIB切削面とSEM走査線の位置関係．FIB切削によりフレッシュな組織平面（黒い線）ができる．C, D：それぞれのFIB-SEMで撮影したEM画像の補正前のRaw data.

図XII.1.4 serial block-face electron microscope（SBEM）．A：クロスビーム型電子顕微鏡［FIB-SEM：日立ハイテクノロジーズ社製］．B：ダイヤモンドナイフ切削型走査電子顕微鏡［SBEM：GATAN & Carl Zeiss社製］．

場合，FIB は長い距離（100μm 以上）を掘るのはあまり得意ではないので，脳ブロックの辺縁部に目的とする構造物が来るよう，あらかじめブロックを加工する必要がある．利点としては，光学顕微鏡の観察面と同じ向きの面を SEM で撮影するため，光顕画像と電顕画像が同じ向きとなり，光顕-電顕相関観察（correlative light and electron microscopy：CLEM）が比較的簡単に可能である．また，SEM の走査線は切削平面に垂直なので，取得した EM 画像はひずまないため，画像を補正する必要がない．

高性能 FIB を使えば，3～5 nm 厚でブロック表面を切り出すこともできる．すなわち，50 nm 厚の連続超薄切片作製が技術的な限度である SSTEM 法ではなし得ない薄さの連続 EM 画像を，FIB-SEM で提供することが可能である．神経細胞の細胞骨格である微小管（直径 25 nm）を連続 EM 画像でトレースすることも可能である[2]．立体スタック画像の Z 軸方向の解像度は，シナプス構造（クレフト間隙は 30 nm 程度）を確認するに十分である[5,6]．

画像撮影は，SEM に装備されている各種の検出器を使用する．メーカーにより違いはあるが，数種類の検出器が用意されており，それぞれ，検出する信号の種類が異なり，画質も異なる．例えば Carl Zeiss 社の SEM の場合は，レンズ先端外部にあるのが backscattered electron detector（BSE 検出器）で，反射電子を検出する．レンズ内部にある Inlens-SE 検出器は，組織内部表面近傍で励起された 2 次電子を検出する．energy selective backscattered detector（EsB 検出器）は，さらに上部にあり，高角度で後方散乱された反射電子のみを検出する（図 XII.1.5）．

FIB によるブロックの切削作業，SEM による画像取得作業を繰り返し行うことは自動化されている．1 枚の EM 画像の撮影速度は，画像のサイズや使用する検出器の種類にもよるが，1 ピクセルあたり 10μ秒（dwell time）で画像撮影する場合，4 MB サイズの画像の撮影時間は 40 秒となる．これに，FIB で切削する時間とそれらの動作に必要な時間を合わせると，この一連の作業は，3～5 分程度で完了する．1 時間に 12～20 枚程度，10 時間で 120～200 枚程度，24 時間で 250～500 枚程度の連続画像を自動で取得することが可能である．

脳組織ブロック全体を銀ペーストなどで薄くコーティングした後，画像を撮影したい部分だけ FIB で切削するため，ブロック自体は金属コーティングされた状態が保持されている．したがって，SEM 撮影時に，走査ビームの電子の通り道が十分確保されており，電荷のチャージの悪影響が少ない．したがって，dwell time を比較的長く（10～100μ秒）して画質のよい EM 画像を撮影することが可能であり，TEM 観察に用いる程度の金属染色でも十分な画質の EM 画像を撮影することができる．

FIB-SEM で取得した連続スタック画像は，画像取得対象となるブロックの位置が移動しない．したがって，連続画像はほぼ同じ位置にあるため，アラインメントはほとんどする必要がない．ただし，脳組織ブロックの表面の電荷チャージに影響を受け，SEM ビームは微妙に動いてしまう．そのため，連続 EM 画像に微細なずれが生じる．そのずれを補正するアラインメント作業が必要である．これは，Fiji という NIH Image をベースにしたフリーソフトウエアのプラグイン Register Virtual Stack Slices か TurboReg など（http://fiji.sc/wiki/index.php/Fiji），あるいは TrakEM2 などを使って行う．連続画像の大きさと枚数によるが，5～10 分ほどでアラインメントが完了する．

1.3 ダイヤモンドナイフ切削型走査電子顕微鏡（serial block-face electron microscope：SBEM）

走査型電子顕微鏡（SEM）のチャンバー内に，高精度のウルトラミクロトームを装着した装置である（図 XII.1.4B）．画像撮影は，SEM の BSE 検出器を用いる．SBEM はマックスプランク研究所（ドイツ）の Denk 教授らにより開発された．

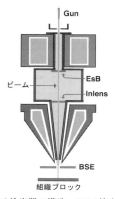

図 XII.1.5 SEM 検出器の構造．SEM 検出器の断面と SEM ビームの通過経路．

SSTEM 法とほぼ同じように，脳組織を Durcupan ACM などのプラスチック樹脂で硬め配合比で重合する．ただし，rOTO 法[5]などを使い，電子染色が非常に強い組織処理を施し，電子が逃げる経路をつくる必要がある．カーボンブラック（充填材）を樹脂に加えて導電性を持たせることも有効である[7]．樹脂に埋めた脳組織を，小さいブロックに切り出し，表面全体を導電性銀ペーストなどでコーティングし SEM 走査ビームの電子の逃げ道を確保する．そのブロックを SBEM のチャンバー内に装備されたウルトラミクロトームに装着し，ダイヤモンドナイフで表面をあら削りし，必要なところが現れたら超薄切（25～100 nm 厚）を開始する．超薄切により新たに現れたブロック表面を SEM で撮影する．これを繰り返し，連続 EM 画像を撮影する．ダイヤモンドナイフで切削されたブロックの表面全体が，電子の逃げ道である銀ペースト材でコーティングされていない新鮮な切削面となる．そのため，SEM ビームの電子は逃げ道の大半を失い，ブロック表面付近に滞留する．したがって，過剰な電荷チャージの悪影響を受けやすい．それを避けるため，数 μ 秒程度とかなり短い dwell time で画像撮影し，SEM 走査ビームによる単位面積あたりの電荷量（dose）[*1]を 20 e$^-$/nm^2 以下におさえる必要がある．dwell time が短いため，特に高倍率（5 nm/pixel size 以上の倍率）では，画質が良好でない傾向がある．この電荷チャージの悪影響を解消する有効な方法として，微小ノズルでブロック表面に空気あるいは窒素を噴射し，局所的に低真空状態を作り出す技術が Ellisman らにより開発され，Carl Zeiss 社より Focal Charge Compensation module として実用化販売されている．また，検出器の感度を上げることも有効である．なお中低倍率では，dwell time を長めにしても dose を低くおさえることができ，十分な画質の画像を撮影することができる．いずれにせよ，撮影速度が速いので単位時間あたり多くの連続 EM 画像が撮影できるというメリットがある．例えば，dwell time 1 μ 秒だと，4 MB サイズの EM 画像の撮影時間は 4 秒となり，FIB-SEM の 10 倍速い．ダイヤモンドナイフで切削するため切削時間が短いこともあり，1 枚の画像撮影に要する時間は約 30 秒前後である．1 時間に 120 枚程度，10 時間で 1200 枚程度，24 時間で 2400 枚程度の連続画像を自動で取得することが可能である．FIB-SEM と同様に，連続 EM 画像のアラインメントはほとんどする必要がない．

1.4 連続超薄切片自動テープ回収型ウルトラミクロトーム（automated tape-collecting ultramicrotome：ATUMtome）

ATUM-SEM 法は，ハーバード大学の Lichtman の研究グループにより開発され[8]，米国 RMC Boeckeler 社から販売されている．25～100 nm 厚で超薄切した切片を自動でテープに回収するようにウルトラミクロトームに ATUM ユニットを追加装備したのが ATUMtome である（図 XII.1.6）．超薄切片を載せたテープを 5～10 cm ほどの長さに切

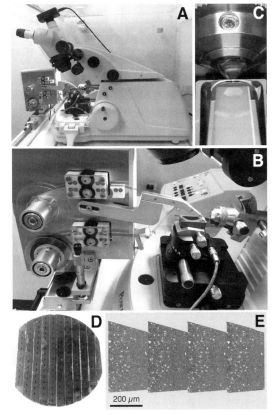

図 XII.1.6 ATUMtome．A：ATUMtome の外観．B：ATUMtome のテープ走行路．黄色いテープは Kapton tape．C：ダイヤモンドナイフのボートにテープガイド先端が入り，超薄切片を自動回収する．D：超薄切片が載ったテープを張り付けた 4 インチウエハー．E：ATUMtome で作製した連続超薄切片の SEM 画像．

[*1] ドース量の計算式：electron dose(e$^-$/nm^2) = beam current(amperes) × (1/1.60217657×10^{-19}(coulombs/electron)) × pixel dwell time (seconds)/pixel size^2 (nm)

り，4インチウエハーに張り付け，WaferMapper（ハーバード大学）もしくは Atlas 5（Fibics 社）という array tomography 撮影を自動で行うシステムを組み入れた SEM で連続 EM 画像を自動で観察し撮影する．また通常の SEM で，手作業で EM 画像撮影することもできる．ATUM-SEM 法の最大の利点は，切片をテープ上に回収し保存できるという点である．FIB-SEM や SBEM は，切片を切り落とした後に新たにできたブロック表面を SEM で撮影する．切り捨ててしまった箇所は二度と画像撮影できない．一方，ATUMtome で作製した組織切片は，再観察が必要になった場合，回収保存してある超薄切片を何度でも見直すことが可能である．

導電性のよいカーボンナノチューブコートテープを使い，SEM ビームの電子の逃げ道を確保すれば，電荷チャージの悪影響を受けにくい．dwell time を比較的長く（数十 μ 秒）して画質のよい EM 画像を撮影することが可能であり，FIB-SEM 同様に TEM 観察用の金属染色で十分な画質の EM 画像を撮影することができる[9]．

ATUMtome に匹敵するより簡便で安価なシステムとして Advanced Substrate Holder がドイツで開発され，RMC Boeckeler 社から市販されている．通常のウルトラミクロトームを使い，小さく切ったウエハー（1.5×3 cm 程度）をホルダーで固定し，そこに直接，超薄切片のリボンを手作業で回収するという簡単なシステムである．さらに，切片が載ったウエハーを SEM で観察し EM 画像を連続で撮影する．

1.5 改造型 TEM を使った広領域連続 EM 画像取得による 3 次元再構築法（transmission electron microscope camera array：TEMCA）

ウルトラミクロトームを使って，50 nm 厚の超薄切片を連続でワンホールグリッドに回収し，それを TEM で観察し画像を連続で撮影するという手順は，従来の SSTEM 法と全く同じである．ただし，観察対象のみの撮影範囲がとても小さい SSTEM 法とは異なり，TEMCA システムは，改造型の 16 MB CCD カメラで EM 画像を自動タイリング撮影し，広範囲を高解像度で撮影できるように，TEM を改造したシステムである．ハーバード大学の Reid のグループが開発した．最近は ATUMtome を利用し，Kapton tape をベースにした特殊なテープに切片を載せ，TEMCA で観察するという新システムに移行している．

あらかじめ *in vivo* でカルシウムイメージング計測法を使って orientation preference を同定したマウス大脳皮質視覚野の 2/3 層の錐体細胞を含む脳組織の連続超薄切片（40 nm 厚）を作製して，TEMCA でそれらの錐体細胞を含む大脳皮質の 1 層から 4 層上部（350 μm×450 μm）までの範囲をおよそ縦 60 列横 45 列の画像ファイルでくまなく撮影し，さらに，それらの画像をタイリングで一つの巨大なモンタージュ写真に合成した．さらに連続 EM 画像 1215 枚から立体 EM 画像データ（350 μm×450 μm×49 μm）を作製した．その巨大なスタック画像から，方位選択性を同定した錐体細胞を同定し，Fiji 社の TrakEM2 を使って 3 次元再構築し，同じ神経線維からの共通シナプス入力があるかどうかを検討したというスケールの大きい研究が報告された[10, 11]．

1.6 3 次元再構築ソフト

Reconstruct は，米国の John C. Fiala と Kristen M. Harris らにより開発され，フリーソフトとして公開され広く研究者に使われているソフトである（http://synapses.clm.utexas.edu/tools/index.stm）．

Fiji は，NIH Image というフリー画像解析ソフトに，多様な画像解析に対応できるように多くのプラグイン機能を追加し，汎用性を高めた画像解析フリーソフトとして一般に公開されている（http://fiji.sc/wiki/index.php/Fiji）．TrakEM2 というプラグインを使い，3 次元再構築作業が簡単にできる．

Amira は有償ソフトで，対象物体を 3 次元再構築することや，そのビデオファイルをつくることを得意とする．

VAST[8] は，MIT とハーバード大学のグループにより開発され，フリーソフトとして公開されている（https://software.rc.fas.harvard.edu/lichtman/vast/）．大きな EM 画像 volume data set でも 3 次元再構築処理をすることが可能なように開発されている．

自動 segmentation を目指すソフトとして，ドイツで開発された ilastik（http://ilastik.org/download.html）や，ハーバード大学で開発された RhoANA （http://www.rhoana.org）などがあるが，まだ完成形にはなっていない．プリンストン大学のSebastian Seungらにより開発された一連の自動化ソフトは，およそ9割程度の神経成分の自動segmentationに成功している（https://github.com/seung-lab）．ただし，コンピュータ言語を習得し，かつこのアプリの操作のトレーニングを十分に受けた技術者のみが使いこなせる専門性の高いソフトである．ユーザーフレンドリーな自動segmentationソフトの開発が望まれる．

1.7 超薄切片の厚みの測定

連続超薄切片から神経細胞の興味対象部分をできるだけ正確に3次元再構築する際の大事な要因として，超薄切片の厚さを正確に把握する必要がある．切片の厚みの値は，立体の形状を大きく左右するからである．古くは干渉光の干渉色から切片のおおよその厚みを推定していたが，正確に数値に換算できないため使えない．また，切片が重なり盛り上がって，ちょうど二重になったところの幅を計測して切片厚を推測するminimal folds法もあるが，正しい値ではないことが指摘された[12]．ここでは，より確実な測定法を紹介する．

1.7.1 形状測定顕微鏡

光干渉技術を応用して作製された表面形状測定顕微鏡（キーエンス社 VK-X250/150，日立ハイテクサイエンス社 VS1330/1530/1540/1550）を使い，ガラスやウエハーなどの固い平面上においた超薄切片の厚さを測定することが可能である[12]．高さ方向の表示分解能は最小で0.5 nmなので，35～50 nm厚の超薄切片の高さを測定するには十分な解像度を持つ．

1.7.2 SEM

走査型電子顕微鏡（SEM）の深さ方向測定モードを使って，ガラスやウエハーなどの固い平面の上に置いた超薄切片の高さを測定することが可能である[13]．試料ステージを45°程度傾斜させて，切片の側面をInlensで観察すれば，35～50 nm厚の超薄切片の高さを測定できる．

1.8 将来展望

数千枚にもおよぶ連続EM画像の自動撮影作業を新世代の電子顕微鏡システムが実現した．また，それらの大量の連続画像のアラインメント作業も短時間で可能である．しかし，目的とする神経細胞のsegmentation作業を自動処理するアプリケーションソフトウエアは現在開発途上にあり，一般には普及していない．この作業の自動化が難しい要因は，EM画像上で細胞内小器官と細胞膜の膜を区別することが容易ではなく，細胞要素のみをsegmentationすることが難しいことがあげられる．今後は，このような問題点をクリアして，自動segmentationを可能にする方向でアプリケーションソフトウエアの開発が進むと期待できる．また，SEM走査線をスプリッターで61本ないしは91本に分割し，個々のビーム専用検出器でEM画像を撮影しモンタージュ画像をつくることで，通常のSEMよりも大きいEM画像をより短時間で撮影できる特長を持つMulti SEM（Carl Zeiss社）が新しいツールとして広まりつつある．今後は，画像データはより大きく，撮影時間はより短く，EM画像の画質はよりよくなる方向に開発が進むと期待している．　　　［窪田芳之］

参考文献

1) Kubota, Y., Hatada, S., Kondo, S., *et al.* (2007) J Neurosci. **27**, 1139-1150.
  doi：10.1523/JNEUROSCI.3846-06.2007.
2) Kubota, Y., Karube, F., Nomura, M., *et al.* (2011) Sci Rep. **1**, 89. doi：10.1038/srep00089.
3) Knott, G., Marchman, H., Wall, D., *et al.* (2008) J Neurosci. **28**, 2959-2964.
  doi：10.1523/JNEUROSCI.3189-07.2008.
4) Sonomura, T., Furuta, T., Nakatani, I., *et al.* (2013) Front Neural Circuits **7**：26.
  doi：10.3389/fncir.2013.00026. eCollection 2013.
5) Kubota, Y. (2015) Microscopy (Oxf) **64**, 27-36.
  doi：10.1093/jmicro/dfu111.
6) Merchán-Pérez, A., Rodriguez, J. R., Alonso-Nanclares L., *et al.* (2009) Front Neuroanat. **3**, article 18.
  doi：10.3389/neuro.05.018.2009.
7) Nguyen, H. B., Thai, T. Q., Saitoh, S., *et al.* (2016) Sci. Rep. **6**, 23721.
  doi：10.1038/srep23721.
8) Kasthuri, N., Hayworth, K, J., Berger, D. R., *et al.* (2015) Cell **162**, 648-661.

doi:10.1016/j.cell.2015.06.054.
9) Kubota, Y., Sohn, J., Hatada, S., *et al*. Nature Communications (in press).
10) Bock, D. D., Lee, W-CA., Kerlin, A. M., *et al*. (2011) Nature **471**. 177-182.
doi:10.1038/nature09802.
11) Lee, W. C., Bonin, V., Reed, M., *et al*. (2016) Nature **532**:370-4.
doi:10.1038/nature17192.
12) Kubota, Y., Hatada, S. N., Kawaguchi, Y. (2009) Frontiers in neural circuits **3**. 4.
doi:10.3389/neuro.04.004.2009.
13) Nanguneri, S., Flottmann, B., Horstmann, H., *et al*. (2012) PloS one **7** e38098.
doi:10.1371/journal.pone.0038098.

2 電顕トモグラフィー法

2.1 基本原理

2.1.1 投影像と構造との線形性

電子線トモグラフィーは，主に透過型電子顕微鏡（TEM）を使って行われる．TEMにおいて，試料内で散乱し試料を通過した弾性散乱波は，対物レンズ絞りに遮られ，見かけの吸収を起こす（図 XII. 2. 1）．この物理過程を経て形成されるTEM像は，X線トモグラフィー（CT）における投影像の形成過程と等しく解釈され次の線形性が求まる．それは，CCDカメラなどによって撮られた像強度分布をLog変換した分布が，試料のz方向に測った厚みや密度分布の積分値に比例することである．このLog変換した分布が，投影データあるいは投影像と呼ばれ，試料の構造寸法と線形性を持つ．これが，トモグラフィー法の基本理論の重要な点であり，この線形性は，TEMに限らず，STEM（走査透過型電子顕微鏡）におけるHAADF（高角度環状暗視野）像でも得られる．また，非晶質氷包埋のクライオ電子顕微鏡用試料では，試料の内部ポテンシャル分布を反映した位相コントラスト像が撮られ，ある厚さなどの制限下でやはり線形性がある．

2.1.2 再構成の原理

試料の投影像が得られることから電子線トモグラ

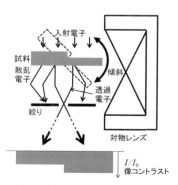

図 XII. 2. 1 透過電子顕微鏡（TEM）における試料傾斜と像コントラストの関係．トモグラフィーでは，試料内の弾性散乱電子による散乱吸収コントラストが用いられる．

フィーの再構成の原理も，X線トモグラフィー法の原理と同じである．1917年Radonによって，投影と逆投影とは可逆変換の線形システムであることが示された．図XII.2.2に，その原理の説明図を示した．先に述べたように，ある角度に試料傾斜したTEM像の投影像には，図XII.2.2の投影線（s）に沿って，試料内部の密度分布を積算した値が記録される（図XII.2.2 (a), (b)）．図では説明上2次元の断層像とし，したがって，投影データは1次元分布とした（図XII.2.2 (b)）（この投影データが，実際には2次元の投影像に該当する）．その線形システムでは，この1次元投影データの1次元フーリエ変換が，再構成したい断層像のフーリエ変換（図XII.2.2 (c)）の原点を通り，投影線に直交する断面（図XII.2.2 (c) の白線）に等しい．これを中央断面定理（あるいは投影切断面定理）と呼ぶ．したがって，十分に細かな角度刻みで全方位に試料を傾斜して断層像のフーリエ成分を埋め尽くし，それを逆フーリエ変換すれば断層像が再構成されることになる．

2.1.3 原理に基づく再構成法

以上の原理に基づいて解析的に再構成する演算法は次のようである（図XII.2.3）．投影データをフーリエ変換するところまでは原理と同じである．次に，フーリエ成分の収集であるが，実際にはフーリエ面

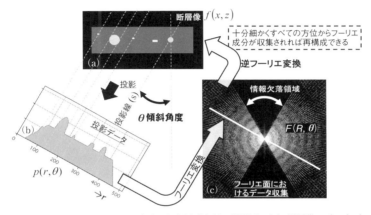

図XII.2.2 再構成の原理で重要な中央断面定理の説明図．(a) 断層像．$f(x, z)$ を θ 方向に投影した1次元分布 (b) $p(r, \theta)$ の1次元フーリエ変換が，$f(x, z)$ の2次元フーリエ変換 (c) $F(R, \theta)$ の θ 方向に直交する断面と一致する．

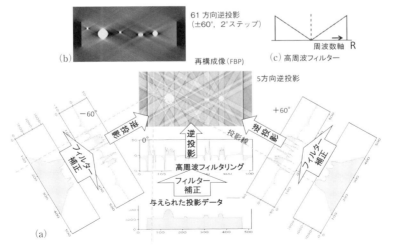

図XII.2.3 原理に基づく再構成法（FBP）．(a) 断層像は，各方位の投影データに高周波フィルター (c) を施し，それらを逆投影加算して得られる．(b) 2°間隔，61方向からの投影データから再構成したモデル計算像．

上に収集の合成を行うことはせず，実面（断層面）上で個々のフーリエ成分データを逆変換しながら再構成する演算方法が採られる．この演算方法が逆投影法である．言葉通りに，投影とは逆の方向に，その逆フーリエ変換された新たな投影データを方位ごとに次々投影線に沿って展開し，加算していく．この逆フーリエ変換において，特徴的な高周波フィルターが施される（図 XII.2.3（c））．このフィルターの目的は，図 XII.2.2（c）に示された中央断面定理によるフーリエ成分の収集方法の不足を補うためである．図 XII.2.2（c）に見られるように，理論上，フーリエ面に収集された成分の分布は放射状を呈し，原点から離れる距離（周波数）に比例して隙間が広がる．この隙間を近似的に補間する数学的方法がその周波数に比例した単純増加直線の高周波フィルターである．図 XII.2.3（a）のフィルター補正と書かれた処理がこの高周波フィルタリングで，エッジが強調されたような投影分布となる．これらを断層面で加算することによって断層像が再構成される．以上から特にフィルター変換逆投影法（filtered back projection：FBP）と呼ばれる[1]．

原理的方法とは異なるが，この他にも代数的反復再構成法（algebraic reconstruction technique：ART, simultaneous iterative reconstruction technique：SIRT）[1]などがある．特に，SIRT は，ノイズの多いクライオ TEM 像によるトモグラフィーにおいて利用されて，画質が FBP より明らかに向上する．

2.1.4 分解能と情報欠落

再構成の原理からトモグラフィーの分解能（d）は，傾斜角度の刻み（$\Delta\theta$）を細かくして，投影像の枚数（N）を多くするほど向上する．全方位（±90°）に傾斜できたとすると，Shannon のサンプリング定理から，観察対象の直径を D として，分解能は次式となる[1]．

$$d = \frac{\pi D}{N} = \frac{\Delta\theta D}{2} \tag{1}$$

しかし，電子線トモグラフィーでは，TEM 試料の性質上，切片や薄膜といった板状の構造が一般的であるため，試料傾斜角度範囲は通常 ±60〜70°に制限される．この理由は，電子顕微鏡装置の試料ステージ傾斜機構の限界もさることながら，その制限以上に傾けても，電子線の試料内を通過する距離が $\cos(\theta)$ に逆比例して急激に長くなるため，画像は暗くなり，もはや撮像できなくなるためである．この角度制限の影響は，図 XII.2.2（c）のようにフーリエ面において，楔状の欠落領域をもたらす（これから，"missing wedge" と呼ばれる[5]）．この欠落領域を断層像に置き換えたとき，その影響は奥行き方向（z）の解像度の劣化と形のひずみとなって現れる．具体的には，図 XII.2.3（b）のシミュレーション断層像のように，円が縦伸びを呈したようになる．この伸び率（e_{xz}）が最大傾斜角度を α として次式で与えられている[1]．

$$e_{xz} = \sqrt{\frac{\alpha + \sin\alpha\cos\alpha}{\alpha - \sin\alpha\cos\alpha}} \tag{2}$$

以上のように，一般に電子線トモグラフィーには解像度の異方性があるので，断層像による形態解析には注意が必要である（2.2.2 一軸傾斜トモグラフィーの図 XII.2.5（a）〜（c）を参照）．

2.2 応 用 例

2.2.1 撮影と前処理

a. 試料傾斜シリーズ像の取得

撮影にあたり，トモグラフィーに対する試料作製における留意点がある．厚い切片では，厚み全体に均一に染色されていることが重要であるが，通常の染色法では不十分な場合，電子レンジを利用した染色液の浸透性に関する有効な方法が報告されている[2]．また，電子線照射損傷への対策として，試料の両面にカーボン膜蒸着を施すことなど，それぞれの試料に合った工夫が必要であろう．TEM による撮影にあたり，試料の厚みに応じて，十分な電子線透過力が必要である．通常の染色切片試料で，加速電圧と試料の厚みの上限の目安が，100 kV，300 kV，1 MV に対して，それぞれ，約 0.15，0.5，2 μm と示されている[2]．

撮影には主に TEM が用いられる．十分な高角度範囲で試料傾斜を行うため，ギャップの広いポールピースを備えた対物レンズと高傾斜試料ステージ機構（ユーセントリックゴニオステージ）が備えられたトモグラフィー専用装置が用いられる．また，連続試料傾斜とその都度のオートフォーカス，オート視野トラッキングが必要なため，それらには専用のトモグラフィー撮影システムが備えられている．

連続試料傾斜シリーズ像の撮影は，先に述べた角

度制限の範囲となり，一般に角度刻み（$\Delta\theta$）は，1～2°が設定される．切片試料の場合は，0°から撮影シーケンスを開始し，傾斜角度のマイナス側，およびプラス側のそれぞれを順に撮影して，最後にそれらを並べ替えて順番を整える方式が妥当と思われる．画質は高傾斜像より0°の画像の方が明らかによいので，視野トラッキングのシーケンスを考えたとき，高傾斜像から開始するより，この方式の方が明らかに追跡しやすいはずである．このほか，$\Delta\theta$を一定とせず，$\cos\theta$に比例して徐々に$\Delta\theta$を下げていく"Saxton方式"も採られる．これは，切片のような平板試料では，高傾斜像ほど画像の変化が大きいので，傾斜全体でバランスよく投影像情報を取得するためである．

b．傾斜シリーズ像の位置合わせ

傾斜シリーズ像は，ある一つの固定軸の周りに連続傾斜させて記録したものであるが，高倍率になるほど，この固定軸と視野中心を一致させることは非常に困難となる．このため，記録後に，シリーズ像の高精度な位置合わせ処理が必要となる．最も確実な方法として知られているのは，金コロイドのナノ粒子を試料に付加する，マーカー法である[3]．特に，金微粒子でなくても同様な微粒子像が試料中に存在すればよい（図XII.2.4（a）の矢印）．これは，まず，高コントラストの微粒子像をシリーズ像の中で逐次追跡し（図XII.2.4（a），（b）），それらの追跡軌跡を3次元空間において幾何図形として描く．各投影像の位置合わせが完全であれば，理論上この図形は，図XII.2.4（d）のように傾斜軸を中心にそれぞれ直交する面内で円弧を描くはずである．このことを利用して，追跡微粒子の軌跡（図XII.2.4（b））がその理論軌跡（図XII.2.4（c））と一致するようにシリーズ像を位置補正する方法である．このほか，微粒子のようなマーカーがなくても行える画像相関法がある[3]．シリーズ中の隣接する画像同士が逐次一致するように位置合わせを繰り返す方式である．汎用性が高く，余計に金コロイド粒子などを必要としないので，ここで紹介する応用例では，画像相関法を用いた．ただし，傾斜軸と視野中心とは必ずしも一致しないので，マーカー法に似た別処理を行う必要がある．

2.2.2 一軸傾斜トモグラフィー

基本となる一軸傾斜トモグラフィーの切片試料の応用例を図XII.2.5に示した．試料は酵母細胞で，厚みは約$0.36\mu m$，加速電圧$300\,kV$-TEMを用いた．先に言及した染色法と試料両面にカーボン膜蒸着を施した．電子線照射損傷がそれほど問題にならない場合でも，撮影時間に1時間程度も掛かるため，多くのサンプルを調べたいときにはやや現実的な撮影枚数で行う必要も出てくる．そのような理由から3°刻みの41枚の投影像シリーズとした．栄養飢餓で誘導したオートファジーを起こしている酵母の切片像で，多くの自食体（図XII.2.5（a）中のAB）が液胞膜近傍に集中している様子が3次元形態で観察された[4]．それらの形態の輪郭を計測し，それをできるだけ正確に近似する楕円体幾何モデルを作成し，CGによって描いた（図XII.2.5（d））．

一軸傾斜トモグラフィーでは，情報欠落があるため，図XII.2.5（a）～（c）に見られるように，各断面像で解像度の異方性が見られる．先に述べたように，x-z断面像（図XII.2.5（b））では，全方位に傾斜できなかったことによって生ずる周波数特性の欠落（図XII.2.2（c），図XII.2.6（g）参照）からz

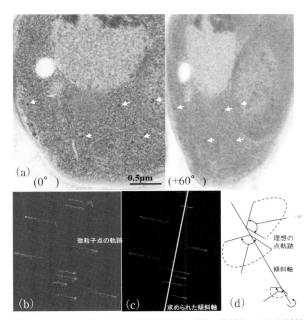

図XII.2.4 マーカー法による傾斜シリーズ像の位置合わせと傾斜軸探索．高コントラストの微粒子像（a, 矢印）をシリーズ像を通して追跡し（b），その理想の3次元軌跡図形（d）の数学近似から傾斜軸を求め，それにすべてのシリーズ像が正しく並ぶように位置合わせ（c）を行う．

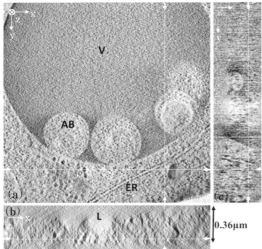
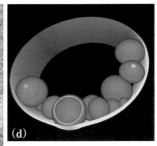

図XII. 2.5　一軸傾斜トモグラフィー．300 kV-TEM による切片試料の応用結果．試料：栄養飢餓で誘導したオートファジーを起こしている酵母細胞（*Saccharomyces cerevisiae*）；傾斜条件：±60°，3°間隔．(a～c) 再構成された断層像の3次元表示，多くの自食体（AB）が液胞膜近傍に集中している様子が3次元形態で観察される[1,4]．(略称：V，液胞，AB，自食体，ER，粗面小胞体，L，脂質)．(d) 自食体の楕円体幾何モデル近似によるCG 3次元描画．撮影は阪大複合機能ナノファウンダリ，超高圧電子顕微鏡センター，H9500SD で行われた．

方向の解像度が劣化して不鮮明になっているのがわかる．図XII. 2.5 (c) の y-z 断面像でも，様相は異なるものの z 方向の解像度が低い．これらに比べ，図XII. 2.5 (a) の x-y 断面像は，比較的こうした解像度の異方性が目立たないため，一般にこの断層像が使用されることが多い．しかし，正確には，後述の図XII. 2.6 (d), (e) のフーリエ変換パターンが示すように，傾斜軸方向の解像度は劣化している．

2.2.3　二軸傾斜トモグラフィー

これまで述べてきたように，電子線CTでは情報欠落が避け難い問題となっている．これを改善する実験的方法として，傾斜軸を互いに直交する二軸とした方式が考えられた[3]．図XII. 2.6 は同じく酵母切片試料の二軸傾斜トモグラフィーによる再構成像である．図XII. 2.6 (a)～(c) は，それぞれ，垂直軸を傾斜軸としたトモグラフィーの断層像，水平軸を傾斜軸としたときの断層像，それら二軸のトモグラフィーを合成した断層像である．また，それぞれに断層像のフーリエ変換パターンを載せた（図XII. 2.6 (d)～(f)）．図XII. 2.6 (d), (e) では傾斜軸方向に黒く情報の劣化した部分が見て取れる．画像においては，その軸方向に直交した界面の像，例えば液胞の膜構造などが不鮮明になっている．しかし，それらを合成した図XII. 2.6 (f) ではそのような劣化は見られず，解像度の異方性もほぼ解消している．図XII. 2.6 (g)～(i) は，それぞれのトモグラフィーに対して，分解能の3次元逆空間における領域を示した図である．図XII. 2.6 (g), (h) では，傾斜軸方向の楔領域が分解能欠落を示すが，二軸トモグラフィーにしたことでその欠落領域が大きく削減できていることがわかる．

2.2.4　連続切片トモグラフィー

厚い切片のトモグラフィーには高電圧TEMが有用であるが，さらに厚い立体構造の再構成や汎用TEMによるそのような再構成には，連続切片とトモグラフィーを組み合わせた方法が採用できる．図XII. 2.7 の結果は，120 kV-TEM による厚さ約 0.1～0.15 μm の連続3切片による二軸傾斜トモグラフィーを繋ぎ合せたものである．各切片間の立体的位置合わせとそれらの間隔調整は，例えば膜構造の輪郭線を連続断層像に対してトレースし，それらができるだけ滑らかに繋がるように調整する方法が採られている．この例では，図XII. 2.7 (d) のように，いくつかの膜構造の輪郭線を画像処理でトレースし，それらを図XII. 2.7 (c) のように3次元空間で位置調整した．優れた多くの応用結果が，MarshのグループThe University of Queensland）によって報告されているので，彼らのウェブサイトを参照されたい．

2.2.5　クライオトモグラフィー

構造生物学分野において，実際の細胞や組織の中で機能している生体高分子の3次元構造を求めることが非常に重要とされている．非晶質氷包埋試料に

2 電顕トモグラフィー法 299

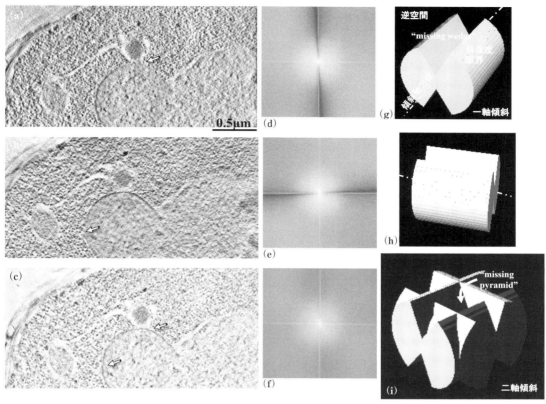

図 XII. 2. 6 二軸傾斜トモグラフィーの効果．図 XII. 2. 5 と同様な細胞の切片試料による直交軸トモグラフィーの合成結果．撮影条件：120 kV-TEM，各軸 ±60°，2°間隔．(a) 垂直軸による再構成断層像，(b) 水平軸による再構成断層像，(c) 両軸の再構成結果を合成した断層像．図中の矢印付近のように膜の解像度の違いと改善具合が明瞭に確認できる．(d〜f) それぞれの断層像のフーリエ変換パターン．(g〜i) それぞれのトモグラフィーにおける情報限界を示す逆空間図形．

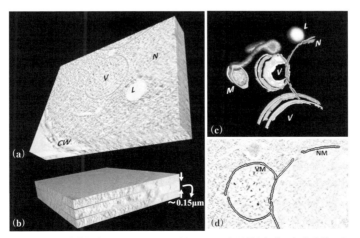

図 XII. 2. 7 連続切片トモグラフィー．図 XII. 2. 5 と同様な細胞の切片試料による 3 連続切片トモグラフィーの連結結果．撮影条件：120 kV-TEM，各軸 ±60°，2°間隔．(略称：V，液胞，N，核，L，脂質，CW，細胞壁，M，ミトコンドリア)．(a)(b) 連結した断層像ボリュームの CG 表示．(c) 画像処理により半自動でトレースされた膜面((d) の NM，核膜や VM，液胞膜) などを使った CG 描画例．

よるクライオトモグラフィー法は，これを可能とする有力な方法となっている．しかし，これに立ちはだかっているのが電子線照射損傷である．数十枚以上にも及ぶ撮影を必要とするトモグラフィーでは，さらに深刻な問題である．これに対して Koster ら[3]が開発した自動撮影の"Minimum Dose System"を使って，標的領域への電子線量を極力抑えた結果，Max-Planck-Institut の Baumeister のグループをはじめとして次々と３次元構造の報告[3]がなされるようになった．非常に多くの論文が報告されているので，詳しくは彼らのグループのウェブサイトを参照されたい．

2.3　将来展望

電子線トモグラフィー法は，1980年代後半にはすでに Frank のグループを中心にほぼ現行方式が開発され[3]，さまざまな微細形態の立体観察と構造解析に威力を発揮している．最大の利点は，電子顕微鏡が持つ非常に高い分解能で，直接３次元構造解析が行えることであろう．それまで２次元の画像として高い分解能で観察できていた形態ではあっても，もともと形態が３次元であるのでその立体構造は推測の域を出なかった．それが直接３次元解析できるとなれば大きな研究の進展に繋がる．IMOD（Boulder Laboratory, the University of Colorado）のようなオープンタイプのソフトウエアが開発され世界中の研究者に広まったこともその進展を後押しした．このように，非常に有用なツールとなったが，しかし，十分に満足のいく汎用化技術としては，まだ課題も多く，今後の発展を待たねばならないであろう．

撮影時からの課題は，傾斜シリーズ像の取得だけで１時間以上（二軸トモグラフィーではその倍）を要する点である．連続切片トモグラフィーとなるとさらに大幅な時間を要する．試料損傷もさることながら，観察できるサンプル数が非常に限られてしまう現実的な問題がある．さらに，立体構造となると必然的に高圧および超高圧電顕が必要となるが，利用施設は限られるため，撮影時間の短縮が課題である．高感度・高性能カメラの進歩，高速な連続傾斜シリーズ取得シーケンスの向上，少ない撮影枚数からでも再構成される画像処理技術革新[5]，などが期待される．これらは，クライオトモグラフィーにおいても同様である[3]．

情報欠落（missing wedge）問題も改善されなければならない課題である．本来ならば，z 方向の断面像を見て３次元解析を行うべきところ，その断面像の解像度の不足から，x-y 断面の連続（z 方向）断層像を観察して解析している．これは便法といわざるを得ない．３次元解析にあたって，一般にセグメンテーション（領域抽出処理）を行うが，z 方向の解像度不足はこの処理を特に難しくし，人為的不明確な判断を必要とし，定量的計測を阻む要因となっている．この問題は古くから研究され，最近も新たな再構成手法が提案されている[3,5]．材料科学の分野でも開発が進んでおり今後の進展が期待される．

以上のほかにも，傾斜に伴う視野追跡，オートフォーカスの精度の問題などいくつもの課題がある．しかし，一方で，材料科学の分野ではあるが，原子分解能のトモグラフィーに成功したとの報告[6]もあり，将来を牽引する成果も上がっている．電子線トモグラフィーの重要性はますます高まっており，さまざまな研究・開発によって課題を克服していくものと期待される．

［馬場則男・馬場美鈴］

参考文献

1) Radermacher, M. (1992) Image Analysis in Biology (Ed. Häder, D. P.), CRC Press, pp.219-249.
2) Takaoka, A., Hasegawa, T., Yoshida, K., et al. (2008) Ultamicroscopy **108**：230-238.
3) Frank, J. (2006) Electron Tomography (2nd ed.), Springer, pp.113-243.
4) Baba, M. (2008) Methods in Enzymology vol.451, Autophagy, (Ed. Klionsky, D. J.), Academic Press, pp.133-149.
5) Baba, N., Katayama, E. (2008) Ultramicroscopy **108**：239-255.
6) Van. Aert, S., Batenburg, K. J., Rossell, M. D., et al. (2011) Nature **470**：374-377.

3 立体表示と観察法

ヒトの視覚による奥行き知覚と基礎的な3D表示技術の仕組みについて，本章では顕微鏡観察における課題や今後の技術展望とともに解説する．

3.1 3D表示の基礎

3.1.1 立体視

ヒトが視覚で立体や奥行きを知覚する要因は，心理的要因と生理的要因に大別することができる．心理的要因とは，重なりや大気透視，相対的なものの大きさ，陰影，パース（線遠近法），彩度，テクスチャー勾配など，視覚中のそれぞれの物体の見え方，状態から経験的に前後関係を類推させる要素を指す．一方，生理的要因には輻輳，両眼視差，調節，運動視差など，ヒトの眼の物理的な仕組みによって視覚中のそれぞれの物体の絶対的な距離や相対的な位置関係を知覚させる要素を指す（図XII.3.1）．生理的要因の内，調節と運動視差は単眼でも知覚できるが，輻輳と両眼視差の知覚には両眼が必要である．

従来型のTVやPC用モニターなどの2D表示や印刷物であっても，対象物の立体構造を基に心理的要因を満たす表現を取り入れることで，ある程度の立体感を得ることは可能であり，これらはすでにコンテンツの表現技術の一部として使用されている．しかし，このような手法を用いても，2D表示は空間内の一平面上に描かれた像を観視しているに過ぎず，平面に描かれた像と実際の立体物とでは見え方に大きな隔たりがある．

3D映画や3D-TVのように，空間としての奥行きや立体的な配置，画面手前への飛び出しなどの，相対的，絶対的な3次元空間配置を知覚する立体視には，視覚の生理的要因を生じることが不可欠であり，その実現にはハードウエアの工夫が必要である．

特に顕微鏡観察においては通常空間での視覚とは異なり，大気透視はもとより，観察方法によっては彩度や陰影，重なりなどの心理的要因が失われるため，立体構造の把握のためには立体視が重要である．

3.1.2 3D表示と視差情報

顕微鏡観察において，直接に立体観察を可能とする装置として双眼実体顕微鏡がある．これを例に立体視の仕組みを考察すると，観察時はピント，観視位置とも顕微鏡の光学系によって固定される．これは，生理的要因としての調節，運動視差がほとんど生じないことを示している．双眼実体顕微鏡を片眼で観察すれば見え方は2D写真と同様の平板な像である．一方，両眼で観察すれば観察対象の立体構造がよく知覚されるようになる．左右の眼が見ている像はそれぞれ2D写真と同様でしかないにもかかわらず奥行き知覚が生じるのは，それぞれの像が微妙に異なることに起因している．この左右の像の差に

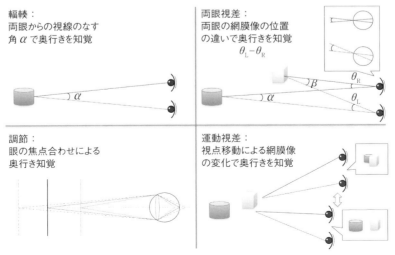

図XII.3.1　立体視の生理的要因

よって輻輳，両眼視差が生じ，奥行き量の知覚が可能となるのである．つまり，双眼実体顕微鏡を両眼で観察するという行為は，左右の眼でそれぞれ異なる 2D 画像を同時に見ているといってもよいであろう．この左右の眼にそれぞれ異なる 2D 画像を同時に見せることを応用したのが 3D 映画や 3D-TV に用いられる 3D 表示である．

ヒトの眼はおおむね 64 mm の間隔を空けて左右に並んでいる．空間のある一点を注視する場合，両眼と注視点を結ぶ視線は注視点までの距離に応じて一定の角度（輻輳角）を成す．そのため，左右の眼が捉える像は微妙に異なっている．左右の眼の位置から見える二つの異なる像をそれぞれ撮影し，それぞれの画像を左右の眼に個別に，かつ同時に視認させることができれば輻輳や両眼視差が再現され，奥行き量を知覚させることができる．このような眼の位置に応じて見える像を視差画像（parallax image）と呼ぶ．3D 映画や 3D-TV をはじめ，実用化されている 3D 表示方式の大半はこの視差画像を表示する方式である．

3.1.3　2 視差式と多視差式

視差画像を使用する 3D 表示では，最も少ない 2 視差式で 2 枚，多視差式では 3～100 枚程度の視差画像が必要である．2 視差式では双眼実体顕微鏡と同様に，ある一点から見た立体像を再現することが可能である．多視差式とすれば，視位置が動いた場合でもその位置から見えるべき画像を見せることができるため，より自然な，視位置自由度の広い 3D 表示が可能で，運動視差にも対応することができる．ただし，その情報量は飛躍的に増加する．

現在の 3D 映画と 3D-TV のコンテンツは記録・伝送可能な情報量の制約もあり，左右の眼に相当する 2 枚の視差画像が提供される 2 視差式である．そのため，上映手法や表示手法のほとんどが 2 視差式の 3D 表示となっている．

3.1.4　交差法/平行法とアナグリフ

ところで，ヒトは左右の眼で同時にそれぞれが異なる物体を注視するという行為は自然には行わない．例えば図 XII. 3.2 に示す 2 枚の視差画像を見てみよう．これらは視差画像であるが，左右の眼はそれぞれがともに 2 枚の画像を捉え，2D 画像が 2 枚並んでいるものとして認識する．したがって，そのままではこれらの視差画像から奥行き量を知覚することはできない．しかし，交差法あるいは平行法といった観視技法を用いることで，横並びに配置された 2 枚の視差画像を左右の眼で個別に捉え，1 枚の 3D 画像として知覚，すなわち立体視することも不可能ではない．だが，その技術の体得には相応の訓練が必要であり個人差もある．また眼球運動の制約から立体視可能な画像サイズや視距離が制限される．また本来，これらの視差画像は両眼で空間のある 1 点を注視した際に左右の眼がそれぞれ捉える画像であり，2 枚の視差画像は注視点において重なっていなければならない．しかし，画像提示の都合上，2 枚の画像は横並びとなるため，本来の輻輳角と実際に体験する輻輳角に大きな隔たりが生じ，奥行きの絶対量には違和感を生じやすい．

そこで 2 枚の視差画像を直接重ねて提示する手法として，それぞれを異なる色で表すアナグリフ（anaglyph）が古くから用いられている．赤と青の 2 色で左右の視差画像を塗り重ねる手法である．ヒトの眼は特定の色だけを選択的に見るということはできないため，この画像を立体視するには左右で色の異なるカラーフィルターを備えたメガネを装用し，重

 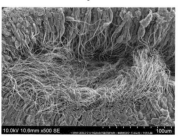

図 XII. 3.2　視差画像の例．交差法で立体視が可能

なった視差画像の分離を行わなければならない．そのため，色彩表現は限られ，また左右の色差が大きいことから長時間の観視には向かないが，カラー表現のできる媒体ならコンテンツの工夫だけで3D画像を提示でき，交差法や平行法のように技法を体得せずとも立体視が可能なため，現在においても広く利用されている手法である．

3.2　3Dモニター

視差画像を用いた立体視をより自然に行うためには，単一の表示面内で，左右の眼にそれぞれ異なる視差画像を見せるための光学的な工夫を加えた3Dモニターが必要である．以下に，代表的な方式を紹介する．

3.2.1　シャッターメガネ式

現在，3D映画や3D-TV，PC向け3Dモニターにおいて主流となっている方式の一つがシャッターメガネ（active glasses）式である．シャッターメガネとは，メガネの左右のレンズ部を液晶シャッターなどで構成し，それぞれを独立して遮蔽/透過を切り替えできるようにした特殊なメガネである．画面には左右の視差画像を交互に表示し，それと同期してメガネの左右のシャッターの遮蔽/透過を切り替えることにより，左の視差画像が表示されているときは左眼だけが，右の視差画像が表示されているときは右眼だけが画面を見ることができるように制御する（図 XII.3.3）．これにより，同一の画面を見ているにもかかわらず，左眼には左の視差画像だけが，右眼には右の視差画像だけが見えるため，立体視が可能となる．

この方式では眼前でシャッターが遮蔽/透過を繰り返すため，遮蔽時間が長いとチラつきを感じてしまう．これを軽減するためには片眼あたり毎秒60回以上，両眼では毎秒120回以上の切り替えサイクルであることが望ましいが，一般的なTVや液晶モニターの画面書き換え速度は毎秒60回が上限である．このため，シャッターメガネ式の3D-TVや3Dモニターには毎秒120～240回の高速な画面書き換えに対応する専用の表示デバイスを用いなければならない．

3.2.2　偏光メガネ式

シャッターメガネ式と双璧を成すものとして，偏光メガネ（polarized glasses）式がある．光は空間を波として伝播する．通常，この波の振幅方向は空間内でランダムになっているが，特定の条件下では一方向に揃った偏光（polarization）とすることが可能である．ただし，ヒトの眼は偏光方向を見分けることはできない．偏光メガネは，メガネの左右のレンズ部が特性の異なる偏光フィルターで構成され，それぞれが特定方向の偏光のみを透過するものである．したがって，同一画面上において左の視差画像と右の視差画像がそれぞれ異なる方向の偏光を発するように表示を行えば，偏光メガネの装用で左右の眼が特定の視差画像のみを観視でき，立体視が可能となる（図 XII.3.4）．

従来，映画館での3D上映には2台のプロジェクタのそれぞれの投影レンズの前に偏光方向の異なる

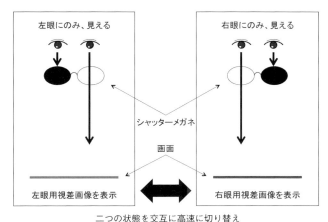

図 XII.3.3　シャッターメガネ式

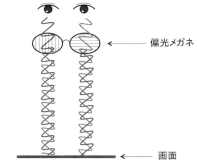

図 XII.3.4　偏光メガネ式

フィルターを装着し，1台で左の視差映像を，もう1台で右の視差映像を同一のスクリーンに同時に投影する方式を採用していた．近年は1台のプロジェクタでシャッターメガネ式同様に左右映像を交互に投影し，それと同期してプロジェクタに装着した偏光フィルターの偏光方向を切り替えることで同様の効果を得ている．偏光方向の切り替えは円盤型のフィルターを回転させる方式や，液晶素子を用いて電気的に行う方式などがある．

普及型の3D-TVや安価なPC用3Dモニターでは，画面を構成する走査線の偶数ラインと奇数ラインでそれぞれ偏光方向が異なる，横ストライプ状の偏光フィルター（patterned retarder）を画面表面に装着する手法が用いられている．この画面を偏光メガネで観視すると，一方の眼には偶数ラインのみが，他方には奇数ラインのみが見える．そこで，左右の視差画像をそれぞれストライプ状に加工し合成して表示を行なえば，左眼には左の視差画像が，右眼には右の視差画像が見え，立体視が可能となる．この方式では原理上，画面の垂直解像度が表示デバイス本来の解像度の1/2となり横縞も目立つが，偏光フィルターは安価なフィルムとして製造でき，高速な表示デバイスも不要である．

偏光メガネは一般のサングラスと構造が同じであり，メガネ自体にシャッターの開閉機構や画面表示との同期のための通信機能，電池などを組み込む必要があるシャッターメガネに対し，価格や重量の点で有利である．特に多人数が同時に鑑賞する映画館や長時間の装用においてはメリットが大きいことから，偏光メガネ式はコストパフォーマンスの高い3Dソリューションとして広く普及している．

なお，より高精細な表示が求められる業務用3Dモニターには，左の視差画像と右の視差画像を異なる二つの画面にそれぞれ独立して表示を行い，この二つの画像をハーフミラーによって光学的に合成する手法が用いられる（図XII.3.5）．左右視差画像にそれぞれ専用のモニターが割り当てられるため，解像度の低下や画像切り替えによるチラつきのない品位の高い3D画像が得られる方式である．

3.2.3 レンチキュラレンズ式と視差バリア式

これまでに紹介した方式はいずれも専用の特殊なメガネを装用する必要があり，特に業務用途や長時間の作業においては着脱の手間が煩わしい．理想はメガネなしで見ることのできる裸眼3D表示であろう．

メガネを用いる方式は，左右の眼にそれぞれ異なる2D画像を同時に見せる手段として，メガネによって左右の眼の特性（タイミング，偏光など）を強制的に異ならせることで，それぞれの眼が特定の画像だけを視認できるようにするものである．メガネなしでこれを実現するには，本来ヒトの眼が備える左右での違い，つまり，横並びで空間位置が異なることを利用すればよい．単一の画面でありながら，見る位置によって異なる画像が見えるようにできれば，メガネなしで立体視が可能となる．

これを実現する手法としてはレンチキュラレンズ（lenticular lens）もしくは視差バリア（parallax barrier）を用いる方式が古くから利用されている．画面を構成する画素上に蒲鉾状のレンズ群，もしくは縦型ブラインド状のバリア（遮蔽）を配置することで，画面に対する視点の水平位置に応じて特定の画素群のみが見えるようにする方式である．この画面を特定の位置から観視する際に左眼に見える画素群で左の視差画像を，右眼に見える画素群で右の視差画像を構成すれば，メガネなしで立体視ができる（図XII.3.6）．

しかしこのような裸眼3D表示においては，例えば観察者の頭が右に64 mm程度移動すると，左眼が元の右眼の位置に達し，この位置では左眼に右眼用視差画像が見えてしまうため，2眼視差式では立体視が困難となる．メガネは不要であるものの立体視が可能な観視位置は極めて狭く（左右に約64 mm幅，前後にも制限あり）ならざるを得ない．一方で，これら方式は画素とレンズ/バリアの幾何学的配置の工夫によって水平方向に隣接する複数の位置からそれぞれ異なる複数の画素群が見えるようにすることが可能である．これを応用した多視差化によってあ

図XII.3.5 ハーフミラー式3Dモニターの例

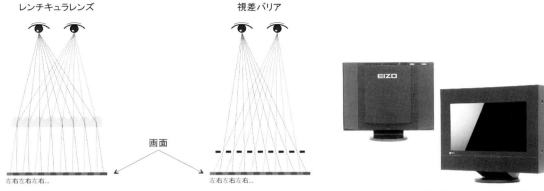

図 XII.3.6 裸眼3D表示の仕組み

図 XII.3.7 指向性光源を用いた高精細裸眼3Dモニター

る程度の運動視差にも対応する，自然な3D表示も可能である．ただしその原理上，水平解像度は表示デバイスの $1/n$ 以下（n は視差数）に低下するため，高精細・高画質が要求される用途には適さない．

3.3 今後の展望

究極の3D表示は，まるでそこに立体物があるかのように，多人数が同時に，さまざまな方向から，見る方向に応じた像を映し出すことであろう．これを実現するものとしてホログラフィー（holography）が長年研究されている．ホログラフィーは画像を画素としてではなく，空間における光の波として記録・再生を行う手法であり，偽造防止シールなどの印刷物として一部実用化されている．近年の表示デバイスの高精細化・微細化により，可視光の波長に近い分解能を持つ空間光位相変調器（spatial light modulator）が実現したことで，具体的な表示装置への応用が進んできてはいるものの，未だ研究室レベルの技術である．印刷物が一部の限定的な用途にしか使われていないのと同様に，その画質や解像度など実用化に向けて越えなければならない課題が多岐にわたる．このため，3Dモニターの主流は視差画像を用いる方式がまだ当分の間続くものと考えられる．

その中で注目されるものとして，高精細な裸眼3D表示を実現する指向性光源を用いる方式[1]がステレオSEM像観察向けに実用化された（図XII.3.7）．これは単一の画素から出る光の向きを時分割制御することで，観視の方向に応じて異なる視差画像を見せることを可能にする手法である．レンチキュラレンズ式や視差バリア式の裸眼3D表示では，表示デバイス上の隣接する画素を視差画像に割り振っていたために，解像度の低下が避けられなかったのに対し，指向性光源を用いる方式ではすべての画素をすべての視差画像に適用できるため高精細な裸眼3D表示を実現している．表示デバイスに液晶を用いる本方式では液晶の画面書き換え速度の制約から実用化されているのは2視差式に留まるが，毎秒数千〜2万フレーム程度を切り替え表示できる高速プロジェクタを用いたダイレクト光スキャニング方式[2]では，全周から観察可能な多視差のテーブル型の高精細裸眼3D表示装置も試作されている．

コンピュータトモグラフィー（computer tomography）技術による3D再構成（volume rendering）とこのような表示装置を組み合わせることで，顕微鏡下の観察対象を数万倍に拡大し，そのまま机上に置いたかのような3D表示の実現が期待される．

［伊藤 広］

参考文献

1) Hayashi, A., Kometani, T., Sakai, A., et al. (2010) The Journal of the SID **18**:507-512.
2) 堀米秀嘉，青木洋二，林 攀梅他 (2009) 月刊ディスプレイ 2009年12月号: 65-68.
3) 坂根巌夫，苗村 健，畑田豊彦他 (2008) 立体視テクノロジー——次世代立体表示技術の最前線，エヌ・ティー・エス.

第 XIII 部
近未来の顕微鏡法と顕微鏡学の将来展望

本書には，ライフサイエンス分野における顕微鏡学について，現在の到達点が示されている．顕微鏡の歴史の項（第Ⅰ部）に詳しく記されているように，拡大して観察することで今まで想像すらしなかった微小な生き物が存在することが明らかになった．さらに動物や植物には肉眼では見ることのできない微細な構造があることも次々と示された．虫眼鏡に毛の生えたような単純なものから始まった光学顕微鏡法は，次第に洗練された光学系を備えるようになり，生物の構造をさらに拡大して我々に見せてくれた．細胞の概念の確立から細胞の集まった組織，さらにその病態の解析が進んだ．細菌学，組織学，病理学などは，このような光学系の改良と標本作製技法の進歩とに支えられた光学顕微鏡法を基に確立されたといっても過言ではない．

分解能が，光が波であることによる限界に突き当たったときに，はるかに短い波長を持つ電子線を光の代わりに使う電子顕微鏡が開発され，超薄切片法の開発と相まって細胞内の構造を詳細に見ることができるようになった．細胞小器官をはじめとする細胞内構造の解析が進み，細胞生物学が一気に花開いた．このように，顕微鏡法の新たな展開は，生命体の新たな側面を見ることを可能とし，新しい学問体系や概念を生み出すきっかけをつくってきた．

電子顕微鏡法は単に画像を得るだけではなく，元素分析などにも広く利用されている．また電子線回折によるタンパク分子の原子レベルでの分子構造解明などにも活用され，構造生物学の有力な手法の一つとなっている．

20世紀末から21世紀に入って十数年ほど経った現在までの間に，光や電子線を使った顕微鏡法の改良や新展開がみられたのと同時に，全く新しい原理に基づくイメージング法が次々と出現してきた．これらについても視点を変えながら概観し，将来を展望する．

1　高分解能の追求

より小さな構造をより明瞭な画像として得るための努力は，顕微鏡発展の王道ともいえる．小さなものを拡大し可視化することから始まった顕微鏡法も，光学顕微鏡の解像度が限界に達すると思われたとき，より波長の短い電子線を使うことでさらに発展してきた．近年実用化された画期的な収差補正技術により，電子顕微鏡の分解能もさらに向上している．電子顕微鏡は生体を構成する分子の構造や個々の分子が組み合わされた細胞の微細な構造を原子レベルで見ることを可能にするまでになった．このような，電子顕微鏡法の持つ高分解能により，生体高分子，ウイルス，細胞の微細構造などを解析することがさらに進むと思われる．なかでも凍結試料を液体ヘリウム温度で観察する極低温電子顕微鏡法は，X線結晶構造解析などとも併用されながら生体高分子の構造解析における強力なツールとなっている．さらにトモグラフィーを用いることで生体構造の解明が進むであろう．凍結試料の電子顕微鏡観察は，動きを直接観察するわけにはいかないが，急速凍結法と組み合わせることで時間軸にそった解析も可能で，分子やその集まりである生体内のさまざまな構造体のダイナミズムを可視化し，生命現象の分子メカニズムに迫ることであろう．

原子間力顕微鏡（AFM）のような全く異なる原理により像を形成する顕微鏡法も，高解像度が得られる方法である．電子顕微鏡法と相補いながら生体高分子やその集合体の解析に大きな成果を上げている．AFMは電子顕微鏡のように真空にする必要がないので，高速AFMにより生体内に近い状態での高分子の動態をじかに可視化することもでき，今後の応用と発展が期待される．

2 光学顕微鏡法の限界を超える——超解像顕微鏡法の開発

光は電磁波の一種であるために，光学顕微鏡の分解能は光の波長の半分程度が限界だとされてきた．光を用いながらもこの限界をさまざまな工夫により乗り越える超解像顕微鏡法が近年開発された．古典的な光学顕微鏡と電子顕微鏡との間にあった分解能の溝を埋める画期的な方法といえる．超解像顕微鏡法には，STED, PALM, STORM, SIM（II. 9 参照）など原理も異なり，またXY平面やZ軸でさまざまな分解能が得られる方法が開発されている．これらの方法は蛍光物質の性質をうまく使い，レーザー顕微鏡を基にしたものが多いが，照明法を工夫したものもある．

不可能と考えられていた光学顕微鏡の分解能の限界を打ち破った点で超解像顕微鏡法は画期的である．現在その応用法を含めて開発が進んでいて，光学顕微鏡法の最もホットな領域といえる．生命現象の本質はそのダイナミズムにある．光を使う超解像顕微鏡法は，生きている細胞における微細な構造の動態を観察することが可能であり，生命科学の新しい時代を拓くことが期待される．

3 光学顕微鏡と電子顕微鏡以外の顕微鏡法の発展

顕微鏡法としては何と言っても伝統ある光学顕微鏡と電子顕微鏡が主流であり，光学系や画像処理でさまざまな新しい方法が導入され続けている．また免疫組織化学や in situ hybridization 法などの有力な試料作製法の開発と相まって広く活用されてきた．この二つの顕微鏡法は今後もさまざまな改良や発展を遂げながら顕微鏡法の中心であり続けると思われる．一方で，これ以外の顕微鏡法が次々と開発され，その活用によるバイオイメージングの世界の広がりへの夢がふくらんでいる．

走査型プローブ顕微鏡は，AFMを中心としてさまざまな領域で発展していくことが期待されている．X線顕微鏡，光音響顕微鏡も今後の展開が楽しみである．さらに質量顕微鏡も今後の大きな発展が期待されるイメージング手法である．質量分析の手法を応用し，膨大なデータを取得・解析するこの方法は，いわばミクロレベルでのオミックス解析を行っているようなものである．さまざまな細胞，組織，病態などに応じたデータベースの構築とその参照のためのアルゴリズムの開発など，今後のコンピュータパワーの増大により大きな発展が期待される．

4 時間軸を持つ顕微鏡法の発展——生命のダイナミズムの観察と解析

生命現象は時間軸を持つ現象であり，その本質を解明するには固定して時間を止めた標本だけではなく，生きている標本を経時的に顕微鏡観察することも必要である．生きている細胞の無固定無染色での観察は，位相差顕微鏡，微分干渉顕微鏡，偏光顕微鏡などにより古くから行われてきた．これらの古典的な方法も，ビデオ顕微鏡法，デジタル画像のコンピュータ処理などで，極めて明瞭な像を得ることができるようになり，今後とも生きている細胞の基本的な情報を得る手段として汎用されると思われる．

細胞機能に関する動態観察では，細胞のカルシウムイメージングから個体レベルでのさまざまな観察まで多様な手法が開発されている．緑色蛍光タンパク質（GFP）などの蛍光タンパクを発現させた細胞は，特定の分子の動態を生きた細胞で見るのに最適な手法といえる．また FRAP, FRET（II. 10 参照）などの手法では，生体分子の動態や相互作用を直接解析できる．検出器の高性能化により，単分子イメージングも可能となった．ケイジド化合物や改変した蛍光タンパク質をはじめとして，光感受性を持ち光で操作できるさまざまな蛍光プローブも続々と開発されている．蛍光標識法は超解像顕微鏡での観察にも適していて，極めて高い分解能の形態学的な解析が可能である．細胞の機能動態の精緻な解析が進むことが期待される．

蛍光顕微鏡をベースにしたシステム以外にも，生命のダイナミズムの観察のさまざまな試みが行われている．真空中で観察するのが原則の電子顕微鏡法においても，低真空や，特殊な処理を施すことで，ウエットで生きている試料の観察が可能である．AFMでも高速走査を行うことにより生体高分子動態のイメージングにより分子の動態が動画としてとらえられている．

生きている標本の観察は培養細胞を用いたものが大部分だが，究極の目的は生きている個体における細胞や分子の動態の解明にある．個体レベルで適用できる顕微鏡法も，2光子顕微鏡法をはじめとして実用の域に達してきた．近年開発が進むマイクロエ

ンドスコピー法などもあり，個体レベルでの顕微鏡法の今後の展開が注目される．

顕微鏡観察に時間軸を持たせることは，生物を観察するための顕微鏡法としては非常に大切な点であり，さまざまな顕微鏡法が何らかの形で今後ともチャレンジしていくことになるであろう．

5　非破壊で生体を観察する方法の発展

初期の顕微鏡観察は，生きている微生物などをそのまま観察していたが，その後の光学顕微鏡法発展の歴史は，標本作製発展の歴史でもある．組織を固定，包埋，薄切，染色することで，極めて明瞭な光学顕微鏡像を得ることが可能となった．一方でこのような前処置を行わないで生きている細胞をそのまま見る方法も，位相差顕微鏡，微分干渉顕微鏡，偏光顕微鏡など試料の光学特性をうまく使うことで発展してきた．

このように細胞や細胞を構成する分子の特性をうまく生かして非破壊で観察する方法は，ラマン分光顕微鏡などのさまざまな新しい光学顕微鏡法や，AFM などに広がり続けている．共焦点顕微鏡は，光学的なスライス像を得ることで，物理的な薄切を行うことなく高解像の断層像を我々に示してくれる．電子顕微鏡で近年盛んに用いられるトモグラフィー法もこのようなアプローチの一つといえる．コンピュータパワーの画期的な向上と相まって，生命体の非破壊観察法は大きく発展していく領域である．

6　さまざまな顕微鏡法の統合

これらのさまざまな顕微鏡法は，それぞれ独自の発展を遂げてきたが，一方で同じ標本を異なった顕微鏡法で観察することにより，より多くの情報を得ようとの試みもなされてきた．例えば，GFP などの蛍光で標識し，共焦点レーザー顕微鏡や蛍光顕微鏡で観察すると，真っ暗な背景のなかに，GFP を発現した構造がそこだけ光って見える．そうすると，この GFP を発現した細胞，あるいは発現しない細胞がどんな細胞なのか，あるいは GFP は細胞のどの部分に局在しているのかなどの情報が欲しくなる．微分干渉像などの明視野像との対比は，この要求にある程度応えてきた．

光学顕微鏡と電子顕微鏡による同一細胞の観察は，光・電子相関顕微鏡法（correlative microscopy）とも呼ばれ，いろいろと工夫が重ねられている．これからは，光学顕微鏡と電子顕微鏡とに限らず，大きく広がっていく多様な顕微鏡法による観察を統合することで画像の情報量を飛躍的に増大させ，新しい知見が得られることが期待される．

7　顕微鏡以外の画像との統合と画像データベース化

ヒトの体は医学的な重要性からさまざまな方法で調べられてきた．例えば解剖学では，肉眼による人体解剖で体内のさまざまな臓器をはじめとする構造とその配置を観察する．臓器内の詳細な構造については，切片標本を用いた光学顕微鏡観察を主とする組織学による．この肉眼によるマクロレベルと顕微鏡を用いたミクロレベルという二つの方法は，ヒトの体の構造を理解するための異なるアプローチであると認識されることも多いようだ．一方，臨床においてはさまざまな画像診断が次々と取り入れられ，この境界は曖昧になろうとしている．特に，CT，MRI，PET などを使うことで，体の内部構造や機能がスライス像の積み重ねとして容易に得られるようになり，その解像度も急速に向上してきた．

このようなヒトの体のマクロレベルでの断層像から始まったイメージングは，検出法やコンピュータによる画像処理の発展により今後とも発展していくと思われる．すでにマイクロ CT では低倍の光学顕微鏡や走査電子顕微鏡による観察レベルと同じ領域に入っている．さらに，眼科では，赤外光を使った光干渉断層法（optical coherence tomography：OCT）により，網膜の断層像を，侵襲なしに低倍の組織切片像に迫る明瞭さで得ることができるようになっている．このような発展が進むと，従来のミクロレベルとマクロレベルの境界がなくなり，一続きのイメージの世界となる可能性がある．

Google マップのデータベースでは地球全体を一つのものとしてとらえるイメージから，個々の家が判別できるレベルまで連続してイメージを得ることができる．このデータベースには上空から見た写真の他に，地図もオーバーレイされている．同じものについて異なる見方をしたデータが重ねてあるわけである．さらにストリートビューを使うと，町を歩いているのと同じ視点で周囲を見ることも可能である．

ヒトをはじめとする生物の体もこのような顕微鏡

を使ったミクロレベルからマクロレベルまでのデータベースの構築まであと一歩のところまで来ていると思われる（バーチャルスライドでは，このなかのごく一部が実現できているといえる）．分子生物学や構造生物学の成果を取り込むことで，個々の分子から個体レベルまで連続したイメージのデータベースの構築も夢ではないであろう．

8 将来展望

　小さなものを拡大して可視化する顕微鏡法は，光学顕微鏡と電子顕微鏡による単純な形態観察がほとんどすべてだった時代から大きく変わった．生命現象の探究が生化学的なアプローチに代表される平均化したものから，個々の個体，個々の細胞，個々の分子における解明に移っていくとき，形態学的なアプローチにおけるチャンピオンである顕微鏡法は大きな威力を発揮する．

　形態学とは，3次元空間における生体の座標を明らかにすることとも言い換えることができる．今後は，この座標における形や分子などのさまざまな情報が蓄積されてくると思う．さらに時間軸を持った4次元の情報も得られるようになってきている．次の世代ではコンピュータパワーを最大限活用して顕微鏡法が劇的に変化するかもしれない．生命現象は生物という形の上で起こるので，それを可視化する顕微鏡法の重要度はさらに大きくなっていくことであろう．　　　　　　　　　　　　［高田邦昭］

索 引

和文索引

■あ
アガロース･･････････････････････････115
アーク･･････････････････････････････15
アクアポリン･･････････････････････224
アクチン線維･･････････32, 179, 225, 246
アクチン膜骨格フェンス････････････127
アクロマートレンズ･･････････････････3
アーケオロドプシン････････････････139
アゴニスト････････････････････107, 110
アザン染色････････････････････････････88
アセチルコリン受容体････････････････31
アゾ色素法････････････････････････････92
アッベの公式･･････････････････････112
アデノ随伴ウイルス････････････････140
アナグリフ････････････････････209, 302
アハラノフ–ボーム効果････････････175
アポクロマート････････････････････19
アポダイゼーション･･････････････････31
アミチ（Amici）レンズ･･･････････････12
アラインメント････････････････････288
アルカリホスファターゼ･･････････92, 97
アルコール脱水素酵素････････････････94
アルデヒド系化合物･･････････････････81
アルブミン････････････････････････110
アンケイジング･･･････････････････131
アンシャープ・マスク･････････････272
アンチストークス散乱････････････････47
アンルーフィング法････････････････210

イオン移動度計････････････････････261
イオン化･･･････････････････････････152
イオンコンダクタンス顕微鏡･･････248
イオン電流････････････････････････248
異常光線･･･････････････････････････21
異染性････････････････････････････44, 88
位相････････････････････････150, 173
位相差････････････････････････20, 173
位相差顕微鏡法････････････････････4, 27
位相差コントラスト･･････････････149, 228
位相差成分････････････････････････30
位相差電子顕微鏡･･････････････29, 172
位相差法･･･････････････････20, 27, 172
位相同期ループ回路････････････････240
位相板････････････････････27, 29, 174
位相板グリッド････････････････････176
位相板帯電問題････････････････････172
位相物体･･･････････････････････30, 172
位相問題･･･････････････････････････173
位相リング････････････････････････28
一軸傾斜トモグラフィー････････････297
イテレーション法････････････････275
遺伝子ターゲティング････････････128
色消しレンズ････････････････････････19
色コード････････････････････････････12
色収差･･････････････････12, 19, 148, 151
色収差補正････････････････････････149

インキュベータ････････････････････107
陰極蛍光････････････････････････････155
インコラム型分光器････････････････166
インスリンの開口放出････････････････26
陰性対照実験････････････････････････106
インターライン CCD････････････････265
インパクトイオナイゼーション････････267

ウイルス････････････････････････････176
ウイルスベクター････････････････140
ウラニウム塩････････････････････230
ウルトラミクロトーム････････186, 217
運動視差････････････････････････････301

エアリー環･･････････････････････････16
エアリーの円板･･････････････････････16
エオジン････････････････････････････88
液化ヘリウム････････････････････208
液晶型空間光変調器････････････････35
液性イソペンタン・プロパン混合寒剤
　････････････････････････････206
エクセスノイズ････････････････････267
エスケープピーク････････････････164
エッジ効果････････････････････････155
エッチング････････････････････････190
エネルギー損失スペクトラム･･････153
エネルギーフィルター
　･･････････････････153, 166, 225
エネルギー分解能････････････････167
エネルギー分散型 X 線分光法･････168
エネルギー分散型検出器･･･････････163
エバネッセント光････････････31, 33, 34
エポキシ系樹脂･････････････････････185
エラスチカ–ワン・ギーソン染色････90
エレクトロポレーション法････････140
遠隔病理診断････････････････････281
塩酸処理･･････････････････････････104
エンドスコープ････････････････････120
円偏光････････････････････････21, 23

オイラー角････････････････････････228
凹面鏡･････････････････････････････11
オージェ過程････････････････････163
オージェ電子････････････････････166
オプトカレントクランプ法･････････140
オプトジェネティクス･･35, 111, 136, 138
重みつき逆投影法････････････････153
オンチップマイクロレンズ････265, 268

■か
加圧凍結法････････････････････････204
開口数･･････13, 16, 19, 26, 33, 146
開口放出･････････････････････････26
回折････････････････････････30, 173
回折角･････････････････････････････16
回折限界･･･････････････････････15, 26
回折光･････････････････････････16, 27
回折効果････････････････････････25

回折光学素子････････････････････253
回折格子････････････････････････16
回折収差･･･････････････････････151
回折パターン････････････････････17
界面活性剤････････････････････200
解離定数････････････････････････231
科学計測用 SCMOS･････････265, 267
化学結合状態････････････････････164
化学固定････81, 176, 183, 195, 203, 213
核孔複合体･･････････････････････181
過剰雑音係数････････････････････267
加水分解系の酵素････････････････92
画像処理システム････････････････106
画像の復元････････････････････274
画素サイズ････････････････････159
カソードルミネッセンス･････････155
画素の光強度分布････････････････279
画素のビニング････････････････275
活性酸素種････････････････････19
加熱型位相板ホルダー････････････176
加熱法････････････････････････176
カーボワックス･･････････････････85
カーボンサンドイッチ法････････224
過マンガン酸カリ････････････････81
過ヨウ素酸–シッフ反応････････････90
硝子化････････････････････････230
ガラスピペット電極････････････110
ガラスベースディッシュ････････214
硝子様凍結････････････････････203
カルノア（Carnoy）固定液･･･････81
カロリメータ検出器･････････････164
環境制御型 SEM････････････････157
還元型チトクローム c････････52
干渉････････････････････････13, 27
緩衝液････････････････････････184
環状照明････････････････････････28
環状スリット･･････････････････27, 28
干渉フィルター････････････････28, 39
間接標識法････････････････････200
間接法････････････････････････96
カンチレバー････125, 236, 239, 244
灌流固定･･････････････････83, 184, 195

希ガス･･･････････････････････15
キセノンランプ･･････････････････38
輝度･････････････････････････14
輝度差･･････････････････････269
キネシン･････････････････････26
機能的形態像････････････････206
逆投影法････････････････････296
キャプシドタンパク質････････225
キャリアー･･･････････････････218
吸収端近傍微細構造･･･････････167
急速凍結硝子化･･･････････････227
急速凍結法･･････････････････84, 206
球面収差････････････18, 148, 151, 174
球面収差係数････････････････151
球面収差補正････････････････149

索引

球面波⋯⋯⋯⋯⋯⋯⋯⋯⋯⋯⋯⋯⋯11, 12, 13
共焦点顕微鏡⋯⋯⋯⋯⋯⋯⋯40, 65, 113
共焦点効果⋯⋯⋯⋯⋯⋯⋯⋯⋯⋯⋯⋯41
共焦点レーザー走査顕微鏡⋯⋯⋯8, 40
共通線探索⋯⋯⋯⋯⋯⋯⋯⋯⋯⋯⋯225
強度（吸収）コントラスト⋯⋯⋯⋯149
共鳴ラマン散乱⋯⋯⋯⋯⋯⋯⋯⋯⋯51
局在化顕微鏡⋯⋯⋯⋯⋯⋯⋯⋯⋯⋯66
極所分光測定⋯⋯⋯⋯⋯⋯⋯⋯⋯⋯239
曲率可変ミラー⋯⋯⋯⋯⋯⋯⋯⋯⋯119
鋸歯状波⋯⋯⋯⋯⋯⋯⋯⋯⋯⋯⋯⋯35
金コロイド⋯⋯⋯⋯⋯⋯⋯⋯⋯⋯⋯202
近赤外光⋯⋯⋯⋯⋯⋯⋯⋯⋯⋯⋯⋯56
金属圧着法⋯⋯⋯⋯⋯⋯⋯⋯⋯⋯⋯203
金属塩法⋯⋯⋯⋯⋯⋯⋯⋯⋯⋯⋯⋯92
金属コーティング⋯⋯⋯⋯⋯⋯⋯⋯196

空間光位相変調器⋯⋯⋯⋯19, 114, 119
空間光変調器⋯⋯⋯⋯⋯⋯⋯⋯⋯⋯19
空間的平均化⋯⋯⋯⋯⋯⋯⋯⋯⋯⋯272
空間分解能⋯⋯⋯⋯⋯⋯⋯⋯⋯⋯⋯64
屈折率⋯⋯⋯⋯⋯⋯⋯⋯⋯⋯22, 27, 173
屈折率変化⋯⋯⋯⋯⋯⋯⋯⋯⋯⋯⋯173
クライオグルー⋯⋯⋯⋯⋯⋯⋯⋯⋯218
クライオスタット⋯⋯⋯⋯⋯⋯⋯⋯86
クライオ切削システム⋯⋯⋯⋯⋯⋯217
クライオ電顕法⋯⋯⋯⋯⋯⋯⋯⋯⋯227
クライオトモグラフィー⋯⋯⋯⋯⋯298
クライオ法⋯⋯⋯⋯⋯⋯⋯⋯⋯⋯⋯192
クライオミクロトーム⋯⋯⋯⋯⋯⋯217
クラミドモナス⋯⋯⋯⋯⋯⋯⋯⋯⋯138
繰り返し周波数⋯⋯⋯⋯⋯⋯⋯⋯⋯57
グリセリン法⋯⋯⋯⋯⋯⋯⋯⋯⋯⋯188
グリッド（メッシュ）⋯⋯⋯⋯⋯⋯187
クリティカル照明⋯⋯⋯⋯⋯⋯⋯⋯14
グルコース-6-ホスファターゼ⋯⋯198
グルタルアルデヒド⋯⋯⋯6, 199, 213
クロス・ニコル⋯⋯⋯⋯⋯⋯⋯⋯⋯20
クロスビーム型電子顕微鏡⋯⋯⋯⋯288
グロー放電⋯⋯⋯⋯⋯⋯⋯⋯⋯⋯⋯192
クロマフィン細胞⋯⋯⋯⋯⋯⋯⋯⋯109
群速度分散⋯⋯⋯⋯⋯⋯⋯⋯⋯⋯⋯58

蛍光異方性⋯⋯⋯⋯⋯⋯⋯⋯⋯⋯⋯78
蛍光回復曲線⋯⋯⋯⋯⋯⋯⋯⋯⋯⋯72
蛍光キューブ⋯⋯⋯⋯⋯⋯⋯⋯⋯⋯38
蛍光共鳴エネルギー移動⋯⋯⋯⋯⋯45
蛍光顕微鏡⋯⋯⋯⋯⋯⋯⋯⋯4, 36, 64
蛍光抗体法⋯⋯⋯⋯⋯⋯⋯⋯⋯⋯4, 97
蛍光色素⋯⋯⋯⋯⋯⋯⋯⋯⋯⋯44, 97
蛍光寿命⋯⋯⋯⋯⋯⋯⋯⋯⋯⋯⋯⋯74
蛍光寿命顕微鏡法⋯⋯⋯⋯⋯⋯⋯⋯74
蛍光スペクトル⋯⋯⋯⋯⋯⋯⋯⋯⋯37
蛍光相関分光法⋯⋯⋯⋯⋯⋯⋯⋯⋯73
蛍光フィルター⋯⋯⋯⋯⋯⋯⋯⋯⋯38
蛍光プローブ⋯⋯⋯⋯⋯⋯⋯⋯⋯⋯44
ケイジド⋯⋯⋯⋯⋯⋯⋯⋯⋯⋯⋯⋯111
ケイジド化合物⋯⋯⋯⋯⋯⋯⋯⋯⋯131
傾斜角効果⋯⋯⋯⋯⋯⋯⋯⋯⋯⋯⋯155
傾斜角制御コイル⋯⋯⋯⋯⋯⋯160, 161
結合組織観察法⋯⋯⋯⋯⋯⋯⋯⋯⋯197
結像⋯⋯⋯⋯⋯⋯⋯⋯⋯⋯⋯⋯⋯⋯145
結像原理⋯⋯⋯⋯⋯⋯⋯⋯⋯⋯145, 173

ケーラー照明⋯⋯⋯⋯⋯⋯⋯⋯⋯3, 13
ゲル包埋法⋯⋯⋯⋯⋯⋯⋯⋯⋯⋯⋯115
限外顕微鏡法⋯⋯⋯⋯⋯⋯⋯⋯⋯⋯4
検光子⋯⋯⋯⋯⋯⋯⋯⋯⋯⋯⋯⋯⋯24
原子間力顕微鏡⋯⋯⋯⋯⋯⋯⋯8, 239
原子ポテンシャル⋯⋯⋯⋯⋯⋯⋯⋯175
元素マッピング⋯⋯⋯⋯⋯⋯⋯⋯⋯165
顕微鏡画像⋯⋯⋯⋯⋯⋯⋯⋯⋯⋯⋯270

コアロス⋯⋯⋯⋯⋯⋯⋯⋯⋯⋯⋯⋯153
硬 X 線顕微鏡⋯⋯⋯⋯⋯⋯⋯⋯⋯⋯255
高エネルギー分解能 X 線検出器⋯⋯170
高解像度カメラ⋯⋯⋯⋯⋯⋯⋯⋯⋯277
光学顕微鏡⋯⋯⋯⋯⋯⋯⋯⋯⋯⋯⋯212
光学切断能⋯⋯⋯⋯⋯⋯⋯⋯20, 22, 23, 28
光学的切片像⋯⋯⋯⋯⋯⋯⋯⋯⋯⋯42
光学的なナイフ⋯⋯⋯⋯⋯⋯⋯⋯⋯23
『光学の書』⋯⋯⋯⋯⋯⋯⋯⋯⋯⋯1
光強度プロファイル⋯⋯⋯⋯⋯⋯⋯273
光顕-電顕相関観察⋯⋯⋯⋯⋯⋯⋯290
交差反応⋯⋯⋯⋯⋯⋯⋯⋯⋯⋯⋯⋯96
交差法⋯⋯⋯⋯⋯⋯⋯⋯⋯⋯⋯⋯⋯302
光子⋯⋯⋯⋯⋯⋯⋯⋯⋯⋯⋯⋯55, 277
格子光シート顕微鏡⋯⋯⋯⋯⋯⋯⋯114
広視野蛍光顕微鏡⋯⋯⋯⋯⋯⋯⋯⋯64
高周波数成分⋯⋯⋯⋯⋯⋯⋯⋯⋯⋯175
合成オリゴ DNA⋯⋯⋯⋯⋯⋯⋯⋯102
光線力学的な反応⋯⋯⋯⋯⋯⋯⋯⋯19
構造化照明⋯⋯⋯⋯⋯⋯⋯⋯⋯⋯⋯34
構造化照明顕微鏡⋯⋯⋯⋯⋯⋯⋯⋯67
酵素活性⋯⋯⋯⋯⋯⋯⋯⋯⋯⋯⋯⋯92
高速スキャン⋯⋯⋯⋯⋯⋯⋯⋯⋯⋯160
酵素抗体法⋯⋯⋯⋯⋯⋯⋯⋯⋯94, 97
酵素組織化学⋯⋯⋯⋯⋯⋯⋯91, 184, 198
抗体⋯⋯⋯⋯⋯⋯⋯⋯⋯⋯⋯⋯⋯⋯19
光電子増倍管⋯⋯⋯⋯⋯⋯⋯39, 58, 117
鉱物顕微鏡⋯⋯⋯⋯⋯⋯⋯⋯⋯⋯⋯21
高分解能 SEM⋯⋯⋯⋯⋯⋯⋯⋯⋯⋯157
後方散乱電子⋯⋯⋯⋯⋯⋯⋯⋯⋯⋯156
『紅毛雑話』⋯⋯⋯⋯⋯⋯⋯⋯⋯⋯5
交流モード⋯⋯⋯⋯⋯⋯⋯⋯⋯⋯⋯249
固定⋯⋯⋯⋯⋯⋯⋯⋯⋯⋯81, 103, 194
固定液補助剤⋯⋯⋯⋯⋯⋯⋯⋯⋯⋯184
固定ノイズ⋯⋯⋯⋯⋯⋯⋯⋯⋯⋯⋯278
コヒーレンス性⋯⋯⋯⋯⋯⋯⋯⋯⋯147
コヒーレント制動放射ピーク⋯⋯⋯164
コヒーレント反ストークスラマン散乱
⋯⋯⋯⋯⋯⋯⋯⋯⋯⋯⋯⋯⋯⋯⋯61
コマ収差⋯⋯⋯⋯⋯⋯⋯⋯⋯⋯18, 161
コラーゲン細線維⋯⋯⋯⋯⋯⋯⋯⋯250
コンゴーレッド⋯⋯⋯⋯⋯⋯⋯⋯⋯88
コンデンサーレンズ⋯⋯⋯⋯13, 14, 156
コントラスト⋯⋯⋯⋯⋯⋯22, 26, 149, 269
　　――の強調⋯⋯⋯⋯⋯⋯⋯⋯⋯271
　　――の適正化⋯⋯⋯⋯⋯⋯⋯⋯271
コントラスト伝達関数⋯⋯⋯⋯⋯⋯174
コンボリューション⋯⋯⋯174, 228, 274

■さ
再構成⋯⋯⋯⋯⋯⋯⋯⋯⋯⋯⋯⋯⋯294
再生増幅器⋯⋯⋯⋯⋯⋯⋯⋯⋯⋯⋯119
最大イメージング速度⋯⋯⋯⋯⋯⋯244
最大露光許容量⋯⋯⋯⋯⋯⋯⋯107, 258

細胞成分観察法（結合組織消化法）⋯197
細胞内 Ca^{2+} イオン濃度⋯⋯⋯⋯⋯110
細胞内構造観察法⋯⋯⋯⋯⋯⋯⋯⋯197
サウスウェスタン組織化学⋯⋯⋯⋯106
酢酸ウラン⋯⋯⋯⋯⋯⋯⋯⋯⋯⋯⋯192
撮影枚数⋯⋯⋯⋯⋯⋯⋯⋯⋯⋯⋯⋯152
雑種形成⋯⋯⋯⋯⋯⋯⋯⋯⋯⋯⋯⋯101
作動距離⋯⋯⋯⋯⋯⋯⋯⋯⋯⋯⋯⋯12
座標反転⋯⋯⋯⋯⋯⋯⋯⋯⋯⋯⋯⋯174
サーミスタ⋯⋯⋯⋯⋯⋯⋯⋯⋯⋯⋯108
サーモパイル⋯⋯⋯⋯⋯⋯⋯⋯⋯⋯141
参照光⋯⋯⋯⋯⋯⋯⋯⋯⋯⋯⋯⋯27, 29
酸性フクシン⋯⋯⋯⋯⋯⋯⋯⋯⋯⋯88
酸素ガス⋯⋯⋯⋯⋯⋯⋯⋯⋯⋯⋯⋯109
サンドイッチ法⋯⋯⋯⋯⋯⋯⋯⋯⋯213
散乱⋯⋯⋯⋯⋯⋯⋯⋯⋯⋯⋯⋯⋯⋯15
散乱コントラスト⋯⋯⋯⋯⋯⋯⋯⋯149

シアー⋯⋯⋯⋯⋯⋯⋯⋯⋯⋯⋯⋯⋯23
ジアミノベンチジン⋯⋯⋯97, 199, 201
磁界型電子レンズ⋯⋯⋯⋯⋯⋯⋯⋯7
紫外線⋯⋯⋯⋯⋯⋯⋯⋯⋯⋯⋯⋯⋯15
時間領域測定法⋯⋯⋯⋯⋯⋯⋯⋯⋯75
色素形成法⋯⋯⋯⋯⋯⋯⋯⋯⋯⋯⋯92
死腔⋯⋯⋯⋯⋯⋯⋯⋯⋯⋯⋯⋯⋯⋯111
軸外色収差⋯⋯⋯⋯⋯⋯⋯⋯⋯⋯⋯161
指向性光源⋯⋯⋯⋯⋯⋯⋯⋯⋯⋯⋯305
視差角⋯⋯⋯⋯⋯⋯⋯⋯⋯⋯⋯⋯⋯160
視差画像⋯⋯⋯⋯⋯⋯⋯⋯⋯⋯159, 302
視差バリア式⋯⋯⋯⋯⋯⋯⋯⋯⋯⋯304
脂質二重層⋯⋯⋯⋯⋯⋯⋯⋯⋯⋯⋯222
システムピーク⋯⋯⋯⋯⋯⋯⋯⋯⋯164
自然放出⋯⋯⋯⋯⋯⋯⋯⋯⋯⋯⋯37, 69
実体顕微鏡⋯⋯⋯⋯⋯⋯⋯⋯⋯⋯⋯21
シッフ⋯⋯⋯⋯⋯⋯⋯⋯⋯⋯⋯⋯⋯90
質量顕微鏡法⋯⋯⋯⋯⋯⋯⋯⋯⋯⋯259
質量分析⋯⋯⋯⋯⋯⋯⋯⋯⋯⋯⋯⋯259
自動開閉弁付生体内凍結装置⋯⋯⋯206
自動測長⋯⋯⋯⋯⋯⋯⋯⋯⋯⋯⋯⋯159
自動的粒子同定⋯⋯⋯⋯⋯⋯⋯⋯⋯228
シナプス可塑性⋯⋯⋯⋯⋯⋯⋯⋯⋯208
シナプス顆粒⋯⋯⋯⋯⋯⋯⋯⋯⋯⋯15
磁場のヒステリシス⋯⋯⋯⋯⋯⋯⋯148
指紋法⋯⋯⋯⋯⋯⋯⋯⋯⋯⋯⋯⋯⋯167
弱位相物体⋯⋯⋯⋯⋯⋯⋯⋯⋯⋯⋯174
遮光板⋯⋯⋯⋯⋯⋯⋯⋯⋯⋯⋯⋯⋯15
写真倍率⋯⋯⋯⋯⋯⋯⋯⋯⋯⋯⋯⋯158
重金属染色⋯⋯⋯⋯⋯⋯⋯⋯⋯172, 176
重クロム酸⋯⋯⋯⋯⋯⋯⋯⋯⋯⋯⋯81
収差⋯⋯⋯⋯⋯⋯⋯⋯⋯11, 18, 148, 174
収差低減レンズ⋯⋯⋯⋯⋯⋯⋯⋯⋯161
収差補正⋯⋯⋯⋯⋯⋯⋯⋯⋯⋯⋯7, 149
収束作用⋯⋯⋯⋯⋯⋯⋯⋯⋯⋯⋯⋯160
自由電子レーザー⋯⋯⋯⋯⋯⋯⋯⋯150
周波数解析⋯⋯⋯⋯⋯⋯⋯⋯⋯⋯⋯17
周波数座標⋯⋯⋯⋯⋯⋯⋯⋯⋯⋯⋯174
周波数成分⋯⋯⋯⋯⋯⋯⋯⋯⋯⋯⋯17
周波数変調 AFM⋯⋯⋯⋯⋯⋯⋯⋯⋯239
周波数領域測定法⋯⋯⋯⋯⋯⋯⋯⋯75
樹脂包埋⋯⋯⋯⋯⋯⋯⋯⋯⋯85, 176, 185
樹脂包埋切片⋯⋯⋯⋯⋯⋯⋯⋯⋯⋯103
術中迅速診断⋯⋯⋯⋯⋯⋯⋯⋯⋯⋯281
手動活栓⋯⋯⋯⋯⋯⋯⋯⋯⋯⋯⋯⋯111

索　引

手動測長	159
シュリーレン法	175
ジョイントデコンボリューション	115
昇汞	81
常光線	21
消光比	20
硝酸銀	81
照射角	147
照射絞り	147
照射ダメージ	152
照射レンズ	146
焦点距離	145
焦点調節機構	12, 22
焦点外し	174
焦点面	34, 145
照明むら	13, 14
『植学啓原』	5
初代培養細胞	109
除タンパク操作	105
ショットキー型電子銃	147
ショットノイズ	15
シラン処理ガラス	104
シリコンドリフト型検出器	163, 169
試料傾斜法	160
試料ステージ	245
試料透過能	150
試料の汚染	152
白黒反転コントラスト	177
真空	146
シングルモード光ファイバー	120
神経終末	109
人工脂質膜	223
信号対雑音比	267
浸漬固定	185, 195
芯出し操作	28
芯出し望遠鏡	28
浸透圧調節剤	184
振幅の空間分布	13
振幅変調 AFM	239
親和性	96
垂直転送路	265
水平電荷転送部	265
ステップ機能型ロドプシン	140
ストークス散乱	47
ストークスシフト	37
ストレプトアビジン	245
スネルの法則	33
スノーノイズ除去	272
スパローの分解能限界	17
スペクトラムイメージ	168
スペックル	14
寸法測長	158
静止成分抽出	272
静磁場	145
静水圧	110
正染性	88
生体維持法	107
生体臓器の観察	36
生体内凍結技法	206
正二十面体対称性	225
生物顕微鏡用レーザー	42

西洋ワサビペルオキシダーゼ	94, 97, 199, 201
絶縁酸化物	176
ゼラチン	85
ゼルニケ法	175
セロイジン包埋	85
ゼロロス	153
線維タンパク質	222
鮮鋭化フィルター	272
線形光学現象	55
旋光性	20
旋光度	20
染色	19, 87
全反射	31
全反射顕微鏡	33
線毛細胞	251
像関数	174
相互作用力の探針−試料間距離依存性	242
走査型 X 線顕微鏡	254
走査型イオン伝導顕微鏡	248
走査型電子顕微鏡	7, 155
走査型透過電子顕微鏡	147, 165
走査型トンネル顕微鏡	8
走査型プローブ顕微鏡	8, 235
層線	225
像の回転	148
像面湾曲収差	18
測長の不確かさ	159
側道	111
ソフトマテリアル	168
ソーベル・フィルター	272
ゾーンプレート	253

■た

第一原理電子状態計算	167
大気圧 SEM	158
ダイクロイックミラー	36
タイコグラフィー	255
ダイサー	178
対照実験	92
退色	39, 97
代数的な反復再構成法	296
帯電問題	179
タイトジャンクション	45
対比観察	213
対物絞り	148
対物レンズ	12, 42, 108, 146, 156, 173
ダイポール	11, 34
タイムラプス観察	109
ダイヤモンドナイフ	186
ダイヤモンドナイフ切削型走査電子顕微鏡	290
タイラマイド（チラミド）	100
ダイレクト光スキャニング方式	305
楕円偏光	21, 23
多光子顕微鏡	55
多光子励起 CALI 法	129
多光子励起顕微鏡	58
多視差式	302
多重染色	99
畳み込み	228

多段階質量分析	260
脱水	185
脱水・乾燥法	195
脱水素酵素	92
タッピングモード AFM	239
タバコモザイクウイルス	177, 194
多変量解析	166
タングステン熱電子銃	157
探針−試料間相互作用	241
弾性散乱	150, 232
弾性散乱電子	156
弾性散乱ピーク	166
タンパク質分解酵素処理	105
短波長カットフィルター	39
単粒子解析	227
単粒子クライオ電顕	227
チェレンコフ放射	167
遅延細胞死	26
置換	185
チミン二量体法	102, 105
チャネルロドプシン	140
中央断面定理	295
超解像光学顕微鏡	64
超高圧水銀ランプ	38
超高圧電子顕微鏡	150, 168
超高開口数対物レンズ	35
重畳積	174
長焦点対物レンズ	108
超短パルスレーザー	57
超伝導遷移端センサ	170
超伝導トンネル接合素子	170
超伝導量子干渉素子	171
超薄切片	186
長波長カットフィルター	39
直接法	96
直線偏光	22
直流モード	249
ツェンカー液	82
低温電子顕微鏡法	176, 226
低角度回転蒸着法	188
低加速電圧 SEM	157
ディジタルマイクロミラーデバイス	142
低周波成分	175
低真空 SEM	157
定性分析	164
低ノイズカメラ	277
ディープエッチング法	209
定量位相差法	29
定量分析	164
適応光学系	19
滴下	111
デコンボリューション	26, 228, 274
デジタルカメラ	149
デジタル共焦点顕微鏡	274
デジタル処理	25
テトラサイクリン発現誘導システム	140
テトラゾリウム塩法	92
テトラメチルロダミン	34

索引

デフォーカス……174
電位依存性チャネル……110
電界放出型電子銃……157
電荷電圧変換アンプ……265
電気式焦点可変レンズ（ETL）……116
電気刺激……110
電極ポテンシャル……175
電顕酵素組織化学……92, 198
点光源性……147
電子エネルギー損失広域微細構造……167
電子エネルギー損失分光法……166
電子顕微鏡試料調整法……176
電子銃……146, 156
電子線回折法……149
電子線傾斜法……160
電子線結晶学……222
電子線照射量……179
電子染色……187
電子線損傷……179
電子線トモグラフィー……191, 215, 294
電子線マイクロアナライザ……170
電子線誘起帯電……176
電子増倍型CCD……39, 265, 266
電磁波の振幅……13
電磁弁……110, 111
電子レンズ……156
　静電型の——……7
点像強度分布……16, 40
点像分布関数……16, 116, 274
電離衝突効果……267
電歪素子……19

等位相面……12
投影像……294
投影レンズ……148, 173
透過型電子顕微鏡……146, 227, 231
透過吸収成分……30
透過照明……37
動画像の移動平均……272
凍結割断法……201
凍結割断レプリカ……200, 201
凍結乾燥法……196
凍結技術……176
凍結グリッド……223
凍結試料……172
凍結切削……217
凍結切片……103, 177
凍結置換固定後……208
凍結置換法……204
凍結超薄切片……200, 201, 217
導電染色法……195
透明物体……172
特異性……99
特性X線……155, 163
徳安法……217
ドース量……291
凸レンズ……12, 145
ドーナツ型電極……177
ド・ブロイ波……145
トモグラフィー……179
トリミング……186
トレハロース包埋……223

■な

内殻電子励起吸収端……167
ナノゴールド……202
鉛イオン……198
軟X線顕微鏡……254
ニコチン性アセチルコリン受容体……225
二軸傾斜トモグラフィー……298
二重鎖RNA……178
二乗検出……174
二乗平均法……161
ニポウディスク式共焦点顕微鏡……43
入射角……15
ヌクレオチド……247
ネック……245
熱電子型電子銃……147
熱電対……108
熱揺らぎ……125
粘弾性測定……239
ノイズ……271
ノイズ除去回路……268
脳下垂体後葉……109
ノズル……107
ノックオンダメージ……152

■は

配位数……167
背景光……15
ハイブリダイゼーション……105
培養細胞……103, 250
倍率……12, 145, 158
薄切……86
バクテリオファージ……176
バクテリオロドプシン……222
薄膜型位相板……175
バーチャルスライド……280, 284
波長分散型X線検出器……164
発光のスペクトル……15
パッチクランプ法……251
発熱シート……108
波動性……145
バナジウム……254
ハーフミラー式……304
バブリング……109
波面……12
波面補償光学系……119
パラシューティング……244
パラフィン切片……103
パラフィン包埋……84
パラホルムアルデヒド溶液……83
パルス幅……57
ハロ……22, 28
パワーストローク……247
反射電子像……156
搬送波……173
ハンドオーバーハンド……246
光遺伝学的方法……136
光音響顕微鏡……256
光感受性タンパク質……111, 138

光駆動プロトンポンプ……222
光刺激装置……35
光刺激法……138
光シート顕微鏡……112
光照射分子不活性化法……128
光退色後蛍光回復……45, 71
光てこ方式……237
光トラップ……32, 123
光の明るさ……13
光の伝播速度……27
光ピンセット……123
光分解……131
非共鳴ラマン散乱……51
ピクリン酸……81
微細加工……162
非散乱透過光……174
被写界深度……151
微小管……25
非晶質炭素膜……176, 179
微小棒磁石……176
非侵襲的組織診断……60
微生物型ロドプシンファミリータンパク質……138
非線形顕微鏡……55
非線形光学現象……55
非弾性散乱……150, 163
ビデオ画像処理……26
ビデオ画像の時間微分……278
ビデオ顕微鏡……276
ビデオ信号……277
ビデオ増強式微分干渉法……26
非点収差……18, 148, 161
微分干渉顕微鏡……4, 20, 22
微分干渉像……30
微分干渉法……20, 22, 271
非放射性法……102
ピボットスキャン……114
ビームウエスト……112
ビームエキスパンダー……34
氷酢酸……81
標識型ラマン分光顕微鏡……53
標準偏差……265
氷包埋……176
表面活性剤処理……105
表面形状測定顕微鏡……293
表面増強ラマン散乱……52
表面電位測定……239
ヒーラ（HeLa）細胞……181, 250
非ラベル……60
ヒルベルト法……175
ピント合わせ……174
ピンホール……113
ブアン（Bouin）液……81
フィードバック制御……243
フィルター処理……272
フィルター変換逆投影法……296
封入剤……88
フェンス構造……127
フォースカーブ……242
フォトダイオード部……265
フォトニック結晶ファイバー……121
フォトマル……39

索引

フォノン励起 …… 167
不完全全反射 …… 31
複屈折性 …… 20
複式顕微鏡 …… 3
フクシン …… 88
幅輳 …… 301
複素透過率 …… 174
不斉炭素 …… 20
負染色 …… 191, 227
負染色急速凍結硝子化 …… 227
フッ化エチレンプロピレン …… 115
物理固定 …… 83, 183, 203
部分状態密度 …… 167
ブラウン運動 …… 125
フラウンホーファー回折 …… 17
プラズマ …… 15
プラズモンピーク …… 166
プラズモンロスピーク …… 153
フラットニング …… 191
フーリエフィルター …… 229
フーリエ・ベッセル変換 …… 225
フーリエ変換 …… 17, 150, 173, 273
フーリエ変換質量分析計 …… 261
フリーズフラクチャー法 …… 208
フリーズレプリカ法 …… 189, 208
フルオレセインイソチオシアネート …… 4
フレネルの球面波 …… 11, 16
プレハイブリダイゼーション …… 105
フレームトランスファCCD …… 265
プロジェクタ操作式光学系 …… 142
プロテイナーゼK …… 105
プロトンポンプ …… 32
雰囲気電子顕微鏡 …… 146
分解能 …… 13, 16, 146, 161
分子イメージング …… 48, 245
分子軌道法 …… 167
分子の回転 …… 32
分泌活動 …… 109
分泌顆粒 …… 109
分泌反応 …… 110

平均自由行程 …… 119, 151
平均処理 …… 272
平行法 …… 302
平面波 …… 11
ベクトルポテンシャル …… 175
ベッセルビーム …… 114
ヘマトキシリン-エオジン染色 …… 83
ヘリー液 …… 82
ペリスタルティック・ポンプ …… 107
ペルオキシダーゼ …… 94, 102
ベルトランレンズ …… 28
ヘルペスウイルス …… 178
変化分抽出 …… 272
偏光 …… 303
偏光干渉 …… 21, 22
偏光顕微鏡 …… 4, 20
偏光フィルター …… 20, 23
偏光メガネ式 …… 303
偏光ラマン分光顕微鏡 …… 52

方解石 …… 23
放電灯 …… 15

包埋 …… 84, 185
包埋後標識法 …… 200
包埋重合 …… 185
包埋前標識法 …… 200
ポジションマーカー …… 153
ポストコラム型分光器 …… 166
ホスファターゼ …… 92, 198
ホッピングモード …… 249
ホップ拡散 …… 127
ポリクローナル抗体 …… 95
ポリマー法 …… 100
ボルタ位相板 …… 180
ホルマリン固定 …… 83
ホルムアルデヒド …… 199
ホログラフィー …… 305
ホログラフィック顕微鏡 …… 29

■ま
マイカ懸濁液 …… 190
マイカ断片 …… 190
マイカ表面 …… 245
マイカフレークスラリー …… 190
マイカフレーク法 …… 189
マイカ劈開面 …… 188
マイクロウェーブ …… 15
マイクログリッド …… 224
マイクロマニピュレーション …… 239
膜タンパク質 …… 179, 222
マッハ-ツェンダー干渉計 …… 29
マトリクス支援レーザー脱離イオン化 …… 259
マトリゲル …… 115
マニピュレータ …… 107, 162
マラカイトグリーン色素 …… 128
マルチキャピラリX線レンズ …… 164
マルチビュー撮影 …… 114
マルチモード光ファイバー …… 120

ミオシンV …… 245
水の屈折率 …… 27
ミッシングウエッジ …… 153
ミッシングコーン …… 223
ミトコンドリア …… 32
ミノー …… 86
脈管鋳型作製法 …… 198
ミー粒子 …… 123

無染色観察下 …… 172
無氷晶凍結 …… 203

メタクロマジー …… 44
メチオニン …… 88
免疫染色 …… 211
免疫組織化学 …… 95, 105, 183, 184
免疫電子顕微鏡法 …… 184, 200
免疫レプリカ法 …… 211

モータドメイン …… 245
モノ関数 …… 173
モノクローナル抗体 …… 95
モノクロメータ …… 167

■や
ヤブロンスキーダイアグラム …… 36, 71
融解温度（Tm値） …… 101
有効開口数 …… 23
融合タンパク質 …… 140
誘導放出制御顕微鏡 …… 69
誘導ラマン散乱 …… 61
ユンク …… 86

溶液噴射型刺激装置 …… 111
ヨウ化タングステン …… 14
陽性対照実験 …… 105
ヨウ素ガス …… 14
読み出しノイズ …… 265
四酸化オスミウム …… 81, 184

■ら
ライブ・イメージング …… 56
ラウエパターン …… 17
裸眼3D表示 …… 304
落射型蛍光顕微鏡 …… 37
落射照明 …… 107
ラジアル偏光 …… 52
ラスタースキャン …… 126
らせん再構成法 …… 222, 225
らせん対称性 …… 224
ラプラシアン・フィルター …… 272
ラマン散乱 …… 47
ラマンシフト …… 47
ラマンタグ …… 53
ラマンバンド …… 48, 50
ラマン分光顕微鏡 …… 47
ランダムコニカル法 …… 191

リアルタイム …… 160
リターデーション …… 21
立体構造解析 …… 177
リップオフ法 …… 210
リボヌクレアーゼ …… 103
裏面入射型フレームトランスファCCD …… 266
硫化鉛法 …… 92
両眼視 …… 22, 301
量子効率 …… 265
量子収率 …… 37
量子ドット …… 98
緑色蛍光タンパク …… 44
臨界角 …… 31, 33
臨界点乾燥法 …… 7, 196
リン光 …… 71
リン酸 …… 198
輪帯光 …… 35

ルックアップテーブル方式 …… 271

励起光 …… 97
励起フィルター …… 37
冷電界放出型電子銃 …… 147
レイリー散乱 …… 47, 119
レイリーの規範 …… 64
レイリーの分解能限界 …… 16
レイリー粒子 …… 123

316　索　引

レウエンフックの顕微鏡 ……………… 2
レーザー ……………………………… 14
レーザー走査型蛍光顕微鏡 …………… 65
レーザー走査型顕微鏡 ………………… 57
レーザーパワーメーター ……………… 141
レボルバー …………………………… 12
レンズ ……………………………… 11, 13
レンズ鏡筒 …………………………… 12
連続切片トモグラフィー ……………… 298
レンチウイルス ……………………… 140
レンチキュラレンズ式 ………………… 304

露光時間 ……………………………… 153

■わ
歪曲収差 ……………………………… 18

■数字
0次回折光 ………………………… 18, 28
1光子励起 …………………………… 131
1回回折光 …………………………… 18
1フレーム …………………………… 160
1分子蛍光観察 ……………………… 32
1分子像 ……………………………… 32
1ライン ……………………………… 160
2光子アンケイジング ……………… 59, 137
2光子吸収 ………………………… 41, 142, 257
2光子顕微鏡 ……………………… 41, 113, 116
2光子作用断面積 …………………… 133
2光子光シート顕微鏡 ………………… 114
2光子励起 ………………………… 19, 131
2光子励起顕微鏡 ……………………… 58
2次イオン質量分析法 ………………… 261
2次元結晶 ………………………… 150, 222
2視差式 ……………………………… 302
2次電子検出器 ……………………… 156
3D観察 ……………………………… 159
3次元SEM …………………………… 161
3次元再構築法 ……………………… 292

人　名

アシュキン（Arthur Ashkin） ……… 123
アッベ（Ernst Abbe） ………………… 3
アミチ（Giovanni B. Amici） ………… 3
アルハーゼン（Al-hazen） …………… 1
ウィルヒョウ（Rudolf L. K. Virchow）
　……………………………………… 87
宇田川榕庵 …………………………… 5
ウード（C. Wood） …………………… 7
風戸健二 ……………………………… 7
クノール（Max Knoll） ……………… 6
クリシュナン（K. S. Krishnan） ……… 47
クーンズ（Albert H. Coons） ………… 4
ケーラー（August Khler） …………… 3
ザカリエス（Zacharias） ……………… 1
サバチーニ（David D. Sabatini） …… 6
ジグモンディ（Richard Adolf
　Zsigmondy） ………………………… 4
ステルーティ（Francesco Stelluti） … 1
瀬藤象二 ……………………………… 6
ゼルニケ（Frits Zernike） …… 4, 20, 172
ツァイス（Carl Zeiss） ……………… 3
トムソン（Joseph John Thomson） … 6
ハイダー（Maximilian Haider） ……… 7
ハイモア（Nathaniel Highmore） …… 1
ビーニッヒ（Gerd Binnig） ………… 8, 235
フォン・アルデンネ（Manfred von
　Ardenne） …………………………… 7
フォン・ボリエス（Bodo von Borries）
　……………………………………… 6
フック（Robert Hooke） ……………… 1
ブラム（Joseph Blum） ……………… 6
フレミング（Walther Flemming） …… 87
ペンフィールド（Wilder Penfield） … 138
ボイド（A. Boyd） …………………… 7
ポーター（Keith Roberts Porter） …… 6
ボルシュ（Boersch） ……………… 172
マウロリクス（Maurolico＝Francesco
　Maurolico） ………………………… 1
森島中良 ……………………………… 5
ヤンセン（Hans Jansen） …………… 1
ラフト（John H. Luft） ……………… 6
ラマン（C. V. Raman） ……………… 47
リスター（Joseph Jackson Lister） …… 3
ルスカ（Ernst Ruska） ………………… 6
レウエンフック（Antoni van
　Leeuwenhoek） ……………………… 2
ローズ（Harald Rose） ……………… 7
ローラー（Heinrich Rohler） ……… 8, 235

欧文索引

ABC法 ……………………………… 100
AB位相板 …………………………… 175
ADC：analog to digital convertor …… 268
ADH：alcohol dehydrogenase ……… 94
ADコンバータ ……………………… 268
AFM：atomic force microscope
　………………………………… 8, 235, 239
ALCHEMI：atom location by chan-
　neled electron microanalysis …… 166
alcohol dehydrogenase：ADH ……… 94
amorphous freeze …………………… 203
amplitude contrast ………………… 228
analog to digital convertor：ADC …… 268
AQP1 ………………………………… 224
atomic force microscope：AFM
　………………………………… 8, 235, 239
ATUMtome：automated tape-collect-
　ing ultramicrotome ………………… 291
automated particle picking ………… 228
automated tape-collecting ultramicro-
　tome：ATUMtome ………………… 291
avidin-biotinylated peroxidase com-
　plex：ABC ………………………… 100
azan stain …………………………… 88

barrier filter ………………………… 38
BCIP：5-bromo-4-chloro-3-indolyl-
　phosphate ………………………… 97
BSE検出器 ………………………… 290

CALI法 ……………………………… 128
CARS：coherent anti-Stokes Raman
　scattering …………………………… 61
catalyzed signal amplification：CSA
　……………………………………… 100
CCD：charge coupled device …… 39, 265
CCTコンパウンド …………………… 85
CD44 ………………………………… 126
CDS：correlated double sampling …… 268
CEMOVIS …………………………… 217
CGWS：coherence-gated wavefront
　sensing …………………………… 119
charge coupled device：CCD …… 39, 265
chemical fixation ……………… 81, 195
ChR2 ………………………………… 140
ChRGR ……………………………… 140
chromophore-assisted light inactiva-
　tion：CALI ………………………… 128
class average ……………………… 233
CLEM：correlated light and electron
　microscopy ………………………… 290
Cliff-Lorimer法 …………………… 165
CMOSセンサー ……………………… 121
CO_2インキュベータ ……………… 107
coherence-gated wavefront sensing：
　CGWS ……………………………… 119
coherent anti-Stokes Raman scatter-
　ing：CARS ………………………… 61
common line search ………………… 225
confocal laser scanning microscopy … 40
Connexin26：Cx26 ………………… 45
Connexin43：Cx43 ………………… 45
continuous wave：CW ……………… 57
contrast transfer function：CTF …… 228
convolution ………………………… 228
correlated double sampling：CDS …… 268
correlated light and electron microsco-
　py：CLEM ………………………… 290
Cre-loxPシステム …………………… 140
Crowtherの公式 …………………… 152
cryo-negative staining ……………… 227
cryo-SEM …………………………… 221
cryo-TEM …………………………… 217
CSA法 ……………………………… 100
CTF：contrast transfer function
　……………………………… 174, 229
CW：continuous wave ……………… 57

DAB：3, 3'-diaminobenzidine …… 94, 97
DAB法 ……………………………… 94
DAPI：4', 6-diamidino-2-phenylindole
　……………………………………… 98
deconvolution ……………………… 228
deep-etch EM ……………………… 208
deformable mirror ………………… 119
dehydrogenase ……………………… 92
3, 3'-diaminobenzidine tetrahydrochlo-
　ride ………………………………… 92
3, 3'-diaminobenzidine：DAB …… 94, 97
dichroic mirror ……………………… 36
digital micromirror device：DMD … 142
digital scanning light-sheet micro-
　scope：DSLM ……………………… 112
dioleoyl phosphatidyl choline：DOPC
　……………………………………… 48
dipalmitoyl phosphatidyl choline：

索　引

DPPC ································· 48
di-SPIM：dual-view i-SPIM ········ 115
DMD：digital micromirror device ···· 142
DNA 出入り口構造 ··················· 178
DNA 二重らせん構造 ················· 241
DOPC：dioleoyl phosphatidyl choline
 ································· 48
DPPC：dipalmitoyl phosphatidyl
 choline ·························· 48
DSLM：digital scanning light-sheet
 microscope ···················· 112
dwell time ·························· 290

EDX/EDS：energy-dispersive X-ray
 spectrometer ·················· 163
elastic scattering ··················· 232
electron multiplying CCD ····· 39, 265
electroporation ····················· 140
embedding ··························· 84
EM-CCD ····························· 39
emission filter ······················· 38
energy selective backscattered
 detector ························ 290
energy-dispersive X-ray spectrome-
 ter：EDX/EDS ················ 163
enzyme histochemistry ·············· 91
EsB 検出器 ·························· 290
excess noise ························· 267
excitation filter ······················ 37

F1-ATPase ·························· 247
FALI 法 ····························· 128
FCS：fluorescent correlation spectros-
 copy ··························· 73
FIB-SEM：focused ion beam-scanning
 electron microscope ············ 288
field of view：FOV ················· 158
FLIM：fluorescence lifetime imaging
 microscopy ····················· 74
fixation ······························ 81
flattening ··························· 191
floating diffusion amplifier：FDA ···· 265
fluorescein-assisted light inactivation：
 FALI ·························· 128
fluorescence anisotropy ··············· 78
fluorescence lifetime imaging micro-
 scopy：FLIM ··················· 74
fluorescence recovery after photo-
 bleaching：FRAP ··········· 45, 71
fluorescence resonance energy trans-
 fer：FRET ················· 45, 76
fluorescent correlation spectroscopy：
 FCS ···························· 73
focused ion beam（FIB）-scanning
 electron microscope：SEM ···· 288
focused refinement ················· 233
Fourier filter ······················· 229
Fourier transformation-mass spectrom-
 etry：FT-MS ·················· 261
FOV：field of view ················· 158
FRAP：fluorescence recovery after
 photobleaching ············ 45, 71
freeze substitution ·················· 204

freeze-fracture EM ················· 208
FRET：fluorescence resonance energy
 transfer ···················· 45, 76
FT-MS：Fourier transformation-mass
 spectrometry ·················· 261

green fluorescent protein：GFP ··· 36, 44
GRIN ファイバー・レンズ ········· 120
ground state depletion followed by
 individual molecule return：
 GSDIM ························ 67
group velocity dispersion ············· 58

HARECXS ························· 166
H-CCD：horizontal CCD ··········· 265
HE：hematoxylin-eosin ·············· 83
HeLa 細胞 ····················· 181, 250
HELMET 法 ······················· 106
hematoxylin-eosin：HE ·············· 83
high pressure freezing ·············· 204
homogeneous conformation ········· 233
horizontal CCD：H-CCD ·········· 265
horseradish peroxidase：HRP ··· 94, 102
HRP：horseradish peroxidase ·· 94, 102

IgG 抗体 ···························· 242
light emitting diode：LED ····· 15, 38
IHRSR 法 ··························· 225
ilastik ······························· 292
imaging mass spectrometry：IMS ··· 259
immersion fixation ················· 195
immuno-replica EM ················ 211
impact ionization effect ············· 267
IMS：imaging mass spectrometry ··· 259
IMS：ion mobility spectrometer ···· 261
in situ PCR ························ 106
in situ ハイブリダイゼーション（ISH）
 法 ····························· 101
Inlens-SE 検出器 ··················· 290
inverted selective plane illumination
 microscope i-SPIM ············ 115
ion mobility spectrometer：IMS ···· 261
iterative helical real space reconstruc-
 tion：IHRSR ·················· 225

joint deconvolution ················· 115

KillerRed-CALI 法 ················· 129
k 因子 ······························ 165

labeled streptavidin biotinylated
 antibody method ·············· 100
large scale-CALI 法 ················ 129
lattice light-sheet microscope ······· 114
LCOS-SLM ·························· 35
LED：light emitting diode ····· 15, 38
lenticular lens ······················ 304
light sheet fluorescence microscope：
 LSFM ························· 112
localization microscope ·············· 66
low angle rotary shadowing ········ 188
low loss 領域 ······················· 166
LSAB 法 ···························· 100

LSFM：light sheet fluorescence
 microscope ···················· 112

M & Katera 顕微鏡 ··················· 5
malachite green：MG ·············· 128
MALDI：matrix-assisted laser
 desorption/ionization ··········· 259
mass spectrometry：MS ············ 259
Masson-Goldner のトリクローム染色
 ································· 90
matrix-assisted laser desorption/
 ionization：MALDI ············ 259
maximum permissible exposure：MPE
 ································ 258
mean free path ····················· 119
metachromatic ······················· 88
metal contact method ·············· 203
MG：malachite green ·············· 128
Micro-CALI 法 ····················· 129
microendoscopy ···················· 120
Micrographia ························· 2
micro-scale CALI（Micro-CALI）法
 ································ 128
mounting ··························· 196
MP-CALI：multiphoton excitation-
 evoked CALI ·················· 129
MPE：maximum permissible exposure
 ································ 258
MPL：most probable loss ·········· 153
MPL 像 ····························· 153
MS：mass spectrometry ············ 259
Multi SEM ························· 293
multi-directional selective plane
 illumination microscopy：mSPIM
 ································ 114
multiphoton chromophore-assisted
 laser inactivation：MP-CALI 法
 ································· 41
multiphoton excitation-evoked CALI：
 MP-CALI ····················· 129
multiview selective-plane illumination
 microscope：MuVi-SPIM ······ 114
MuVi-SPIM：multiview selective-
 plane illumination microscope ··· 114

NA ································ 146
NBT：nitro blue tetrazolium ········· 97
Nd/YAG レーザー ············ 50, 125
negative staining ········ 191, 227, 229
NIH Image ························· 290
nitro blue tetrazolium：NBT ········ 97
Nomarski 顕微鏡 ···················· 23
Nomarski プリズム ·················· 23
NRK 細胞 ·························· 127
nuclear pore complex ··············· 181

open-skull 法 ······················· 118
optical trap ························· 123
optical tweezers ···················· 123
opto-currento clamp ················ 140
optogenetics ························ 136
orthochromatic ······················ 88
osmium black ······················· 94

PALM：photoactivated localization microscope 64, 67
paraffin 84
parallax barrier 304
PAS 反応 90
PD：photo diode 265
perfusion fixation 83, 195
periodic acid-Schiff reaction：PAS 反応 90
peroxidase：POD 94
phage-display 法 130
phase contrast 228
phase-locked loop：PLL 240
photo diode：PD 265
photoactivated localization microscope：PALM 64, 67
photomultiplier tube：PMT 39
physical fixation 83
PLL：phase-locked loop：PLL 240
PMOS：projecto-managing optical system 142
PMT：photomultiplier tube 39
POD：peroxidase 94
point spread function：PSF 40, 116
polarization 303
projecto-managing optical system：PMOS 142
PtK2 細胞 178

QE：quantum efficiency 265
quantum efficiency：QE 265
Q 値制御 237
Q ドット 202

Raman scattering 47
Raman spectroscopy 47
RD：readout noise 265
Reconstruct 292
regenerative amplifier 119
RESOLFT 顕微鏡 70
resonance Raman scattering 51
reversible saturable optical fluorescence transitions：RESOLFT 70
RhoANA 292
rip-off 210
RNA 178
――の保存度 106
root mean square 265
r 位相板 175

Saxton tilt 152
SBEM：serial block-face electron microscope 290
scanning atomic force microscope：AFM 8
scanning electron microscope：SEM 7, 155
scanning ion-conductance microscope：SICM 248
scanning probe microscope：SPM 235
scanning tunneling microscope：STM 8
scientific complementary metal oxide semiconductor：sCMOS 126, 265
SDS-digested freeze-fracture replica immuno-gold labeling：SDS-FRIL 211
SDS-FRIL 法 211
second harmonic generation：SHG 59
secondary ion mass spectrometry：SIMS 261
segmentation 288
selective plane illumination microscope：SPIM 112
SELT-FALI 法 130
SEM：scanning electron microscope 7
serial block-face electron microscope：SBEM 290
SERS：surface enhanced Raman scattering 52
SFO/SFR：step-function opsin/rhodopsin 140
shading 278
SHG：second harmonic generation：SHG 59
SICM：scanning ion-conductance microscope 248
Si（Li）検出器 163
SIM：structured illumination microscope 67
simple-easy-long-term FALI 130
SIMS：secondary ion mass spectrometry 261
single particle analysis 227
single particle electron cryo-microscopy 227
skull 法 118
small molecule-based CALI：sm-CALI 129
sm-CALI 法 129
S/N 比 267
spatial frequency 229
SPIM：selective plane illumination microscope 112
SPM：scanning probe microscope 235
spontaneous emission 37
SRS：stimulated Raman scattering 61
SSTEM 法 287
STED：stimulated emission depletion microscope 64
STM：scanning tunneling microscope 8
step-function opsin/rhodopsin: SFO/SFR 140
stimulated emission depletion microscope：STED 69
stimulated Raman scattering：SRS 61
STJ：superconducting tunnel junction 170
stochastic optical reconstruction microscope：STORM 67
Stokes' shift 37
STORM：stochastic optical reconstruction microscope 67
stringency 101
structured illumination microscope：SIM 67
superconducting tunnel junction：STJ 170
surface enhanced Raman scattering：SERS 52

tandem mass spectrometry 260
TEAM プロジェクト 7
telepathology 280
TEMCA：transmission electron microscope camera array 292
TES：transition edge sensor 170
TES 型マイクロカロリメータ 170
Tet システム 140
thermal drift 233
thinned-skull 法 118
Thon ring 232
tight junction 45
time of flight：TOF 260
tomography of vitreous sections：TOVIS 221
transition edge sensor：TES 170
transmission electron aberration corrected microscope：TEAM 7
transmission electron microscope camera array：TEMCA 292
TSA 法 100
tyramide signal amplification：TSA 100

uncaging 131
unroofing 210
unstained vitrified 227

VAST 292
V-CCD：vertical CCD 265
VEC：video enhanced contrast 277
vertical CCD：V-CCD 265
video enhanced contrast：VEC 277
virtual slide 280, 284
virus vector 140
vitreous freeze 203
vitrification 230
Volta Phase Plate：VPP 180

Wollaston プリズム 23
WSI：whole slide imaging (image) 280

XAFS：X-ray absorption fine structure 167
X-ray absorption fine structure：XAFS 167
X 線吸収分光 167
X 線結晶構造解析 178
X 線顕微鏡 253
X 線分光 170

Z 偏光 52
ζ-factor 法 165

資　料　編

──掲載会社目次──

（五十音順）

- オリンパス株式会社 …………………………………………………… 2
- サーモフィッシャーサイエンティフィック …………………………… 3
- 株式会社 ニコン インステック ………………………………………… 4
- 日本電子株式会社 ………………………………………………………… 5
- 浜松ホトニクス株式会社 ………………………………………………… 6
- 株式会社 日立ハイテクノロジーズ ……………………………………… 7
- ライカ マイクロシステムズ株式会社 …………………………………… 8

Next Generation FLUOVIEW for the Next Revolutions in Science

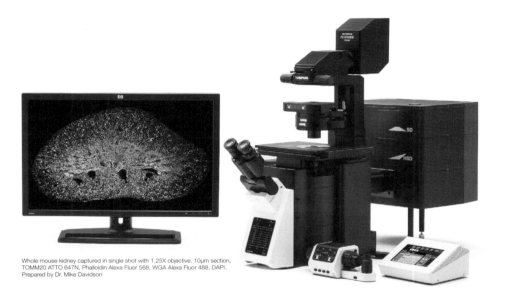

Whole mouse kidney captured in single shot with 1.25X objective. 10μm section, TOMM20 ATTO 647N, Phalloidin Alexa Fluor 568, WGA Alexa Fluor 488, DAPI. Prepared by Dr. Mike Davidson

進化した共焦点レーザー走査型顕微鏡FV3000シリーズ最先端アプリケーションへの挑戦

進化したハードウェア
- レゾナントスキャナーによる高速イメージング
- 新型分光方式、16チャンネル対応のアンミキシング
- 冷却GaAsP PMTによる高感度イメージング
- 低倍対物レンズに対応したマクロ観察

進化したソフトウェア
- 繰り返しタスクをミリ秒オーダーで再現
- 多点タイムラプス、スクリーニング、スティッチングなど広がるアプリケーション
- 共焦点をベースとした超解像イメージング
- 輝度解析、カウントから3Dデコンボリューションまで充実した解析機能

オリンパス株式会社　〒163-0914　東京都新宿区西新宿2-3-1　新宿モノリス
[お問い合わせ] お客様相談センター 0120-58-0414 受付時間 平日8:45～17:30

www.olympus-lifescience.com

thermoscientific

生命科学の本質に迫り、生命機能の理解へ

クライオ電子線トモグラフィー法と単粒子解析法により
生体超分子複合体の立体構造をより詳細に解き明かす

クライオ電子線トモグラフィー法

HeLa細胞の核近傍の立体構造。Cryo-FIBにより凍結細胞を薄片化し、クライオ電子線トモグラフィー法により3次元再構築された。
(Thermo Scientific™ Aquilos™ Cryo-FIB).
データ提供: *Dr. J. Mahamid, Max Planck Institute of Biochemistry, Martinsried, Germany.*

単粒子解析法

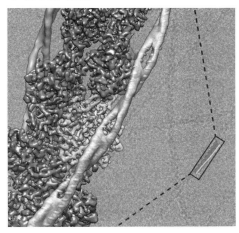

F-アクチン-トロポミオシン複合体の3次元構造。クライオ電子顕微鏡像から単粒子解析法により3次元再構築された。
(Thermo Scientific™ Krios™ G3i Cryo-TEM).
データ提供: *Julian von der Ecken and Prof. Dr. Stefan Raunser, Max Planck Institute of Molecular Physiology, Dortmund, Germany.*

thermofisher.com/EM-life-sciences

© 2017 Thermo Fisher Scientific Inc. All rights reserved. All trademarks are the property of Thermo Fisher Scientific and its subsidiaries unless otherwise specified.

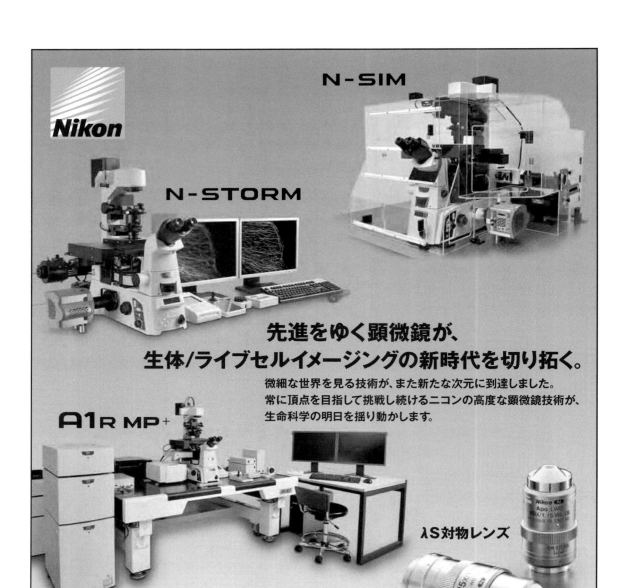

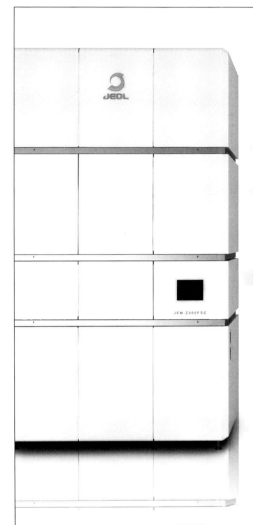

2017年のノーベル化学賞は
クライオ電子顕微鏡の開発による
分子構造解析の礎を築かれた
3名の先生方へ贈られました。
これからクライオ電子顕微鏡が
生命機能の解明、副作用の少ない薬や
全く新しい機能を持った新薬開発に貢献し、
人々の健康で健やかな暮らしに
つながると期待しています。

Solutions for Innovation

クライオ電子顕微鏡：生きた状態に近いタンパク質などの生物試料を、
「原子1つ1つの配置」のレベルで観察するための電子顕微鏡です。

お問い合わせ先：科学計測機器営業本部 SI販促グループ　TEL:03-6262-3567

本社・昭島製作所　〒196-8558　東京都昭島市武蔵野3-1-2　TEL:(042)543-1111(大代表)　FAX:(042)546-3353
www.jeol.co.jp　ISO 13485 認証取得

JEOLグループは、「理科学・計測機器」「産業機器」「医用機器」の3つの事業ドメインにより事業を行っております。
「理科学・計測機器事業」電子光学機器・分析機器・計測検査機器　**「産業機器事業」**半導体関連機器・産業機器　**「医用機器事業」**医用機器

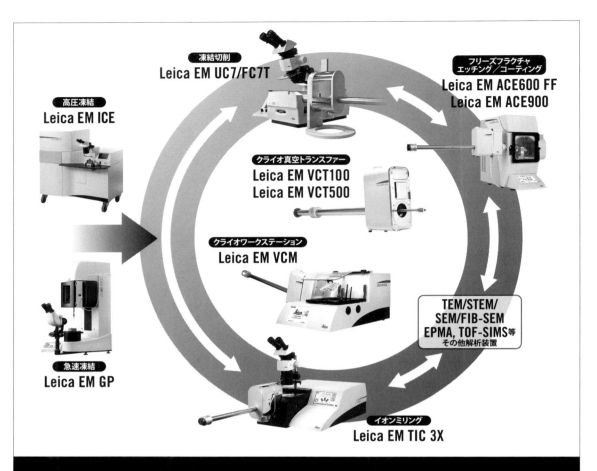

試料の微細構造を保ち、理想的な凍結状態を実現
VCTクロスリンクで開くクライオ試料作製ワークフロー

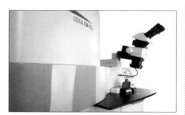

高圧凍結装置
Leica EM ICE
氷晶を限りなくおさえて、厚み200μm、最大直径5mmまでの試料を凍結可能な高圧凍結装置です。光刺激オプションを搭載可能。

フリーズエッチング装置
Leica EM ACE900
コンタミネーションフリーで高品質な試料作製を短時間で実現できるフリーズエッチング装置です。レプリカ法の他、VCT500真空トランスファーにも対応可能。

クライオ真空トランスファー装置
Leica EM VCT500
コンタミネーションフリーで試料作製装置と各種分析装置とのクロスリンクが可能な、クライオ真空トランスファーシステムです。

ライカ マイクロシステムズ 株式会社
本社 〒169-0075 東京都新宿区高田馬場1-29-9　Tel.03-6758-5650 Fax.03-5155-4336
≫URL http://www.leica-microsystems.co.jp　≫E-mail: lmc@leica-microsystems.co.jp

責任編者略歴

山科正平（やましなしょうへい）

1941 年	北海道に生まれる
1966 年	東京医科歯科大学卒業
1981 年	北里大学教授
2007 年	同大定年退職
	その後，青山学院大学，
	埼玉医科大学客員教授
現　在	北里大学名誉教授
	医学博士

高田邦昭（たかたくにあき）

1951 年	鳥取県に生まれる
1979 年	東京大学大学院理学研究科修了
1990 年	杏林大学医学部助教授
1993 年	群馬大学内分泌研究所教授
2000 年	同大医学部教授
2009 年	同大学長
現　在	群馬県立県民健康科学大学学長
	理学博士，医学博士

ライフサイエンス
顕微鏡学ハンドブック

定価はカバーに表示

2018 年 1 月 25 日　初版第 1 刷

責任編者	山 科 正 平	
	高 田 邦 昭	
発 行 者	朝 倉 誠 造	
発 行 所	株式会社 朝倉書店	

東京都新宿区新小川町 6-29
郵便番号　162-8707
電　話　03(3260)0141
Ｆ Ａ Ｘ　03(3260)0180
http://www.asakura.co.jp

〈検印省略〉

© 2018〈無断複写・転載を禁ず〉　　　新日本印刷・渡辺製本

ISBN 978-4-254-31094-8　C 3047　　Printed in Japan

JCOPY〈(社)出版者著作権管理機構　委託出版物〉

本書の無断複写は著作権法上での例外を除き禁じられています．複写される場合は，そのつど事前に，(社)出版者著作権管理機構（電話 03-3513-6969, FAX 03-3513-6979, e-mail: info@jcopy.or.jp）の許諾を得てください．

綜合画像研究支援編

3Dで探る 生命の形と機能

17157-0 C3045　　　　B5判 120頁 本体3200円

バイオイメージングにより生命機能の理解は長足の進歩を遂げた。本書は豊富な図・写真を活用して詳述。〔内容〕3D再構築法と可視化の基礎／3Dイメージング／胚や組織の3D再構築法／電子線トモグラフィ法／各種顕微鏡による3D再構築法。

3次元フォーラム 羽倉弘之・前日本工大 山田千彦・大口孝之編著

裸眼3Dグラフィクス

20151-2 C3050　　　　A5判 256頁 本体4600円

3Dの映像・グラフィクス技術は今や産業界だけでなく、家庭生活にまで急速に浸透している。本書は今後の大きな流れになる「裸眼式」を念頭に最新の技術と仕組みを多くの図を使って詳述。〔内容〕パララックスバリア／レンチキュラ／DFD等

前京都工繊大 久保田敏弘著

新版 ホログラフィ入門
—原理と実際—

20138-3 C3050　　　　A5判 224頁 本体3900円

印刷、セキュリティ、医学、文化財保護、アートなどに汎用されるホログラフィの仕組みと作り方を伝授。〔内容〕ホログラフィの原理／種類と特徴／記録材料／作製の準備／銀塩感光材料の処理法／ホログラムの作製／照明光源と再生装置／他

阪大 木下修一著
シリーズ〈生命機能〉1

生物ナノフォトニクス
—構造色入門—

17741-1 C3345　　　　A5判 288頁 本体3800円

ナノ構造と光の相互作用である"構造色"(発色現象)を中心に、その基礎となる光学現象について詳述。〔内容〕構造色とは／光と色／薄膜干渉と多層膜干渉／回折と回折格子／フォトニック結晶／光散乱／構造色研究の現状と応用／他

前東大 尾上守夫・前東大 池内克史・
3次元フォーラム 羽倉弘之編

3次元映像ハンドブック

20121-5 C3050　　　　A5判 480頁 本体22000円

3次元映像は各種性能の向上により応用分野で急速に実用化が進んでいる。本書はベストメンバーの執筆者による、3次元映像に関心のある学生・研究者・技術者に向けた座右の書。〔内容〕3次元映像の歩み／3次元映像の入出力(センサ、デバイス、幾何学的処理、光学的処理、モデリング、ホログラフィ、VR, AR, 人工生命)／広がる3次元映像の世界(MRI、ホログラム、映画、ゲーム、インターネット、文化遺産)／人間の感覚としての3次元映像(視覚知覚、3次元錯視、感性情報工学)

中井準之助・大江規玄・森 富・
山田英智・金光 晟・養老孟司編

解 剖 学 辞 典（新装版）

31052-8 C3547　　　　B5判 664頁 本体16000円

解剖学用語および解剖学に関連のある語を五十音順に配列し、ラテン語・英語・ドイツ語名を付し、主要な項目には解説をつけた。骨格・筋肉・神経・内臓など必要に応じてその全体図さらに部分図を挿入し、細部の名称を示した。
〔項目例〕髄 鞘　myelin sheath, Markscheide
　ミエリン鞘ともいう。有髄神経線維のさやである。中枢では希突起膠細胞、末鞘ではSchwann細胞の細胞膜が軸索間膜となっていく重にも軸索をとり巻いた結果できたものである。

国際医療福祉大 矢﨑義雄総編集

内科学【机上版】（第11版）

32270-5 C3047　　　　B5判 2534頁 本体26800円

「朝倉内科」の改訂11版。オールカラーの写真や図表と本文との対応が読みやすい決定版。国家試験出題基準を網羅する内容。近年の研究の進展や発見を各章冒頭の「新しい展開」にまとめる。高齢社会の進展など時代の変化を踏まえて「心身医学」「老年医学」を独立した章に。これからの内科医に要求される守備範囲の広さに応えた。本文の理解を深め広げる図表やコラム・文献、さらに動画など豊富なデジタル付録がウェブ上で閲覧可能(本文500頁相当)。携帯に便利な分冊版(5分冊)あり。

国際医療福祉大 矢﨑義雄総編集

内科学【分冊版】（第11版）

32271-2 C3047　　　　B5判 2822頁 本体24800円

「朝倉内科」の改訂11版。オールカラーの写真や図表と本文との対応が読みやすい決定版。国家試験出題基準を網羅する内容。近年の研究の進展や発見を各章冒頭の「新しい展開」にまとめる。高齢社会の進展など時代の変化を踏まえて「心身医学」「老年医学」を独立した章に。これからの内科医に要求される守備範囲の広さに応えた。本文の理解を深め広げる図表やコラム・文献、さらに動画など豊富なデジタル付録がウェブ上で閲覧可能(本文500頁相当)。分冊版は携帯しやすく5分冊に。

上記価格（税別）は 2017 年 12 月現在